나합격 교재인증 & 무료 동영상 수강방법

나합격 카페 가입하기
공부하는 자격증에 해당하는 카페에 가입합니다.

바로가기

https://cafe.naver.com/napass4   search

교재인증페이지에 닉네임 작성
교재 맨 뒤페이지의 교재인증페이지에
가입하신 카페 닉네임을 지워지지 않는 펜으로 작성합니다.

교재인증페이지 촬영하기
교재인증페이지 전체가 나오게 촬영합니다.
중고도서 및 보정의 여지가 보일 경우 등업이 불가합니다.

나합격 카페에 게시물 작성하기
등업게시판에 촬영한 이미지를 업로드합니다.
평일 1일 3회(오전 9시 ~ 오후 6시 사이) 등업을 진행됩니다.

무료 동영상 시청하기
카페 등업이 완료된 후 해당 카페에서 무료 동영상 시청이 가능합니다.

NOTICE

교재인증 및 무료 강의 수강 방법에 대한 자세한 설명을
QR코드를 찍어 영상으로 확인해보세요!

모바일로
등업하고 싶어요!

PC로
등업하고 싶어요!

시험접수부터 자격증발급까지
응시절차

01
시험일정 & 응시자격조건 확인

- 큐넷 시험일정 안내에서 응시 종목의 접수기간과 시험일을 확인합니다.
- 큐넷 자격정보에서 응시 종목의 자격조건을 확인합니다(기능사 제외).

04
필기시험 합격자 발표

- 인터넷, ARS 또는 접수한 지사에서 공고됩니다.
- CBT의 경우 큐넷 합격자 발표 조회에서 바로 확인이 가능합니다.

www.Q-net.or.kr 큐넷은 한국산업인력공단에서 운영하는국가 자격증 포털 사이트입니다.

나합격
가스산업기사

필기[핵심이론+8개년 기출] + 무료특강

나만의 합격비법
나합격은 다르다!

나합격 독자만을 위한
무료 동영상강의

공부가 어려우신가요?
합격을 위한 모든 동영상 강의를 무료로 시청할 수 있습니다.
지금 바로 나합격 쌤을 만나보세요.

> 오리엔테이션 > 필기 특강 > 실기 특강

신규 무료특강은 교재 출간 후 순차적으로 촬영 및 편집되어
업로드 됩니다.

모든 시험정보가 한곳에!
나합격 수험생지원센터

이제 혼자서 공부하지 마세요.
합격후기, 시험정보, Q&A 등 나합격 독자분들을 위한
다양한 서비스를 네이버 카페를 통해 지원받을 수 있습니다.

> 시험자료 > 질의응답 > 합격후기

 본서의 정오사항은 상시 업데이트 해드리고 있습니다.
정오표 확인 및 오류문의는 네이버 카페를 이용해 주세요.

02
필기시험 원서접수

- 큐넷 www.Q-net.or.kr에 로그인합니다.
  (회원가입 시 반명함판 사진 등록 필수)
- 큐넷 원서접수에서 신청 순서에 따라 접수하면 됩니다.
- 시험일자 및 장소는 현재접수 가능인원을 반드시
  확인 후 선택해야 합니다.
- 결제하기에서 검정수수료 확인 후 결제를 진행합니다.

03
필기시험 응시 및 유의사항

- 신분증은 반드시 지참해야 하며, 기타 준비물은
  큐넷 수험자 준비물에서 확인하시면 됩니다.
- 시험시간 20분 전부터 입실이 가능합니다.
  (시험시간 미준수 시 시험 응시 불가)

05
실기시험 원서접수

- 인터넷 접수 www.Q-net.or.kr만 가능하며,
  필기시험 합격자에 한하여 실기접수기간에 접수합니다.
- 최종합격여부는 큐넷 홈페이지를 통해 확인 가능합니다.

06
자격증 신청 및 수령

- 큐넷 자격증 발급 신청에서 상장형, 수첩형 자격증 선택
- 상장형 무료 / 수첩형 수수료 6,110원

콕!집어~ 꼭!필요한 가스산업기사 오리엔테이션

가스산업기사 시험은?

[시험과목]
필기 : 1. 연소공학 2. 가스설비 3. 가스안전관리 4. 가스계측
실기 : 가스실무

[검정방법]
필기 : 객관식 4지 택일형 과목당 20문항(과목당 30분)
실기 : 복합형[필답형(1시간 30분) + 작업형(1시간 정도)]
- 배점 : 필답형 60점, 작업형(동영상) 40점

[합격기준]
필기 : 100점을 만점으로 하여 과목당 40점 이상,
전과목 평균 60점 이상
실기 : 100점을 만점으로 하여 60점 이상

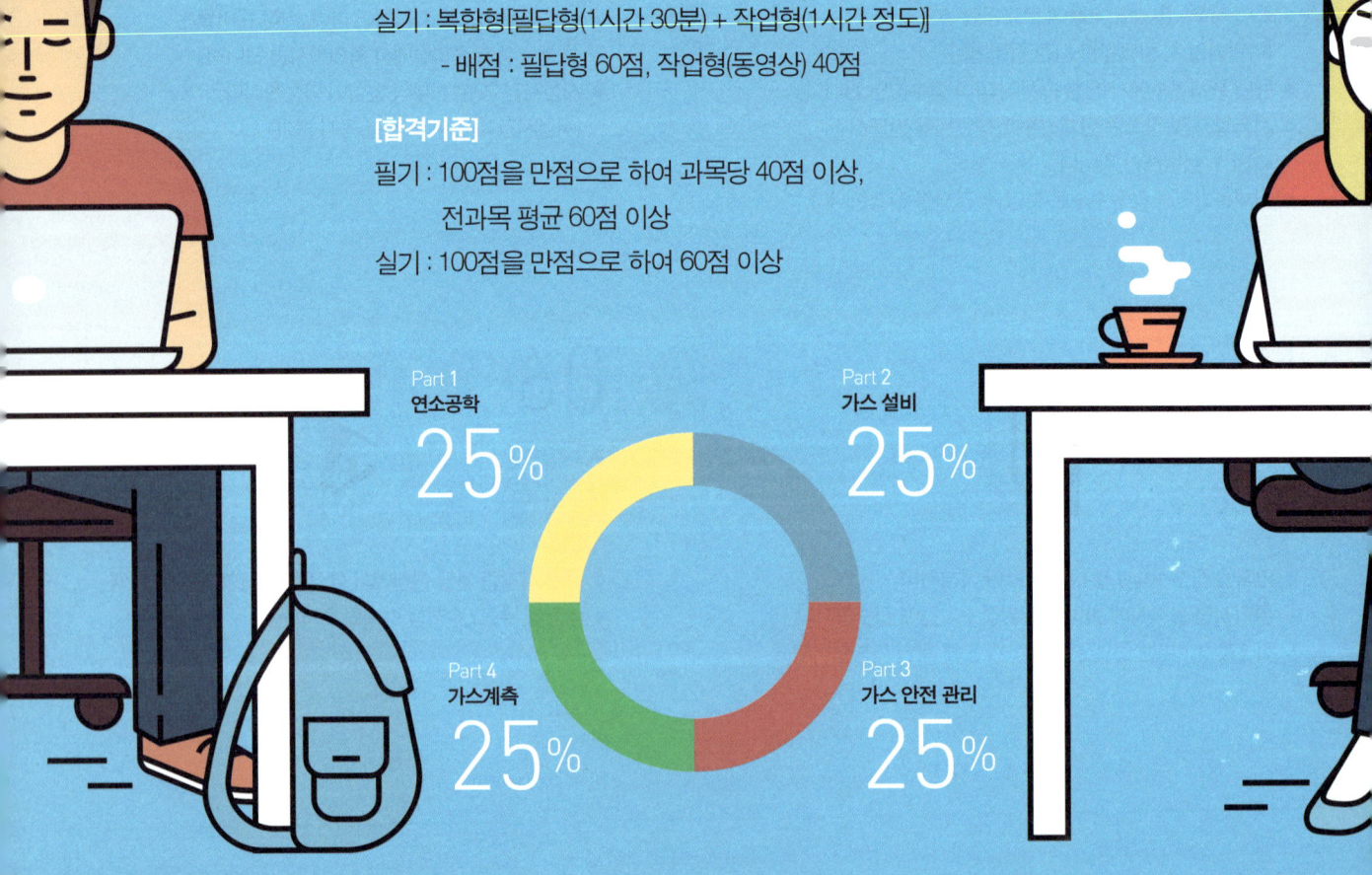

Part 1 연소공학 25%
Part 2 가스 설비 25%
Part 4 가스계측 25%
Part 3 가스 안전 관리 25%

필기시험에서 꼭 필요한 숙지사항은?

01 가스의 특징(분류 및 폭발범위, 허용농도, 제법, 특징)을 완벽히 암기
02 요점 정리 암기
03 기출문제 풀이 후 틀린 문제 본문 내용을 확인하여 내용 정리하기
04 최소 5개년 기출문제 완벽히 암기하기
05 과락 방지를 위해 잘하는 과목, 약한 과목을 설정하여 약한 과목은 8개 이상을 목표로 과락을 방지하고 잘하는 과목에서 4개 이상을 더 맞추는 전략으로 접근한다.

약한 과목을 중점적으로 점수를 올리는 것도 하나의 방법이 되겠으나 잘하는 과목에서 점수를 많이 받아서 못하는 과목의 점수를 채운다는 생각으로 접근하는 것을 추천합니다. 못하는 과목은 과락을 면하는 것을 1차 목표로 하고 나머지 부족한 점수는 잘하는 과목에서 받을 수 있도록 하는 것도 하나의 방법이 될 수도 있습니다.

개념잡는 핵심이론 나합격만의 본문구성

NEW DESIGN
나합격만의 아이덴티티를 강조한
새로운 디자인과 함께 최신 출제 경향을
완벽히 반영한 최신 개정판입니다.

합격족보
핵심 이론 요약과 주요 공식을 정리하여
기출문제를 풀거나 시험장에 가기 전까지
유용한 합격도우미입니다.

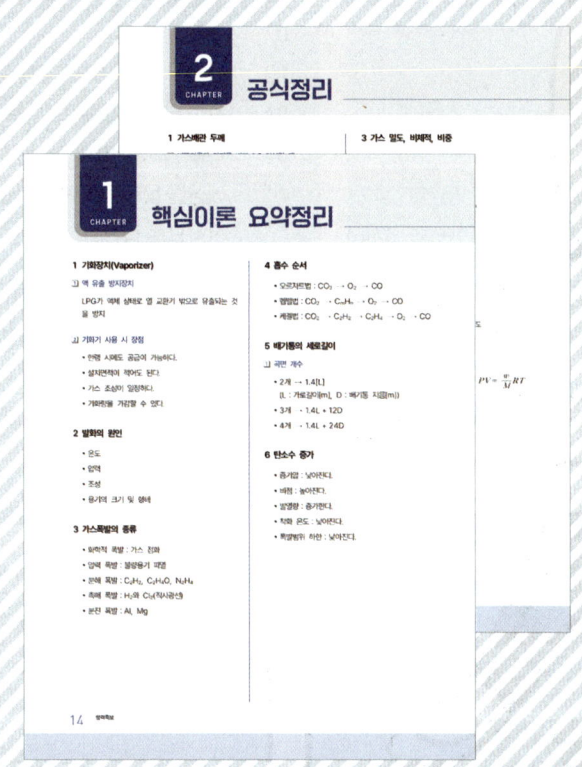

핵심이론 요약정리 & 공식정리
시험에 자주 출제되는 핵심이론을 단어별로 정리하고,
문제풀이에 꼭 필요한 주요 공식을 함께 수록하였습니다.
핵심 내용을 빠르게 확인하고 효과적으로 시험을
준비해 보세요.

과목별 기출문제 8개년 구성

필기 기출문제
8개년 기출문제를 과목별로 구성하였습니다.
상세한 해설로 문제의 유형을 익히고
실력을 향상시켜 보세요.

최신 CBT 복원문제 수록
2025년 1회, 2회 CBT 기출 복원문제를 수록하였습니다.
최신 출제경향을 파악하여 시험에 대비해 보세요.

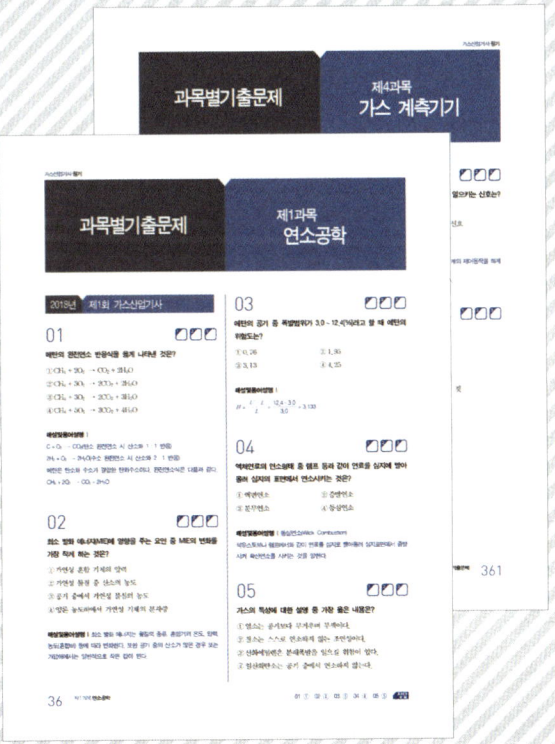

과목별 기출문제
과락을 방지하기 위해
기출문제를 과목별로 구성하였습니다.
시험에 출제되는 과목을 모두 공략해 보세요.

인강 시청 횟수 또는 문제 회독 횟수를 체크하고
문제만 보고 풀었다면 O, 해설을 봐야 풀린다면 △,
전혀 모르겠다면 ×를 표기하세요.

SELF-STUDY PLANNER

시험 당일까지 공부 일정 및 계획을 짜는 것은 매우 중요합니다.
셀프스터디 합격 플래너를 통해 스스로의 합격을 만들어 보세요.

나의 목표		시험일
		/

PART 01 합격족보				Study Day	Check
	01	핵심이론 요약정리	14	/	
	02	공식정리	24	/	

PART 02 과목별 기출문제			Study Day	Check
	제1과목 연소공학			
	2018년 제1,2,4회	36	/	
	2019년 제1,2,4회	50	/	
	2020년 제1·2,3,4회	63	/	
	2021년 제1,2,4회	78	/	
	2022년 제1,2,4회	92	/	
	2023년 제1,2,4회	105	/	
	2024년 제1,2,3회	119	/	
	2025년 제1,2회	133	/	

		Study Day	Check
제2과목 가스 설비			
2018년 제1,2,4회	142	/	
2019년 제1,2,4회	158	/	
2020년 제1·2,3,4회	172	/	
2021년 제1,2,4회	186	/	
2022년 제1,2,4회	199	/	
2023년 제1,2,4회	213	/	
2024년 제1,2,3회	228	/	
2025년 제1,2회	241		
제3과목 가스 안전관리			
2018년 제1,2,4회	251	/	
2019년 제1,2,4회	266	/	
2020년 제1·2,3,4회	281	/	
2021년 제1,2,4회	294	/	
2022년 제1,2,4회	307	/	
2023년 제1,2,4회	323	/	
2024년 제1,2,3회	336	/	
2025년 제1,2회	351	/	
제4과목 가스 계측기기			
2018년 제1,2,4회	361	/	
2019년 제1,2,4회	375	/	
2020년 제1·2,3,4회	388	/	
2021년 제1,2,4회	402	/	
2022년 제1,2,4회	415	/	
2023년 제1,2,4회	427	/	
2024년 제1,2,3회	440	/	
2025년 제1,2회	452	/	

PART 02
과목별 기출문제

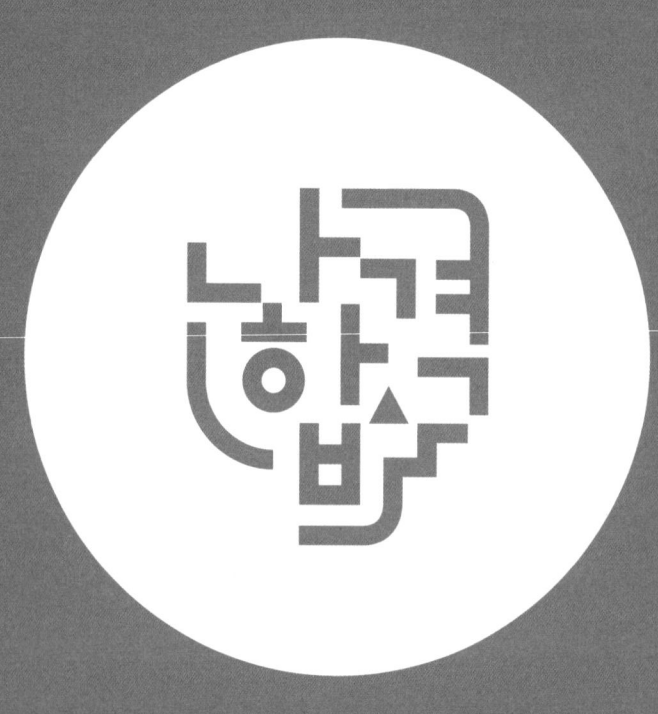

PART 01

합격족보

01 핵심이론 요약정리
02 공식정리

CHAPTER 1 핵심이론 요약정리

1 기화장치(Vaporizer)

1 액 유출 방지장치

LPG가 액체 상태로 열 교환기 밖으로 유출되는 것을 방지

2 기화기 사용 시 장점

- 한랭 시에도 공급이 가능하다.
- 설치면적이 적어도 된다.
- 가스 조성이 일정하다.
- 기화량을 가감할 수 있다.

2 발화의 원인

- 온도
- 압력
- 조성
- 용기의 크기 및 형태

3 가스폭발의 종류

- 화학적 폭발 : 가스 점화
- 압력 폭발 : 불량용기 파열
- 분해 폭발 : C_2H_2, C_2H_4O, N_2H_4
- 촉매 폭발 : H_2와 Cl_2(직사광선)
- 분진 폭발 : Al, Mg

4 흡수 순서

- 오르자트법 : $CO_2 \rightarrow O_2 \rightarrow CO$
- 헴펠법 : $CO_2 \rightarrow C_mH_n \rightarrow O_2 \rightarrow CO$
- 케겔법 : $CO_2 \rightarrow C_2H_2 \rightarrow C_2H_4 \rightarrow O_2 \rightarrow CO$

5 배기통의 세로길이

1 곡면 개수

- 2개 → 1.4[L]
  (L : 가로길이[m], D : 배기통 지름[m])
- 3개 → 1.4L + 12D
- 4개 → 1.4L + 24D

6 탄소수 증가

- 증기압 : 낮아진다.
- 비점 : 높아진다.
- 발열량 : 증가한다.
- 착화 온도 : 낮아진다.
- 폭발범위 하한 : 낮아진다.

7 펌프

- 터보식 : 센트리퓨걸(원심식), 사류식, 축류식
- 용적식
  - 왕복식 : 피스톤, 플렌저
  - 회전식 : 기어, 나사
- 특수식 : 재생, 제트, 기포, 수격 펌프

1 원심 펌프의 연합 운전

- 직렬운전 : 양정의 증가
- 병렬운전 : 유량의 증가

8 펌프 사용상 발생되는 이상현상

1 캐비테이션

물이 관 속을 흐를 때 물속의 어느 부분의 정압이 그때의 물의 온도에 해당하는 증기압 이하로 되면 부분적으로 증기가 발생하는 현상

- 방지법
  - 펌프의 설치 위치를 낮춘다.
  - 임펠러를 수중에 완전히 잠기게 한다.
  - 관지름을 굵게 하거나 굽힘을 적게 한다.
  - 펌프의 회전수를 낮춘다. 양흡입 펌프를 사용한다.
  - 두 대 이상의 펌프를 사용한다.

2 수격작용

관 속의 유속이 급속히 변화하면 물에 의한 심한 압력의 변화가 생기는 현상

- 방지법
  - 관 속의 유속을 낮게 한다(관지름을 크게 할 것).
  - 펌프의 플라이휠(Fly Wheel)을 설치한다.
  - 조압수조(Surge Tank)를 관선에 설치한다. 밸브는 송출구 가까이에 설치하고 밸브를 적당히 제어한다.

3 서징(Surging)현상

송출 압력과 송출 유량 사이에 주기적인 변동이 일어나는 현상

9 윤활유 선택 시 유의사항

- 사용 가스와 반응하지 말 것
- 열에 대한 안정성이 있을 것
- 인하점이 높을 것
- 점도가 적당할 것
- 수분 등 불순물이 적을 것

10 윤활유

- 산소 압축기 : 물 또는 10[%] 이하의 글리세린 수용액
- 염소 압축기 : 진한 황산
- 아세틸렌 압축기 : 양질의 광유
- 공기 압축기 : 양질의 광유
- LPG : 식물성유

11 스프링식 안전밸브

- 안전밸브 작동압력 : TP × 0.8 이하
- 안전밸브 정지압력 : 작동압력 × 0.8 이상

12 파열판식(박판식) 안전밸브

1 특징
- 구조가 간단하다.
- 취급, 점검이 용이하다.
- 압력 상승이 급격히 변하는 곳에 적당하다(냉동기 저압 장치에 적합).
- 밸브 시트의 누설이 없다.
- 슬러지 함유, 부식성 유체에도 사용이 가능하다.

2 재료
- 크리프나 피로에 견뎌야 한다.
- 강도의 분산이 없어야 한다.
- Al, STS강, 모넬, 은 등이나 납 또는 플라스틱을 라이닝 한 것도 쓰인다.

3 피로강도
반복 하중에 견디는 성질

13 고압가스 장치 중 안전밸브 설치장소
- 저장탱크 상부
- 고압가스 수송도관(도관 최대 지름부 단면적의 1/10)
- 압축기 각 단마다
- 감압밸브 뒤
- 반응탑 및 반응관

14 합격 용기의 각인 방법
- 내용적(기호 : V, 단위 : [L])
- 용기의 질량(기호 : W, 단위 : [kg])
- 아세틸렌가스 충전용기는 용기의 질량에 다공물질 용제 및 밸브의 질량을 합한 질량
  (기호 : TW, 단위 : [kg])
- 내압시험압력(기호 : TP, 단위 : [MPa])
- 최고충전압력(기호 : FP, 단위 : [MPa])

15 용기 부속품의 경우
- PG : 압축가스
- AG : 아세틸렌가스
- LP : 액화가스
- LPG : 액화석유가스
- LT : 초저온 및 저온가스

16 가용전식
- 일반적인 것 : 75[℃] 이하(프레온 등)
- 염소용 : 65 ~ 68[℃]
- 아세틸렌용 : 105±5[℃]
- 긴급 차단용 : 110[℃]

17 고압장치의 패킹 재료
- 구리
- 납
- 석면
- 테프론

18 LPG 기본적 특징
- 공기보다 무거워 누설 시 낮은 곳에 체류, 화재의 위험이 있다.
- 액체는 물보다 가볍다.
- 기화하면 체적이 250배 증가한다.
- 액체의 온도에 의한 부피 변화가 크다.
  - 액 팽창률을 고려, 용기 충전 시 안전공간을 둔다.
  - 대형 : 10[%] 이상
  - 소형(3[t] 미만) : 15[%] 이상

- 연소에 다량의 공기가 필요하다.
- 발열량이 크며, 착화 온도가 높다.
- 연소속도가 늦어서 안전하다.

19 LPG 사용시설

- 100[kg]를 초과하는 경우에는 용기 보관실을 설치
- 500[kg] 이상인 경우에는 소형 저장탱크 또는 저장탱크에 설치
- 저장능력이 250[kg] 이상인 경우에는 압력조정기 입구까지 배관에 안전장치 설치
- 호스의 길이는 연소기까지 3[m] 이내

20 LPG 저장탱크를 지하에 묻는 경우

- 천장, 바닥과 벽 두께는 30[cm]
- 탱크 정상부와 지면과의 거리는 60[cm]
- 저장탱크실에 마른 모래를 채움
- 탱크 간 1[m]를 유지
- 안전밸브는 5[m] 이상의 높이에 방출구 설치

21 배관 지하 매설 시

- 도시가스 매설 시 도로 폭 8[m] 이상일 경우 1.2[m]
- 도로 폭이 4[m] 이상 8[m] 미만일 경우 1[m], 그 외 0.8[m] 이상
- 공동주택 단지 내에 매설 시 0.6[m] 이상의 깊이
- 건축물과 1.5[m], 독성 가스일 경우 수도시설과 300[m], 지하터널과 10[m], 다른 시설물과는 0.3[m] 이상 유지

22 배관의 고정

- 지름 13[mm] 미만 : 1[m]마다
- 지름 13[mm] 이상 33[mm] 미만 : 2[m]마다
- 지름 33[mm] 이상 : 3[m]마다

23 가스 검지기

- 검지 농도는 가연성 가스일 경우 폭발 하한의 1/4 이하, 독성 가스일 경우 허용농도 이하
- 검지기 위치는 공기보다 무거운 가스일 경우 바닥에서 30[cm], 공기보다 가벼운 가스일 경우 천장에서 30[cm]
- 지시 농도는 가연성 가스일 경우 0 ~ 폭발하한, 독성 가스일 경우 허용농도의 3배
- 검지기 : 열선식, 간섭계형, 검지관식

24 부식 여유 수치

- NH_3 : 1,000[L] 이하 1[mm], 초과 2[mm]
- Cl_2 : 1,000[L] 이하 3[mm], 초과 5[mm]

25 부취제의 구비조건

- 저농도에서 냄새 식별이 가능할 것
- 화학적으로 안정할 것
- 연소 후 유해가스를 발생시키지 않을 것
- 가스배관이나 미터에 흡착되지 말 것
- 물에 녹지 않고 토양 투과성이 있을 것

26 정압기

1차 압력 및 부하 유량 변동에 관계없이 2차 압력을 일정하게 유지

- 정특성 : 정상상태에서 2차 압력과 유량과의 관계
- 동특성 : 부하 변동에 대한 응답의 신속성 및 안전성
- 유량 특성 : 밸브 열림과 유량과의 관계
- 사용 최대차압 : 실용적으로 사용할 수 있는 1차측 압력과 2차측 압력의 최대차압
- 작동 최소차압 : 작동할 수 있는 1차측 압력과 2차측 압력의 최소차압

27 부취제의 첨가 방법

- 액체 주입식 : 펌프 주입방식, 적하 주입방식, 미터 연결 바이패스식
- 증발식 : 바이패스 증발식, 위크 증발식

28 용기 재질

- Cl_2, NH_3 등 저압인 것 : 탄소강
- O_2, H_2 등 고압인 것 : 망간강

29 초저온, 저온 용기 비열처리 재료

- 오스테나이트계 스테인리스강
- 내식 알루미늄 합금 단조품
- 내식 알루미늄 합금 단조판

30 다공물질의 구비조건

- 고다공
- 화학적으로 안정
- 기계적 강도가 큼
- 경제적
- 재료(숯, 목탄, 규조토, 다공성 플라스틱, 탄산마그네슘)
- 다공도 : 75 ~ 92[%]

31 압력계 종류

- 1차 압력계 : 액주식(호루단형, 단관식, U자관, 경사관식), 피스톤식, 침존식, 링밸런스식 압력계(환상천평식), 분동식
- 2차 압력계 : 탄성식(부르동관, 다이어프램식, 벨로우즈), 전기식, 피에조 전기

32 고압가스용기 저장 시 주의사항

- 2[m] 이내에 인화성, 발화성 물질을 두지 않는다.
- 빈 용기와 충전 용기는 구분하여 설치해야 한다.
- 40[℃] 이하로 유지하고 직사광선을 피한다.
- 동화용으로는 휴대용 손전등만 사용해야 한다.
- 작업에 필요한 것 이외는 두지 않는다.

33 온도계

- 접촉식 : 유리제 온도계(수은, 알코올, 베크만), 바이메탈 온도계, 열전대 온도계, 전기저항 온도계, 제겔콘 온도계
- 비접촉식 : 광고 온도계, 광전관식 온도계, 복사(방사) 온도계, 색 온도계

34 가스 크로마토그래피

- 분리관(칼럼), 검출기, 기록계로 구성

① 검출기 형식

- 열전도도 검출기(TCD)
- 수소염 이온화 검출기(FID)

- 전자 포획형 검출기(ECD)
- 염광 광도형 검출기(FPD)
- 알칼리성 이온화 검출기(FTD)

2 캐리어 가스

- N_2, H_2, Ar, He

3 흡착제

- 활성탄 : H_2, CO, CO_2, CH_4 적용
- 활성 알루미나 : CO, C_1 ~ C_4 탄화수소
- 실리카겔 : CO_2, C_1 ~ C_3 탄화수소
- 몰리큘러 시이브 : CO, CO_2, N_2, O_2
- 포라팍 : N_2O, NO, H_2O

35 전기방식법

1 희생양극법

- 장점
  - 단거리 배관에는 저렴하다.
  - 간섭영향이 적다.
  - 과방식 우려가 없다.
- 단점
  - 효과범위가 좁다.
  - 일정기간 후 보충이 필요(Anode)하다.
  - 전류 조절이 곤란하다.
  - 유지관리가 번거롭다.

2 외부전원법

- 장점
  - 방식 효과 범위가 넓다.
  - 장거리 배관에 적합하다.
  - 전극 소모가 없으므로 관리가 용이하다.
  - 전식에 대한 방식이 가능하다.
  - 전압전류의 조정이 용이하다.
- 단점
  - 초기 투자비가 많이 든다.
  - 간섭에 대하여 충분한 검토가 필요하다.
  - 전원이 필요하다.

36 전기방식 시설의 시공

전기방식 시설의 유지관리를 위하여 전위측정용 터미널을 설치하되, 희생양극법·배류법은 배관 길이 300[m] 이내의 간격으로, 외부전원법은 배관 길이 500[m] 이내의 간격으로 설치하여야 한다.

37 가스액화 분리장치 폭발원인

- C_2H_2, NO, NO_2 혼입 시
- 오일 열분해로 탄화수소 생성 시
- 오존의 흡입 시

38 암모니아가스 누설 검사법

- 적색 리트머스지를 사용
- 물에 적신 염산과 반응시키기
- 네슬러 시약 사용
- 냄새 판별

39 CH_4 가스 제조법

- 유기물의 분해
- 석유정제의 부산물
- 석탄의 열분해
- 천연가스

40 C_2H_2 가스 발생기 압력에 의한 구분

- 저압 : $0.07[kg/cm^2]$ 미만
- 중압 : 0.07 이상 $1.3[kg/cm^2]$ 미만
- 고압 : $1.3[kg/cm^2]$ 이상

41 압축 금지사항

- 가연성 가스 중 산소 4[%](상대적)
- 산소 속 H_2, C_2H_2, C_2H_4 각각 또는 합이 2[%] (상대적)

42 공기희석의 목적

- 발열량의 조정
- 재액화 방지
- 누설 시 손실량 감소 및 연소효율 증대

1. 주의

   폭발범위 내에 들어가서는 안 됨

43 특정 고압가스

- H_2, O_2 : 압축가스
- Cl_2, NH_3 : 액화가스(흡수 재해 장치, 이중배관)
- C_2H_2 : 용해가스
- 방폭구조 : NH_3, CH_3Br 예외

44 가연성 가스 폭발범위

하한이 10[%] 이하이거나, 상한과 하한의 차가 20[%] 이상

- C_2H_2(2.5 ~ 81[%])
- CO(12.5 ~ 74[%])
- C_2H_4O(3 ~ 80[%])
- CH_4(5 ~ 15[%])
- H_2(4 ~ 75[%])
- C_3H_8(2.1 ~ 9.5[%])
- C_4H_{10}(1.8 ~ 8.4[%])
- NH_3(15 ~ 28[%])
- CH_3Br(13.5 ~ 14.5[%])

45 허용농도

- $COCl_2$(0.1[ppm])
- Cl_2(1[ppm])
- NH_3(25[ppm])
- HCN(10[ppm])
- H_2S(10[ppm])
- C_6H_6(25[ppm])
- CO(50[ppm])
- C_2H_4O(50[ppm])

46 특정설비

안전밸브, 긴급차단장치, 역화방지장치, 기화장치, 압력용기, 자동차용 가스자동주입기, 독성가스배관용 밸브, 냉동설비를 구성하는 압축기·응축기·증발기 또는 압력용기, 고압가스용 실린더캐비닛, 자동차용 압축천연가스 완속충전설비, 액화석유가스용 용기 잔류가스회수장치, 차량에 고정된 탱크

47 아세틸렌 발생기의 구비조건

- 열 발생률이 적을 것
- 가스 수요에 적합하고 내압성이 우수할 것
- 역류나 역화 시 영향을 받지 않는 구조일 것
- 구조가 간단하고 취급이 용이할 것

48 누설검사 검색지

- $COCl_2$: 하리슨 시험지 → 심등색
- H_2S : 연당지(초산연 시험지) → 흑갈색
- CO : 염화파라듐지 → 흑색
- C_2H_2 : 염화제일구리 착염지 → 적색
- Cl_2 : KI 전분지 → 청색
- NH_3 : 적색 리트머스 시험지 → 청색
- HCN : 질산구리 벤젠(초산벤젠) → 청색

49 신축이음

상온 스프링, 밸로우즈, U형 band, 슬리브형, 스위블

50 고압가스의 반응기의 종류

합성탑, 합성관, 전화로
※ 오조작 방지를 위한 장소의 조도는 150[lux] 이상

51 수분 사용 시 부식

Cl_2, CO_2, SO_2, $COCl_2$, H_2S

52 구리 사용 시 부식

C_2H_2, NH_3, H_2S

53 줄톰슨의 효과

압축가스를 단열 팽창시키면 온도와 압력이 강하한다 (줄톰슨 효과가 커지려면 팽창 전 압력이 높고, 온도가 낮아야 한다).

54 강관

- SPPW : 아연도금 배관용 탄소강관
- SPPS : 압력배관용 탄소강관
- SPPH : 고압배관용 탄소강관
- SPLT : 저온배관용 탄소강관
- SPHT : 고온배관용 탄소강관
- STHG : 고압가스용 이음매 없는 강관

55 보호시설

1 1종 보호시설

건축물 연면적이 1,000[m^2] 이상, 300인 이상의 수용시설, 20인 이상의 아동복지 시설, 유형문화재

2 2종 보호시설

건축물 연면적 100[m^2] 이상, 1,000[m^2] 미만, 일반주택

56 품질검사(1일 1회 이상)

- O_2 : 99.5[%] 동·암모니아 시약
- H_2 : 98.5[%] 피로카롤 또는 하이드로설파이드
- C_2H_2 : 98[%] 발연황산

57 화기의 거리

가스설비 및 저장설비는 화기와 2[m] 이상(가연성 가스 및 산소설비는 8[m] 이상) 유지

58 공기액화 분리기의 불순물 유입금지

액화산소 5[L] 중 C_2H_2 5[mg], 탄화수소 중 탄소가 500[mg]을 넘을 때에는 그 공기액화 분리기의 운전을 중지

59 운반책임자 동승

가스의 종류		기준
액화가스	가연성 가스	3,000[kg] 이상
	조연성 가스	6,000[kg] 이상
압축가스	가연성 가스	300[m^3] 이상
	조연성 가스	600[m^3] 이상

가스의 종류	독성가스 허용농도	
	100만분의 200 초과, 100만분의 5,000 이하	100만분의 200 이하
압축가스	100[m^3] 이상	10[m^3] 이상
액화가스	1,000[kg] 이상	100[kg] 이상

60 방류둑

① 가연성

- 1,000[t](특정 제조, 도매가스법 : 500[t]), 산소 : 1,000[t], 독성 : 5[t], 수액기 : 10,000[L] 이상
- 30[cm] 이상의 폭 45° 이하 구배
- 50[m]마다 1개(50[m] 미만은 분산 2개) 출입구

② 용량

- 저장능력 이상의 용적(액화산소 60[%] 이상)

61 방호벽

높이 2[m] 이상

62 철근 콘크리트

철근 콘크리트 12[cm] 두께, 콘크리트 블록 15[cm] 두께 → 9[mm] 철근을 가로세로 40[cm] 이하로 배근

63 박강판

3.2[mm] 이상(30 × 30 앵글강), 후강판 6[mm] 이상

64 독성 가스 운반 시 제독제 기준

1,000[kg] 이상 운반할 때 소석회 40[kg], 1,000[kg] 미만 운반할 때 20[kg] 이상 휴대

65 폭굉 유도거리(DID)가 짧아지는 조건

- 정상 연소 속도가 빠른 혼합가스일수록
- 관 속에 장애물이 있거나 지름이 작을수록
- 고압일수록
- 점화원의 에너지가 강할수록

66 전기방폭구조

- 내압방폭구조(표시방법 d)
- 유입방폭구조(표시방법 o)
- 압력방폭구조(표시방법 p)
- 안전증 방폭구조(표시방법 e)
- 본질안전방폭구조(표시방법 ia 또는 ib)
- 특수방폭구조(표시방법 s)

67 위험장소 구분

① 0종 장소, 1종 장소, 2종 장소

구분	위험장소의 정의
0종 장소	폭발성 가스 분위기가 연속적으로, 장기간 또는 빈번하게 존재하는 장소
1종 장소	정상 작동 중에 폭발성 가스 분위기가 주기적 또는 간헐적으로 생성되기 쉬운 장소
2종 장소	정상 작동 중 폭발성 가스 분위기가 조성되지 않을 것으로 예상되며, 생성된다 하더라도 짧은 기간에만 지속되는 장소

68 유량계

- 차압식 유량계 : 벤투리관(Venturi Tube), 오리피스(Orifice), 노즐(Nozzle)
- 면적식 유량계 : 플로트(Float)식, 피스톤(Piston)식, 게이트(Gate)식
- 용적식 유량계 : 오벌 기어형과 왕복 피스톤형, 회전 피스톤형, 원판형 유량계
- 유속식 유량계 : 피토관식, 열선식
- 전자 유량계 : 패러데이의 전자 유도법칙을 이용

69 액면계

- 플로트식 액면계 : 고압 밀폐탱크 및 초대형 지하탱크의 액면을 측정하는 방식
- 차압식(햄프슨식) 액면계 : 기준 수위에서의 압력과 측정 액면계에서의 차이로부터 액위를 측정하는 방식

70 가스계량기

① 가스계량기의 종류

- 실측식
  - 막식 : 독립내기식, 크로바식
  - 회전자식 : 루츠식, 로터리식, 오발식
  - 습식
- 추량식
  - 델타, 터빈, 벤투리, 오리피스, 와류식

② 설치장소

- 화기와 2[m] 이상의 우회거리를 유지
- 설치높이는 바닥으로부터 1.6[m] 이상 2[m] 이내 설치
- 전기개폐기 및 전기계량기와의 거리는 60[cm] 이상, 굴뚝(단열조치를 하지 아니한 경우에 한함)·전기점멸기 및 전기접속기와의 거리는 30[cm] 이상, 절연조치를 하지 아니한 전선과의 거리는 15[cm] 이상의 거리를 유지할 것

③ 고장 현상

- 부동(不動) : 가스가 미터는 통과하나 지침이 작동하지 않는 상태
- 불통(不通) : 가스가 미터를 통과하지 못하는 고장
- 기차불량 : 기차가 변화하여 계량법에 규정된 사용 공차를 넘는 고장
- 누설 : 가스계량기의 누출은 계량기 내부에서 새는 것과 외부로 새는 것이 있음
- 감도불량 : 미터에 일정량의 가스 유량이 통과하였을 때 미터의 지침의 지시도에 변화가 나타나지 않은 고장
- 이물질로 인한 불량 : 미터 출구측의 압력이 현저하게 낮아져 가스의 연소상태를 불안정하게 하는 고장

CHAPTER 2 공식정리

1 가스배관 두께

1 바깥지름과 안지름 비가 1.2 이상일 때

$$t = \frac{D}{2}\left(\sqrt{\frac{25f\eta + P}{25f\eta - P}} - 1\right) + C$$

- η : 접수효율
- C : 부식 여유수치

2 바깥지름과 안지름의 비가 1.2 미만일 경우

$$t = \frac{PD}{50f\eta - P} + C$$

- f : 인장강도

2 배관두께(t)

1 바깥지름과 안지름의 비가 1.2 이하인 경우

$$t = \frac{PD}{200f\eta - P} + C$$

2 바깥지름과 안지름의 비가 1.2 초과인 경우

$$t = \frac{D}{2}\left(\sqrt{\frac{100f\eta + P}{100f\eta - P}} - 1\right) + C$$

- P : 상용압력[kg/cm^2]
- f : 허용응력[kg/cm^2]
- η : 용접효율
- C : 부식 여유수치(1[mm] 이상)
  (스테인리스강, 염화비닐, 폴리에틸렌 등의 내식성 재료는 0으로 한다)
- t : 최소 두께[mm]
- D : 내경[mm]

※ 도시가스 배관 설치 시 기울기는 도로의 기울기를 따르고, 평탄 도로의 경우 1/500 ~ 1/1,000 기울기를 둘 것

3 가스 밀도, 비체적, 비중

- 밀도 = $\dfrac{M}{22.4}$ ([g/L], [kg/m^3])

  M : 분자량

- 비체적 = $\dfrac{22.4}{M}$ ([L/g], [m^3/kg])

- 비중 = $\dfrac{M}{29}$

4 보일 - 샤를의 법칙

$$\frac{PV}{T} = \frac{P'V'}{T'}$$

- P, V, T : 처음 압력, 부피, 온도
- P', V', T' : 나중 압력, 부피, 온도

5 이상 기체 상태 방정식

$$\frac{PV}{T} = nR \rightarrow PV = nRT \rightarrow PV = \frac{w}{M}RT$$

- w : 질량
- M : 분자량
- R : 기체상수
- T : 온도
- P : 압력
- V : 부피

6 실제기체 상태 방정식

$$\left(P + \frac{n^2 a}{V^2}\right)(V - nb) = nRT$$

$$P = \frac{nRT}{V - nb} - \frac{n^2 a}{V^2}$$

- a : 기체 분자 간의 인력[$L^2 \cdot atm/mol^2$]
- b : 기체 자신이 차지하는 부피[L/mol]

7 기체 상태 방정식

$$PV = GRT$$

$$R = \frac{PV}{GT} = \frac{1.033 \times 10^4 [kg/m^2] \times 22.4 [m^3]}{1 [kmol] \times 273 [K]}$$

$$= 848 [kg \cdot m/kmol \cdot K]$$

- P : 압력[kg/m^2]
- V : 부피[m^3]
- G : 가스중량[kg]
- T : 절대온도[K]
- R : 가스정수[$kg \cdot m/kmol \cdot K$] = 848/분자량

8 혼합가스의 조성

- 용량[%] = $\dfrac{\text{단독 성분가스의 용적}}{\text{전체 가스의 용적}} \times 100$
- 용적[V %] = 몰(mol[%]) = 압력(P [%])
- 중량[%] = $\dfrac{\text{단독 성분의 중량}}{\text{전체가스의 중량}} \times 100$

9 열효율(η)

$$\eta = \frac{G \times C \times \Delta T}{W \times Q}$$

- G : 질량[kg]
- C : 비열[kcal/kg℃]
- ΔT : 온도차[℃]
- W : 연료소비량[kg]
- Q : 연료발열량[kcal/kg]

10 구형 탱크의 내용적

$$V = \frac{\pi D^3}{6} \text{ 또는 } \frac{4\pi r^3}{3}$$

- V : 내용적[m^3]
- D : 안지름[m]
- r : 반지름[m]

11 피스톤식 압력계

$$\text{압력}[kg/cm^2] = \frac{\text{추와 피스톤의 무게}[kg]}{\text{실린더 단면적}[cm^2]}$$

12 돌턴의 분압 법칙

$$P = P_1 + P_2 + P_3 + \cdots\cdots$$

- P : 전압
- P_1, P_2, P_3 : 각 단독 성분의 분압 혼합기체가 나타나는 전압은 각 단독 성분의 분압의 합과 같다.

13 르 - 샤틀리에 공식

$$\frac{100}{L} = \frac{V_1}{L_1} + \frac{V_2}{L_2} + \frac{V_3}{L_3} + \cdots\cdots$$

- L : 혼합가스의 하한 또는 상한
- L_1, L_2, L_3 : 단독 성분의 하한이나 상한
- V_1, V_2, V_3 : 단독 성분의 부피[%]

14 압축률

압력이 증가하면 액체의 체적이 감소된다.

$$\beta = \frac{-\Delta V}{V \Delta P}$$

- β : 압축률(1/[atm])
- V : 최초의 부피
- ΔP : 가해진 압력[atm]
- ΔV : 줄어든 부피

15 연신율과 단면 수축률

① 연신율(= 신장률)

$$\frac{L' - L}{L} \times 100$$

- L : 처음 길이
- L' : 나중 길이

② 단면 수축률

$$\frac{A - A'}{A} \times 100$$

- A : 처음 단면적
- A' : 수축한 최소 단면적

16 저장능력 산정기준

- 압축가스 : $Q = (P+1)V$
- 액화가스의 용기 : $w = \dfrac{V_2}{C}$
- 액화가스탱크 : $w = 0.9 d V_2$

- Q : 저장능력[m³]
- P : 충전압력[kg/cm²]
- V : 내용적[m³]
- V_2 : 내용적[L]
- w : 저장능력[kg]
- d : 액비중[kg/L]
- C : 충전상수(C_3H_8 - 2.35, C_4H_{10} - 2.05, CO_2 - 1.34, NH_3 - 1.86)

17 다공도

$$\frac{V - E}{V} \times 100 [\%]$$

- V : 다공물질의 용적[m³]
- E : 침윤 잔용적[m³]

18 위험도

$$H = \frac{U - L}{L}$$

- H : 위험도
- U : 폭발범위 상한
- L : 폭발범위 하한

19 웨버지수

$$WI = \frac{H_g}{\sqrt{d}} \ \text{(표준 웨버지수의 ±4.5[\%] 이내일 것)}$$

- WI : 웨버지수
- H_g : 도시가스의 발열량[kcal/m³]
- d : 가스의 비중

20 압축기용 안전밸브의 분출면적

$$a = \frac{w}{230 P \sqrt{\dfrac{M}{T}}}$$

- a : 분출부의 유효면적[cm²]
- w : 1시간에 분출해야 할 가스량[kg/h]
- P : 안전밸브의 분출압력[kg/cm²a]
- M : 가스의 분자량
- T : 압력 P에 있어서 가스의 절대온도[K]

21 압력용기의 안전밸브 구경 계산식

$$d = C\sqrt{D \times L}$$

- d : 안전밸브 구경[mm]
- D : 바깥지름[m]
- L : 관의 길이[m]
- $C : 35\sqrt{\dfrac{1}{P}}$
- P : 기밀시험압력[kg/cm²]

• 도관용 안전밸브 단면적 도관에 설치하는 안전밸브 분출 면적은 도관 최대 지름부 단면적의 0.1배 이상

22 영구 증가율

$$\text{영구 증가율} = \frac{\text{항구 증가량}}{\text{전 증가량}} \times 100$$

23 초저온용기 단열성능 시험

$$Q = \frac{Wq}{H \Delta t V} \text{[kcal/h℃L]}$$

- Q : 침입열량[kcal/h℃L]
- W : 기화량[kg]
- q : 기화잠열[kcal/kg]
- H : 측정시간[h]
- V : 내용적[L]
- Δt : 비점과 외기 온도차[℃]

• 합격 1,000[t] 이상 시 : 0.002[kcal/h℃L] 이하
• 합격 1,000[t] 미만 시 : 0.0005[kcal/h℃L]을 초과하지 말 것

※ 초저온용기 : -50[℃] 이하의 액화가스를 저장하기 위한 용기

24 상사 법칙

1 유량

회전수 변화에 비례 $Q' = Q\left(\dfrac{N'}{N}\right)$

2 양정

회전수 변화의 2승에 비례 $H' = H\left(\dfrac{N'}{N}\right)^2$

3 동력

회전수 변화의 3승에 비례 $KW' = KW\left(\dfrac{N'}{N}\right)^3$

25 유량 공식

$$Q = A \times V = \frac{\pi}{4}D^2 \times V = A \times \sqrt{2gh}$$

- Q : 유량[m³]
- A : 단면적[m²]
- V : 속도[m/s]
- D : 지름[m]
- h : 압력손실[m]
- g : 중력가속도(9.8[m/s²])

26 마찰손실수두

$$h_t = \lambda \times \frac{L}{D} \times \frac{V^2}{2g}$$

- h_t : 마찰손실수두[m]
- λ : 마찰계수
- L : 길이[m]
- D : 지름[m]
- V : 속도[m/s]
- g : 중력가속도(9.8[m/s²])

27 오차, 기차

- 오차 = $\dfrac{\text{측정값} - \text{진실값}}{\text{진실값}} \times 100$

- 기차 = $\dfrac{\text{측정값} - \text{진실값}}{\text{측정값}} \times 100$

28 배관 유량 공식

① 저압

$$Q = K\sqrt{\dfrac{D^5 H}{SL}}$$

- Q : 유량[m³/h]
- K : 폴의 정수(0.707)
- D : 관의 안지름[cm]
- H : 허용 압력손실[mmH₂O]
- S : 가스의 비중
- L : 관의 길이[m]

② 중·고압

$$Q = K\sqrt{\dfrac{D^5(P_1^2 - P_2^2)}{SL}}$$

- Q : 유량[m³/h]
- K : 콕의 계수(52.31)
- D : 관의 안지름[cm]
- P_1 : 처음 압력[kg/cm²a]
- P_2 : 나중 압력[kg/cm²a]

29 피스톤 압출량

① 왕복동식

$$V = \dfrac{\pi}{4} D^2 \cdot L \cdot N \cdot R \cdot 60$$

- V : 피스톤 압출량[m³/h]
- D : 실린더의 안지름[m]
- L : 피스톤의 행정[m]
- N : 기통 수
- R : 압축기의 매분 회전수[rpm]

② 회전식

$$V = \dfrac{\pi}{4}(D^2 - d^2) \cdot t \cdot R \cdot 60$$

- V : 1시간의 피스톤 압출량[m³/h]
- t : 회전자의 가스압축 부분의 두께[m]
- R : 회전자의 1분간의 표준 회전수[rpm]
- D : 피스톤 기통의 안지름[m]
- d : 회전자의 바깥지름[m]

30 펌프의 소요 동력

$$[\text{PS}] = \dfrac{r \cdot Q \cdot H}{75\eta}$$

$$[\text{kW}] = \dfrac{r \times Q \times H}{102\eta}$$

- r : 비중량[kg/m³]
- Q : 유량[m³/sec]
- H : 양정[m]
- η : 효율($\eta < 1$)

31 압축기 토출가스 온도

$$T_2 = T_1 \times \left(\frac{P_2}{P_1}\right)^{\frac{k-1}{k}}$$

- T_1 : 흡입 절대온도[K]
- T_2 : 토출 절대온도[K]
- P_1 : 흡입압력[kg/cm²a]
- P_2 : 토출압력[kg/cm²a]
- K : 비열비(C_P/C_V)

32 압축비

$$r = \sqrt[z]{\frac{P_e}{P_1}}$$

- r : 압축비
- z : 단수
- P_1 : 흡입 절대압력[kg/cm²a]
- P_e : 토출 절대압력[kg/cm²a]

33 염소용기 두께

$$t = \frac{PD}{200S}$$

- t : 두께[mm]
- P : 최고충전압력[kg/cm²]
- D : 바깥지름[mm]
- S : 인장강도[kg/mm²]

34 산소용기 두께 계산식

$$t = \frac{PD}{200SE}$$

- t : 산소용기 두께[mm]
- P : 최고충전압력[kg/cm²]
- D : 바깥지름[mm]
- S : 인장강도[kg/mm²]
- E : 안전율

35 프로판 용기 두께

$$t = \frac{PD}{50S\eta - P} + C$$

- t : 두께[mm]
- P : 최고충전압력[kg/cm²]
- D : 안지름[mm]
- S : 인장강도[kg/mm²]
- η : 용접 효율
- C : 부식 여유 수치[mm]

36 용접용기 동판두께

$$t = \frac{PD}{200S\eta - 1.2P} + C$$

- t : 용접용기 동판두께[mm]
- P : 최고충전압력[kg/cm²](C_2H_2 : FP × 1.62)
- D : 안지름[mm]
- S : 허용응력[kg/mm²] = $\frac{1}{4}$ 인장강도
- η : 용접 효율
- C : 부식 여유 수치[mm]

- NH_3 1,000[L] 이하 : 1[mm]
  　　　　　　　초과 : 2[mm]

- Cl_2 1,000[L] 이하 : 3[mm]
  　　　　　　초과 : 5[mm]

37 배관두께 계산식

1 바깥지름과 안지름의 비가 1.2 이상일 때

$$t = \frac{D}{2}\left(\sqrt{\frac{25f\eta + P}{25f\eta - P}} - 1\right) + C$$

2 바깥지름과 안지름의 비가 1.2 미만일 때

$$t = \frac{PD}{50f\eta - P} + C$$

- t : 배관의 두께[mm]
- P : 상용압력[kg/cm^2]
- D : 안지름[mm]
- f : 인장강도[kg/mm^2]
- C : 부식 여유 수치[mm]
- η : 접수효율

38 입상배관에 의한 압력손실

$$h = 1.293(S-1)H$$

- h : 가스의 압력손실[mmH$_2$O]
- S : 가스비중
- H : 입상높이[m]

39 전동기의 회전수

$$N = \frac{120f}{P}\left(1 - \frac{S}{100}\right)$$

- N : 회전수[rpm]
- P : 극수

40 비교 회전수

형상은 유지하고 크기를 바꾼 상태에서 동일 유량, 동일 양정을 낼 때의 회전수를 원래의 회전수와 비교한 값

$$Ns = \frac{N\sqrt{Q}}{\left(\dfrac{H}{Z}\right)^{\frac{3}{4}}}$$

- Ns : 비교 회전도[m^3/min·m·rpm]
- N : 회전수[rpm]
- H : 양정[m]
- Q : 유량[m^3/min]
- Z : 단수

41 응력

- 원주방향 응력 : $\sigma = \dfrac{PD}{2t}$
- 길이방향 응력 : $\sigma = \dfrac{PD}{4t}$

- σ : 응력[kg/cm^2]
- P : 압력[kg/cm^2]
- D : 내경[cm]
- t : 두께[cm]

42 노즐에서 LPG의 분출량

$$Q = 0.009D^2\sqrt{\frac{H}{d}}$$

- Q : 분출 가스량[m^3/h]
- D : 노즐의 지름[mm]
- d : 가스의 비중
- H : 노즐 직전의 가스압[mmH$_2$O]

1 유량계수가 있을 때

$$Q = 0.011 D^2 K \sqrt{\frac{H}{d}}$$

K : 유량계수

43 노즐의 변경률

$$\frac{D_2}{D_1} = \frac{\sqrt{WI_1}\sqrt{P_1}}{\sqrt{WI_2}\sqrt{P_2}}$$

- D_1 : 변경 전 노즐 구멍의 지름[mm]
- D_2 : 변경 후 노즐 구멍의 지름[mm]
- P_1 : 변경 전 가스의 압력[mmH$_2$O]
- P_2 : 변경 후 가스의 압력[mmH$_2$O]
- WI_1 : 변경 전 웨버지수
- WI_2 : 변경 후 웨버지수

44 가스 홀더의 활동량

$$S \times a = \frac{t}{24} \times M + \Delta H$$

- M : 최대 제조능력[m³/day]
- S : 최대 공급량[m³/day]
- a : t시간의 공급률[%]
- ΔH : 가스 홀더의 가동 용량
- t : 시간당 공급량이 제조능력보다 많은 시간

45 가스 홀더 가동 용량

$$\Delta H = \frac{\pi}{6} D^3 (P_1 - P_2)$$

- ΔH : 가스 홀더 가동 용량[Nm³]
- D : 지름[m]
- P_1 : 최대 사용압력[atm]
- P_2 : 최저 사용압력[atm]

46 가스 홀더판의 두께

$$t = \frac{PD}{400 S \eta - 0.4 P} + C$$

- t : 가스 홀더판 두께[mm]
- P : 최고 사용압력[kg/cm²]
- D : 안지름[mm]
- S : 허용응력[kg/mm²]
- η : 효율
- C : 부식 여유 수치

47 냉동기의 성적계수(ϵ_R)

$$\epsilon_R = \frac{T_2}{T_1 - T_2} = \frac{Q_2}{Q_1 - Q_2}$$

1 열펌프의 성적계수(ϵ_H)

$$\epsilon_H = \frac{T_1}{T_1 - T_2} = \frac{Q_1}{Q_1 - Q_2}$$

2 열효율(η_C)

$$\eta_C = \frac{T_1 - T_2}{T_1} = \frac{Q_1 - Q_2}{Q_1}$$

- T_1 : 고온[K]
- T_2 : 저온[K]
- ※ T_1, Q_1 : 응축 절대온도, 응축기 방출 열량
-    T_2, Q_2 : 증발 절대온도, 증발기 흡수 열량

48 개방 연소기 배기통 유효 단면적

$$A = \frac{20 KQ}{1,400 \sqrt{H}}$$

- A : 유효 단면적[m²]
- K : 폐가스량
- Q : 유량[kg/h]
- H : 높이[m]

49 강제 이음새 없는 용기의 몸체 허용응력 계산

$$S = \frac{P(1 \cdot 3D^2 + 0.4d^2)}{100(D^2 - d^2)}$$

$\left[\begin{array}{l} S : \text{내압시험압력 시에 있어서 몸체 허용응력}\left[\dfrac{\text{kg}}{\text{mm}^2}\right] \\ P : \text{내압시험압력의 최소값}\left[\dfrac{\text{kg}}{\text{cm}^2}\right] \\ D : \text{외경[mm]} \\ d : \text{내경[mm]} \end{array}\right.$

50 기체의 확산(그레이엄의 법칙)

$$\frac{v_1}{v_2} = \sqrt{\frac{M_2}{M_1}} = \sqrt{\frac{d_2}{d_1}} = \frac{t_2}{t_1}$$

$\left[\begin{array}{l} v : \text{확산속도} \\ M : \text{분자량} \\ d : \text{밀도} \\ t : \text{확산속도} \end{array}\right.$

51 탄화수소 완전연소식

$$C_mH_n + \left(m + \frac{n}{4}\right)O_2 \rightarrow mCO_2 + \frac{n}{2}H_2O$$

52 공기비

$$m = \frac{\text{실제 공기량}}{\text{이론 공기량}}\frac{A}{A_0} = 1 + \frac{\text{과잉공기}}{A_0}$$

$$= \frac{CO_2\text{max}}{CO_2} = \frac{21}{21 - O_2} = \frac{N_2}{N_2 - 3.76O_2}$$

53 외부에 하는 일(팽창)

- 정압 변화 : $P(V_2 - V_1) = R(T_2 - T_1)$

- 정온 변화 : $P_1 V_1 \ln \dfrac{V_2}{V_1} = P_1 V_1 \ln \dfrac{P_1}{P_2}$

- 단열 변화 : $\dfrac{P_1 V_1}{k-1} \times \left[1 - \left(\dfrac{P_2}{P_1}\right)^{\frac{k-1}{k}}\right]$

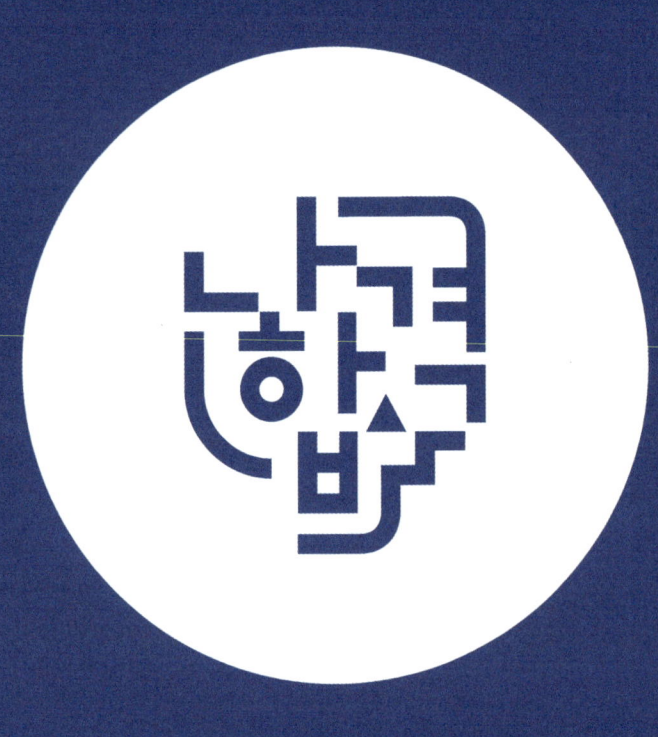

PART 02

과목별 기출문제

제1과목 연소공학
2018년 제1, 2, 4회 | 2019년 제1, 2, 4회 | 2020년 제1·2, 3, 4회
2021년 제1, 2, 4회 | 2022년 제1, 2, 4회 | 2023년 제1, 2, 4회
2024년 제1, 2, 3회 | 2025년 제1, 2회

제2과목 가스 설비
2018년 제1, 2, 4회 | 2019년 제1, 2, 4회 | 2020년 제1·2, 3, 4회
2021년 제1, 2, 4회 | 2022년 제1, 2, 4회 | 2023년 제1, 2, 4회
2024년 제1, 2, 3회 | 2025년 제1, 2회

제3과목 가스 안전관리
2018년 제1, 2, 4회 | 2019년 제1, 2, 4회 | 2020년 제1·2, 3, 4회
2021년 제1, 2, 4회 | 2022년 제1, 2, 4회 | 2023년 제1, 2, 4회
2024년 제1, 2, 3회 | 2025년 제1, 2회

제4과목 가스 계측
2018년 제1, 2, 4회 | 2019년 제1, 2, 4회 | 2020년 제1·2, 3, 4회
2021년 제1, 2, 4회 | 2022년 제1, 2, 4회 | 2023년 제1, 2, 4회
2024년 제1, 2, 3회 | 2025년 제1, 2회

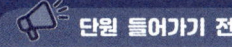
단원 들어가기 전

출제되는 문제의 이해도를 높이고 과락을 방지하기 위해 과목별로 기출문제를 구성했습니다.
해설과 정답을 체크해 가면서 실력을 키워보세요.

과목별기출문제

제1과목 연소공학

2018년 제1회 가스산업기사

01

메탄의 완전연소 반응식을 옳게 나타낸 것은?

① $CH_4 + 2O_2 \rightarrow CO_2 + 2H_2O$
② $CH_4 + 3O_2 \rightarrow 2CO_2 + 2H_2O$
③ $CH_4 + 3O_2 \rightarrow 2CO_2 + 3H_2O$
④ $CH_4 + 5O_2 \rightarrow 3CO_2 + 4H_2O$

해설및용어설명 |
$C + O_2 \rightarrow CO_2$(탄소 완전연소 시 산소와 1 : 1 반응)
$2H_2 + O_2 \rightarrow 2H_2O$(수소 완전연소 시 산소와 2 : 1 반응)
메탄은 탄소와 수소가 결합한 탄화수소이다. 완전연소식은 다음과 같다.
$CH_4 + 2O_2 \rightarrow CO_2 + 2H_2O$

02

최소 발화 에너지(MIE)에 영향을 주는 요인 중 MIE의 변화를 가장 작게 하는 것은?

① 가연성 혼합 기체의 압력
② 가연성 물질 중 산소의 농도
③ 공기 중에서 가연성 물질의 농도
④ 양론 농도하에서 가연성 기체의 분자량

해설및용어설명 | 최소 발화 에너지는 물질의 종류, 혼합기의 온도, 압력, 농도(혼합비) 등에 따라 변화한다. 또한 공기 중의 산소가 많은 경우 또는 가압하에서는 일반적으로 작은 값이 된다.

03

에탄의 공기 중 폭발범위가 3.0 ~ 12.4[%]라고 할 때 에탄의 위험도는?

① 0.76
② 1.95
③ 3.13
④ 4.25

해설및용어설명 |
$H = \dfrac{U-L}{L} = \dfrac{12.4 - 3.0}{3.0} = 3.133$

04

액체연료의 연소형태 중 램프 등과 같이 연료를 심지에 빨아올려 심지의 표면에서 연소시키는 것은?

① 액면연소
② 증발연소
③ 분무연소
④ 등심연소

해설및용어설명 | 등심연소(Wick Combustion)
석유스토브나 램프에서와 같이 연료를 심지로 빨아올려 심지표면에서 증발시켜 확산연소를 시키는 것을 말한다.

05

가스의 특성에 대한 설명 중 가장 옳은 내용은?

① 염소는 공기보다 무거우며 무색이다.
② 질소는 스스로 연소하지 않는 조연성이다.
③ 산화에틸렌은 분해폭발을 일으킬 위험이 있다.
④ 일산화탄소는 공기 중에서 연소하지 않는다.

정답 01 ① 02 ④ 03 ③ 04 ④ 05 ③

해설및용어설명 |
- 염소는 기체일 때 무게는 공기보다 약 2.5배 무겁다.
  (염소 분자량 : 71[g], 공기의 분자량 : 29[g])
- 질소는 스스로 연소하지 않는 불연성 가스이다.
- 산화에틸렌 폭발형태 : 중합폭발, 분해폭발
- 일산화탄소는 공기 중에서 연소하는 가연성 가스(폭발범위 : 12.5~74[%])이며, 독성 가스이다.

06

메탄 50[v%], 에탄 25[v%], 프로판 25[v%]가 섞여있는 혼합 기체의 공기 중에서의 연소하한계[v%]는 얼마인가? (단, 메탄, 에탄, 프로판의 연소하한계는 각각 5[v%], 3[v%], 2.1[v%]이다)

① 2.3　　② 3.3
③ 4.3　　④ 5.3

해설및용어설명 |

$\dfrac{100}{L} = \dfrac{V_1}{L_1} + \dfrac{V_2}{L_2} + \dfrac{V_3}{L_3}$ 에서

$\therefore L = \dfrac{100}{\dfrac{V_1}{L_1}+\dfrac{V_2}{L_2}+\dfrac{V_3}{L_3}} = \dfrac{100}{\dfrac{50}{5}+\dfrac{25}{3}+\dfrac{25}{2.1}} = 3.307[\%]$

07

연료가 구비하여야 할 조건으로 틀린 것은?

① 발열량이 클 것
② 구입하기 쉽고 가격이 저렴할 것
③ 연소 시 유해가스 발생이 적을 것
④ 공기 중에서 쉽게 연소되지 않을 것

해설및용어설명 | 연료의 구비조건
- 공기 중에 쉽게 연소할 것
- 발열량이 클 것
- 구입이 쉽고 경제적일 것
- 취급, 운반, 저장이 용이할 것
- 연소 시 공해의 요인이 적을 것

08

다음 연료 중 표면연소를 하는 것은?

① 양초　　② 휘발유
③ LPG　　④ 목탄

해설및용어설명 | 표면연소
- 고체 가연물이 열분해나 증발하지 않고 표면에서 산소와 급격히 산화반응하여 연소하는 현상
- 목탄 등이 열분해에 의해서 가연성 가스를 발생하지 않고 그 물질 자체가 연소하는 현상
- 불꽃이 없는 것(무염연소)이 특징이고 연쇄반응이 없다.
- 나무와 같은 가연물의 연소 말기에는 표면연소가 이루어진다.
- 숯, 목탄, 코크스, 금속분, 금속박, 금속리본

09

자연발화를 방지하는 방법으로 옳지 않은 것은?

① 통풍을 잘 시킬 것
② 저장실의 온도를 높일 것
③ 습도가 높은 것을 피할 것
④ 열이 축적되지 않게 연료의 보관방법에 주의할 것

해설및용어설명 | 자연발화의 방지법
- 통풍을 잘 시켜 퇴적 및 수납 시 열이 축적되지 않도록 한다.
- 습도가 높은 곳을 피한다.
- 저장실의 온도를 낮춘다.

10

연소의 3요소가 바르게 나열된 것은?

① 가연물, 점화원, 산소
② 수소, 점화원, 가연물
③ 가연물, 산소, 이산화탄소
④ 가연물, 이산화탄소, 점화원

해설및용어설명 | 연소의 3요소
가연물, 산소 공급원, 점화원

11

연료발열량(HI) 10,000[kcal/kg], 이론공기량 11[m³/kg], 과잉공기율 30[%], 이론습가스량 11.5[m³/kg], 외기온도 20[℃]일 때의 이론연소온도는 약 몇 [℃]인가? (단, 연소가스의 평균비열은 0.31[kcal/m³℃]이다)

① 1,510
② 2,180
③ 2,200
④ 2,530

해설및용어설명 | 이론연소온도 계산

이론연소온도 = $\dfrac{\text{연료저위발열량}}{\text{연소가스량} \times \text{연소가스의 비열}}$ + 외기온도

문제에서 주어지지 않은 연소가스량을 구하면
연소가스량 = $(m-1) \times$ 이론공기량 + 이론연소가스량
= $(1.3-1) \times 11 + 11.5 = 14.8$

∴ 이론연소온도 = $\dfrac{10,000}{14.8 \times 0.31} + 20 = 2,199.6$

12

다음 [보기] 중 산소농도가 높을 때 연소의 변화에 대하여 올바르게 설명한 것으로만 나열한 것은?

[보기]
㉠ 연소속도가 느려진다.
㉡ 화염온도가 높아진다.
㉢ 연료 [kg]당의 발열량이 높아진다.

① ㉠
② ㉡
③ ㉠, ㉡
④ ㉡, ㉢

해설및용어설명 | 연소 시 산소의 농도가 높아지면
- 연소속도가 증가한다.
- 화염의 온도가 높아진다.
- 발열량이 높아진다.
- 발화점 및 인화점이 낮아진다.
- 연소범위가 넓어진다.

(연료 [kg]당 발열량은 이론 발열량으로써 변하지 않지만 연소조건에 따라 이론발열량에 가까운 발열량을 만들 수도 있고 아닐 수도 있다)

13

가스화재 소화대책에 대한 설명으로 가장 거리가 먼 것은?

① LNG에 착화할 때에는 노출된 탱크, 용기 및 장비를 냉각시키면서 누출원을 막아야 한다.
② 소규모 화재 시 고성능 포말소화액을 사용하여 소화할 수 있다.
③ 큰 화재나 폭발로 확대된 위험이 있을 경우에는 누출원을 막지 않고 소화부터 해야 한다.
④ 진화원을 막는 것이 바람직하다고 판단되면 분말소화약제, 탄산가스, 할론소화기를 사용할 수 있다.

해설및용어설명 | 큰 화재나 폭발로 확대된 위험이 있을 경우에는 누출원을 막고 소화를 해야 한다.

14

폭발의 정의를 가장 잘 나타낸 것은?

① 화염의 전파 속도가 음속보다 큰 강한 파괴 작용을 하는 흡열반응
② 화염의 음속 이하의 속도로 미반응 물질 속으로 전파되어 가는 발열반응
③ 물질이 산소와 반응하여 열과 빛을 발생하는 현상
④ 물질을 가열하기 시작하여 발화할 때까지의 시간이 극히 짧은 반응

해설 및 용어 설명 |
- 폭발 : 화염이 음속 이하의 속도로 미반응 물질 속으로 전파 되어가는 발열반응
- 폭굉 : 가스 속의 연소전파속도가 음속보다도 큰 경우로 파면 선단에 충격파 라고 하는 강한 압력파의 작용으로 격렬한 파괴 작용을 일으키는 현상

15

프로판(C_3H_8)의 표준 총 발열량이 -530,600[cal/gmol]일 때 표준 진발열량은 약 몇 [cal/gmol]인가? (단, $H_2O(L) \rightarrow H_2O(g)$, $\Delta H = 10,519$[cal/gmol]이다)

① -530,600 ② -488,524
③ -520,081 ④ -430,432

해설 및 용어 설명 |
- 프로판(C_3H_8)의 완전연소 반응식
  $C_3H_8 + 5O_2 \rightarrow 3CO_2 + 4H_2O$
- 발열량 : 표준상태에서 연료가 완전연소했을 때 발생하는 열
  - 고위발열량(총 발열량) : 저위발열량 + 수증기잠열
    대부분의 연료에서는 연료성분 내에 포함된 수소 성분에 의해 수증기가 발생하며, 이 수증기는 응축하여 물로 변할 때 열을 방출하는데 이것을 잠열이라고 하며, 수증기의 잠열을 포함한 발열량이다.
- 저위발열량(진발열량) : 고위발열량 - 수증기잠열
  - 수증기 잠열을 포함하지 않은 발열량이다.
    (수증기의 생성엔탈피(ΔH)와 물의 증발잠열은 절대값은 같고 부호가 반대이다)
  ∴ $H_L = H_h$ - 물의 증발잠열량 = -530,600 - (-10,519×4)
   = -488,524[cal/g·mol]

16

이상기체를 정적하에서 가열하면 압력과 온도의 변화는 어떻게 되는가?

① 압력 증가, 온도 상승 ② 압력 일정, 온도 일정
③ 압력 일정, 온도 상승 ④ 압력 증가, 온도 일정

해설 및 용어 설명 | 이상기체를 일정한 부피(정적 상태)에서
- 가열 : 압력 증가, 온도 상승
- 냉각 : 압력 강하, 온도 저하

17

가연물질이 연소하는 과정 중 가장 고온일 경우의 불꽃색은?

① 황적색 ② 적색
③ 암적색 ④ 회백색

해설 및 용어 설명 | 색깔별 온도

구분	암적색	적색	휘적색	황적색	백적색	휘백색
온도	700[℃]	850[℃]	950[℃]	1,100[℃]	1,300[℃]	1,500[℃]

④ 회백색 → 휘백색이어야 답이 일치함

18

연소에 대한 설명 중 옳은 것은?

① 착화온도와 연소온도는 항상 같다.
② 이론연소온도는 실제연소온도보다 높다.
③ 일반적으로 연소온도는 인화점보다 상당히 높다.
④ 연소온도가 그 인화점보다 낮게 되어도 연소는 계속 된다.

해설 및 용어 설명 | 인화점 < 연소점 < 발화점(착화점)
- 인화점 : 불꽃에 의하여 붙는 가장 낮은 온도
- 연소점 : 연소를 지속시킬 수 있는 최소 온도로 인화점보다 약 5~10[℃] 높다.
- 발화점(착화점) : 점화원 없이 스스로 발화되는 최저 온도

19

폭굉 유도거리에 대한 올바른 설명은?

① 최초의 느린 연소가 폭굉으로 발전할 때까지의 거리
② 어느 온도에서 가열, 발화, 폭굉에 이르기까지의 거리
③ 폭굉 등급을 표시할 때의 안전간격을 나타내는 거리
④ 폭굉이 단위시간당 전파되는 거리

해설및용어설명 | 폭굉 유도거리(DID)
최초의 정상적인 연소에서 격렬한 폭굉으로 진행할 때까지의 거리를 말한다.

20

어떤 혼합가스가 산소 10[mol], 질소 10[mol], 메탄 5[mol]을 포함하고 있다. 이 혼합가스의 비중은 약 얼마인가? (단, 공기의 평균분자량은 29이다)

① 0.88
② 0.94
③ 1.00
④ 1.07

해설및용어설명 | 비중을 구하기 위해 혼합가스의 분자량을 구한다.

혼합가스분자량 = 성분분자량 × $\dfrac{성분몰수}{전몰수}$

$$= \left(32 \times \dfrac{10}{25}\right) + \left(28 \times \dfrac{10}{25}\right) + \left(16 \times \dfrac{5}{25}\right)$$

$$= 27.2$$

혼합가스 비중 = $\dfrac{M}{29} = \dfrac{27.2}{29} = 0.9379$

※ 분자량
- 산소(O_2) : 16g/mol
- 질소(N_2) : 28g/mol
- 메탄(CH_4) : 16g/mol

2018년 제2회 가스산업기사

01

방폭구조 중 점화원이 될 우려가 있는 부분을 용기 내에 넣고 신선한 공기 또는 불연성 가스 등의 보호기체를 용기의 내부에 넣음으로써 용기 내부에는 압력이 형성되어 외부로부터 폭발성 가스 또는 증기가 침입하지 못하도록 한 구조는?

① 내압방폭구조
② 안전증 방폭구조
③ 본질안전방폭구조
④ 압력방폭구조

해설및용어설명 |
- 내압방폭구조 : 내부의 가연성 가스의 폭발이 발생할 경우 그 용기가 폭발 압력에 견딜 수 있는 구조
- 안전증 방폭구조 : 기기의 주요 구조부를 운전 중에 발생할 수 있는 과열, 불꽃 등에 대하여 안전도를 증가시킨 구조이다.
- 본질안전방폭구조 : 정상 시 및 사고 시에 발생하는 전기 불꽃 아크 또는 고온부로 인하여 가연성 가스가 점화되지 않는 것이 점화시험 그 밖의 방법에 의해 확인된 구조
- 압력방폭구조 : 내부에 보호 가스를 압입하여 내부압력을 유지함으로써 가연성 가스가 내부로 유입되지 않도록 한 구조

02

기체연료가 공기 중에서 정상연소할 때 정상연소 속도의 값으로 가장 옳은 것은?

① 0.1~10[m/s]
② 11~20[m/s]
③ 21~30[m/s]
④ 31~40[m/s]

해설및용어설명 | 정상 연소속도
약 0.1~10[m/s]

03

화염전파속도에 영향을 미치는 인자와 가장 거리가 먼 것은?

① 혼합기체의 농도
② 혼합기체의 압력
③ 혼합기체의 발열량
④ 가연 혼합기체의 성분조성

해설및용어설명 | 화염전파속도(연소속도)에 영향을 주는 인자
- 가연물의 온도
- 산소의 농도에 따라 가연물질과 접촉하는 속도
- 산화반응을 일으키는 속도
- 촉매
- 압력

온도가 높아질수록 반응속도가 상승하며, 압력을 증가시키면 단위부피 중의 입자수가 증가한다. 결국 기체의 농도가 증가하므로 반응속도도 상승한다. 촉매는 반응속도를 변화시키는 물질로써 반응속도를 빠르게 하는 정촉매와 반응속도를 느리게 하는 부촉매가 있다.

04

발화지연에 대한 설명으로 가장 옳은 것은?

① 저온, 저압일수록 발화지연은 짧아진다.
② 화염의 색이 적색에서 청색으로 변하는 데 걸리는 시간을 말한다.
③ 특정 온도에서 가열하기 시작하여 발화 시까지 소요되는 시간을 말한다.
④ 가연성 가스와 산소의 혼합비가 완전 산화에 근접할수록 발화지연은 길어진다.

해설및용어설명 | 발화지연
특정 온도에서 가열하기 시작하여 발화 시까지 소요되는 시간을 말한다.
- 고온·고압일수록 발화지연은 짧아진다.
- 가연성 가스와 산소와의 혼합비가 완전 산화에 가까울수록 발화지연은 짧아진다.

05

다음 중 가스 연소 시 기상 정지반응을 나타내는 기본반응식은?

① $H + O_2 \rightarrow OH + O$
② $O + H_2 \rightarrow OH + H$
③ $OH + H_2 \rightarrow H_2O + H$
④ $H + O_2 + M \rightarrow HO_2 + M$

해설및용어설명 | 연쇄반응

연쇄담체(라디칼 또는 이온)에 단량체 분자가 결합하여 그 자신이 새로운 연쇄 담체로 되는 반응. 예컨대 연쇄담체 A가 분자 B와 반응하여 A + B → C + D로 하고 연쇄담체 D로 변한다. 연쇄반응을 구성하는 것에는 연쇄 시동반응, 연쇄분지반응, 연쇄전파반응, 연쇄파괴반응 등이 있다. 산수소 반응은 연쇄반응의 대표적인 예이다.

- ①, ② : 연쇄분지반응 : 연쇄담체의 증식이 일어나는 반응
- ③ : 연쇄 이동(전파)반응 : 연쇄담체가 교체될 뿐 그 수가 일정한 반응
- ④ : 기상 정지반응 : 연쇄담체가 파괴되어 낮은 활성도의 HO_2로 변하는 과정

06

비중(60/60[°F])이 0.95인 액체연료의 API도는?

① 15.45
② 16.45
③ 17.45
④ 18.45

해설및용어설명 |

$$API도 = \frac{141.5}{비중(60[°F]/60[°F])} - 131.5 = \frac{141.5}{0.95} - 131.5 = 17.447$$

※ API : 미국석유협회가 제정한 원유의 비중을 나타내는 지표로서 탄소수가 많을수록 비중이 커진다.

07

메탄올 공기비 1.1로 완전연소시키고자 할 때 메탄 1[Nm³]당 공급해야 할 공기량은 약 몇 [Nm³]인가?

① 2.2 ② 6.3
③ 8.4 ④ 10.5

해설및용어설명 | 메탄(CH_4)의 완전연소 반응식

$CH_4 + 2O_2 \rightarrow CO_2 + 2H_2O$

메탄 1[Nm³] 연소 시 산소량은 2[Nm³]이며 공기량으로 계산하면

$\frac{100}{21} \times 2 = 9.52$[Nm³]이며 공기비 1.1로 연소 시 실제 공기량을 계산하면

$1.1 = \frac{x}{9.52}$, $x = 10.47$이다.

08

연소범위에 대한 설명 중 틀린 것은?

① 수소가스의 연소범위는 약 4 ~ 75[%]이다.
② 가스의 온도가 높아지면 연소범위는 좁아진다.
③ 아세틸렌은 자체분해폭발이 가능하므로 연소상한계를 100[%]로도 볼 수 있다.
④ 연소범위는 가연성 기체의 공기와의 혼합에 있어 점화원에 의해 연소가 일어날 수 있는 범위를 말한다.

해설및용어설명 | 연소범위

혼합가스의 연소가능한 농도범위
- 온도가 증가 시 넓어진다.
- 압력 상승 시 넓어진다(예외 일산화탄소 압력상승 시 좁아지고, 수소는 10기압까지 좁아지고 그 이상 압력에서 넓어진다).
- 산소농도 증가 시 넓어진다.
- 불활성 가스 첨가 시 좁아진다.

09

BLEVE(Boiling Liquid Expanding Vapor Explosion)현상에 대한 설명으로 옳은 것은?

① 물이 점성이 있는 뜨거운 기름 표면 아래서 끓을 때 연소를 동반하지 않고 Overflow 되는 현상
② 물이 연소유(oil)의 뜨거운 표면에 들어갈 때 발생되는 Overflow 현상
③ 탱크바닥에 물과 기름의 에멀젼이 섞여 있을 때, 기름의 비등으로 인하여 급격하게 Overflow 되는 현상
④ 과열상태의 탱크에서 내부의 액화가스가 분출, 일시에 기화되어 착화, 폭발하는 현상

해설및용어설명 | 비등액체 팽창증기 폭발(BLEVE)

BLEVE는 비점 이상의 압력으로 유지되는 액체가 들어있는 탱크가 파열될 때 일어나는데 발생구조는 다음과 같다.
- 가연성 액체가 들어있는 탱크 주위에서 화재가 발생한다.
- 화재의 열에 의하여 탱크벽이 가열된다.
- 액면 이하의 탱크벽은 액에 의해 냉각되나 액의 온도가 올라가고, 액면 위 공간의 압력이 증가한다.
- 열을 제거시킬 액이 없고 증기만 존재하는 탱크의 벽이나 천정까지 화염이 도달되면 화염과 접촉하는 부위 금속의 온도가 상승하여 구조적 강도를 잃게 된다.
- 약해진 탱크부위가 내부의 고압에 의해 파열되어 내부의 고압액체의 일부가 누출되면서 급격히 기화하여 증기운을 형성하고 여기에 착화되어 폭발한다.

10

다음 반응식을 이용하여 메탄(CH_4)의 생성열을 계산하면?

$$C + O_2 \rightarrow CO_2, \quad \triangle H = -97.2 [kcal/mol]$$
$$H_2 + \left(\frac{1}{2}\right)O_2 \rightarrow H_2O, \quad \triangle H = -57.6 [kcal/mol]$$
$$CH_4 + 2O_2 \rightarrow CO_2 + 2H_2O, \quad \triangle H = -194.4 [kcal/mol]$$

① $\triangle H = -17 [kcal/mol]$
② $\triangle H = -18 [kcal/mol]$
③ $\triangle H = -19 [kcal/mol]$
④ $\triangle H = -20 [kcal/mol]$

해설및용어설명 | 메탄(CH_4)의 완전연소 반응식

$CH_4 + 2O_2 \rightarrow CO_2 + 2H_2O + Q$

생성열 계산

$-194.4 = -97.2 - 57.6 \times 2 + Q$

$Q = 97.2 + 2 \times 57.6 - 194.4 = 18$

∴ $\triangle H = -18 [kcal/mol]$

11

공기 중 폭발한계의 상한값이 가장 높은 가스는?

① 프로판
② 아세틸렌
③ 암모니아
④ 수소

해설및용어설명 | 각 가스의 공기 중에서의 폭발범위

명칭	폭발범위[%]
프로판(C_3H_8)	2.1 ~ 9.5
암모니아(NH_3)	15 ~ 28
수소(H_2)	4 ~ 75
아세틸렌(C_2H_2)	2.5 ~ 81

12

폭발에 관한 가스의 일반적인 성질에 대한 설명 중 틀린 것은?

① 안전간격이 클수록 위험하다.
② 연소속도가 클수록 위험하다.
③ 폭발범위가 넓은 것이 위험하다.
④ 압력이 높아지면 일반적으로 폭발범위가 넓어진다.

해설및용어설명 | 안전간격

8[L] 정도의 구형용기 안에 폭발성 혼합가스를 채우고 점화 시 외부의 폭발성 혼합가스에 화염을 전달시킬 수 없는 한계의 틈으로 작을수록 위험하다.

13

기체혼합물의 각 성분을 표현하는 방법에는 여러 가지가 있다. 혼합가스의 성분비를 표현하는 방법 중 다른 값을 갖는 것은?

① 몰분율
② 질량분율
③ 압력분율
④ 부피분율

해설및용어설명 | 아보가드로 법칙에 의해 모든 가스는 0[℃], 1기압 아래서는 1몰당 같은 부피 속에 같은 수의 분자를 포함하고 있다. 그러나 각 가스의 분자량은 서로 달라 질량분율은 다른 값을 나타낸다.

14

다음 중 연소의 3요소에 해당하는 것은?

① 가연물, 산소, 점화원
② 가연물, 공기, 질소
③ 불연재, 산소, 열
④ 불연재, 빛, 이산화탄소

해설및용어설명 | 연소의 3요소

가연물, 산소 공급원, 점화원

15

공기비[m]에 대한 가장 옳은 설명은?

① 연료 1[kg]당 실제로 혼합된 공기량과 완전연소에 필요한 공기량의 비를 말한다.
② 연료 1[kg]당 실제로 혼합된 공기량과 불완전연소에 필요한 공기량의 비를 말한다.
③ 기체 1[m^3]당 실제로 혼합된 공기량과 완전연소에 필요한 공기량의 차를 말한다.
④ 기체 1[m^3]당 실제로 혼합된 공기량과 불완전연소에 필요한 공기량의 차를 말한다.

해설및용어설명 | 공기비

연소에서 실제로 공급한 공기의 양과 이론적으로 필요한 공기량과의 비를 말한다.

$$\therefore m = \frac{\text{실제 공기량}}{\text{이론 공기량}}$$

16

기체연료의 연소에서 일반적으로 나타나는 연소의 형태는?

① 확산연소　　② 증발연소
③ 분무연소　　④ 액면연소

해설및용어설명 | 기체연료의 연소형태

- 확산연소 : 연소버너 주변에 가연성 가스를 확산시켜 산소와 혼합되고, 연소가능한 혼합가스를 생성하여 연소하는 현상으로 기체의 일반적인 연소형태
- 예혼합연소 : 연소시키기 전에 이미 연소 가능한 혼합가스를 만들어 연소시키는 것으로 혼합기로의 역화를 일으킬 위험성이 크다.

17

아세톤, 톨루엔, 벤젠이 제4류 위험물로 분류되는 주된 이유는?

① 공기보다 밀도가 큰 가연성 증기를 발생시키기 때문에
② 물과 접촉하여 많은 열을 방출하여 연소를 촉진시키기 때문에
③ 니트로기를 함유한 폭발성 물질이기 때문에
④ 분해 시 산소를 발생하여 연소를 돕기 때문에

해설및용어설명 | 제4류 위험물의 공통 성질

- 대단히 인화하기 쉬운 인화성 액체
- 물에 녹지 않고 물보다 가벼움
- 증기비중은 공기보다 무거워서 낮은 곳에 체류
- 연소범위의 하한이 낮기 때문에 공기 중 소량 누설되어도 연소

18

다음 중 조연성 가스에 해당하지 않는 것은?

① 공기　　② 염소
③ 탄산가스　　④ 산소

해설및용어설명 | 각 가스의 성질

명칭	성질
공기	조연성, 비독성
염소(Cl_2)	조연성, 독성
탄산가스(CO_2)	불연성, 비독성
산소(O_2)	조연성, 비독성

19

표준상태에서 고발열량(총 발열량)과 저발열량(진발열량)과의 차이는 얼마인가? (단, 표준상태에서 물의 증발잠열은 540 [kcal/kg]이다)

① 540[kcal/kg − mol]
② 1,970[kcal/kg − mol]
③ 9,720[kcal/kg − mol]
④ 15,400[kcal/kg − mol]

해설및용어설명 | 연료 성분 중 수소와 수분의 증발잠열을 제거하지 않은 열량을 고위발열량이라 하고 잠열을 제거한 열량을 저위발열량이라 한다.

20

아세틸렌(C_2H_2, 연소범위 : 2.5 ~ 81[%])의 연소범위에 따른 위험도는?

① 30.4
② 31.4
③ 32.4
④ 33.4

해설및용어설명 |

$$H = \frac{U-L}{L} = \frac{81-2.5}{2.5} = 31.4$$

2018년 제4회 가스산업기사

01

어떤 기체가 열량 80[kJ]을 흡수하여 외부에 대하여 20[kJ]의 일을 하였다면 내부 에너지 변화는 몇 [kJ]인가?

① 20
② 60
③ 80
④ 100

해설및용어설명 | 엔탈피 변화량 = 내부 에너지 + 외부 에너지

∴ 내부 에너지 변화 = 엔탈피 변화량 - 외부 에너지
= 80 - 20 = 60[kJ]

02

가스 화재 시 밸브 및 콕을 잠그는 소화 방법은?

① 질식소화
② 냉각소화
③ 억제소화
④ 제거소화

해설및용어설명 | 소화방법의 종류

- 질식소화 : 일반적인 화재에서 산소 공급원은 산소를 21[%] 함유하고 있는데 공기 중의 산소농도를 15[%] 이하로 억제함으로써 화재를 소화하는 방법
- 냉각소화 : 가연성 물질을 발화점 이하로 온도를 냉각함으로써 소화하는 방법으로 가장 일반적인 소화방법
- 억제소화 : 연쇄반응을 약화시켜 연소가 계속되는 것을 불가능하게 하여 소화하는 것으로 화학적 작용에 의한 소화방법
- 제거소화 : 연소반응에 관련된 가연물이나 그 주위의 가연물을 제거함으로써 연소반응을 중지시키거나 농도 이하로 유지시켜 소화하는 방법

03

어떤 연료의 저위발열량은 9,000[kcal/kg]이다. 이 연료 1[kg]을 연소시킨 결과 발생한 연소열은 6,500[kcal/kg]이었다. 이 경우의 연소효율은 약 몇 [%]인가?

① 38[%]   ② 62[%]
③ 72[%]   ④ 138[%]

해설및용어설명 |

연소효율[%] = $\dfrac{\text{실제발열량}}{\text{연료의 발열량}} \times 100 = \dfrac{6{,}500}{9{,}000} \times 100 = 72.222[\%]$

04

연소에 대하여 가장 적절하게 설명한 것은?

① 연소는 산화반응으로 속도가 느리고, 산화열이 발생한다.
② 물질의 열전도율이 클수록 가연성이 되기 쉽다.
③ 활성화 에너지가 큰 것은 일반적으로 발열량이 크므로 가연성이 되기 쉽다.
④ 가연성 물질이 공기 중의 산소 및 그 외의 산소원의 산소와 작용하여 열과 빛을 수반하는 산화작용이다.

해설및용어설명 | 연소
가연물이 공기 중의 산소 또는 산화제와 반응하여 열과 빛을 발생하면서 산화하는 현상

05

피열의 원인이 될 수 있는 용기 두께 축소의 원인으로 가장 거리가 먼 것은?

① 과열   ② 부식
③ 침식   ④ 화학적 침해

해설및용어설명 | 용기 두께 축소의 원인
부식 및 침식, 화학적 침해

06

1[kg]의 공기가 100[℃]하에서 열량 25[kcal]를 얻어 등온팽창할 때 엔트로피의 변화량은 약 몇 [kcal/K]인가?

① 0.038   ② 0.043
③ 0.058   ④ 0.067

해설및용어설명 |

$\triangle s = \dfrac{dQ}{T} = \dfrac{25}{273+100} = 0.067[kcal/K]$

07

목재, 종이와 같은 고체 가연성 물질의 주된 연소 형태는?

① 표면연소   ② 자기연소
③ 분해연소   ④ 확산연소

해설및용어설명 | 고체 상태의 연소형태 물질

연소형태	물질
증발연소	유황, 나프탈렌, 파라핀, 유지 등
분해연소	목재, 석탄, 종이, 플라스틱, 고무 등
표면연소	숯, 코크스, 목탄, 금속분 등
자기연소	셀룰로이드, TNT, 니트로글리세린, 니트로화합물 등

08

탄소(C) 1[g]을 완전연소시켰을 때 발생되는 연소가스인 CO_2는 약 몇 [g] 발생하는가?

① 2.7[g]   ② 3.7[g]
③ 4.7[g]   ④ 8.9[g]

해설및용어설명 | 탄소(C)의 완전연소 반응식

$C + O_2 \rightarrow CO_2$

12[g] : 44[g] = 1[g] : x[g](분자량)

∴ $x = \dfrac{44 \times 1}{12} = 3.666[g]$

정답 03 ③ 04 ④ 05 ① 06 ④ 07 ③ 08 ②

09

일반 기체상수의 단위를 바르게 나타낸 것은?

① [kg·m/kg·K]
② [kcal/kmol]
③ [kg·m/kmol·K]
④ [kcal/kg·℃]

해설및용어설명 | 이상기체 1[kmol]이 표준상태(0[℃], 1기압)에서의 기체상수(R)를 계산하며, 1기압은 10,332[kgf/m²]이고, 1[kmol]이 차지하는 부피는 아보가드로의 법칙에 의해 22.4[m³]이다.

이상기체 상태 관계식 $PV = GRT$에서

$\therefore R = \dfrac{PV}{GT}$에서

$= \dfrac{10,332[kgf/m^2] \times 22.4[m^3]}{1[kmol] \times 273[K]} = 847.754[kgf \cdot m/kmol \cdot K]$

$\fallingdotseq 848[kgf \cdot m/kmol \cdot K]$

10

실제기체가 완전 기체의 특성식을 만족하는 경우는?

① 고온, 저압
② 고온, 고압
③ 저온, 고압
④ 저온, 저압

해설및용어설명 | 이상기체의 성질을 갖는 기체는 존재하지 않지만 실제 기체가 상당히 높은 온도와 낮은 압력 상태에 있다면 분자 간의 거리가 멀고 기체분자의 속도가 빨라서 분자 간 상호작용을 극복할 수 있다. 이러한 조건에서 실제기체가 이상기체에 근접한다고 볼 수 있다.

11

LPG에 대한 설명 중 틀린 것은?

① 포화탄화수소화합물이다.
② 휘발유 등 유기용매에 용해된다.
③ 액체 비중은 물보다 무겁고, 기체 상태에서는 공기보다 가볍다.
④ 상온에서는 기체이나 가압하면 액화된다.

해설및용어설명 | 액화석유가스(LP가스)의 일반적인 특징
- LP가스는 공기보다 무겁다.
- 액상의 LP가스는 물보다 가볍다.
- 액화, 기화가 쉽고, 기화하면 체적이 커진다.
- 액체의 온도 상승에 의한 부피변화가 크다.
- 기화열(증발잠열)이 크다.
- 무색무취, 무미하다.
- 용해성이 있다.

12

이상기체에 대한 설명이 틀린 것은?

① 실제로는 존재하지 않는다.
② 체적이 커서 무시할 수 없다.
③ 보일의 법칙에 따르는 가스를 말한다.
④ 분자 상호 간에 인력이 작용하지 않는다.

해설및용어설명 | 이상기체
분자 간의 상호 작용이 전혀 없고, 그 상태를 나타내는 온도, 압력, 부피의 양 사이에 보일-샤를의 법칙이 완전하게 적용될 수 있다고 가정된 가상의 기체

13

상온, 상압하에서 메탄-공기의 가연성 혼합기체를 완전연소시킬 때 메탄 1[kg]을 완전연소시키기 위해서는 공기 약 몇 [kg]이 필요한가?

① 4
② 17
③ 19
④ 64

해설및용어설명 | 메탄의 완전연소 반응식

$CH_4 + 2O_2 \rightarrow CO_2 + 2H_2O$

16[kg] : 2×32[kg] = 1[kg] : x[kg](분자량 계산)

이론산소량 = $\dfrac{2 \times 32 \times 1}{16}$ = 4 → 이론공기량 = $4 \times \dfrac{100}{23.2}$ = 17.241[kg]

(공기 중 산소의 질량비율은 23.2[%])

14

다음 반응식을 이용하여 메탄(CH_4)의 생성열을 구하면?

- $C + O_2 \rightarrow CO_2$, $H = -97.2$[kcal/mol]
- $H_2 + \dfrac{1}{2}O_2 \rightarrow H_2O$, $\triangle H = -57.6$[kcal/mol]
- $CH_4 + 2O_2 \rightarrow CO_2 + 2H_2O$, $\triangle H = -194.4$[kcal/mol]

① $\triangle H = -20$[kcal/mol]
② $\triangle H = -18$[kcal/mol]
③ $\triangle H = 18$[kcal/mol]
④ $\triangle H = 20$[kcal/mol]

해설및용어설명 | 메탄(CH_4)의 완전연소 반응식

$CH_4 + 2O_2 \rightarrow CO_2 + 2H_2O + Q$

생성열 계산

-194.4 = -97.2 - 57.6×2 + Q

Q = 97.2 + 2×57.6 - 194.4 = 18

∴ $\triangle H$ = -18[kcal/mol]

15

다음은 폭굉의 정의에 관한 설명이다. ( )에 알맞은 용어는?

> 폭굉이란 가스의 화염(연소) ( )가(이) ( )보다 큰 것으로 파면 선단의 압력파에 의해 파괴 작용을 일으키는 것을 말한다.

① 전파속도 - 음속
② 폭발파 - 충격파
③ 전파온도 - 충격파
④ 전파속도 - 화염온도

해설및용어설명 | 폭굉(Detonation)

가스 중의 음속보다도 화염 전파속도가 큰 경우로써 파면선단에 충격파라고 하는 압력파가 생겨 격렬한 파괴 작용을 일으키는 현상

16

화재나 폭발의 위험이 있는 장소를 위험장소라 한다. 다음 중 제1종 위험장소에 해당하는 것은?

① 상용의 상태에서 가연성 가스의 농도가 연속해서 폭발하한계 이상으로 되는 장소
② 상용상태에서 가연성 가스가 체류해 위험해질 우려가 있는 장소
③ 가연성 가스가 밀폐된 용기 또는 설비의 사고로 인해 파손되거나 오조작의 경우에만 누출될 위험이 있는 장소
④ 환기장치에 이상이나 사고가 발생한 경우에 가연성 가스가 체류하여 위험하게 될 우려가 있는 장소

해설및용어설명 |

0종 장소	상용상태에서 가연성가스의 농도가 연속해서 폭발하한계 이상으로 되는 장소로 위험분위기가 지속적으로 또는 장기간 존재하는 장소
1종 장소	상용상태에서 가연성가스가 종종 체류하여 위험하게 될 우려가 있는 장소로 위험분위기가 존재하기 쉬운 장소
2종 장소	용기 또는 설비의 사고로 인해 파손되거나 오조작의 경우에 노출할 위험이 있는 장소로 이상상태하에서 위험분위기가 단시간 동안 존재할 수 있는 장소

17

다음 중 중합폭발을 일으키는 물질은?

① 히드라진 ② 과산화물
③ 부타디엔 ④ 아세틸렌

해설및용어설명 | 중합폭발 물질

시안화수소(HCN), 산화에틸렌(C_2H_4O), 염화비닐(C_2H_3Cl), 부타디엔(C_4H_6) 등

18

연소가스의 폭발 및 안전에 대한 다음 내용은 무엇에 관한 설명인가?

> 두 면의 평행판 거리를 좁혀가며 화염이 전파하지 않게 될 때의 면 간 거리

① 안전간격 ② 한계직경
③ 소염거리 ④ 화염일주

해설및용어설명 |

- 안전간격 : 안전간격 측정장치에서 화염이 틈새를 통하여 외측의 폭발성 혼합가스까지 전달되는가를 측정할 때 화염이 전달되지 않는 한계의 틈새이다.
- 한계직경 : 파이프 속을 화염이 진행할 경우 화염이 전파되지 않고 도중에 꺼지는 한계 파이프 직경
- 소염거리 : 두 장의 평행판의 거리를 좁혀가면서 화염이 틈 사이로 전달되지 않는 평행판 사이의 거리
- 화염일주(소염) : 발화한 화염이 전파되지 않고 도중에 꺼지는 현상

19

다음 중 가연성 가스만으로 나열된 것은?

> ㉠ 수소   ㉡ 이산화탄소
> ㉢ 질소   ㉣ 일산화탄소
> ㉤ LNG   ㉥ 수증기
> ㉦ 산소   ㉧ 메탄

① ㉠, ㉡, ㉤, ㉧
② ㉠, ㉣, ㉤, ㉧
③ ㉠, ㉣, ㉥, ㉧
④ ㉡, ㉣, ㉤, ㉧

해설및용어설명 | 각 가스의 연소성

가스명칭	연소성	가스명칭	연소성
수소	가연성	LNG	가연성
이산화탄소	불연성	수증기	불연성
질소	불연성	산소	조연성
일산화탄소	가연성	메탄	가연성

20

폭발하한계가 가장 낮은 가스는?

① 부탄 ② 프로판
③ 에탄 ④ 메탄

해설및용어설명 | 각 가스의 공기 중에서의 폭발범위

명칭	폭발범위[%]
부탄(C_4H_{10})	1.9 ~ 8.5
프로판(C_3H_8)	2.1 ~ 9.5
에탄(C_2H_6)	3 ~ 12.5
메탄(CH_4)	5 ~ 15

정답 17 ③ 18 ① 19 ② 20 ①

2019년 제1회 가스산업기사

01

다음 중 연소속도에 영향을 미치지 않는 것은?

① 관의 단면적
② 내염표면적
③ 염의 높이
④ 관의 염경

해설및용어설명 | 연소속도
가연물과 산소와의 반응속도(분자 간의 충돌속도)를 말하는 것으로 관의 단면적, 내염표면적, 관의 염경 등이 영향을 준다.

02

배관 내 혼합가스의 한 점에서 착화되었을 때 연소파가 일정 거리를 진행한 후 급격히 화염전파속도가 증가되어 1,000 ~ 3,500[m/s]에 도달하는 경우가 있다. 이와 같은 현상을 무엇이라 하는가?

① 폭발(Explosion)
② 폭굉(Detonation)
③ 충격(Shock)
④ 연소(Combustion)

해설및용어설명 | 폭굉
가스 중의 음속보다도 화염 전파 속도가 큰 경우로서 파면선단에 충격파라고 하는 압력파가 생겨 격렬한 파괴 작용을 일으키는 현상

03

$(CO_2)max$는 어느 때의 값인가?

① 실제공기량으로 연소시켰을 때
② 이론공기량으로 연소시켰을 때
③ 과잉공기량으로 연소시켰을 때
④ 부족공기량으로 연소시켰을 때

해설및용어설명 | 이론공기량으로 완전연소시키면 CO_2의 양이 최대가 된다. 즉, 이론공기량에 의한 배기가스 속의 탄산가스(CO_2) 체적을 백분율로 표시한 것으로 최대 탄산가스율(CO_2max)이라 한다.

04

착화온도가 낮아지는 조건이 아닌 것은?

① 발열량이 높을수록
② 압력이 작을수록
③ 반응활성도가 클수록
④ 분자구조가 복잡할수록

해설및용어설명 | 착화온도가 낮아지는 조건
- 압력이 높을 때
- 발열량이 높을 때
- 열전도율이 작을 때
- 산소와 친화력이 클 때
- 산소농도가 높을 때
- 분자구조가 복잡할수록
- 반응활성도가 클수록

05

이상기체에 대한 설명 중 틀린 것은?

① 이상기체는 분자 상호 간의 인력을 무시한다.
② 이상기체에 가까운 실제기체로는 H_2, He 등이 있다.
③ 이상기체는 분자 자신이 차지하는 부피를 무시한다.
④ 저온, 고압일수록 이상기체에 가까워진다.

해설및용어설명 | 실제기체를 이상기체에 가깝게 만드는 방법
① 분자량이 작은 기체 : 기체의 분자량이 작을수록 상호작용이 감소하며 이상기체에 가까워지게 된다.
② 높은 온도조건 : 높은 온도가 되면 부피가 팽창하면서 기체분자 사이 거리도 멀어지게 된다. 1과 마찬가지로 분자 간 상호작용이 감소해 이상기체에 가까워지게 된다.
③ 낮은 압력조건 : 낮은 압력조건에서도 2와 마찬가지로 부피가 팽창하게 되어 분자 간 상호작용이 감소해 이상기체에 가까워진다.

정답 01 ③ 02 ② 03 ② 04 ② 05 ④

06

가연물의 연소형태를 나타낸 것 중 틀린 것은?

① 금속분 – 표면연소 ② 파라핀 – 증발연소
③ 목재 – 분해연소 ④ 유황 – 확산연소

해설및용어설명 | 증발연소

유황, 나프탈렌, 파라핀(촛불), 왁스

07

휘발유의 한 성분인 옥탄의 완전연소반응식으로 옳은 것은?

① $C_8H_{18} + O_2 \rightarrow CO_2 + H_2O$

② $C_8H_{18} + 25O_2 \rightarrow CO_2 + 18H_2O$

③ $2C_8H_{18} + 25O_2 \rightarrow 16CO_2 + 18H_2O$

④ $2C_8H_{18} + O_2 \rightarrow 16CO_2 + H_2O$

해설및용어설명 |

- 탄화수소(C_mH_n)의 완전연소 반응식

  $C_mH_n + \left(m + \dfrac{n}{4}\right)O_2 \rightarrow mCO_2 + \dfrac{n}{2}H_2O$

- 옥탄(C_8H_{18})의 완전연소 반응식

  $C_8H_{18} + 12.5O_2 \rightarrow 8CO_2 + 9H_2O$

  $2C_8H_{18} + 25O_2 \rightarrow 16CO_2 + 18H_2O$

08

폭굉을 일으킬 수 있는 기체가 파이프 내에 있을 때 폭굉방지 및 방호에 대한 설명으로 틀린 것은?

① 파이프 라인에 오리피스 같은 장애물이 없도록 한다.
② 공정 라인에서 회전이 가능하면 가급적 완만한 회전을 이루도록 한다.
③ 파이프의 지름대 길이의 비는 가급적 작게 한다.
④ 파이프 라인에 장애물이 있는 곳은 관경을 축소한다.

해설및용어설명 | 폭굉 유도거리가 짧아지는 경우

- 정상연소속도가 빠른 혼합가스일수록
- 관 속에 장애물이 있거나 지름이 작을 경우
- 고압일수록, 점화원의 에너지가 강할수록

09

층류 연소속도에 대한 설명으로 옳은 것은?

① 미연소 혼합기의 비열이 클수록 층류 연소속도는 크게 된다.
② 미연소 혼합기의 비중이 클수록 층류 연소속도는 크게 된다.
③ 미연소 혼합기의 분자량이 클수록 층류 연소속도는 크게 된다.
④ 미연소 혼합기의 열전도율이 클수록 층류 연소속도는 크게 된다.

해설및용어설명 | 층류 연소속도가 크게 되는 경우

- 압력이 높을수록
- 온도가 높을수록
- 열전도율이 클수록
- 분자량이 적을수록

10

다음 탄화수소 연료 중 착화온도가 가장 높은 것은?

① 메탄 ② 가솔린
③ 프로판 ④ 석탄

해설및용어설명 | 각 연료의 착화온도

연료 명칭	착화온도
메탄	615 ~ 682[℃]
가솔린	246 ~ 280[℃]
프로판	460 ~ 520[℃]
석탄	330 ~ 450[℃]

정답 06 ④ 07 ③ 08 ④ 09 ④ 10 ①

11

액체 연료가 공기 중에서 연소하는 현상은 다음 중 어느 것에 해당하는가?

① 증발연소 ② 확산연소
③ 분해연소 ④ 표면연소

해설및용어설명 | 증발연소
액체 가연물질이 액체 표면에 발생한 가연성 증기와 공기가 혼합된 상태에서 연소가 되는 형태로 액체의 가장 일반적인 연소형태이다. 연소원리는 화염에서 복사나 대류로 액체표면에 열이 전파되어 증발이 일어나고 발생된 증기가 공기와 접촉하여 액면의 상부에서 연소되는 반복적 현상이다. 예로서, 에테르, 이황화탄소, 알코올류, 아세톤, 석유류 등이다.

12

메탄 80[v%], 프로판 5[v%], 에탄 15[v%]인 혼합가스의 공기 중 폭발하한계는 약 얼마인가?

① 2.1[%] ② 3.3[%]
③ 4.3[%] ④ 5.1[%]

해설및용어설명 | 폭발범위
- 메탄 5~15[%]
- 프로판 2.1~9.5[%]
- 에탄 3~12.5[%]

$$\frac{100}{L} = \frac{V_1}{L_1} + \frac{V_2}{L_2} + \frac{V_3}{L_3} \cdots$$

$$\frac{100}{L} = \frac{80}{5} + \frac{5}{2.1} + \frac{15}{3}$$

$$\frac{100}{L} = 23.38$$

$$\therefore L = \frac{100}{23.38} = 4.27[\%]$$

13

기상폭발에 대한 설명으로 틀린 것은?

① 반응이 기상으로 일어난다.
② 폭발상태는 압력 에너지의 축적상태에 따라 달라진다.
③ 반응에 의해 발생하는 열 에너지는 반응기 내 압력상승의 요인이 된다.
④ 가연성 혼합기를 형성하면 혼합기의 양에 관계없이 압력파가 생겨 압력상승을 기인한다.

해설및용어설명 | 수소, 일산화탄소, 메탄, 프로판, 아세틸렌 등의 가연성 가스와 조연성 가스와의 혼합기체에서 발생하는 가스폭발이 기상폭발에 속하고 용융금속이나 금속조각 같은 고온물질이 물속에 투입되었을 때 물은 급격하게 비등하여 폭발현상이 나타나게 되는 것을 응상폭발이라고 하며 대표적으로 수증기 폭발이 있다.

14

가스의 성질을 바르게 설명한 것은?

① 산소는 가연성이다.
② 일산화탄소는 불연성이다.
③ 수소는 불연성이다.
④ 산화에틸렌은 가연성이다.

해설및용어설명 | 각 가스의 성질

명칭	성질
산소(O_2)	조연성, 비독성
일산화탄소(CO)	가연성, 독성
수소(H_2)	가연성, 비독성
산화에틸렌(C_2H_4O)	가연성, 독성

15

임계상태를 가장 올바르게 표현한 것은?

① 고체, 액체, 기체가 평형으로 존재하는 상태
② 순수한 물질이 평형에서 기체 – 액체로 존재할 수 있는 최고 온도 및 압력 상태
③ 액체상과 기체상이 공존할 수 있는 최소한의 한계상태
④ 기체를 일정한 온도에서 압축하면 밀도가 아주 작아져 액화가 되기 시작하는 상태

해설및용어설명 | 임계상태
포화수의 증발현상이 없고, 액체와 기체의 구별이 없어지는 지점을 말하며 증발잠열이 0[kcal/kg]가 된다.

16

폭발에 관련된 가스의 성질에 대한 설명으로 틀린 것은?

① 폭발범위가 넓은 것은 위험하다.
② 압력이 높게되면 일반적으로 폭발범위가 좁아진다.
③ 가스의 비중이 큰 것은 낮은 곳에 체류할 염려가 있다.
④ 연소속도가 빠를수록 위험하다.

해설및용어설명 | 일반적인 가스는 공기 중 압력을 증가시키면 폭발범위가 증가한다.
- 수소는 10[atm] 정도까지는 폭발범위가 좁아지고 그 이상 압력에서는 넓어진다.
- 일산화탄소는 압력이 높을수록 폭발범위가 좁아진다.

17

동일 체적의 에탄, 에틸렌, 아세틸렌을 완전연소시킬 때 필요한 공기량의 비는?

① 3.5 : 3.0 : 2.5
② 7.0 : 6.0 : 6.0
③ 4.0 : 3.0 : 5.0
④ 6.0 : 6.5 : 5.0

해설및용어설명 | 각 가스의 완전연소 반응식
- 에탄 : $C_2H_6 + 3.5O_2 \rightarrow 2CO_2 + 3H_2O$
- 에틸렌 : $C_2H_4 + 3O_2 \rightarrow 2CO_2 + 2H_2O$
- 아세틸렌 : $C_2H_2 + 2.5O_2 \rightarrow 2CO_2 + H_2O$

체적 1[Nm³]를 완전연소시킬 때 필요한 공기량은 완전연소 반응식에서 산소의 몰수와 같다.

※ 공기량 비 $= 3.5 \times \dfrac{100}{21} : 3 \times \dfrac{100}{21} : 2.5 \times \dfrac{100}{21} = 3.5 : 3 : 2.5$

18

기체연료 중 수소가 산소와 화합하여 물이 생성되는 경우에 있어 $H_2 : O_2 : H_2O$의 비례 관계는?

① 2 : 1 : 2
② 1 : 1 : 2
③ 1 : 2 : 1
④ 2 : 2 : 3

해설및용어설명 | 수소의 완전연소 반응식(또는 수소폭명기)
$2H_2 + O_2 \rightarrow 2H_2O + 136.6[kcal]$
∴ $H_2 : O_2 : H_2O$의 비례 관계는 2 : 1 : 2이다.

19

수소가스의 공기 중 폭발범위로 가장 가까운 것은?

① 2.5 ~ 81[%]　　② 3 ~ 80[%]
③ 4.0 ~ 75[%]　　④ 12.5 ~ 74[%]

해설및용어설명 | 각 가스의 공기 중 폭발범위

명칭	폭발범위[%]
일산화탄소(CO)	12.5 ~ 74
산화에틸렌(C_2H_4O)	3 ~ 80
수소(H_2)	4 ~ 75
아세틸렌(C_2H_2)	2.5 ~ 81

20

에틸렌(Ethylene) $1[m^3]$를 완전연소시키는 데 필요한 산소의 양은 약 몇 $[m^3]$인가?

① 2.5　　② 3
③ 3.5　　④ 4

해설및용어설명 |

- 에틸렌(C_2H_4)의 완전연소 반응식
  $C_2H_4 + 3O_2 \rightarrow 2CO_2 + 2H_2O$
- 이론 산소량$[m^3]$ 계산
  $22.4[m^3] : 3 \times 22.4[m^3] = 1[m^3] : x(O)[m^3]$
  $\therefore x(O) = \dfrac{3 \times 22.4 \times 1}{22.4} = 3[m^3]$

2019년 제2회 가스산업기사

01

가연성 물질의 인화 특성에 대한 설명으로 틀린 것은?

① 비점이 낮을수록 인화위험이 커진다.
② 최소 점화 에너지가 높을수록 인화위험이 커진다.
③ 증기압을 높게 하면 인화위험이 커진다.
④ 연소범위가 넓을수록 인화위험이 커진다.

해설및용어설명 | 최소 점화 에너지

가연성 가스 및 공기와의 혼합가스에 착화원으로 점화 시에 발화하기 위하여 필요한 최저 에너지를 말한다. 최소 점화 에너지가 작을수록 인화위험이 커진다.

02

프로판 1[kg]을 완전연소 시키면 약 몇 [kg]의 CO_2가 생성되는가?

① 2[kg]　　② 3[kg]
③ 4[kg]　　④ 5[kg]

해설및용어설명 | 프로판 연소식 $C_3H_8 + 5O_2 \rightarrow 3CO_2 + 4H_2O$

프로판 1몰 44[kg] 연소 시 발생하는 CO_2는 3몰 132[kg] 발생한다.
프로판 1[kg] 연소 시 발생하는 CO_2의 양은

$\dfrac{132}{44} = 3[kg]$

03

분진폭발을 가연성 분진이 공기 중에 분산되어 있다가 점화원이 존재할 때 발생한다. 분진폭발이 전파되는 조건과 다른 것은?

① 분진은 가연성이어야 한다.
② 분진은 적당한 공기를 수송할 수 있어야 한다.
③ 분진의 농도는 폭발위험을 벗어나 있어야 한다.
④ 분진은 화염을 전파할 수 있는 크기로 분포해야 한다.

해설및용어설명 | 분진폭발의 조건
- 가연성일 것
- 분진이 화염을 전파할 수 있는 크기의 분포를 가지고 분진의 농도가 폭발범위 이내일 것
- 화염전파를 개시하는 충분한 에너지의 점화원
- 충분한 산소가 연소를 지원하고 유지하도록 존재

04

오토 사이클에서 압축비(ε)가 10일 때 열효율은 약 몇 [%]인가? (단, 비열비[K]는 1.4이다)

① 58.2
② 59.2
③ 60.2
④ 61.2

해설및용어설명 | 오토 사이클 효율

$1 - \left(\dfrac{1}{\epsilon}\right)^{K-1} = \left[1 - \left(\dfrac{1}{10}\right)^{1.4-1}\right] \times 100 = 60.2$

05

가연성 고체의 연소에서 나타나는 연소현상으로 고체가 열분해 되면서 가연성 가스를 내며 연소열로 연소가 촉진되는 연소는?

① 분해연소
② 자기연소
③ 표면연소
④ 증발연소

해설및용어설명 |
- 분해연소 : 고체 가연물질을 가열하면 열분해를 일으켜 나온 분해가스 등이 연소하는 형태
- 자기연소 : 가연물у 물질의 분자 내에 산소를 함유하고 있어 열분해에 의해서 가연성 가스와 산소를 동시에 발생시키므로 공기 중의 산소 없이 연소할 수 있는 것
- 표면연소 : 고체 가연물이 열분해나 증발하지 않고 표면에서 산소와 급격히 산화반응하여 연소하는 현상
- 증발연소 : 고체 가연물이 열분해를 일으키지 않고 증발하여 증기가 연소 되거나 먼저 융해된 액체가 기화하여 증기가 된 다음 연소하는 현상

06

완전가스의 성질에 대한 설명으로 틀린 것은?

① 비열비는 온도에 의존한다.
② 아보가드로의 법칙에 따른다.
③ 보일 – 샤를의 법칙을 만족한다.
④ 기체의 분자력과 크기는 무시된다.

해설및용어설명 | 이상기체(완전가스)의 성질
- 보일 - 샤를의 법칙을 만족한다.
- 아보가드로의 법칙에 따른다.
- 내부 에너지는 밀도와 무관하며 온도에 의해서만 결정된다.
  (즉, 내부 에너지는 주울의 법칙이 성립된다)
- 비열비는 온도에 관계없이 일정하다.
- 기체의 분자력과 크기도 무시되며 분자 간의 충돌은 완전 탄성체로 이루어진다.

07

용기의 내부에서 가스폭발이 발생하였을 때 용기가 폭발압력을 견디고 외부의 가연성 가스에 인화되지 않도록 한 구조는?

① 특수(特殊)방폭구조
② 유입(油入)방폭구조
③ 내압(耐壓)방폭구조
④ 안전증(安全增)방폭구조

해설및용어설명 | 내압방폭구조
내부의 가연성 가스의 폭발이 발생할 경우 그 용기가 폭발압력에 견딜 수 있는 구조이다.

08

혼합기체의 온도를 고온으로 상승시켜 자연착화를 일으키고, 혼합기체의 전 부분이 극히 단시간 내에 연소하는 것으로써 압력상승의 급격한 현상을 무엇이라 하는가?

① 전파연소
② 폭발
③ 확산연소
④ 예혼합연소

해설및용어설명 | 폭발
급격한 체적 증가에 의해 주위에 전파하는 압력파를 발생하는 현상이나 용기 내에 충만한 가연성혼합기가 급격하게 연소해서 압력의 급격한 상승이 생기는 현상

09

다음 혼합가스 중 폭굉이 발생되기 가장 쉬운 것은?

① 수소 – 공기
② 수소 – 산소
③ 아세틸렌 – 공기
④ 아세틸렌 – 산소

해설및용어설명 | 수소, 아세틸렌 등 반응성이 큰 연료에서 폭굉 발생 가능성이 크다. 폭발한계 및 폭굉한계도 공기 중과 비교하면 산소 중에서는 현저하게 넓고 또 물질의 점화 에너지도 저하하여 폭발의 위험성이 증대한다.

10

가스 용기의 물리적 폭발의 원인으로 가장 거리가 먼 것은?

① 누출된 가스의 점화
② 부식으로 인한 용기의 두께 감소
③ 과열로 인한 용기의 강도 감소
④ 압력 조정 및 압력 방출 장치의 고장

해설및용어설명 |
- 화학적 폭발의 가장 보편적 폭발은 연소현상의 한 형태이며 격심한 연소상태를 폭발이라고 한대(엄밀하게는 폭연과 폭굉상태).
  - 가스폭발, 유증기폭발
  - 분진폭발
  - 화약류의 폭발
  - 산화, 중합, 분해 등의 급격한 발열반응에 의한 폭발
- 물리적 폭발
  - 용융염 또는 용융금속이 물과 접촉했을 때 생기는 열이 동형의 증기폭발
  - 보일러나 압축가스 액화가스의 용기가 구멍이 뚫려 생기는 증기폭발
  - 도선에 대전류가 흘렀을 때 도선이 끊어져 생기는 전선폭발
  - 무정형안티몬에서 금속안티몬으로 상전이(相轉移)할 때 생기는 상전이 폭발

이들 폭발현상에 수반하여 고온·고압하에서 용기의 파열, 파괴, 고열발생, 발광 등이 생기는 것도 광의의 폭발현상으로 볼 수 있다.

11

CO_2max[%]는 어느 때의 값인가?

① 실제공기량으로 연소시켰을 때
② 이론공기량으로 연소시켰을 때
③ 과잉공기량으로 연소시켰을 때
④ 부족공기량으로 연소시켰을 때

해설및용어설명 | 이론공기량으로 완전연소시키면 CO_2의 양이 최대가 된다. 즉, 이론공기량에 의한 배기가스 속의 탄산가스(CO_2) 체적을 백분율로 표시한 것으로 최대 탄산가스율(CO_2max)이라 한다.

12

프로판가스 1[kg]을 완전연소시킬 때 필요한 이론공기량은 약 몇 [Nm³/kg]인가? (단, 공기 중 산소는 21[v%]이다)

① 10.1　　② 11.2
③ 12.1　　④ 13.2

해설및용어설명 | 프로판 연소식 $C_3H_8 + 5O_2 \rightarrow 3CO_2 + 4H_2O$

프로판 1몰 44[kg] 연소 시 발생하는 O_2는 5몰이며 1몰당 체적은 22.4[Nm³/mol]으로 총 112[Nm³/mol] 발생한다.

이론산소량을 이론공기량으로 계산하면 $\frac{100}{21} \times 112 = 533.33$이다.

프로판 1[kg] 연소 시 필요한 이론공기량은

$44 : 1 = 533.33 : x$

$x = \frac{533.33}{44} = 12.12 [Nm^3/kg]$

13

자연발화를 방지하기 위해 필요한 사항이 아닌 것은?

① 습도를 높여 준다.
② 통풍을 잘 시킨다.
③ 저장실 온도를 낮춘다.
④ 열이 쌓이지 않도록 주의한다.

해설및용어설명 | 자연발화 방지법
• 공기유통이 잘 되게 한다.
• 저장실의 온도를 낮게 유지한다.
• 퇴적 수납 시 열축적이 용이하지 않도록 한다.
• 습도를 낮춘다.
※ 적당한 수분은 촉매 역할을 한다.

14

고체연료의 성질에 대한 설명 중 옳지 않은 것은?

① 수분이 많으면 통풍불량의 원인이 된다.
② 휘발분이 많으면 점화가 쉽고, 발열량이 높아진다.
③ 착화온도는 산소량이 증가할수록 낮아진다.
④ 회분이 많으면 연소를 나쁘게 하여 열효율이 저하된다.

해설및용어설명 | 고체연료 내 함유 성분에 따른 연소현상

함유성분	연소현상
수분	• 점화가 어렵고 흰 연기 발생 • 수분기화로 연소불량 및 통기, 통풍불량 • 불완전연소로 열효율 저하됨
휘발분	• 연소 시 그을음 발생, 점화가 쉬우나 발열량이 저하됨
탄소	• 발열량이 증가하고 매연이 감소, 청염이 발생함 • 열효율이 증가하나 연소속도가 늦어짐
회분	• 발열량 저하로 연료 가치 저하됨 • 통풍 저하 및 연소성이 나빠 효율이 저하됨
착화온도	• 발열량 클수록 산소량이 증가함 • 압력이 높을수록 착화 온도가 낮음

15

불완전연소의 원인으로 가장 거리가 먼 것은?

① 불꽃의 온도가 높을 때
② 필요량의 공기가 부족할 때
③ 배기가스의 배출이 불량할 때
④ 공기와의 접촉 혼합이 불충분할 때

해설및용어설명 | 완전연소 조건
• 연소실 온도는 충분히 높게 유지
• 연소가 일어날 수 있도록 충분한 체류시간을 유지
• 연료가 연소할 수 있는 충분한 용적 이상
• 충분한 양의 공기를 공급하여 연료와 잘 혼합

16

연소 및 폭발 등에 대한 설명 중 틀린 것은?

① 점화원의 에너지가 약할수록 폭굉 유도거리는 길어진다.
② 가스의 폭발범위는 측정 조건을 바꾸면 변화한다.
③ 혼합가스의 폭발한계는 르샤트리에 식으로 계산한다.
④ 가스연료의 최소 점화 에너지는 가스농도에 관계없이 결정되는 값이다.

해설및용어설명 | 최소 점화 에너지
물질의 종류, 혼합기의 온도, 압력, 농도 등에 따라 변화한다.
- 온도가 상승하면 최소 점화 에너지는 작아진다.
- 압력이 상승하면 최소 점화 에너지는 작아진다.
- 농도가 많아지면 최소 점화 에너지는 작아진다.

17

물질의 화재 위험성에 대한 설명으로 틀린 것은?

① 인화점이 낮을수록 위험하다.
② 발화점이 높을수록 위험하다.
③ 연소범위가 넓을수록 위험하다.
④ 착화 에너지가 낮을수록 위험하다.

해설및용어설명 | 발화점
외부의 직접적인 점화원 없이 가열된 열의 축적에 의하여 발화에 이르는 최저의 온도로 낮을수록 위험하다.

18

열역학 제1법칙을 바르게 설명한 것은?

① 열평형에 관한 법칙이다.
② 제2종 영구기관의 존재 가능성을 부인하는 법칙이다.
③ 열은 다른 물체에 아무런 변화도 주지 않고, 저온 물체에서 고온 물체로 이동하지 않는다.
④ 에너지 보존법칙 중 열과 일의 관계를 설명한 것이다.

해설및용어설명 | 열역학 제1법칙(에너지 보존의 법칙)
열은 일과 같은 것이며 열은 일로, 일은 열로 다시 변화시킬 수 있다.

19

다음 반응에서 평형을 오른쪽으로 이동시켜 생성물을 더 많이 얻으려면 어떻게 해야 하는가?

$$CO + H_2O \rightleftarrows H_2 + CO_2 + Q [kcal]$$

① 온도를 높인다. ② 압력을 높인다.
③ 온도를 낮춘다. ④ 압력을 낮춘다.

해설및용어설명 |
- 르 샤틀리에 평형 이동 법칙 : 가역반응이 평형상태에 있을 때 온도, 압력, 농도 등과 같은 조건을 변화시키면 그 조건의 변화를 감소시키는 쪽으로 평형이 이동하여 새로운 평형에 도달한다.
- 르 샤틀리에 원리의 응용 - 수득률 : 반응식에서 얻을 수 있는 생성물의 양에 대한 실제로 얻어낼 수 있는 생성물의 비율을 뜻한다.
- 발열반응의 경우에는 온도를 낮추면 온도를 높이는 정방향으로 평형이 이동하므로 수득률이 증가하고, 흡열반응의 경우에는 온도를 높여 주면 수득률이 증가한다.

20

탄소 2[kg]을 완전연소 시켰을 때 발생된 연소가스(CO_2)의 양은 얼마인가?

① 3.66[kg] ② 7.33[kg]
③ 8.89[kg] ④ 12.34[kg]

해설및용어설명 | 탄소 연소식 $C + O_2 \rightarrow CO_2$
탄소 1몰 12[kg] 연소 시 발생하는 CO_2는 몰 44[kg] 발생한다.

탄소 2[kg] 연소 시 발생하는 CO_2의 양은 $= \dfrac{44}{12} \times 2 = 7.33[kg]$

2019년 제4회 가스산업기사

01

수소 25[v%], 메탄 50[v%], 에탄 25[v%]인 혼합가스가 공기와 혼합된 경우 폭발하한계[v%]는 약 얼마인가? (단, 폭발하한계는 수소 4[v%], 메탄 5[v%], 에탄 3[v%]이다)

① 3.1　　　② 3.6
③ 4.1　　　④ 4.6

해설및용어설명 | 혼합가스의 연소하한계

$$\frac{100}{L} = \frac{V_1}{L_1} + \frac{V_2}{L_2} + \frac{V_3}{L_3} + \cdots$$

- L : 혼합가스 폭발하한계
- L_1, L_2, L_3 : 성분가스 폭발하한계값
- V_1, V_2, V_3 : 성분가스의 용량[%]

$$\frac{100}{L} = \frac{25}{4} + \frac{50}{5} + \frac{25}{3}$$

$L = 4.1[\%]$

02

C_mH_n 1[Sm³]을 완전연소시켰을 때 생기는 H_2O의 양은?

① $\frac{n}{2}$[Sm³]　　　② n[Sm³]
③ $2n$[Sm³]　　　④ $4n$[Sm³]

해설및용어설명 | 탄화수소계 가연성 가스의 완전연소식

$C_mH_n + \left(m + \frac{n}{4}\right)O_2 \rightarrow mCO_2 + \frac{n}{2}H_2O$

03

실제가스가 이상기체 상태방정식을 만족하기 위한 조건으로 옳은 것은?

① 압력이 낮고, 온도가 높을 때
② 압력이 높고, 온도가 낮을 때
③ 압력과 온도가 낮을 때
④ 압력과 온도가 높을 때

해설및용어설명 | 이상기체의 성질을 갖는 기체는 존재하지 않지만 실제 기체가 상당히 높은 온도와 낮은 압력 상태에 있다면 분자 간의 거리가 멀고 기체분자의 속도가 빨라서 분자 간 상호작용을 극복할 수 있게 된다. 이러한 조건일 때, 실제기체가 이상기체에 근접한다고 볼 수 있다.

04

0[℃], 1[atm]에서 2[L]의 산소와 0[℃], 2[atm]에서 3[L]의 질소를 혼합하여 1[L]로 하면 압력은 약 몇 [atm]이 되는가?

① 1　　　② 2
③ 6　　　④ 8

해설및용어설명 |

$P_1 \times V_1 + P_2 \times V_2 = P_3 \times V_3$

$1 \times 2 + 2 \times 3 = P_3 \times 1$

$\therefore P_3 = 8[atm]$

정답 01 ③　02 ①　03 ①　04 ④

05

가연성 가스의 위험성에 대한 설명으로 틀린 것은?

① 폭발범위가 넓을수록 위험하다
② 폭발범위 밖에서는 위험성이 감소한다.
③ 일반적으로 온도나 압력이 증가할수록 위험성이 증가한다.
④ 폭발범위가 좁고 하한계가 낮은 것은 위험성이 매우 적다.

해설및용어설명 | 폭발범위에 대한 위험성
- 폭발범위가 넓을수록 위험하다.
- 하한값이 낮을수록 위험하다.
- 상한값이 높을수록 위험하다.

06

메탄을 이론공기로 연소시켰을 때 생성물 중 질소의 분압은 약 몇 [kPa]인가? (단, 메탄과 공기는 100[kPa], 25[℃]에서 공급되고 생성물의 압력은 100[kPa]이다)

① 36 ② 71
③ 81 ④ 92

해설및용어설명 | 메탄 연소반응식 : $CH_4 + 2O_2 \rightarrow CO_2 + 2H_2O$

질소 몰수 $= \dfrac{2}{0.21} \times 0.79 = 7.52$

이산화탄소 몰수 : 1, 수증기 몰수 : 2

질소분압 = 전압 $\times \dfrac{\text{질소 몰수}}{\text{전체 몰수}} = 100 \times \dfrac{7.52}{7.52 + 1 + 2} = 71$

07

전 폐쇄 구조인 용기 내부에서 폭발성 가스의 폭발이 일어났을 때, 용기가 압력을 견디고 외부의 폭발성 가스에 인화할 우려가 없도록 한 방폭구조는?

① 안전증 방폭구조   ② 내압방폭구조
③ 특수방폭구조   ④ 유입방폭구조

해설및용어설명 |
- 안전증 방폭구조 : 기기의 주요 구조부를 운전 중에 발생할 수 있는 과열, 불꽃 등에 대하여 안전도를 증가시킨 구조이다.
- 내압방폭구조 : 내부의 가연성 가스의 폭발이 발생할 경우 그 용기가 폭발 압력에 견딜 수 있는 구조이다.
- 특수방폭구조 : 증기의 인화를 방지 할 수 있는 것이 기타 시험에 의하여 확인된 구조이다.
- 유입방폭구조 : 불꽃 또는 아크를 발생할 수 있는 부분을 기름 안에 넣어 유면상의 폭발성 가스에 인화되지 않도록 한 구조이다.

08

아세틸렌 가스의 위험도는(H)는 약 얼마인가?

① 21 ② 23
③ 31 ④ 33

해설및용어설명 | 위험도 $= \dfrac{\text{폭발상한} - \text{폭발하한}}{\text{폭발하한}}$

아세틸렌(폭발범위 2.5 ~ 81) $= \dfrac{81 - 2.5}{2.5} = 31.4$

09

물질의 상변화는 일으키지 않고 온도만 상승시키는 데 필요한 열을 무엇이라고 하는가?

① 잠열   ② 현열
③ 증발열 ④ 융해열

해설및용어설명 |
- 잠열 : 온도의 변화 없이 상태가 변화하는 데 필요한 열
- 현열 : 물질 상태의 변화 없이 온도가 변화하는 데 필요한 열
- 증발열 : 액체가 기화할 때 외부로부터 흡수하는 열
- 융해열 : 일정량의 고체가 같은 온도의 액체로 되는 데 필요한 열

10

불꽃 중 탄소가 많이 생겨서 황색으로 빛나는 불꽃을 무엇이라 하는가?

① 휘염 ② 층류염
③ 환원염 ④ 확산염

해설및용어설명 |
- 휘염 : 불꽃 중에 탄소가 많이 생겨서 황색으로 빛나는 불꽃이다.
- 층류염 : 기체의 연료가 염공에서 분출될 때 유량이 적게 되어 그 흐름이 층류인 경우의 화염으로 형상이 일정하면 안정되어 있다.
- 환원염 : 산소가 충분히 공급되지 않아 불완전하게 연소하는 염을 말한다.
- 확산염 : 확산연소하고 있을 때의 화염을 말한다.

11

공기 중에서 압력을 증가시켰더니 폭발범위가 좁아지다가 고압 이후부터 폭발범위가 넓어지기 시작했다. 이는 어떤 가스인가?

① 수소 ② 일산화탄소
③ 메탄 ④ 에틸렌

해설및용어설명 | 일반적인 가스는 공기 중 압력을 증가시키면 폭발범위가 증가한다. 수소는 10[atm] 정도까지는 폭발범위가 좁아지고 그 이상 압력에서는 넓어진다. 일산화탄소는 압력이 높을수록 폭발범위가 좁아진다.

12

일정온도에서 발화할 때까지의 시간을 발화지연이라 한다. 발화지연이 짧아지는 요인으로 가장 거리가 먼 것은?

① 가열온도가 높을수록
② 압력이 높을수록
③ 혼합비가 완전산화에 가까울수록
④ 용기의 크기가 작을수록

해설및용어설명 | 발화지연시간
특정온도에서 가열하기 시작하여 발화 시까지 소요되는 시간을 말하며 온도, 압력, 가연성 가스의 농도가 높을수록 발화지연시간은 짧아진다.

13

다음 중 공기비를 옳게 표시한 것은?

① $\dfrac{\text{실제 공기량}}{\text{이론 공기량}}$ ② $\dfrac{\text{이론 공기량}}{\text{실제 공기량}}$

③ $\dfrac{\text{사용 공기량}}{1-\text{이론 공기량}}$ ④ $\dfrac{\text{이론 공기량}}{1-\text{사용 공기량}}$

해설및용어설명 | 공기비
연소에서 실제로 공급한 공기의 양과 이론적으로 필요한 공기량과의 비를 말한다.

$\therefore m = \dfrac{\text{실제 공기량}}{\text{이론 공기량}}$

14

B, C급 분말소화기의 용도가 아닌 것은?

① 유류화재 ② 가스화재
③ 전기화재 ④ 일반화재

해설및용어설명 |
- A급 화재 : 일반화재
- B급 화재 : 유류, 가스화재
- C급 화재 : 전기화재
- D급 화재 : 금속화재

15

기체동력 사이클 중 가장 이상적인 이론 사이클로, 열역학 제2법칙과 엔트로피의 기초가 되는 사이클은?

① 카르노 사이클(Carnot Cycle)
② 사바테 사이클(Sabathe Cycle)
③ 오토 사이클(Otto Cycle)
④ 브레이턴 사이클(Brayton Cycle)

해설및용어설명 |

- 카르노 사이클 : 기체동력 사이클 중 가장 이상적인 이론 사이클로, 열역학 제2법칙과 엔트로피의 기초가 되는 사이클
- 사바테 사이클 : 디젤기관의 이상 사이클
- 오토 사이클 : 가솔린기관의 이상 사이클
- 브레이튼 사이클 : 가스터빈의 이상 사이클

16

가스의 연소속도에 영향을 미치는 인자에 대한 설명으로 틀린 것은?

① 연소속도는 주변 온도가 상승함에 따라 증가한다.
② 연소속도는 이론혼합기 근처에서 최대이다.
③ 압력이 증가하면 연소속도는 급격히 증가한다.
④ 산소농도가 높아지면 연소범위가 넓어진다.

해설및용어설명 | 연소속도를 증가하는 인자 중 압력이 있으며, 압력이 증가하면 연소속도도 증가한다. 하지만 온도처럼 압력이 상승할 때 연소속도도 증가하지만 급격한 증가는 아니다.

17

난류확산화염에서 유속 또는 유량이 증대할 경우 시간이 지남에 따라 화염의 높이는 어떻게 되는가?

① 높아진다.
② 낮아진다.
③ 거의 변화가 없다.
④ 어느 정도 낮아지다가 높아진다.

해설및용어설명 |

- 난류확산화염 : 화염의 길이는 유속에 거의 영향을 받지 않는다.
- 층류확산화염 : 화염의 길이는 높아진다.

18

층류 연소속도 측정법 중 단위화염 면적당 단위시간에 소비되는 미연소 혼합기체의 체적을 연소속도로 정의하여 결정하며, 오차가 크지만 연소속도가 큰 혼합기체에 편리하게 이용되는 측정방법은?

① Slot 버너법
② Bunsen 버너법
③ 평면 화염 버너법
④ Soap Bubble법

해설및용어설명 |

- 슬롯 버너법(Slot Burner) : 균일한 속도분포를 갖는 노즐을 이용하여 V자형의 화염을 만들고 미연소 혼합기 흐름을 화염이 둘러싸고 있어 혼합기가 화염대에 들어갈 때까지 혼합기의 유선은 직선을 유지한다.
- 분젠 버너법(Bunsen Bruner) : 단위화염 면적당 단위시간에 소비되는 미연소 혼합기체의 체적을 연소속도로 정의하여 결정하며, 오차가 크지만 연소 속도가 큰 혼합기체에 편리하게 이용된다.
- 평면 화염 버너법 : 미연소 혼합기의 속도분포를 일정하게 하여 유속과 연소속도를 균형화시켜 유속으로 연소속도를 측정한다.
- 비누방울 버너법(Soap Bubble) : 미연소 혼합기로 비누방울을 만들어 그 중심에서 전기점화를 시키면 화염은 구상화염으로 바깥으로 전파되고 비누방울은 연소의 진행과 함께 팽창된다.

19

최소 점화 에너지에 대한 설명으로 옳은 것은?

① 유속이 증가할수록 작아진다.
② 혼합기 온도가 상승함에 따라 작아진다.
③ 유속 20[m/s]까지는 점화 에너지가 증가하지 않는다.
④ 점화 에너지의 상승은 혼합기 온도 및 유속과는 무관하다.

해설및용어설명 | 최소 점화 에너지(MIE)
- 온도가 상승하면 MIE는 작아진다.
- 압력이 상승하면 MIE는 작아진다.
- 농도가 많아지면 MIE는 작아진다.
- 연소속도가 클수록 MIE값은 적다.

20

분젠버너에서 공기의 흡입구를 닫았을 때의 연소나 가스라이터의 연소 등 주변에 볼 수 있는 전형적인 기체연료의 연소형태로써 화염이 전파하는 특징을 갖는 연소는?

① 분무연소
② 확산연소
③ 분해연소
④ 예비혼합연소

해설및용어설명 | 확산연소
연소버너 주변에 가연성 가스를 확산시켜 산소와 혼합되고, 연소 가능한 혼합가스를 생성하여 연소하는 현상으로 기체의 일반적 연소 형태

2020년 제1·2회 가스산업기사

01

증기운 폭발에 영향을 주는 인자로서 가장 거리가 먼 것은?

① 혼합비
② 점화원의 위치
③ 방출된 물질의 양
④ 증발된 물질의 분율

해설및용어설명 | 자유공간 증기운 폭발(UVCE : Unconfined Vapor Cloud Explosion)
증발이 용이한 가연성 물질이 다량으로 급격하게 대기 중에 유출되면 증기운을 형성하여 확산되는데, 물질의 연소하한계 이상의 상태에서 착화원과 접촉 시 발생하는 폭발사고를 자유공간 증기운 폭발이라 한다.
- 증기운 폭발에 영향을 주는 인자
  - 방출된 물질의 양
  - 점화 확률
  - 증기운이 점화하기까지 움직인 거리
  - 폭발 효율
  - 방출에 관련된 점화원의 위치

02

일반적인 연소에 대한 설명으로 옳은 것은?

① 온도의 상승에 따라 폭발범위는 넓어진다.
② 압력 상승에 따라 폭발범위는 좁아진다.
③ 가연성 가스에서 공기 또는 산소의 농도 증가에 따라 폭발범위는 좁아진다.
④ 공기 중에서 보다 산소 중에서 폭발범위는 좁아진다.

해설및용어설명 | 폭발범위는 주변의 온도, 압력, 산소의 농도가 높을수록 증가한다.

03

최소 점화 에너지(MIE)에 대한 설명으로 틀린 것은?

① MIE는 압력의 증가에 따라 감소한다.
② MIE는 온도의 증가에 따라 증가한다.
③ 질소 농도의 증가는 MIE를 증가시킨다.
④ 일반적으로 분진의 MIE는 가연성 가스보다 큰 에너지 준위를 가진다.

해설및용어설명 | 최소 점화 에너지

가연성 가스가 점화될 수 있는 혼합가스에서 점화원 존재 시 발화가 발생할 경우, 점화에 필요한 최소 에너지를 최소 점화 에너지 또는 최소 착화 에너지, 최소 발화 에너지라고 한다.

- 최소 점화 에너지에 영향을 미치는 인자
  - 가연성 물질의 초기 온도가 높으면 분자 이동이 활발해지기 때문에 최소 점화 에너지는 감소한다.
  - 가연성 물질의 초기 압력이 높으면 분자 간의 거리가 가까워지기 때문에 최소 점화 에너지는 감소한다.
  - 가연성 물질의 농도가 높으면 최소 점화 에너지는 감소한다.
  - 화학양론적 조성이 완전연소 조성에 가까울수록 최소 점화 에너지는 감소한다.
  - 일반적으로 연소속도가 클수록 최소 점화 에너지 값은 작다.
  - 소염거리 이상에서는 점화되지 않는다.
- 분진폭발의 최소 점화 에너지도 위에서 말한 방법과 동일하나, 분진폭발의 경우 가스, 액체 등 분자가 균일하게 분산시키는 과정이 어려워 정확한 측정결과를 도출해 내기 어렵다. 또한 최소 점화 에너지가 기체에 비하여 100~1,000배 정도 크다는 특징을 가지고 있다.

04

표면 연소란 다음 중 어느 것을 말하는가?

① 오일 표면에서 연소하는 상태
② 고체연료가 화염을 길게 내면서 연소하는 상태
③ 화염의 외부 표면에 산소가 접촉하여 연소하는 현상
④ 적열된 코크스 또는 숯의 표면 또는 내부에 산소가 접촉하여 연소하는 상태

해설및용어설명 | 고체 가연물이 분해하면 휘발분이 발생한 후 분해 연소가 일어나며, 해당 온도에서 연소되지 않는 코크스 등의 탄소가 남게 된다. 이렇게 남은 탄소가 연소하기 위해서는 그 표면에 공기, 산소 등 산소를 포함한 가스가 도달하여야 하며, 표면에서 탄소의 산화반응이 발생해야 한다. 이처럼 고체 표면에서 반응을 일으키는 연소를 표면 연소라고 한다.

05

등심 연소 시 화염의 길이에 대하여 옳게 설명한 것은?

① 공기 온도가 높을수록 길어진다.
② 공기 온도가 낮을수록 길어진다.
③ 공기 유속이 높을수록 길어진다.
④ 공기 유속 및 공기 온도가 낮을수록 길어진다.

해설및용어설명 | 연료를 심지로 빨아올려 대류나 복사열에 의하여 발생한 증기가 등심의 상부나 측면에서 연소하는 것을 말한다. 공급되는 공기의 유속이 낮아질수록, 온도가 높을수록 화염의 길이는 길어진다.

06

이산화탄소로 가연물을 덮는 방법은 소화의 3대 효과 중 다음 어느 것에 해당하는가?

① 제거효과　　② 질식효과
③ 냉각효과　　④ 촉매효과

해설및용어설명 |
- 제거소화 : 가연물을 연소구역으로부터 제거하는 방법
  - 예) 산림 화재 시 불이 진행하는 방향을 앞질러 벌목하여 진화하는 방법
- 질식소화 : 산소를 공급하는 산소 공급원을 연소계로부터 차단시켜 연소에 필요한 산소의 양을 16[%] 이하로 하여 연소를 억제시켜 진화하는 방법
  - 예) 무거운 불연성 기체(CO_2)로 가연물을 덮는 방법
- 냉각소화 : 점화원을 냉각시킴으로써 가연물을 발화점(착화점) 이하로 낮추어 연소 진행을 막는 소화방법
  - 예) 물을 뿌려서 진화하는 방법
- 희석소화 : 가연성 가스의 산소농도, 가연물의 조성을 연소 한계점 이하로 소화하는 방법
  - 예) 공기 중의 산소농도를 CO_2가 가스로 희석하는 방법
- 부촉매소화 : 가연물의 순조로운 연쇄반응이 진행되지 않도록 연소반응의 억제제인 부촉매 약제를 사용하는 방법
  - 예) 할론소화기를 사용하는 방법

07

화재와 폭발을 구별하기 위한 주된 차이는?

① 에너지 방출속도　　② 점화원
③ 인화점　　　　　　④ 연소한계

해설및용어설명 | 화재와 폭발의 차이

구분	화재	폭발
에너지 방출속도	느리다.	아주 빠르다.
착화물	필요하다.	반드시 필요하지는 않다.

08

완전연소의 구비조건으로 틀린 것은?

① 연소에 충분한 시간을 부여한다.
② 연료를 인화점 이하로 냉각하여 공급한다.
③ 적정량의 공기를 공급하여 연료와 잘 혼합한다.
④ 연소실 내의 온도를 연소 조건에 맞게 유지한다.

해설및용어설명 | 완전연소의 조건
- 연소에 필요한 충분한 양의 공기를 공급한다.
- 충분한 넓이의 연소실을 확보한다.
- 반응이 완전히 진행될 수 있도록 적절한 연소실의 온도를 유지한다.
- 질 좋은 연료를 사용한다.
- 연료와 공기를 잘 혼합시켜 연소한다.
- 연료 및 공기를 적절히 예열한다.

09

폭굉 유도거리(DID)에 대한 설명으로 옳은 것은?

① 관경이 클수록 짧다.
② 압력이 낮을수록 짧다.
③ 점화원의 에너지가 약할수록 짧다.
④ 정상연소속도가 빠른 혼합가스일수록 짧다.

해설및용어설명 | 폭굉 유도거리가 짧아지는 요인
- 압력이 높을수록
- 점화원의 에너지가 강할수록
- 연소속도가 큰 혼합가스일수록
- 관 속에 방해물이 있을 경우
- 관내경(지름)이 작을수록

정답 06 ② 07 ① 08 ② 09 ④

10

위험성 평가 기법 중 공정에 존재하는 위험요소들과 공정의 효율을 떨어뜨릴 수 있는 운전상의 문제점을 찾아내어 그 원인을 제거하는 정성적인 안정성 평가 기법은?

① What-if ② HEA
③ HAZOP ④ FMECA

해설및용어설명 |

- 위험과 운전분석(HAZOP) 기법 : 위험과 운전분석(Hazard And Operablity Studies) 기법은 공정에 존재한 위험 요소들과 공정의 효율을 떨어뜨릴 수 있는 운전상의 문제점을 찾아내어 그 원인을 제거하는 정상적인 안전성 평가 기법을 말한다.
- 체크리스트법 : 공정 및 설비의 오류, 결함상태, 위험상황 등을 작성하여 경험적으로 비교함으로써 위험성을 정성적으로 파악하는 기법이다.
- 결함수 분석(FTA)법 : 결함수 분석(Fault Tree Analysis)기법은 사고를 일으키는 장치의 이상이나 운전자 실수의 조합을 연역적으로 분석하는 정량적 평가기법이다.
- 사건수 분석(ETA)법 : 사건수 분석(Event Tree Analysis)기법은 초기사건으로 알려진 특정한 장치의 이상이나 운전자의 실수로부터 발생되는 잠재적인 사고결과를 평가하는 정량적 평가기법이다.
- 상대위험순위 결정기법 : 상대위험순위 결정(Dow And Indices)기법은 설비에 존재하는 위험에 대하여 구체적으로 상대위험 순위를 지표화하여 그 피해정도를 나타내는 상대적 위험 순위를 결정하는 기법을 말한다.
- 작업자실수 분석(HEA)기법 : 작업자실수 분석(Human Error Analysis) 기법은 설비의 운전원, 정비보수원, 기술자 등의 작업에 영향을 미칠만한 요소를 평가하여 그 실수의 원인을 파악하고 추적하여 정량적으로 실수의 상대적 순위를 결정하는 안전성 평가 기법을 말한다.
- 사고예상 질문 분석기법 : 사고예상 질문 분석(What-if)기법은 공정에 잠재하고 있으면서 원하지 않는 나쁜 결과를 초래할 수 있는 사고에 대하여 예상 질문을 통해 사전에 확인함으로써 그 위험과 결과 및 위험을 줄이는 방법을 제시하는 정상적 안전성 평가 기법을 말한다.
- 이상 위험도 분석(FMECA) 기법 : 이상 위험도 분석(Failure Modes, Effects, and Criticality Analysis) 기법은 공정 및 설비의 고장의 형태 및 영향, 고장형태별 위험도 순위 등을 결정하는 기법을 말한다.
- 원인결과 분석(CCA) 기법 : 원인결과 분석(Cause-Consequence Analysis, CCA) 기법은 잠재된 사고의 결과와 이러한 사고의 근본적인 원인을 찾아내고 사고 결과와 원인의 상호관계를 예측·평가하는 정량적 안전성 평가 기법을 말한다.

11

메탄올 96[g]과 아세톤 116[g]을 함께 진공상태의 용기에 넣고 기화시켜 25[℃]의 혼합기체를 만들었다. 이때 전압력은 약 몇 [mmHg]인가? (단, 25[℃]에서 순수한 메탄올과 아세톤의 증기압 및 분자량은 각각 96.5[mmHg], 56[mmHg] 및 32, 58이다)

① 76.3 ② 80.3
③ 152.5 ④ 170.5

해설및용어설명 | PV = nRT

- 메탄올의 몰수

$$n = \frac{PV}{RT} = \frac{96.5 \times 22.4 \times (96/32)}{0.082 \times 298} = 265.38[mol]$$

- 아세톤의 몰수

$$n = \frac{PV}{RT} = \frac{56 \times 22.4 \times (116/68)}{0.082 \times 298} = 102.67[mol]$$

- 전체 몰수 = 265.38 + 102.67 = 368.05[mol]

PV = nRT

$$P = \frac{nRT}{V} = \frac{368.05 \times 0.082 \times 298}{5} \times 22.4 = 80.3[mmHg]$$

12

프로판 1[Sm³]를 완전연소시키는 데 필요한 이론 공기량은 몇 [Sm³]인가?

① 5.0 ② 10.5
③ 21.0 ④ 23.8

해설및용어설명 | $C_3H_8 + 5O_2 \rightarrow 3CO_2 + 4H_2O$

프로판 1몰(22.4[m³]) 연소 시 필요한 이론 산소량은 5몰(5×22.4)[m³]이므로 프로판 1[Sm³] 완전연소 시 필요한 이론 공기량은 $5 \times \frac{100}{21} = 23.8[Sm^3]$이다.

13

중유의 저위발열량이 10,000[kcal/kg]의 연료 1[kg]을 연소시킨 결과 연소열을 5,500[kcal/kg]이었다. 연소효율은 얼마인가?

① 45[%] ② 55[%]
③ 65[%] ④ 75[%]

해설및용어설명 |

$\frac{5,500}{10,000} \times 100 = 55[\%]$

14

이상기체에 대한 설명으로 틀린 것은?

① 이상기체 상태 방정식을 따르는 기체이다.
② 보일-샤를의 법칙을 따르는 기체이다.
③ 아보가드로 법칙을 따르는 기체이다.
④ 반데르발스 법칙을 따르는 기체이다.

해설및용어설명 | 반데르발스 방정식은 이상기체 상태 방정식(PV=nRT)을 실제기체의 부피와 분자 간의 인력을 고려하여 수정한 것이라고 볼 수 있다. 반데르발스 상태 방정식은 실제기체에 적용되는 상태 방정식이다.

15

시안화수소 위험도(H)는 약 얼마인가?

① 5.8   ② 8.8
③ 11.8 ④ 14.8

해설및용어설명 |

- 시안화수소 폭발범위 : 6 ~ 41[%]

위험도 = $\frac{\text{폭발범위상한} - \text{폭발범위하한}}{\text{폭발범위하한}} = \frac{41-6}{6} = 5.83$

16

LPG를 연료로 사용할 때의 장점으로 옳지 않은 것은?

① 방열량이 크다.
② 조성이 일정하다.
③ 특별한 가압장치가 필요하다.
④ 용기, 조정기와 같은 공급설비가 필요하다.

해설및용어설명 | 상온·상압 상태의 LPG는 가압 및 냉각에 의해 쉽게 기체 상태의 프로판과 부탄을 액체 상태로 상변화시킬 수 있다.

17

연소 반응이 일어나기 위한 필요·충분조건으로 볼 수 없는 것은?

① 점화원   ② 시간
③ 공기   ④ 가연물

해설및용어설명 | 연소 3요소
가연물, 점화원, 산소 공급원

18

다음 기체연료 중 CH_4 및 H_2를 주성분으로 하는 가스는?

① 고로가스   ② 발생로가스
③ 수성 가스 ④ 석탄가스

해설및용어설명 |

- 고로가스 : 제철용 고로에서 얻어지는 부생가스로 코크스를 사용하는 발생로 가스와 유사하나 CO_2와 Dust가 많다.
- 발생로 가스 : 코크스나 석탄을 불완전연소시켜 얻어지는 가스로 주성분은 CO와 N_2이나, 발생로 조업 시 소량의 수증기를 첨가하여 약간의 수소와 CO_2가 포함된다.
- 수성 가스 : 고온으로 가열한 코크스에 수증기를 작용시키면 생기는 가스이다.
- 석탄가스 : 석탄을 고온건류(高溫乾溜)했을 때 얻어지는 가스, 주로 수소·메탄·일산화탄소로 되어 있는 기체 혼합물이다.

정답 13 ② 14 ④ 15 ① 16 ③ 17 ② 18 ④

19

기체연료-공기혼합기체의 최대 연소속도(대기압, 25[℃])가 가장 빠른 가스는?

① 수소 ② 메탄
③ 일산화탄소 ④ 아세틸렌

해설및용어설명 | 연소속도
화염이 전파할 때 미연소가스에 대한 상대적인 연소면의 속도를 말하며 미연소가스의 밀도가 낮을수록, 비열이 낮을수록, 화염온도가 높을수록, 열전도율이 높을수록 연소속도는 빨라진다.

20

메탄 85[v%], 에탄 10[v%], 프로판 4[v%], 부탄 1[v%]의 조성을 갖는 혼합가스의 공기 중 폭발하한계는 약 얼마인가?

① 4.4[%] ② 5.4[%]
③ 6.2[%] ④ 7.2[%]

해설및용어설명 | 혼합가스 폭발범위

$$\frac{100}{L} = \frac{V_1}{L_1} + \frac{V_2}{L_2} + \frac{V_3}{L_3} + \cdots$$

$$\frac{100}{L} = \frac{85}{5} + \frac{10}{3} + \frac{4}{2.1} + \frac{1}{1.8} = 4.38 ≒ 4.4$$

※ 폭발범위
- 메탄 : 5~15%
- 에탄 : 3~12.5%
- 프로판 : 2.1~9.5%
- 부탄 : 1.8~8.4%

2020년 제3회 가스산업기사

01

연소열에 대한 설명으로 틀린 것은?

① 어떤 물질이 완전연소할 때 발생하는 열량이다.
② 연료의 화학적 성분은 연소열에 영향을 미친다.
③ 이 값이 클수록 연료로서 효과적이다.
④ 발열반응과 함께 흡열반응도 포함된다.

해설및용어설명 | 연소열은 어떤 물질 1몰이 완전연소할 때의 열량으로 화학 변화가 일어날 때 밖으로 열을 내놓는 반응을 발열 반응, 그와 반대로 밖에서 열을 얻는 반응을 흡열 반응이라고 한다. 연소반응은 발열 반응이다.

02

연소가스량 10[m³/kg], 비열 0.325[kcal/m³·℃]인 어떤 연료의 저위 발열량이 6,700[kcal/kg]이었다면 이론 연소온도는 약 몇 [℃]인가?

① 1,962[℃] ② 2,062[℃]
③ 2,162[℃] ④ 2,262[℃]

해설및용어설명 |
$10 \times 0.325 \times x = 6,700$
$x = 2,061.54$

03

황(S) 1[kg]이 이산화황(SO_2)으로 완전연소할 경우 이론산소량[kg/kg]과 이론공기량[kg/kg]은 각각 얼마인가?

① 1, 4.31
② 1, 8.62
③ 2, 4.31
④ 2, 8.62

해설및용어설명 | 황 완전연소식

$S + O_2 \rightarrow SO_2$

황 1[mol](분자량 32[kg]) 완전연소 시 산소 1[mol](분자량 32[kg])이 필요하다. 황 1[kg] 완전연소 시 이론산소량은 1[kg]이 필요하며 이를 이론공기량으로 환산하면 $1 \times \dfrac{100}{23.2} = 4.31$[kg/kg]이 필요하다(공기 중 산소의 중량비는 23.2[%]이다).

04

메탄 60[v%], 에탄 20[v%], 프로판 15[v%], 부탄 5[v%]인 혼합가스의 공기 중 폭발하한계[v%]는 약 얼마인가? (단, 각 성분의 폭발 하한계는 메탄 5.0[v%], 에탄 3.0[v%], 프로판 2.1[v%], 부탄 1.8[v%]로 한다)

① 2.5
② 3.0
③ 3.5
④ 4.0

해설및용어설명 | 혼합가스의 폭발하한계

$\dfrac{100}{L} = \dfrac{V_1}{L_1} + \dfrac{V_2}{L_2} + \dfrac{V_3}{L_3} + \cdots$

- L : 혼합가스 폭발하한계
- L_1, L_2, L_3 : 성분가스 폭발하한계값
- V_1, V_2, V_3 : 성분가스의 용량[%]

$\dfrac{100}{L} = \dfrac{60}{5} + \dfrac{20}{3} + \dfrac{15}{2.1} + \dfrac{5}{1.8}$

$L = 3.5$[%]

05

기체연료의 확산연소에 대한 설명으로 틀린 것은?

① 확산연소는 폭발의 경우에 주로 발생하는 형태이며 예혼합연소에 비해 반응대가 좁다.
② 연료가스와 공기를 별개로 공급하여 연소하는 방법이다.
③ 연소형태는 연소기기의 위치에 따라 달라지는 비균일 연소이다.
④ 일반적으로 확산과정은 화학반응이나 화염의 전파과정보다 늦기 때문에 확산에 의한 혼합속도가 연소속도를 지배한다.

해설및용어설명 | 예혼합연소는 화염이 반응면에서 예열면으로 자동적으로 이동하기 때문에, 연소속도가 가속되는 특성을 가지고 있으므로 확산화염보다 훨씬 빠른 속도로 진행된다. 화염면이 자동으로 이동하며 온도도 급속히 상승하기 때문에 밀폐공간에서는 급격한 압력 상승에 의한 피해가 발생할 수 있다.
① 확산연소 폭발의 경우에 주로 발생하는 형태이며 예혼합연소에 비해 반응대가 넓다.

06

프로판 가스의 분자량은 얼마인가?

① 17
② 44
③ 58
④ 64

해설및용어설명 | 프로판 분자식

C_3H_8(C 원자량 12, H 원자량 1)

$12 \times 3 + 1 \times 8 = 44$

07

0[℃], 1기압에서 C_3H_8 5[kg]의 체적은 약 몇 [m³]인가?
(단, 이상기체로 가정하고, C의 원자량은 12, H의 원자량은 1이다)

① 0.6
② 1.5
③ 2.5
④ 3.6

해설및용어설명 | 아보가드로 법칙에 따라 프로판 1[mol](분자량 44[kg])의 체적은 22.4[m³]이다.

프로판 5[kg]의 체적을 구하면 $\frac{22.4}{44} \times 5 = 2.54[m^3]$이다.

08

다음 [보기]의 성질을 가지고 있는 가스는?

[보기]
- 무색무취, 가연성 기체
- 폭발범위 : 공기 중 4 ~ 75[vol%]

① 메탄
② 암모니아
③ 에틸렌
④ 수소

해설및용어설명 |
- 메탄의 폭발범위 : 5 ~ 15[%]
- 암모니아의 폭발범위 : 15 ~ 28[%]
- 에틸렌의 폭발범위 : 2.7 ~ 36[%]
- 수소의 폭발범위 : 4 ~ 75[%]

09

공기비가 적을 경우 나타나는 현상과 가장 거리가 먼 것은?

① 매연발생이 심해진다.
② 폭발사고 위험성이 커진다.
③ 연소실 내의 연소온도가 저하된다.
④ 미연소로 인한 열손실이 증가한다.

해설및용어설명 | 공기비가 작을수록 미연소, 불완전연소가 발생하고, 공기비가 클수록 연소온도가 낮아진다.

10

1[atm], 27[℃]의 밀폐된 용기에 프로판과 산소가 1 : 5 부피비로 혼합되어 있다. 프로판이 완전연소하여 화염의 온도가 1,000[℃]가 되었다면 용기 내에 발생하는 압력은 약 몇 [atm]인가?

① 1.95[atm]
② 2.95[atm]
③ 3.95[atm]
④ 4.95[atm]

해설및용어설명 |
$P_1 V_1 = n_1 R_1 T_1$, $P_2 V_2 = n_2 R_2 T_2$
$R_1 = R_2$, $V_1 = V_2$
$\frac{P_2}{P_1} = \frac{n_2 T_2}{n_1 T_1}$
$\frac{P_2}{1} = \frac{7[mol] \times (273 + 1,000)}{6[mol] \times (273 + 27)}$
$P_2 = 4.95$

※ $C_3H_8 + 5O_2 \rightarrow 3CO_2 + 4H_2O$

11

기체상수 R을 계산한 결과 1.9870이었다. 이때 사용되는 단위는?

① [cal/mol·K]
② [erg/kmol·K]
③ [Joule/mol·K]
④ [L·atm/mol·K]

해설및용어설명 | 기체상수 R

$PV = nRT$

$R = \dfrac{1[\text{atm}] \times 22.4[\text{L}]}{1[\text{mol}] \times 273[\text{K}]} = 0.082[\text{atm} \cdot \text{L/mol} \cdot \text{K}]$

※ 단위의 선택에 따른 기체상수
- 848[kg·m/kmol·K]
- 8.3143[J/mol·K]
- 1.98[cal/mol·K]

12

분진폭발과 가장 관련이 있는 물질은?

① 소백분
② 에테르
③ 탄산가스
④ 암모니아

해설및용어설명 | 분진폭발

아주 미세한 가연성의 입자가 공기 중에 적당한 농도로 퍼져 있을 때, 약간의 불꽃, 혹은 열만으로 돌발적인 연쇄 산화-연소를 일으켜 폭발하는 현상으로 주로 톱밥가루, 철/플라스틱 가루, 먼지, 밀가루에서 잘 일어난다.

13

폭굉이란 가스 중의 음속보다 화염 전파속도가 큰 경우를 말하는데 마하수 약 얼마를 말하는가?

① 1 ~ 2
② 3 ~ 12
③ 12 ~ 21
④ 21 ~ 30

해설및용어설명 |

$Ma = \dfrac{V}{C}$

- Ma : 마하수
- V : 속력
- C : 음속

폭굉 연소속도 1,000 ~ 3,500[m/s], 음속 340[m/s]로 마하수는 약 3 ~ 10 이다.

14

다음 중 자기연소를 하는 물질로만 나열된 것은?

① 경유, 프로판
② 질화면, 셀룰로이드
③ 황산, 나프탈렌
④ 석탄, 플라스틱(FRP)

해설및용어설명 |

- 증발연소 : 황, 나프탈렌, 왁스, 휘발유, 등유, 경유 등
- 분해연소 : 석탄, 목재, 플라스틱, 종이 등
- 확산연소 : LPG, LNG 등 가연성 가스
- 자기연소 : 질화면, 셀룰로이드, 니트로글리세린 등

15

가연물의 위험성에 대한 설명으로 틀린 것은?

① 비등점이 낮으면 인화의 위험성이 높아진다.
② 파라핀 등 가연성 고체는 화재 시 가연성 액체가 되어 화재를 확대한다.
③ 물과 혼합되기 쉬운 가연성 액체는 물과 혼합되면 증기압이 높아져 인화점이 낮아진다.
④ 전기전도도가 낮은 인화성 액체는 유동이나 여과 시 정전기가 발생하기 쉽다.

해설및용어설명 | 가연성 액체는 물과 혼합되면 증기압이 낮아져 인화점이 높아진다.

16

정전기를 제어하는 방법으로서 전하의 생성을 방지하는 방법이 아닌 것은?

① 접속과 접지(Bonding and Grounding)
② 도전성 재료 사용
③ 침액 파이프(Dip Pipes)설치
④ 첨가물에 의한 전도도 억제

해설및용어설명 | 전하의 생성방지
- 금속체는 직접 접지하여 정전기를 방지할 수 있다.
- 부도체 재료를 도전성 재료로 변경
- 침액 파이프(Dip Pipes) 설치

17

어떤 반응물질이 반응을 시작하기 전에 반드시 흡수하여야 하는 에너지의 양을 무엇이라 하는가?

① 점화 에너지　　② 활성화 에너지
③ 형성엔탈피　　④ 연소 에너지

해설및용어설명 | 반응물이 반응을 시작하기 전에 반드시 흡수해야 하는 에너지의 양을 활성화 에너지라 하며 활성화 에너지가 작을수록 적은 열에 의해 쉽게 연소한다.

18

연료의 발열량 계산에서 유효수소를 옳게 나타낸 것은?

① $\left(H + \dfrac{O}{8}\right)$　　② $\left(H - \dfrac{O}{8}\right)$

③ $\left(H + \dfrac{O}{16}\right)$　　④ $\left(H - \dfrac{O}{16}\right)$

해설및용어설명 | 연료 속의 산소는 그 일부분이 수소와 결합되어 연소되지 않는다.

중량당 $\dfrac{H_2}{O}$ 는 $\dfrac{2}{16}$ 이므로 $\dfrac{O}{8}$ 의 값은 무효수소의 값이 된다.

그러므로 유효수소는 전체수소 H에서 무효수소값 $\dfrac{O}{8}$ 를 뺀 나머지가 된다.

19

표준상태에서 기체 1[m³]은 약 몇 몰인가?

① 1
② 2
③ 22.4
④ 44.6

해설및용어설명 | 아보가드로 법칙에서 모든 기체는 1[mol]당 체적은 22.4[L]로 동일하다.

$1[m^3] = 1,000[L]$이므로 $\frac{1,000}{22.4} = 44.6$몰이 된다.

20

다음 중 열전달계수의 단위는?

① [kcal/h]
② [kcal/m²·h·℃]
③ [kcal/m·h·℃]
④ [kcal/℃]

해설및용어설명 |
- 열량 : [kcal/h]
- 열전달계수 : [kcal/m²·h·℃]
- 열전도율 : [kcal/m·h·℃]
- 열용량 : [kcal/℃]

2020년 제4회 가스산업기사 CBT 복원문제

01

가연성 물질을 공기로 연소시키는 경우 공기 중의 산소농도를 높게 하면 어떻게 되는가?

① 연소속도는 빠르게 되고, 발화온도는 높게 된다.
② 연소속도는 빠르게 되고, 발화온도는 낮게 된다.
③ 연소속도는 느리게 되고, 발화온도는 높게 된다.
④ 연소속도는 느리게 되고, 발화온도는 낮게 된다.

해설및용어설명 | 산소농도를 높게 하면 연소속도는 빨라지고, 발화온도는 낮게 된다.

02

화재나 폭발의 위험이 있는 장소를 위험장소라 한다. 다음 중 제1종 위험장소에 해당하는 것은?

① 상용의 상태에서 가연성가스의 농도가 연속해서 폭발하한계 이상으로 되는 장소
② 상용상태에서 가연성가스가 체류해 위험하게 될 우려가 있는 장소
③ 가연성가스가 밀폐된 용기 또는 설비의 사고로 인해 파손되거나 오조작의 경우에만 누출할 위험이 있는 장소
④ 환기장치에 이상이나 사고가 발생한 경우에 가연성가스가 체류하여 위험하게 될 우려가 있는 장소

해설및용어설명 |
- 0종 장소 : 상용상태에서 가연성가스의 농도가 연속해서 폭발하한계 이상으로 되는 장소로 위험분위기가 지속적으로 또는 장기간 존재하는 장소
- 1종 장소 : 상용상태에서 가연성가스가 종종 체류하여 위험하게 될 우려가 있는 장소로 위험분위기가 존재하기 쉬운 장소
- 2종 장소 : 용기 또는 설비의 사고로 인해 파손되거나 오조작의 경우에 노출할 위험이 있는 장소로 이상상태하에서 위험분위기가 단시간 동안 존재할 수 있는 장소

03

화재와 폭발을 구별하기 위한 주된 차이점은?

① 에너지방출속도 ② 점화원
③ 인화점 ④ 연소한계

해설및용어설명 |
- 폭발은 에너지의 부피가 극적으로 갑작스럽게 증가하면서 방출하는 것
- 화재란 사람의 의도에 반하거나 고의에 의해 발생하는 연소현상

04

메탄 60[v%], 에탄 20[v%], 프로판 15[v%], 부탄 5[v%]인 혼합가스의 공기 중 폭발 하한계[v%]는 약 얼마인가? (단, 각 성분의 폭발 하한계는 메탄 5.0[v%], 에탄 3.0[v%], 프로판 2.1[v%], 부탄 1.8[v%]로 한다)

① 2.5 ② 3.0
③ 3.5 ④ 4.0

해설및용어설명 | 혼합가스의 폭발 하한계

$$\frac{100}{L} = \frac{V_1}{L_1} + \frac{V_2}{L_2} + \frac{V_3}{L_3} \cdots$$

- L : 혼합가스 폭발 하한계
- L_1, L_2, L_3 : 성분가스 폭발 하한계값
- V_1, V_2, V_3 : 성분가스의 용량[%]

$$\frac{100}{L} = \frac{60}{5} + \frac{20}{3} + \frac{15}{2.1} + \frac{5}{1.8}$$

$L = 3.5[\%]$

05

다음 반응식을 이용하여 메탄(CH_4)의 생성열을 구하면?

- $C + O_2 \rightarrow CO_2$, $\triangle H = -97.2[kcal/mol]$
- $H_2 + \frac{1}{2}O_2 \rightarrow H_2O$, $\triangle H = -57.6[kcal/mol]$
- $CH_4 + 2O_2 \rightarrow CO_2 + 2H_2O$, $\triangle H = -194.4[kcal/mol]$

① $\triangle H = -20[kcal/mol]$
② $\triangle H = -18[kcal/mol]$
③ $\triangle H = 18[kcal/mol]$
④ $\triangle H = 20[kcal/mol]$

해설및용어설명 |
- 메탄(CH_4)의 완전연소 반응식
  $CH_4 + 2O_2 \rightarrow CO_2 + 2H_2O + Q$
- 생성열 계산
  $-194.4 = -97.2 - 57.6 \times 2 + Q$
  $Q = 97.2 + 2 \times 57.6 - 194.4 = 18$
- $\therefore \triangle H = -18[kcal/mol]$

06

다음 중 자기연소를 하는 물질로만 나열된 것은?

① 경유, 프로판 ② 질화면, 셀룰로이드
③ 황산, 나프탈렌 ④ 석탄, 플라스틱(FRP)

해설및용어설명 |
- 증발연소 : 황, 나프탈렌, 왁스, 휘발유, 등유, 경유 등
- 분해연소 : 석탄, 목재, 플라스틱, 종이 등
- 확산연소 : LPG, LNG 등 가연성 가스
- 자기연소 : 질화면, 셀룰로이드, 니트로글리세린 등

07

가연성 물질을 공기로 연소시키는 경우에 공기 중의 산소 농도를 높게 하면 연소속도와 발화온도는 어떻게 되는가?

① 연소속도는 느리게 되고, 발화온도는 높아진다.
② 연소속도는 빠르게 되고, 발화온도도 높아진다.
③ 연소속도는 빠르게 되고, 발화온도는 낮아진다.
④ 연소속도는 느리게 되고, 발화온도도 낮아진다.

해설및용어설명 | 연소용 공기 중 산소농도가 클수록
- 연소속도는 빨라진다.
- 화염의 온도가 높아진다.
- 발화점 및 인화점이 낮아진다.
- 연소범위가 넓어진다.
- 반응속도가 빨라진다.

08

메탄 85[v%], 에탄 10[v%], 프로판 4[v%], 부탄 1[v%]의 조성을 갖는 혼합가스의 공기 중 폭발 하한계는 약 얼마인가?

① 4.4[%]   ② 5.4[%]
③ 6.2[%]   ④ 7.2[%]

해설및용어설명 | 혼합가스 폭발범위

$$\frac{100}{L} = \frac{V_1}{L_1} + \frac{V_2}{L_2} + \frac{V_3}{L_3} \cdots$$

$$\frac{100}{L} = \frac{85}{5} + \frac{10}{3} + \frac{4}{2.1} + \frac{1}{1.8} = 4.39$$

09

다음 중 가연물의 조건으로 옳지 않은 것은?

① 열전도율이 작을 것
② 활성화에너지가 클 것
③ 산소와의 친화력이 클 것
④ 발열량이 클 것

해설및용어설명 | 반응물이 반응을 시작하기 전에 반드시 흡수해야 하는 에너지의 양을 활성화 에너지라 하며 활성화 에너지가 작을수록 적은 열에 의해 쉽게 연소한다.

10

연소범위에 대한 온도의 영향으로 옳은 것은?

① 온도가 낮아지면 방열속도가 느려져서 연소범위가 넓어진다.
② 온도가 낮아지면 방열속도가 느려져서 연소범위가 좁아진다.
③ 온도가 낮아지면 방열속도가 빨라져서 연소범위가 넓어진다.
④ 온도가 낮아지면 방열속도가 빨라져서 연소범위가 좁아진다.

해설및용어설명 |
- 온도가 높을 때 : 열의 발열속도 > 방열속도
  → 연소범위 넓어진다.
- 온도가 낮을 때 : 열의 발열속도 < 방열속도
  → 연소범위 좁아지거나 없어진다.

11

다음 중 물리적 폭발에 속하는 것은?

① 가스폭발   ② 폭발적 증발
③ 디토네이션   ④ 중합폭발

해설및용어설명 | 폭발의 종류
- 물리적 폭발 : 증기 폭발, 금속선 폭발, 고체상 전이 폭발, 압력 폭발 등
- 화학적 폭발 : 산화 폭발, 분해 폭발, 촉매 폭발, 중합 폭발 등

12

가연성 물질의 인화 특성에 대한 설명으로 틀린 것은?

① 비점이 낮을수록 인화위험이 커진다.
② 최소점화에너지가 높을수록 인화위험이 커진다.
③ 증기압을 높게 하면 인화위험이 커진다.
④ 연소범위가 넓을수록 인화위험이 커진다.

해설및용어설명 | 최소점화에너지
가연성가스 및 공기와의 혼합가스에 착화원으로 점화 시에 발화하기 위하여 필요한 최저에너지를 말한다. 최소점화에너지가 작을수록 인화위험이 커진다.

13

공기비가 적을 경우 나타나는 현상과 가장 거리가 먼 것은?

① 매연발생이 심해진다.
② 폭발사고 위험성이 커진다.
③ 연소실 내의 연소온도가 저하된다.
④ 미연소로 인한 열손실이 증가한다.

해설및용어설명 | 공기비가 작을수록 미연소, 불완전연소가 발생하고, 공기비가 클수록 연소온도가 낮아진다.

14

방폭구조 종류 중 전기기기의 불꽃 또는 아크를 발생하는 부분을 기름 속에 넣어 유면상에 존재하는 폭발성 가스에 인화될 우려가 없도록 한 구조는?

① 내압방폭구조
② 유입방폭구조
③ 안전증방폭구조
④ 압력방폭구조

해설및용어설명 | 방폭구조의 종류
- 압력 방폭구조 : 기기외부의 위험 분위기 압력보다 기기내부에 불연성 가스를 높은 압력으로 유지하여 외부가스가 침입하지 못하도록 한 구조이다.
- 유입 방폭구조 : 불꽃 또는 아크를 발생할 수 있는 부분을 기름 안에 넣어 유면상의 폭발성가스에 인화되지 않도록 한 구조이다.
- 안전증 방폭구조 : 기기의 주요 구조부를 운전 중에 발생할 수 있는 과열, 불꽃 등에 대하여 안전도를 증가시킨 구조이다.
- 본질안전 방폭구조 : 폭발성분위기에서 폭발이 이루어지기 위해서는 최소한의 점화에너지가 필요하다. 이러한 개념으로 전기기기에 이상이 발생하여도 착화 에너지 이하의 에너지가 발생하도록 제작된다면 본질안전 방폭구조라 할 수 있다.

15

연소한계, 폭발한계, 폭굉한계를 일반적으로 비교한 것 중 옳은 것은?

① 연소한계는 폭발한계보다 넓으며, 폭발한계와 폭굉한계는 같다.
② 연소한계와 폭발한계는 같으며, 폭굉한계보다는 넓다.
③ 연소한계는 폭발한계보다 넓고, 폭발한계는 폭굉한계보다 넓다.
④ 연소한계, 폭발한계, 폭굉한계는 같으며, 단지 연소현상으로 구분된다.

해설및용어설명 |
- 폭발은 일정 혼합조성 범위에서만 일어난다. 이 범위를 폭발한계(또는 연소한계)라 한다.
- 폭발범위 내의 어떤 특정 농도범위에서는 연소의 속도가 폭발에 비해 수백 내지 수천 배에 달하는 현상을 폭굉이라 한다.

16

어떤 반응물질이 반응을 시작하기 전에 반드시 흡수하여야 하는 에너지의 양을 무엇이라 하는가?

① 점화에너지
② 활성화에너지
③ 형성엔탈피
④ 연소에너지

해설및용어설명 | 반응물이 반응을 시작하기 전에 반드시 흡수해야 하는 에너지의 양을 활성화 에너지라 하며 활성화 에너지가 작을수록 적은 열에 의해 쉽게 연소한다.

17

연소열에 대한 설명으로 틀린 것은?

① 어떤 물질이 완전연소할 때 발생하는 열량이다.
② 연료의 화학적 성분은 연소열에 영향을 미친다.
③ 이 값이 클수록 연료로서 효과적이다.
④ 발열반응과 함께 흡열반응도 포함한다.

해설및용어설명 | 연소열은 어떤 물질 1몰이 완전 연소할 때의 열량으로 화학 변화가 일어날 때 밖으로 열을 내놓는 반응을 발열 반응, 그와 반대로 밖에서 열을 얻는 반응을 흡열 반응이라고 한다. 연소반응은 발열반응이다.

18

표준상태에서 기체 1[m³]은 약 몇 몰인가?

① 1
② 2
③ 22.4
④ 44.6

해설및용어설명 | 아보가드로 법칙에서 모든 기체는 1[mol]당 체적은 22.4[L]로 동일하다. 1[m³]=1,000[L]이므로 $\frac{1,000}{22.4}$ = 44.6몰이 된다.

19

불꽃 중 탄소가 많이 생겨서 황색으로 빛나는 불꽃은?

① 휘염
② 층류염
③ 환원염
④ 확산염

해설및용어설명 |
- 휘염 : 불꽃 중에 탄소가 많이 생겨서 황색으로 빛나는 불꽃
- 층류염 : 기체의 연료가 염공에서 분출될 때 유량이 적게 되어 그 흐름이 층류인 경우의 화염으로 형상이 일정하면 안정되어 있다.
- 환원염 : 산소가 충분히 공급되지 않아 불완전하게 연소하는 염을 말한다.
- 확산염 : 확산연소하고 있을 때의 화염을 말한다.

20

LPG에 대한 설명 중 틀린 것은?

① 포화탄화수소화합물이다.
② 휘발유 등 유기용매에 용해된다.
③ 액체 비중은 물보다 무겁고, 기체상태에서는 공기보다 가볍다.
④ 상온에서는 기체이나 가압하면 액화된다.

해설및용어설명 | 액화석유가스(LP가스)의 일반적인 특징
- LP가스는 공기보다 무겁다.
- 액상의 LP가스는 물보다 가볍다.
- 액화, 기화가 쉽고, 기화하면 체적이 커진다.
- 액체의 온도 상승에 의한 부피변화가 크다.
- 기화열(증발잠열)이 크다.
- 무색무취, 무미하다.
- 용해성이 있다.

2021년 제1회 가스산업기사 CBT 복원문제

01

메탄 80[v%], 프로판 5[v%], 에탄 15[v%]인 혼합가스의 공기 중 폭발하한계는 약 얼마인가?

① 2.1[%] ② 3.3[%]
③ 4.3[%] ④ 5.1[%]

해설및용어설명 | 폭발범위
- 메탄 : 5 ~ 15[%]
- 프로판 : 2.1 ~ 9.5[%]
- 에탄 : 3 ~ 12.5[%]

$$\frac{100}{L} = \frac{V_1}{L_1} + \frac{V_2}{L_2} + \frac{V_3}{L_3} \cdots$$

$$\frac{100}{L} = \frac{80}{5} + \frac{5}{2.1} + \frac{15}{3}$$

$$\frac{100}{L} = 23.38$$

$$L = \frac{100}{23.38} = 4.27[\%]$$

02

95[℃]의 온수를 100[kg/h] 발생시키는 온수보일러가 있다. 이 보일러에서 저위발열량이 45[MJ/Nm³]인 LNG를 1[m³/h] 소비할 때 열효율은 얼마인가? (단, 급수의 온도는 25[℃]이고, 물의 비열은 4.184[kJ/kg·K]이다)

① 60.07[%] ② 65.08[%]
③ 70.09[%] ④ 75.10[%]

해설및용어설명 |

$$\eta = \frac{G \times C \times \Delta t}{G_f \times H_l} \times 100 = \frac{100 \times 4.184 \times (95-25)}{1 \times (45 \times 1,000)} \times 100$$

$$= 65.084[\%]$$

03

다음 중 산소 공급원이 아닌 것은?

① 공기 ② 산화제
③ 환원제 ④ 자기연소성 물질

해설및용어설명 | 환원제는 산화 환원 반응에서 자신은 산화되면서 상대 물질을 환원시키는 물질이다.

04

"착화온도가 80[℃]이다."를 가장 잘 설명한 것은 어느 것인가?

① 80[℃] 이하로 가열하면 인화한다.
② 80[℃]로 가열해서 점화원이 있으면 연소한다.
③ 80[℃] 이상 가열하고 점화원이 있으면 연소한다.
④ 80[℃]로 가열하면 공기 중에서 스스로 연소한다.

해설및용어설명 | 발화점
점화원 없이 스스로 연소를 개시하는 최저온도

05

가연성 고체의 연소에서 나타나는 연소현상으로 고체가 열분해 되면서 가연성 가스를 내며 연소열로 연소가 촉진되는 연소는?

① 분해연소 ② 자기연소
③ 표면연소 ④ 증발연소

해설및용어설명 |
① 분해연소 : 고체 가연물질을 가열하면 열분해를 일으켜 나온 분해가스 등이 연소하는 현상
② 자기연소 : 가연물이 물질의 분자 내에 산소를 함유하고 있어 열분해에 의해서 가연성 가스와 산소를 동시에 발생시키므로 공기 중의 산소 없이 연소할 수 있는 현상
③ 표면연소 : 고체 가연물이 열분해나 증발하지 않고 표면에서 산소와 급격히 산화반응하여 연소하는 현상
④ 증발연소 : 고체 가연물이 열분해를 일으키지 않고 증발하여 증기가 연소 되거나 먼저 융해된 액체가 기화하여 증기가 된 다음 연소하는 현상

정답 01 ③ 02 ② 03 ③ 04 ④ 05 ①

06

메탄을 이론공기로 연소시켰을 때 생성물 중 질소의 분압은 약 몇 [kPa]인가? (단, 메탄과 공기는 100[kPa], 25[℃]에서 공급되고 생성물의 압력은 100[kPa]이다)

① 36 ② 71
③ 81 ④ 92

해설및용어설명 |

메탄 연소반응식 : $CH_4 + 2O_2 \rightarrow CO_2 + 2H_2O$

질소 몰수 $= \dfrac{2}{0.21} \times 0.79 = 7.52$

이산화탄소 몰수 : 1, 수증기 몰수 : 2

질소분압 = 전압 $\times \dfrac{\text{질소 몰수}}{\text{전체 몰수}} = 100 \times \dfrac{7.52}{7.52 + 1 + 2} = 71$

07

가연성 물질을 공기로 연소시키는 경우에 공기 중의 산소 농도를 높게 하면 연소속도와 발화온도는 어떻게 되는가?

① 연소속도는 느리게 되고, 발화온도는 높아진다.
② 연소속도는 빠르게 되고, 발화온도도 높아진다.
③ 연소속도는 빠르게 되고, 발화온도는 낮아진다.
④ 연소속도는 느리게 되고, 발화온도도 낮아진다.

해설및용어설명 | 연소용 공기 중 산소 농도가 클수록

- 연소속도는 빨라진다.
- 화염의 온도가 높아진다.
- 발화점 및 인화점이 낮아진다.
- 연소범위가 넓어진다.
- 반응속도가 빨라진다.

08

혼합기체의 온도를 고온으로 상승시켜 자연착화를 일으키고, 혼합기체의 전 부분이 극히 단시간 내에 연소하는 것으로서 압력상승의 급격한 현상을 무엇이라 하는가?

① 전파연소 ② 폭발
③ 확산연소 ④ 예혼합연소

해설및용어설명 | 폭발의 정의
혼합기체의 온도를 고온으로 상승시켜 자연착화를 일으키고, 혼합기체의 전부분이 극히 단시간 내에 연소하는 것으로서 압력 상승이 급격한 현상 또는 화염이 음속 이하의 속도로 미반응 물질 속으로 전파되어 가는 발열 반응을 말한다.

09

위험성 평가 기법 중 공정에 존재하는 위험요소들과 공정의 효율을 떨어뜨릴 수 있는 운전상의 문제점을 찾아내어 그 원인을 제거하는 정성적인 안정성 평가 기법은?

① What – if ② HEA
③ HAZOP ④ FMECA

해설및용어설명 | 위험과 운전분석(HAZOP, Hazard & Operability Studies)
대상공정에 관련된 여러 분야의 전문가들이 모여서 공정에 관련된 자료를 토대로 정해진 연구 방법에 의해 공정에 존재하는 위험 요소들과 공정의 효율을 떨어뜨릴 수 있는 운전상의 문제점을 찾아 그 원인을 제거하는 안정성 평가 기법

10

실제기체가 완전 기체의 특성식을 만족하는 경우는?

① 고온, 저압
② 고온, 고압
③ 저온, 고압
④ 저온, 저압

해설및용어설명 | 이상기체의 성질을 갖는 기체는 존재하지 않지만 실제 기체가 상당히 높은 온도와 낮은 압력 상태에 있다면 분자 간의 거리가 멀고 기체분자의 속도가 빨라서 분자 간 상호작용을 극복할 수 있다. 이러한 조건에서 실제기체가 이상기체에 근접한다고 볼 수 있다.

11

다음 가스 중 공기와 혼합될 때 폭발성 혼합가스를 형성하지 않는 것은?

① 아르곤
② 도시가스
③ 암모니아
④ 일산화탄소

해설및용어설명 | 아르곤(Ar)
불연성 가스이고, 비독성 가스이다.

12

유황(S[kg])의 완전연소 시 발생하는 SO_2의 양을 구하는 식은?

① $4.31 \times S[Nm^3]$
② $3.33 \times S[Nm^3]$
③ $0.7 \times S[Nm^3]$
④ $4.38 \times S[Nm^3]$

해설및용어설명 |
- 유황의 완전연소식
  $S(32[kg]) + O_2 \rightarrow SO_2(22.4[Nm^3])$
- 유황 1[kg] 연소 시 생성되는 SO_2 체적
  $\dfrac{22.4[Nm^3]}{32[kg]} = 0.7[Nm^3/kg]$
- SO_2의 양을 구하는 식
  $SO_2 = 0.7 \times S$

13

가스화재 소화대책에 대한 설명으로 가장 거리가 먼 것은?

① LNG에 착화할 때에는 노출된 탱크, 용기 및 장비를 냉각시키면서 누출원을 막아야 한다.
② 소규모 화재 시 고성능 포말소화액을 사용하여 소화할 수 있다.
③ 큰 화재나 폭발로 확대된 위험이 있을 경우에는 누출원을 막지 않고 소화부터 해야 한다.
④ 진화원을 막는 것이 바람직하다고 판단되면 분말소화약제, 탄산가스, 할론소화기를 사용할 수 있다.

해설및용어설명 | 큰 화재나 폭발로 확대된 위험이 있을 경우에는 누출원을 막고 소화를 해야 한다.

14

다음 중 자기연소를 하는 물질로만 나열된 것은?

① 경유, 프로판
② 질화면, 셀룰로이드
③ 황산, 나프탈렌
④ 석탄, 플라스틱(FRP)

해설및용어설명 |
- 증발연소 : 황, 나프탈렌, 왁스, 휘발유, 등유, 경유 등
- 분해연소 : 석탄, 목재, 플라스틱, 종이 등
- 확산연소 : LPG, LNG 등 가연성 가스
- 자기연소 : 질화면, 셀룰로이드, 니트로글리세린 등

15

연소 및 폭발 등에 대한 설명 중 틀린 것은?

① 점화원의 에너지가 약할수록 폭굉유도거리는 길어진다.
② 가스의 폭발범위는 측정 조건을 바꾸면 변화한다.
③ 혼합가스의 폭발한계는 르샤트리에 식으로 계산한다.
④ 가스연료의 최소점화에너지는 가스농도에 관계없이 결정되는 값이다.

해설및용어설명 | 최소점화에너지

물질의 종류, 혼합기의 온도, 압력, 농도 등에 따라 변화한다.
- 온도가 상승하면 최소점화에너지는 작아진다.
- 압력이 상승하면 최소점화에너지는 작아진다.
- 농도가 많아지면 최소점화에너지는 작아진다.

16

고체연료의 성질에 대한 설명 중 옳지 않은 것은?

① 수분이 많으면 통풍불량의 원인이 된다.
② 휘발분이 많으면 점화가 쉽고, 발열량이 높아진다.
③ 착화온도는 산소량이 증가할수록 낮아진다.
④ 회분이 많으면 연소를 나쁘게 하여 열효율이 저하된다.

해설및용어설명 | 고체연료 내 함유 성분에 따른 연소현상

함유성분	연소현상
수분	• 점화가 어렵고 흰 연기 발생 • 수분기화로 연소불량 및 통기, 통풍불량 • 불완전연소로 열효율 저하됨
휘발분	• 연소 시 그을음 발생, 점화가 쉬우나 발열량이 저하됨
탄소	• 발열량이 증가하고 매연이 감소, 청염이 발생함 • 열효율이 증가하나 연소속도가 늦어짐
회분	• 발열량 저하로 연료 가치 저하됨 • 통풍 저하 및 연소성이 나빠 효율이 저하됨
착화온도	• 발열량 클수록 산소량이 증가함 • 압력이 높을수록 착화 온도가 낮음

17

다음 보기는 가연성 가스의 연소에 대한 설명이다. 이 중 옳은 것으로만 나열된 것은?

> ㉠ 가연성 가스가 연소하는 데에는 산소가 필요하다.
> ㉡ 가연성 가스가 이산화탄소와 혼합할 때 잘 연소된다.
> ㉢ 가연성 가스는 혼합하는 공기의 양이 적을 때 완전연소한다.

① ㉠, ㉡ ② ㉡, ㉢
③ ㉠ ④ ㉢

해설및용어설명 |
- 이산화탄소는 산화완결반응이므로 가연성 가스와 더 이상 화합하지 않고 불연성이기 때문에 가연성 가스와 반응하지 않는다. 소화기로도 이용된다.
- 가연성 가스는 혼합하는 공기의 양이 적으면 산소 부족으로 불완전 연소한다.

18

다음 기체연료 중 CH_4 및 H_2를 주성분으로 하는 가스는?

① 고로가스 ② 발생로가스
③ 수성가스 ④ 석탄가스

해설및용어설명 |
① 고로가스 : 제철용 고로에서 얻어지는 부생가스로 코크스를 사용하는 발생로가스와 유사하나 CO_2와 Dust가 많다.
② 발생로가스 : 코크스나 석탄을 불완전 연소시켜 얻어지는 가스로 주성분은 CO와 N_2이나, 발생로 조업 시 소량의 수증기를 첨가하여 약간의 수소와 CO_2가 포함된다.
③ 수성가스 : 고온으로 가열한 코크스에 수증기를 작용시키면 생기는 가스이다.
④ 석탄가스 : 석탄을 고온건류(高溫乾溜)했을 때 얻어지는 가스로 주로 수소·메탄·일산화탄소로 되어 있는 기체 혼합물이다.

정답 15 ④ 16 ② 17 ③ 18 ④

19

기체연료 - 공기혼합기체의 최대연소속도(대기압, 25[℃])가 가장 빠른 가스는?

① 수소 ② 메탄
③ 일산화탄소 ④ 아세틸렌

해설및용어설명 |
- 연소속도 : 화염이 전파할 때 미연소가스에 대한 상대적인 연소면의 속도를 말하며 미연소가스의 밀도가 낮을수록, 비열이 낮을수록, 화염온도가 높을수록, 열전도율이 높을수록 연소속도는 빨라진다.
- 밀도 : 물질의 단위체적당의 질량 - 질량, 즉 분자량이 가장 작은 수소가 밀도가 가장 낮으므로 연소속도가 가장 빠르다.

20

고위 발열량과 저위 발열량의 차이는 연료의 어떤 성분 때문에 발생하는가?

① 유황과 질소 ② 질소와 산소
③ 탄소와 수분 ④ 수소와 수분

해설및용어설명 | 고위 발열량과 저위 발열량의 차이는 연소 시 생성된 물의 증발잠열에 의한 것이고 이것은 연료 중의 수소와 수분의 함유량과 관계있다.

2021년 제2회 가스산업기사 [CBT 복원문제]

01

고압가스설비의 퍼지(Purging)방법 중 한 쪽 개구부에 퍼지 가스를 가하고 다른 개구부로 혼합가스를 대기 또는 스크러버로 빼내는 공정은?

① 진공퍼지(Vacuum Purging)
② 압력퍼지(Pressure Purging)
③ 사이폰퍼지(Siphon Purging)
④ 스위프퍼지(Sweep – Through Purging)

해설및용어설명 |
① 진공퍼지(Vacuum Purging) : 용기를 원하는 진공도에 이를 때까지 용기를 진공으로 한다. 불활성 가스를 주입하여 대기압과 같게 한다.
② 압력퍼지(Pressure Purging) : 용기에 불활성 가스를 주입하여 가압한다. 가압된 불활성 가스가 용기 내에서 충분히 확산된 후 그것을 대기 중으로 방출한다.
③ 사이폰퍼지(Siphon Purging)
- 용기에 액체를 채운다.
- 액체가 용기로부터 드레인될 때 불활성 가스를 용기의 증기공간에 주입한다.
- 주입되는 불활성 가스의 부피는 용기의 부피와 같고 퍼지속도는 액체를 방출하는 부피흐름 속도와 같다.
④ 스위프퍼지(Sweep-Through Purging) : 용기의 한 개구부로부터 불활성 가스를 가하고, 다른 개구부로부터 혼합가스를 용기에서 대기로 배출시킨다.

02

액체 프로판(C_3H_8) 10[kg]이 들어 있는 용기에 가스미터가 설치되어 있다. 프로판 가스가 전부 소비되었다고 하면 가스미터에서의 계량값은 약 몇 [m³]로 나타나 있겠는가? (단, 가스미터에서의 온도와 압력은 각각 $T=15[℃]$와 $P_g=200[mmHg]$이고, 대기압은 0.101[MPa]이다)

① 5.3 ② 5.7
③ 6.1 ④ 6.5

해설및용어설명 | 대기압 상태의 체적으로 계산

$PV = GRT$에서

$$\therefore V = \frac{GRT}{P} = \frac{10 \times 10^3 \times \frac{8.314}{44} \times (273+15)}{0.101 \times 10^6} = 5.388[m^3]$$

03

내압방폭구조로 방폭 전기기기를 설계할 때 가장 중요하게 고려해야 할 사항은?

① 가연성 가스의 발화점
② 가연성 가스의 연소열
③ 가연성 가스의 최대 안전틈새
④ 가연성 가스의 최소 점화에너지

해설및용어설명 | 내압방폭구조로 방폭 전기기기를 설계할 때 가장 중요하게 고려할 사항은 "가연성 가스의 최대 안전틈새"이다(내압방폭구조는 용기 내부의 폭발이 외부의 폭발성 가스에 인화되지 않도록 설계해야 되기 때문에 용기의 틈이 최대 안전틈새 이하가 되도록 해야 한다).

04

폭발에 대한 설명으로 틀린 것은?

① 폭발한계란 폭발이 일어나는 데 필요한 농도의 한계를 의미한다.
② 온도가 낮을 때는 폭발 시의 방열속도가 느려지므로 연소범위는 넓어진다.
③ 폭발 시의 압력을 상승시키면 반응속도는 증가한다.
④ 불활성 기체를 공기와 혼합하면 폭발범위는 좁아진다.

해설및용어설명 |
- 온도가 높을 때 : 열의 발열속도 > 방열속도
  → 연소범위 넓어진다.
- 온도가 낮을 때 : 열의 발열속도 < 방열속도
  → 연소범위 좁아지거나 없어진다.

05

가연성 물질을 공기로 연소시키는 경우 공기 중의 산소농도를 높게 하면 어떻게 되는가?

① 연소속도는 빠르게 되고, 발화온도는 높게 된다.
② 연소속도는 빠르게 되고, 발화온도는 낮게 된다.
③ 연소속도는 느리게 되고, 발화온도는 높게 된다.
④ 연소속도는 느리게 되고, 발화온도는 낮게 된다.

해설및용어설명 | 산소농도를 높게 하면 연소속도는 빨라지고, 발화온도는 낮게 된다.

06

증기운 폭발에 영향을 주는 인자로서 가장 거리가 먼 것은?

① 방출된 물질의 양 ② 증발된 물질의 분율
③ 점화원의 위치 ④ 혼합비

해설및용어설명 | 자유공간 증기운 폭발(UVCE : Unconfined Vapor Cloud Explosion)

증발이 용이한 가연성 물질이 다량으로 급격하게 대기 중에 유출되면 증기운을 형성하여 확산되며, 물질의 연소하한계 이상의 상태에서 착화원과 접촉 시 발생하는 폭발사고를 자유공간 증기운 폭발이라 한다.

- 증기운 폭발에 영향을 주는 인자
  - 방출된 물질의 양
  - 점화 확률
  - 증기운이 점화하기까지 움직인 거리
  - 폭발 효율
  - 방출에 관련된 점화원의 위치

07

폭굉을 일으킬 수 있는 기체가 파이프 내에 있을 때 폭굉 방지 및 방호에 대한 설명으로 옳지 않은 것은?

① 파이프라인에 오리피스 같은 장애물이 없도록 한다.
② 공정 라인에서 회전이 가능하면 가급적 원만한 회전을 이루도록 한다.
③ 파이프의 지름대 길이의 비는 가급적 작게 한다.
④ 파이프라인에 장애물이 있는 곳은 관경을 축소한다.

해설및용어설명 | 파이프라인에 장애물이 있는 곳은 관경을 확대하여야 흐름 속도가 감소하게 된다.

08

폭굉 유도거리를 짧게 하는 요인에 해당하지 않는 것은?

① 관경이 클수록 ② 압력이 높을수록
③ 연소열량이 클수록 ④ 연소속도가 클수록

해설및용어설명 | 폭굉 유도거리가 짧아지는 조건
- 압력이 높을수록 폭굉 유도거리는 짧아진다.
- 점화 에너지가 높을수록 유도거리는 짧아진다.
- 관지름이 작을 때 유도거리는 짧아진다.
- 정상연소속도가 큰 혼합가스일수록 유도거리는 짧아진다.

09

다음 보기에서 설명하는 소화제의 종류는?

- 유류 및 전기화재에 적합하다.
- 소화 후 잔여물을 남기지 않는다.
- 연소반응을 억제하는 효과와 냉각소화 효과를 동시에 가지고 있다.
- 소화기의 무게가 무겁고, 사용 시 동상의 우려가 있다.

① 물 ② 할론
③ 이산화탄소 ④ 드라이케미칼분말

해설및용어설명 | 이산화탄소(CO_2) 소화약제

이산화탄소는 사용 후에 오염의 영향이 전혀 없다는 큰 장점이 있다. 보통 유류화재(B급화재), 전기화재(C급화재)에 주로 사용되며 밀폐 상태에서 방출되는 경우는 일반화재(A급화재)에도 사용이 가능하다. 소화효과는 질식, 냉각소화이다.

10

융점이 낮은 고체연료가 액상으로 용융되어 발생한 가연성 증기가 착화하여 화염을 내고, 이 화염의 온도에 의하여 액체 표면에서 증기의 발생을 촉진시켜 연소를 계속해 나가는 연소 형태는?

① 증발연소
② 분무연소
③ 표면연소
④ 분해연소

해설및용어설명 |
- 증발연소 : 고체 위험물을 가열하면 열분해를 일으키지 않고 증발하여 그 증기가 연소하거나 열에 의한 상태변화를 일으켜 액체가 된 후 어떤 일정한 온도에서 발생한 가연성 증기가 연소하는 형태
- 표면연소 : 가연성 고체가 열분해하여 증발하지 않고 그 고체의 표면에서 산소와 반응하여 연소되는 현상
- 분해연소 : 목재나 석탄과 같이 고체인 유기물질을 가열하면 분해하여 여러 종류의 분해 가스가 발생되는데 이것을 열분해라고 하며 이 가연성 가스가 공기 중에서 산소와 만나 혼합되어 타는 현상

11

연료의 구비조건이 아닌 것은?

① 발열량이 클 것
② 유해성이 없을 것
③ 저장 및 운반 효율이 낮을 것
④ 안전성이 있고 취급이 쉬울 것

해설및용어설명 | 연료의 구비조건
- 공기 중에 쉽게 연소가 가능한 것이어야만 하며 운반과 저장 및 취급이 쉬워야 한다.
- 구매하기가 쉬워야 하며 가격이 저렴하여야 한다.
- 발열량이 커야 한다.
- 유해가스의 발생이 적어야 한다.

12

메탄올 96[g]과 아세톤 116[g]을 함께 진공상태의 용기에 넣고 기화시켜 25[℃]의 혼합기체를 만들었다. 이때 전압력은 약 몇 [mmHg]인가? (단, 25[℃]에서 순수한 메탄올과 아세톤의 증기압 및 분자량은 각각 96.5[mmHg], 56[mmHg] 및 32, 58이다)

① 76.3
② 80.3
③ 152.5
④ 170.5

해설및용어설명 | PV = nRT
- 메탄올의 몰수

$$n = \frac{PV}{RT} = \frac{96.5 \times 22.4 \times (96/32)}{0.082 \times 298} = 265.38[mol]$$

- 아세톤의 몰수

$$n = \frac{PV}{RT} = \frac{56 \times 22.4 \times (116/58)}{0.082 \times 298} = 102.67[mol]$$

전체 몰수 = 265.38 + 102.67 = 368.05[mol]

PV = nRT

$$P = \frac{nRT}{V} = \frac{368.05 \times 0.082 \times 298}{5 \times 22.4} = 80.3[mmHg]$$

13

폭굉이 발생하는 경우 파면의 압력은 정상연소에서 발생하는 것보다 일반적으로 얼마나 큰가?

① 2배
② 5배
③ 8배
④ 10배

해설및용어설명 | 폭굉 시 파장이 전달되는 앞단에 '충격파'라는 압력파가 생겨 파괴 작용을 일으킨다. 그래서 인명을 보호하기 위하여 외부에 단단한 방호벽을 설치하지만, 이 충격파는 장애물 벽면에 부딪혀 반사되면 정압에 동압이 더해져 파면 압력이 2.5배 정도로 치솟는다.

14

연소에 대한 설명으로 옳지 않은 것은?

① 열, 빛을 동반하는 발열반응이다.
② 반응에 의해 발생하는 열 에너지가 반자발적으로 반응이 계속되는 현상이다.
③ 활성물질에 의해 자발적으로 반응이 계속되는 현상이다.
④ 분자 내 반응에 의해 열 에너지를 발생하는 발열 분해 반응도 연소의 범주에 속한다.

해설및용어설명 | 연소

다량의 발열을 수반하는 발열 화학반응으로 반응에 의해 발생하는 열 에너지에 의해 자발적으로 반응이 계속되는 현상

15

디토네이션(Detonation)에 대한 설명으로 옳지 않은 것은?

① 발열반응으로서 연소의 전파속도가 그 물질 내에서 음속보다 느린 것을 말한다.
② 물질 내에 충격파가 발생하여 반응을 일으키고 또한 반응을 유지하는 현상이다.
③ 충격파에 의해 유지되는 화학반응 현상이다.
④ 디토네이션은 확산이나 열전도의 영향을 거의 받지 않는다.

해설및용어설명 |

- 폭굉(Detonation) : 음속 < 전파속도
- 폭연(Deflagration) : 음속 > 전파속도

16

공기와 혼합하였을 때 폭발성 혼합가스를 형성할 수 있는 것은?

① NH_3 ② N_2
③ CO_2 ④ SO_2

해설및용어설명 |

가스 명칭	연소성
암모니아(NH_3)	가연성
질소(N_2)	불연성
이산화탄소(CO_2)	불연성
아황산가스(SO_2)	불연성

17

프로판 1몰 연소 시 필요한 이론 공기량은 약 얼마인가? (단, 공기 중 산소량은 21[v%]이다)

① 16[mol] ② 24[mol]
③ 32[mol] ④ 44[mol]

해설및용어설명 | 프로판 연소식

$C_3H_8 + 5O_2 \rightarrow 3CO_2 + 4H_2O$

프로판 1몰 연소 시 이론 산소량은 5몰이며, 이론 공기량으로 계산하면

이론 공기몰수 = $\dfrac{\text{이론 산소몰수}}{0.21} = \dfrac{5}{0.21} = 23.809[mol]$

18

자연발화(自然發火)의 원인으로 옳지 않은 것은?

① 건초의 발효열 ② 활성탄의 흡수열
③ 셀룰로이드의 분해열 ④ 불포화유지의 산화열

해설및용어설명 | 자연발화는 그 형태에 따라 산화열에 의한 발화, 분해열에 의한 발화, 흡착열에 의한 발화, 미생물(발효열)에 의한 발화 등이 있다.

19

LPG를 연료로 사용할 때의 장점으로 옳지 않은 것은?

① 발열량이 크다.
② 조성이 일정하다.
③ 특별한 가압장치가 필요하다.
④ 용기, 조정기와 같은 공급설비가 필요하다.

해설및용어설명 | 석유가스의 저장 시 상온에서 프로판은 7[kg/cm²] 이상, 부탄은 2[kg/cm²] 이상 압력으로 쉽게 액화시킬 수 있다. 이를 이용하여 액화시키면 부피가 작아지므로 수송과 저장이 용이하다.
LPG는 용기 내의 압력을 이용하기 때문에 특별한 가압장치가 필요 없다.

20

버너 출구에서 가연성 기체의 유출 속도가 연소속도보다 큰 경우 불꽃이 노즐에 정착되지 않고 꺼져 버리는 현상을 무엇이라 하는가?

① Boil Over   ② Flash Back
③ Blow Off   ④ Back Fire

해설및용어설명 | 연소 시 발생 현상
- 역화(Back Fire, Flash Back) : 가연성 가스의 연소 시 노즐에서 혼합가스의 방출속도가 연소속도보다 늦어질 때 발생하며 버너 내부에서 연소를 계속하는 현상
- 선화(Lift) : 가연성 가스의 연소 시 노즐에서 혼합가스의 방출속도가 연소속도보다 클 때 불꽃이 노즐에서 떨어져 연소하는 현상
- 블로우 오프(Blow Off) : 가스의 방출속도가 크거나 공기의 유동이 너무 강하여 불꽃이 노즐에서 정착하지 않고 떨어지게 되어 꺼져 버리는 현상
- 옐로우 팁(Yellow Tip) : 불꽃의 끝이 적황색이 되어 연소하는 현상

2021년 제4회 가스산업기사 CBT 복원문제

01

다음 중 연소속도에 영향을 미치지 않는 것은?

① 관의 단면적   ② 내염 표면적
③ 염의 높이   ④ 관의 염경

해설및용어설명 | 연소속도
성분, 공기와의 혼합비, 온도, 압력, 관의 단면적, 내염 표면적, 관의 염경 등이 영향을 미친다. 염의 높이는 연소속도에 영향을 주지 않는다.

02

화염전파속도에 영향을 미치는 인자와 가장 거리가 먼 것은?

① 혼합기체의 농도   ② 혼합기체의 압력
③ 혼합기체의 발열량 ④ 가연 혼합기체의 성분조성

해설및용어설명 | 화염전파속도(연소속도)에 영향을 주는 인자
- 가연물의 온도
- 산소의 농도에 따라 가연물질과 접촉하는 속도
- 산화반응을 일으키는 속도
- 촉매
- 압력

온도가 높아질수록 반응속도가 상승하며, 압력을 증가시키면 단위부피 중의 입자수가 증가한다. 결국 기체의 농도가 증가하므로 반응속도도 상승한다. 촉매는 반응속도를 변화시키는 물질로서 반응속도를 빠르게 하는 정촉매와 반응속도를 느리게 하는 부촉매가 있다.

03

증기폭발(Vapor explosion)에 대한 설명으로 옳은 것은?

① 수증기가 갑자기 응축하여 그 결과로 압력강하가 일어나 폭발하는 현상
② 가연성 기체가 상온에서 혼합 기체가 되어 발화원에 의하여 폭발하는 현상
③ 정가연성 액체가 비점 이상의 온도에서 발생한 증기가 혼합 기체가 되어 폭발하는 현상
④ 고열의 고체와 저온의 물 등 액체가 접촉할 때 찬 액체가 큰 열을 받아 갑자기 증기가 발생하여 증기의 압력에 의하여 폭발하는 현상

해설및용어설명 | 증기폭발
고열의 고체와 저온의 물 등 액체가 접촉할 때 찬 액체가 큰 열을 받아 갑자기 증기가 발생하여 증기의 압력에 의하여 폭발하는 현상

04

가연물의 연소형태를 나타낸 것 중 틀린 것은?

① 금속분 – 표면연소
② 파라핀 – 증발연소
③ 목재 – 분해연소
④ 유황 – 확산연소

해설및용어설명 | 증발연소
유황, 나프탈렌, 파라핀(촛불), 왁스

05

기체연료의 확산연소에 대한 설명으로 틀린 것은?

① 확산연소는 폭발의 경우에 주로 발생하는 형태이며 예혼합 연소에 비해 반응대가 좁다.
② 연료가스와 공기를 별개로 공급하여 연소하는 방법이다.
③ 연소형태는 연소기기의 위치에 따라 달라지는 비균일 연소이다.
④ 일반적으로 확산과정은 화학반응이나 화염의 전파과정보다 늦기 때문에 확산에 의한 혼합속도가 연소속도를 지배한다.

해설및용어설명 | 예혼합연소
① 확산연소 폭발의 경우에 주로 발생하는 형태이며 예혼합연소에 비해 반응대가 넓다.

화염이 반응면에서 예열면으로 자동적으로 이동하기 때문에 연소 속도가 가속되는 특성을 가지고 있어 확산 화염보다 훨씬 빠른 속도로 진행된다. 화염면이 자동으로 이동하여 온도도 급속히 상승하기 때문에 밀폐공간에서는 급격한 압력 상승에 의한 피해가 발생할 수 있다.

06

수소의 위험도(H)는 얼마인가? (단, 수소의 폭발하한 4[%], 폭발상한 75[%]이다)

① 5.25
② 17.75
③ 27.25
④ 33.75

해설및용어설명 | 수소의 폭발범위 : 4 ~ 75[%]

$$위험도 = \frac{폭발상한 - 폭발하한}{폭발하한} = \frac{75 - 4}{4} = 17.75$$

07

용기의 내부에서 가스폭발이 발생하였을 때 용기가 폭발압력을 견디고 외부의 가연성 가스에 인화되지 않도록 한 구조는?

① 특수(特殊)방폭구조
② 유입(油入)방폭구조
③ 내압(耐壓)방폭구조
④ 안전증(安全增) 방폭구조

해설및용어설명 | 내압방폭구조
내부의 가연성 가스의 폭발이 발생할 경우 그 용기가 폭발압력에 견딜 수 있는 구조이다.

08

다음 [보기]의 성질을 가지고 있는 가스는?

- 무색무취, 가연성 기체
- 폭발범위 : 공기 중 4 ~ 75[vol%]

① 메탄
② 암모니아
③ 에틸렌
④ 수소

해설및용어설명 |
- 메탄의 폭발범위 : 5 ~ 15[%]
- 암모니아의 폭발범위 : 15 ~ 28[%]
- 에틸렌의 폭발범위 : 2.7 ~ 36[%]
- 수소의 폭발범위 : 4 ~ 75[%]

09

불꽃 중 탄소가 많이 생겨서 황색으로 빛나는 불꽃을 무엇이라 하는가?

① 휘염
② 층류염
③ 환원염
④ 확산염

해설및용어설명 |
① 휘염 : 불꽃 중에 탄소가 많이 생겨서 황색으로 빛나는 불꽃을 말한다.
② 층류염 : 기체의 연료가 염공에서 분출될 때 유량이 적게 되어 그 흐름이 층류인 경우의 화염으로 형상이 일정하고 안정되어 있다.
③ 환원염 : 산소가 충분히 공급되지 않아 불완전하게 연소하는 염을 말한다.
④ 확산염 : 확산연소하고 있을 때의 화염을 말한다.

10

기체연료의 예혼합연소에 대한 설명 중 옳은 것은?

① 화염의 길이가 길다.
② 화염이 전파하는 성질이 있다.
③ 연료와 공기의 경계에서 주로 연소가 일어난다.
④ 연료와 공기의 혼합비가 순간적으로 변한다.

해설및용어설명 | 예혼합연소의 특징
- 연료와 공기를 미리 섞어 연소실 안으로 공급하는 연소방식
- 연소조절이 쉽고 화염 길이가 짧다.
- 혼합기의 분출속도가 느릴 경우 역화의 위험이 있다.
- 조작 범위가 좁다.
- 고부하 연소가 용이하다.
- 층류에서 난류로 바뀌면 화염의 전파속도가 가속된다.

정답 07 ③ 08 ④ 09 ① 10 ②

11

공기 중 폭발한계의 상한값이 가장 높은 가스는?

① 프로판 ② 아세틸렌
③ 암모니아 ④ 수소

해설및용어설명 | 각 가스의 공기 중에서의 폭발범위

명칭	폭발범위[%]
프로판(C_3H_8)	2.1 ~ 9.5
암모니아(NH_3)	15 ~ 28
수소(H_2)	4 ~ 75
아세틸렌(C_2H_2)	2.5 ~ 81

12

액체 연료를 수 [μm]에서 수백 [μm]으로 만들어 증발 표면적을 크게 하여 연소시키는 것으로서 공업적으로 주로 사용되는 연소방법은?

① 액면연소 ② 등심연소
③ 확산연소 ④ 분무연소

해설및용어설명 | 분무연소(Spray Combustion)
Spray로 물을 뿌리듯이 액체연료를 분무화하여 미세한 방울로 만든 후 공기에 혼합시켜 연소시키는 방법. 연료가 미립화되면 증발 표면적도 증가하게 되어 연소가 더욱 잘된다.

13

가스화재 소화대책에 대한 설명으로 가장 거리가 먼 것은?

① LNG에 착화할 때에는 노출된 탱크, 용기 및 장비를 냉각시키면서 누출원을 막아야 한다.
② 소규모 화재 시 고성능 포말소화액을 사용하여 소화할 수 있다.
③ 큰 화재나 폭발로 확대된 위험이 있을 경우에는 누출원을 막지 않고 소화부터 해야 한다.
④ 진화원을 막는 것이 바람직하다고 판단되면 분말소화약제, 탄산가스, 할론소화기를 사용 할 수 있다.

해설및용어설명 | 큰 화재나 폭발로 확대된 위험이 있을 경우에는 누출원을 막고 소화를 해야 한다.

14

0.5[atm], 10[L]의 기체 A와 1.0[atm], 5.0[L]의 기체 B를 전체 부피 15[L]의 용기에 넣을 경우 전체 압력은 얼마인가?
(단, 온도는 일정하다)

① 1/3[atm] ② 2/3[atm]
③ 1[atm] ④ 2[atm]

해설및용어설명 |

$PV = P_1V_1 + P_2V_2$

$P = \dfrac{P_1V_1 + P_2V_2}{V}$

$P = \dfrac{0.5 \times 10 + 1 \times 5}{15}$

$P = \dfrac{2}{3}$ [atm]

15

기체동력 사이클 중 가장 이상적인 이론 사이클로, 열역학 제2법칙과 엔트로피의 기초가 되는 사이클은?

① 카르노 사이클(Carnot Cycle)
② 사바테 사이클(Sabathe Cycle)
③ 오토 사이클(Otto Cycle)
④ 브레이턴 사이클(Brayton Cycle)

해설및용어설명 |
① 카르노 사이클 : 기체동력 사이클 중 가장 이상적인 이론 사이클로, 열역학 제2법칙과 엔트로피의 기초가 되는 사이클
② 사바테 사이클 : 디젤기관의 이상 사이클
③ 오토 사이클 : 가솔린기관의 이상 사이클
④ 브레이턴 사이클 : 가스터빈의 이상 사이클

16

열분해를 일으키기 쉬운 불안전한 물질에서 발생하기 쉬운 연소로 열분해로 발생한 휘발분이 자기점화온도보다 낮은 온도에서 표면연소가 계속되기 때문에 일어나는 연소는?

① 분해연소
② 그을음연소
③ 분무연소
④ 증발연소

해설및용어설명 | 그을음연소(smouldering combustion)
열분해를 일으키기 쉬운 불안정한 물질에서 발생하기 쉬운 연소로 열분해로 발생한 휘발분이 점화되지 않을 경우에 다량의 발연을 수반한 표면 연소를 일으키는 현상이다. 이러한 현상이 일어나는 것은 휘발분의 자기점화온도보다 낮은 온도에서 표면 연소가 계속되기 때문에 일어나는 것이며 매연 중에는 다량의 가연성 성분이 포함되어 있어 에너지 면에서 손실을 가져온다. 종이, 목재, 향(香) 등 반응성이 좋고 저온에서 표면 연소가 가능한 물질에서 일어나기 쉽다.

17

상온·상압하에서 에탄(C_2H_6)이 공기와 혼합되는 경우 폭발범위는 약 몇 [%]인가?

① 3.0 ~ 10.5
② 3.0 ~ 12.5
③ 2.7 ~ 10.5
④ 2.7 ~ 12.5

해설및용어설명 | 폭발범위
• 에탄 : 3.0 ~ 12.5[%]
• 메탄 : 5.0 ~ 15[%]

18

연소에서 사용되는 용어와 그 내용에 대하여 가장 바르게 연결된 것은?

① 폭발 - 정상연소
② 착화점 - 점화 시 최대에너지
③ 연소범위 - 위험도의 계산 기준
④ 자연발화 - 불씨에 의한 최고 연소시작 온도

해설및용어설명 |
• 폭발 - 비정상연소
• 착화점 - 점화 시 최소에너지
• 자연발화 - 불씨 없이 연소 시작 온도

19

폭발 범위가 넓은 것부터 옳게 나열된 것은?

① $H_2 > CO > CH_4 > C_3H_8$
② $CO > H_2 > CH_4 > C_3H_8$
③ $C_3H_8 > CH_4 > CO > H_2$
④ $H_2 > CH_4 > CO > C_3H_8$

해설및용어설명 |
- 수소 : 4 ~ 75[%]
- 일산화탄소 : 12.5 ~ 74[%]
- 메탄 : 5 ~ 15[%]
- 프로판 : 2.1 ~ 9.5[%]

20

다음 중 폭발방지를 위한 안전장치가 아닌 것은?

① 안전밸브
② 가스누출경보장치
③ 방호벽
④ 긴급차단장치

해설및용어설명 | 가스시설에서 가스가 누출되어 주위의 점화원에 의해 점화 폭발을 일으키거나 가스설비의 결함 또는 불의의 사고로 인하여 가스설비가 파열되어 폭발이 일어났을 경우 주위의 설비나 사람 등에 피해가 확산되는 것을 막기 위해 방호벽을 설치한다.

2022년 제1회 가스산업기사 CBT 복원문제

01

LPG 저장탱크의 배관이 파손되어 가스로 인한 화재가 발생하였을 때 안전관리자가 긴급차단장치를 조작하여 LPG 저장탱크로부터의 LPG 공급을 차단하여 소화하는 방법은?

① 질식소화
② 억제소화
③ 냉각소화
④ 제거소화

해설및용어설명 | 제거소화
가연물을 제거하여 소화하는 형태

02

가로, 세로, 높이가 각각 3[m], 4[m], 3[m]인 가스 저장소에 최소 몇 [L]의 부탄가스가 누출되면 폭발될 수 있는가? (단, 부탄가스의 폭발범위는 1.8 ~ 8.4[%]이다)

① 460
② 560
③ 660
④ 760

해설및용어설명 | 폭발하한 = $\dfrac{\text{가연물질량}}{\text{공기량} + \text{가연물질량}}$

$0.018 = \dfrac{x}{(3 \times 4 \times 3) + x}$

$x = 0.66[m^3] \times 1,000 = 660[L]$

03

위험성평가기법 중 공정에 존재하는 위험요소들과 공정의 효율을 떨어뜨릴 수 있는 운전상의 문제점을 찾아내어 그 원인을 제거하는 정성적인 안전성평가기법은?

① What-if
② HEA
③ HAZOP
④ FMECA

해설및용어설명 | 위험과 운전분석(HAZOP, Hazard & operability studies) 대상공정에 관련된 여러 분야의 전문가들이 모여서 공정에 관련된 자료를 토대로 정해진 연구 방법에 의해 공정에 존재하는 위험요소들과 공정의 효율을 떨어뜨릴 수 있는 운전상의 문제점을 찾아 그 원인을 제거하는 위험성 평가 기법

04

공기 중에서 가스가 정상연소 할 때 속도는?

① 0.03 ~ 10[m/s]
② 11 ~ 20[m/s]
③ 21 ~ 30[m/s]
④ 31 ~ 40[m/s]

해설및용어설명 | 정상 연소속도는 약 0.1 ~ 10[m/s]

05

목재, 종이와 같은 고체 가연성물질의 주된 연소 형태는?

① 표면연소
② 자기연소
③ 분해연소
④ 확산연소

해설및용어설명 | 고체상태의 연소형태 물질

연소형태	물질
증발연소	유황, 나프탈렌, 파라핀, 유지 등
분해연소	목재, 석탄, 종이, 플라스틱, 고무 등
표면연소	숯, 코크스, 목탄, 금속분 등
자기연소	셀룰로이드, TNT, 니트로글리세린, 니트로화합물 등

06

다음 폭발 원인에 따른 종류 중 물리적 폭발은?

① 압력폭발
② 산화폭발
③ 분해폭발
④ 촉매폭발

해설및용어설명 |
- 물리적폭발 : 화학적 변화 없이 상변화 등에 의한 폭발(증기폭발, 수증기폭발)
- 화학적폭발 : 급격한 화학적 변화에 의한 폭발(분해, 산화, 중합, 촉매폭발 등)

07

디토네이션(Detonation)에 대한 설명으로 옳지 않은 것은?

① 발열반응으로서 연소의 전파속도가 그 물질 내에서 음속보다 느린 것을 말한다.
② 물질 내에 충격파가 발생하여 반응을 일으키고 또한 반응을 유지하는 현상이다.
③ 충격파에 의해 유지되는 화학 반응 현상이다.
④ 디토네이션은 확산이나 열전도의 영향을 거의 받지 않는다.

해설및용어설명 |
- 폭굉(Detonation) : 음속 < 전파속도
- 폭연(Deflagration) : 음속 > 전파속도

08

메탄 80[v%], 프로판 5[v%], 에탄 15[v%]인 혼합가스의 공기 중 폭발하한계는 약 얼마인가?

① 2.1[%]
② 3.3[%]
③ 4.3[%]
④ 5.1[%]

해설및용어설명 | 폭발 범위

- 메탄 5~15[%]
- 프로판 2.1~9.5[%]
- 에탄 3~12.5[%]

$$\frac{100}{L} = \frac{V_1}{L_1} + \frac{V_2}{L_2} + \frac{V_3}{L_3} \cdots$$

$$\frac{100}{L} = \frac{80}{5} + \frac{5}{2.1} + \frac{15}{3}$$

$$\frac{100}{L} = 23.38$$

$$L = \frac{100}{23.38} = 4.27[\%]$$

09

수소의 연소반응은 $H_2 + \frac{1}{2}O_2 \rightarrow H_2O$로 알려져 있으나 실제 반응은 수많은 소반응이 연쇄적으로 일어난다고 한다. 다음은 무슨 반응에 해당하는가?

- $OH + H_2 \rightarrow H_2O + H$
- $O + HO_2 \rightarrow O_2 + OH$

① 연쇄창시반응
② 연쇄분지반응
③ 기상정지반응
④ 연쇄이동반응

해설및용어설명 | 연쇄반응

하나의 반응(연쇄개시반응)이 시작되면 그 생성물이 다음 반응을 일으켜서 연쇄적으로 진행되는 반응, 연쇄개시반응, 연쇄이동반응, 연쇄정지반응 등으로 이루어진다.

10

다음 중 폭발방지를 위한 안전장치가 아닌 것은?

① 안전밸브
② 가스누출경보장치
③ 방호벽
④ 긴급차단장치

해설및용어설명 | 가스시설에서 가스가 누출되어 주위의 점화원에 의해 점화 폭발이 일으키거나 가스설비의 결함 또는 불의의 사고로 인하여 가스설비가 파열되어 폭발이 일어났을 경우 주위의 설비나 사람 등에 피해가 확산되는 것을 막기 위해 방호벽을 설치한다.

11

정상동작 상태에서 주변의 폭발성가스 또는 증기에 점화시키지 않고 점화시킬 수 있는 고장이 유발되지 않도록 한 방폭구조는?

① 특수방폭구조
② 비점화방폭구조
③ 본질안전방폭구조
④ 몰드방폭구조

해설및용어설명 | 비점화 방폭 구조(n)

정상 동작 시 주변의 폭발성 가스 또는 증기에 점화시키지 않고 점화 가능한 고장이 발생되지 않는 구조

12

상온·상압하에서 메탄-공기의 가연성 혼합기체를 완전 연소시킬 때 메탄 1[kg]을 완전연소시키기 위해서는 공기 약 몇 [kg]이 필요한가?

① 4
② 17
③ 19
④ 64

해설및용어설명 | 메탄의 완전연소 반응식

$CH_4 + 2O_2 \rightarrow CO_2 + 2H_2O$

16[kg] : 2×32[kg] = 1[kg] : x[kg](분자량 계산)

이론산소량 $= \frac{2 \times 32 \times 1}{16} = 4 \rightarrow$ 이론공기량 $= 4 \times \frac{100}{23.2} = 17.241[kg]$

(공기 중 산소의 질량비율은 23.2[%])

13

다음 중 폭굉(Detonation)의 화염전파속도는?

① 0.1 ~ 10[m/s]   ② 10 ~ 100[m/s]
③ 1,000 ~ 3,500[m/s]   ④ 5,000 ~ 10,000[m/s]

해설및용어설명 | 폭굉의 화염 전파 속도 : 1,000 ~ 3,500[m/s]

14

탄화도가 커질수록 연료에 미치는 영향이 아닌 것은?

① 연료비가 증가한다.
② 연소속도가 늦어진다.
③ 매연발생이 상대적으로 많아진다.
④ 고정탄소가 많아지고 발열량이 커진다.

해설및용어설명 | 탄화도
석탄화 정도를 말하는 것으로 정도가 진행된 석탄일수록 고정탄소의 함유량이 많고 휘발분이 적다.
- 탄화도가 클수록 발열량이 증가한다.
- 비열은 탄화도가 클수록 작아진다.
- 착화온도는 탄화도가 클수록 높아진다.
- 탄화도가 낮으면 연소속도가 빠르다.

15

메탄 50[v%], 에탄 25[v%], 프로판 25[v%]가 섞여 있는 혼합기체의 공기 중에서의 연소하한계[v%]는 얼마인가?

① 2.3   ② 3.3
③ 4.3   ④ 5.3

해설및용어설명 |

$\dfrac{100}{L} = \dfrac{V_1}{L_1} + \dfrac{V_2}{L_2} + \dfrac{V_3}{L_3}$ 에서

$\therefore L = \dfrac{100}{\dfrac{V_1}{L_1} + \dfrac{V_2}{L_2} + \dfrac{V_3}{L_3}}$

$= \dfrac{100}{\dfrac{50}{5} + \dfrac{25}{3} + \dfrac{25}{2.1}} = 3.307[\%]$

16

방폭구조 및 대책에 관한 설명으로 옳지 않은 것은?

① 방폭대책에는 예방, 국한, 소화, 피난 대책이 있다.
② 가연성가스의 용기 및 탱크 내부는 제2종 위험장소이다.
③ 분진폭발은 1차 폭발과 2차 폭발로 구분되어 발생한다.
④ 내압방폭구조는 내부폭발에 의한 내용물 손상으로 영향을 미치는 기기에는 부적당하다.

해설및용어설명 | 위험장소 등급
- 0종 장소 : 가연성가스의 용기 및 탱크의 내부
- 1종 장소 : 탱크류, 가스환풍기의 개구부 부근
- 2종 장소 : 지진 등으로 인해 가연성가스가 다량 누출되어 위험이 있는 장소

17

메탄의 완전연소 반응식을 옳게 나타낸 것은?

① $CH_4 + 2O_2 \rightarrow CO_2 + 2H_2O$
② $CH_4 + 3O_2 \rightarrow 2CO_2 + 2H_2O$
③ $CH_4 + 3O_2 \rightarrow 2CO_2 + 3H_2O$
④ $CH_4 + 5O_2 \rightarrow 3CO_2 + 4H_2O$

해설및용어설명 |
- $C + O_2 \rightarrow CO_2$(탄소 완전연소 시 산소와 1 : 1 반응)
- $2H_2 + O_2 \rightarrow 2H_2O$(수소 완전연소 시 산소와 2 : 1 반응)
- 메탄은 탄소와 수소가 결합한 탄화수소이다. 완전연소식은 다음과 같다.
  $CH_4 + 2O_2 \rightarrow CO_2 + 2H_2O$

18

"기체분자의 크기가 0이고 서로 영향을 미치지 않는 이상기체의 경우, 온도가 일정할 때 가스의 압력과 부피는 서로 반비례한다." 와 관련이 있는 법칙은?

① 보일의 법칙
② 샤를의 법칙
③ 보일-샤를의 법칙
④ 돌턴의 법칙

해설및용어설명 | 보일의 법칙
온도가 일정할 때 일정량의 기체가 차지하는 부피는 압력에 반비례한다.
$P_1 \cdot V_1 = P_2 \cdot V_2$

19

착화열에 대한 가장 바른 표현은?

① 연료가 착화해서 발생하는 전 열량
② 외부로부터 열을 받지 않아도 스스로 연소하여 발생하는 열량
③ 연료를 초기 온도로부터 착화온도까지 가열하는 데 필요한 열량
④ 연료 1[kg]이 착화해서 연소하여 나오는 총 발열량

해설및용어설명 | 착화
연료를 초기 온도로부터 착화온도까지 가열하는 데 필요한 열량

20

연소한계, 폭발한계, 폭굉한계를 일반적으로 비교한 것 중 옳은 것은?

① 연소한계는 폭발한계보다 넓으며, 폭발한계와 폭굉한계는 같다.
② 연소한계와 폭발한계는 같으며, 폭굉한계보다는 넓다.
③ 연소한계는 폭발한계보다 넓고, 폭발한계는 폭굉한계보다 넓다.
④ 연소한계, 폭발한계, 폭굉한계는 같으며, 단지 연소현상으로 구분된다.

해설및용어설명 |
- 폭발은 일정 혼합조성 범위에서만 일어난다. 이 범위를 폭발한계(또는 연소한계)라 한다.
- 폭발범위 내의 어떤 특정 농도범위에서는 연소의 속도가 폭발에 비해 수백 내지 수천 배에 달하는 현상을 폭굉이라 한다.

2022년 제2회 가스산업기사 CBT 복원문제

01

다음 중 연소의 3요소에 해당하는 것은?

① 가연물, 산소, 점화원
② 가연물, 공기, 질소
③ 불연재, 산소, 열
④ 불연재, 빛, 이산화탄소

해설및용어설명 | 연소의 3요소
가연물, 산소 공급원, 점화원

02

융점이 낮은 고체연료가 액상으로 용융되어 발생한 가연성 증기가 착화하여 화염을 내고, 이 화염의 온도에 의하여 액체 표면에서 증기의 발생을 촉진시켜 연소를 계속해 나가는 연소 형태는?

① 증발연소
② 분무연소
③ 표면연소
④ 분해연소

해설및용어설명 |
- 증발연소 : 고체 위험물을 가열하면 열분해를 일으키지 않고 증발하여 그 증기가 연소하거나 열에 의한 상태변화를 일으켜 액체가 된 후 어떤 일정한 온도에서 발생한 가연성 증기가 연소하는 형태
- 표면연소 : 가연성 고체가 열분해하여 증발하지 않고 그 고체의 표면에서 산소와 반응하여 연소되는 현상
- 분해연소 : 목재나 석탄과 같이 고체인 유기물질을 가열하면 분해하여 여러 종류의 분해 가스가 발생되는데 이것을 열분해라고 하며 이 가연성 가스가 공기 중에서 산소와 만나 혼합되어 타는 현상

03

완전기체에서 정적비열(C_v), 정압비열(C_p)의 관계식을 옳게 나타낸 것은? (단, R은 기체상수이다)

① $C_p/C_v = R$
② $C_p - C_v = R$
③ $C_v/C_p = R$
④ $C_p + C_v = R$

해설및용어설명 | 정적 비열(C_v)과 정압 비열(C_p)의 관계

- $C_p - C_v = R$
- $C_p = \dfrac{k}{k-1}R$
- $C_v = \dfrac{1}{k-1}R$

04

화학 반응속도를 지배하는 요인에 대한 설명으로 옳은 것은?

① 압력이 증가하면 반응속도는 항상 증가한다.
② 생성물질의 농도가 커지면 반응속도는 항상 증가한다.
③ 자신은 변하지 않고 다른 물질의 화학변화를 촉진하는 물질을 부촉매라고 한다.
④ 온도가 높을수록 반응속도가 증가한다.

해설및용어설명 |
- 일반적으로 반응계의 압력이 증가하면 반응속도 증가
- 반응속도는 반응물의 농도에 의해 영향을 받는다.
- 활성화 에너지를 작게하여 반응속도는 증가시키는 물질을 정촉매라 하고 활성화 에너지를 크게 하여 반응속도를 감소시키는 물질을 부촉매라 한다.
- 온도가 높아지면 활성화 에너지보다 큰 에너지를 가지는 분자 수가 증가하므로 반응속도가 빨라진다.

정답 01 ① 02 ① 03 ② 04 ④

05

폭굉을 일으킬 수 있는 기체가 파이프 내에 있을 때 폭굉 방지 및 방호에 대한 설명으로 옳지 않은 것은?

① 파이프라인에 오리피스 같은 장애물이 없도록 한다.
② 공정 라인에서 회전이 가능하면 가급적 원만한 회전을 이루도록 한다.
③ 파이프의 지름대 길이의 비는 가급적 작게 한다.
④ 파이프라인에 장애물이 있는 곳은 관경을 축소한다.

해설및용어설명 | 폭굉 유도거리가 짧아지는 경우
- 정상연소 속도가 빠른 혼합가스일수록
- 관 속에 장애물이 있거나 지름이 작을 경우
- 고압일수록, 점화원의 에너지가 강할수록 짧아진다.

06

탄소 2[kg]이 완전 연소할 경우 이론 공기량은 약 몇 [kg]인가?

① 5.3
② 11.6
③ 17.9
④ 23.0

해설및용어설명 |
- 탄소 2[kg] 이론 산소량 : $\frac{32}{12} \times 2 = 5.33$

$$C + O_2 \rightarrow CO_2$$
$$12[kg] + 32[kg] \rightarrow 44[kg]$$

- 이론 산소량 → 이론 공기량 : $5.33 \times \frac{100}{23} = 23.17$

07

500[L]의 용기에 40[atm·abs], 30[℃]에서 산소(O_2)가 충전되어 있다. 이때 산소는 몇 [kg]인가?

① 7.8[kg]
② 12.9[kg]
③ 25.7[kg]
④ 31.2[kg]

해설및용어설명 |

$$PV = nRT \left(n = \frac{w}{M} \right)$$

w(질량[kg]) = $\frac{40[atm] \times 0.5[m^3] \times 32[kg/kmol]}{0.082[atm \cdot m^3/kmol \cdot K] \times (30+273)}$ (M : 분자량) $= 25.7[kg]$

08

내압방폭구조로 방폭 전기기기를 설계할 때 가장 중요하게 고려해야 할 사항은?

① 가연성가스의 발화점
② 가연성가스의 연소열
③ 가연성가스의 최대 안전틈새
④ 가연성가스의 최소 점화에너지

해설및용어설명 | 내압방폭구조로 방폭 전기기기를 설계할 때 가장 중요하게 고려할 사항은 "가연성가스의 최대 안전틈새"이다(내압방폭구조는 용기 내부의 폭발이 외부의 폭발성 가스에 인화되지 않도록 설계해야 되기 때문에 용기의 틈이 최대 안전틈새 이하가 되도록 해야 한다).

09

연소가스량 10[m³/kg], 비열 0.325[kcal/m³·℃]인 어떤 연료의 저위 발열량이 6,700[kcal/kg]이었다면 이론 연소온도는 약 몇 [℃]인가?

① 1,962[℃]
② 2,062[℃]
③ 2,162[℃]
④ 2,262[℃]

해설및용어설명 |

이론연소온도 = $\frac{저위발열량}{가스량 \times 가스비열}$ + 예열온도

$= \frac{6,700}{10 \times 0.325} = 2,061.54$

10

다음 연소와 관련된 식으로 옳은 것은?

① 과잉공기비 = 공기비(m) - 1
② 과잉공기량 = 이론공기량(A_0) + 1
③ 실제공기량 = 공기비(m) + 이론공기량(A_0)
④ 공기비 = (이론산소량/실제공기량) - 이론공기량

해설및용어설명 |

- 공기비(m) : 실제 공기량(A)과 이론 공기량(A_0)의 비

$$m = \frac{A}{A_0} = \frac{A_0 + 과잉공기}{A_0} = 1 + \frac{과잉공기}{A_0}$$

- 실제 공기량(A) = 이론공기량(A_0) + 과잉공기량
  실제 공기량(A) = 공기비(m) × 이론공기량(A_0)
- 과잉 공기비 : 과잉 공기량과 이론 공기량의 비

$$과잉공기비 = \frac{과잉공기}{A_0} = \frac{A - A_0}{A_0} = m - 1$$

11

다음 중 공기비를 옳게 표시한 것은?

① 실제공기량/이론공기량
② 이론공기량/실제공기량
③ 사용공기량/(1 - 이론공기량)
④ 이론공기량/(1 - 사용공기량)

해설및용어설명 | 공기비
연소에서 실제로 공급한 공기의 양과 이론적으로 필요한 공기량과의 비를 말한다.

$$\therefore m = \frac{실제공기량}{이론공기량}$$

12

방폭구조 및 대책에 관한 설명으로 옳지 않은 것은?

① 방폭대책에는 예방, 국한, 소화, 피난 대책이 있다.
② 가연성가스의 용기 및 탱크 내부는 제2종 위험장소이다.
③ 분진폭발은 1차 폭발과 2차 폭발로 구분되어 발생한다.
④ 내압방폭구조는 내부폭발에 의한 내용물 손상으로 영향을 미치는 기기에는 부적당하다.

해설및용어설명 | 위험장소 등급

- 0종 장소 : 가연성 가스의 용기 및 탱크의 내부
- 1종 장소 : 탱크류, 가스환풍기의 개구부 부근
- 2종 장소 : 지진 등으로 인해 가연성 가스가 다량 누출되어 위험이 있는 장소

13

자연발화를 방지하기 위해 필요한 사항이 아닌 것은?

① 습도를 높여 준다.
② 통풍을 잘 시킨다.
③ 저장실 온도를 낮춘다.
④ 열이 쌓이지 않도록 주의한다.

해설및용어설명 | 자연발화방지법

- 공기유통이 잘되게 한다.
- 저장실의 온도를 낮게 유지한다.
- 퇴적 수납 시 열축적이 용이하지 않도록 한다.
- 습도를 낮춘다.

※ 적당한 수분은 촉매 역할을 한다.

14

0.5[atm], 10[L]의 기체 A와 1.0[atm], 5.0[L]의 기체 B를 전체 부피 15[L]의 용기에 넣을 경우 전체 압력은 얼마인가? (단, 온도는 일정하다)

① 1/3[atm] ② 2/3[atm]
③ 1[atm]   ④ 2[atm]

해설및용어설명 | $PV = P_1 V_1 + P_2 V_2$

$P = \dfrac{P_1 V_1 + P_2 V_2}{V}$

$P = \dfrac{0.5 \times 10 + 1 \times 5}{15}$

$P = \dfrac{2}{3}$ [atm]

15

물질의 화재 위험성에 대한 설명으로 틀린 것은?

① 인화점이 낮을수록 위험하다.
② 발화점이 높을수록 위험하다.
③ 연소범위가 넓을수록 위험하다.
④ 착화에너지가 낮을수록 위험하다.

해설및용어설명 | 발화점
외부의 직접적인 점화원 없이 가열된 열의 축적에 의하여 발화에 이르는 최저의 온도로 낮을수록 위험하다.

16

연소에 대한 설명으로 옳지 않은 것은?

① 열, 빛을 동반하는 발열반응이다.
② 반응에 의해 발생하는 열에너지가 반자발적으로 반응이 계속되는 현상이다.
③ 활성물질에 의해 자발적으로 반응이 계속되는 현상이다.
④ 분자 내 반응에 의해 열에너지를 발생하는 발열 분해 반응도 연소의 범주에 속한다.

해설및용어설명 | 연소
다량의 발열을 수반하는 발열 화학반응으로 반응에 의해 발생하는 열에너지에 의해 자발적으로 반응이 계속되는 현상

17

수소의 연소반응식이 다음과 같을 경우 1[mol]의 수소를 일정한 압력에서 이론산소량으로 완전연소시켰을 때의 온도는 약 몇 [K]인가? (단, 정압비열은 10[cal/mol·K], 수소와 산소의 공급온도는 25[℃], 외부로의 열손실은 없다)

$$H_2 + \dfrac{1}{2} O_2 \rightarrow H_2O + 57.8 [\text{kcal/mol}]$$

① 5,780 ② 5,805
③ 6,053 ④ 6,078

해설및용어설명 |
$Q = G \times C_p \times (T_2 - T_1)$
$57.8 \times 10^3 = 1 \times 10 \times (x - 298)$
$x = 6,078$[K]

18

연소로(燃燒爐) 내의 폭발에 의한 과압을 안전하게 방출시켜 노의 파손에 의한 피해를 최소화하기 위해 폭연벤트(Deflagration vent)를 설치한다. 이에 대한 설명으로 옳지 않은 것은?

① 가능한 한 곡절부에 설치한다.
② 과압으로 손쉽게 열리는 구조로 한다.
③ 과압을 안전한 방향으로 방출시킬 수 있는 장소를 선택한다.
④ 크기와 수량은 노의 구조와 규모 등에 의해 결정한다.

해설및용어설명 | 과압을 신속하게 배출하려면 가능한 한 직관부에 설치한다.

19

가로, 세로, 높이가 각각 3[m], 4[m], 3[m]인 가스 저장소에 최소 몇 [L]의 부탄가스가 누출되면 폭발될 수 있는가? (단, 부탄가스의 폭발범위는 1.8 ~ 8.4[%]이다)

① 460
② 560
③ 660
④ 760

해설및용어설명 |

$(3 \times 4 \times 3) \times \dfrac{1.8}{100} = 0.648 \times 1,000 = 648$

648L의 양을 넘는 최소 양이 보기에는 660이므로 답이 3번이 된다.

20

상온·상압하에서 에탄(C_2H_6)이 공기와 혼합되는 경우 폭발범위는 약 몇 [%]인가?

① 3.0 ~ 10.5
② 3.0 ~ 12.5
③ 2.7 ~ 10.5
④ 2.7 ~ 12.5

해설및용어설명 | 공기 중에서 에탄의 폭발 범위 : 3.0 ~ 12.5[%]

2022년 제4회 가스산업기사 CBT 복원문제

01

다음 가연성 가스 중 폭발하한값이 가장 낮은 것은?

① 메탄
② 부탄
③ 수소
④ 아세틸렌

해설및용어설명 | 폭발 범위

명칭	폭발 범위[%]
메탄(CH_4)	5 ~ 15
부탄(C_4H_{10})	1.9 ~ 8.5
수소(H_2)	4 ~ 75
아세틸렌(C_2H_2)	2.5 ~ 81

02

다음은 폭굉의 정의에 관한 설명이다. ( )에 알맞은 용어는?

> 폭굉이란 가스의 화염(연소) ( )가 ( )보다 큰 것으로 파면 선단의 압력파에 의해 파괴 작용을 일으키는 것을 말한다.

① 전파속도 – 음속
② 폭발파 – 충격파
③ 전파온도 – 충격파
④ 전파속도 – 화염온도

해설및용어설명 | 폭굉(Detonation)
가스 중의 음속보다도 화염 전파속도가 큰 경우로서 파면선단에 충격파라고 하는 압력파가 생겨 격렬한 파괴 작용을 일으키는 현상

03

1[kg]의 공기가 100[℃]하에서 열량 25[kcal]를 얻어 등온팽창할 때 엔트로피의 변화량은 약 몇 [kcal/K]인가?

① 0.038　　　　② 0.043
③ 0.058　　　　④ 0.067

해설및용어설명 | $\triangle s = \dfrac{dQ}{T} = \dfrac{25}{273+100} = 0.067 \,[\text{kcal/K}]$

04

상온·상압하에서 프로판이 공기와 혼합되는 경우 폭발범위는 약 몇 [%]인가?

① 1.9 ~ 8.5　　　　② 2.2 ~ 9.5
③ 5.3 ~ 14　　　　④ 4.0 ~ 75

해설및용어설명 | 프로판 폭발범위
2.1 ~ 9.5[%]

05

분진폭발과 가장 관련이 있는 물질은?

① 소맥분　　　　② 에테르
③ 탄산가스　　　④ 암모니아

해설및용어설명 | 분진폭발
아주 미세한 가연성의 입자가 공기 중에 적당한 농도로 퍼져 있을 때, 약간의 불꽃, 혹은 열만으로 돌발적인 연쇄 산화-연소를 일으켜 폭발하는 현상으로 주로 톱밥가루, 철/플라스틱 가루, 먼지, 밀가루에서 잘 일어난다.

06

메탄 85[v%], 에탄 10[v%], 프로판 4[v%], 부탄 1[v%]의 조성을 갖는 혼합가스의 공기 중 폭발 하한계는 약 얼마인가?

① 4.4[%]　　　　② 5.4[%]
③ 6.2[%]　　　　④ 7.2[%]

해설및용어설명 | 혼합가스 폭발범위

$$\dfrac{100}{L} = \dfrac{V_1}{L_1} + \dfrac{V_2}{L_2} + \dfrac{V_3}{L_3} \cdots$$

$$\dfrac{100}{L} = \dfrac{85}{5} + \dfrac{10}{3} + \dfrac{4}{2.1} + \dfrac{1}{1.8} = 4.39$$

07

다음 중 연소의 3요소에 해당하는 것은?

① 가연물, 산소, 점화원　　② 가연물, 공기, 질소
③ 불연재, 산소, 열　　　　④ 불연재, 빛, 이산화탄소

해설및용어설명 | 연소의 3요소
가연물, 산소 공급원, 점화원

08

시안화수소는 장기간 저장하지 못하도록 규정되어 있다. 가장 큰 이유는?

① 폭발하기 때문에　　　② 산화폭발하기 때문에
③ 분진폭발하기 때문에　④ 중합폭발하기 때문에

해설및용어설명 | 시안화수소(HCN)는 중합폭발의 위험성 때문에 충전 기한이 60일을 초과하지 못하도록 규정하고 있다

09

기체혼합물의 각 성분을 표현하는 방법에는 여러 가지가 있다. 혼합가스의 성분비를 표현하는 방법 중 다른 값을 갖는 것은?

① 몰분율 ② 질량분율
③ 압력분율 ④ 부피분율

해설및용어설명 | 아보가드로 법칙에 의해 모든 가스는 0[℃], 1기압 아래서는 1몰당 같은 부피 속에 같은 수의 분자를 포함하고 있다. 그러나 각 가스의 분자량은 서로 달라 질량분율은 다른 값을 나타낸다.

10

다음 연소와 관련된 식으로 옳은 것은?

① 과잉공기비 = 공기비$(m) - 1$
② 과잉공기량 = 이론공기량$(A_0) + 1$
③ 실제공기량 = 공기비(m) + 이론공기량(A_0)
④ 공기비 = (이론산소량/실제공기량) − 이론공기량

해설및용어설명 |
과잉공기량 = 실제공기량 - 이론공기량
실제공기량 = 공기비$(m) \times$ 이론공기량(A_0)

공기비 = $\dfrac{\text{실제공기량}}{\text{이론공기량}}$

11

난류확산화염에서 유속 또는 유량이 증대할 경우 시간이 지남에 따라 화염의 높이는 어떻게 되는가?

① 높아진다.
② 낮아진다.
③ 거의 변화가 없다.
④ 어느 정도 낮아지다가 높아진다.

해설및용어설명 |
- 난류확산화염 : 화염의 길이는 유속에 거의 영향을 받지 않는다.
- 층류확산화염 : 화염의 길이는 높아진다.

12

다음 기체연료 중 CH_4 및 H_2를 주성분으로 하는 가스는?

① 고로가스 ② 발생로가스
③ 수성가스 ④ 석탄가스

해설및용어설명 |
① 고로가스 : 제철용 고로에서 얻어지는 부생가스로 코크스를 사용하는 발생로 가스와 유사하나 CO_2와 Dust가 많다.
② 발생로가스 : 코크스나 석탄을 불완전 연소시켜 얻어지는 가스로 주성분은 CO와 N_2이나, 발생로 조업 시 소량의 수증기를 첨가하여 약간의 수소와 CO_2가 포함된다.
③ 수성가스 : 고온으로 가열한 코크스에 수증기를 작용시키면 생기는 가스이다.
④ 석탄가스 : 석탄을 고온건류(高溫乾溜)했을 때 얻어지는 가스, 주로 수소·메탄·일산화탄소로 되어 있는 기체 혼합물이다.

13

0[℃], 1기압에서 C_3H_8 5[kg]의 체적은 약 몇 [m³]인가? (단, 이상기체로 가정하고, C의 원자량은 12, H의 원자량은 1이다)

① 0.6 ② 1.5
③ 2.5 ④ 3.6

해설및용어설명 | 아보가드로 법칙에 따라 프로판 1[kmol](분자량 44[kg])의 체적은 22.4[m³]이다.

프로판 5[kg]의 체적을 구하면 $\dfrac{22.4}{44} \times 5 = 2.54$[m³]이다.

14

가스용기의 물리적 폭발 원인이 아닌 것은?

① 압력 조정 및 압력 방출 장치의 고장
② 부식으로 인한 용기 두께 축소
③ 과열로 인한 용기 강도의 감소
④ 누출된 가스의 점화

해설및용어설명 | 화학적 폭발
가연성 가스와 공기의 혼합가스의 점화 시 화학적 폭발이 발생한다.

15

가연물질이 연소하는 과정 중 가장 고온일 경우의 불꽃색은?

① 황적색　　② 적색
③ 암적색　　④ 휘백색

해설및용어설명 | 색깔별 온도

구분	암적색	적색	휘적색	황적색	백적색	휘백색
온도	700[℃]	850[℃]	950[℃]	1,100[℃]	1,300[℃]	1,500[℃]

16

이상기체에 대한 설명이 틀린 것은?

① 실제로는 존재하지 않는다.
② 체적이 커서 무시할 수 없다.
③ 보일의 법칙에 따르는 가스를 말한다.
④ 분자 상호 간에 인력이 작용하지 않는다.

해설및용어설명 | 이상기체
분자 간의 상호 작용이 전혀 없고, 그 상태를 나타내는 온도, 압력, 부피의 양 사이에 보일 - 샤를의 법칙이 완전하게 적용될 수 있다고 가정된 가상의 기체

17

자연발화온도(Autoignition Temperature : AIT)에 영향을 주는 요인에 대한 설명으로 틀린 것은?

① 산소량의 증가에 따라 AIT는 감소한다.
② 압력의 증가에 의하여 AIT는 감소한다.
③ 용량의 크기가 작아짐에 따라 AIT는 감소한다.
④ 유기화합물의 동족열 물질은 분자량이 증가할수록 AIT는 감소한다.

해설및용어설명 | 자연발화온도(AIT)
가연성 혼합기체의 온도가 높아지면, 불꽃을 대지 않아도 온도에 의해 물질이 스스로 타기 시작하는 최저 온도
- 산소농도가 높을수록 AIT는 낮아진다.
- 압력이 높을수록 AIT는 낮아진다.
- 부피가 클수록 AIT는 낮아진다.
- 탄화수소의 분자량이 클수록 AIT는 낮아진다.
- 용기의 크기가 작아지면 AIT는 높아진다.

18

기체연료의 주된 연소형태는?

① 확산연소　　② 증발연소
③ 분해연소　　④ 표면연소

해설및용어설명 | 기체의 연소형태는 확산연소와 예혼합연소로 나눌 수 있다.

19

정상동작 상태에서 주변의 폭발성가스 또는 증기에 점화시키지 않고 점화시킬 수 있는 고장이 유발되지 않도록 한 방폭구조는?

① 특수방폭구조 ② 비점화방폭구조
③ 본질안전방폭구조 ④ 몰드방폭구조

해설및용어설명 | 비점화방폭구조(n)
정상 동작 시 주변의 폭발성 가스 또는 증기에 점화시키지 않고 점화 가능한 고장이 발생되지 않는 구조

20

완전기체에서 정적비열(C_v), 정압비열(C_p)의 관계식을 옳게 나타낸 것은? (단, R은 기체상수이다)

① $C_p/C_v = R$ ② $C_p - C_v = R$
③ $C_v/C_p = R$ ④ $C_p + C_v = R$

해설및용어설명 | 정적 비열(C_v)과 정압 비열(C_p)의 관계

- $C_p - C_v = R$
- $C_p = \dfrac{k}{k-1} R$
- $C_v = \dfrac{1}{k-1} R$

2023년 제1회 가스산업기사 CBT 복원문제

01

유황(S[kg])의 완전연소 시 발생하는 SO_2의 양을 구하는 식은?

① $4.31 \times S[Nm^3]$ ② $3.33 \times S[Nm^3]$
③ $0.7 \times S[Nm^3]$ ④ $4.38 \times S[Nm^3]$

해설및용어설명 |

- 유황의 완전연소식 : S(32[kg]) + O_2 → SO_2(22.4[Nm^3])
- 유황 1[kg] 연소 시 생성되는 SO_2 체적 : $\dfrac{22.4[Nm^3]}{32[kg]}$ = 0.7[Nm^3/kg]
- SO_2의 양을 구하는 식 : SO_2 = 0.7×S

02

메탄을 공기비 1.1로 완전 연소시키고자 할 때 메탄 1[Nm^3]당 공급해야할 공기량은 약 몇 [Nm^3]인가?

① 2.2 ② 6.3
③ 8.4 ④ 10.5

해설및용어설명 |

메탄(CH_4)의 완전연소 반응식 : CH_4 + $2O_2$ → CO_2 + $2H_2O$
메탄 1[Nm^3] 연소 시 산소량은 2[Nm^3]이며
공기량으로 계산하면 $\dfrac{100}{21} \times 2$ = 9.52[Nm^3]이다.

공기비 1.1로 연소 시 실제공기량을 계산하면 $1.1 = \dfrac{x}{9.52}$

x = 10.47이다.

03

파열의 원인이 될 수 있는 용기 두께 축소의 원인으로 가장 거리가 먼 것은?

① 과열
② 부식
③ 침식
④ 화학적 침해

해설및용어설명 | 용기 두께 축소의 원인

부식 및 침식, 화학적 침해

04

1[kg]의 공기가 100[℃]하에서 열량 25[kcal]를 얻어 등온팽창할 때 엔트로피의 변화량은 약 몇 [kcal/K]인가?

① 0.038
② 0.043
③ 0.058
④ 0.067

해설및용어설명 |

$$\triangle s = \frac{dQ}{T} = \frac{25}{273+100} = 0.067 [kcal/K]$$

05

B, C급 분말소화기의 용도가 아닌 것은?

① 유류 화재
② 가스 화재
③ 전기 화재
④ 일반 화재

해설및용어설명 |

- A급 화재 : 일반화재
- B급 화재 : 유류, 가스화재
- C급 화재 : 전기화재
- D급 화재 : 금속화재

06

가연성물질의 성질에 대한 설명으로 옳은 것은?

① 끓는점이 낮으면 인화의 위험성이 낮아진다.
② 가연성액체는 온도가 상승하면 점성이 약해지고 화재를 확대시킨다.
③ 전기전도도가 낮은 인화성 액체는 유동이나 여과 시 정전기를 발생시키지 않는다.
④ 일반적으로 가연성 액체는 물보다 비중이 작으므로 연소 시 축소된다.

해설및용어설명 |

- 끓는점(비등점)이 낮을수록 증발하기 쉽고, 실내온도에서 인화될 위험성이 높다고 할 수 있다.
- 전기전도도를 높이면 정전기의 축적을 감소시킨다.
- 일반적으로 가연성 액체는 물보다 비중이 작으므로 연소 시 확대된다.

07

가연성 물질의 인화 특성에 대한 설명으로 틀린 것은?

① 비점이 낮을수록 인화위험이 커진다.
② 최소점화에너지가 높을수록 인화위험이 커진다.
③ 증기압을 높게 하면 인화위험이 커진다.
④ 연소범위가 넓을수록 인화위험이 커진다.

해설및용어설명 | 최소점화에너지

가연성 가스 및 공기와의 혼합가스에 착화원으로 점화 시에 발화하기 위하여 필요한 최저에너지를 말한다. 최소점화에너지가 작을수록 인화위험이 커진다.

08

가연성 고체의 연소에서 나타나는 연소현상으로 고체가 열분해 되면서 가연성 가스를 내며 연소열로 연소가 촉진되는 연소는?

① 분해연소 ② 자기연소
③ 표면연소 ④ 증발연소

해설및용어설명 |
- 분해연소 : 고체 가연물질을 가열하면 열분해를 일으켜 나온 분해가스 등이 연소하는 형태
- 자기연소 : 가연물이 물질의 분자 내에 산소를 함유하고 있어 열분해에 의해서 가연성 가스와 산소를 동시에 발생시키므로 공기 중의 산소 없이 연소할 수 있는 것
- 표면연소 : 고체 가연물이 열분해나 증발하지 않고 표면에서 산소와 급격히 산화반응하여 연소하는 현상
- 증발연소 : 고체 가연물이 열분해를 일으키지 않고 증발하여 증기가 연소 되거나 먼저 융해된 액체가 기화하여 증기가 된 다음 연소하는 현상

09

다음 중 자기연소를 하는 물질로만 나열된 것은?

① 경유, 프로판 ② 질화면, 셀룰로이드
③ 황산, 나프탈렌 ④ 석탄, 플라스틱(FRP)

해설및용어설명 | 자기연소
가연성 고체가 자체 내에 산소를 함유하고 있어 공기 중의 산소를 필요로 하지 않고 그 자체의 산소로 연소하는 것을 말한다. 일반적으로 질화면(니트로셀룰로스), 셀룰로이드, 니트로글리세린 등 제5류 위험물 등이 해당된다.

10

용기의 내부에서 가스폭발이 발생하였을 때 용기가 폭발압력을 견디고 외부의 가연성 가스에 인화되지 않도록 한 구조는?

① 특수(特殊) 방폭구조 ② 유입(油入) 방폭구조
③ 내압(耐壓) 방폭구조 ④ 안전증(安全增) 방폭구조

해설및용어설명 | 내압 방폭구조
내부의 가연성 가스의 폭발이 발생할 경우 그 용기가 폭발압력에 견딜 수 있는 구조이다.

11

메탄 60[v%], 에탄 20[v%], 프로판 15[v%], 부탄 5[v%]인 혼합가스의 공기 중 폭발 하한계([v%])는 약 얼마인가? (단, 각 성분의 폭발 하한계는 메탄 5.0[v%], 에탄 3.0[v%], 프로판 2.1[v%], 부탄 1.8[v%]로 한다)

① 2.5 ② 3.0
③ 3.5 ④ 4.0

해설및용어설명 | 혼합가스의 폭발하한계

$$\frac{100}{L} = \frac{V_1}{L_1} + \frac{V_2}{L_2} + \frac{V_3}{L_3} + \cdots$$

- L : 혼합가스 폭발하한계
- L_1, L_2, L_3 : 성분가스 폭발하한계값
- V_1, V_2, V_3 : 성분가스의 용량[%]

$$\frac{100}{L} = \frac{60}{5} + \frac{20}{3} + \frac{15}{2.1} + \frac{5}{1.8}$$

$L = 3.5[\%]$

12

연료 1[kg]을 완전 연소시키는 데 소요되는 건공기의 질량은 $0.232[kg] = \dfrac{O_0}{A_0}$ 으로 나타낼 수 있다. 이때 A_0가 의미하는 것은?

① 이론산소량 ② 이론공기량
③ 실제산소량 ④ 실제공기량

해설및용어설명ㅣ

$0.232[kg] = \dfrac{O_0(\text{이론산소량})}{A_0(\text{이론공기량})}$

13

이상기체를 일정한 부피에서 냉각하면 온도와 압력의 변화는 어떻게 되는가?

① 온도저하, 압력강하 ② 온도상승, 압력강하
③ 온도상승, 압력일정 ④ 온도저하, 압력상승

해설및용어설명ㅣ $PV = nRT$ 이상기체 상태식에서 부피가 일정하면 압력과 온도는 서로 비례함을 알 수 있다. 온도가 내려가면 압력도 내려간다.

14

시안화수소를 장기간 저장하지 못하는 주된 이유는?

① 산화폭발 ② 분해폭발
③ 중합폭발 ④ 분진폭발

해설및용어설명ㅣ 시안화수소(HCN)
- 중합은 발열반응으로서 자체적으로 반응을 촉진시켜 촉발 발생하므로 장기간 저장할 수 없다.
- 특유의 복숭아 냄새가 나는 가연성 기체이다.

15

액체 연료를 수 [μm]에서 수백 [μm]으로 만들어 증발 표면적을 크게 하여 연소시키는 것으로서 공업적으로 주로 사용되는 연소방법은?

① 액면연소 ② 등심연소
③ 확산연소 ④ 분무연소

해설및용어설명ㅣ 분무 연소(Spray Combustion)
Spray로 물을 뿌리듯이 액체연료를 분무화하여 미세한 방울로 만든 후 공기에 혼합시켜 연소시키는 방법. 연료가 미립화되면 증발 표면적도 증가하게 되어 연소가 더욱 잘된다.

16

프로판 1몰 연소 시 필요한 이론 공기량은 약 얼마인가?
(단, 공기 중 산소량은 21[v%]이다)

① 16[mol] ② 24[mol]
③ 32[mol] ④ 44[mol]

해설및용어설명ㅣ 프로판 연소식

$C_3H_8 + 5O_2 \rightarrow 3CO_2 + 4H_2O$

프로판 1몰 연소 시 이론 산소량은 5몰이며, 이론 공기량으로 계산하면

이론 공기몰수 $= \dfrac{\text{이론 산소몰수}}{0.21} = \dfrac{5}{0.21} = 23.809[mol]$

17

공기압축기의 흡입구로 빨려 들어간 가연성 증기가 압축되어 그 결과로 큰 재해가 발생하였다. 이 경우 가연성 증기에 작용한 기계적인 발화원으로 볼 수 있는 것은?

① 충격
② 마찰
③ 단열압축
④ 정전기

해설및용어설명 | 단열압축
외부로부터 열 공급이 없는 상태에서 기체를 압축하면 내부에너지가 증가되어 주위의 온도를 상승시켜 열이 발생한다.

18

1[Sm³]의 합성가스 중의 CO와 H_2의 몰비가 1:1일 때 연소에 필요한 이론 공기량은 약 몇 [Sm³/Sm³]인가?

① 0.50
② 1.00
③ 2.38
④ 4.76

해설및용어설명 | 가스의 연소반응식은
$CO + 0.5O_2 \rightarrow CO_2$, $H_2 + 0.5O_2 \rightarrow H_2O$이다.
CO, H_2의 몰비가 1:1이므로 합성가스 1[Sm³]에 0.5[m³] 존재하는 것과 같다.
필요한 산소량은 0.5[m³]이고
필요한 공기량은 $0.5 \times \dfrac{1}{0.21} = 2.38[m^3]$이다.

19

0[℃], 1[atm]에서 2[L]의 산소와 0[℃], 2[atm]에서 3[L]의 질소를 혼합하여 1[L]로 하면 압력은 약 몇 [atm]이 되는가?

① 1
② 2
③ 6
④ 8

해설및용어설명 |
$P_1 \times V_1 + P_2 \times V_2 = P_3 \times V_3$
$1 \times 2 + 2 \times 3 = P_3 \times 1$
$P_3 = 8$

20

다음 반응식을 이용하여 메탄(CH_4)의 생성열을 구하면?

$$C + O_2 \rightarrow CO_2, \quad \triangle H = -97.2[kcal/mol]$$
$$H_2 + \left(\dfrac{1}{2}\right)O_2 \rightarrow H_2O, \quad \triangle H = -57.6[kcal/mol]$$
$$CH_4 + 2O_2 \rightarrow CO_2 + 2H_2O, \quad \triangle H = -194.4[kcal/mol]$$

① $\triangle H = -20[kcal/mol]$
② $\triangle H = -18[kcal/mol]$
③ $\triangle H = 18[kcal/mol]$
④ $\triangle H = 20[kcal/mol]$

해설및용어설명 | 메탄(CH_4)의 완전연소 반응식
$CH_4 + 2O_2 \rightarrow CO_2 + 2H_2O + Q$
생성열 계산
$-194.4 = -97.2 - 57.6 \times 2 + Q$
$Q = 97.2 + 2 \times 57.6 - 194.4 = 18$
∴ $\triangle H = -18[kcal/mol]$

2023년 제2회 가스산업기사 CBT 복원문제

01

어떤 기체가 열량 80[kJ]을 흡수하여 외부에 대하여 20[kJ]의 일을 하였다면 내부에너지 변화는 몇 [kJ]인가?

① 20 ② 60
③ 80 ④ 100

해설및용어설명 | 엔탈피 변화량 = 내부에너지 + 외부에너지

∴ 내부에너지 변화
  = 엔탈피 변화량 - 외부에너지
  = 80 - 20
  = 60[kJ]

02

연소가스량 10[m^3/kg], 비열 0.325[kcal/$m^3 \cdot$ ℃]인 어떤 연료의 저위 발열량이 6,700[kcal/kg]이었다면 이론 연소온도는 약 몇 [℃]인가?

① 1,962[℃] ② 2,062[℃]
③ 2,162[℃] ④ 2,262[℃]

해설및용어설명 |

$10 \times 0.325 \times x = 6,700$

$x = 2,061.54$

03

분진폭발을 가연성 분진이 공기 중에 분산되어 있다가 점화원이 존재할 때 발생한다. 분진폭발이 전파되는 조건과 다른 것은?

① 분진은 가연성이어야 한다.
② 분진은 적당한 공기를 수송할 수 있어야 한다.
③ 분진의 농도는 폭발위험을 벗어나 있어야 한다.
④ 분진은 화염을 전파할 수 있는 크기로 분포해야 한다.

해설및용어설명 | 분진폭발의 조건
- 가연성일 것
- 분진이 화염을 전파할 수 있는 크기의 분포를 가지고 분진의 농도가 폭발범위 이내일 것
- 화염전파를 개시하는 충분한 에너지의 점화원
- 충분한 산소가 연소를 지원하고 유지하도록 존재

04

폭발에 대한 설명으로 틀린 것은?

① 폭발한계란 폭발이 일어나는 데 필요한 농도의 한계를 의미한다.
② 온도가 낮을 때는 폭발 시의 방열속도가 느려지므로 연소범위는 넓어진다.
③ 폭발 시의 압력을 상승시키면 반응속도는 증가한다.
④ 불활성기체를 공기와 혼합하면 폭발범위는 좁아진다.

해설및용어설명 | 연소범위
- 온도가 높을 때 : 열의 발열속도 > 방열속도 → 넓어진다.
- 온도가 낮을 때 : 열의 발열속도 < 방열속도 → 좁아지거나 없어진다.

정답: 01 ② 02 ② 03 ③ 04 ②

05

기체연료의 확산연소에 대한 설명으로 틀린 것은?

① 확산연소는 폭발의 경우에 주로 발생하는 형태이며 예혼합 연소에 비해 반응대가 좁다.
② 연료가스와 공기를 별개로 공급하여 연소하는 방법이다.
③ 연소형태는 연소기기의 위치에 따라 달라지는 비균일 연소이다.
④ 일반적으로 확산과정은 화학반응이나 화염의 전파과정보다 늦기 때문에 확산에 의한 혼합속도가 연소속도를 지배한다.

해설및용어설명 | 확산연소는 예혼합 연소에 비해 반응대가 비교적 넓고, 불완전연소로 인한 생성분(매연 등)을 생성하기 쉽다.

06

메탄을 이론공기로 연소시켰을 때 생성물 중 질소의 분압은 약 몇 [kPa]인가? (단, 메탄과 공기는 100[kPa], 25[℃]에서 공급되고 생성물의 압력은 100[kPa]이다)

① 36
② 71
③ 81
④ 92

해설및용어설명 |

메탄 연소반응식 : $CH_4 + 2O_2 \rightarrow CO_2 + 2H_2O$

질소 몰수 $= \dfrac{2}{0.21} \times 0.79 = 7.52$

이산화탄소 몰수 : 1, 수증기 몰수 : 2

질소분압 = 전압 $\times \dfrac{\text{질소 몰수}}{\text{전체 몰수}}$

$= 100 \times \dfrac{7.52}{7.52 + 1 + 2} = 71$

07

상용의 상태에서 가연성 가스가 체류해 위험하게 될 우려가 있는 장소를 무엇이라 하는가?

① 0종 장소
② 1종 장소
③ 2종 장소
④ 3종 장소

해설및용어설명 |

가스 폭발 위험 장소	0종 장소	상용상태에서 가연성가스의 농도가 연속해서 폭발하한계 이상으로 되는 장소로 위험분위기가 지속적으로 또는 장기간 존재하는 장소	용기, 장치, 배관 등의 내부 등
	1종 장소	상용상태에서 가연성가스가 종종 체류하여 위험하게 될 우려가 있는 장소로 위험분위기가 존재하기 쉬운 장소	맨홀, 벤트, 피트 등의 주위
	2종 장소	용기 또는 설비의 사고로 인해 파손되거나 오조작의 경우에 노출할 위험이 있는 장소로 이상상태하에서 위험분위기가 단시간 동안 존재할 수 있는 장소	개스킷, 패킹 등의 주위

08

1[atm], 27[℃]의 밀폐된 용기에 프로판과 산소가 1 : 5 부피비로 혼합되어 있다. 프로판이 완전연소하여 화염의 온도가 1,000[℃]가 되었다면 용기 내에 발생하는 압력은?

① 1.95[atm]
② 2.95[atm]
③ 3.95[atm]
④ 4.95[atm]

해설및용어설명 |

$P_1 V_1 = n_1 R_1 T_1,\ P_2 V_2 = n_2 R_2 T_2$

$R_1 = R_2,\ V_1 = V_2$

$\dfrac{P_2}{P_1} = \dfrac{n_2 T_2}{n_1 T_1}$

$\dfrac{P_2}{1} = \dfrac{7[\text{mol}] \times (273 + 1,000)}{6[\text{mol}] \times (273 + 27)}$

$P_2 = 4.95$

※ $C_3H_8 + 5O_2 \rightarrow 3CO_2 + 4H_2O$

09

BLEVE(Boiling Liquid Expanding Vapour Explosion)현상에 대한 설명으로 옳은 것은?

① 물이 점성이 있는 뜨거운 기름 표면 아래서 끓을 때 연소를 동반하지 않고 Overflow 되는 현상
② 물이 연소유(Oil)의 뜨거운 표면에 들어갈 때 발생되는 Overflow 현상
③ 탱크바닥에 물과 기름의 에멀견이 섞여 있을 때, 기름의 비등으로 인하여 급격하게 Overflow 되는 현상
④ 과열상태의 탱크에서 내부의 액화 가스가 분출, 일시에 기화되어 착화, 폭발하는 현상

해설및용어설명 | 비등액체 팽창증기 폭발(BLEVE)
BLEVE는 비점 이상의 압력으로 유지되는 액체가 들어있는 탱크가 파열될 때 일어나는데 발생구조는 다음과 같다.
- 가연성 액체가 들어있는 탱크 주위에서 화재가 발생한다.
- 화재의 열에 의하여 탱크벽이 가열된다.
- 액면 이하의 탱크벽은 액에 의해 냉각되나 액의 온도가 올라가고, 액면 위 공간의 압력이 증가한다.
- 열을 제거시킬 액이 없고 증기만 존재하는 탱크의 벽이나 천정까지 화염이 도달되면 화염과 접촉하는 부위 금속의 온도가 상승하여 구조적 강도를 잃게 된다.
- 약해진 탱크 부위가 내부의 고압에 의해 파열되어 내부의 고압액체의 일부가 누출되면서 급격히 기화하여 증기운을 형성하고 여기에 착화되어 폭발한다.

10

아세틸렌가스의 위험도는(H)는 약 얼마인가?

① 21 ② 23
③ 31 ④ 33

해설및용어설명 |

$$위험도 = \frac{폭발상한 - 폭발하한}{폭발하한}$$

아세틸렌(폭발범위 2.5~81) = $\frac{81 - 2.5}{2.5}$ = 31.4

11

폭굉(Detonation)에 대한 설명으로 옳지 않은 것은?

① 발열반응이다.
② 연소의 전파속도가 음속보다 느리다.
③ 충격파가 발생한다.
④ 짧은 시간에 에너지가 방출된다.

해설및용어설명 | 폭발은 물질이 급격하게 반응하여 주위로 압력전파를 일으켜 고압으로 팽창 또는 파열현상을 일으키는 것으로 반응물의 반응속도 및 그 현상에 따라 폭발과 폭굉으로 구분하고 음속을 초과하여 충격파를 형성하는 것을 폭굉이라 한다.

12

미연소혼합기의 흐름이 화염부근에서 층류에서 난류로 바뀌었을 때의 현상으로 옳지 않은 것은?

① 화염의 성질이 크게 바뀌며 화염대의 두께가 증대한다.
② 예혼합연소일 경우 화염전파속도가 가속된다.
③ 적화식연소는 난류 확산연소로서 연소율이 높다.
④ 확산연소일 경우는 단위면적당 연소율이 높아진다.

해설및용어설명 | 적화식 연소는 난류와 자연확산에 의해 연소하는 난류 확산연소 방식으로 연소과정이 비교적 느려서 연소부하율이 작고 화염은 일반적으로 길게 늘어져 화염온도가 낮다.

13

자연발화를 방지하기 위해 필요한 사항이 아닌 것은?

① 습도를 높여 준다.
② 통풍을 잘 시킨다.
③ 저장실 온도를 낮춘다.
④ 열이 쌓이지 않도록 주의한다.

해설및용어설명 | 자연발화방지법
- 공기유통이 잘되게 한다.
- 저장실의 온도를 낮게 유지한다.
- 퇴적 수납 시 열축적이 용이하지 않도록 한다.
- 습도를 낮춘다.
※ 적당한 수분은 촉매 역할을 한다.

14

LPG가 완전연소 될 때 생성되는 물질은?

① CH_4, H_2
② CO_2, H_2O
③ C_3H_8, CO_2
④ C_4H_{10}, H_2O

해설및용어설명 | 탄화수소계 가연성 가스의 완전연소식

$C_mH_n + \left(m + \dfrac{n}{4}\right)O_2 \rightarrow mCO_2 + \dfrac{n}{2}H_2O$

15

연소부하율에 대하여 가장 바르게 설명한 것은?

① 연소실의 염공면적당 입열량
② 연소실의 단위체적당 열발생률
③ 연소실의 염공면적과 입열량의 비율
④ 연소혼합기의 분출속도와 연소속도와의 비율

해설및용어설명 | 연소 부하율(열발생률)
연소실의 단위용적당 단위시간의 발생열량[kcal/m³·h]을 말한다.

16

폭발에 관련된 가스의 성질에 대한 설명으로 틀린 것은?

① 폭발범위가 넓은 것은 위험하다.
② 압력이 높게 되면 일반적으로 폭발범위가 좁아진다.
③ 가스의 비중이 큰 것은 낮은 곳에 체류할 염려가 있다.
④ 연소 속도가 빠를수록 위험하다.

해설및용어설명 | 일반적인 가스는 공기 중 압력을 증가시키면 폭발범위가 증가한다. 수소는 10[atm] 정도까지는 폭발범위가 좁아지고 그 이상 압력에서는 넓어진다. 일산화탄소는 압력이 높을수록 폭발범위가 좁아진다.

17

가연물질이 연소하는 과정 중 가장 고온일 경우의 불꽃색은?

① 황적색
② 적색
③ 암적색
④ 휘백색

해설및용어설명 | 색깔별 온도

구분	암적색	적색	휘적색	황적색	백적색	휘백색
온도	700[℃]	850[℃]	950[℃]	1,100[℃]	1,300[℃]	1,500[℃]

18

이상기체에서 정적비열(C_V) 정압비열(C_P)과의 관계로 옳은 것은?

① $C_P - C_V = R$
② $C_P + C_V = R$
③ $C_P + C_V = 2R$
④ $C_P - C_V = 2R$

해설및용어설명 |

$K = \dfrac{C_P}{C_V} > 1$, $C_P - C_V = R$

19

가로, 세로, 높이가 각각 3[m], 4[m], 3[m]인 가스 저장소에 최소 몇 [L]의 부탄가스가 누출되면 폭발될 수 있는가? (단, 부탄가스의 폭발범위는 1.8 ~ 8.4[%]이다)

① 460 ② 560
③ 660 ④ 760

해설및용어설명 |

$$\text{폭발하한} = \frac{\text{가연물질량}}{\text{공기량} + \text{가연물질량}}$$

$$0.018 = \frac{x}{(3 \times 4 \times 3) + x}$$

$x = 0.66[m^3] \times 1,000 = 660[L]$

20

탄소 2[kg]을 완전연소 시켰을 때 발생된 연소가스(CO_2)의 양은 얼마인가?

① 3.66[kg] ② 7.33[kg]
③ 8.89[kg] ④ 12.34[kg]

해설및용어설명 | 탄소 연소식

$C + O_2 \rightarrow CO_2$

탄소 1[kmol] 12[kg] 연소 시 발생하는 CO_2는 몰 44[kg]을 발생한다.

탄소 2[kg] 연소 시 발생하는 CO_2의 양은 $= \frac{44}{12} \times 2 = 7.33[kg]$

2023년 제4회 가스산업기사 CBT 복원문제

01

용기의 내부에서 가스폭발이 발생하였을 때 용기가 폭발압력을 견디고 외부의 가연성 가스에 인화되지 않도록 한 구조는?

① 특수(特殊) 방폭구조
② 유입(油入) 방폭구조
③ 내압(耐壓) 방폭구조
④ 안전증(安全增) 방폭구조

해설및용어설명 | 내압 방폭구조
내부의 가연성 가스의 폭발이 발생할 경우 그 용기가 폭발압력에 견딜 수 있는 구조이다.

02

분진폭발과 가장 관련이 있는 물질은?

① 소백분 ② 에테르
③ 탄산가스 ④ 암모니아

해설및용어설명 | 분진폭발
아주 미세한 가연성의 입자가 공기 중에 적당한 농도로 퍼져 있을 때, 약간의 불꽃, 혹은 열만으로 돌발적인 연쇄 산화 - 연소를 일으켜 폭발하는 현상으로 주로 톱밥가루, 철/플라스틱 가루, 먼지, 밀가루에서 잘 일어난다.

03

에틸렌(Ethylene) 1[m^3]를 완전 연소시키는 데 필요한 산소의 양은 약 몇 [m^3]인가?

① 2.5 ② 3
③ 3.5 ④ 4

해설및용어설명 | 에틸렌(C_2H_4)의 완전연소 반응식

$C_2H_4 + 3O_2 \rightarrow 2CO_2 + 2H_2O$

이론 산소량[m^3] 계산

$22.4[m^3] : 3 \times 22.4[m^3] = 1[m^3] : x[m^3]$

$\therefore x = \dfrac{3 \times 22.4 \times 1}{22.4} = 3[m^3]$

04

발화지연에 대한 설명으로 가장 옳은 것은?

① 저온, 저압일수록 발화지연은 짧아진다.
② 화염의 색이 적색에서 청색으로 변하는 데, 걸리는 시간을 말한다.
③ 가연성 가스와 산소의 혼합비가 완전 산화에 근접할수록 발화지연은 길어진다.
④ 특정 온도에서 가열하기 시작하여 발화 시까지 소요되는 시간을 말한다.

해설및용어설명 | 발화지연

특정 온도에서 가열하기 시작하여 발화 시까지 소요는 시간을 말한다.
- 고온·고압일수록 발화지연은 짧아진다.
- 가연성 가스와 산소와의 혼합비가 완전 산화에 가까울수록 발화지연은 짧아진다.

05

메탄 85[v%], 에탄 10[v%], 프로판 4[v%], 부탄 1[v%]의 조성을 갖는 혼합가스의 공기 중 폭발 하한계는 약 얼마인가?

① 4.4[%] ② 5.4[%]
③ 6.2[%] ④ 7.2[%]

해설및용어설명 | 혼합가스 폭발범위

$\dfrac{100}{L} = \dfrac{V_1}{L_1} + \dfrac{V_2}{L_2} + \dfrac{V_3}{L_3} \cdots$

$\dfrac{100}{L} = \dfrac{85}{5} + \dfrac{10}{3} + \dfrac{4}{2.1} + \dfrac{1}{1.8} = 4.39$

06

상온, 상압하에서 메탄 - 공기의 가연성 혼합기체를 완전 연소시킬 때 메탄 1[kg]을 완전연소시키기 위해서는 공기 약 몇 [kg]이 필요한가?

① 4   ② 17
③ 19 ④ 64

해설및용어설명 | 메탄의 완전연소 반응식

$CH_4 + 2O_2 \rightarrow CO_2 + 2H_2O$

$16[kg] : 2 \times 32[kg] = 1[kg] : x[kg]$ (분자량 계산)

이론산소량 = $\dfrac{2 \times 32 \times 1}{16} = 4 \rightarrow$ 이론공기량 = $4 \times \dfrac{100}{23.2} = 17.241[kg]$

(공기 중 산소의 질량비율은 23.2[%])

07

고체연료의 성질에 대한 설명 중 옳지 않은 것은?

① 수분이 많으면 통풍불량의 원인이 된다.
② 휘발분이 많으면 점화가 쉽고, 발열량이 높아진다.
③ 착화온도는 산소량이 증가할수록 낮아진다.
④ 회분이 많으면 연소를 나쁘게 하여 열효율이 저하된다.

해설및용어설명 | 고체 연료 내 함유 성분에 따른 연소현상

함유성분	연소현상
수분	• 점화가 어렵고 흰 연기 발생 • 수분기화로 연소불량 및 통기, 통풍불량 • 불완전연소로 열효율 저하됨
휘발분	• 연소 시 그을음 발생, 점화가 쉬우나 발열량이 저하됨
탄소	• 발열량이 증가하고 매연이 감소, 청염이 발생함 • 열효율이 증가하나 연소속도가 늦어짐
회분	• 발열량 저하로 연료 가치 저하됨 • 통풍 저하 및 연소성이 나빠 효율이 저하됨
착화온도	• 발열량 클수록 산소량이 증가함 • 압력이 높을수록 착화 온도가 낮음

08

연소부하율에 대하여 가장 바르게 설명한 것은?

① 연소실의 염공면적당 입열량
② 연소실의 단위체적당 열발생률
③ 연소실의 염공면적과 입열량의 비율
④ 연소혼합기의 분출속도와 연소속도와의 비율

해설및용어설명 | 연소 부하율(열발생률)
연소실의 단위용적당 단위시간의 발생열량[kcal/m³·h]를 말한다.

09

폭굉을 일으킬 수 있는 기체가 파이프 내에 있을 때 폭굉 방지 및 방호에 대한 설명으로 옳지 않은 것은?

① 파이프라인에 오리피스 같은 장애물이 없도록 한다.
② 공정 라인에서 회전이 가능하면 가급적 원만한 회전을 이루도록 한다.
③ 파이프의 지름대 길이의 비는 가급적 작게 한다.
④ 파이프라인에 장애물이 있는 곳은 관경을 축소한다.

해설및용어설명 | 폭굉유도거리가 짧아지는 경우
- 정상연소 속도가 빠른 혼합가스일수록
- 관 속에 장애물이 있거나 지름이 작을 경우
- 고압일수록, 점화원의 에너지가 강할수록

10

연소 반응이 일어나기 위한 필요충분조건으로 볼 수 없는 것은?

① 점화원   ② 시간
③ 공기   ④ 가연물

해설및용어설명 | 연소의 3요소
가연물질, 산소공급원, 점화원

11

가연성 고체의 연소에서 나타나는 연소현상으로 고체가 열분해 되면서 가연성 가스를 내며 연소열로 연소가 촉진되는 연소는?

① 분해연소   ② 자기연소
③ 표면연소   ④ 증발연소

해설및용어설명 |
- 분해연소 : 고체 가연물질을 가열하면 열분해를 일으켜 나온 분해가스 등이 연소하는 형태
- 자기연소 : 가연물이 물질의 분자 내에 산소를 함유하고 있어 열분해에 의해서 가연성 가스와 산소를 동시에 발생시키므로 공기 중의 산소 없이 연소할 수 있는 것
- 표면연소 : 고체 가연물이 열분해나 증발하지 않고 표면에서 산소와 급격히 산화반응하여 연소하는 현상
- 증발연소 : 고체 가연물이 열분해를 일으키지 않고 증발하여 증기가 연소되거나 먼저 융해된 액체가 기화하여 증기가 된 다음 연소하는 현상

12

내압방폭구조로 방폭 전기기기를 설계할 때 가장 중요하게 고려해야 할 사항은?

① 가연성 가스의 발화점
② 가연성 가스의 연소열
③ 가연성 가스의 최대 안전틈새
④ 가연성 가스의 최소 점화에너지

해설및용어설명 | 내압방폭구조로 방폭 전기기기를 설계할 때 가장 중요하게 고려할 사항은 "가연성 가스의 최대 안전틈새"이다(내압방폭구조는 용기 내부의 폭발이 외부의 폭발성 가스에 인화되지 않도록 설계해야 되기 때문에 용기의 틈이 최대 안전틈새 이하가 되도록 해야 한다).

13

연료의 발열량 계산에서 유효수소를 옳게 나타낸 것은?

① $\left(H + \dfrac{O}{8}\right)$ ② $\left(H - \dfrac{O}{8}\right)$

③ $\left(H + \dfrac{O}{16}\right)$ ④ $\left(H - \dfrac{O}{16}\right)$

해설및용어설명 | 연료 속의 산소는 그 일부분이 수소와 결합되어 연소되지 않는다.

중량당 $\dfrac{H_2}{O}$ 는 $\dfrac{2}{16}$ 이므로 $\dfrac{O}{8}$ 의 값은 무효수소의 값이 된다. 그러므로 유효수소는 전체 수소 H에서 무효수소값 $\dfrac{O}{8}$ 를 뺀 나머지가 된다.

14

0[℃], 1[atm]에서 2[L]의 산소와 0[℃], 2[atm]에서 3[L]의 질소를 혼합하여 1[L]로 하면 압력은 약 몇 [atm]이 되는가?

① 1 ② 2
③ 6 ④ 8

해설및용어설명 |

$P_1 \times V_1 + P_2 \times V_2 = P_3 \times V_3$

$1 \times 2 + 2 \times 3 = P_3 \times 1$

$P_3 = 8$

15

폭발의 정의를 가장 잘 나타낸 것은?

① 화염의 전파 속도가 음속보다 큰 강한 파괴 작용을 하는 흡열반응
② 화염의 음속 이하의 속도로 미반응 물질 속으로 전파되어 가는 발열반응
③ 물질이 산소와 반응하여 열과 빛을 발생하는 현상
④ 물질을 가열하기 시작하여 발화할 때까지의 시간이 극히 짧은 반응

해설및용어설명 |
- 폭발 : 화염이 음속 이하의 속도로 미반응 물질 속으로 전파되어가는 발열반응
- 폭굉 : 가스 속의 연소 전파 속도가 음속보다도 큰 경우로 파면 선단에 충격파라고 하는 강한 압력파의 작용으로 격렬한 파괴 작용을 일으키는 현상

16

액체 연료가 공기 중에서 연소하는 현상은 다음 중 어느 것에 해당하는가?

① 증발연소 ② 확산연소
③ 분해연소 ④ 표면연소

해설및용어설명 | 증발연소
- 액체 가연물질이 액체 표면에 발생한 가연성 증기와 공기가 혼합된 상태에서 연소가 되는 형태로 액체의 가장 일반적인 연소형태이다.
- 연소원리는 화염에서 복사나 대류로 액체표면에 열이 전파되어 증발이 일어나고 발생된 증기가 공기와 접촉하여 액면의 상부에서 연소되는 반복적 현상이다.
- 예 에테르, 이황화탄소, 알콜류, 아세톤, 석유류 등

17

상용의 상태에서 가연성 가스가 체류해 위험하게 될 우려가 있는 장소를 무엇이라 하는가?

① 0종 장소 ② 1종 장소
③ 2종 장소 ④ 3종 장소

해설및용어설명 |

0종 장소	상용상태에서 가연성가스의 농도가 연속해서 폭발하한계 이상으로 되는 장소로 위험분위기가 지속적으로 또는 장기간 존재하는 장소
1종 장소	상용상태에서 가연성가스가 종종 체류하여 위험하게 될 우려가 있는 장소로 위험분위기가 존재하기 쉬운 장소
2종 장소	용기 또는 설비의 사고로 인해 파손되거나 오조작의 경우에 노출할 위험이 있는 장소로 이상상태에서 위험분위기가 단시간 동안 존재할 수 있는 장소

정답 13 ② 14 ④ 15 ② 16 ① 17 ②

18

메탄을 이론공기로 연소시켰을 때 생성물 중 질소의 분압은 약 몇 [kPa]인가? (단, 메탄과 공기는 100[kPa], 25[℃]에서 공급되고 생성물의 압력은 100[kPa]이다)

① 36   ② 71
③ 81   ④ 92

해설및용어설명 | 메탄 연소반응식 : $CH_4 + 2O_2 \rightarrow CO_2 + 2H_2O$

질소 몰수 $= \dfrac{2}{0.21} \times 0.79 = 7.52$

이산화탄소 몰수 : 1, 수증기 몰수 : 2

질소분압 = 전압 × $\dfrac{\text{질소 몰수}}{\text{전체 몰수}}$

$= 100 \times \dfrac{7.52}{7.52 + 1 + 2} = 71$

19

중유의 저위발열량이 10,000[kcal/kg]의 연료 1[kg]을 연소시킨 결과 연소열을 5,500[kcal/kg]이었다. 연소효율은 얼마인가?

① 45[%]   ② 55[%]
③ 65[%]   ④ 75[%]

해설및용어설명 |

$\dfrac{5,500}{10,000} \times 100 = 55[\%]$

20

$C_m H_n$ 1[Sm^3]을 완전 연소시켰을 때 생기는 H_2O의 양은?

① $\dfrac{n}{2}$ [Sm^3]   ② n [Sm^3]
③ $2n$ [Sm^3]   ④ $4n$ [Sm^3]

해설및용어설명 | 탄화수소계 가연성 가스의 완전연소식

$C_m H_n + \left(m + \dfrac{n}{4}\right) O_2 \rightarrow mCO_2 + \dfrac{n}{2} H_2O$

2024년 제1회 가스산업기사 [CBT 복원문제]

01

카르노 사이클 기관이 27[℃]와 -33[℃] 사이에서 작동될 때 이 냉동기의 열효율은?

① 0.1　　　　② 0.2
③ 4　　　　　④ 5

해설 및 용어설명 |

$$\eta = \frac{W}{Q_1} = \frac{T_1 - T_2}{T_1}$$

$$= \frac{(273 + 27) - (273 - 33)}{273 + 27} = 0.2$$

02

연소범위에 대한 온도의 영향으로 옳은 것은?

① 온도가 낮아지면 방열속도가 느려져서 연소범위가 넓어진다.
② 온도가 낮아지면 방열속도가 느려져서 연소범위가 좁아진다.
③ 온도가 낮아지면 방열속도가 빨라져서 연소범위가 넓어진다.
④ 온도가 낮아지면 방열속도가 빨라져서 연소범위가 좁아진다.

해설 및 용어설명 |

• 온도가 높을 때 : 열의 발열속도 > 방열속도 → 연소범위 넓어진다.
• 온도가 낮을 때 : 열의 발열속도 < 방열속도 → 연소범위 좁아지거나 없어진다.

03

전 폐쇄 구조인 용기 내부에서 폭발성가스의 폭발이 일어났을 때 용기가 압력에 견디고 외부의 폭발성 가스에 인화할 우려가 없도록 한 방폭구조는?

① 안전증 방폭구조　　② 내압 방폭구조
③ 특수방폭구조　　　④ 유입방폭구조

해설 및 용어설명 | 방폭구조의 종류

① 안전증 방폭구조 : 기기의 주요 구조부를 운전 중에 발생할 수 있는 과열, 불꽃 등에 대하여 안전도를 증가시킨 구조이다.
② 내압 방폭구조 : 용기 내에서 폭발성 가스가 폭발하여도 압력에 견디고, 내부의 폭발화염이 외부로 전해지지 않도록 하는 구조이다.
③ 특수 방폭구조 : 다른 방폭구조 이외의 구조이며, 폭발성가스의 인화를 방지할 수 있는 것이 공적 기관에서 시험 및 기타에 의해서 확인된 구조를 말한다.
④ 유입 방폭구조 : 불꽃 또는 아크를 발생할 수 있는 부분을 기름 안에 넣어 유면상의 폭발성가스에 인화되지 않도록 한 구조이다.

04

증기폭발(Vapor Explosion)에 대한 설명으로 옳은 것은?

① 수증기가 갑자기 응축하여 그 결과로 압력강하가 일어나 폭발하는 현상
② 가연성 기체가 상온에서 혼합 기체가 되어 발화원에 의하여 폭발하는 현상
③ 정가연성 액체가 비점 이상의 온도에서 발생한 증기가 혼합 기체가 되어 폭발하는 현상
④ 고열의 고체와 저온의 물 등 액체가 접촉할 때 찬 액체가 큰 열을 받아 갑자기 증기가 발생하여 증기의 압력에 의하여 폭발하는 현상

해설 및 용어설명 | 증기폭발

고열의 고체와 저온의 물 등 액체가 접촉할 때 찬 액체가 큰 열을 받아 갑자기 증기가 발생하여 증기의 압력에 의하여 폭발하는 현상

정답 01 ② 02 ④ 03 ② 04 ④

05

공기와 연료의 혼합기체의 표시에 대한 설명 중 옳은 것은?

① 공기비(Excess Air Ratio)는 연공비의 역수와 같다.
② 연공비(Fuel Air Ratio)라 함은 가연 혼합기 중의 공기와 연료의 질량비로 정의된다.
③ 공연비(Air Fuel Ratio)라 함은 가연 혼합기 중의 연료와 공기의 질량비로 정의된다.
④ 당량비(Equivalence Ratio)는 이론 연공비 대비 실제연공비로 정의한다.

해설및용어설명 |

- 등가비 : 이론적인 연료와 공기의 혼합비에 대한 실제 연소 시 연료와 공기의 혼합비의 비율로서 공기비의 역수이다.

$$등가비 = \frac{실제연료량/산화제}{완전연소를 \ 위한 \ 이상적 \ 연료량/산화제}$$

- 연공비 $= \dfrac{연료중량}{공기중량}$

- 공연비 $= \dfrac{공기중량}{연료중량}$

06

동일 체적의 에탄, 에틸렌, 아세틸렌을 완전 연소시킬 때 필요한 공기량의 비는?

① 3.5 : 3.0 : 2.5
② 7.0 : 6.0 : 6.0
③ 4.0 : 3.0 : 5.0
④ 6.0 : 6.5 : 5.0

해설및용어설명 | 각 가스의 완전연소 반응식

- 에탄 : $C_2H_6 + 3.5O_2 \rightarrow 2CO_2 + 3H_2O$
- 에틸렌 : $C_2H_4 + 3O_2 \rightarrow 2CO_2 + 2H_2O$
- 아세틸렌 : $C_2H_2 + 2.5O_2 \rightarrow 2CO_2 + H_2O$

체적 $1[Nm^3]$를 완전연소시킬 때 필요한 공기량은 완전연소 반응식에서 산소의 몰 수와 같다.

※ 공기량 비 $= 3.5 \times \dfrac{100}{21} : 3 \times \dfrac{100}{21} : 2.5 \times \dfrac{100}{21}$
$= 3.5 : 3 : 2.5$

07

황(S) 1[kg]이 이산화황(SO_2)으로 완전연소할 경우 이론산소량[kg/kg]과 이론공기량[kg/kg]은 각각 얼마인가?

① 1, 4.31
② 1, 8.62
③ 2, 4.31
④ 2, 8.62

해설및용어설명 | 황 완전연소식

$S + O_2 \rightarrow SO_2$ 황 1[mol](분자량 32[kg]) 완전연소시 산소 1[mol](분자량 32[kg])이 필요하다.

황 1[kg] 완전연소시 이론산소량은 1[kg] 필요하며 이를 이론공기량으로 환산하면 $1 \times \dfrac{100}{23.2} = 4.31[kg/kg]$이 필요하다(공기중 산소의 중량비는 23.2[%]이다).

08

자연발화온도(Autoignition temperature : AIT)에 영향을 주는 요인에 대한 설명으로 틀린 것은?

① 산소량의 증가에 따라 AIT는 감소한다.
② 압력의 증가에 의하여 AIT는 감소한다.
③ 용량의 크기가 작아짐에 따라 AIT는 감소한다.
④ 유기화합물의 동족열 물질은 분자량이 증가할수록 AIT는 감소한다.

해설및용어설명 | 자연발화온도(AIT)

가연성 혼합기체의 온도가 높아지면, 불꽃을 대지 않아도 온도에 의해 물질이 스스로 타기 시작하는 최저 온도

- 산소농도가 높을수록 AIT는 낮아진다.
- 압력이 높을수록 AIT는 낮아진다.
- 부피가 클수록 AIT는 낮아진다.
- 탄화수소의 분자량이 클수록 AIT는 낮아진다.
- 용기의 크기가 작아지면 AIT는 높아진다.

09

LP 가스의 연소 특성에 대한 설명으로 옳은 것은?

① 일반적으로 발열량이 작다.
② 공기 중에서 쉽게 연소 폭발하지 않는다.
③ 공기보다 무겁기 때문에 바닥에 체류한다.
④ 금수성 물질이므로 흡수하여 발화한다.

해설및용어설명 |
- LP가스는 타 연료에 비하여 발열량이 크다.
- 연소범위(폭발범위)가 좁다(다른 연료에 비하여 안전성이 크다).
- 연소 시 다량의 공기가 필요하다.
- 공기보다 무거워 누설시 낮은 곳에 체류한다.
- 기화와 액화가 쉽게 된다.

10

층류 연소속도에 대한 설명으로 옳은 것은?

① 미연소 혼합기의 비열이 클수록 층류 연소속도는 크게 된다.
② 미연소 혼합기의 비중이 클수록 층류 연소속도는 크게 된다.
③ 미연소 혼합기의 분자량이 클수록 층류 연소속도는 크게 된다.
④ 미연소 혼합기의 열전도율이 클수록 층류 연소속도는 크게 된다.

해설및용어설명 | 층류 연소속도가 크게 되는 경우
- 압력이 높을수록
- 온도가 높을수록
- 열전도율이 클수록
- 분자량이 적을수록

11

고체연료의 성질에 대한 설명 중 옳지 않은 것은?

① 수분이 많으면 통풍불량의 원인이 된다.
② 휘발분이 많으면 점화가 쉽고, 발열량이 높아진다.
③ 착화온도는 산소량이 증가할수록 낮아진다.
④ 회분이 많으면 연소를 나쁘게 하여 열효율이 저하된다.

해설및용어설명 | 고체 연료 내 함유 성분에 따른 연소현상

함유성분	연소현상
수분	• 점화가 어렵고 흰연기 발생 • 수분기화로 연소불량 및 통기, 통풍불량 • 불완전연소로 열효율 저하
휘발분	• 연소 시 그을음 발생, 점화 쉬우나 발열량이 저하함 • 산소량이 증시할수록 착화 온도가 낮아짐
탄소	• 발열량이 증가하고 매연이 감소, 청염이 발생함 • 열효율이 증가하나 연소속도가 늦어짐
회분	• 발열량 저하로 연료가치 저하 • 통풍 저하 및 연소성이 나빠 효율이 저하됨
착화온도	• 발열량 클수록 산소량이 증가함 • 산소량이 증가실수록 착화 온도가 낮아짐 • 압력이 높을수록 착화 온도가 낮음

12

BLEVE(Boiling Liquid Expanding Vapour Explosion)현상에 대한 설명으로 옳은 것은?

① 물이 점성이 있는 뜨거운 기름 표면 아래서 끓을 때 연소를 동반하지 않고 Overflow되는 현상
② 물이 연소유(Oil)의 뜨거운 표면에 들어갈 때 발생되는 Overflow 현상
③ 탱크바닥에 물과 기름의 에멀전이 섞여 있을 때, 기름의 비등으로 인하여 급격하게 Overflow되는 현상
④ 과열상태의 탱크에서 내부의 액화 가스가 분출, 일시에 기화되어 착화, 폭발하는 현상

해설및용어설명 | 저장탱크 벽면이 파열되면 탱크내부 압력은 급격히 감소되고 이로 인하여 탱크내부의 과열된 액체가 폭발적으로 증발하면서 이 폭발적인 증발력에 의하여 액체 및 탱크의 조각이 날아가게 되는데 이러한 현상을 BLEVE(Boiling Liquid Expanding Vapor Explosion) 현상이라 한다.

13

프로판과 부탄이 각각 50[%] 부피로 혼합되어 있을 때 최소산소농도(MOC)의 부피 [%]는? (단, 프로판과 부탄의 연소하한계는 각각 2.2v[%], 1.8v[%]이다)

① 1.9[%]   ② 5.5[%]
③ 11.4[%] ④ 15.1[%]

해설및용어설명 | 혼합가스의 연소하한계(LFL)

$$\frac{100}{L} = \frac{V_1}{L_1} + \frac{V_2}{L_2} + \frac{V_3}{L_3} + \cdots$$

- L : 혼합가스 폭발하한계
- L_1, L_2, L_3 : 성분가스 폭발하한계값
- V_1, V_2, V_3 : 성분가스의 용량[%]

$$\frac{100}{L} = \frac{50}{2.2} + \frac{50}{1.8}$$

$L = 1.98$

14

다음 연료 중 착화온도가 가장 높은 것은?

① 메탄   ② 목탄
③ 휘발유 ④ 프로판

해설및용어설명 |

연료	착화온도
메탄	615 ~ 682[℃]
목탄	250 ~ 300[℃]
휘발유	300 ~ 320[℃]
프로판	460 ~ 520[℃]

15

"압력이 일정할 때 기체의 부피는 온도에 비례하여 변화 한다." 라는 법칙은?

① 보일(Boyle)의 법칙   ② 샤를(Charles)의 법칙
③ 보일-샤를의 법칙   ④ 아보가드로의 법칙

해설및용어설명 |

- 보일의 법칙 : 온도 일정할 때 체적은 압력에 반비례

  $P_1 V_1 = P_2 V_2$

- 샤를의 법칙 : 압력 일정할 때 체적은 온도에 비례

  $\dfrac{V_1}{T_1} = \dfrac{V_2}{T_2}$

- 아보가드로의 법칙 : 모든 기체는 같은 온도와 같은 압력 아래서는 같은 부피 속에 같은 수의 분자를 포함하고 있다는 법칙

16

폭발하한계가 가장 낮은 가스는?

① 부탄   ② 프로판
③ 에탄   ④ 메탄

해설및용어설명 | 각 가스의 공기 중에서의 폭발범위

명칭	폭발범위[%]
부탄(C_4H_{10})	1.9 ~ 8.5
프로판(C_3H_8)	2.1 ~ 9.5
에탄(C_2H_6)	3 ~ 12.5
메탄(CH_4)	5 ~ 15

17

기체 연료 중 수소가 산소와 화합하여 물이 생성되는 경우에 있어 $H_2 : O_2 : H_2O$의 비례 관계는?

① 2 : 1 : 2
② 1 : 1 : 2
③ 1 : 2 : 1
④ 2 : 2 : 3

해설및용어설명 | 수소의 완전연소 반응식(또는 수소폭명기)

$2H_2 + O_2 \rightarrow 2H_2O + 136.6[kcal]$

∴ $H_2 : O_2 : H_2O$의 비례 관계는 2 : 1 : 2이다.

18

상용의 상태에서 가연성가스가 체류해 위험하게 될 우려가 있는 장소를 무엇이라 하는가?

① 0종 장소
② 1종 장소
③ 2종 장소
④ 3종 장소

해설및용어설명 |

가스 폭발 위험 장소	0종 장소	인화성 액체의 증기 또는 가연성 가스에 의한 폭발위험이 지속적으로 또는 장기간 존재하는 장소	용기, 장치, 배관 등의 내부 등
	1종 장소	정상 작동상태에서 인화성 액체의 증기 또는 가연성 가스에 의한 폭발위험분위기가 존재하기 쉬운 장소, 정비보수 또는 누출 등으로 인하여 종종 가연성가스가 체류하여 위험하게 될 우려가 있는 장소	맨홀, 벤트, 피트 등의 주위
	2종 장소	정상 작동상태에서 인화성 액체의 증기 또는 가연성 가스에 의한 폭발위험분위기가 존재할 우려가 없으나, 존재할 경우 그 빈도가 아주 적고 단기간만 존재할 수 있는 장소	개스킷, 패킹 등의 주위

19

폭굉이란 가스 중의 음속보다 화염 전파속도가 큰 경우를 말하는데 마하수 약 얼마를 말하는가?

① 1 ~ 2
② 3 ~ 12
③ 12 ~ 21
④ 21 ~ 30

해설및용어설명 |

$Ma = \dfrac{V}{C}$ (Ma = 마하수, V = 속력, C = 음속)

폭굉 연소속도 1,000 ~ 3,500[m/s], 음속 340[m/s]로 마하수는 약 3 ~ 10 이다.

20

$C_{10}H_{20}$이 완전 연소했을 때 산소와 탄산가스 몰비는 얼마인가?

① 10 : 10
② 15 : 10
③ 10 : 15
④ 15 : 15

해설및용어설명 |

$C_{10}H_{20} + 15O_2 \rightarrow 10CO_2 + 10H_2O$

2024년 제2회 가스산업기사 CBT 복원문제

01

가연물의 위험성에 대한 설명으로 틀린 것은?

① 비등점이 낮으면 인화의 위험성이 높아진다.
② 파라핀 등 가연성 고체는 화재 시 가연성액체가 되어 화재를 확대한다.
③ 물과 혼합되기 쉬운 가연성 액체는 물과 혼합되면 증기압이 높아져 인화점이 낮아진다.
④ 전기전도도가 낮은 인화성 액체는 유동이나 여과 시 정전기를 발생하기 쉽다.

해설및용어설명 | 가연성 액체는 물과 혼합되면 증기압이 낮아져 인화점은 높아진다.

02

1[atm], 27[℃]의 밀폐된 용기에 프로판과 산소가 1 : 5 부피비로 혼합되어 있다. 프로판이 완전연소하여 화염의 온도가 1,000[℃]가 되었다면 용기 내에 발생하는 압력은?

① 1.95[atm]   ② 2.95[atm]
③ 3.95[atm]   ④ 4.95[atm]

해설및용어설명 |

$P_1 V_1 = n_1 R_1 T_1, \; P_2 V_2 = n_2 R_2 T_2$

$R_1 = R_2, \; V_1 = V_2$

$\dfrac{P_2}{P_1} = \dfrac{n_2 T_2}{n_1 T_1}$

$\dfrac{P_2}{1} = \dfrac{7[\text{mol}] \times (273 + 1{,}000)}{6[\text{mol}] \times (273 + 27)}$

$P_2 = 4.95$

※ $C_3H_8 + 5O_2 \rightarrow 3CO_2 + 4H_2O$

03

최소 점화에너지에 대한 설명으로 옳지 않은 것은?

① 연소속도가 클수록, 열전도도가 작을수록 큰 값을 갖는다.
② 가연성 혼합기체를 점화시키는데 필요한 최소 에너지를 최소 점화에너지라 한다.
③ 불꽃 방전 시 일어나는 점화에너지의 크기는 전압의 제곱에 비례한다.
④ 일반적으로 산소농도가 높을수록, 압력이 증가할수록 값이 감소한다.

해설및용어설명 |

- 정의 : 가연성가스 및 공기와의 혼합가스의 착화원으로 점화시에 발생하기 위하여 필요한 최저 에너지를 말한다.
- 최소발화(점화)에너지

  MIE $= \dfrac{1}{2} C V^2$

- 영향인자 : 최소발화에너지는 물질의 종류 혼합기의 온도, 압력, 농도 등에 따라 변화한다. 또한 공기 중의 산소가 많은 경우 또는 가압 하에서는 일반적으로 작은 값이 된다.
  - 온도가 상승하면 MIE는 작아진다.
  - 압력이 상승하면 MIE는 작아진다.
  - 농도가 많아지면 MIE는 작아진다.
  - 연소속도가 클수록 MIE값은 적다.

04

공기 중에서 압력을 증가시켰더니 폭발범위가 좁아지다가 고압 이후부터 폭발범위가 넓어지기 시작했다. 어떤 가스인가?

① 일산화탄소   ② 수소
③ 메탄   ④ 에틸렌

해설및용어설명 | 일반적인 가스는 공기 중 압력을 증가시키면 폭발범위가 증가한다. 수소는 10[atm] 정도까지는 폭발범위가 좁아지고 그 이상 압력에서는 넓어진다. 일산화탄소는 압력이 높을수록 폭발범위가 좁아진다.

05

1기압, 40[L]의 공기를 4[L] 용기에 넣었을 때 산소의 분압은 얼마인가? (단, 압축 시 온도변화는 없고, 공기는 이상기체로 가정하며 공기 중 산소는 20[%]로 가정한다)

① 1기압 ② 2기압
③ 3기압 ④ 4기압

해설및용어설명 |

1. 4[L] 용기 공기압력을 보일의 법칙을 이용하여 계산

   $P_1 V_1 = P_2 V_2$

   $1 \times 40 = x \times 4$

   $x = 10$기압

2. 분압 = 전압 × 몰분율 = 10 × 0.2 = 2기압

06

활성화에너지가 클수록 연소반응속도는 어떻게 되는가?

① 빨라진다.
② 활성화에너지와 연소반응속도는 관계가 없다.
③ 느려진다.
④ 빨라지다가 점차 느려진다.

해설및용어설명 |

- 활성화에너지(점화에너지)가 클수록 반응속도가 감소하여 연소속도는 느려진다.
- 활성화에너지(점화에너지)가 작을수록 반응속도가 증가하여 연소속도는 빨라진다.

07

가스 용기의 물리적 폭발의 원인으로 가장 거리가 먼 것은?

① 누출된 가스의 점화
② 부식으로 인한 용기의 두께 감소
③ 과열로 인한 용기의 강도 감소
④ 압력 조정 및 압력 방출 장치의 고장

해설및용어설명 |

- 화학적 폭발의 가장 보편적 폭발은 연소현상의 한 형태이며 격심한 연소 상태를 폭발이라고 한다(엄밀하게는 폭연과 폭굉상태).
  - 가스폭발, 유증기폭발
  - 분진폭발
  - 화약류의 폭발
  - 산화, 중합, 분해 등의 급격한 발열반응에 의한 폭발
- 물리적 폭발
  - 용융염 또는 용융금속이 물과 접촉했을 때 생기는 열이 동형의 증기폭발
  - 보일러나 압축가스 액화가스의 용기가 구멍이 뚫려 생기는 증기폭발
  - 도선에 대전류가 흘렀을 때 도선이 끊어져 생기는 전선폭발
  - 무정형안티몬에서 금속안티몬으로 상전이(相轉移)할 때 생기는 상전이 폭발

이들 폭발현상에 수반하여 고온·고압하에서 용기의 파열, 파괴, 고열발생, 발광 등이 생기는 것도 광의의 폭발현상으로 볼 수 있다.

08

연소부하율에 대하여 가장 바르게 설명한 것은?

① 연소실의 염공면적당 입열량
② 연소실의 단위체적당 열발생률
③ 연소실의 염공면적과 입열량의 비율
④ 연소혼합기의 분출속도와 연소속도와의 비율

해설및용어설명 | 연소 부하율(열발생률)
연소실의 단위 용적당 단위 시간의 발생열량(kcal/$m^3 \cdot$h)를 말한다.

09

연소가스량 10[Nm³/kg], 비열 0.325[kcal/Nm³·℃]인 어떤 연료의 저위 발열량이 6,700[kcal/kg]이었다면 이론 연소온도는 약 몇 [℃]인가?

① 1,962[℃] ② 2,062[℃]
③ 2,162[℃] ④ 2,262[℃]

해설및용어설명 |

$$이론연소온도 = \frac{저위발열량}{가스량 \times 가스비열} + 예열온도$$

$$= \frac{6,700}{10 \times 0.325} = 2,061.54$$

10

어떤 반응물질이 반응을 시작하기 전에 반드시 흡수하여야 하는 에너지의 양을 무엇이라 하는가?

① 점화에너지 ② 활성화 에너지
③ 형성엔탈피 ④ 연소에너지

해설및용어설명 | 반응물이 반응을 시작하기 전에 반드시 흡수해야 하는 에너지의 양을 '활성화 에너지'라 하며 활성화 에너지가 작을수록 적은 열에 의해 쉽게 연소한다.

11

다음 중 염소폭명기의 정의로 옳은 것은?

① 염소와 산소가 점화원에 의해 폭발적으로 반응하는 현상
② 염소와 수소가 점화원에 의해 폭발적으로 반응하는 현상
③ 염화수소가 점화원에 의해 폭발하는 현상
④ 염소가 물에 용해하여 염산이 되어 폭발하는 현상

해설및용어설명 | 수소와 염소가 혼합이 되어 빛(직사광선)과 접촉이 되면 심하게 반응을 한다.

12

연소에 대한 설명으로 옳지 않은 것은?

① 열, 빛을 동반하는 발열반응이다.
② 반응에 의해 발생하는 열에너지가 반자발적으로 반응이 계속되는 현상이다.
③ 활성물질에 의해 자발적으로 반응이 계속되는 현상이다.
④ 분자 내 반응에 의해 열에너지를 발생하는 발열 분해 반응도 연소의 범주에 속한다.

해설및용어설명 | 연소
다량의 발열을 수반하는 발열 화학반응으로 반응에 의해 발생하는 열에너지에 의해 자발적으로 반응이 계속되는 현상

13

기체 연료가 공기 중에서 정상연소 할 때 정상연소속도의 값으로 가장 옳은 것은?

① 0.1~10[m/s] ② 11~20[m/s]
③ 21~30[m/s] ④ 31~40[m/s]

해설및용어설명 | 정상 연소속도는 약 0.1~10[m/s]

14

착화열에 대한 가장 바른 표현은?

① 연료가 착화해서 발생하는 전 열량
② 외부로부터 열을 받지 않아도 스스로 연소하여 발생하는 열량
③ 연료를 초기 온도로부터 착화온도까지 가열하는 데 필요한 열량
④ 연료 1[kg]이 착화해서 연소하여 나오는 총발열량

해설및용어설명 | 착화
연료를 초기 온도로부터 착화온도까지 가열하는 데 필요한 열량

15

탄소 2[kg]이 완전연소 할 경우 이론 공기량은 약 몇 [kg]인가?

① 5.3
② 11.6
③ 17.9
④ 23.0

해설및용어설명 |

1. 탄소 2[kg] 이론 산소량 : $\frac{32}{12} \times 2 = 5.33$

$$C + O_2 \rightarrow CO_2$$
$$12[kg] + 32[kg] \rightarrow 44[kg]$$

2. 이론 산소량 → 이론 공기량

$$5.33 \times \frac{100}{23} = 23.17$$

16

아세틸렌(C_2H_2)가스의 위험도는 얼마인가? (단, 아세틸렌의 폭발한계는 2.51 ~ 81.2[%]이다)

① 29.15
② 30.25
③ 31.35
④ 32.45

해설및용어설명 |

위험도 = $\frac{상한 - 하한}{하한} = \frac{81.2 - 2.51}{2.51} = 31.35$

17

가연물과 일반적인 연소형태를 짝지어 놓은 것 중 틀린 것은?

① 등유 – 증발연소
② 목재 – 분해연소
③ 코크스 – 표면연소
④ 니트로글리세린 – 확산연소

해설및용어설명 |

- 고체의 연소 : 표면연소(숯, 목탄, 코크스 등), 증발연소(나프탈렌, 왁스등), 분해연소(석탄, 목재, 종이 등), 자기연소(셀룰로이드, 트리니트로톨루엔(TNT), 니트로글리세린 등)
- 액체의 연소 : 증발연소(휘발유, 등유, 경유 등)
- 기체의 연소 : 확산연소, 예혼합연소

18

최소발화에너지(MIE)에 영향을 주는 요인 중 MIE의 변화를 가장 작게 하는 것은?

① 가연성 혼합 기체의 압력
② 가연성 물질 중 산소의 농도
③ 공기 중에서 가연성 물질의 농도
④ 양론 농도 하에서 가연성 기체의 분자량

해설및용어설명 | 최소 발화에너지는 물질의 종류, 혼합기의 온도, 압력, 농도(혼합비) 등에 따라 변화한다. 또한 공기 중의 산소가 많은 경우 또는 가압 하에서는 일반적으로 작은 값이 된다.

19

기체연료의 확산연소에 대한 설명으로 틀린 것은?

① 확산연소는 폭발의 경우에 주로 발생하는 형태이며 예혼합연소에 비해 반응대가 좁다.
② 연료가스와 공기를 별개로 공급하여 연소하는 방법이다.
③ 연소형태는 연소기기의 위치에 따라 달라지는 비균일 연소이다.
④ 일반적으로 확산과정은 화학반응이나 화염의 전파과정보다 늦기 때문에 확산에 의한 혼합속도가 연소속도를 지배한다.

해설및용어설명 | 확산연소는 폭발의 경우에 주로 발생하는 형태이며 예혼합연소에 비해 반응대가 넓다.

20

메탄을 이론공기로 연소시켰을 때 생성물 중 질소의 분압은 약 몇 [kPa]인가? (단, 메탄과 공기는 100[kPa], 25[℃]에서 공급되고 생성물의 압력은 100[kPa]이다)

① 36   ② 71
③ 81   ④ 92

해설및용어설명 |

메탄 연소반응식 : $CH_4 + 2O_2 \rightarrow CO_2 + 2H_2O$

질소 몰수 $= \dfrac{2}{0.21} \times 0.79 = 7.52$

이산화탄소 몰수 : 1, 수증기 몰수 : 2

질소분압 $=$ 전압 $\times \dfrac{\text{질소몰수}}{\text{전체몰수}}$

$= 100 \times \dfrac{7.52}{7.52 + 1 + 2} = 71$

2024년 제3회 가스산업기사 [CBT 복원문제]

01

1기압, 40[L]의 공기를 4[L] 용기에 넣었을 때 산소의 분압은 얼마인가? (단, 압축 시 온도변화는 없고, 공기는 이상기체로 가정하며 공기 중 산소는 20[%]로 가정한다)

① 1기압   ② 2기압
③ 3기압   ④ 4기압

해설및용어설명 |

① 4[L] 용기 공기압력을 보일의 법칙을 이용하여 계산

$P_1 V_1 = P_2 V_2$

$1 \times 40 = x \times 4$

$x = 10$기압

② 분압 = 전압 × 몰분율 = 10 × 0.2 = 2기압

02

최소 점화에너지(MIE)에 대한 설명으로 틀린 것은?

① MIE는 압력의 증가에 따라 감소한다.
② MIE는 온도의 증가에 따라 증가한다.
③ 질소농도의 증가는 MIE를 증가시킨다.
④ 일반적으로 분진의 MIE는 가연성가스보다 큰 에너지 준위를 가진다.

해설및용어설명 |

- 최소점화에너지 : 가연성 가스가 점화될 수 있는 혼합가스에서 점화원 존재 시 발화가 발생할 경우, 점화에 필요한 최소 에너지를 최소점화에너지 또는 최소착화에너지, 최소발화에너지라고 한다.
- 최소점화에너지 영향을 미치는 인자
  - 가연성물질의 초기 온도가 높으면 분자 이동이 활발해지기 때문에 최소 점화 에너지는 감소한다.
  - 가연성물질의 초기 압력이 높으면 분자 간의 거리가 가까워지기 때문에 최소 점화 에너지는 감소한다.
  - 가연성 물질의 농도가 높으면 최소점화에너지는 감소한다.
  - 화학양론적 조성이 완전연소 조성에 가까울수록 최소 점화 에너지는 감소한다.

- 일반적으로 연소속도가 클수록 최소 점화 에너지 값은 작다.
- 소염거리 이상에서는 점화되지 않는다.
• 분진폭발의 최소 점화 에너지도 위에서 말한 방법과 동일하나, 분진폭발의 경우 가스, 액체 등 분자가 균일하게 분산시키는 과정이 어려워 정확한 측정결과를 도출해 내기 어렵다. 또한 최소점화에너지가 기체에 비하여 100~1,000배 정도 크다는 특징을 가지고 있다.

03

시안화수소 위험도(H)는 약 얼마인가?

① 5.8
② 8.8
③ 11.8
④ 14.8

해설및용어설명 | 시안화수소 폭발범위 : 6~41[%]

위험도 = $\dfrac{\text{폭발범위상한} - \text{폭발범위하한}}{\text{폭발범위하한}} = \dfrac{41-6}{6} = 5.83$

04

메탄을 공기비 1.1로 완전 연소시키고자 할 때 메탄 1[Nm³] 당 공급해야할 공기량은 약 몇 [Nm³]인가?

① 2.2
② 6.3
③ 8.4
④ 10.5

해설및용어설명 |

메탄(CH_4)의 완전연소 반응식 : $CH_4 + 2O_2 \rightarrow CO_2 + 2H_2O$

메탄 1[Nm³] 연소 시 산소량은 2[Nm³]이며 공기량으로 계산하면

$\dfrac{100}{21} \times 2 = 9.52[Nm^3]$이며

공기비 1.1로 연소 시 실제공기량을 계산하면

$1.1 = \dfrac{x}{9.52}$, $x = 10.47$이다.

05

다음 중 인화점이 가장 낮은 것은?

① 벤젠
② 가솔린
③ 메탄
④ 에테르

해설및용어설명 |

• 벤젠 : -12[℃]
• 가솔린 : -43[℃]
• 메탄 : -188[℃]
• 에테르 : -45[℃]

06

프로판 가스의 연소과정에서 발생한 열량이 13,000[kcal/kg], 연소할 때 발생된 수증기의 잠열이 2,500[kcal/kg]이면 프로판 가스의 연소효율[%]은 약 얼마인가? (단, 프로판 가스의 진발열량은 11,000[kcal/kg]이다)

① 65.4
② 80.8
③ 92.5
④ 95.4

해설및용어설명 |

연소효율 = $\dfrac{\text{총발열량} - \text{증발잠열}}{\text{진발열량(저위발열량)}} \times 100$

$= \dfrac{13,000 - 2,500}{11,000} \times 100$

$= 95.45[\%]$

07

폭발범위가 넓은 것부터 차례로 된 것은?

① 일산화탄소 > 메탄 > 프로판
② 일산화탄소 > 프로판 > 메탄
③ 프로판 > 메탄 > 일산화탄소
④ 메탄 > 프로판 > 일산화탄소

해설및용어설명 | 폭발범위
- 일산화탄소 : 12.5 ~ 74[%]
- 메탄 : 5 ~ 15[%]
- 프로판 : 2.1 ~ 9.5[%]

08

폭굉에 대한 설명 중 틀린 것은?

① 폭굉이 발생할 때 압력은 순간적으로 상승되었다가 원상으로 곧 돌아오므로 큰 파괴현상을 동반한다.
② 폭굉 압력파는 미연소 가스 속으로 음속 이상으로 이동한다.
③ 폭굉하한계는 폭발하한계보다 낮다.
④ 폭굉범위는 폭발범위보다 좁다.

해설및용어설명 | 폭굉범위는 가연성가스의 폭발하한계와 폭발상한계 사이에 존재하기 때문에 폭발하한계보다 높다.

09

혼합기체의 온도를 고온으로 상승시켜 자연착화를 일으키고, 혼합기체의 전 부분이 극히 단시간 내에 연소하는 것으로서 압력상승의 급격한 현상을 무엇이라 하는가?

① 전파연소   ② 폭발
③ 확산연소   ④ 예혼합연소

해설및용어설명 | 폭발
급격한 체적 증가에 의해 주위에 전파하는 압력파를 발생하는 현상이나 용기 내에 충만한 가연성혼합기가 급격하게 연소해서 압력의 급격한 상승이 생기는 현상

10

폭굉유도거리를 짧게 하는 요인에 해당하지 않는 것은?

① 관경이 클수록   ② 압력이 높을수록
③ 연소열량이 클수록   ④ 연소속도가 클수록

해설및용어설명 | 폭굉유도거리가 짧아지는 조건
- 압력이 높을수록 폭굉 유도거리는 짧아진다.
- 점화에너지가 높을수록 유도거리는 짧아진다.
- 관지름이 작을 때 유도거리는 짧아진다.
- 정상연소속도가 큰 혼합가스일수록 유도거리는 짧아진다.

11

전 폐쇄 구조인 용기 내부에서 폭발성가스의 폭발이 일어났을 때 용기가 압력에 견디고 외부의 폭발성 가스에 인화할 우려가 없도록 한 방폭구조는?

① 안전증 방폭구조   ② 내압 방폭구조
③ 특수 방폭구조   ④ 유입 방폭구조

해설및용어설명 |
- 안전증 방폭구조 : 기기의 주요 구조부를 운전 중에 발생할 수 있는 과열, 불꽃 등에 대하여 안전도를 증가시킨 구조이다.
- 내압 방폭구조 : 내부의 가연성가스의 폭발이 발생할 경우 그 용기가 폭발압력에 견딜 수 있는 구조이다.
- 특수 방폭구조 : 증기의 인화를 방지 할 수 있는 것이 기타 시험에 의하여 확인된 구조이다.
- 유입 방폭구조 : 불꽃 또는 아크를 발생할 수 있는 부분을 기름 안에 넣어 유면상의 폭발성가스에 인화되지 않도록 한 구조이다.

12

석탄이 연소하는 형태는?

① 표면연소, 분무연소
② 분해연소, 표면연소
③ 확산연소, 분해연소
④ 확산연소, 표면연소

해설및용어설명 |
- 분해연소 : 석탄, 목재 또는 고분자의 가연성 고체는 열분해하여 발생한 가연성 가스가 연소하며, 이 열로서 다시 열분해를 일으킨다. 이 연소 과정도 증발연소와 같이 불꽃이 발생하며, 기체 연료의 연소와 비슷하다.
- 표면연소 : 코크스 또는 분해연소가 끝난 석탄은 열분해가 일어나기 어려운 탄소가 주성분으로 그것 자체가 연소하는 과정이다.
- 확산연소 : 기체연료와 같이 공기의 확산에 의해 연소하는 것
- 분무연소 : 액체연료를 미세한 액체 방울 형태로 분무하여 연소하는 것

13

연소에 대한 설명으로 옳지 않은 것은?

① 열, 빛을 동반하는 발열반응이다.
② 반응에 의해 발생하는 열에너지가 반자발적으로 반응이 계속되는 현상이다.
③ 활성물질에 의해 자발적으로 반응이 계속되는 현상이다.
④ 분자 내 반응에 의해 열에너지를 발생하는 발열 분해 반응도 연소의 범주에 속한다.

해설및용어설명 | 연소
다량의 발열을 수반하는 발열 화학반응으로 반응에 의해 발생하는 열에너지에 의해 자발적으로 반응이 계속되는 현상

14

자연발화온도(Autoignition temperature : AIT)에 영향을 주는 요인에 대한 설명으로 틀린 것은?

① 산소량의 증가에 따라 AIT는 감소한다.
② 압력의 증가에 의하여 AIT는 감소한다.
③ 용량의 크기가 작아짐에 따라 AIT는 감소한다.
④ 유기화합물의 동족열 물질은 분자량이 증가할수록 AIT는 감소한다.

해설및용어설명 | 자연발화온도(AIT)
가연성 혼합기체의 온도가 높아지면, 불꽃을 대지 않아도 온도에 의해 물질이 스스로 타기 시작하는 최저 온도
- 산소농도가 높을수록 AIT는 낮아진다.
- 압력이 높을수록 AIT는 낮아진다.
- 부피가 클수록 AIT는 낮아진다.
- 탄화수소의 분자량이 클수록 AIT는 낮아진다.
- 용기의 크기가 작아지면 AIT는 높아진다.

15

기체상수 R을 계산한 결과 1.9870이었다. 이때 사용되는 단위는?

① [L·atm/mol·K]
② [cal/mol·K]
③ [erg/kmol·K]
④ [Joule/mol·K]

해설및용어설명 | 기체상수 R

$PV = nRT$

$R = \dfrac{1[atm] \times 22.4[L]}{1[mol] \times 273[K]} = 0.082[atm \cdot L/mol \cdot K]$

※ 단위의 선택에 따른 기체상수
848[kg·m/kmol·K]
8.3143[J/mol·K]
1.98[cal/mol·K]

16

다음 중 이론연소온도(화염온도, t[℃])를 구하는 식은? (단, H_h : 고발열량, H_L : 저발열량, G : 연소가스량, C_p : 비열이다)

① $t = H_L/(G \cdot C_p)$
② $t = H_h/(G \cdot C_p)$
③ $t = (G \cdot C_p)/H_L$
④ $t = (G \cdot C_p)/H_h$

해설 및 용어설명 |

저발열량 = 연소가스량 × 비열 × 화염온도 이므로 화염온도를 구하는 계산식은 $t = \dfrac{H_L}{G \times C_p}$ 이다.

17

표준상태에서 질소가스의 밀도는 몇 [g/L]인가?

① 0.97
② 1.00
③ 1.07
④ 1.25

해설 및 용어설명 |

$P = \dfrac{분자량}{22.4} = \dfrac{28}{22.4} = 1.25[g/L]$

18

분진폭발과 가장 관련이 있는 물질은?

① 소백분
② 에테르
③ 탄산가스
④ 암모니아

해설 및 용어설명 | 분진폭발

공기 속을 떠다니는 미세한 가연성 분진(粉塵)이 불꽃이나 섬광 등으로 불이 붙어 분진을 따라 화염이 전파되는 것을 의미한다. 제분공장의 소백분 폭발, 약품, 금속분의 폭발, 탄광에서 탄진폭발 등 다양한 산업현장에서의 분진 폭발은 일어날 수 있다.

19

연료의 연소 시 완전연소를 위한 방법이 아닌 것은?

① 연소실의 온도를 고온으로 유지할 것
② 연료를 적당하게 예열하여 공급할 것
③ 연소실의 용적을 작게 할 것
④ 연료의 연소시간을 가능한 한 길게 할 것

해설 및 용어설명 | 연소실의 용적을 크게 할 것

20

가스를 그대로 대기 중에 분출하여 연소시키며, 연소에 필요한 공기는 모두 불꽃 주변에서 확산에 의해 취하는 연소 방식은?

① 적화식 연소법
② 분젠식 연소법
③ 세미 분젠식 연소법
④ Brast식 연소법

해설 및 용어설명 |

- 적화식 : 1차 공기 0[%], 2차 공기 100[%]
- 분젠식 : 1차 공기 40 ~ 70[%], 2차 공기 30 ~ 60[%]
- 세미분젠식 : 1차 공기 30 ~ 40[%], 2차 공기 60 ~ 70[%]

※ 적화식 연소법

가스를 그대로 대기 중에 분출하여 연소시키는 방법으로 연소에 필요한 공기는 모두 불꽃의 주변에서 확산에 의하여 취해진다. 일반적으로 연소 반응이 완만하여 그 불꽃은 길게 늘어져 적황색으로 되며 불꽃의 온도도 비교적 저온이다.

2025년 제1회 가스산업기사 (CBT 복원문제)

01

층류 연소속도에 대한 설명으로 옳은 것은?

① 미연소 혼합기의 비열이 클수록 층류 연소속도는 크게 된다.
② 미연소 혼합기의 비중이 클수록 층류 연소속도는 크게 된다.
③ 미연소 혼합기의 분자량이 클수록 층류 연소속도는 크게 된다.
④ 미연소 혼합기의 열전도율이 클수록 층류 연소속도는 크게 된다.

해설및용어설명 | 층류 연소속도가 크게 되는 경우
- 압력이 높을수록
- 온도가 높을수록
- 열전도율이 클수록
- 분자량이 적을수록

02

아세톤, 톨루엔, 벤젠이 제4류 위험물로 분류되는 주된 이유는?

① 공기보다 밀도가 큰 가연성 증기를 발생시키기 때문에
② 물과 접촉하여 많은 열을 방출하여 연소를 촉진시키기 때문에
③ 니트로기를 함유한 폭발성 물질이기 때문에
④ 분해 시 산소를 발생하여 연소를 돕기 때문에

해설및용어설명 | 제4류 위험물의 공통 성질
- 대단히 인화하기 쉬운 인화성 액체
- 물에 녹지 않고 물보다 가벼움
- 증기비중은 공기보다 무거워서 낮은 곳에 체류
- 연소범위의 하한이 낮기에 공기 중 소량 누설되어도 연소

03

가스의 폭발범위(연소범위)에 대한 설명 중 옳지 않은 것은?

① 일반적으로 고압일 경우 폭발범위가 더 넓어진다.
② 수소와 공기 혼합물의 폭발범위는 저온보다 고온일 때 더 넓어진다.
③ 프로판과 공기 혼합물에 질소를 더 가할 때 폭발범위가 더 넓어진다.
④ 메탄과 공기 혼합물의 폭발범위는 저압보다 고압일 때 더 넓어진다.

해설및용어설명 | 프로판과 공기 혼합물에 질소를 더 가할 때 폭발범위가 더 좁아진다. 산소를 더 가할 때 폭발범위는 더 넓어진다.

04

자연발화온도(Autoignition temperature : AIT)에 영향을 주는 요인에 대한 설명으로 틀린 것은?

① 산소량의 증가에 따라 AIT는 감소한다.
② 압력의 증가에 의하여 AIT는 감소한다.
③ 용량의 크기가 작아짐에 따라 AIT는 감소한다.
④ 유기화합물의 동족열 물질은 분자량이 증가할수록 AIT는 감소한다.

해설및용어설명 | 자연발화온도(AIT)
가연성 혼합기체의 온도가 높아지면, 불꽃을 대지 않아도 온도에 의해 물질이 스스로 타기 시작하는 최저 온도
- 산소농도가 높을수록 AIT는 낮아진다.
- 압력이 높을수록 AIT는 낮아진다.
- 부피가 클수록 AIT는 낮아진다.
- 탄화수소의 분자량이 클수록 AIT는 낮아진다.
- 용기의 크기가 작아지면 AIT는 높아진다.

정답 01 ④ 02 ① 03 ③ 04 ③

05

공기비(m)에 대한 가장 옳은 설명은?

① 연료 1kg당 실제로 혼합된 공기량과 완전연소에 필요한 공기량의 비를 말한다.
② 연료 1kg당 실제로 혼합된 공기량과 불완전연소에 필요한 공기량의 비를 말한다.
③ 기체 1[m³]당 실제로 혼합된 공기량과 완전연소에 필요한 공기량의 차를 말한다.
④ 기체 1[m³]당 실제로 혼합된 공기량과 불완전연소에 필요한 공기량의 차를 말한다.

해설및용어설명 | 공기비

연소에서 실제로 공급한 공기의 양과 이론적으로 필요한 공기량과의 비를 말한다.

$$\therefore m = \frac{실제\ 공기량}{이론\ 공기량}$$

06

융점이 낮은 고체연료가 액상으로 용융되어 발생한 가연성 증기가 착화하여 화염을 내고, 이 화염의 온도에 의하여 액체표면에서 증기의 발생을 촉진시켜 연소를 계속해 나가는 연소형태는?

① 증발연소   ② 분무연소
③ 표면연소   ④ 분해연소

해설및용어설명 |

- 증발연소 : 고체 위험물을 가열하면 열분해를 일으키지 않고 증발하여 그 증기가 연소하거나 열에 의한 상태변화를 일으켜 액체가 된 후 어떤 일정한 온도에서 발생한 가연성 증기가 연소하는 형태
- 표면연소 : 가연성 고체가 열분해하여 증발하지 않고 그 고체의 표면에서 산소와 반응하여 연소되는 현상
- 분해연소 : 목재나 석탄과 같이 고체인 유기물질을 가열하면 분해하여 여러 종류의 분해 가스가 발생되는데 이것을 열분해라고 하며 이 가연성 가스가 공기 중에서 산소와 만나 혼합되어 타는 현상

07

연료발열량(Hl) 10,000[kcal/kg], 이론공기량 11[m³/kg], 과잉공기율 30[%], 이론습가스량 11.5[m³/kg], 외기온도 20[℃]일 때의 이론연소온도는 약 몇 [℃]인가? (단, 연소가스의 평균비열은 0.31[kcal/m³℃]이다)

① 1,510   ② 2,180
③ 2,200   ④ 2,530

해설및용어설명 | 이론연소온도 계산

$$이론연소온도 = \frac{연료저위발열량}{연소가스량 \times 연소가스의\ 비열} + 외기온도$$

문제에서 주어지지 않은 연소가스량을 구하면

연소가스량 = $(m-1) \times$ 이론공기량 + 이론연소가스량
= $(1.3-1) \times 11 + 11.5 = 14.8$

$$\therefore 이론연소온도 = \frac{10,000}{14.8 \times 0.31} + 20 = 2,199.6$$

08

열역학법칙 중 '어떤 계의 온도를 절대온도 0[K]까지 내릴 수 없다'에 해당하는 것은?

① 열역학 제0법칙
② 열역학 제1법칙
③ 열역학 제2법칙
④ 열역학 제3법칙

해설및용어설명 |

- 열역학 제0법칙 : 열평형의 법칙
- 열역학 제1법칙 : 에너지 보존의 법칙
- 열역학 제2법칙 : 에너지 변환의 방향성
- 열역학 제3법칙 : 어떠한 방법으로도 자연계에서는 절대온도 0[K]에는 도달할 수 없다.

09

배관 내 혼합가스의 한 점에서 착화되었을 때 연소파가 일정 거리를 진행한 후 급격히 화염전파속도가 증가되어 1,000 ~ 3,500[m/s]에 도달하는 경우가 있다. 이와 같은 현상을 무엇이라 하는가?

① 폭발(Explosion) ② 폭굉(Detonation)
③ 충격(Shock) ④ 연소(Combustion)

해설및용어설명 | 폭굉
가스 중의 음속보다도 화염 전파 속도가 큰 경우로서 파면선단에 충격파라고 하는 압력파가 생겨 격렬한 파괴 작용을 일으키는 현상

10

폭발 범위가 넓은 것부터 옳게 나열된 것은?

① H_2 > CO > CH_4 > C_3H_8
② CO > H_2 > CH_4 > C_3H_8
③ C_3H_8 > CH_4 > CO > H_2
④ H_2 > CH_4 > CO > C_3H_8

해설및용어설명 |
- 수소 : 4 ~ 75[%]
- 일산화탄소 : 12.5 ~ 74[%]
- 메탄의 : 5 ~ 15[%]
- 프로판 : 2.1 ~ 9.5[%]

11

최소 점화 에너지(MIE)에 대한 설명으로 틀린 것은?

① MIE는 압력의 증가에 따라 감소한다.
② MIE는 온도의 증가에 따라 증가한다.
③ 질소농도의 증가는 MIE를 증가시킨다.
④ 일반적으로 분진의 MIE는 가연성가스보다 큰 에너지 준위를 가진다.

해설및용어설명 | 최소 점화 에너지
가연성 가스가 점화될 수 있는 혼합가스에서 점화원 존재 시 발화가 발생할 경우, 점화에 필요한 최소 에너지를 최소 점화 에너지 또는 최소 착화 에너지, 최소 발화 에너지라고 한다.

- 최소 점화 에너지 영향을 미치는 인자
  - 가연성물질의 초기 온도가 높으면 분자 이동이 활발해지기 때문에 최소 점화 에너지는 감소한다.
  - 가연성물질의 초기 압력이 높으면 분자 간의 거리가 가까워지기 때문에 최소 점화 에너지는 감소한다.
  - 가연성 물질의 농도가 높으면 최소 점화 에너지는 감소한다.
  - 화학양론적 조성이 완전연소 조성에 가까울수록 최소 점화 에너지는 감소한다.
  - 일반적으로 연소속도가 클수록 최소 점화 에너지 값은 작다.
  - 소염거리 이상에서는 점화되지 않는다.
- 분진폭발의 최소 점화 에너지도 위에서 말한 방법과 동일하나, 분진폭발의 경우 가스, 액체 등 분자가 균일하게 분산시키는 과정이 어려워 정확한 측정결과를 도출해 내기 어렵다. 또한 최소 점화 에너지가 기체에 비하여 100 ~ 1,000배 정도 크다는 특징을 가지고 있다.

12

다음 [보기]는 가스의 폭발에 관한 설명이다. 옳은 내용으로만 짝지어진 것은?

[보기]
㉮ 안전간격이 큰 것 일수록 위험하다.
㉯ 폭발 범위가 넓은 것은 위험하다.
㉰ 가스압력이 커지면 통상 폭발 범위는 넓어진다.
㉱ 연소속도가 크면 안전하다.
㉲ 가스비중이 큰 것은 낮은 곳에 체류할 위험이 있다.

① ㉰, ㉱, ㉲ ② ㉯, ㉰, ㉱, ㉲
③ ㉯, ㉰, ㉲ ④ ㉮, ㉯, ㉰, ㉲

해설및용어설명 |
- 안전간격이 작을수록 위험하다.
- 연소속도가 빠르면 폭발하기 쉬우므로 위험하다.

13

메탄 50[%], 에탄 40[%], 프로판 5[%], 부탄 5[%]인 혼합가스의 공기 중 폭발하한 값[%]은? (단, 폭발하한 값은 메탄 5[%], 에탄 3[%], 프로판 2.1[%], 부탄 1.8[%]이다)

① 3.51
② 3.61
③ 3.71
④ 3.81

해설및용어설명 | 혼합가스의 연소하한계

$$\frac{100}{L} = \frac{V_1}{L_1} + \frac{V_2}{L_2} + \frac{V_3}{L_3} + \cdots$$

- L : 혼합가스 폭발하한계
- L_1, L_2, L_3 : 성분가스 폭발하한계값
- V_1, V_2, V_3 : 성분가스의 용량[%]

$$\frac{100}{L} = \frac{50}{5} + \frac{40}{3} + \frac{5}{2.1} + \frac{5}{1.8}$$

$L = 3.51$

14

기체상수 R을 계산한 결과 1.987이었다. 이 때 사용되는 단위는?

① [cal/mol·K]
② [erg/kmol·K]
③ [Joule/mol·K]
④ [L·atm/mol·K]

해설및용어설명 |

$PV = nRT$

$R = \dfrac{1[\text{atm}] \times 22.4[\text{L}]}{1[\text{mol}] \times 273[\text{K}]} = 0.082[\text{atm·L/mol·K}]$

※ 단위의 선택에 따른 기체상수
- 848[kg·m/kmol·K]
- 8.3143[J/mol·K]
- 1.98[cal/mol·K]

15

내용적 5[m³]의 탱크에 압력 6[kg/cm²], 건성도 0.98의 습윤 포화증기를 몇 [kg] 충전할 수 있는가? (단, 이 압력에서의 건성포화증기의 비용적은 0.278[m³/kg]이다)

① 3.67
② 11.01
③ 14.68
④ 18.35

해설및용어설명 |

습윤 포화 용기 = $\dfrac{\text{내용적}}{\text{건성포화증기의 비용적}} \times \dfrac{1}{\text{건성도}}$

$= \dfrac{5}{0.278} \times \dfrac{1}{0.98} = 18.352$

16

탄소 2[kg]을 완전연소시켰을 때 발생된 연소가스(CO_2)의 양은 얼마인가?

① 3.66[kg]
② 7.33[kg]
③ 8.89[kg]
④ 12.34[kg]

해설및용어설명 | 탄소 연소식

$C + O_2 \rightarrow CO_2$

탄소 1몰 12[kg] 연소 시 발생하는 CO_2는 1몰 44[kg] 발생한다.

탄소 2[kg] 연소 시 발생하는 CO_2의 양은 = $\dfrac{44}{12} \times 2 = 7.33[\text{kg}]$

17

분진폭발을 가연성 분진이 공기 중에 분산되어 있다가 점화원이 존재할 때 발생한다. 분진폭발이 전파되는 조건과 다른 것은?

① 분진은 가연성이어야 한다.
② 분진은 적당한 공기를 수송할 수 있어야 한다.
③ 분진의 농도는 폭발위험을 벗어나 있어야 한다.
④ 분진은 화염을 전파할 수 있는 크기로 분포해야 한다.

해설및용어설명 | 분진폭발의 조건
- 가연성일 것
- 분진이 화염을 전파할 수 있는 크기의 분포를 가지고 분진의 농도가 폭발범위 이내일 것
- 화염전파를 개시하는 충분한 에너지의 점화원
- 충분한 산소가 연소를 지원하고 유지하도록 존재

18

가스를 연료로 사용하는 연소의 장점이 아닌 것은?

① 연소의 조절이 신속, 정확하며 자동제어에 적합하다.
② 온도가 낮은 연소실에서도 안정된 불꽃으로 높은 연소 효율이 가능하다.
③ 연소속도가 커서 연료로서 안전성이 높다.
④ 소형 버너를 병용 사용하여 로내 온도분포를 자유로이 조절할 수 있다.

해설및용어설명 | 연소속도가 클 때 역화, 폭발의 위험성을 가지고 있다. 연료로서 고체연료보다는 안전성이 낮다.

19

방폭구조의 종류에 대한 설명으로 틀린 것은?

① 내압 방폭구조는 용기 외부의 폭발에 견디도록 용기를 설계한 구조이다.
② 유입방폭구조는 기름면 위에 존재하는 가연성 가스에 인화될 우려가 없도록 한 구조이다.
③ 본질안전방폭구조는 공적기관에서 점화시험 등의 방법으로 확인한 구조이다.
④ 안전증 방폭구조는 구조상 및 온도의 상승에 대하여 안전도를 증가시킨 구조이다.

해설및용어설명 | 내압 방폭 구조(d)
내부의 가연성가스의 폭발이 발생할 경우 그 용기가 폭발압력에 견딜 수 있는 구조

20

폭발하한계가 가장 낮은 가스는?

① 부탄　② 프로판
③ 에탄　④ 메탄

해설및용어설명 | 각 가스의 공기 중에서의 폭발범위

명칭	폭발범위(%)
부탄(C_4H_{10})	1.9 ~ 8.5
프로판(C_3H_8)	2.1 ~ 9.5
에탄(C_2H_6)	3 ~ 12.5
메탄(CH_4)	5 ~ 15

정답　17 ③　18 ③　19 ①　20 ①

2025년 제2회 가스산업기사 CBT 복원문제

01

연소 및 폭발 등에 대한 설명 중 틀린 것은?

① 점화원의 에너지가 약할수록 폭굉유도거리는 길어진다.
② 가스의 폭발범위는 측정 조건을 바꾸면 변화한다.
③ 혼합가스의 폭발한계는 르샤틀리에 식으로 계산한다.
④ 가스연료의 최소점화에너지는 가스농도에 관계없이 결정되는 값이다.

해설및용어설명 | 최소점화에너지
물질의 종류, 혼합기의 온도, 압력, 농도 등에 따라 변화한다.
- 온도가 상승하면 최소점화에너지는 작아진다.
- 압력이 상승하면 최소점화에너지는 작아진다.
- 농도가 많아지면 최소점화에너지는 작아진다.

02

탄화도가 커질수록 연료에 미치는 영향이 아닌 것은?

① 연료비가 증가한다.
② 연소속도가 늦어진다.
③ 매연발생이 상대적으로 많아진다.
④ 고정탄소가 많아지고 발열량이 커진다.

해설및용어설명 | 탄화도
석탄화 정도를 말하는 것으로 정도가 진행된 석탄일수록 고정탄소의 함유량이 많고 휘발분이 적다.
- 탄화도가 클수록 발열량이 증가한다.
- 비열은 탄화도가 클수록 작아진다.
- 착화온도는 탄화도가 클수록 높아진다.
- 탄화도가 낮으면 연소속도가 빠르다.

03

폭발 범위가 넓은 것부터 옳게 나열된 것은?

① $H_2 > CO > CH_4 > C_3H_8$
② $CO > H_2 > CH_4 > C_3H_8$
③ $C_3H_8 > CH_4 > CO > H_2$
④ $H_2 > CH_4 > CO > C_3H_8$

해설및용어설명 |
- 수소 : 4 ~ 75[%]
- 일산화탄소 : 12.5 ~ 74[%]
- 메탄의 : 5 ~ 15[%]
- 프로판 : 2.1 ~ 9.5[%]

04

공기 중에서 압력을 증가시켰더니 폭발범위가 좁아지다가 고압 이후부터 폭발범위가 넓어지기 시작했다. 이는 어떤 가스인가?

① 수소   ② 일산화탄소
③ 메탄   ④ 에틸렌

해설및용어설명 | 일반적인 가스는 공기중 압력을 증가시키면 폭발범위가 증가한다. 수소는 10[atm] 정도까지는 폭발범위가 좁아지고 그 이상 압력에서는 넓어진다. 일산화탄소는 압력이 높을수록 폭발범위가 좁아진다.

05

어떤 반응물질에 반응을 시작하기 전에 반드시 흡수하여야 하는 에너지의 양을 무엇이라 하는가?

① 점화 에너지   ② 활성화 에너지
③ 형성엔탈피   ④ 연소 에너지

해설및용어설명 | 반응물이 반응을 시작하기 전에 반드시 흡수해야 하는 에너지의 양을 활성화 에너지라 하며 활성화 에너지가 작을수록 적은 열에 의해 쉽게 연소한다.

06

가연성물질의 성질에 대한 설명으로 옳은 것은?

① 끓는점이 낮으면 인화의 위험성이 낮아진다.
② 가연성액체는 온도가 상승하면 점성이 약해지고 화재를 확대시킨다.
③ 전기전도도가 낮은 인화성 액체는 유동이나 여과 시 정전기를 발생시키지 않는다.
④ 일반적으로 가연성 액체는 물보다 비중이 작으므로 연소 시 축소된다.

해설및용어설명 |
- 끓는점(비등점)이 낮을수록 증발하기 쉽고, 실내온도에서 인화될 위험성이 높다고 할 수 있다.
- 전기전도도를 높이면 정전기의 축적을 감소시킨다.
- 일반적으로 가연성 액체는 물보다 비중이 작으므로 연소 시 확대된다.

07

기상폭발에 대한 설명으로 틀린 것은?

① 반응이 기상으로 일어난다.
② 폭발상태는 압력에너지의 축적상태에 따라 달라진다.
③ 반응에 의해 발생하는 열에너지는 반응기 내 압력상승의 요인이 된다.
④ 가연성혼합기를 형성하면 혼합기의 양에 관계없이 압력파가 생겨 압력상승을 기인한다.

해설및용어설명 | 수소, 일산화탄소, 메탄, 프로판, 아세틸렌 등의 가연성 가스와 조연성 가스와의 혼합기체에서 발생하는 가스폭발이 기상폭발에 속하고 용융금속이나 금속조각 같은 고온물질이 물 속에 투입되었을 때 물은 급격하게 비등하여 폭발현상이 나타나게 되는 것을 응상폭발이라고 하며 수증기 폭발이 대표적인 것이다.

08

아세틸렌가스의 위험도(H)는 약 얼마인가?

① 21 ② 23
③ 31 ④ 33

해설및용어설명 |

위험도 = $\dfrac{\text{폭발상한} - \text{폭발하한}}{\text{폭발하한}}$

아세틸렌(폭발범위 2.5 ~ 81) = $\dfrac{81 - 2.5}{2.5} = 31.4$

09

일반적인 연소에 대한 설명으로 옳은 것은?

① 온도의 상승에 따라 폭발범위는 넓어진다.
② 압력 상승에 따라 폭발범위는 좁아진다.
③ 가연성가스에서 공기 또는 산소의 농도 증가에 따라 폭발범위는 좁아진다.
④ 공기 중에서 보다 산소 중에서 폭발범위는 좁아진다.

해설및용어설명 |
폭발범위는 주변의 온도, 압력, 산소의 농도가 높을수록 증가한다.

10

가연성 물질의 위험성에 대한 설명으로 틀린 것은?

① 화염일주한계가 작을수록 위험성이 크다.
② 최소 점화에너지가 작을수록 위험성이 크다.
③ 위험도는 폭발상한과 하한의 차를 폭발하한계로 나눈 값이다.
④ 암모니아의 위험도는 2이다.

해설및용어설명 |
암모니아의 폭발범위 : 15 ~ 28[%]

위험도 = $\dfrac{\text{폭발상한} - \text{폭발하한}}{\text{폭발하한}} = \dfrac{28 - 15}{15} = 0.87$

정답 06 ② 07 ④ 08 ③ 09 ① 10 ④

11

착화온도가 낮아지는 조건이 아닌 것은?

① 발열량이 높을수록
② 압력이 작을수록
③ 반응활성도가 클수록
④ 분자구조가 복잡할수록

해설및용어설명 | 착화온도가 낮아지는 조건
- 압력이 높을 때
- 발열량이 높을 때
- 열전도율이 작을 때
- 산소와 친화력이 클 때
- 산소농도가 높을 때
- 분자구조가 복잡할수록
- 반응활성도가 클수록

12

다음 중 가연물의 구비조건이 아닌 것은?

① 연소열량이 커야 한다.
② 열전도도가 작아야 된다.
③ 활성화 에너지가 커야 한다.
④ 산소와의 친화력이 좋아야 한다.

해설및용어설명 | 가연성 물질의 조건
- 활성화 에너지가 적어야 한다.
- 산소와 결합할 때 발열량이 커야 한다.
- 열전도도가 작아야 한다.
- 산소와의 결합력이 강한 물질이어야 한다.
- 가연물의 표면적이 커야 한다.
- 연쇄반응을 수반하여야 한다.
- 산소와 반응하여 반드시 발열반응을 해야 한다.

13

다음 중 폭발 범위가 가장 좁은 것은?

① 이황화탄소
② 부탄
③ 프로판
④ 시안화수소

해설및용어설명 | 폭발범위
- 이황화탄소 : 1.3 ~ 50[%]
- 부탄 : 1.8 ~ 8.4[%]
- 프로판 : 2.1 ~ 9.5[%]
- 시안화수소 : 6 ~ 41[%]

14

가연물질이 연소하는 과정 중 가장 고온일 경우의 불꽃색은?

① 황적색
② 적색
③ 암적색
④ 휘백색

해설및용어설명 | 색깔별 온도

구분	암적색	적색	휘적색	황적색	백적색	휘백색
온도	700[℃]	850[℃]	950[℃]	1,100[℃]	1,300[℃]	1,500[℃]

15

이상기체에 대한 설명으로 틀린 것은?

① 이상기체 상태 방정식을 따르는 기체이다.
② 보일-샤를의 법칙을 따르는 기체이다.
③ 아보가드로 법칙을 따르는 기체이다.
④ 반데르 발스 법칙을 따르는 기체이다.

해설및용어설명 | 반데스발스 방정식은 이상 기체 상태 방정식(PV = nRT)을 실제 기체의 부피와 분자 간의 인력을 고려하여 수정한 것이라고 볼 수 있다.
반데르발스 상태 방정식은 실제 기체에 적용되는 상태 방정식이다.

16

자연발화온도(Autoignition temperature : AIT)에 영향을 주는 요인 중에서 증기의 농도에 관한 사항이다. 가장 바르게 설명한 것은?

① 가연성 혼합기체의 AIT는 가연성 가스와 공기의 혼합비가 1 : 1일 때 가장 낮다.
② 가연성 증기에 비하여 산소의 농도가 클수록 AIT는 낮아진다.
③ AIT는 가연성 증기의 농도가 양론 농도보다 약간 높을 때가 가장 낮다.
④ 가연성 가스와 산소의 혼합비가 1 : 1일 때 AIT는 가장 낮다.

해설및용어설명 |
- 가연성 혼합기체의 AIT는 가연성 가스와 공기의 혼합비가 1 : 1일 때 가장 높다.
- 가연성 증기에 비하여 산소의 농도가 클수록 AIT는 높아진다.
- 가연성 가스와 산소의 혼합비가 1 : 1일 때 AIT는 가장 높다.

17

다음 중 조연성 가스에 해당하지 않는 것은?

① 공기   ② 염소
③ 탄산가스   ④ 산소

해설및용어설명 | 각 가스의 성질

명칭	성질
공기	조연성, 비독성
염소(Cl_2)	조연성, 독성
탄산가스(CO_2)	불연성, 비독성
산소(O_2)	조연성, 비독성

18

착화열에 대한 가장 바른 표현은?

① 연료가 착화해서 발생하는 전 열량
② 외부로부터 열을 받지 않아도 스스로 연소하여 발생하는 열량
③ 연료를 초기 온도로부터 착화온도까지 가열하는 데 필요한 열량
④ 연료 1kg이 착화해서 연소하여 나오는 총발열량

해설및용어설명 | 착화
연료를 초기 온도로부터 착화온도까지 가열하는 데 필요한 열량

19

최소발화에너지(MIE)에 영향을 주는 요인 중 MIE의 변화를 가장 작게 하는 것은?

① 가연성 혼합 기체의 압력
② 가연성 물질 중 산소의 농도
③ 공기 중에서 가연성 물질의 농도
④ 양론 농도 하에서 가연성 기체의 분자량

해설및용어설명 | 최소 발화에너지는 물질의 종류, 혼합기의 온도, 압력, 농도(혼합비) 등에 따라 변화한다. 또한 공기 중의 산소가 많은 경우 또는 가압 하에서는 일반적으로 작은 값이 된다.

20

액체연료의 연소형태 중 램프등과 같이 연료를 심지에 빨아올려 심지의 표면에서 연소시키는 것은?

① 액면연소   ② 증발연소
③ 분무연소   ④ 등심연소

해설및용어설명 | 등심연소(wick combustion)
석유스토브나 램프에서와 같이 연료를 심지로 빨아올려 심지표면에서 증발시켜 확산연소를 시키는 것을 말한다.

과목별기출문제

제2과목 가스 설비

2018년 제1회 가스산업기사

21

다단압축기에서 실린더 냉각의 목적으로 옳지 않은 것은?

① 흡입효율을 좋게 하기 위하여
② 밸브 및 밸브스프링에서 열을 제거하여 오손을 줄이기 위하여
③ 흡입 시 가스에 주어진 열을 가급적 높이기 위하여
④ 피스톤링에 탄소산화물이 발생하는 것을 막기 위하여

해설및용어설명 | 실린더의 과열로 오일탄화, 체적효율감소, 기계수명단축되므로 이를 방지하기 위하여 냉각한다.

22

강의 열처리 중 일반적으로 연화를 목적으로 적당한 온도까지 가열한 다음 그 온도에서 서서히 냉각하는 방법은?

① 담금질
② 뜨임
③ 표면경화
④ 풀림

해설및용어설명 |
- 담금질 : 재료의 경도와 강도를 높이는 작업이다.
- 뜨임 : 재료에 인성을 부여하기 위해 담금질 후에 뜨임 처리하는 방법이다.
- 표면경화 : 중심부는 비교적 무르게 하고 단지, 외부 표면의 강도를 증가시키는 열처리나 기계적 야금법이다.
- 풀림 : 재료를 일정온도까지 일정시간 가열을 유지한 후 서서히 냉각시키면 재료가 연화된다.

23

도시가스용 압력조정기에서 스프링은 어떤 재질을 사용하는가?

① 주물
② 강재
③ 알루미늄 합금
④ 다이케스팅

해설및용어설명 | 압력조정기 각부의 재료

재료	규격번호 및 규격명	사용구분					
		몸통	덮개	헤드 Head	오리피스	밸브	스프링
강재	KS D 3510 경강선						○
	KS D 3501 열간압연 강판 및 강대		○				○
	KS D 3512 냉간압연 강판 및 강대		○				
주물	SPS - KFCA - D4103 - 5006 스테인리스 주강품	○	○	○		○	
	SPS - KFCA - D4107 - 5010 고온고압용 주강품	○	○	○		○	
	SPS - KFCA - D4302 - 5016 구상흑연주철	○	○	○		○	
	SPS - KOSA0179 - ISO5922 - 5244 가단주철	○	○	○		○	
	KS D 6024 황동주물	○	○				
	KS D 6024 청동주물	○	○				
	KS D 6008 알루미늄 합금주물	○	○				
	PS - KFCA - D4301 - 5015 회주철	○	○	○		○	
스테인리스 강재	KS D 3706 스테인리스강		○	○	○		
	KS D 3705 열간압연 스테인리스강판		○		○	○	
	KS D 3698 냉간압연 스테인리스강판		○		○	○	
	KS D 3703 스테인리스강선						○
	KS D 3534 스프링용 스테인리스강대						○
	KS D 3535 스프링용 스테인리스강대						○

정답 21 ③ 22 ④ 23 ②

24

외부의 전원을 이용하여 그 양극을 땅에 접속시키고 땅속에 있는 금속체에 음극을 접속함으로써 매설된 금속체로 전류를 흘려보내 전기부식을 일으키는 전류를 상쇄하는 방법이다. 전식 방지방법으로 매우 유효한 수단이며 압출에 의한 전식을 방지할 수 있는 이 방법은?

① 희생양극법 ② 외부전원법
③ 선택배류법 ④ 강제배류법

해설및용어설명 | 강제배류법
선택배류법과 외부전원 방식을 합성한 것으로, 외부직류전원에 의하여 대지에서 땅속의 금속구조물에 전류를 흐르게 하여 그 구조물을 부극상태로 유지함으로써 전식을 방지하는 방법

25

고압장치의 재료로 구리관의 성질과 특징으로 틀린 것은?

① 알칼리에는 내식성이 강하지만 산성에는 약하다.
② 내면이 매끈하여 유체저항이 적다.
③ 굴곡성이 좋아 가공이 용이하다.
④ 전도 및 전기절연성이 우수하다.

해설및용어설명 | 동 및 동합금 관의 특징
- 전기 및 열전도성이 좋아 열교환기용으로 우수하게 사용한다.
- 전연성이 풍부하고 가공이 용이하다.
- 연수에 부식되는 성질이 있어 증류수 및 증기관에는 적합하지 않다.
- 내식성이 좋아 수명이 길다.
- 무게가 가벼워 운반이 용이하나, 외부충격에 약하다.
- 마찰저항이 적고 가격이 비싸다.
- 알칼리에는 강하나 산에는 약하다.

26

소비자 1호당 1일 평균가스 소비량 1.6[kg/day], 소비호수 10호 자동절체조정기를 사용하는 설비를 설계하려면 용기는 몇 개가 필요한가? (단, 액화석유가스 50[kg] 용기 표준가스 발생능력은 1.6[kg/hr]이고, 평균가스 소비율은 60[%], 용기는 2계열 집합으로 사용한다)

① 3개 ② 6개
③ 9개 ④ 12개

해설및용어설명 |

- 필요 용기수 = $\dfrac{1호당 \ 평균가스 \ 소비량 \times 호수 \times 소비율}{가스 \ 발생능력}$

  $= \dfrac{1.6 \times 10 \times 0.6}{1.6} = 6개$

- 2계열 용기수 = 필요 용기수 × 2 = 6 × 2 = 12개

27

도시가스에 첨가하는 부취제로서 필요한 조건으로 틀린 것은?

① 물에 녹지 않을 것
② 토양에 대한 투과성이 좋을 것
③ 인체에 해가 없고 독성이 없을 것
④ 공기 혼합비율이 1/200의 농도에서 가스냄새가 감지될 수 있을 것

해설및용어설명 | 부취제의 필요조건(구비조건)
- 독성이 없을 것
- 보통 존재 냄새와 구별될 것
- 극히 낮은 농도에서도 냄새가 확인될 것
- 가스관, 가스미터에 흡착되지 않을 것
- 완전연소할 것
- 물에 녹지 않을 것
- 화학적으로 안정
- 토양에 대한 투과성이 클 것
- 공기 혼합비율이 1/1,000의 농도에서 가스냄새가 감지될 수 있을 것

28

액화석유가스 압력조정기 중 1단 감압식 준저압 조정기의 입구압력은?

① 0.07 ~ 1.56[MPa]
② 0.1 ~ 1.56[MPa]
③ 0.3 ~ 1.56[MPa]
④ 조정압력 이상 ~ 1.56[MPa]

해설및용어설명 |

종류	입구압력[MPa]	조정압력[kPa]
1단감압식 저압조정기	0.07 ~ 1.56	2.30 ~ 3.30
1단감압식 준저압조정기	0.1 ~ 1.56	5.0 ~ 30.0 이내에서 제조자가 설정한 기준압력의 ±20[%]
2단감압식 일체형 저압조정기	0.07 ~ 1.56	2.30 ~ 3.30
2단감압식 일체형 준저압조정기	0.1 ~ 1.56	5.0 ~ 30.0 이내에서 제조자가 설정한 기준압력의 ±20[%]
2단감압식 1차용 조정기 (용량 100[kg/h] 이하)	0.1 ~ 1.56	57.0 ~ 83.0
2단감압식 1차용 조정기 (용량 100[kg/h] 초과)	0.3 ~ 1.56	57.0 ~ 83.0
2단감압식 2차용 저압조정기	0.01 ~ 0.1 또는 0.025 ~ 0.1	2.30 ~ 3.30
2단감압식 2차용 준저압조정기	조정압력 이상 ~ 0.1	5.0 ~ 30.0 내에서 제조자가 설정한 기준압력의 ±20[%]
자동절체식 일체형 저압조정기	0.1 ~ 1.56	2.55 ~ 3.30
자동절체식 일체형 준저압조정기	0.1 ~ 1.56	5.0 ~ 30.0 내에서 제조자가 설정한 기준압력의 ±20[%]
그 밖의 압력조정기	조정압력 이상 ~ 1.56	5[kPa]를 초과하는 압력범위에서 상기 압력조정기의 종류에 따른 조정압력에 해당하지 않는 것에 한하며, 제조자가 설정한 기준압력의 ±20[%]일 것

29

고압가스설비를 운전하는 중 플랜지부에서 가연성 가스가 누출하기 시작할 때 취해야 할 대책으로 가장 거리가 먼 것은?

① 화기 사용 금지
② 가스 공급 즉시 중지
③ 누출 전, 후단 밸브차단
④ 일상적인 점검 및 정기점검

해설및용어설명 | 고압가스설비를 운전하는 중 가연성 가스가 누출하기 시작할 때 화기 사용을 금지하고, 누출 전·후단의 밸브를 차단하여 가스가 누출되어 확산되는 것을 방지하여야 한다.

30

배관의 자유팽창을 미리 계산하여 관의 길이를 약간 짧게 절단하여 강제배관을 함으로써 열팽창을 흡수하는 방법은?

① 콜드 스프링   ② 신축이음
③ U형 밴드   ④ 파열이음

해설및용어설명 | 콜드 스프링(Cold Spring : 상온 스프링)
배관이 열팽창할 경우에 응력이 경감되도록 미리 늘어날 여유를 두는 것

31

성능계수가 3.2인 냉동기가 10[ton]을 냉동하기 위해 공급하여야 할 동력은 약 몇 [kW]인가?

① 10
② 12
③ 14
④ 16

해설및용어설명 |
- 냉동능력 1냉동톤(RT) = 3,320[kcal/h], 1[kW]는 860[kcal/h]이다.
- 성적계수를 계산식으로 동력[kW] 계산

$$COP = \frac{Q_2}{W}$$

$$3.2 = \frac{10 \times 3,320}{x \times 860}$$

x = 12.063[kW]

32

터보압축기에 대한 설명이 아닌 것은?

① 유급유식이다.
② 고속회전으로 용량이 크다.
③ 용량조정이 어렵고 범위가 좁다.
④ 연속적인 토출로 맥동현상이 적다.

해설및용어설명 | 터보압축기의 특징
- 무급유식이다.
- 진동이 적고 맥동현상이 없다.
- 고속회전으로 같은 마력의 다른 압축기보다 소형 경량이다.
- 압축비가 작고, 효율이 낮다.
- 운전 중 서징현상이 발생할 수 있다.
- 용량 조정이 어렵고 범위가 좁다.

33

산소 압축기의 내부 윤활제로 주로 사용되는 것은?

① 물
② 유지류
③ 석유류
④ 진한 황산

해설및용어설명 |
- 산소 압축기 : 물 또는 10[%] 이하의 묽은 글리세린수
- 공기, 수소, 아세틸렌 압축기 : 양질의 광유
- 염소 압축기 : 진한 황산
- LP가스 압축기 : 식물성유
- 이산화황 압축기 : 화이트유, 정제된 용제 터빈유
- 염화메탄 압축기 : 화이트유

34

-5[℃]에서 열을 흡수하여 35[℃]에 방열하는 역카르노 싸이클에 의해 작동하는 냉동기의 성능계수는?

① 0.125
② 0.15
③ 6.7
④ 9

해설및용어설명 |

$$COP_R = \frac{Q_2}{W} = \frac{Q_2}{Q_1 - Q_2} = \frac{T_2}{T_1 - T_2}$$

$$= \frac{273 - 5}{(273 + 35) - (273 - 5)} = 6.7$$

35

가연성 가스 및 독성 가스 용기의 도색 구분이 옳지 않은 것은?

① LPG – 회색
② 액화암모니아 – 백색
③ 수소 – 주황색
④ 액화염소 – 청색

해설및용어설명 | 가스 종류별 용기도색

가스 종류	용기도색	
	공업용	의료용
산소(O_2)	녹색	백색
수소(H_2)	주황색	-
액화탄산가스(CO_2)	청색	회색
액화석유가스	밝은 회색	-
아세틸렌(C_2H_2)	황색	-
암모니아(NH_3)	백색	-
액화염소(Cl_2)	갈색	-
질소(N_2)	회색	흑색
아산화질소(N_2O)	회색	청색
헬륨(He)	회색	갈색
에틸렌(C_2H_4)	회색	자색
사이크로프로판	회색	주황색
기타 가스	회색	-

36

고압가스 제조장치의 재료에 대한 설명으로 틀린 것은?

① 상온, 건조 상태의 염소가스에서는 탄소강을 사용할 수 있다.
② 암모니아, 아세틸렌의 배관재료에는 구리재를 사용한다.
③ 탄소강에 나타나는 조직의 특성은 탄소(C)의 양에 따라 달라진다.
④ 암모니아 합성탑 내통의 재료에는 18 – 8 스테인리스강을 사용한다.

해설및용어설명 |
- 암모니아는 동이나 동합금을 부식시키므로 강관을 사용한다.
- 아세틸렌은 구리와 화합하여 아세틸라이드를 생성하여 열이나 충격에 쉽게 폭발한다. 아세틸렌과 접촉하는 부분은 동 또는 동함유량이 62[%] 이상의 동합금은 사용하지 않는다.

37

저온 및 초저온 용기의 취급 시 주의사항으로 틀린 것은?

① 용기는 항상 누운 상태를 유지한다.
② 용기를 운반할 때는 별도 제작된 운반용구를 이용한다.
③ 용기를 물기나 기름이 있는 곳에 두지 않는다.
④ 용기 주변에서 인화성 물질이나 화기를 취급하지 않는다.

해설및용어설명 | 저온 및 초저온 용기의 취급 시 주의사항
절대로 용기를 옆으로 눕히지 말고 항상 용기를 수직의 상태로 선적, 작동, 보관하여야 한다.

38

웨버지수에 대한 설명으로 옳은 것은?

① 정압기의 동특성을 판단하는 중요한 수치이다.
② 배관 관경을 결정할 때 사용되는 수치이다.
③ 가스의 연소성을 판단하는 중요한 수치이다.
④ LPG용기 설치본수 산정 시 사용되는 수치로 지역별 기화량을 고려한 값이다.

해설및용어설명 | 웨버(Webbe)지수
가스의 발열량을 가스비중의 제곱근으로 나눈 값으로 가스의 연소성을 판단하는 수치이다.

$$\therefore WI = \frac{H_g}{\sqrt{d}}$$

- H_g : 도시가스의 발열량[kcal/m³]
- d : 도시가스의 비중

39

두 개의 다른 금속이 접촉되어 전해질 용액 내에 존재할 때 다른 재질의 금속 간 전위차에 의해 용액 내에서 전류가 흐르는데, 이에 의해 양극부가 부식이 되는 현상을 무엇이라 하는가?

① 공식
② 침식부식
③ 갈바닉부식
④ 농담부식

해설및용어설명 | 갈바닉(Galvanic) 부식
두 이종금속(Dissimilar Metal)이 용액 속에 담가지게 되면 전위차가 존재하게 되고 따라서 이들 사이에 전자의 이동이 일어난다. 그리하여 귀전위를 가진 금속의 부식속도는 감소되고 활성전위를 가진 금속의 부식속도는 촉진된다. 즉, 전자는 음극이 되고 후자는 양극이 된다. 이러한 형태의 부식을 갈바닉 부식 또는 이종금속 접촉부식이라 한다.

40

고압장치 배관에 발생된 열응력을 제거하기 위한 이음이 아닌 것은?

① 루프형
② 슬라이드형
③ 벨로우즈형
④ 플랜지형

해설및용어설명 | 신축이음(Joint)의 종류
- 루프형(Loop Type)
- 슬리브형(Sleeve Type) 또는 슬라이드형(Slide Type)
- 벨로우즈형(Bellows Type) 또는 팩리스형(Packless Type)
- 스위블형(Swivel Type) 또는 지블이음, 지웰이음, 회전이음
- 상온 스프링(Cold Spring)

2018년 제2회 가스산업기사

21

용기 종류별 부속품의 기호가 틀린 것은?

① 초저온 용기 및 저온 용기의 부속품 – LT
② 액화석유가스를 충전하는 용기의 부속품 – LPG
③ 아세틸렌을 충전하는 용기의 부속품 – AG
④ 압축가스를 충전하는 용기의 부속품 – LG

해설및용어설명 | 용기 부속품 기호
- AG : 아세틸렌가스 용기 부속품
- PG : 압축가스 충전용기 부속품
- LG : 액화석유가스 외의 액화가스 용기 부속품
- LPG : 액화석유가스 용기 부속품
- LT : 초저온, 저온 용기 부속품

22

펌프에서 공동현상(Cavitation)의 발생에 따라 일어나는 현상이 아닌 것은?

① 양정효율이 증가한다.
② 진동과 소음이 생긴다.
③ 임펠러의 침식이 생긴다.
④ 토출량이 점차 감소한다.

해설및용어설명 | 공동현상(Cavitation) 발생 시 일어나는 현상
- 소음, 진동 및 양수불능
- 공회전으로 모터 손상
- 펌프의 양정 저하, 효율 저하, 임펠러 하우징 손상
- 국부적으로 충격을 받는 부위에서 케비테이션 침식

23

황화수소(H₂S)에 대한 설명으로 틀린 것은?

① 각종 산화물을 환원시킨다.
② 알칼리와 반응하여 염을 생성한다.
③ 습기를 함유한 공기 중에는 대부분 금속과 작용한다.
④ 발화온도가 약 450[℃] 정도로써 높은 편이다.

해설및용어설명 | 황화수소(H₂S)의 특징
- 무색의 기체로 계란썩는 냄새가 나는 대표적인 악취물질로써 유독성 가스로 취급
- 독성 가스(TLV-TWA 10[ppm])이며, 가연성 가스(4.3 ~ 45[%])이다.
- 산소 중에서 푸른 불꽃을 내며 타서 이산화황을 생성하며, 산소가 부족할 경우 황을 생성
- 건조한 상태에서는 부식성이 없으나 수분을 함유하면 금속을 심하게 부식시킨다.
- 산화물을 잘 환원시키고 특히 진한 질산 등의 산화제와는 격렬하게 반응하므로 위험하다.
- 알칼리와 반응하여 두가지 염이 생긴다.
- 발화점 260[℃]

24

LPG 이송설비 중 압축기를 이용한 방식의 장점이 아닌 것은?

① 펌프에 비해 충전시간이 짧다.
② 재액화현상이 일어나지 않는다.
③ 사방밸브를 이용하면 가스의 이송방향을 변경할 수 있다.
④ 압축기를 사용하기 때문에 베이퍼록 현상이 생기지 않는다.

해설및용어설명 | 압축기에 의한 이송방법 특징
- 펌프에 비해 충전시간이 짧다.
- 베이퍼록 현상이 발생하지 않는다.
- 탱크 내 잔가스를 회수할 수 있다.
- 부탄의 경우 저온에서 재액화의 우려가 있다.
- 압축기 오일이 탱크에 들어가 드레인의 원인이 된다.

25

탱크에 저장된 액화프로판(C_3H_8)을 시간당 50[kg]씩 기체로 공급하려고 증발기에 전열기를 설치했을 때 필요한 전열기의 용량은 약 몇 [kW]인가? (단, 프로판의 증발열은 3,740[cal/gmol], 온도변화는 무시하고, 1[cal]는 1.163×10^{-6}[kW]이다)

① 0.2　　② 0.5
③ 2.2　　④ 4.9

해설및용어설명 |

전열기 용량 = 기화에 필요한 잠열 × 1[cal]당 [kW]

$$= \left\{ 50 \times 1{,}000 \times \left(\frac{3{,}740}{44} \right) \right\} \times 1.163 \times 10^{-6}$$

$$= 4.942 [kW]$$

26

LPG 공급, 소비설비에서 용기의 크기와 개수를 결정할 때 고려할 사항으로 가장 그 거리가 먼 것은?

① 소비자 가구 수
② 피크 시의 기온
③ 감압방식의 결정
④ 1가구당 1일의 평균가스 소비량

해설및용어설명 | 용기 개수 결정 시 고려할 사항
- 피크(Peak) 시의 기온
- 소비자 가구 수
- 1가구당 1일의 평균가스 소비량
- 피크 시 평균가스 소비율
- 피크 시 용기에서의 가스 발생능력
- 용기의 크기(질량)

27

저온, 고압 재료로 사용되는 특수강의 구비조건이 아닌 것은?

① 크리프 강도가 작을 것
② 접촉 유체에 대한 내식성이 클 것
③ 고압에 대하여 기계적 강도를 가질 것
④ 저온에서 재질의 노화를 일으키지 않을 것

해설및용어설명 | 저온, 고압 재료로 사용되는 특수강은 크리프 강도가 커야 한다.
※ 크리프 강도 : 일정 온도에서 10만 시간에 1[%] 변형하는 크리프 속도

28

LPG 배관의 압력손실 요인으로 가장 거리가 먼 것은?

① 마찰 저항에 의한 압력손실
② 배관의 이음류에 의한 압력손실
③ 배관의 수직 하향에 의한 압력손실
④ 배관의 수직 상향에 의한 압력손실

해설및용어설명 | 저압배관에서 압력손실의 원인
• 배관 직관부에 의한 손실
• 수직상향에 의한 압력손실
• 엘보나 밸브에 의한 손실
• 가스미터나 코크에 의한 손실
※ LPG는 공기보다 무겁기 때문에 배관에 수직 하향으로 공급하면 압력이 상승될 수 있다.

29

고압가스용 안전밸브에서 밸브몸체를 밸브시트에 들어 올리는 장치를 부착하는 경우에는 안전밸브 설정압력의 얼마 이상일 때 수동으로 조작되고 압력 해제 시 자동으로 폐지되는가?

① 60[%]   ② 75[%]
③ 80[%]   ④ 85[%]

해설및용어설명 | 고압가스용 안전밸브
밸브몸체를 밸브시트에서 들어 올리는 장치를 부착하는 경우에는 안전밸브 설정압력의 75[%] 이상의 압력일 때 수동으로 조작되고 압력 해제 시 자동으로 폐지

30

정압기의 부속설비가 아닌 것은?

① 수취기
② 긴급차단장치
③ 불순물 제거설비
④ 가스누출 검지 통보설비

해설및용어설명 | 정압기의 부속설비
불순물 제거설비(필터), 이상압력 통보장치, 긴급차단장치, 안전밸브, 원격감시장치, 가스누출 검지 통보설비
※ 수취기 : 가스 중의 수분이나 배관의 결함으로 인한 수분의 수집처리

정답 27 ① 28 ③ 29 ② 30 ①

31

구형(Spherical Type) 저장탱크에 대한 설명으로 틀린 것은?

① 강도가 우수하다.
② 부지면적과 기초공사가 경제적이다.
③ 드레인이 쉽고 유지관리가 용이하다.
④ 동일 용량에 대하여 표면적이 가장 크다.

해설및용어설명 | 구형 저장탱크의 특징
- 횡형 원통형 저장탱크에 비해 표면적이 작다.
- 강도가 높으며 외관 모양이 안정적이다.
- 기초 구조를 간단하게 할 수 있다.
- 동일 용량, 동일 압력의 경우 원통형 탱크보다 두께가 얇다.
- 드레인이 쉽고 유지관리가 용이하다.

32

매설관의 전기방식법 중 유전양극법에 대한 설명으로 옳은 것은?

① 타 매설물에 간섭이 거의 없다.
② 강한 전식에 대해서도 효과가 좋다.
③ 양극만 소모되므로 보충할 필요가 없다.
④ 방식전류의 세기(강도) 조절이 자유롭다.

해설및용어설명 | 유전양극법(희생양극법)의 특징
- 외부에서 전원공급이 필요 없다.
- 설계와 설치가 간단하다.
- 인접한 타 시설물에 영향이 없다.
- 양극이 소모되므로 일정기간마다 보충해야 한다.
- 전류분포가 균일하다.
- 양극의 출력전류가 제한되기 때문에 대용량에 부적합하다.
- 설치 후 전류조절이 불가능하다.

33

오토클레이브(Auto Clave)의 종류 중 교반효율이 떨어지기 때문에 용기 벽에 장애판을 설치하거나 용기 내에 다수의 볼을 넣어 내용물의 혼합을 촉진시켜 교반효과를 올리는 형식은?

① 교반형 ② 정치형
③ 진탕형 ④ 회전형

해설및용어설명 |
- 교반형 : 기·액 반응으로 기체를 계속 유통시킬 수 있다.
- 가스교반형 : 가늘고 긴 수직형 반응기로 유체가 순환됨으로써 교반이 행하여 지는 방식
- 회전형 : 교반 효율이 떨어지기 때문에 용기 벽에 장애판을 설치하거나 용기 내에 다수의 볼을 넣어 내용물의 혼합을 촉진시켜 교반효과를 올리는 방식
- 진탕형 : 횡형 오토클레이브 전체가 수평, 전후 운동을 함으로써 내용물을 교반시키는 형식으로 가장 일반적이다.

34

배관의 관경을 50[cm]에서 25[cm]로 변화시키면 일반적으로 압력손실은 몇 배가 되는가?

① 2배 ② 4배
③ 16배 ④ 32배

해설및용어설명 | 압력손실은 배관 내경 5승에 반비례한다.

$$Q = K\sqrt{\frac{D^5 \cdot H}{S \cdot L}} \text{ 에서 } H = \frac{Q^2 SL}{K^2 D^5}$$

$$\therefore H = \frac{1}{\left(\frac{25}{50}\right)^5} = 32배$$

35

부탄의 C/H 중량비는 얼마인가?

① 3
② 4
③ 4.5
④ 4.8

해설및용어설명 | 부탄의 분자식
C_4H_{10}, 부탄 1몰 중 탄소 분자량은 $12 \times 4 = 48[g]$
수소의 분자량은 $1 \times 10 = 10[g]$이다.
부탄의 C/H 중량비는 $48/10 = 4.8$

36

도시가스 제조에서 사이클링식 접촉분해(수증기 개질)법에 사용하는 원료에 대한 설명으로 옳은 것은?

① 메탄만 사용할 수 있다.
② 프로판만 사용할 수 있다.
③ 석탄 또는 코크스만 사용할 수 있다.
④ 천연가스에서 원유에 이르는 넓은 범위의 원료를 사용할 수 있다.

해설및용어설명 | 접촉분해(수증기 개질)법 원료
천연가스에서 원유에 이르기까지 넓은 범위의 원료를 사용할 수 있다.

37

다음 중 암모니아의 공업적 제조방식은?

① 수은법
② 고압합성법
③ 수성 가스법
④ 엔드류소호법

해설및용어설명 | 암모니아의 공업적 제조법
- 고압합성법 : 클라우드법, 카자레법
- 중압합성법 : IG법, 뉴파우더법, 뉴데법, 동공시법, JCI법, 케미크법
- 저압합성법 : 구데법, 켈로그법

38

케이싱 내에 모인 임펠러가 회전하면서 기체가 원심력 작용에 의해 임펠러의 중심부에서 흡입되어 외부로 토출하는 구조의 압축기는?

① 회전식 압축기
② 축류식 압축기
③ 왕복식 압축기
④ 원심식 압축기

해설및용어설명 | 원심식 압축기
케이싱 내에 모인 임펠러가 회전하면서 기체가 원심력 작용에 의해 임펠러의 중심부에 흡입되어 외부로 토출하는 구조이다.

39

아세틸렌 용기의 다공물질의 용적이 30[L], 침윤잔용적이 6[L]일 때 다공도는 몇 [%]이며 관련 법상 합격여부의 판단으로 옳은 것은?

① 20[%]로써 합격이다.
② 20[%]로써 불합격이다.
③ 80[%]로써 합격이다.
④ 80[%]로써 불합격이다.

해설및용어설명 |

$$\text{다공도} = \frac{V - E}{V} \times 100 = \frac{30 - 6}{30} \times 100 = 80[\%]$$

아세틸렌용기에 다공물질을 채웠을 때 다공도가 75[%] 이상 92[%] 미만의 경우를 합격으로 규정

40

저압배관의 관경 결정 공식이 다음 보기와 같을 때 ( )에 알맞은 것은? (단, H : 압력손실, Q : 유량, L : 배관길이, D : 배관관계, S : 가스비중, K : 상수)

$$H = (\ \bigcirc\ ) \times S \times (\ \bigcirc\ ) / K^2 \times (\ \bigcirc\ )$$

① ㉠ Q^2 ㉡ L ㉢ D^5
② ㉠ L ㉡ D^5 ㉢ Q^2
③ ㉠ D^5 ㉡ L ㉢ Q^2
④ ㉠ L ㉡ Q^5 ㉢ D^2

해설및용어설명 | 저압배관 유량 계산식

$Q = K\sqrt{\dfrac{D^5 \cdot H}{S \cdot L}}$ 에서

$H = \dfrac{Q^2 SL}{K^2 D^5} = \dfrac{(Q^2) \times S \times (L)}{K^2 \times (D^5)}$ 이다.

2018년 제4회 가스산업기사

21

카르노 사이클 기관이 27[℃]와 -33[℃] 사이에서 작동될 때 이 냉동기의 열효율은?

① 0.2 ② 0.25
③ 4   ④ 5

해설및용어설명 |
$\eta = \dfrac{W}{Q_1} = \dfrac{T_1 - T_2}{T_1} = \dfrac{(273 + 27) - (273 - 33)}{273 + 27} = 0.2$

22

다음은 용접용기의 동판두께를 계산하는 식이다. 이 식에서 S는 무엇을 나타내는가?

$$t = \dfrac{PD}{2S\eta - 1.2P} + C$$

① 여유두께   ② 동판의 내경
③ 최고충전압력 ④ 재료의 허용응력

해설및용어설명 | 용접용기 동판 두께 계산식
- P : 최고충전압력의 수치[MPa]
- D : 안지름[mm]
- S : 재료의 허용응력 수치[N/mm²]
- η : 용접효율
- C : 부식 여유 두께[mm]

23

강을 열처리하는 주된 목적은?

① 표면에 광택을 내기 위하여
② 사용시간을 연장하기 위하여
③ 기계적 성질을 향상시키기 위하여
④ 표면에 녹이 생기지 않게 하기 위하여

해설및용어설명 | 강의 열처리 목적
기계적 성질을 향상시키기 위하여 열처리를 한다.

24

고압가스 냉동기의 발생기는 흡수식 냉동설비에 사용하는 발생기에 관계되는 설계온도가 몇 [℃]를 넘는 열교환기를 말하는가?

① 80[℃] ② 100[℃]
③ 150[℃] ④ 200[℃]

해설및용어설명 | 발생기
흡수식 냉동설비에 사용하는 발생기에 관계되는 설계온도가 200[℃]를 넘는 열교환기 및 이들과 유사한 것을 말한다.

25

공기액화 장치에 들어가는 공기 중 아세틸렌가스가 혼입되면 안 되는 가장 큰 이유는?

① 산소의 순도가 저하된다.
② 액체 산소 속에서 폭발을 일으킨다.
③ 질소와 산소의 분리작용에 방해가 된다.
④ 파이프 내에서 동결되어 막히기 때문이다.

해설및용어설명 | 공기액화 분리장치 내에 아세틸렌이 혼입되었을 경우 응고되어 이동하다가 구리 등과 접촉하여 아세틸라이드가 생성되고 액체 산소 중에서 폭발할 가능성이 있어 제거되어야 한다.

26

물을 양정 20[m], 유량 2[m³/min]으로 수송하고자 한다. 축동력 12.7[PS]를 필요로 하는 원심 펌프의 효율은 약 몇 [%]인가?

① 65[%] ② 70[%]
③ 75[%] ④ 80[%]

해설및용어설명 | $[PS] = \dfrac{\gamma QH}{75\eta}$ 이다.

$$\therefore \eta = \dfrac{\gamma QH}{75PS} \times 100 = \dfrac{1{,}000 \times 2 \times 20}{75 \times 12.7 \times 60} \times 100 = 69.991[\%]$$

※ 유량시간단위에 따라 60 또는 3,600을 계산하여 준다.

- γ : 비중량[kg/m³]
- Q : 유량[m³/sec]
- H : 양정[m]
- η : 효율[$\eta < 1$]

27

다음 중 신축이음이 아닌 것은?

① 벨로우즈형이음 ② 슬리브형이음
③ 루프형이음   ④ 턱걸이형이음

해설및용어설명 | 신축 이음(Joint)의 종류
- 루프형(Loop Type)
- 슬리브형(Sleeve Type)
- 벨로우즈형(Bellows Type) 또는 팩리스형(Peckless Type)
- 스위블형(Swivel Type) 또는 지블이음, 지웰이음, 회전이음

28

냉간가공의 영역 중 약 210 ~ 360[℃]에서 기계적 성질인 인장강도는 높아지나 연신이 갑자기 감소하여 취성을 일으키는 현상을 의미하는 것은?

① 저온메짐
② 뜨임메짐
③ 청열메짐
④ 적열메짐

해설및용어설명 |
- 저온메짐 : 상온 부근 혹은 그 이하의 저온에서 강철의 충격치가 급격히 저하하여 부서지기 쉬운 현상
- 뜨임메짐 : 뜨임은 철강재료에 인성을 주기 위하여 적당한 온도로 가열 냉각하는 조작이다. 인성은 뜨임 온도의 상승에 따라 향상하지만, 300[℃] 부근 및 500[℃] 부근의 뜨임은 인성이 오히려 저하하는 것도 있다. 이 현상을 뜨임메짐이라 한다.
- 청열메짐(Blue Shortness) : 강은 온도가 높아지면 전연성이 커지나, 200 ~ 300[℃]에서는 강도는 크지만 연신율은 대단히 작아져서 결국 메짐성은 증가한다. 이때의 강은 청색의 산화피막을 형성하는데 이것을 적열취성(메짐)이라고 한다.
- 적열메짐 : 강이 900[℃] 이상에서 황이나 산소가 철과 화합하여 산화철이나 황화철을 만든다. 황이 많은 강은 고온에 있어서 여린 성질을 나타내는데 이것을 적열취성이라고 한다.

29

원심 펌프는 송출구경을 흡입구경보다 작게 설계한다. 이에 대한 설명으로 틀린 것은?

① 흡입구경보다 와류실을 크게 설계한다.
② 회전차에서 빠른 속도로 송출된 액체를 갑자기 넓은 와류실에 넣게 되면 속도가 떨어지기 때문이다.
③ 에너지 손실이 커져서 펌프효율이 저하되기 때문이다.
④ 대형펌프 또는 고양정의 펌프에 적용된다.

해설및용어설명 | 펌프의 크기는 흡입구경과 토출구경으로 표시하며 일반적으로 흡입구경과 토출구경은 동일하게 하며, 고양정이나 고점성 유체를 취급할 경우 흡입관 구경을 1치수 정도 크게 한다. 펌프의 구경은 토출량과 흡입구의 유속에 의하여 결정한다.
스파이럴 케이싱은 임펠러 또는 안내깃에서 나오는 물을 모아서 토출구에 유도하는 것으로, 점차로 통로를 넓게 하여 속도수두를 압력수두로 변화시킨다.

30

용접장치에서 토치에 대한 설명으로 틀린 것은?

① 아세틸렌 토치의 사용압력은 0.1[MPa] 이상에서 사용한다.
② 가변압식 토치를 프랑스식이라 한다.
③ 불변압식 토치는 니들밸브가 없는 것으로 독일식이라 한다.
④ 팁의 크기는 용접할 수 있는 판 두께에 따라 선정한다.

해설및용어설명 |
- 팁의 종류
  - 독일식 : A형, 불변압식, 니들밸브가 없는 것으로 인화가능성이 적다. 팁번호가 용접가능한 모재의 두께를 표시
  - 프랑스식 : B형, 가변압식, 니들밸브가 있어 유량조절이 쉽다.
- 사용압력에 따라
  - 저압식 : 0.07[kg/cm²] 이하
  - 중압식 : 0.07 ~ 1.3[kg/cm²]
  - 고압식 : 1.3[kg/cm²] 이상

31

고압가스용기의 안전밸브 중 밸브 부근의 온도가 일정 온도를 넘으면 퓨즈 메탈이 녹아 가스를 전부 방출시키는 방식은?

① 가용전식 ② 스프링식
③ 파열판식 ④ 수동식

해설 및 용어설명 | 고압가스용기 안전밸브 종류
- 스프링식 : 설비 내의 압력이 스프링의 설정압력을 초과하는 경우에 밸브가 열리고 내부의 가스를 방출하는 구조. 즉, 밸브 본체에 걸리는 내압에 의하여 순간적으로 작동하는 기능을 가진 자동압력방출장치로 밸브가 직접 스프링에 의하여 부하가 걸리는 장치이다.
- 파열판식 : 압력 용기, 배관계 및 회전기계 등의 밀폐된 장치가 이상압력 상승 또는 부압에 의하여 파손되는 것을 방지하기 위하여 설치하는 극히 얇은 금속판을 사용한 압력방출장치로써 기계적 장치가 전혀 없고 파열판과 홀더로 구성된 가장 간단한 구조로서 스프링식 안전밸브와 함께 설치하거나 단독으로 설치하여 사용한다.
- 가용전식 : 일반적으로 200[℃] 이하의 낮은 융점을 갖는 합금을 가용합금이라고 하는데 이 금속은 비교적 낮은 온도에서 유동하는 성질을 이용하여 용기가 화재 등으로 인하여 이상적으로 온도가 상승할 때, 용기 내의 가스를 방출시켜 용기가 이상승압되는 것을 방지하기 위해 설치하는 용기용 안전장치이다.

32

정압기의 이상감압에 대처할 수 있는 방법이 아닌 것은?

① 필터 설치 ② 정압기 2계열 설치
③ 저압배관의 Loop화 ④ 2차측 압력 감시장치 설치

해설 및 용어설명 | 정압기의 이상감압에 대처할 수 있는 방법
- 저압배관의 루프(Loop)화
- 2차측 압력 감시장치
- 정압기 2계열 설치

33

도시가스의 저압 공급방식에 대한 설명으로 틀린 것은?

① 수요량의 변동과 거리에 무관하게 공급압력이 일정하다.
② 압송비용이 저렴하거나 불필요하다.
③ 일반수용가를 대상으로 하는 방식이다.
④ 공급계통이 간단하므로 유지관리가 쉽다.

해설 및 용어설명 | 저압공급방식의 특징
- 저압도관으로 공급계통이 간단
- 공급량이 적어 일반주택에 적합
- 압송비용은 저렴
- 물고임을 방지하기 위하여 수취기로 채수가 가능
- 장거리 수송과 수송량이 많을 때는 대구경의 도관을 사용하므로 비경제적

34

액화암모니아 용기의 도색 색깔로 옳은 것은?

① 밝은 회색 ② 황색
③ 주황색 ④ 백색

해설 및 용어설명 | 가스 종류별 용기도색

가스 종류	용기도색 공업용	용기도색 의료용
산소(O_2)	녹색	백색
수소(H_2)	주황색	-
액화탄산가스(CO_2)	청색	회색
액화석유가스	밝은 회색	-
아세틸렌(C_2H_2)	황색	-
암모니아(NH_3)	백색	-
액화염소(Cl_2)	갈색	-
질소(N_2)	회색	흑색
아산화질소(N_2O)	회색	청색
헬륨(He)	회색	갈색
에틸렌(C_2H_4)	회색	자색
사이크로프로판	회색	주황색
기타 가스	회색	-

35

가스시설의 전기방식에 대한 설명으로 틀린 것은?

① 전기방식이란 강재배관 외면에 전류를 유입시켜 양극반응을 저지함으로써 배관의 전기적 부식을 방지하는 것을 말한다.
② 방식전류가 흐르는 상태에서 토양 중에 있는 방식전위는 포화황산동 기준전극으로 −0.85[V] 이하로 한다.
③ "희생양극법"이란 매설배관의 전위가 주위의 타 금속구조물의 전위보다 높은 장소에서 매설배관과 주위의 타 금속구조물을 전기적으로 접속시켜 매설 배관에 유입된 누출전류를 전기회로적으로 복귀시키는 방법을 말한다.
④ "외부전원법"이란 외부직류 전원장치의 양극은 매설배관이 설치되어 있는 토양에 접속하고, 음극은 매설배관에 접속시켜 부식을 방지하는 방법을 말한다.

해설및용어설명 |

- 희생양극법 : 지중 도는 수중에 설치된 양극금속과 매설배관을 전선으로 연결해 양극금속과 매설배관 사이의 전지작용으로 부식을 방지하는 것
- 배류법 : 매설배관의 전위가 주위의 타 금속 전위보다 높은 장소에서 매설배관과 주위의 타 금속 구조물을 전기적으로 접속시켜 매설배관에 유입된 누출전류를 전기회로적으로 복귀시키는 방법

36

특수강에 내식성, 내열성 및 자경성을 부여하기 위하여 주로 첨가하는 원소는?

① 니켈 ② 크롬
③ 몰리브덴 ④ 망간

해설및용어설명 | 크롬(Cr)의 영향

강에 크롬을 가하면 매우 가늘게 되어 강도, 경도가 현저하게 증가하고 내마모성, 내식성, 내열성이 많이 개선된다. 담금질이 잘 되나 뜨임 메짐이 있어 580 ~ 680[℃]에서 급랭시킨다. 자동차 부품 등에 쓰인다.

37

직경 5[m] 및 7[m]인 두 구형 가연성 고압가스 저장탱크가 유지해야 할 간격은? (단, 저장탱크에 물분무장치는 설치되어 있지 않다)

① 1[m] 이상 ② 2[m] 이상
③ 3[m] 이상 ④ 4[m] 이상

해설및용어설명 | 저장탱크 상호 간 유지 거리

- 지하매설 : 1[m] 이상
- 지상 설치 : 두 저장탱크 최대 지름을 합산한 길이의 4분의 1 이상에 해당하는 거리(4분의 1이 1[m] 미만인 경우 1[m] 이상의 거리)

$$\therefore L = \frac{D_1 + D_2}{4} = \frac{5 + 7}{4} = 3[m]$$

38

그림은 가정용 LP가스 소비시설이다. R_1에 사용되는 조정기의 종류는?

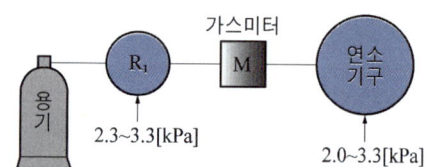

① 1단 감압식 저압 조정기
② 1단 감압식 준저압 조정기
③ 2단 감압식 1차용 조정기
④ 2단 감압식 2차용 조정기

해설및용어설명 |

- 1단 감압식 저압 조정기 : 용기의 압력(0.07[MPa] ~ 1.56[MPa])을 연소기의 압력(2[kPa] ~ 3.3[kPa])으로 1단 감압하여 공급하는 것으로써 용기와 가스미터기 사이에 설치되는 것이 보통이다.
- 1단 감압식 준저압 조정기 : 일반소비자 생활용 이외(음식점, 호텔 등)의 용도로 공급하는 경우에 한하여 사용되는 조정기로서 조정압력은 5[kPa] 이상 30[kPa]까지 여러 가지 종류가 있다.
- 2단 감압 방식 : 용기 내의 가스압력을 소비압력보다 약간 높은 상태로 감압하고 다음 단계에서 소비압력까지 낮추는 방식이다.

39

부식에 대한 설명으로 옳지 않은 것은?

① 혐기성 세균이 번식하는 토양 중의 부식속도는 매우 빠르다.
② 전식 부식은 주로 전철에 기인하는 미주 전류에 의한 부식이다.
③ 콘크리트와 흙이 접촉된 배관은 토양 중에서 부식을 일으킨다.
④ 배관이 점토나 모래에 매설된 경우 점토보다 모래 중의 관이 더 부식되는 경향이 있다.

해설및용어설명 | 부식의 종류
- 토질의 차이에 의한 부식 : 배관이 모래와 점토 사이에 걸쳐서 배관공사를 했을 때 점토 중의 관이 부식하게 되는 경향이 있다.
- 콘크리트 영향에 의한 부식 : 콘크리트와 토양 사이에 걸친 배관은 토양 중에서 부식을 일으킨다.
- 신관과 기존관에 의한 부식 : 주철관 강관 사이에도 약간의 전위차가 있어 강관이 양극부가 되어 부식한다. 같은 강관일지라도 표면에 녹이 있는 강관과 녹이 없는 강관에서도 전위차가 있어 새로운 신관이 양극이 되어 부식한다.
- 다른 종류의 금속과의 접촉에 의한 부식 : 땅속에 있는 강관에 동합금의 밸브를 부착하면 그 접속부 부근의 철 부분이 양극이 되어 부식이 일어난다.
- 전기부식 : 주로 전철에 의한 미주전력에 의한 부식이며 지중의 전위차가 클 때 그 정도가 커진다.
- 토질의 영향에 의한 부식 : 흙 속에 부식성 물질, 수분, 공기 박테리아 등을 어느 정도 함유하고 있는가에 따라 부식성이 다르다.

40

공기액화 분리장치의 폭발원인과 대책에 대한 설명으로 옳지 않은 것은?

① 장치 내에 여과기를 설치하여 폭발을 방지한다.
② 압축기의 윤활유에는 안전한 물을 사용한다.
③ 공기 취입구에서 아세틸렌의 침입으로 폭발이 발생한다.
④ 질화화합물의 혼입으로 폭발이 발생한다.

해설및용어설명 |
- 공기액화 분리장치 폭발원인
  - 공기취입구로부터 아세틸렌의 혼입
  - 압축기용 윤활유의 분해에 따른 탄화수소류 생성
  - 공기 중에 있는 산화질소, 과산화질소등 질소화합물의 생성
  - 액체공기 중의 오존의 혼입
- 공기액화 분리장치 폭발 방지대책
  - 장치 내 여과기 설치
  - 공기흡입구를 아세틸렌이 흡입되지 않는 장소에 설치
  - 압축기의 윤활유는 양질의 광유 사용, 물과 기름의 분리
  - 장치는 1년에 1회 이상 사염화탄소 등의 세정액으로 세척

2019년 제1회 가스산업기사

21

전기방식을 실시하고 있는 도시가스 매몰배관에 대하여 전위 측정을 위한 기준 전극으로 사용되고 있으며, 방식전위 기준으로 상한값 -0.85[V] 이하를 사용하는 것은?

① 수소 기준전극
② 포화황산동 기준전극
③ 염화은 기준전극
④ 칼로멜 기준전극

해설및용어설명 | 전기방식의 기준
- 전기방식전류가 흐르는 상태에서 토양 중에 있는 배관 등의 방식전위 상한값은 포화황산동 기준전극으로 -0.85[V] 이하(황산염환원 박테리아가 번식하는 토양에서는 -0.95[V] 이하)이어야 하고, 방식전위 하한값은 전기철도 등의 간섭영향을 받는 곳을 제외하고는 포화황산동 기준전극으로 -2.5[V] 이상이 되도록 노력한다.
- 전기방식전류가 흐르는 상태에서 자연전위와의 전위변화가 최소한 -300[mV] 이하이어야 한다(다른 금속과 접촉하는 배관은 제외한다).

22

알루미늄(Al)의 방식법이 아닌 것은?

① 수산법
② 황산법
③ 크롬산법
④ 메타인산법

해설및용어설명 |
- 알루미늄(Al)의 방식법 : 알루미늄 표면에 적당한 전해액 중에서 양극 산화처리 하여 방식성이 우수하고 치밀한 산화피막이 만들어지도록 하는 방법이다.
- 수산법 : 알루미늄 제품을 2[%] 수용액에서 직류, 교류 또는 직류에 교류를 동시에 송전하여 표면에 단단하고 치밀한 산화피막을 만든다. 전류 효율이 좋으며 피막의 두께는 전류의 통전량에 비례한다.
- 황산법 : 15~20[%] 황산액이 사용되며 농도가 낮은 경우 단단하고 투명한 피막이 형성되고, 투명한 피막이 얻어지고 수산법보다 약하지 않으므로 일반적으로 많이 이용되는 방법이다.
- 크롬산법 : 3[%]의 산화크롬(Cr_2O_3) 수용액을 사용하며 전해액의 온도를 40[℃] 정도로 유지시킨다. 크롬피막은 내마멸성은 적으나 내식성이 매우 크다.

23

용기 내압시험 시 뷰렛의 용적은 300[mL]이고 전증가량은 200[mL], 항구증가량은 15[mL]일 때 이 용기의 항구증가율은?

① 5[%]
② 6[%]
③ 7.5[%]
④ 8.5[%]

해설및용어설명 |

항구증가율[%] = $\frac{항구증가량}{전증가량} \times 100 = \frac{15}{200} \times 100 = 7.5[\%]$

24

고압가스 일반제조시설에서 고압가스설비의 내압시험압력은 상용압력의 몇 배 이상으로 하는가?

① 1
② 1.1
③ 1.5
④ 1.8

해설및용어설명 | 고압가스설비의 성능 및 구조
고압가스설비는 상용압력의 1.5배 이상의 압력으로 실시하는 내압시험에 합격한 것이고, 상용압력 이상의 압력으로 기밀시험(기밀시험을 실시하기 곤란한 경우에는 누출검사)을 실시하여 이상이 없을 것

25

LPG 용기의 내압시험압력은 얼마 이상이어야 하는가?
(단, 최고충전압력은 1.56[MPa]이다)

① 1.56[MPa]
② 2.08[MPa]
③ 2.34[MPa]
④ 2.60[MPa]

해설및용어설명 |

내압시험압력 = 최고충전압력(FP) $\times \frac{5}{3}$ = $1.56 \times \frac{5}{3}$ = 2.6[MPa]

26

1단 감압식 저압 조정기에 최대 폐쇄압력 성능은?

① 3.5[kPa] 이하　② 5.5[kPa] 이하
③ 95[kPa] 이하　④ 조정압력의 1.25배 이하

해설및용어설명 |
- 1단 감압식 저압, 2단 감압식 일체형 준저압, 2단 감압식 2차용 저압, 자동절체식 일체형 저압 조정기 : 3.5[kPa] 이하
- 2단 감압식 1차용 조정기 : 95[kPa] 이하
- 1단 감압식 준저압, 1단 감압식 일체형 준저압, 자동절체식 일체형 준저압 조정기 : 조정압력의 1.25배

27

다층진공 단열법에 대한 설명으로 틀린 것은?

① 고진공 단열법과 같은 두께의 단열재를 사용해도 단열효과가 더 우수하다.
② 최고의 단열성능을 얻기 위해서는 높은 진공도가 필요하다.
③ 단열층이 어느 정도의 압력에 잘 견딘다.
④ 저온부일수록 온도분포가 완만하여 불리하다.

해설및용어설명 | 다층진공 단열법의 특징
- 고진공 단열법과 큰 차이가 없는 50[mm]의 두께로 고진공 단열법보다 좋은 효과를 얻을 수 있다.
- 최고의 단열성능을 얻으려면 10^{-5}[torr] 정도의 높은 진공도를 필요로 한다.
- 단열층 내의 온도 분포가 복사 전열의 영향으로 저온부일수록 온도 분포가 급하다.
- 단열층이 어느 정도 압력에 견디므로 내층의 지지력이 있다.

28

소형 저장탱크에 대한 설명으로 틀린 것은?

① 옥외에 지상설치식으로 설치한다.
② 소형 저장탱크를 기초에 고정하는 방식은 화재 등의 경우에도 쉽게 분리되지 않는 것으로 한다.
③ 건축물이나 사람이 통행하는 구조물의 하부에 설치하지 아니한다.
④ 동일 장소에 설치하는 소형 저장탱크의 수는 6기 이하로 한다.

해설및용어설명 | 소형 저장탱크를 기초에 고정하는 방식은 화재 등의 경우 쉽게 분리될 수 있는 것으로 한다.

29

고압 산소용기로 가장 적합한 것은?

① 주강용기　② 이중용접용기
③ 이음매 없는 용기　④ 접합용기

해설및용어설명 | 이음매 없는 용기
산소, 수소, 질소 등 고압용으로 주로 사용

30

탄소강에 대한 설명으로 틀린 것은?

① 용도가 다양하다.
② 가공 변형이 쉽다.
③ 기계적 성질이 우수하다.
④ C의 양이 적은 것은 스프링, 공구강 등의 재료로 사용된다.

해설및용어설명 | 각종 탄소강과 그 용도

- 0.15[%C] 이하의 저탄소강 : 탄소량이 적어 담금질 뜨임에 의한 개선이 어려워 냉간 가공을 하여 강도를 높여 사용할 때가 많다. 대상강(帶狀鋼), 박강판, 강선 등에는 냉간 가공성이 좋으며 규소 함유량이 적은 저탄소강이 사용된다.
- 0.16 ~ 0.25[%C] 탄소강 : 강도에 대한 요구보다도 절삭 가공성을 중요시 하는 것으로 0.15[%C] 부근의 것은 냉간 가공용 강으로 널리 사용된다. 0.25[%] 부근의 것은 볼트, 너트, 핀 등 그 용도는 지극히 넓다. 엷은 탄소강 관재로는 0.15 ~ 0.25[%C] 정도가 많이 사용된다.
- 0.25 ~ 0.35[%C] 탄소강 : 이 범위의 탄소강은 단조, 주조, 절삭 가공, 용접 등 어떠한 경우라도 쉽다. 또한 조질에 의해 재질을 개선할 수도 있다. 담금질, 뜨임을 하면 대단히 강인해지며 차축, 기타 일반 기계 부품에서는 압연이나 단조 후 풀림이나 불림을 행하므로 열간 가공에 의해서 조대화나 불균일하게 된 결정입자를 균일 미세화해서 그대로 절삭 가공만을 하여 사용한다.
- 0.35 ~ 0.45[%C] 탄소강 : 비교적 대형의 단조품에서 강도가 부족하거나 또는 조질 후 비교적 큰 강도를 요구할 때 사용된다. 즉, 차축, 크랭크축 등 강인성을 요하는 부품에 적합하다. 탄소량이 많은 편이라 용접이 곤란하다.
- 0.45 ~ 0.60[%C] 탄소강·메짐성이 있고 담금질성은 크나 담금질 균열이 생기기 쉽다 열균열이 생기기 쉽고 인성도 불충분하다. 이 범위의 탄소강은 비교적 용도가 적다.
- 0.6[%C] 이상의 고탄소강 : 구조용재로써 0.6[%C] 이상의 고탄소강을 사용하는 일은 거의 없으나 공구강, 핀, 차륜, 레일, 스프링 등과 같은 내마모성, 고항복점을 요구하는 물품에 사용된다.

31

LPG 저장탱크에 가스를 충전하려면 가스의 용량이 상용온도에서 저장탱크 내용적의 얼마를 초과하지 아니하여야 하는가?

① 95[%] ② 90[%]
③ 85[%] ④ 80[%]

해설및용어설명 | 액화석유가스는 온도 상승으로 인하여 액팽창을 일으킬 위험이 있어 안전 공간을 10[%] 이상 확보하여야 한다.

32

내진 설계 시 지반의 분류는 몇 종류로 하고 있는가?

① 6 ② 5
③ 4 ④ 3

해설및용어설명 | 지반은 표와 같이 S_1 ~ S_6 등 6종류로 분류한다.

지반종류	지반종류의호칭
S_1	암반 지반
S_2	얕고 단단한 지반
S_3	얕고 연약한 지반
S_4	깊고 단단한 지반
S_5	깊고 연약한 지반
S_6	부지 고유의 특성 평가 및 지반응답해석이 요구되는 지반

30 ④ 31 ② 32 ①

33

압축기 실린더 내부 윤활유에 대한 설명으로 틀린 것은?

① 공기 압축기에는 광유(鑛油)를 사용한다.
② 산소 압축기에는 기계유를 사용한다.
③ 염소 압축기에는 진한 황산을 사용한다.
④ 아세틸렌 압축기에는 양질의 광유(鑛油)를 사용한다.

해설및용어설명 | 압축기 윤활유
- 산소 압축기 : 물 또는 10[%] 이하의 묽은 글리세린수
- 염소 압축기 : 진한 황산
- LPG : 식물성유
- 염화메탄, 아청산가스, 아황산 : 화이트유
- 공기, 수소, 아세틸렌 : 양질의 광유

34

냉동설비에 사용되는 냉매가스의 구비조건으로 틀린 것은?

① 안전성이 있어야 한다.
② 증기의 비체적이 커야 한다.
③ 증발열이 커야 한다.
④ 응고점이 낮아야 한다.

해설및용어설명 | 냉매의 구비조건
- 물리적 조건
  - 상온에서 응축액화가 쉬울 것
  - 증발잠열이 크고 기체의 비체적 및 액체의 비열이 적을 것
  - 응고점이 낮을 것
  - 점도가 적고 전열이 좋고 비열비가 적을 것
  - 누설발견이 쉬울 것
  - 터보냉동기 냉매는 비중이 클 것(R-11, R-123, R-113)
- 화학적 조건
  - 금속을 부식 시키지 말 것
    NH_3 냉동장치에서는 동(Cu) 및 동합금 62[%] 이상 사용금지
    프레온 냉동장치에는 Mg 및 Mg을 2[%] 이상 함유한 Al합금 사용금지
    염화메틸(R-40) : Al, Mg, Zn 및 그 합금 사용금지
  - 화학적으로 안정할 것

35

유체가 흐르는 관의 지름이 입구 0.5[m], 출구 0.2[m]이고, 입구유속이 5[m/s]라면 출구유속은 약 몇 [m/s]인가?

① 21 ② 31
③ 41 ④ 51

해설및용어설명 | $Q_1 = Q_2$ 이므로 $A_1 V_1 = A_2 V_2$ 이다.

$$\therefore V_2 = \frac{A_1}{A_2} V_1 = \frac{\frac{\pi}{4} \times 0.5^2}{\frac{\pi}{4} \times 0.2^2} \times 5 = 31.25 [m/s]$$

36

저온장치에서 CO_2와 수분이 존재할 때 그 영향에 대한 설명으로 옳은 것은?

① CO_2는 저온에서 탄소와 산소로 분리된다.
② CO_2는 저장장치에서 촉매 역할을 한다.
③ CO_2는 가스로써 별로 영향을 주지 않는다.
④ CO_2는 드라이아이스가 되고 수분은 얼음이 되어 배관 밸브를 막아 흐름을 저해한다.

해설및용어설명 | 저온장치에서 이산화탄소(CO_2)는 드라이아이스(고체탄산)가 되고, 수분은 얼음이 되어 밸브 및 배관을 폐쇄하므로 제거하여야 한다.

37

냉간가공과 열간가공을 구분하는 기준이 되는 온도는?

① 끓는 온도 ② 상용 온도
③ 재결정 온도 ④ 섭씨 0도

해설및용어설명 | 재료의 재결정 온도 이상에서 행하는 가공을 말한다. 이에 비해 재결정 온도 이하에서 행하는 가공을 상온가공 또는 냉간가공이라 한다. 열간가공에 의하면 가공과 동시에 재결정을 일으켜 무르게 되므로 가공이 진행되어도 가공성을 잃지 않는다.

38

냉동기의 성적(성능)계수를 εR로 하고 열펌프의 성적계수를 εH로 할 때 εR과 εH 사이에는 어떠한 관계가 있는가?

① $\varepsilon R < \varepsilon H$ ② $\varepsilon R = \varepsilon H$
③ $\varepsilon R > \varepsilon H$ ④ $\varepsilon R > \varepsilon H$ 또는 $\varepsilon R < \varepsilon H$

해설및용어설명 |
- 냉동기의 성적계수
$$\varepsilon R = \frac{Q_2}{AW} = \frac{Q_2}{Q_1 - Q_2} = \frac{T_2}{T_1 - T_2}$$
- 열 펌프의 성적계수
$$\varepsilon H = \frac{Q_1}{AW} = \frac{Q_1}{Q_1 - Q_2} = \frac{T_1}{T_1 - T_2}$$
∴ 열 펌프의 성적계수 = 냉동기의 성적계수 + 1

39

LPG 충전소 내의 가스사용시설 수리에 대한 설명으로 옳은 것은?

① 화기를 사용하는 경우에는 설비내부의 가연성 가스가 폭발하한계의 1/4 이하인 것을 확인하고 수리하다.
② 충격에 의한 불꽃에 가스가 인화할 염려는 없다고 본다.
③ 내압이 완전히 빠져 있으면 화기를 사용해도 좋다.
④ 볼트를 조일 때는 한 쪽만 잘 조이면 된다.

해설및용어설명 | 각 항목의 옳은 설명
- 일반 공구를 사용 시 충격에 의한 불꽃에 가스가 인화할 염려가 있으므로 베릴륨 합금으로 만든 공구를 사용한다.
- 내압이 완전히 빠져 있어도 설비 내부의 가연성 가스가 폭발하한계의 1/4 이하인 것을 확인하고 화기를 사용한다.
- 볼트를 조일 경우에는 대각으로 번갈아가며 조금씩 조여준다.

40

산소 또는 불활성 가스 초저온 저장탱크의 경우에 한정하여 사용이 가능한 액면계는?

① 평형반사식 액면계 ② 슬립튜브식 액면계
③ 환형유리제 액면계 ④ 플로트식 액면계

해설및용어설명 | 산소 또는 불활성 가스의 초저온 저장탱크의 경우에 한정하여 환형유리제 액면계도 가능하다.

2019년 제2회 가스산업기사

21

도시가스 제조공정 중 촉매 존재하에 약 400~800[℃]의 온도에서 수증기와 탄화수소를 반응시켜 CH_4, H_2, CO, CO_2 등으로 변화시키는 프로세스는?

① 열분해 프로세스 ② 부분연소 프로세스
③ 접촉분해 프로세스 ④ 수소화분해 프로세스

해설및용어설명 | 접촉분해(수증기개질)공정
고온의 수증기(700~1,000[℃])로 천연가스의 성분인 메탄에서 수소를 분리시킨다.
$CH_4 + H_2O(+ 열) \rightarrow CO + 3H_2$

22

직류전철 등에 의한 누출전류의 영향을 받는 배관에 적합한 전기방식법은?

① 희생양극법 ② 교호법
③ 배류법 ④ 외부전원법

해설및용어설명 | 배류법
레일로부터 누설전류에 의한 전식의 방지를 목적으로 지중매설 금속체와 레일을 전기적으로 접속하여 금속체에 흐르는 전류를 일괄하고, 레일에 흘려서 분산유출하는 것을 방지하며, 전식을 작게 한다. 전기적인 접속방법으로는 직접배류법, 선택배류법, 강제배류법이 있다.

23

전양정이 54[m], 유량이 1.2[m³/min]인 펌프로 물을 이송하는 경우, 이 펌프의 축동력은 약 몇 [PS]인가? (단, 펌프의 효율은 80[%], 물의 밀도는 1[g/cm³]이다)

① 13 ② 18
③ 23 ④ 28

해설및용어설명 |

$$[PS] = \frac{\gamma QH}{75\eta} = \frac{1,000 \times 1.2 \times 54}{75 \times 0.8 \times 60} = 18$$

※ 유량시간단위에 따라 60 또는 3,600을 계산하여 준다.

- γ : 비중량[kg/m³]
- Q : 유량[m³/sec]
- H : 양정[m]
- η : 효율($\eta < 1$)

24

LNG 수입기지에서 LNG를 NG로 전환하기 위하여 가열원을 해수로 기화시키는 방법은?

① 냉열기화
② 중앙매체식 기화기
③ Open Rack Vaporizer
④ Submerged Conversion Vaporizer

해설및용어설명 | 공기식 증발기(空氣式蒸發器, Open Rack Vaporizer)
수직으로 여러 개 병렬 연결된 알루미늄 합금제의 핀 튜브에 탱크로부터 펌프에 의해 LNG를 흡입하면서 튜브 외부에서 분사시키는 바닷물에 의하여 기화되는 방식

정답 21 ③ 22 ③ 23 ② 24 ③

25

Vapor-Rock 현상의 원인과 방지 방법에 대한 설명으로 틀린 것은?

① 흡입관 지름을 작게 하거나 펌프의 설치위치를 높게 하여 방지할 수 있다.
② 흡입관로를 청소하여 방지할 수 있다.
③ 흡입관로의 막힘, 스케일 부착 등에 의해 저항이 증대했을 때 원인이 된다.
④ 액 자체 또는 흡입배관 외부의 온도가 상승될 때 원인이 될 수 있다.

해설및용어설명 | 베이퍼록 현상
비등점이 낮은 액체 등을 이송할 경우 펌프의 입구 측에서 발생되는 현상으로 액체의 비등현상을 말한다.

- 발생원인
  - 액 자체 또는 흡입배관 외부의 온도가 상승할 경우
  - 흡입관 지름이 작거나 펌프 설치위치가 적당하지 않을 경우
  - 흡입관로의 막힘, 스케일 부착 등에 의한 저항이 증대될 경우
  - 펌프 냉각기가 작동하지 않거나 설치되지 않은 경우
- 방지대책
  - 실린더 라이너의 외부를 냉각시킨다.
  - 흡입관 지름을 크게 하거나 펌프의 설치위치를 낮춘다.
  - 흡입배관 경로를 청소하고 단열처리한다.

26

저압 가스 배관에서 관의 내경이 1/2로 되면 압력손실은 몇 배가 되는가? (단, 다른 모든 조건은 동일한 것으로 본다)

① 4　　② 16
③ 32　　④ 64

해설및용어설명 | 압력손실은 배관 내경 5승에 반비례한다.

$$Q = K\sqrt{\frac{D^5 \cdot H}{S \cdot L}} \text{ 에서 } H = \frac{Q^2 SL}{K^2 D^5}$$

$$\therefore H = \frac{1}{\left(\frac{1}{2}\right)^5} = 32배$$

27

사용압력이 60[kg/cm²], 관의 허용응력이 20[kg/mm²]일 때의 스케줄 번호는 얼마인가?

① 15　　② 20
③ 30　　④ 60

해설및용어설명 | 스케줄 번호
관의 두께를 표시하는 번호

$$\text{스케줄 번호} = 10 \times \frac{\text{사용압력}}{\text{허용응력}} = 10 \times \frac{60}{20} = 30$$

28

도시가스 배관 등의 용접 및 비파괴검사 중 용접부의 육안검사에 대한 설명으로 틀린 것은?

① 보강 덧붙임은 그 높이가 모재 표면보다 낮지 않도록 하고, 3[mm] 이상으로 할 것
② 외면의 언더컷은 그 단면이 V자형으로 되지 않도록 하며, 1개의 언더컷 길이 및 깊이는 각각 30[mm] 이하 및 0.5[mm] 이하일 것
③ 용접부 및 그 부근에는 균열, 아크 스트라이크, 위해하다고 인정되는 지그의 흔적, 오버랩 및 피트 등의 결함이 없을 것
④ 비드 형상이 일정하며, 슬러그, 스패터 등이 부착되어 있지 않을 것

해설및용어설명 | 육안검사는 다음 기준에 적합하게 한다.

- 보강 덧붙임(Reinforcement of Weld)은 그 높이가 모재표면보다 낮지 않도록 하고, 3[mm](알루미늄은 제외한다) 이하를 원칙으로 한다.
- 외면의 언더컷(Undercut)은 그 단면이 V자형으로 되지 않도록 하며, 1개의 언더컷 길이와 깊이는 각각 30[mm] 이하와 0.5[mm] 이하이고 1개의 용접부에서 언더컷 길이의 합이 용접부 길이의 15[%] 이하가 되도록 한다.
- 용접부 및 그 부근에는 균열, 아크스트라이크(Arc-strike), 위해하다고 인정되는 지그(Jig)의 흔적, 오버랩(Overlap) 및 피트(Pit) 등의 결함이 없고, 비이드(Bead) 형상이 일정하며, 슬러그(Slug), 스패터(Spatter) 등이 부착되어 있지 아니하도록 한다.

29

기화장치의 성능에 대한 설명으로 틀린 것은?

① 온수가열방식은 그 온수의 온도가 80[℃] 이하이어야 한다.
② 증기가열방식은 그 온수의 온도가 120[℃] 이하이어야 한다.
③ 기화통 내부는 밀폐구조로 하며 분해할 수 없는 구조로 한다.
④ 액 유출 방지장치로서의 전자식밸브는 액화가스 인입부의 필터 또는 스트레이너 후단에 설치한다.

해설및용어설명 | 기화장치는 부식여부 등을 확인할 수 있도록 다음 구조로 한다.
- 열매체 부분은 분해하여 확인이 가능한 구조로 한다.
- 기화통 내부는 점검구 등을 통하여 확인할 수 있거나 분해점검을 통하여 확인할 수 있는 구조로 한다.

30

동일한 펌프로 회전수를 변경시킬 경우 양정을 변화시켜 상사조건이 되려면 회전수와 유량은 어떤 관계가 있는가?

① 유량에 비례한다.
② 유량에 반비례한다.
③ 유량의 2승에 비례한다.
④ 유량의 2승에 반비례한다.

해설및용어설명 | 펌프의 상사법칙
원심 펌프에서 임펠러의 크기를 D, 회전속도를 N, 양정을 H, 유량을 Q, 동력을 P 라고 하면 다음과 같은 상사법칙이 성립된다.
- 유량 : 유량 Q는 회전수 변화에 비례한다.

$$Q_2 = Q_1 \times \left(\frac{N_2}{N_1}\right)^1$$

- 양정 : 양정 H는 회전수 변화에 제곱에 비례한다.

$$H_2 = H_1 \times \left(\frac{N_2}{N_1}\right)^2$$

- 동력 : 동력 P는 회전수 변화의 세제곱에 비례한다.

$$P_2 = P_1 \times \left(\frac{N_2}{N_1}\right)^3$$

31

도시가스 정압기 출구 측의 압력이 설정압력보다 비정상적으로 상승하거나 낮아지는 경우에 이상 유무를 상황실에서 알 수 있도록 알려 주는 설비는?

① 압력기록장치
② 이상압력통보설비
③ 가스누출 경보장치
④ 출입문 개폐통보장치

해설및용어설명 | 정압기 부속설비
- 불순물 제거장치(필터) : 정압기 1차측에 필터를 설치 배관 내 먼지나 가스 중 불순물 제거
- 이상압력 경보장치 : 정압기의 고장으로 인하여 1차측의 압력이 2차측으로 조정 없이 유입될 경우 이를 감지하여 경보를 울려주는 장치
- 긴급차단장치 : 정압기의 2차측 압력이 일정압력 이상 상승되면 가스를 차단하는 장치
- 안전밸브 : 2차측 압력이 상승할 경우 상승된 압력을 대기로 방출하여 2차측 압력상승을 방지하는 밸브
- 원격감시장치 : 정압기 실내의 가스누출, 1, 2차 압력감시, 출입문 개폐 및 긴급차단밸브 개폐 등 정압기의 운전상황을 실시간으로 감시
- 가스누출 검지 통보설비 : 정압기실 안에 누출된 가스를 검지하여 통보해 주는 기기

32

가연성 가스를 충전하는 차량에 고정된 탱크 및 용기에 부착되어 있는 안전밸브의 작동압력으로 옳은 것은?

① 상용압력의 1.5배 이하
② 상용압력의 10분의 8 이하
③ 내압시험압력의 1.5배 이하
④ 내압시험압력의 10분의 8 이하

해설및용어설명 | 안전밸브는 그 안전밸브가 부착되는 용기의 종류에 따른 내압시험압력의 10분의 8 이하의 압력(용전을 사용한 안전밸브의 경우에는 그 용전이 부착되는 용기의 종류에 따른 내압시험압력의 10분의 8이 되는 온도 이하의 온도)에서 작동되는 것으로 한다.

33

자연기화와 비교한 강제기화기 사용 시 특징에 대한 설명으로 틀린 것은?

① 기화량을 가감할 수 있다.
② 공급가스의 조성이 일정하다.
③ 설비장소가 커지고 설비비는 많이 든다.
④ LPG 종류에 관계없이 한랭 시에도 충분히 기화된다.

해설및용어설명 | 강제기화 이점
- 한랭 시 공급 가능하다.
- 가스조성이 일정하다.
- 설치면적이 적어도 된다.
- 기화량을 가감할 수 있다.

34

재료의 성질 및 특성에 대한 설명으로 옳은 것은?

① 비례한도 내에서 응력과 변형은 반비례한다.
② 안전율은 파괴강도와 허용응력에 각각 비례한다.
③ 인장시험에서 하중을 제거시킬 때 변형이 원상태로 되돌아가는 최대 응력값을 탄성한도라 한다.
④ 탄성한도 내에서 가로와 세로 변형률의 비는 재료에 관계없이 일정한 값이 된다.

해설및용어설명 |
- 비례한도(탄성한도) 안에서 응력과 변형은 정비례한다.
- 안전율 = 기준강도/허용응력(반비례)
- 인장시험에서 응력이 작을 때는 대부분 하중을 제거하면 변형은 사라지고 원위치로 되돌아간다. 그러나 하중이 점차 증가하여 어느 한도에 도달하면 하중을 제거하여도 원위치로 되돌아가지 못하고 변형이 남는데 이것을 영구변형이라 하며, 영구변형을 남기지 않는 최대 응력을 탄성한도라 한다.

35

펌프에서 일어나는 현상 중 송출압력과 송출유량 사이에 주기적인 변동이 일어나는 현상은?

① 서징현상　　② 공동현상
③ 수격현상　　④ 진동현상

해설및용어설명 | 서징현상
펌프를 운전할 때 송출압력과 송출유량이 주기적으로 변동하여 펌프 입구 및 출구에 설치된 진공계, 압력계의 지침이 흔들리는 현상

36

냉동기에 대한 옳은 설명으로만 모두 나열된 것은?

> ㉠ CFC 냉매는 염소, 불소, 탄소만으로 화합된 냉매이다.
> ㉡ 물은 비체적이 커서 증기 압축식 냉동기에 적당하다.
> ㉢ 흡수식 냉동기는 서로 잘 용해하는 두 가지 물질을 사용한다.
> ㉣ 냉동기의 냉동효과는 냉매가 흡수한 열량을 뜻한다.

① ㉠, ㉡　　② ㉡, ㉢
③ ㉠, ㉣　　④ ㉠, ㉢, ㉣

해설및용어설명 | 증기압축식 냉동기
냉매의 증발잠열을 이용하여 피냉각 물체를 냉각하는 방식
(물은 동결점이 매우 높고 비체적이 커서 증기 압축식 냉동기에는 부적합하다)

37

정류(Rectification)에 대한 설명으로 틀린 것은?

① 비점이 비슷한 혼합물의 분리에 효과적이다.
② 상층의 온도는 하층의 온도보다 높다.
③ 환류비를 크게 하면 제품의 순도는 좋아진다.
④ 포종탑에서는 액량이 거의 일정하므로 접촉효과가 우수하다.

해설및용어설명 | 정류는 혼합물 각 성분의 서로 다른 변동성을 사용하여 각 구성 요소를 분리한 것이다. 정류과정에서 상층에 있는 가스가 냉각되어 액체로 변하면서 열이 방출하기 때문에 상층의 온도가 하층의 온도보다 낮다.

38

고압가스 설비에 설치하는 압력계의 최고 눈금은?

① 상용압력의 2배 이상, 3배 이하
② 상용압력의 1.5배 이상, 2배 이하
③ 내압시험압력의 1배 이상, 2배 이하
④ 내압시험압력의 1.5배 이상, 2배 이하

해설및용어설명 | 압력계 최고 눈금범위
상용압력의 1.5배 이상 2배 이하

39

천연가스의 비점은 약 몇 [℃]인가?

① -84
② -162
③ -183
④ -192

해설및용어설명 | 천연가스(메탄)의 비점은 대기압하에서 -162[℃]이다.

40

가스용기재료의 구비조건으로 가장 거리가 먼 것은?

① 내식성을 가질 것
② 무게가 무거울 것
③ 충분한 강도를 가질 것
④ 가공 중 결함이 생기지 않을 것

해설및용어설명 | 용기재료의 구비조건
• 내식성, 내마모성을 가질 것
• 가볍고 충분한 강도를 가질 것
• 저온 및 사용 중 충격에 견디는 연성·전성을 가질 것
• 가공성, 용접성이 좋고 가공 중 결함이 생기지 않을 것

정답 37 ② 38 ② 39 ② 40 ②

2019년 제4회 가스산업기사

21

펌프의 토출량이 6[m³/min]이고, 송출구의 안지름이 20[cm]일 때 유속은 약 몇 [m/s]인가?

① 1.5
② 2.7
③ 3.2
④ 4.5

해설및용어설명 |

유량 = 유속×면적

$6 = x \times 60 \times \left(\dfrac{3.14}{4} \times 0.2^2\right)$

x(유속) = 3.2

22

탄소강에서 탄소 함유량의 증가와 더불어 증가하는 성질은?

① 비열
② 열팽창율
③ 탄성계수
④ 열전도율

해설및용어설명 |
- 탄소함유량의 증가에 따라 증가하는 성질 : 비열, 전기저항, 항자력
- 탄소함유량의 증가에 따라 감소하는 성질 : 비중, 용융점, 열팽창률, 탄성계수, 도전율

23

탱크로리로부터 저장탱크로 LPG 이송 시 잔가스 회수가 가능한 이송방법은?

① 압축기 이용법
② 액송 펌프 이용법
③ 차압에 의한 방법
④ 압축가스용기 이용법

해설및용어설명 | LP가스 압축기에 의한 이송방식
- 탱크 내 잔가스 회수가 용이하다.
- 베이퍼록 현상이 없다.
- 펌프에 비해 이송시간이 짧다.
- 저온에서 부탄가스가 재액화 현상이 발생한다.

24

메탄가스에 대한 설명으로 옳은 것은?

① 담청색의 기체로서 무색의 화염을 낸다.
② 고온에서 수증기와 작용하면 일산화탄소와 수소를 생성한다.
③ 공기 중의 30[%]의 메탄가스가 혼합된 경우 점화하면 폭발한다.
④ 올레핀계 탄화수소로써 가장 간단한 형의 화합물이다.

해설및용어설명 | 메탄
- 무색무취의 기체(폭발범위 5 ~ 15[%])
- 알칸 또는 파라핀계 탄화수소이다.
- 고온에서 수증기와 작용하면 일산화탄소와 수소를 생성한다.
  $CH_4 + H_2O \rightarrow CO + 3H_2$

25

조정압력이 3.3[kPa] 이하이고 노즐 지름이 3.2[mm] 이하인 일반용 LP가스 압력조정기의 안전장치 분출용량은 몇 [L/h] 이상이어야 하는가?

① 100
② 140
③ 200
④ 240

해설및용어설명 | 안전장치 분출용량
조정압력 3.3[kPa] 이하
- 노즐지름이 3.2[mm] 이하일 때 : 140[L/h] 이상
- 노즐지름이 3.2[mm] 초과일 때 : Q(분출량) = 44D(조정기 노즐지름)

26

시간당 50,000[kcal]를 흡수하는 냉동기의 용량은 약 몇 냉동톤인가?

① 3.8
② 7.5
③ 15
④ 30

해설및용어설명 | 1냉동톤 = 3,320[kcal/h]

$$\frac{50,000}{3,320} = 15[RT]$$

27

메탄염소화에 의해 염화메틸(CH₃Cl)을 제조할 때 반응 온도는 얼마 정도로 하는가?

① 100[℃]
② 200[℃]
③ 300[℃]
④ 400[℃]

해설및용어설명 | 메탄의 수소 하나만 염소로 치환된 것을 염화메틸, 두 개가 치환된 것을 염화메틸렌, 세 개가 치환된 것을 클로로포름, 네 개가 치환된 것을 사염화탄소라고 한다. 메탄은 안정적인 구조를 가지고 있어서 염소화시키기 어려운 분자이다. 여기에 열과 빛을 가하여 라디칼 반응을 시켜 염화메탄을 제조한다. 공업적으로 주로 열을 가하는 방법을 사용하며 기상에서 400~500[℃]로 얻을 수 있다.

28

동관용 공구 중 동관 끝을 나팔형으로 만들어 압축이음 시 사용하는 공구는?

① 익스펜더
② 플레어링 툴
③ 사이징 툴
④ 리머

해설및용어설명 |
- 익스펜더 : 동관 확관용 공구
- 플레어링 툴 : 동관의 끝을 나팔관으로 만들어 압축이음 시 사용하는 공구
- 사이징 툴 : 동관의 끝을 원형으로 정형하는 공구
- 리머 : 동관 절단 후 생기는 거스러미 제거용 공구

29

원심 펌프의 회전수가 1,200[rpm]일 때 양정 15[m], 송출유량 2.4[m³/min], 축동력 10[PS]이다. 이 펌프를 2,000[rpm]으로 운전할 때의 양정(H)은 약 몇 [m]가 되겠는가? (단, 펌프의 효율은 변하지 않는다)

① 41.67
② 33.75
③ 27.78
④ 22.72

해설및용어설명 | 펌프의 상사 법칙

$$H_2 = H_1 \times \left(\frac{N_2}{N_1}\right)^2$$

$$15 \times \left(\frac{2,000}{1,200}\right)^2 = 41.67$$

30

금속의 열처리에서 풀림(Annealing)의 주된 목적은?

① 강도 증가
② 인성 증가
③ 조직의 미세화
④ 강을 연하게 하여 기계 가공성을 향상

해설및용어설명 | 풀림은 공작기계 제작공업에서 사용될 목적으로 단조된 반제품 등의 가공성을 좋게 하기 위해 행한다.

정답 26 ③ 27 ④ 28 ② 29 ① 30 ④

31

기밀성 유지가 양호하고 유량조절이 용이하지만 압력손실이 비교적 크고 고압의 대구경 밸브로는 적합하지 않은 특징을 가지는 밸브는?

① 플러그 밸브　② 글로브 밸브
③ 볼 밸브　④ 게이트 밸브

해설및용어설명 |
- 플러그 밸브 : 원통형, 원추형 또는 편심 구형의 폐쇄 기구를 갖는 밸브
- 글로브 밸브 : 유량제어를 목적으로 유체를 개폐하는 밸브
- 볼 밸브 : 밸브 내의 한 방향으로 구멍이 뚫린 볼(구슬)이 있어, 밸브 개폐 손잡이(핸들)를 90° 회전하면 내부의 볼이 같이 회전하면서 유체의 흐름을 제어하는 밸브
- 게이트 밸브 : 유체가 흐르는 통로를 개폐하는 구조를 가진 밸브

32

가스 배관의 구경을 산출하는 데 필요한 것으로만 짝지어진 것은?

㉠ 가스 유량	㉡ 배관길이
㉢ 압력손실	㉣ 배관재질
㉤ 가스의 비중	

① ㉠, ㉡, ㉢, ㉣
② ㉡, ㉢, ㉣, ㉤
③ ㉠, ㉡, ㉢, ㉤
④ ㉠, ㉡, ㉣, ㉤

해설및용어설명 | 저압배관 유량 계산식

$$Q = K\sqrt{\frac{D^5 \cdot H}{S \cdot L}}$$

- H : 압력손실[mmH₂O]
- Q : 유량[m³/h]
- L : 배관길이[m]
- D : 배관관경[cm]
- S : 가스비중
- K : 상수

33

LPG 소비설비에서 용기의 개수를 결정할 때 고려사항으로 가장 거리가 먼 것은?

① 감압방식
② 1가구당 1일 평균가스 소비량
③ 소비자 가구수
④ 사용가스의 종류

해설및용어설명 | 감압방식은 조정기 수량결정 시 고려할 사항이다.

34

밀폐식 가스연소기의 일종으로 시공성은 물론 미관상도 좋고, 배기가스 중독사고의 우려도 적은 연소기 유형은?

① 자연배기(CF)식　② 강제배기(FE)식
③ 자연급배기(BF)식　④ 강제급배기식(FF)식

해설및용어설명 | 강제급배기식 보일러는 가스연소에 필요한 공기를 가스보일러에 장착된 배출기(FAN)와 설비된 이중연도를 통하여 외부에서 취하고 연소 후 발생한 배기가스를 실외로 배출하는 방식으로 급기와 배기를 직접 실외에서 공급받고 실외로 배출하는 구조로서 가장 안전한 방식이다.

35

가스 충전구의 나사방향이 왼나사이어야 하는 것은?

① 암모니아　② 브롬화메틸
③ 산소　④ 아세틸렌

해설및용어설명 | 충전구의 나사형식
- 가연성 가스 : 왼나사(단, 암모니아, 브롬화메탄은 오른나사)
- 그 외 가스 : 오른나사

36

펌프의 공동현상(Cavitation) 방지방법으로 틀린 것은?

① 흡입양정을 짧게 한다.
② 양흡입 펌프를 사용한다.
③ 흡입 비교 회전도를 크게 한다.
④ 회전차를 물속에 완전히 잠기게 한다.

해설및용어설명 | 공동현상 방지방법
- 펌프의 설치 높이를 낮추어 흡입 양정을 짧게 한다.
- 회전차를 수중에 완전히 잠기게 한다.
- 펌프의 회전수를 낮추어 흡입비교회전도를 적게 한다.
- 양흡입 펌프를 사용한다.
- 두 대 이상의 펌프를 사용한다.

37

공기액화장치 중 수소, 헬륨을 냉매로 하며 2개의 피스톤이 한 실린더에 설치되어 팽창기와 압축기의 역할을 동시에 하는 형식은?

① 캐스케이드식
② 캐피자식
③ 클라우드식
④ 필립스식

해설및용어설명 | 필립스식
수소, 헬륨을 냉매로 한 효율적인 냉동방식이며 하나의 실린더에 피스톤과 보조피스톤이 있고, 두 개의 피스톤 작용으로 상부는 팽창기로 하부는 압축기로 구성되어 수소와 헬륨이 봉입되어 있다.

38

가스액화 분리장치의 구성이 아닌 것은?

① 한랭 발생장치
② 불순물 제거장치
③ 정류(분축, 흡수)장치
④ 내부연소식 반응장치

해설및용어설명 | 저온도에서 정류, 분축, 흡수 등의 조작에 의해 기체를 분리하는 장치를 가스액화 분리장치라고 한다. 다음 각 부분으로 구성되어 있다.
- 한랭(寒冷) 발생장치
- 정류(精溜) 가스 (분축, 흡수)장치
- 불순물 제거장치

39

강제 급배기식 가스온수보일러에서 보일러의 최대 가스 소비량과 각 버너의 가스 소비량은 표시치의 얼마 이내인 것으로 하여야 하는가?

① ±5[%]
② ±8[%]
③ ±10[%]
④ ±15[%]

해설및용어설명 | 전가스소비량은 제조자가 제시한 표시치의 ±10[%] 이내인 것으로 한다. 다만, 전가스소비량 외에 각 버너의 가스소비량도 표시되는 경우 각 버너의 가스소비량은 제조자가 제시한 표시치의 ±10[%] 이내인 것으로 한다.

40

공기액화 분리장치의 폭발 원인이 될 수 없는 것은?

① 공기 취입구에서 아르곤 혼입
② 공기 취입구에서 아세틸렌 혼입
③ 공기 중 질소화합물(NO, NO_2) 혼입
④ 압축기용 윤활유의 분해에 의한 탄화수소의 생성

해설및용어설명 | 공기액화 분리장치의 폭발원인
- 공기 중에 있는 산화질소, 과산화 질소 등의 질소화합물(NO, NO_2)의 혼입
- 액체 공기 중에 오존(O_3)혼입
- 공기 취입구로부터 아세틸렌(C_2H_2)의 침입
- 압축기용 윤활유의 열화에 의한 탄화수소의 생성

2020년 제1·2회 가스산업기사

21

조정압력이 3.3[kPa] 이하인 액화석유가스 조정기의 안전장치 작동정지압력은?

① 7[kPa]
② 5.04 ~ 8.4[kPa]
③ 5.6 ~ 8.4[kPa]
④ 8.4 ~ 10[kPa]

해설및용어설명 | 조정압력이 3.3[kPa] 이하인 압력조정기의 작동압력
- 작동표준압력 : 7.0[kPa]
- 작동개시압력 : 5.60 ~ 8.4[kPa]
- 작동정지압력 : 5.04 ~ 8.4[kPa]

22

어떤 냉동기에서 0[℃]의 물로 0[℃]의 얼음 2톤을 만드는 데 50[kW·h]의 일이 소요되었다. 이 냉동기의 성능계수는? (단, 물의 응고열은 80[kcal/kg]이다)

① 3.7
② 4.7
③ 5.7
④ 6.7

해설및용어설명 | 성적계수(성능계수)는 냉동기의 냉동량과 압축일량의 열당량(또는 압축에 필요한 열량)과의 비를 말한다.

$$성적계수 = \frac{냉동기\ 냉동능력}{압축기\ 열당량} = \frac{2{,}000 \times 80}{50 \times 860} = 3.72$$

23

가스용 폴리에틸렌관의 장점이 아닌 것은?

① 부식에 강하다.
② 일광, 열에 강하다.
③ 내한성이 우수하다.
④ 균일한 단위제품을 얻기 쉽다.

해설및용어설명 | 폴리에틸렌관은 열에 약하므로 열원으로부터 떨어진 곳에 보관하고, 장시간 직사광선에 노출되는 것을 방지해야 한다.

24

정압기(Governor)의 기본구성 중 2차 압력을 감지하고 변동사항을 알려주는 역할을 하는 것은?

① 스프링
② 메인밸브
③ 다이어프램
④ 웨이트

해설및용어설명 | 기본구조
- 다이어프램(감지부) : 2차측의 압력을 감지하여 그 압력변동에 따라 상하로 움직이면서 메인밸브를 작동시킨다.
- 스프링(부하부) : 다이어프램에 걸리는 2차압력과 균형을 유지시켜 2차측 압력을 설정한다.
- 조정(메인)밸브(제어부) : 가스의 유량을 그 열림의 정도에 의해 직접 조정한다.

25

도시가스 저압배관의 설계 시 반드시 고려하지 않아도 되는 사항은?

① 허용 압력손실 ② 가스 소비량
③ 연소기의 종류 ④ 관의 길이

해설및용어설명 | 설계 시 고려사항
- 가스 소비량 산정
- 가스 관지름 산정
- 압력 산정(각 부분의 압력손실, 높이에 따른 압력보상 등)

26

일반도시가스 사업자의 정압기에서 시공감리 기준 중 기능검사에 대한 설명으로 틀린 것은?

① 2차 압력을 측정하여 작동압력을 확인한다.
② 주정압기의 압력변화에 따라 예비정압기가 정상작동 되는지 확인한다.
③ 가스차단장치의 개폐상태를 확인한다.
④ 지하에 설치된 정압기실 내부에 100[Lux] 이상의 조명도가 확보되는지 확인한다.

해설및용어설명 | 지하에 설치된 정압기실 내부에 150[lux] 이상의 조명도가 확보되는지 확인한다.

27

발열량이 10,500[kcal/m³]인 가스를 출력 12,000[kcal/h]인 연소기에서 연소효율 80[%]로 연소시켰다. 이 연소기의 용량은?

① 0.70[m³/h] ② 0.91[m³/h]
③ 1.14[m³/h] ④ 1.43[m³/h]

해설및용어설명 |

$$\frac{12,000}{x \times 10,500} \times 100 = 80[\%]$$

$x = 1.43$

28

전기방식에 대한 설명으로 틀린 것은?

① 전해질 중 물, 토양, 콘크리트 등에 노출된 금속에 대하여 전류를 이용하여 부식을 제어하는 방식이다.
② 전기방식은 부식 자체를 제거할 수 있는 것이 아니고 음극에서 일어나는 부식을 양극에서 일어나도록 하는 것이다.
③ 방전류는 양극에서 양극반응에 의하여 전해질로 이온이 누출되어 금속표면으로 이동하게 되고 음극 표면에서는 음극반응에 의하여 전류가 유입되게 된다.
④ 금속에서 부식을 방지하기 위해서는 방식전류가 부식전류 이하가 되어야 한다.

해설및용어설명 | 전기방식
금속 표면에서 유출하는 전류(부식전류)의 반대방향으로부터 충분한 전류(방식전류)를 인위적으로 계속 공급하여 부식전류를 소멸시키는 방법

29

LPG를 탱크로리에서 저장탱크로 이송 시 작업을 중단해야 하는 경우로써 가장 거리가 먼 것은?

① 누출이 생긴 경우
② 과충전이 된 경우
③ 작업 중 주위에 화재 발생 시
④ 압축기 이용 시 베이퍼록 발생 시

해설및용어설명 | 이송작업 중 관리
- 탱크로리에서 이송작업 중 작업자와 탱크로리 운전자는 현장에 대기하면서 이송작업을 관리하여야 한다.
- 이송 중 누출이 발생하거나 다른 이상이 발생될 경우에는 작업을 중단하여야 한다.
- 탱크로리의 내용물 중 일부만 하역하여야 하는 경우에는 과충전이 발생되지 않도록 탱크 및 탱크로리의 레벨, 적산 유량계가 설치된 경우에는 적산량 등을 통해 정해진 양을 이송시킨다(압축기로 이송 시 베이퍼록 현상이 일어나지 않는다).

30

터보형 펌프에 속하지 않는 것은?

① 사류 펌프 ② 축류 펌프
③ 플런저 펌프 ④ 센트리퓨걸 펌프

해설및용어설명 | 플런저 펌프는 왕복동식 펌프에 속한다.

31

Loading형으로 정특성, 동특성이 양호하며 비교적 콤팩트한 형식의 정압기는?

① KRF식 정압기 ② Fisher식 정압기
③ Reynolds식 정압기 ④ Axial-flow식 정압기

해설및용어설명 |
- 레이놀드식 : Unloading 형식
- 액셜 플로우식 : 변칙 Unloading 형식
- 피셔식 정압기의 특징
  - 로딩(loading)형이다.
  - 정특성, 동특성이 양호하다.
  - 비교적 콤팩트하다.
  - 중압용에 주로 사용된다.

32

2개의 단열과정과 2개의 등압과정으로 이루어진 가스터빈의 이상 사이클은?

① 에릭슨 사이클 ② 브레이턴 사이클
③ 스털링 사이클 ④ 아트킨슨 사이클

해설및용어설명 | 브레이턴 사이클

가스터빈 기관의 열역학적 이상 사이클로 주로 항공기 추진이나 전력생산에 응용된다.

33

캐비테이션 현상의 발생 방지책에 대한 설명으로 가장 거리가 먼 것은?

① 펌프의 회전수를 높인다.
② 흡입 관경을 크게 한다.
③ 펌프의 위치를 낮춘다.
④ 양흡입 펌프를 사용한다.

해설 및 용어설명 | 빠른 속도로 액체가 운동할 때 액체의 압력이 증기압 이하로 낮아져서 액체 내 증기 기포가 발생하는 현상으로 회전수를 낮추어야 캐비테이션 현상이 방지된다.

34

LP가스를 이용한 도시가스 공급방식이 아닌 것은?

① 직접 혼입방식
② 공기 혼입방식
③ 변성 혼입방식
④ 생가스 혼입방식

해설 및 용어설명 | LP가스를 이용한 도시가스 공급방식
직접 혼입방식, 변성 혼입방식, 공기 혼입방식

35

암모니아 압축기 실린더에 일반적으로 워터자켓을 사용하는 이유가 아닌 것은?

① 윤활유의 탄화를 방지한다.
② 압축 소요일량을 크게 한다.
③ 압축 효율의 향상을 도모한다.
④ 밸브 스프링의 수명을 연장시킨다.

해설 및 용어설명 | 워터자켓
암모니아는 비열비가 1.31로 다른 냉매보다 크므로 압축 후 토출가스 온도가 높으므로 윤활유를 열화탄화시켜 냉동장치에 악영향을 초래하게 된다. 따라서 워터자켓을 설치하여 실린더를 냉각시킨다.

• 워터자켓을 사용하는 이유
 – 압축 소요일량을 작게 한다.
 – 밸브 스프링의 수명을 연장시킨다.
 – 윤활유의 열화 및 탄화를 방지한다.
 – 압축 효율의 향상을 도모한다.

36

금속재료에 대한 풀림의 목적으로 옳지 않은 것은?

① 인성을 향상시킨다.
② 내부응력을 제거한다.
③ 조직을 조대화하여 높은 경도를 얻는다.
④ 일반적으로 강의 경도가 낮아져 연화된다.

해설 및 용어설명 | 풀림
재료를 일정온도까지 일정시간 가열을 유지한 후 서서히 냉각시키면 재료가 연화된다.
• 목적 : 내부응력 제거, 경화된 재료의 연화, 금속 결정 입자의 미세화

37

유수식 가스홀더의 특징에 대한 설명으로 틀린 것은?

① 제조설비가 저압인 경우에 사용한다.
② 구형 홀더에 비해 유효 가동량이 많다.
③ 가스가 건조하면 물탱크의 수분을 흡수한다.
④ 부지면적과 기초공사비가 적게 소요된다.

해설및용어설명 | 가스홀더
도시가스의 공급설비로써 가스수요의 시간적 변동에 대하여 제조자가 충분히 공급할 수 있는 가스량을 확보하기 위한 일종의 저장탱크로 유수식(습식)과 무수식(건식)이 있으며, 저압(유수식), 중·고압(구형 가스홀더)이 있다.

- 유수식 가스홀더 특징
  - 기초비가 크다.
  - 동결방지 장치가 필요하다.
  - 구형홀더에 비해 유효 가동량이 크다.
  - 가스가 건조되어 있으면 수조의 수분을 흡수한다.

38

염소가스 압축기에 주로 사용되는 윤활제는?

① 진한 황산
② 양질의 광유
③ 식물성유
④ 묽은 글리세린

해설및용어설명 |
- 산소 압축기 : 물 또는 10[%] 이하의 묽은 글리세린수
- 공기, 수소, 아세틸렌 압축기 : 양질의 광유
- 염소 압축기 : 진한 황산
- LP가스 압축기 : 식물성유
- 이산화황 압축기 : 화이트유, 정제된 용제 터빈유
- 염화메탄 압축기 : 화이트유

39

아세틸렌가스를 2.5[MPa]의 압력으로 압축할 때 주로 사용되는 희석제는?

① 질소
② 산소
③ 이산화탄소
④ 암모니아

해설및용어설명 | 아세틸렌가스를 2.5[MPa]의 압력으로 압축할 때는 질소, 메탄, 일산화탄소, 에틸렌 등의 희석제를 첨가한다.

40

액화프로판 400[kg]을 내용적 50[L]의 용기에 충전 시 필요한 용기의 개수는?

① 13개
② 15개
③ 17개
④ 19개

해설및용어설명 |
$V = C \times G$
- V : 가스의 용적[L]
- C : 가스의 종류에 의한 충전 정수(프로판 $C = 2.35$)
- G : 충전하는 가스의 질량[kg]

$V = 2.35 \times 400 = 940$

용기 1개의 내용적으로 나누어 주면

$\dfrac{940}{50} = 18.8$개

2020년 제3회 가스산업기사

21

조정기 감압방식 중 2단 감압방식의 장점이 아닌 것은?

① 공급압력이 안정하다.
② 장치와 조작이 간단하다.
③ 배관의 지름이 가늘어도 된다.
④ 각 연소기구에 알맞은 압력으로 공급이 가능하다.

해설및용어설명 |

1단 감압방식

장점	• 조작이 간단하다. • 장치가 간단하다.
단점	• 최종 공급압력에 정확을 기하기 힘들다. • 배관의 굵기가 비교적 굵어진다.

2단 감압방식

장점	• 공급압력이 안정하다. • 중간배관이 가늘어도 된다. • 입상배관에 의한 압력손실을 보정할 수 있다. • 각 연소기구에 알맞은 압력으로 공급이 가능하다.
단점	• 설비가 복잡하다. • 조정기가 많이 든다. • 재액화 우려가 있다. • 검사 방법이 복잡하다.

22

지하 도시가스 매설배관에 Mg과 같은 금속을 배관과 전기적으로 연결하여 방식하는 방법은?

① 희생양극법   ② 외부전원법
③ 선택배류법   ④ 강제배류법

해설및용어설명 | 전기방식법

• **희생양극법** : 양극 금속과 매설배관 등을 전선으로 연결하여 양극 금속과 매설배관 등 사이의 전지 작용에 의하여 전기적 부식을 방지하는 방법
• **외부전원법** : 양극은 매설배관 등이 설치되어 있는 토양이나 수중에 설치한 외부 전원용 전극에 접속하고, 음극은 매설배관 등에 접속시켜 전기적 부식을 방지하는 방법
• **배류법** : 매설배관 등의 전위가 주위의 타금속 구조물의 전위보다 높은 장소에서 매설배관 등과 주위의 타금속 구조물을 전기적으로 접속시켜 매설배관 등에 유입된 누출 전류를 복귀시킴으로써 전기적 부식을 방지하는 방법

23

고압가스 설비 내에서 이상사태가 발생한 경우 긴급이송설비에 의하여 이송되는 가스를 안전하게 연소시킬 수 있는 안전장치는?

① 벤트스택   ② 플레어스택
③ 인터록기구   ④ 긴급차단장치

해설및용어설명 | 플레어스택
가연성 가스의 설비에서 이상 상태가 발생한 경우 긴급이송장치에서 이송되는 가스를 연소시켜 대기로 안전하게 방출하는 장치

24

도시가스시설에서 전기방식효과를 유지하기 위하여 빗물이나 이물질의 접촉으로 인한 절연의 효과가 상쇄되지 아니하도록 절연이음매 등을 사용하여 절연한다. 절연조치를 하는 장소에 해당되지 않는 것은?

① 교량횡단 배관의 양단
② 배관과 철근콘크리트구조물 사이
③ 배관과 배관지지물 사이
④ 타 시설물과 30[cm] 이상 이격되어 있는 배관

해설및용어설명 | 도시가스시설에서 절연조치를 하는 장소
- 교량횡단 배관의 양단(다만, 외부전원법에 따른 전기방식을 한 경우에는 제외할 수 있다)
- 배관과 철근콘크리트구조물 사이
- 배관과 강재 보호관 사이
- 지하에 매설된 배관의 부분과 지상에 설치된 부분과의 경계. 이 경우 가스 사용자에게 공급하기 위해 지중에서 지상으로 연결되는 배관에만 한다.
- 다른 시설물과 접근 교차지점. 다만, 다른 시설물과 30[cm] 이상 이격 설치된 경우에는 제외할 수 있다.
- 배관과 배관지지물 사이
- 그 밖에 절연이 필요한 장소

25

원심 펌프를 병렬로 연결하는 것은 무엇을 증가시키기 위한 것인가?

① 양정   ② 동력
③ 유량   ④ 효율

해설및용어설명 | 일반적으로 높은 유량이 필요한 경우에 병렬운전을 선택하고, 높은 양정을 얻고 싶을 때 직렬 연결을 사용한다.

26

저온장치에서 저온을 얻을 수 있는 방법이 아닌 것은?

① 단열교축팽창   ② 등엔트로피팽창
③ 단열압축   ④ 기체의 액화

해설및용어설명 | 열 교환이 외부와 차단된 상태에서, 즉 단열상태에서 부피가 팽창하면 온도가 낮아지고, 부피가 압축되면 온도가 높아진다.

27

두께 3[mm], 내경 20[mm], 강관에 내압이 2[kgf/cm²]일 때, 원주방향으로 강관에 작용하는 응력은 약 몇 [kgf/cm²]인가?

① 3.33   ② 6.67
③ 9.33   ④ 12.67

해설및용어설명 | 원주방향응력

$$\frac{PD}{2t} = \frac{2 \times 2}{2 \times 0.3} = 6.67$$

28

용적형 압축기에 속하지 않는 것은?

① 왕복 압축기   ② 회전 압축기
③ 나사 압축기   ④ 원심 압축기

해설및용어설명 | 압축방식에 의한 분류
- 용적형 압축기 : 일정한 공간에 흡입가스를 넣어 압축하는 방식
  - 왕복동식 : 입형, 횡형, 고속다기통
  - 회전식 : 로터리식, 나사식, 스크롤식
- 터보 압축기 : 흡입가스를 임펠러로 가속하여 얻어진 속도 에너지를 압력 에너지로 변환시켜 가스를 압축하는 방식(원심식, 축류식, 혼류식)

29

비교회전도 175, 회전수 3,000[rpm], 양정 210[m]인 3단 원심 펌프의 유량은 약 몇 [m³/min]인가?

① 1　　　　　　② 2
③ 3　　　　　　④ 4

해설및용어설명 |

비교회전도 $= \dfrac{회전수 \times 유량^{0.5}}{\left(\dfrac{양정}{단수}\right)^{0.75}}$

$175 = \dfrac{3{,}000 \times Q^{0.5}}{\left(\dfrac{210}{3}\right)^{0.75}}$

$Q = 2$

30

고압고무호스의 제품성능 항목이 아닌 것은?

① 내열성능　　　　② 내압성능
③ 호스부성능　　　④ 내이탈성능

해설및용어설명 | 고압고무호스는 그 고압고무호스의 안전성과 편리성을 확보하기 위하여 다음 기준에 따른 성능을 가지는 것으로 한다.
• 내압성능, 기밀성능, 내한성능, 내구성능, 내이탈성능, 호스부성능

31

이중각식 구형 저장탱크에 대한 설명으로 틀린 것은?

① 상온 또는 −30[℃] 전후까지의 저온의 범위에 적합하다.
② 내구에는 저온 강재, 외구에는 보통 강판을 사용한다.
③ 액체산소, 액체질소, 액화메탄 등의 저장에 사용된다.
④ 단열성이 아주 우수하다.

해설및용어설명 | 이중각식
내부탱크, 외부탱크의 이중각(二重殼)으로 구성되고 내부탱크는 액체질소(-196°), 액체산소(-186°), 액체메탄(-162°)의 온도를 견디는 저온재료가 사용되며 외부탱크는 보통 연강이 사용되고 있다.

32

저온(T_2)으로부터 고온(T_1)으로 열을 보내는 냉동기의 성능계수 산정식은?

① $\dfrac{T_2}{T_1}$　　　　② $\dfrac{T_2}{T_1 - T_2}$

③ $\dfrac{T_1}{T_1 - T_2}$　　　　④ $\dfrac{T_1 - T_2}{T_1}$

해설및용어설명 | 성적계수(COP)

$\dfrac{Q_2}{A_w} = \dfrac{Q_2}{Q_1 - Q_2} = \dfrac{T_2}{T_1 - T_2}$

• Q_1 : 응축 부하
• Q_2 : 증발 부하
• A_w : 압축일의 열당량
• T_1 : 고압(응축기)측 절대온도
• T_2 : 저압(증발기)측 절대온도

33

액화석유가스를 소규모 소비하는 시설에서 용기수량을 결정하는 조건으로 가장 거리가 먼 것은?

① 용기의 가스 발생능력 ② 조정기의 용량
③ 용기의 종류 ④ 최대 가스 소비량

해설및용어설명 | 압력조정기는 고압가스용기 또는 배관 등을 통하여 고압가스를 사용목적에 맞추어 사용하고자 하는 압력으로 감압하여 공급하는 기기로 용기수량 결정과는 관계가 없다.

34

LPG용기 충전시설의 저장설비실에 설치하는 자연환기설비에서 외기에 면하여 설치된 환기구의 통풍가능면적의 합계는 어떻게 하여야 하는가?

① 바닥면적 $1[m^2]$마다 $100[cm^2]$의 비율로 계산한 면적 이상
② 바닥면적 $1[m^2]$마다 $300[cm^2]$의 비율로 계산한 면적 이상
③ 바닥면적 $1[m^2]$마다 $500[cm^2]$의 비율로 계산한 면적 이상
④ 바닥면적 $1[m^2]$마다 $600[cm^2]$의 비율로 계산한 면적 이상

해설및용어설명 |
- 바닥면에 접하고 또한 외기에 면하여 설치된 환기구의 통풍가능면적의 합계가 바닥면적 $1[m^2]$당 $300[cm^2]$의 비율로 계산된 면적 이상(1개소 환기구의 면적은 $2,400[cm^2]$ 이하로 한다)으로 한다.
- 사방을 방호벽 등으로 설치할 경우에는 환기구를 2방향 이상으로 분산 설치한다.
- 통풍능력이 바닥면적 $1[m^2]$마다 $0.5[m^3/min]$ 이상으로 한다.
- 강제환기설비 배기가스 방출구를 지면에서 $5[m]$ 이상의 높이에 설치한다.

35

정압기를 사용압력별로 분류한 것이 아닌 것은?

① 단독사용자용 정압기 ② 중압 정압기
③ 지역 정압기 ④ 지구 정압기

해설및용어설명 | 정압기의 구분

정압기명	압력	
	입구	출구
고압 정압기	4.0 ~ 7.0[MPa]	1.5 ~ 2.0[MPa]
지구 정압기	1.5 ~ 2.0[MPa]	0.6 ~ 0.85[MPa]
지역 정압기	0.6 ~ 0.85[MPa]	20[kPa]
단독사용자용 정압기	0.6 ~ 0.85[MPa]	20 ~ 40[kPa]
조정기	10 ~ 300[kPa]	2 ~ 40[kPa]

36

액화 사이클 중 비점이 점차 낮은 냉매를 사용하여 저비점의 기체를 액화하는 사이클은?

① 린데 공기 액화 사이클 ② 가역가스 액화 사이클
③ 캐스케이드 액화 사이클 ④ 필립스 공기 액화 사이클

해설및용어설명 | 캐스케이드 액화 사이클
다원냉동 사이클과 같은 원리로 비점이 낮은 냉매를 사용하여 점차 더 낮은 비점의 기체를 액화시키는 사이클

37

추의 무게가 $5[kg]$이며, 실린더의 지름이 $4[cm]$일 때 작용하는 게이지 압력은 약 몇 $[kg/cm^2]$인가?

① 0.3 ② 0.4
③ 0.5 ④ 0.6

해설및용어설명 |

$$\frac{5}{\frac{3.14}{4} \times 4^2} = 0.398$$

38

시안화수소를 용기에 충전하는 경우 품질 검사 시 합격 최저 순도는?

① 98[%]   ② 98.5[%]
③ 99[%]   ④ 99.5[%]

해설및용어설명 | 시안화수소 수분이 2[%] 이상 되면 중합반응을 하기 때문에 품질검사 합격 최저 순도는 98[%]이다.

39

용적형(왕복식) 펌프에 해당하지 않는 것은?

① 플런저 펌프   ② 다이어프램 펌프
③ 피스톤 펌프   ④ 제트 펌프

해설및용어설명 |
- 터보형 : 원심력식
- 용적형
  - 왕복동식 : 피스톤, 플런저, 다이어프램 펌프
  - 회전식 : 기어, 나사, 루츠, 베인 펌프
- 특수형 : 기포, 제트, 수격, 와류, 진공, 점성, 전자 펌프

40

조정기의 주된 설치 목적은?

① 가스의 유속조절   ② 가스의 발열량조절
③ 가스의 유량조절   ④ 가스의 압력조절

해설및용어설명 | 조정기
높은 가스압력을 안전한 사용압력으로 조정하는 역할

2020년 제4회 가스산업기사 CBT 복원문제

21

탄소강 그대로는 강의 조직이 약하므로 가공이 필요하다. 다음 설명 중 틀린 것은?

① 열간가공은 고온도로 가공하는 것이다.
② 냉간가공은 상온에서 가공하는 것이다.
③ 냉간가공하면 인장강도, 신장, 교축, 충격치가 증가한다.
④ 금속을 가공하는 도중 결정 내 변형이 생겨 경도가 증가하는 것을 가공경화라 한다.

해설및용어설명 |
- 열간가공 : 제품에 형상을 변형시키거나 재결정 온도까지 혹은 약간 높게까지 온도를 가하여 형상을 쉽게 변형시키는 것
- 냉간가공 : 제품에 형상을 변형시키는 데 재결정 온도보다 낮은 온도를 가하여 변형시키는 것, 냉간가공은 재료의 경도와 강도의 증가와 연성의 감소를 수반한다.
- 가공경화 : 재료에 소성변형을 주면 변형정도가 늘어남에 따라 내부응력이 증가하여 변형을 받지 않은 재료보다 단단해지는 성질

22

조정압력이 3.3[kPa] 이하이고 노즐 지름이 3.2[mm] 이하인 일반용 LP가스 압력조정기의 안전장치 분출용량은 몇 [L/h] 이상이어야 하는가?

① 100   ② 140
③ 200   ④ 240

해설및용어설명 | 안전장치 분출용량 : 조정압력 3.3[kPa] 이하
- 노즐지름이 3.2[mm] 이하일 때 : 140[L/h] 이상
- 노즐지름이 3.2[mm] 초과일 때 : Q(분출량) = 44D(조정기 노즐지름)

23

고압가스 냉동기의 발생기는 흡수식 냉동설비에 사용하는 발생기에 관계되는 설계온도가 몇 [℃]를 넘는 열교환기를 말하는가?

① 80[℃]   ② 100[℃]
③ 150[℃]   ④ 200[℃]

해설및용어설명 | "발생기"란 흡수식 냉동설비에 사용하는 발생기에 관계되는 설계온도가 200[℃]를 넘는 열교환기 및 이들과 유사한 것을 말한다.

24

다음 지상형 탱크 중 내진설계 적용대상 시설이 아닌 것은?

① 고법의 적용을 받는 3톤 이상의 암모니아 탱크
② 도법의 적용을 받는 3톤 이상의 저장탱크
③ 고법의 적용을 받는 10톤 이상의 아르곤 탱크
④ 액법의 적용을 받는 3톤 이상의 액화석유가스 저장탱크

해설및용어설명 | 지상형 탱크 중 내진설계 적용 대상 시설
- 고법(고압가스 안전관리법) 적용대상 시설 : 5톤(비가연성가스나 비독성 가스의 경우에는 10톤) 또는 500[m³](비가연성가스나 비독성가스의 경우에는 1,000[m³]) 이상의 지상 저장탱크
- 액법(액화석유가스의 안전관리 및 사업법) 적용대상 시설 : 3톤 이상의 지상 저장탱크
- 도법(도시가스사업법) 적용대상 시설
  - 가스제조시설에서 저장능력이 3톤(압축가스의 경우에는 300[m³]) 이상인 지상 저장탱크(가스도매사업자가 소유하는 지중식 저장탱크를 포함한다)와 가스홀더
  - 가스 충전시설에서 저장능력이 5톤 또는 500[m³] 이상인 지상 저장탱크와 가스홀더

25

용접장치에서 토치에 대한 설명으로 틀린 것은?

① 아세틸렌 토치의 사용압력은 0.1[MPa] 이상에서 사용한다.
② 가변압식 토치를 프랑스식이라 한다.
③ 불변압식 토치는 니들밸브가 없는 것으로 독일식이라 한다.
④ 팁의 크기는 용접할 수 있는 판 두께에 따라 선정한다.

해설및용어설명 |
- 팁의 종류
  - 독일식 : A형, 불변압식, 니들밸브가 없는 것으로 인화가능성이 적다. 팁번호가 용접가능한 모재의 두께를 표시
  - 프랑스식 : B형, 가변압식, 니들밸브가 있어 유량조절이 쉽다.
- 사용압력에 따라
  - 저압식 : 0.07[kg/cm²] 이하
  - 중압식 : 0.07 ~ 1.3[kg/cm²]
  - 고압식 : 1.3[kg/cm²] 이상

26

고압고무호스의 제품성능 항목이 아닌 것은?

① 내열성능   ② 내압성능
③ 호스부성능   ④ 내이탈성능

해설및용어설명 | 고압고무호스는 그 고압고무호스의 안전성과 편리성을 확보하기 위하여 다음 기준에 따른 성능을 가지는 것으로 한다.
- 내압성능, 기밀성능, 내한성능, 내구성능, 내이탈성능, 호스부성능

27

발열량이 10,500[kcal/m³]인 가스를 출력 12,000[kcal/h]인 연소기에서 연소효율 80[%]로 연소시켰다. 이 연소기의 용량은?

① 0.70[m³/h]   ② 0.91[m³/h]
③ 1.14[m³/h]   ④ 1.43[m³/h]

해설및용어설명 |

$\dfrac{12,000}{x \times 10,500} \times 100 = 80[\%]$

$x = 1.43$

28

Loading 형으로 정특성, 동특성이 양호하며 비교적 콤팩트한 형식의 정압기는?

① KRF식 정압기
② Fisher식 정압기
③ Reynolds식 정압기
④ Axial-flow식 정압기

해설및용어설명 |
- 레이놀드식 : Unloading 형식
- 액셜 플로우식 : 변칙 Unloading 형식
- 피셔식 정압기의 특징
  - 로딩(loading)형이다.
  - 정특성, 동특성이 양호하다.
  - 비교적 콤팩트하다.
  - 중압용에 주로 사용된다.

29

철을 담금질하면 경도는 커지지만 탄성이 약해지기 쉬우므로 이를 적당한 온도로 재가열 했다가 공기 중에서 서냉시키는 열처리 방법은?

① 담금질(Quenching)
② 뜨임(Tempering)
③ 불림(Normalizing)
④ 풀림(Annealing)

해설및용어설명 | Tempering(뜨임)
용융점보다는 낮은 고온으로 금속을 가열한 뒤에 주로 공기 중에서 냉각시킨다.

30

가스시설의 전기방식에 대한 설명으로 틀린 것은?

① 전기방식이란 강재배관 외면에 전류를 유입시켜 양극반응을 저지함으로써 배관의 전기적 부식을 방지하는 것을 말한다.
② 방식전류가 흐르는 상태에서 토양 중에 있는 방식전위는 포화황산동 기준전극으로 -0.85[V] 이하로 한다.
③ "희생양극법"이란 매설배관의 전위가 주위의 타 금속구조물의 전위보다 높은 장소에서 매설배관과 주위의 타 금속구조물을 전기적으로 접속시켜 매설 배관에 유입된 누출전류를 전기회로적으로 복귀시키는 방법을 말한다.
④ "외부전원법"이란 외부직류 전원장치의 양극은 매설배관이 설치되어 있는 토양에 접속하고, 음극은 매설배관에 접속시켜 부식을 방지하는 방법을 말한다.

해설및용어설명 |
- 희생양극법 : 지중 도는 수중에 설치된 양극금속과 매설배관을 전선으로 연결해 양극금속과 매설배관 사이의 전지작용으로 부식을 방지하는 것
- 배류법 : 매설배관의 전위가 주위의 타 금속 전위보다 높은 장소에서 매설배관과 주위의 타 금속 구조물을 전기적으로 접속시켜 매설배관에 유입된 누출전류를 전기회로적으로 복귀시키는 방법

31

나프타를 원료로 접촉분해 프로세스에 의하여 도시가스를 제조할 때 반응온도를 상승시키면 일어나는 현상으로 옳은 것은?

① CH_4, CO_2가 많이 포함된 가스가 생성된다.
② C_3H_8, CO_2가 많이 포함된 가스가 생성된다.
③ CO, CH_4가 많이 포함된 가스가 생성된다.
④ CO, H_2가 많이 포함된 가스가 생성된다.

해설및용어설명 | 나프타 접촉분해법

• 압력과 온도의 영향

	CH_4, CO_2	H_2, CO
압력 상승	증가	감소
압력 하강	감소	증가
온도 상승	감소	증가
온도 하강	증가	감소

32

고압가스 용기 충전구의 나사가 왼나사인 것은?

① 질소 ② 암모니아
③ 브롬화메탄 ④ 수소

해설및용어설명 | 충전구 나사 방향

• 가연성가스 : 왼나사(단, 암모니아, 브롬화메탄 제외)
• 그 외 : 오른나사

33

도시가스 배관에 사용되는 밸브 중 전개 시 유동저항이 적고 서서히 개폐가 가능하므로 충격을 일으키는 것이 적으나, 유체 중 불순물이 있는 경우 밸브에 고이기 쉬우므로 차단능력이 저하될 수 있는 밸브는?

① 볼 밸브 ② 플러그 밸브
③ 게이트 밸브 ④ 버터플라이 밸브

해설및용어설명 | 게이트 밸브(슬루스 밸브)
유로의 개폐용으로 사용, 장시간 열려 있거나 닫혀 있을 시 슬러지 등으로 인해 밸브 능력 저하될 수 있음

34

추의 무게가 5[kg]이며, 실린더의 지름이 4[cm]일 때 작용하는 게이지 압력은 약 몇 [kg/cm²]인가?

① 0.3 ② 0.4
③ 0.5 ④ 0.6

해설및용어설명 |

$$\frac{5}{\frac{3.14}{4} \times 4^2} = 0.398$$

35

대기 중에 10[m] 배관을 연결할 때 중간에 상온스프링을 이용하여 연결하려 한다면 중간 연결부에서 얼마의 간격으로 하여야 하는가? (단, 대기 중의 온도는 최저 -20[℃], 최고 30[℃]이고, 배관의 열팽창 계수는 7.2×10^5/[℃]이다)

① 18[mm] ② 24[mm]
③ 36[mm] ④ 48[mm]

해설및용어설명 | 상온 스프링(Cold Spring)은 전팽창량의 1/2을 절단하여 강제로 이음하는 방식이다.

연결부간격 = $(10 \times 1,000) \times (7.2 \times 10^{-5}) \times (30 - (-20)) \times \frac{1}{2} = 18$

36

고압가스 일반제조시설 중 고압가스설비의 내압시험압력은 상용 압력의 몇 배 이상으로 하는가?

① 1 ② 1.1
③ 1.5 ④ 1.8

해설및용어설명 | 고압가스설비의 성능 및 구조
고압가스설비는 상용압력의 1.5배 이상의 압력으로 실시하는 내압시험에 합격한 것이고, 상용압력이상의 압력으로 기밀시험(기밀시험)을 실시하기 곤란한 경우에는 누출검사)을 실시하여 이상이 없을 것

37

도시가스에 첨가하는 부취제로서 필요한 조건으로 틀린 것은?

① 물에 녹지 않을 것
② 토양에 대한 투과성이 좋을 것
③ 인체에 해가 없고 독성이 없을 것
④ 공기 혼합비율이 1/200의 농도에서 가스냄새가 감지될 수 있을 것

해설및용어설명 | 부취제의 필요조건(구비조건)
- 독성이 없을 것
- 보통 존재 냄새와 구별될 것
- 극히 낮은 농도에서 냄새 확인
- 가스관, 가스미터에 흡착되지 않을 것
- 완전연소 할 것
- 물에 녹지 않을 것
- 화학적으로 안정
- 토양에 대한 투과성이 클 것
- 공기 혼합비율이 1/1,000의 농도에서 가스냄새가 감지될 수 있을 것

38

배관 설비에 있어서 유속을 5[m/s], 유량을 20[m³/s]이라고 할 때 관경의 직경은?

① 175[cm]   ② 200[cm]
③ 225[cm]   ④ 250[cm]

해설및용어설명 | 유량 = 단면적 × 유속

$$Q = \frac{\pi \times d^2}{4} \times V$$

$$d = \sqrt{\frac{Q \times 4}{\pi \times V}} = \sqrt{\frac{20 \times 4}{3.14 \times 5}} = 2.25[m] = 225[cm]$$

39

조정기 감압방식 중 2단 감압방식의 장점이 아닌 것은?

① 공급압력이 안정하다.
② 장치와 조작이 간단하다.
③ 배관의 지름이 가늘어도 된다.
④ 각 연소기구에 알맞은 압력으로 공급이 가능하다.

해설및용어설명 |

1단 감압방식

장점	• 조작이 간단하다. • 장치가 간단하다.
단점	• 최종 공급압력에 정확을 기하기 힘들다. • 배관의 굵기가 비교적 굵어진다.

2단 감압방식

장점	• 공급압력이 안정하다. • 중간배관이 가늘어도 된다. • 입상배관에 의한 압력손실을 보정할 수 있다. • 각 연소기구에 알맞은 압력으로 공급이 가능하다.
단점	• 설비가 복잡하다. • 조정기가 많이 든다. • 재액화 우려가 있다. • 검사 방법이 복잡하다.

40

정압기의 정특성에 대한 설명으로 옳지 않은 것은?

① 정상상태에서의 유량과 2차 압력의 관계를 뜻한다.
② Lock-up이란 폐쇄압력과 기준유량일 때의 2차 압력과의 차를 뜻한다.
③ 오프셋 값은 클수록 바람직하다.
④ 유량이 증가할수록 2차 압력은 점점 낮아진다.

해설및용어설명 | 오프셋은 유량이 변화했을 때 2차 압력과 기준압력과의 차이를 말한다. 그 값은 작을수록 바람직하다.

2021년 제1회 가스산업기사 CBT 복원문제

21

비중이 1.5인 프로판이 입상 30[m]일 경우의 압력손실은 약 몇 [Pa]인가?

① 130　　　② 190
③ 256　　　④ 450

해설및용어설명 |

압력손실[mmH₂O] = 1.293×(비중 - 1)×높이[m]
　　　　　　 = 1.293×(1.5 - 1)×30
　　　　　　 = 19.395[mmH₂O] ×9.8[Pa]
　　　　　　 = 190.071[Pa]

※ 1[mmH₂O] = 9.8[Pa]

22

지하 도시가스 매설배관에 Mg과 같은 금속을 배관과 전기적으로 연결하여 방식하는 방법은?

① 희생양극법　　　② 외부전원법
③ 선택배류법　　　④ 강제배류법

해설및용어설명 |

- 희생양극법 : 양극금속과 매설배관 등을 전선으로 연결하여 양극금속과 매설배관 등 사이의 전지작용에 의하여 전기적 부식을 방지하는 방법
- 외부전원법 : 양극은 매설배관 등이 설치되어 있는 토양이나 수중에 설치한 외부 전원용 전극에 접속하고, 음극은 매설배관 등에 접속시켜 전기적 부식을 방지하는 방법
- 배류법 : 매설배관 등의 전위가 주위의 타금속 구조물의 전위보다 높은 장소에서 매설배관 등과 주위의 타금속 구조물을 전기적으로 접속시켜 매설배관 등에 유입된 누출전류를 복귀시킴으로서 전기적 부식을 방지하는 방법

23

내용적 10[m³]의 액화산소 저장설비(지상설치)와 제1종 보호시설과 유지해야 할 안전거리는 몇 [m]인가? (단, 액화산소의 비중은 1.14이다)

① 7　　　② 9
③ 14　　　④ 21

해설및용어설명 | 보호시설과의 안전거리

구분	저장능력[kg]	제1종 보호시설	제2종 보호시설
산소의 처리설비 및 저장설비	1만 이하	12[m]	8[m]
	1만 초과 2만 이하	14[m]	9[m]
	2만 초과 3만 이하	16[m]	11[m]
	3만 초과 4만 이하	18[m]	13[m]
	4만 초과	20[m]	14[m]

액화산소 저장능력

$W = 0.9dV = 0.9 \times 1.14 \times (10 \times 10^3) = 10,260$[kg]

- W : 저장탱크의 저장능력(단위 : [kg])
- d : 상용온도에 있어서의 액화석유가스 비중(단위 : [kg/L])
- V : 저장탱크의 내용적(단위 : [L])

※ 1만 초과 2만 이하 구간의 1종보호시설과의 거리는 14[m]이므로 답은 14[m]이다.

24

저온장치에서 저온을 얻을 수 있는 방법이 아닌 것은?

① 단열교축팽창　　　② 등엔트로피팽창
③ 단열압축　　　　　④ 기체의 액화

해설및용어설명 | 열 교환이 외부와 차단된 상태에서, 즉 단열상태에서 부피가 팽창하면 온도가 낮아지고, 부피가 압축되면 온도가 높아진다.

25

가스 배관의 구경을 산출하는 데 필요한 것으로만 짝지어진 것은?

> ㉠ 가스 유량   ㉡ 배관길이
> ㉢ 압력손실   ㉣ 배관재질
> ㉤ 가스의 비중

① ㉠, ㉡, ㉢, ㉣
② ㉡, ㉢, ㉣, ㉤
③ ㉠, ㉡, ㉢, ㉤
④ ㉠, ㉡, ㉣, ㉤

해설및용어설명 | 저압배관 유량 계산식

$$Q = K\sqrt{\frac{D^5 \times H}{S \times L}}$$

- K : POLE 상수 0.7
- D : 관 지름[cm]
- H : 허용압력 손실[mmH$_2$O]
- S : 가스비중
- L : 관의 길이
- Q : 가스유량[m^3/h]

26

금속 재료에서 어느 온도 이상에서 일정 하중이 작용할 때 시간의 경과와 더불어 그 변형이 증가하는 현상을 무엇이라고 하는가?

① 크리프
② 시효경과
③ 응력부식
④ 저온취성

해설및용어설명 | 크리프(Creep)
금속의 경우, 외부에서 받는 힘이 일정하게 유지되면 응력과 변형률 역시 일정한 값으로 유지된다. 하지만 크리프 거동의 경우에는 응력값은 일정하지만 시간에 따라 그 변형이 지속적으로 증가하는 거동이다. 이것을 크리프 현상이라고 한다.

27

구형 저장탱크의 특징이 아닌 것은?

① 모양이 아름답다.
② 기초구조를 간단하게 할 수 있다.
③ 동일 용량, 동일 압력의 경우 원통형 탱크보다 두께가 두껍다.
④ 표면적이 다른 탱크보다 적으며 강도가 높다.

해설및용어설명 | 구형 저장탱크의 특징
- 모양이 아름답다.
- 동일용량, 동일압력의 경우 원통형 탱크보다 두께가 얇다.
- 표면적이 다른 탱크보다 작으며 강도가 우수하다.
- 기초구조를 간단하게 할 수 있다.
- 부지면적과 기초공사가 경제적이다.
- 드레인이 쉽고 유지관리가 용이하다.

28

LNG의 주성분은?

① 에탄
② 프로판
③ 메탄
④ 부탄

해설및용어설명 | LNG의 주성분은 메탄이다.

29

고압가스용 안전밸브에서 밸브몸체를 밸브시트에 들어 올리는 장치를 부착하는 경우에는 안전밸브 설정 압력의 얼마 이상일 때 수동으로 조작되고 압력해지 시 자동으로 폐지되는가?

① 60[%]
② 75[%]
③ 80[%]
④ 85[%]

해설및용어설명 | 고압가스용 안전밸브에서 밸브몸체를 밸브시트에 들어 올리는 장치를 부착하는 경우에는 안전밸브 설정 압력의 75[%] 이상일 때 수동으로 조작되고 압력 해지 시 자동으로 폐지된다.

30

탄소강에 대한 설명으로 틀린 것은?

① 용도가 다양하다.
② 가공 변형이 쉽다.
③ 기계적 성질이 우수하다.
④ C의 양이 적은 것은 스프링, 공구강 등의 재료로 사용된다.

해설및용어설명 | 0.6[%C] 이상의 고탄소강
구조용재로서 0.6[%C] 이상의 고탄소강을 사용하는 일은 거의 없으나 공구강, 핀, 차륜, 레일, 스프링 등과 같은 내마모성, 고항복점을 요구하는 물품에 사용된다.

31

원유, 중유, 나프타 등의 분자량이 큰 탄화수소 원료를 고온 (800~900[℃])으로 분해하여 고열량의 가스를 제조하는 방법은?

① 열분해 프로세스
② 접촉분해 프로세스
③ 수소화분해 프로세스
④ 대체 천연가스 프로세스

해설및용어설명 | 열분해공정
나프타를 스팀과 함께 800[℃] 이상의 고온 분해로에서 열분해 반응시키는 공정, 10,000[kcal/Nm³] 정도의 고열량 가스제조공정

32

안지름 10[cm]의 파이프를 플랜지에 접속하였다. 이 파이프 내에 40[kgf/cm²]의 압력으로 볼트 1개에 걸리는 힘을 400[kgf] 이하로 하고자 할 때 볼트는 최소 몇 개가 필요한가?

① 7개
② 8개
③ 9개
④ 10개

해설및용어설명 |

볼트 수 = $\dfrac{\text{압력} \times \text{면적(전체에 걸리는 힘)}}{\text{볼트 1개에 걸리는 힘}}$

$= \dfrac{40 \times \dfrac{3.14 \times 10^2}{4}}{400} = 7.85 (8개)$

33

배관에는 온도변화 및 여러 가지 하중을 받기 때문에 이에 견디는 배관을 설계해야 한다. 외경과 내경의 비가 1.2 미만인 경우 배관의 두께는 아래 식에 의하여 계산된다. 기호 P의 의미로 옳게 표시된 것은?

$$t[\text{mm}] = \dfrac{PD}{2\dfrac{f}{s} - P} + C$$

① 충전압력
② 상용압력
③ 사용압력
④ 최고충전압력

해설및용어설명 |
- t : 배관의 두께
- P : 상용압력
- D : 내경에서 부식여유에 상당하는 부분을 뺀 부분
- f : 재료의 인장강도
- C : 관 내면의 부식여유의 수치
- S : 안전율

34

고압가스설비의 운전을 정지하고 수리할 때 일반적으로 유의하여야 할 사항이 아닌 것은?

① 가스 치환작업
② 안전밸브 작동
③ 장치내부 가스분석
④ 배관의 차단

해설및용어설명 | 고압가스설비의 운전을 정지하고 수리할 때 배관의 차단, 내부가스 치환 등을 하므로 압력이 높지 않아 안전밸브가 작동될 가능성은 낮다.

35

액화석유가스사용시설에서 배관의 이음매와 절연 조치를 한 전선과는 최소 얼마 이상의 거리를 두어야 하는가?

① 10[cm]
② 15[cm]
③ 30[cm]
④ 40[cm]

해설및용어설명 | 배관의 이음매(용접이음매 제외)와의 이격거리

전기계량기 및 전기개폐기와의 거리	60[cm] 이상
굴뚝(단열조치를 한 경우는 제외)·전기점멸기·전기접속기 및 절연조치를 하지 아니한 전선	15[cm] 이상
절연조치를 한 전선	10[cm] 이상

36

천연가스 중앙공급 방식의 특징에 대한 설명으로 옳은 것은?

① 단시간의 정전이 발생하여도 영향을 받지 않고 가스를 공급할 수 있다.
② 고압공급 방식보다 가스 수송능력이 우수하다.
③ 중앙 공급배관(강관)은 전기방식을 할 필요가 없다.
④ 중압배관에서 발생하는 압력감소의 주된 원인은 가스의 재응축 때문이다.

해설및용어설명 |
- 고압공급 방식이 가스 수송능력이 우수하다.
- 중앙공급 방식(강관)도 전기방식을 하여야 한다.
- 중앙배관에서 발생하는 압력감소의 주된 원인은 가스의 마찰에 의한 압력손실 때문이다.

37

공기 액화장치 중 수소, 헬륨을 냉매로 하며 2개의 피스톤이 한 실린더에 설치되어 팽창기와 압축기의 역할을 동시에 하는 형식은?

① 캐스케이드식
② 캐피자식
③ 클라우드식
④ 필립스식

해설및용어설명 |
- 캐스케이드식 : 증기압축기 냉동 시 냉동사이클에서 다원냉동사이클과 같이 비등점이 낮은 냉매를 사용하여 낮은 비등점의 기체를 액화시키는 사이클
- 캐피자식 : 비교적 저압(7[atm]) 정도의 압축공기로 팽창기인 터빈을 돌려 외부로 일을 하게하여 공기의 엔탈피를 감소시켜 온도를 강하하는 공기 액화장치
- 클라우드식 : 압축기에서 압축된 가스가 열교환기에 들어가 팽창기에서 일을 하면서 단열팽창하여 가스를 액화시킴

38

압축기 실린더 내부 윤활유에 대한 설명으로 옳지 않은 것은?

① 공기 압축기에는 광유(鑛油)를 사용한다.
② 산소 압축기에는 기계유를 사용한다.
③ 염소 압축기에는 진한 황산을 사용한다.
④ 아세틸렌 압축기에는 양질의 광유(鑛油)를 사용한다.

해설및용어설명 | 압축기 윤활유
- 산소 압축기 : 물 또는 10[%] 이하의 묽은 글리세린 수
- 염소 압축기 : 진한 황산
- LPG : 식물성유
- 염화메탄, 아청산가스, 아황산 : 화이트유
- 공기, 수소, 아세틸렌 : 양질의 광유

39

아세틸렌가스를 2.5[MPa]의 압력으로 압축할 때 주로 사용되는 희석제는?

① 질소
② 산소
③ 이산화탄소
④ 암모니아

해설및용어설명 | 아세틸렌 희석제
메탄, 일산화탄소, 수소, 에틸렌, 질소

40

레이놀즈(Reynolds)식 정압기의 특징인 것은?

① 로딩형이다.
② 콤팩트하다.
③ 정특성, 동특성이 양호하다.
④ 정특성은 극히 좋으나 안정성이 부족하다.

해설및용어설명 | 레이놀즈식 정압기의 특징
- Unloading 형식
- 다른 형식에 비해 크기가 크다.
- 정특성은 양호하나 안정성이 떨어진다.
- 본체는 복좌밸브로 되어 있어 상부에 다이어프램을 갖는다.

2021년 제2회 가스산업기사 CBT 복원문제

21

연소기의 이상연소 현상 중 불꽃이 염공 속으로 들어가 혼합관 내에서 연소하는 현상을 의미하는 것은?

① 황염
② 역화
③ 리프팅
④ 블로우 오프

해설및용어설명 | 역화(Back Fire)
가스의 연소 속도가 염공에서의 가스 유출 속도보다 크게 됐을 때 불꽃은 염공에서 버너 내부에 침입하여 노즐의 선단 또는 혼합관 내에서 연소하는 현상

22

원통형 용기에서 원주방향 응력은 축방향 응력의 얼마인가?

① 0.5배
② 1배
③ 2배
④ 4배

해설및용어설명 |
- 원주방향 응력 : $\dfrac{PD}{2t}$
- 축방향 응력 : $\dfrac{PD}{4t}$

23

포스겐의 제조 시 사용되는 촉매는?

① 활성탄
② 보크사이트
③ 산화철
④ 니켈

해설및용어설명 | 일산화탄소와 염소를 활성탄 촉매하에 반응시켜 제조한다.
※ 반응식 : $CO + Cl_2 \rightarrow COCl_2$

24

가스온수기에 반드시 부착하지 않아도 되는 안전장치는?

① 정전안전장치 ② 역풍방지장치
③ 전도안전장치 ④ 소화안전장치

해설 및 용어설명 |

온수기는 그 온수기의 안전성 및 편리성을 확보하기 위하여 다음 기준에 따른 장치를 갖춘다.
- 정전안전장치 : 정전 시 가스통로 차단
- 역풍방지장치 : 배기통 연결부가 있는 온수기는 역풍이 버너에 영향을 미치지 아니하는 장치를 갖춘 것으로 함
- 소화안전장치
- 그 밖의 장치(거버너, 과열방지장치, 물온도조절장치, 점화장치, 물빼기장치, 수압자동가스밸브, 동결방지장치, 과압방지안전장치)

25

배관의 기호와 그 용도 및 사용조건에 대한 설명으로 틀린 것은?

① SPPS는 350[℃] 이하의 온도에서, 압력 9.8[N/mm²] 이하에 사용된다.
② SPPH는 450[℃] 이하의 온도에서, 압력 9.8[N/mm²] 이하에 사용된다.
③ SPLT는 빙점 이하의 특히 낮은 온도의 배관에 사용한다.
④ SPPW는 정수두 100[m] 이하의 급수배관에 사용한다.

해설 및 용어설명 |
- SPPS는 350[℃] 이하의 온도에서, 압력 9.8[N/mm²] 이하에 사용(압력배관용 탄소강관)
- SPPH는 350[℃] 이하의 온도에서, 압력 9.8[N/mm²] 이상에 사용(고압배관용 탄소강관)
- SPLT(저온배관용 탄소강관)
- SPHT(고온배관용 탄소강관, 450[℃] 이하의 온도에서 사용)
- SPPW(수도용 아연도금강관)

26

실린더의 단면적 50[cm²], 피스톤 행정 10[cm], 회전수 200[rpm], 체적효율 80[%]인 왕복압축기의 토출량은 약 몇 [L/min]인가?

① 60 ② 80
③ 100 ④ 120

해설 및 용어설명 |

$$V = \frac{\pi}{4}D^2 \cdot L \cdot n \cdot N \cdot \eta_v$$
$$= 50 \times 10 \times 1 \times 200 \times 0.8 \times 10^{-3}$$
$$= 80[L/min]$$

※ $\frac{\pi}{4}D^2$은 실린더 단면적에 해당되고, 1[L]는 1,000[m³]에 해당된다.

- V : 피스톤 압출량[m³/h]
- L : 피스톤의 행정[m]
- R : 압축기의 분당 회전수[rpm]
- D : 실린더 안지름[m]
- N : 기통수

27

철을 담금질하면 경도는 커지지만 탄성이 약해지기 쉬우므로 이를 적당한 온도로 재가열했다가 공기 중에서 서냉시키는 열처리 방법은?

① 담금질(Quenching) ② 뜨임(Tempering)
③ 불림(Normalizing) ④ 풀림(Annealing)

해설 및 용어설명 | 뜨임(Tempering)
철을 담금질하면 경도는 커지지만 탄성이 약해지기 쉬우므로, 이를 적당한 온도로 재가열했다가 공기 중에서 서냉시키는 열처리 방법

28

다음 중 가스홀더의 기능이 아닌 것은?

① 가스수요의 시간적 변화에 따라 제조가 따르지 못할 때 가스의 공급 및 저장
② 정전, 배관공사 등에 의한 제조 및 공급설비의 일시적 중단 시 공급
③ 조성의 변동이 있는 제조가스를 받아들여 공급가스의 성분, 열량, 연소성 등의 균일화
④ 공기를 주입하여 발열량이 큰 가스로 혼합공급

해설및용어설명 | 가스홀더
도시가스의 공급설비로서 가스수요의 시간적 변동에 대하여 제조자가 충분히 공급할 수 있는 가스량을 확보하기 위한 일종의 저장탱크이다.
- 정전, 배관공사 등 제조나 공급설비의 일시적 중단에 대하여 어느 정도 공급량을 확보하기 위한 것
- 조성이 변동하는 제조가스를 넣어 혼합하고 공급가스의 성분, 열량, 연소성 등의 성질을 균일하게 하는 기능
- 소비지역 근처에 설치하여 피크 시 공급, 수송효과를 얻을 수 있음

29

도시가스 정압기의 일반적인 설치 위치는?

① 입구밸브와 필터 사이
② 필터와 출구밸브 사이
③ 차단용 바이패스 밸브 앞
④ 유량조절용 바이패스 밸브 앞

해설및용어설명 | 정압기의 일반적인 설치 위치
입구밸브 - 필터 - 긴급차단장치 - 정압기 - 출구밸브

30

고압가스용기 및 장치 가공 후 열처리를 실시하는 가장 큰 이유는?

① 재료표면의 경도를 높이기 위하여
② 재료의 표면을 연화시켜 가공하기 쉽도록 하기 위하여
③ 가공 중 나타난 잔류응력을 제거하기 위하여
④ 부동태 피막을 형성시켜 내산성을 증가시키기 위하여

해설및용어설명 | 고압가스 용기 및 장치 가공 후 열처리를 실시하는 가장 큰 이유는 가공 중에 나타난 잔류 응력을 제거하기 위한 것이다.

31

대기 중에 10[m] 배관을 연결할 때 중간에 상온스프링을 이용하여 연결하려 한다면 중간 연결부에서 얼마의 간격으로 하여야 하는가? (단, 대기 중의 온도는 최저 -20[℃], 최고 30[℃]이고, 배관의 열팽창 계수는 7.2×10^{-5}/[℃]이다)

① 18[mm] ② 24[mm]
③ 36[mm] ④ 48[mm]

해설및용어설명 | 상온스프링(Cold Spring)은 전팽창량의 1/2을 절단하여 강제로 이음하는 방식이다.

연결부 간격 = $(10 \times 1,000) \times (7.2 \times 10^{-5}) \times (30 - (-20)) \times \frac{1}{2} = 18$

32

공기냉동기의 표준 사이클은?

① 브레이튼 사이클 ② 역브레이튼 사이클
③ 카르노 사이클 ④ 역카르노 사이클

해설 및 용어설명 |
① 브레이튼 사이클 : 가스터빈의 이상 사이클
② 역브레이튼 사이클 : 공기냉동기 표준 사이클
③ 카르노 사이클 : 가역 이상 열 기관 사이클
④ 역카르노 사이클 : 가역 이상 냉동 사이클

33

고압가스 용기 충전구의 나사가 왼나사인 것은?

① 질소 ② 암모니아
③ 브롬화메탄 ④ 수소

해설 및 용어설명 | 충전구 나사 방향
- 가연성 가스 : 왼나사(단, 암모니아, 브롬화메탄 제외)
- 그 외 : 오른나사

34

프로판 충전용 용기로 주로 사용되는 것은?

① 용접용기 ② 리벳용기
③ 주철용기 ④ 이음매 없는 용기

해설 및 용어설명 |
- 이음매 없는 용기 : 용접하지 않은 용기로 질소, 산소, 수소, 헬륨, 메탄 등의 압축가스와 염화수소, 염소, 이산화탄소, 에틸렌, 에탄, 이산화질소 등 액화가스용으로 사용하며 무계목용기라고도 한다.
- 용접용기 : 용접한 용기로써 LPG, 아세틸렌, 산화에틸렌, 액화플로오르화 가스 등의 저압가스용으로 계목용기라고도 부른다.

35

왕복 압축기의 특징이 아닌 것은?

① 용적형이다. ② 효율이 낮다.
③ 고압에 적합하다. ④ 맥동 현상을 갖는다.

해설 및 용어설명 | 왕복동식 압축기의 특징
- 고압이 쉽게 형성된다.
- 급유식, 무급유식이다.
- 용량 조정 범위가 넓다.
- 용적형이며 압축 효율이 높다.
- 형태가 크고 설치 면적이 크다.
- 배출 가스 중 오일이 혼입될 우려가 크다.
- 압축이 단속적이고, 맥동 현상이 발생한다.
- 접촉 부분이 많아 고장 발생이 쉽고 수리가 어렵다.
- 반드시 흡입 토출밸브가 필요하다.

36

일반 집단공급시설에서 입상관이란?

① 수용가에 가스를 공급하기 위해 건축물에 수직으로 부착되어 있는 배관을 말하며 가스의 흐름방향이 공급자에서 수양가로 연결된 것을 말한다.
② 수용가에 가스를 공급하기 위해 건축물에 수평으로 부착되어 있는 배관을 말하며 가스의 흐름방향이 공급자에서 수양가로 연결된 것을 말한다.
③ 수용가에 가스를 공급하기 위해 건축물에 수직으로 부착되어 있는 배관을 말하며 가스의 흐름방향과 관계없이 수직배관은 입상관으로 본다.
④ 수용가에 가스를 공급하기 위해 건축물에 수평으로 부착되어 있는 배관을 말하며 가스의 흐름방향과 관계없이 수직배관은 입상관으로 본다.

해설 및 용어설명 | 입상관
수용가에 가스를 공급하기 위해 건축물에 수직으로 부착되어 있는 배관을 말하며, 가스의 흐름방향과 관계없이 수직배관은 입상관으로 본다.

37

냉동장치에서 냉매가 냉동실에서 무슨 열을 흡수함으로써 온도를 강하시키는가?

① 융해잠열 ② 용해열
③ 증발잠열 ④ 승화잠열

해설및용어설명 | 냉동실은 실제 냉동효과를 보는 구역으로 액체상태의 냉매가 기화되면서 증발잠열을 흡수함으로써 냉동실 내부 온도를 강하시킨다.

38

내경 100[mm], 길이 400[m]인 수질관이 유속 2[m/s]로 물이 흐를 때의 마찰손실수두는 약 몇 [mH₂O]인가? (단, 마찰계수 [λ]는 0.04이다)

① 32.7 ② 34.5
③ 40.2 ④ 45.3

해설및용어설명 |

마찰손실수두[mH₂O] = 마찰계수 × $\dfrac{길이[m]}{내경[m]}$ × $\dfrac{유속^2}{2 \times 9.8}$

= $0.04 \times \dfrac{400}{0.1} \times \dfrac{2^2}{2 \times 9.8}$ = 32.7[mH₂O]

39

지하매몰 배관에 있어서 배관의 부식에 영향을 주는 요인으로 가장 거리가 먼 것은?

① pH ② 가스의 폭발성
③ 토양의 전기전도성 ④ 배관주위의 지하전선

해설및용어설명 | 금속부식의 영향인자
- 금속내적인자 : 금속의 조성, 금속의 조직, 열처리, 표면상태
- 주위환경인자 : PH, 용존산소, 수온, 유속, 수중용해 성분, 토양의 전기전도성 등

40

금속재료에 대한 충격시험의 주된 목적은?

① 피로도 측정 ② 인성 측정
③ 인장강도 측정 ④ 압축강도 측정

해설및용어설명 | 인성
재료에 충격이 가해졌을 때 파괴되지 않는 성질

2021년 제4회 가스산업기사 CBT 복원문제

21

펌프의 토출량이 6[m³/min]이고, 송출구의 안지름이 20[cm]일 때 유속은 약 몇 [m/s]인가?

① 1.5
② 2.7
③ 3.2
④ 4.5

해설 및 용어설명 |

유량 = 유속 × 면적

$6 = 유속 \times 60 \times \left(\dfrac{3.14}{4} \times 0.2^2\right)$

유속 = 3.2

22

지하 도시가스 매설배관에 Mg과 같은 금속을 배관과 전기적으로 연결하여 방식하는 방법은?

① 희생양극법
② 외부전원법
③ 선택배류법
④ 강제배류법

해설 및 용어설명 |

- 희생양극법 : 양극금속과 매설배관 등을 전선으로 연결하여 양극금속과 매설배관 등 사이의 전지작용에 의하여 전기적 부식을 방지하는 방법
- 외부전원법 : 양극은 매설배관 등이 설치되어 있는 토양이나 수중에 설치한 외부 전원용 전극에 접속하고, 음극은 매설배관 등에 접속시켜 전기적 부식을 방지하는 방법
- 배류법 : 매설배관 등의 전위가 주위의 타금속 구조물의 전위보다 높은 장소에서 매설배관 등과 주위의 타금속 구조물을 전기적으로 접속시켜 매설배관 등에 유입된 누출전류를 복귀시킴으로서 전기적 부식을 방지하는 방법

23

강을 열처리하는 주된 목적은?

① 표면에 광택을 내기 위하여
② 사용시간을 연장하기 위하여
③ 기계적 성질을 향상시키기 위하여
④ 표면에 녹이 생기지 않게 하기 위하여

해설 및 용어설명 | 강의 열처리 목적
기계적 성질을 향상시키기 위하여 열처리를 한다.

24

기화기에 의해 기화된 LPG에 공기를 혼합하는 목적으로 가장 거리가 먼 것은?

① 발열량 조절
② 재액화 방지
③ 압력 조절
④ 연소효율 증대

해설 및 용어설명 | 압력 조절은 조정기 또는 정압기의 역할에 해당된다.

25

지름 20[mm], 표점거리 150[mm]의 연강재 시험편을 인장시험한 결과 표점거리 180[mm]가 되었다. 이때 연신율은 몇 [%]인가?

① 10
② 15
③ 20
④ 25

해설 및 용어설명 |

$연신율 = \dfrac{늘어난\ 길이(나중길이 - 처음길이)}{처음길이} \times 100$

$= \dfrac{180 - 150}{150} \times 100 = 20$

정답 21 ③ 22 ① 23 ③ 24 ③ 25 ③

26

저온장치에서 저온을 얻을 수 있는 방법이 아닌 것은?

① 단열교축팽창 ② 등엔트로피팽창
③ 단열압축 ④ 기체의 액화

해설및용어설명 | 열 교환이 외부와 차단된 상태에서, 즉 단열상태에서 부피가 팽창하면 온도가 낮아지고, 부피가 압축되면 온도가 높아진다.

27

작은 구멍을 통해 새어나오는 가스의 양에 대한 설명으로 옳은 것은?

① 비중이 작을수록 많아진다.
② 비중이 클수록 많아진다.
③ 비중과는 관계가 없다.
④ 압력이 높을수록 적어진다.

해설및용어설명 |

$$Q = 0.011 KD^2 \sqrt{\frac{P}{d}} = 0.009 D^2 \sqrt{\frac{P}{d}}$$

- Q : 노즐에서 가스 분출량[m^3/h]
- D : 노즐직경[mm]
- d : 혼합가스 비중
- P : 혼합가스 분출압력[mmH_2O]
- K : 유량계수(유량계수 사용 시 0.011)

※ 노즐에서 가스 분출량은 지름의 제곱에 비례하고 분출압력의 평방근에 비례, 가스 비중의 평방근에 반비례한다.

28

소형 저장탱크에 대한 설명으로 틀린 것은?

① 옥외에 지상설치식으로 설치한다.
② 소형 저장탱크를 기초에 고정하는 방식은 화재 등의 경우에도 쉽게 분리되지 않는 것으로 한다.
③ 건축물이나 사람이 통행하는 구조물의 하부에 설치하지 아니한다.
④ 동일 장소에 설치하는 소형 저장탱크의 수는 6기 이하로 한다.

해설및용어설명 | 소형 저장탱크를 기초에 고정하는 방식은 화재 등의 경우 쉽게 분리될 수 있는 것으로 한다.

29

금속 재료에 대한 설명으로 옳지 않은 것은?

① 강에 인(P)의 함유량이 많아지면 연신률, 충격치는 저하된다.
② 크롬 18[%], 니켈 8[%] 함유한 강을 18-8스테인리스강이라 한다.
③ 구리와 주석의 합금은 황동이고, 구리와 아연의 합금은 청동이다.
④ 금속가공 중에 생긴 잔류응력을 제거하기 위하여 열처리를 한다.

해설및용어설명 | 구리와 주석의 합금은 청동이고, 구리와 아연의 합금은 황동이다.

30

다음 그림의 냉동장치와 일치하는 행정 위치를 표시한 T-S 선도는?

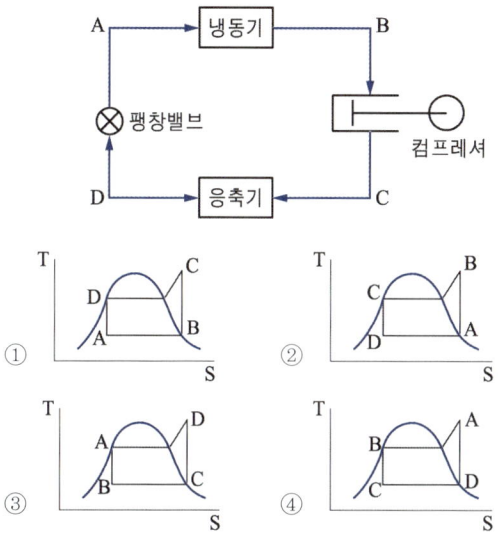

해설 및 용어설명 | T-S 선도

냉동 사이클을 T(온도) - S(엔트로피)상에 그린 것

- A-B 구간 : 냉동기를 통과하면서 냉동이 실제적으로 이루어지는 구간으로 등온팽창 과정
- B-C 구간 : 냉매가 포화증기 상태에서 압축기로 압축하여 고온, 고압으로 만드는 구간으로 단열압축 과정
- C-D 구간 : 고온, 고압의 냉매 가스를 응축기에서 열교환을 통해 열을 방출하여 액화시키는 구간으로 등온응축 과정
- D-A 구간 : 포화액 상태의 냉매는 팽창밸브를 통과하면서 압력, 온도가 감소하는 구간으로 단열팽창 과정

31

LPG 저장탱크에 가스를 충전하려면 가스의 용량이 상용온도에서 저장탱크 내용적의 얼마를 초과하지 아니하여야 하는가?

① 95[%] ② 90[%]
③ 85[%] ④ 80[%]

해설 및 용어설명 | 액화석유가스는 온도 상승으로 인하여 액팽창을 일으킬 위험이 있어 안전공간을 10[%] 이상 확보하여야 한다.

32

터보압축기에 대한 설명이 아닌 것은?

① 유급유식이다.
② 고속회전으로 용량이 크다.
③ 용량조정이 어렵고 범위가 좁다.
④ 연속적인 토출로 맥동현상이 적다.

해설 및 용어설명 | 터보형 압축기의 특징

- 무급유식이다.
- 진동이 적고 맥동현상이 없다.
- 고속회전으로 같은 마력의 다른 압축기보다 소형 경량이다.
- 압축비가 작고, 효율이 낮다.
- 운전 중 서징현상이 발생할 수 있다.
- 용량조정이 어렵고 범위가 좁다.

33

캐비테이션 현상의 발생 방지책에 대한 설명으로 가장 거리가 먼 것은?

① 펌프의 회전수를 높인다.
② 흡입 관경을 크게 한다.
③ 펌프의 위치를 낮춘다.
④ 양흡입 펌프를 사용한다.

해설및용어설명 | 빠른 속도로 액체가 운동할 때 액체의 압력이 증기압 이하로 낮아져서 액체 내 증기 기포가 발생하는 현상으로 회전수를 낮추어야 캐비테이션 현상이 방지된다.

34

LP가스를 이용한 도시가스 공급방식이 아닌 것은?

① 직접 혼입방식 ② 공기 혼입방식
③ 변성 혼입방식 ④ 생가스 혼입방식

해설및용어설명 | LP가스를 이용한 도시가스 공급방식
- 직접 혼입방식
- 변성 혼입방식
- 공기 혼입방식

35

강을 연하게 하여 기계가공성을 좋게 하거나, 내부응력을 제거하는 목적으로 적당한 온도까지 가열한 다음 그 온도를 유지한 후에 서냉하는 열처리 방법은?

① Marquenching ② Quenching
③ Tempering ④ Annealing

해설및용어설명 |
① Marquenching(마퀜칭) : 오스테나이트로부터 마텐자이트로 되는 온도 부근의 액체 속에서 담금질하여 강철의 온도가 일정하게 될 때까지 유지한 다음 공랭시키는 조작
② Quenching(담금질) : 고온에서 형상된 금속을 기름 또는 물에 담가 빨리 식히는 작업
③ Tempering(뜨임) : 용융점보다는 낮은 고온으로 금속을 가열한 뒤에 주로 공기 중에서 냉각시킴
④ Annealing(풀림) : 금속재료를 적당한 온도로 가열하여 유지한 후에 서냉하는 처리

36

저온장치에서 CO_2와 수분이 존재할 때 그 영향에 대한 설명으로 옳은 것은?

① CO_2는 저온에서 탄소와 산소로 분리된다.
② CO_2는 저장장치에서 촉매 역할을 한다.
③ CO_2는 가스로서 별로 영향을 주지 않는다.
④ CO_2는 드라이아이스가 되고 수분은 얼음이 되어 배관 밸브를 막아 흐름을 저해한다.

해설및용어설명 | 원료 공기 중 이산화탄소가 존재하면 저온장치 내에서 드라이아이스(고체탄소)가 되어 밸브 및 배관을 폐쇄하므로 가성소다(NaOH) 수용액을 이용하여 제거한다.

37

냉동장치에서 냉매가 냉동실에서 무슨 열을 흡수함으로써 온도를 강하시키는가?

① 융해잠열 ② 용해열
③ 증발잠열 ④ 승화잠열

해설및용어설명 | 냉동실은 실제 냉동효과를 보는 구역으로 액체상태의 냉매가 기화되며 증발잠열을 흡수함으로써 냉동실 내부 온도를 강하시킨다.

38

암모니아를 냉매로 하는 냉동설비의 기밀시험에 사용하기에 가장 부적당한 가스는?

① 공기 ② 산소
③ 질소 ④ 아르곤

해설및용어설명 | 기밀시험은 공기 또는 불활성 가스를 사용하여 상용압력 이상의 압력을 실시한다(암모니아는 가연성 가스로 조연성 가스인 산소를 사용 시 폭발의 우려가 있다).

39

고압가스시설에서 사용하는 다음 용어에 대한 설명으로 틀린 것은?

① 압축가스라 함은 일정한 압력에 의하여 압축되어 있는 가스를 말한다.
② 충전용기라 함은 고압가스의 충전질량 또는 충전압력의 2분의 1 이상이 충전되어 있는 상태의 용기를 말한다.
③ 잔가스용기라 함은 고압가스의 충전질량 또는 충전압력의 10분의 1 미만이 충전되어 있는 상태의 용기를 말한다.
④ 처리능력이라 함은 처리설비 또는 감압설비로 압축·액화 그 밖의 방법으로 1일에 처리할 수 있는 가스의 양을 말한다.

해설및용어설명 | 잔가스용기라 함은 고압가스의 충전질량 또는 충전압력의 2분의 1 미만이 충전되어 있는 상태의 용기를 말한다.

40

저압배관의 관경 결정 공식이 다음 보기와 같을 때 ( )에 알맞은 것은? (단, H : 압력손실, Q : 유량, L : 배관길이, D : 배관관계, S : 가스비중, K : 상수)

$$H = (\ \bigcirc\ ) \times S \times (\ \bigcirc\ ) / K^2 \times (\ \bigcirc\ )$$

① ㉠ Q^2, ㉡ L, ㉢ D^5
② ㉠ L, ㉡ D^5, ㉢ Q^2
③ ㉠ D^5, ㉡ L, ㉢ Q^2
④ ㉠ L, ㉡ Q^5, ㉢ D^2

해설및용어설명 | 저압배관 유량 계산식

$Q = K\sqrt{\dfrac{D^5 \cdot H}{S \cdot L}}$ 에서

$H = \dfrac{Q^2 SL}{K^2 D^5} = \dfrac{(Q^2) \times S \times (L)}{K^2 \times (D^5)}$ 이다.

2022년 제1회 가스산업기사 CBT 복원문제

21

소형저장탱크에 대한 설명으로 틀린 것은?

① 옥외에 지상설치식으로 설치한다.
② 소형저장탱크를 기초에 고정하는 방식은 화재 등의 경우에도 쉽게 분리되지 않는 것으로 한다.
③ 건축물이나 사람이 통행하는 구조물의 하부에 설치하지 아니한다.
④ 동일 장소에 설치하는 소형저장탱크의 수는 6기 이하로 한다.

해설및용어설명 | 소형저장탱크를 기초에 고정하는 방식은 화재 등의 경우 쉽게 분리될 수 있는 것으로 한다.

22

고압가스설비를 운전하는 중 플랜지부에서 가연성 가스가 누출하기 시작할 때 취해야 할 대책으로 가장 거리가 먼 것은?

① 화기 사용 금지
② 가스 공급 즉시 중지
③ 누출 전·후단 밸브차단
④ 일상적인 점검 및 정기점검

해설및용어설명 | 고압가스설비를 운전하는 중 가연성 가스가 누출하기 시작할 때 화기 사용을 금지하고, 누출 전·후단의 밸브를 차단하여 가스가 누출되어 확산되는 것을 방지하여야 한다.

23

고압장치의 재료로 구리관의 성질과 특징으로 틀린 것은?

① 알칼리에는 내식성이 강하지만 산성에는 약하다.
② 내면이 매끈하여 유체저항이 적다.
③ 굴곡성이 좋아 가공이 용이하다.
④ 전도 및 전기절연성이 우수하다.

해설및용어설명 | 구리관은 전도 및 전기절연성이 약하다.

24

고압가스 배관의 기밀시험에 대한 설명으로 옳지 않은 것은?

① 상용압력 이상으로 하되, 1[MPa]를 초과하는 경우 1[MPa] 압력 이상으로 한다.
② 원칙적으로 공기 또는 불활성 가스를 사용한다.
③ 취성파괴를 일으킬 우려가 없는 온도에서 실시한다.
④ 기밀시험압력 및 기밀유지시간에서 누설 등의 이상이 없을 때 합격으로 한다.

해설및용어설명 | 기밀시험

- 원칙적으로 공기 또는 위험성이 없는 기체의 압력에 의하여 실시할 것
- 그 설비가 취성파괴를 일으킬 우려가 없는 온도에서 할 것
- 기밀시험압력은 상용압력 이상으로 하되, 0.7[MPa]를 초과하는 경우 0.7[MPa] 압력 이상으로 할 것

25

도시가스용 압력조정기에서 스프링은 어떤 재질을 사용하는가?

① 주물   ② 강재
③ 알루미늄합금   ④ 다이케스팅

해설및용어설명 | 압력조정기 각부의 재료

재료	규격번호 및 규격명	사용구분					
		몸통	덮개	헤드 Head	오리피스	밸브	스프링
강재	KS D 3510 경강선						○
	KS D 3501 열간압연 강판 및 강대		○				○
	KS D 3512 냉간압연 강판 및 강대		○				
주물	SPS-KFCA-D4103-5006 스테인리스 주강품	○	○	○		○	
	SPS-KFCA-D4107-5010 고온고압용 주강품	○	○	○		○	
	SPS-KFCA-D4302-5016 구상흑연주철	○	○	○		○	
	SPS-KOSA0179-ISO5922-5244 가단주철	○	○	○		○	
	KS D 6024 황동주물	○	○				
	KS D 6024 청동주물	○	○				
	KS D 6008 알루미늄 합금주물	○	○				
	KS D 4301 회주철	○	○			○	
스테인리스 강재	KS D 3706 스테인리스강봉			○	○	○	
	KS D 3705 열간압연 스테인리스강판		○		○	○	
	KS D 3698 냉간압연 스테인리스강판		○		○	○	
	KS D 3703 스테인리스강선						○
	KS D 3534 스프링용 스테인리스강대						○
	KS D 3535 스프링용 스테인리스강선						○
알루미늄 및 알루미늄합금	KS D 6701 알루미늄 및 알루미늄 합금판		○		○		
	SPS-KFCA-D6770-5022 알루미늄 및 알루미늄 합금단조품	○	○		○		
구리 및 구리합금봉	KS D 5101 구리 및 구리합금봉			○	○	○	
	KS D 5301 이음매 없는 구리 및 구리합금판				○	○	
다이캐스팅	KS D 6005 아연합금 다이캐스팅	○	○			○	
	KS D 6006 알루미늄 합금 다이캐스팅	○	○			○	

26

다음 지상형 탱크 중 내진설계 적용대상 시설이 아닌 것은?

① 고법의 적용을 받는 3톤 이상의 암모니아 탱크
② 도법의 적용을 받는 3톤 이상의 저장탱크
③ 고법의 적용을 받는 10톤 이상의 아르곤 탱크
④ 액법의 적용을 받는 3톤 이상의 액화석유가스 저장탱크

해설및용어설명 | 지상형 탱크 중 내진설계 적용 대상 시설

- 고법(고압가스 안전관리법) 적용대상 시설 : 5톤(비가연성가스나 비독성 가스의 경우에는 10톤) 또는 500[m³](비가연성가스나 비독성가스의 경우에는 1,000[m³]) 이상의 지상 저장탱크
- 액법(액화석유가스의 안전관리 및 사업법) 적용대상 시설 : 3톤 이상의 지상 저장탱크
- 도법(도시가스사업법) 적용대상 시설
  - 가스제조시설에서 저장능력이 3톤(압축가스의 경우에는 300[m³]) 이상인 지상 저장탱크(가스도매사업자가 소유하는 지중식 저장탱크를 포함한다)와 가스홀더
  - 가스 충전시설에서 저장능력이 5톤 또는 500[m³] 이상인 지상 저장탱크와 가스홀더

27

LPG 저장탱크에 가스를 충전하려면 가스의 용량이 상용온도에서 저장탱크 내용적의 얼마를 초과하지 아니하여야 하는가?

① 95[%] ② 90[%]
③ 85[%] ④ 80[%]

해설및용어설명 | 액화석유가스는 온도 상승으로 인하여 액팽창을 일으킬 위험이 있어 안전공간을 10[%] 이상 확보하여야 한다.

28

고압가스 용기의 안전밸브 중 밸브 부근의 온도가 일정 온도를 넘으면 퓨즈 메탈이 녹아 가스를 전부 방출시키는 방식은?

① 가용전식 ② 스프링식
③ 파열판식 ④ 수동식

해설및용어설명 | 고압가스 용기 안전밸브 종류

- 스프링식 : 설비 내의 압력이 스프링의 설정압력을 초과하는 경우에 밸브가 열리고 내부의 가스를 방출하는 구조. 즉, 밸브 본체에 걸리는 내압에 의하여 순간적으로 작동하는 기능을 가진 자동압력방출장치로 밸브가 직접 스프링에 의하여 부하가 걸리는 장치
- 파열판식 : 압력용기, 배관계 및 회전기계 등의 밀폐된 장치가 이상압력 상승 또는 부압에 의하여 파손되는 것을 방지하기 위하여 설치하는 극히 얇은 금속판을 사용한 압력방출장치로서 기계적 장치가 전혀 없고 파열판과 홀더로 구성된 가장 간단한 구조로서 스프링식 안전밸브와 함께 설치하거나 단독으로 설치하여 사용한다.
- 가용전식 : 일반적으로 200[℃] 이하의 낮은 융점을 갖는 합금을 가용합금이라고 하는데 이 금속은 비교적 낮은 온도에서 유동하는 성질을 이용하여 용기가 화재 등으로 인하여 이상적으로 온도가 상승할 때, 용기 내의 가스를 방출시켜 용기가 이상승압되는 것을 방지하기 위해 설치하는 용기용 안전장치

29

고온·고압하에서 수소를 사용하는 장치공정의 재질은 어느 재료를 사용하는 것이 가장 적당한가?

① 탄소강 ② 스테인리스강
③ 타프치동 ④ 실리콘강

해설및용어설명 | 스테인리스강

내식용, 냉열용 및 고온배관용, 저온배관용 사용

30

비교회전도 175, 회전수 3,000[rpm], 양정 210[m]인 3단 원심 펌프의 유량은 약 몇 [m³/min]인가?

① 1 ② 2
③ 3 ④ 4

해설및용어설명 | 비교회전도 $= \dfrac{회전수 \times 유량^{0.5}}{\left(\dfrac{양정}{단수}\right)^{0.75}}$

$175 = \dfrac{3{,}000 \times Q^{0.5}}{\left(\dfrac{210}{3}\right)^{0.75}}$

$Q = 2$

31

액화천연가스(LNG)의 탱크로서 저온수축을 흡수하는 기구를 가진 금속박판을 사용한 탱크는?

① 프리스트레스트 탱크 ② 동결식 탱크
③ 금속제 이중구조 탱크 ④ 멤브레인 탱크

해설및용어설명 | 멤브레인 탱크
LNG, LPG 등의 초저온 액체를 저장하기 위한 탱크 중 RC 혹은 PC 구조의 탱크 측면과 밑판 안쪽에 액밀성(液密性)을 갖게 하기 위해 설치하는 라이닝 재의 일종으로, 스테인리스제의 얇은 철판(t = 3.0 ~ 6.0[mm])을 말한다.

32

고압가스 관이음으로 통상적으로 사용되지 않는 것은?

① 용접 ② 플랜지
③ 나사 ④ 리벳팅

해설및용어설명 | 관의 이음은 나사이음, 플랜지이음, 용접이음으로 한다.

33

공기액화 분리장치의 폭발 원인이 될 수 없는 것은?

① 공기 취입구에서 아르곤 혼입
② 공기 취입구에서 아세틸렌 혼입
③ 공기 중 질소 화합물(NO, NO₂) 혼입
④ 압축기용 윤활유의 분해에 의한 탄화수소의 생성

해설및용어설명 | 공기액화 분리장치의 폭발원인
• 공기 중에 있는 산화질소, 과산화 질소 등의 질소화합물(NO, NO₂)의 혼입
• 액체 공기 중에 오존(O₃) 혼입
• 공기 취입구로부터 아세틸렌(C₂H₂)의 침입
• 압축기용 윤활유의 열화에 의한 탄화수소의 생성

34

정압기의 이상감압에 대처할 수 있는 방법이 아닌 것은?

① 필터 설치
② 정압기 2계열 설치
③ 저압배관의 Loop화
④ 2차측 압력 감시장치 설치

해설및용어설명 | 정압기 이상감압 방지 조치
저압배관의 루프화, 2차측 압력감시장치, 정압기 2계열 설치

35

펌프에서 일어나는 현상 중, 송출압력과 송출유량 사이에 주기적인 변동이 일어나는 현상은?

① 서징현상 ② 공동현상
③ 수격현상 ④ 진동현상

해설및용어설명 | 서징현상
펌프를 운전할 때 송출압력과 송출유량이 주기적으로 변동하여 펌프 입구 및 출구에 설치된 진공계, 압력계의 지침이 흔들리는 현상

36

정압기의 유량특성에서 메인밸브의 열림(스트로그 리프트)과 유량의 관계를 말하는 유량특성에 해당되지 않는 것은?

① 직선형　　　　② 2차형
③ 3차형　　　　④ 평방근형

해설및용어설명 | 정압기의 유량특성으로 메인밸브 개도와 유량의 관계를 말하며, 3가지 특성의 것이 많이 사용
- 직선형(Linear형), 이차형(Equal Percentage형),
  평방근형(Quick Opening형)

37

전양정이 54[m], 유량이 1.2[m³/min] 인 펌프로 물을 이송하는 경우, 이 펌프의 축동력은 약 몇 [PS]인가? (단, 펌프의 효율은 80[%], 물의 밀도는 1[g/cm³]이다)

① 13　　　　② 18
③ 23　　　　④ 28

해설및용어설명 |

$[PS] = \dfrac{\gamma QH}{75\eta}$ 이다.

$= \dfrac{1{,}000 \times 1.2 \times 54}{75 \times 0.8 \times 60} = 18$

※ 유량시간단위에 따라 60 또는 3,600을 계산하여 준다.

38

금속재료에 대한 풀림의 목적으로 옳지 않은 것은?

① 인성을 향상시킨다.
② 내부응력을 제거한다.
③ 조직을 조대화하여 높은 경도를 얻는다.
④ 일반적으로 강의 경도가 낮아져 연화된다.

해설및용어설명 |
- 풀림 : 재료를 일정온도까지 일정시간 가열을 유지한 후 서서히 냉각시키면 재료가 연화된다.
- 목적 : 내부응력제거, 경화된 재료의 연화, 금속 결정 입자의 미세화

39

정압기(governor)의 기본구성 중 2차 압력을 감지하고 변동사항을 알려주는 역할을 하는 것은?

① 스프링　　　　② 메인밸브
③ 다이어프램　　④ 웨이트

해설및용어설명 | 기본구조
- 다이어프램(감지부) : 2차측의 압력을 감지하여 그 압력변동에 따라 상하로 움직이면서 메인밸브를 작동시킨다.
- 스프링(부하부) : 다이어프램에 걸리는 2차압력과 균형을 유지시켜 2차측 압력을 설정한다.
- 조정(메인)밸브(제어부) : 가스의 유량을 그 열림의 정도에 의해 직접 조정한다.

40

저온(T_2)으로부터 고온(T_1)으로 열을 보내는 냉동기의 성능계수 산정식은?

① $\dfrac{T_2}{T_1}$　　　　② $\dfrac{T_2}{T_1 - T_2}$

③ $\dfrac{T_1}{T_1 - T_2}$　　　　④ $\dfrac{T_1 - T_2}{T_1}$

해설및용어설명 | 성적계수(COP) $= \dfrac{Q_2}{AW} = \dfrac{Q_2}{Q_1 - Q_2} = \dfrac{T_2}{T_1 - T_2}$

여기서, Q_1 : 응축부하, Q_2 : 증발부하, AW : 압축일의 열당량,
T_1 : 고압(응축기)측 절대온도, T_2 : 저압(증발기)측 절대온도

2022년 제2회 가스산업기사 CBT 복원문제

21

안지름 10[cm]의 파이프를 플랜지에 접속하였다. 이 파이프 내에 40[kgf/cm²]의 압력으로 볼트 1개에 걸리는 힘을 400[kgf] 이하로 하고자 할 때 볼트는 최소 몇 개가 필요한가?

① 7개　　② 8개
③ 9개　　④ 10개

해설및용어설명 |

볼트 수 = 압력 × 면적(전체에 걸리는 힘) / 볼트 1개에 걸리는 힘

$$= \frac{40 \times \frac{3.14 \times 10^2}{4}}{400} = 7.85(8개)$$

22

발열량이 10,500[kcal/m³]인 가스를 출력 12,000[kcal/h]인 연소기에서 연소효율 80[%]로 연소시켰다. 이 연소기의 용량은?

① 0.70[m³/h]　　② 0.91[m³/h]
③ 1.14[m³/h]　　④ 1.43[m³/h]

해설및용어설명 |

$\frac{12,000}{x \times 10,500} \times 100 = 80[\%]$

$x = 1.43$

23

이중각식 구형 저장탱크에 대한 설명으로 틀린 것은?

① 상온 또는 −30[℃] 전후까지의 저온의 범위에 적합하다.
② 내구에는 저온 강재, 외구에는 보통 강판을 사용한다.
③ 액체산소, 액체질소, 액화메탄 등의 저장에 사용된다.
④ 단열성이 아주 우수하다.

해설및용어설명 | 이중각식
내부탱크, 외부탱크의 이중각(二重殼)으로 구성되고 내부탱크는 액체질소(−196°), 액체산소(−186°), 액체메탄(−162°)의 온도를 견디는 저온재료가 사용되며 외부탱크는 보통 연강이 사용되고 있다.

24

배관설계 시 고려하여야 할 사항으로 가장 거리가 먼 것은?

① 가능한 옥외에 설치할 것
② 굴곡을 적게 할 것
③ 은폐하여 매설할 것
④ 최단거리로 할 것

해설및용어설명 | 배관은 노출시공한다.

25

고압가스 설비 내에서 이상상태가 발생한 경우 긴급이송 설비에 의하여 이송되는 가스를 안전하게 연소시킬 수 있는 안전장치는?

① 벤트스택　　② 플레어스택
③ 인터록기구　　④ 긴급차단장치

해설및용어설명 | 플레어스택
가연성가스의 설비에서 이상 상태가 발생한 경우 긴급이송장치에서 이송되는 가스를 연소시켜 대기로 안전하게 방출하는 장치

26

기지국에서 발생된 정보를 취합하여 통신선로를 통해 원격감시 제어소에 실시간으로 전송하고, 원격감시제어소로부터 전송된 정보에 따라 해당 설비의 원격제어가 가능하도록 제어신호를 출력하는 장치를 무엇이라 하는가?

① Master Station
② Communication Unit
③ Remote Terminal Unit
④ 음성경보장치 및 Map Board

해설및용어설명 | RTU - Remote Terminal Unit(원격단말기)
현장의 계측기와 시스템 접촉을 위한 터미널로 정압기의 이상상태를 감시하는 기능을 한다.

27

가로 15[cm], 세로 20[cm]의 환기구에 철재 갤러리를 설치한 경우 환기구의 유효면적은 몇 [cm²]인가? (단, 개구율은 0.3이다)

① 60
② 90
③ 150
④ 300

해설및용어설명 | 환기구의 유효면적 = 면적 × 개구율
$15 \times 20 \times 0.3 = 90$

28

발열량이 10,000[kcal/Sm³], 비중이 1.2인 도시가스의 웨버지수는?

① 8,333
② 9,129
③ 10,954
④ 12,000

해설및용어설명 |
$$WI = \frac{H_g}{\sqrt{d}} = \frac{10,000}{\sqrt{1.2}} = 9,128.71$$

29

강제 급배기식 가스온수보일러에서 보일러의 최대 가스소비량과 각 버너의 가스소비량은 표시차의 얼마 이내인 것으로 하여야 하는가?

① ±5[%]
② ±8[%]
③ ±10[%]
④ ±15[%]

해설및용어설명 | 최대온수가스소비량은 표시가스소비량의 ±10[%] 이내인 것으로 한다.

30

나프타를 원료로 접촉분해 프로세스에 의하여 도시가스를 제조할 때 반응온도를 상승시키면 일어나는 현상으로 옳은 것은?

① CH_4, CO_2가 많이 포함된 가스가 생성된다.
② C_3H_8, CO_2가 많이 포함된 가스가 생성된다.
③ CO, CH_4가 많이 포함된 가스가 생성된다.
④ CO, H_2가 많이 포함된 가스가 생성된다.

해설및용어설명 | 나프타 접촉분해법
• 압력과 온도의 영향

	CH_4, CO_2	H_2, CO
압력 상승	증가	감소
압력 하강	감소	증가
온도 상승	감소	증가
온도 하강	증가	감소

31

도시가스 배관 등의 용접 및 비파괴검사 중 용접부의 외관검사에 대한 설명으로 틀린 것은?

① 보강 덧붙임은 그 높이가 모재 표면보다 낮지 않도록 하고, 3[mm] 이상으로 할 것
② 독성가스배관용 밸브
③ 특정고압가스용 실린더캐비넷
④ 초저온용기

해설및용어설명 | 육안검사는 다음 기준에 적합하게 한다.
- 보강덧 붙임(Reinforcement of Weld)은 그 높이가 모재표면보다 낮지 않도록 하고, 3[mm](알루미늄은 제외한다) 이하를 원칙으로 한다.
- 외면의 언더컷(Undercut)은 그 단면이 V자형으로 되지 않도록 하며, 1개의 언더컷 길이와 깊이는 각각 30[mm] 이하와 0.5[mm] 이하이고 1개의 용접부에서 언더컷 길이의 합이 용접부 길이의 15[%] 이하가 되도록 한다.
- 용접부 및 그 부근에는 균열, 아크스트라이크(Arc-Strike), 위해하다고 인정되는 지그(Jig)의 흔적, 오버랩(Overlap) 및 피트(Pit) 등의 결함이 없고 또한 비이드(Bead) 형상이 일정하며, 슬러그(Slug), 스패터(Spatter) 등이 부착되어 있지 아니하도록 한다.

32

최고충전압력이 15[MPa]인 질소용기에 12[MPa]로 충전되어 있다. 이 용기의 안전밸브 작동압력은 얼마인가?

① 15[MPa] ② 18[MPa]
③ 20[MPa] ④ 25[MPa]

해설및용어설명 | 안전밸브 작동압력 = 내압시험압력(TP) × 0.8

내압시험압력(TP) = 최고충전압력(FP) × $\frac{5}{3}$

∴ 안전밸브작동압력 = 15 × $\frac{5}{3}$ × 0.8
= 20[MPa]

33

메탄염소화에 의해 염화메틸(CH_3Cl)을 제조할 때 반응 온도는 얼마 정도로 하는가?

① 100[℃] ② 200[℃]
③ 300[℃] ④ 400[℃]

해설및용어설명 | 메탄의 수소 하나만 염소로 치환된 것을 염화메틸, 두 개가 치환된 것을 염화메틸렌, 세 개가 치환된 것을 클로로포름, 네 개가 치환된 것을 사염화탄소라고 한다. 메탄은 안정적인 구조를 가지고 있어서 염소화시키기 어려운 분자이다. 여기에 열과 빛을 가하여 라디칼 반응을 시켜 염화메탄을 제조한다. 공업적으로 주로 열을 가하는 방법을 사용하며 400 ~ 500[℃]로 기상에서 얻을 수 있다.

34

정압기의 정특성에 대한 설명으로 옳지 않은 것은?

① 정상상태에서의 유량과 2차 압력의 관계를 뜻한다.
② Lock-up이란 폐쇄압력과 기준유량일 때의 2차 압력과의 차를 뜻한다.
③ 오프셋 값은 클수록 바람직하다.
④ 유량이 증가할수록 2차 압력은 점점 낮아진다.

해설및용어설명 | 오프셋은 유량이 변화했을 때 2차 압력과 기준압력과의 차이를 말한다. 그 값은 작을수록 바람직하다.

35

배관 내 가스 중의 수분 응축 또는 배관의 부식 등으로 인하여 지하수가 침입하는 등의 장애발생으로 가스의 공급이 중단되는 것을 방지하기 위해 설치하는 것은?

① 슬리브
② 리시버 탱크
③ 솔레노이드
④ 후프링

해설및용어설명 | 리시버 탱크(receiver tank)
배관 내 가스 중에 함유된 수분의 응축 또는 배관 부식 등으로 지하수가 침입하는 등의 장애가 발생하여 가스의 공급이 중단되는 것을 방지하기 위해 설치하는 기기이다.

36

가스액화분리장치 구성기기 중 터보 팽창기의 특징에 대한 설명으로 틀린 것은?

① 팽창비는 약 2 정도이다.
② 처리가스량은 10,000[m³/h] 정도이다.
③ 회전수는 10,000 ~ 20,000[rpm] 정도이다.
④ 처리가스에 윤활유가 혼입되지 않는다.

해설및용어설명 | 팽창비
가스 터빈의 입구 가스 압력을 출구 가스 압력으로 나눈 값(터보팽창기의 팽창비는 약 5정도이다)

37

LPG 용기에 대한 설명으로 옳은 것은?

① 재질은 탄소강으로서 성분은 C : 0.33[%] 이하, P : 0.04[%] 이하, S : 0.05[%] 이하로 한다.
② 용기는 주물형으로 제작하고 충분한 강도와 내식성이 있어야 한다.
③ 용기의 바탕색은 회색이며 가스명칭과 충전기한은 표시하지 아니한다.
④ LPG는 가연성 가스로서 용기에 반드시 "연"자 표시를 한다.

해설및용어설명 |
② 용기는 용접형으로 제작하고 충분한 강도와 내식성이 있어야 한다.
③ 용기의 바탕색은 회색이며 가스명칭과 충전기한은 적색으로 표시한다.
④ LPG는 LPG라고 명기하며, "연"자 표기는 않는다.

38

증기압축식 냉동기에서 고온·고압의 액체 냉매를 교축작용에 의해 증발을 일으킬 수 있는 압력까지 감압시켜 주는 역할을 하는 기기는?

① 압축기
② 팽창밸브
③ 증발기
④ 응축기

해설및용어설명 | 증기압축식 냉동기 구성
- 압축기 : 저온, 저압 냉매증기를 흡입하여 응축되기 쉽도록 고온, 고압으로 압축하는 기기
- 응축기 : 압축기에서 토출된 고온, 고압의 냉매가스를 물 또는 공기로 열교환시켜 응축, 액화시킨다.
- 팽창밸브 : 냉매액을 증발하기 쉬운 상태로 만들기 위해 교축 팽창을 시켜 온도와 압력을 낮추는 기기
- 증발기 : 공급된 냉매액이 피냉각 물체로부터 열을 빼앗는 기기

39

저온(T_2)으로부터 고온(T_1)으로 열을 보내는 냉동기의 성능계수 산정식은?

① $\dfrac{T_2}{T_1}$ ② $\dfrac{T_2}{T_1 - T_2}$

③ $\dfrac{T_1}{T_1 - T_2}$ ④ $\dfrac{T_1 - T_2}{T_1}$

해설및용어설명 | 성적계수(COP) = $\dfrac{Q_2}{AW} = \dfrac{Q_2}{Q_1 - Q_2} = \dfrac{T_2}{T_1 - T_2}$

여기서, Q_1 : 응축부하, Q_2 : 증발부하, AW : 압축일의 열당량,
T_1 : 고압(응축기)측 절대온도, T_2 : 저압(증발기)측 절대온도

40

펌프의 공동현상(cavitation) 방지방법으로 틀린 것은?

① 흡입양정을 짧게 한다.
② 양흡입 펌프를 사용한다.
③ 흡입 비교 회전도를 크게 한다.
④ 회전차를 물속에 완전히 잠기게 한다.

해설및용어설명 | 공동현상 방지방법
- 펌프의 설치 높이를 낮추어 흡입 양정을 짧게 한다.
- 회전차를 수중에 완전히 잠기게 한다.
- 펌프의 회전수를 낮추어 흡입 비교 회전도를 적게 한다.
- 양흡입 펌프를 사용한다.
- 두 대 이상의 펌프를 사용한다.

2022년 제4회 가스산업기사 CBT 복원문제

21

내용적 70[L]의 LPG 용기에 프로판 가스를 충전할 수 있는 최대량은 몇 [kg]인가?

① 50 ② 45
③ 40 ④ 30

해설및용어설명 | $G = \dfrac{V}{C} = \dfrac{70}{2.35} = 29.787 [kg]$

22

가연성가스 및 독성가스 용기의 도색 구분이 옳지 않은 것은?

① LPG – 회색 ② 액화암모니아 – 백색
③ 수소 – 주황색 ④ 액화염소 – 청색

해설및용어설명 | 가스 종류별 용기 도색

가스 종류	용기도색	
	공업용	의료용
산소(O_2)	녹색	백색
수소(H_2)	주황색	-
액화탄산가스(CO_2)	청색	회색
액화석유가스	밝은 회색	-
아세틸렌(C_2H_2)	황색	-
암모니아(NH_3)	백색	-
액화염소(Cl_2)	갈색	-
질소(N_2)	회색	흑색
아산화질소(N_2O)	회색	청색
헬륨(He)	회색	갈색
에틸렌(C_2H_4)	회색	자색
사이크로 프로판	회색	주황색
기타 가스	회색	-

23

양정(H)이 10[m], 송출량(Q) 0.30[m³/min], 효율(η) 0.65인 2단 터빈 펌프의 축출력(L)은 약 몇 [kW]인가? (단, 수송유체인 물의 밀도는 1,000[kg/m³]이다)

① 0.75
② 0.92
③ 1.05
④ 1.32

해설및용어설명 |

$$[kW] = \frac{\text{물의 비중량[kg/m}^3] \times \text{유량[m}^3/s] \times \text{전양정[m]}}{102[kg \cdot m/s] \times \text{효율}}$$

$$[kW] = \frac{1,000 \times 0.3 \times 10}{102 \times 60 \times 0.65} = 0.75[kW]$$

24

매설배관의 경우에는 유기물질 재료를 피복재로 사용하면 방식이 된다. 이 중 타르 에폭시 피복재의 특성에 대한 설명으로 틀린 것은?

① 저온에서도 경화가 빠르다.
② 밀착성이 좋다.
③ 내마모성이 크다.
④ 토양응력에 강하다.

해설및용어설명 | 에폭시 피복재(열경화성 수지)
열에 강하므로 에폭시 수지는 열에 따른 경화가 느리다.

25

전용보일러실에 반드시 설치해야 하는 보일러는?

① 밀폐식 보일러
② 반밀폐식 보일러
③ 가스보일러를 옥외에 설치하는 경우
④ 전용 급기구 통을 부착시키는 구조로 검사에 합격한 강제 배기식 보일러

해설및용어설명 | 전용 보일러실에 설치 안 해도 되는 경우
• 가스보일러를 옥외에 설치하는 경우
• 강제 급배기 시설을 설치하는 경우
• 밀폐식 보일러를 설치하는 경우

26

전기방식시설 시공 시 도시가스시설의 전위측정용 터미널(T/B) 설치 방법으로 옳은 것은?

① 희생양극법의 경우에는 배관길이 300[m] 이내의 간격으로 설치한다.
② 배류법의 경우에는 배관길이 500[m] 이내의 간격으로 설치한다.
③ 외부전원법의 경우에는 배관길이 300[m] 이내의 간격으로 설치한다.
④ 희생양극법, 배류법, 외부전원법 모두 배관길이 500[m] 이내의 간격으로 설치한다.

해설및용어설명 | 희생양극법, 배류법에 의한 배관에는 300[m] 이내, 외부전원법에 의한 배관에는 500[m] 이내 간격으로 설치

27

액화석유가스 지상 저장탱크 주위에는 저장능력이 얼마 이상일 때 방류둑을 설치하여야 하는가?

① 6톤
② 20톤
③ 100톤
④ 1,000톤

해설및용어설명 | 액화석유가스 저장탱크에 방류둑을 설치하여야 할 대상 저장 능력 1,000톤 이상

28

시안화수소를 용기에 충전하는 경우 품질검사 시 합격 최저 순도는?

① 98[%]   ② 98.5[%]
③ 99[%]   ④ 99.5[%]

해설및용어설명 | 시안화수소
순도 98[%] 이상

29

저온장치에서 저온을 얻을 수 있는 방법이 아닌 것은?

① 단열교축팽창   ② 등엔트로피팽창
③ 단열압축   ④ 기체의 액화

해설및용어설명 | 열 교환이 외부와 차단된 상태에서, 즉 단열상태에서 부피가 팽창하면 온도가 낮아지고, 부피가 압축되면 온도가 높아진다.

30

가로 15[cm], 세로 20[cm]의 환기구에 철재 갤러리를 설치한 경우 환기구의 유효면적은 몇 [cm²]인가? (단, 개구율은 0.30이다)

① 60   ② 90
③ 150   ④ 300

해설및용어설명 | 환기구의 유효면적 = 면적 × 개구율
$15 \times 20 \times 0.3 = 90$

31

액화석유가스 압력조정기 중 1단 감압식 준저압조정기의 입구 압력은?

① 0.07 ~ 1.56[MPa]
② 0.1 ~ 1.56[MPa]
③ 0.3 ~ 1.56[MPa]
④ 조정압력 이상 ~ 1.56[MPa]

해설및용어설명 |

종류	입구압력[MPa]	조정압력[kPa]
1단감압식 저압조정기	0.07 ~ 1.56	2.30 ~ 3.30
1단감압식 준저압조정기	0.1 ~ 1.56	5.0 ~ 30.0 이내에서 제조자가 설정한 기준압력의 ±20[%]
2단감압식 일체형 저압조정기	0.07 ~ 1.56	2.30 ~ 3.30
2단감압식 일체형 준저압조정기	0.1 ~ 1.56	5.0 ~ 30.0 이내에서 제조자가 설정한 기준압력의 ±20[%]
2단감압식 1차용 조정기 (용량 100[kg/h] 이하)	0.1 ~ 1.56	57.0 ~ 83.0
2단감압식 1차용 조정기 (용량 100[kg/h] 초과)	0.3 ~ 1.56	57.0 ~ 83.0
2단감압식 2차용 저압조정기	0.01 ~ 0.1 또는 0.025 ~ 0.1	2.30 ~ 3.30
2단감압식 2차용 준저압조정기	조정압력 이상 ~ 0.1	5.0 ~ 30.0 내에서 제조자가 설정한 기준압력의 ±20[%]
자동절체식 일체형 저압조정기	0.1 ~ 1.56	2.55 ~ 3.30
자동절체식 일체형 준저압조정기	0.1 ~ 1.56	5.0 ~ 30.0 내에서 제조자가 설정한 기준압력의 ±20[%]
그 밖의 압력조정기	조정압력 이상 ~ 1.56	5[kPa]를 초과하는 압력범위에서 상기 압력조정기의 종류에 따른 조정압력에 해당하지 않는 것에 한하며, 제조자가 설정한 기준압력의 ±20[%]일 것

32

원유, 나프타 등의 분자량이 큰 탄화수소를 원료로 하고 고온에서 분해하여 고열량의 가스를 제조하는 공정은?

① 열분해공정
② 접촉분해공정
③ 부분연소공정
④ 수소화분해공정

해설및용어설명 | 나프타를 스팀과 함께 800[℃] 이상의 고온 분해로에서 탄소수가 적은 탄화수소화합물로 열분해 반응시키는 공정

33

황화수소(H_2S)에 대한 설명으로 틀린 것은?

① 각종 산화물을 환원시킨다.
② 알칼리와 반응하여 염을 생성한다.
③ 습기를 함유한 공기 중에는 대부분 금속과 작용한다.
④ 발화온도가 약 450[℃] 정도로서 높은 편이다.

해설및용어설명 | 황화수소(H_2S)의 특징
- 무색의 기체로서 계란 썩는 냄새가 나는 대표적인 악취물질로서 유독성 가스로 취급
- 독성가스(TLV-TWA 10[ppm])이며, 가연성 가스(4.3 ~ 45[%])이다.
- 산소 중에서 푸른 불꽃을 내며 타서 이산화황을 생성하며, 산소가 부족할 경우 황을 생성
- 건조한 상태에서는 부식성이 없으나 수분을 함유하면 금속을 심하게 부식시킨다.
- 산화물을 잘 환원시키고 특히 진한 질산 등의 산화제와는 격렬하게 반응하므로 위험하다.
- 알칼리와 반응하여 두 가지 염이 생긴다.
- 발화점 260[℃]

34

물을 전양정 20[m], 송출량 500[L/min]로 이송할 경우 원심펌프의 필요동력은 약 몇 [kW]인가? (단, 펌프의 효율은 60[%]이다)

① 1.7
② 2.7
③ 3.7
④ 4.7

해설및용어설명 |

$$[kW] = \frac{\gamma QH}{102\eta} = \frac{1,000 \times (500 \times 10^{-3}) \times 20}{102 \times 0.6 \times 60} = 2.723[kW]$$

35

터보 펌프의 특징에 대한 설명으로 옳은 것은?

① 고양정이다.
② 토출량이 크다.
③ 높은 점도의 액체용이다.
④ 시동 시 물이 필요 없다.

해설및용어설명 | 토출량이 크고 낮은 점도 액체용이며 저양정 시동 시 물이 필요한 단점이 있다.

36

지름이 150[mm], 행정 100[mm], 회전수 800[rpm], 체적효율 85[%]인 4기통 압축기의 피스톤 압출량은 몇 [m³/h]인가?

① 288
② 28.8
③ 102
④ 10.2

해설및용어설명 |

$$V = \frac{\pi}{4}D^2 LnN_v = \frac{\pi}{4} \times 0.15^2 \times 0.1 \times 4 \times 800 \times 0.85 \times 60$$
$$= 288.398[m^3/h]$$

37

도시가스시설에서 전기방식효과를 유지하기 위하여 빗물이나 이물질의 접촉으로 인한 절연의 효과가 상쇄되지 아니하도록 절연이음매 등을 사용하여 절연한다. 절연조치를 하는 장소에 해당되지 않는 것은?

① 교량횡단 배관의 양단
② 배관과 철근콘크리트 구조물 사이
③ 배관과 배관지지물 사이
④ 타 시설물과 30[cm] 이상 이격되어 있는 배관

해설 및 용어설명 | 도시가스시설에서 절연조치를 하는 장소

- 교량횡단 배관의 양단(다만, 외부전원법에 따른 전기방식을 한 경우에는 제외할 수 있다)
- 배관과 철근콘크리트 구조물 사이
- 배관과 강재 보호관 사이
- 지하에 매설된 배관의 부분과 지상에 설치된 부분과의 경계. 이 경우 가스 사용자에게 공급하기 위해 지중에서 지상으로 연결되는 배관에만 한다.
- 다른 시설물과 접근 교차지점. 다만, 다른 시설물과 30[cm] 이상 이격 설치된 경우에는 제외할 수 있다.
- 배관과 배관지지물 사이
- 그 밖에 절연이 필요한 장소

38

자동절체식 조정기 설치에 있어서 사용측과 예비측 용기의 밸브 개폐방법에 대한 설명으로 옳은 것은?

① 사용측 밸브는 열고 예비측 밸브는 닫는다.
② 사용측 밸브는 닫고 예비측 밸브는 연다.
③ 사용측, 예비측 밸브 전부를 닫는다.
④ 사용측, 예비측 밸브 전부를 연다.

해설 및 용어설명 | 자동절체식 조정기는 가스 공급의 중단 없이 가스가 지속적으로 공급될 수 있도록 고안된 조정기이다. 사용측 용기 내의 가스가 소진되면 자동적으로 예비측의 용기로부터 가스가 공급되므로 사용측, 예비측 밸브 전부를 연다.

39

LPG 저장탱크 2기를 설치하고자 할 경우, 두 저장 탱크의 최대 지름이 각각 2[m], 4[m]일 때 상호 유지하여야 할 최소 이격 거리는?

① 0.5[m] ② 1[m]
③ 1.5[m] ④ 2[m]

해설 및 용어설명 | 탱크 상호 간 이격거리

- 두 저장탱크의 최대 지름을 더한 길이의 4분의 1 이상에 해당하는 거리를 유지한다.
- 두 저장탱크의 최대 지름을 더한 길이의 4분의 1이 1[m] 미만인 경우에는 1[m] 이상의 거리를 유지한다.

$(2+4) \times \dfrac{1}{4} = 1.5$

40

가스 배관의 구경을 산출하는 데 필요한 것으로만 짝지어진 것은?

㉠ 가스 유량	㉡ 배관길이
㉢ 압력손실	㉣ 배관재질
㉤ 가스의 비중	

① ㉠, ㉡, ㉢, ㉣
② ㉡, ㉢, ㉣, ㉤
③ ㉠, ㉡, ㉢, ㉤
④ ㉠, ㉡, ㉣, ㉤

해설 및 용어설명 | 저압배관 유량계산식

$$Q = K \times \sqrt{\dfrac{D^5 \times H}{S \times L}}$$

- K : pole 상수 0.7
- D : 관지름[cm]
- H : 허용압력손실[mmH$_2$O]
- S : 가스의 비중
- L : 관의 길이
- Q : 가스 유량[m³/h]

2023년 제1회 가스산업기사 (CBT 복원문제)

21

도시가스 공급시설에 해당되지 않는 것은?

① 본관
② 가스계량기
③ 사용자 공급관
④ 일반도시가스사업자의 정압기

해설및용어설명 | 가스계량기는 도시가스 사용시설에 해당한다.

22

양정[H] 20[m], 송수량[Q] 0.25[m³/min], 펌프효율[η] 0.65인 2단 터빈 펌프의 축동력은 약 몇 [kW]인가?

① 1.26
② 1.37
③ 1.57
④ 1.72

해설및용어설명 |

$$kW = \frac{\gamma \cdot Q \cdot H}{102\eta}$$

$$= \frac{1{,}000 \times 0.25 \times 20}{102 \times 0.65 \times 60} = 1.256 [kW]$$

23

도시가스용 압력조정기에서 스프링은 어떤 재질을 사용하는가?

① 주물
② 강재
③ 알루미늄합금
④ 다이캐스팅

해설및용어설명 | 압력조정기 각부의 재료

재료	규격번호 및 규격명	사용구분					
		몸통	덮개	헤드 Head	오리피스	밸브	스프링
강재	KS D 3510 경강선						○
주물	SPS - KFCA - D4103 - 5006 스테인리스 주강품	○	○	○		○	
	SPS - KFCA - D4107 - 5010 고온고압용 주강품	○	○	○		○	
	SPS - KFCA -D4302 - 5016 구상흑연주철	○	○	○		○	
	SPS - KOSA0179 - ISO5922 - 5244 가단주철	○	○	○		○	
	KS D 6024 황동주물	○	○				
	KS D 6024 청동주물	○	○				
	KS D 6008 알루미늄 합금주물	○	○				
	PS - KFCA - D4301 - 5015 회주철	○	○		○		
스테인리스 강재	KS D 3706 스테인리스강봉		○	○	○		
	KS D 3705 열간압연 스테인리스강판		○		○	○	
	KS D 3698 냉간압연 스테인리스강판		○		○	○	
	KS D 3703 스테인리스강선						○
	KS D 3534 스프링용 스테인리스강대						○
	KS D 3535 스프링용 스테인리스강선						○

24

LiBr - H₂O계 흡수식 냉동기에서 가열원으로서 가스가 사용되는 곳은?

① 증발기
② 흡수기
③ 재생기
④ 응축기

해설및용어설명 | 흡수식 냉동기 구성

증발기 - 흡수기 - 재생기 - 응축기

- 증발기 : 냉각관 내를 흐르는 냉수로부터 열을 빼앗아 물이 증발한다.
- 흡수기 : LiBr 수용액이 증발기에서 들어오는 수증기를 연속적으로 흡수하여 증발기가 고도의 진공을 유지할 수 있게 하여 준다.
- 재생기(발생기) : 열교환기를 거쳐 재생기에 들어온 희용액은 재생기 하부에 설치된 가열관에 의해 가열되어, 용액 중의 냉매의 일부를 증발시켜 응축기로 보내고, 용액 자신은 농용액이 되어 다시 흡수기로 되돌아간다.
- 응축기 : 재생기에서 온 냉매증기는 냉각관 내를 통하는 냉각수에 의하여 냉각 응축되어, 중력과 압력차에 의해 증발기로 돌아간다.

정답 21 ② 22 ① 23 ② 24 ③

25

도시가스 배관에 사용되는 밸브 중 전개 시 유동저항이 적고 서서히 개폐가 가능하므로 충격을 일으키는 것이 적으나, 유체 중 불순물이 있는 경우 밸브에 고이기 쉬우므로 차단능력이 저하될 수 있는 밸브는?

① 볼 밸브
② 플러그 밸브
③ 게이트 밸브
④ 버터플라이 밸브

해설및용어설명 | 게이트밸브(슬루스밸브)
유로의 개폐용으로 사용, 장시간 열려있거나 닫혀있을 시 슬러지 등으로 인해 밸브 능력 저하될 수 있다.

26

재료의 성질 및 특성에 대한 설명으로 옳은 것은?

① 비례한도 내에서 응력과 변형은 반비례한다.
② 안전율은 파괴강도와 허용응력에 각각 비례한다.
③ 인장시험에서 하중을 제거시킬 때 변형이 원상태로 되돌아 가는 최대 응력값을 탄성한도라 한다.
④ 탄성한도 내에서 가로와 세로 변형률의 비는 재료에 관계 없이 일정한 값이 된다.

해설및용어설명 |
- 비례한도(탄성한도) 안에서 응력과 변형은 정비례한다.
- 안전율 = 기준강도 / 허용응력(반비례)
- 인장시험에서 응력이 작을 때는 대부분 하중을 제거하면 변형은 사라지고 원위치로 되돌아간다. 그러나 하중이 점차 증가하여 어느 한도에 도달하면 하중을 제거하여도 원위치로 되돌아가지 못하고 변형이 남는데 이것을 영구변형이라 한다. 영구변형을 남기지 않는 최대 응력을 탄성한도라 한다.

27

기지국에서 발생된 정보를 취합하여 통신선로를 통해 원격감시 제어소에 실시간으로 전송하고, 원격감시제어소로부터 전송된 정보에 따라 해당 설비의 원격제어가 가능하도록 제어신호를 출력하는 장치를 무엇이라 하는가?

① Master Station
② Communication Unit
③ Remote Terminal Unit
④ 음성경보장치 및 Map Board

해설및용어설명 | RTU - Remote Terminal Unit(원격단말기)
현장의 계측기와 시스템 접촉을 위한 터미널로 정압기의 이상상태를 감시하는 기능을 한다.

28

다음 그림은 압력조정기의 기본 구조이다. 옳은 것으로만 나열된 것은?

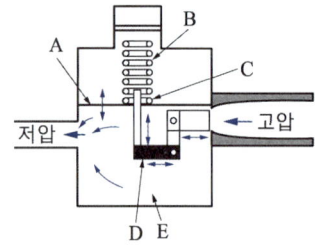

① A : 다이어프램, B : 안전장치용 스프링
② B : 안전장치용 스프링, C : 압력조정용 스프링
③ C : 압력조정용 스프링, D : 레버
④ D : 레버, E : 감압실

해설및용어설명 |
- A : 다이어프램
- B : 압력조정용 스프링
- C : 안전밸브 시트
- D : 레버
- E : 감압실

29

고압가스 설비에 설치하는 압력계의 최고 눈금은?

① 상용압력의 2배 이상, 3배 이하
② 상용압력의 1.5배 이상, 2배 이하
③ 내압시험 압력의 1배 이상, 2배 이하
④ 내압시험 압력의 1.5배 이상, 2배 이하

해설및용어설명 | 압력계 최고 눈금범위
사용압력의 1.5배 이상 2배 이하

30

그림은 가정용 LP가스 소비시설이다. R_1에 사용되는 조정기의 종류는?

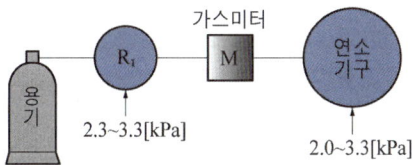

① 1단 감압식 저압조정기
② 1단 감압식 준저압조정기
③ 2단 감압식 1차용 조정기
④ 2단 감압식 2차용 조정기

해설및용어설명 |

- 1단 감압식 저압조정기 : 용기의 압력(0.07[MPa] ~ 1.56[MPa])을 연소기의 압력(2[kPa] ~ 3.3[kPa])으로 1단감압하여 공급하는 것으로서 용기와 가스미터기 사이에 설치되는 것이 보통이다.
- 1단 감압식 준저압조정기 : 일반소비자 생활용 이외(음식점, 호텔 등)의 용도로 공급하는 경우에 한하여 사용되는 조정기로서 조정압력은 5[kPa] 이상 30[kPa]까지로서 여러가지 종류가 있다.
- 2단 감압방식 : 용기 내의 가스압력을 소비압력보다 약간 높은 상태로 감압하고 다음 단계에서 소비압력까지 낮추는 방식이다.

31

고압원통형 저장탱크의 지지 방법 중 횡형탱크의 지지 방법으로 널리 이용되는 것은?

① 새들형(Saddle형)   ② 지주형(Leg형)
③ 스커트형(Skirt형)   ④ 평판형(Flat Plate형)

해설및용어설명 |

- 새들형 : 수평형(횡형) 저장탱크
- 지주형 : 소·중형 수직형 저장탱크
- 스커트형 : 중·대형 수직형 저장탱크

32

Vapor-Rock 현상의 원인과 방지 방법에 대한 설명으로 틀린 것은?

① 흡입관 지름을 작게 하거나 펌프의 설치위치를 높게 하여 방지할 수 있다.
② 흡입관로를 청소하여 방지할 수 있다.
③ 흡입관로의 막힘, 스케일 부착 등에 의해 저항이 증대했을 때 원인이 된다.
④ 액 자체 또는 흡입배관 외부의 온도가 상승될 때 원인이 될 수 있다.

해설및용어설명 | 베이퍼록 현상
비등점이 낮은 액체 등을 이송할 경우 펌프의 입구 측에서 발생되는 현상으로 액체의 비등현상을 말한다.

- 발생원인
  - 액 자체 또는 흡입배관 외부의 온도가 상승할 경우
  - 흡입관 지름이 작거나 펌프 설치위치가 적당하지 않을 경우
  - 흡입관로의 막힘, 스케일 부착 등에 의한 저항이 증대될 경우
  - 펌프 냉각기가 작동하지 않거나 설치되지 않은 경우
- 방지대책
  - 실린더 라이너의 외부를 냉각시킨다.
  - 흡입관 지름을 크게 하거나 펌프의 설치위치를 낮춘다.
  - 흡입배관 경로를 청소하고 단열처리한다.

33

용기종류별 부속품의 기호가 틀린 것은?

① 초저온용기 및 저온용기의 부속품 – LT
② 액화석유가스를 충전하는 용기의 부속품 – LPG
③ 아세틸렌을 충전하는 용기의 부속품 – AG
④ 압축가스를 충전하는 용기의 부속품 – LG

해설및용어설명 | 용기 부속품 기호
- AG : 아세틸렌가스 용기 부속품
- PG : 압축가스 충전용기 부속품
- LG : 액화석유가스 외의 액화가스 용기 부속품
- LPG : 액화석유가스 용기 부속품
- LT : 초저온, 저온용기 부속품

34

고압가스시설에서 사용하는 다음 용어에 대한 설명으로 틀린 것은?

① 압축가스라 함은 일정한 압력에 의하여 압축되어 있는 가스를 말한다.
② 충전용기라 함은 고압가스의 충전질량 또는 충전압력의 2분의 1 이상이 충전되어 있는 상태의 용기를 말한다.
③ 잔가스용기라 함은 고압가스의 충전질량 또는 충전압력의 10분의 1 미만이 충전되어 있는 상태의 용기를 말한다.
④ 처리능력이라 함은 처리설비 또는 감압설비로 압축·액화 그 밖의 방법으로 1일에 처리할 수 있는 가스의 양을 말한다.

해설및용어설명 | ③잔가스용기라 함은 고압가스의 충전질량 또는 충전압력의 2분의 1미만이 충전되어 있는 상태의 용기를 말한다.

35

최고 사용온도가 100[℃], 길이(L)가 10[m]인 배관을 상온(15[℃])에서 설치하였다면 최고온도로 사용 시 팽창으로 늘어나는 길이는 약 몇 [mm]인가? (단, 선팽창계수 a는 12×10^{-6}[mm/℃]이다)

① 5.1
② 10.2
③ 102
④ 204

해설및용어설명 |
$\triangle L = L \cdot a \cdot \triangle t$
$= 10 \times 1{,}000 \times 12 \times 10^{-6} \times (100 - 15)$
$= 10.2$[mm]

36

배관의 부식과 그 방지에 대한 설명으로 옳은 것은?

① 매설되어 있는 배관에 있어서 일반적인 강관이 주철관보다 내식성이 좋다.
② 구상흑연 주철관의 인장강도는 강관과 거의 같지만 내식성은 강관보다 나쁘다.
③ 전식이란 땅속으로 흐르는 전류가 배관으로 흘러 들어간 부분에 일어나는 전기적인 부식을 한다.
④ 전식은 일반적으로 천공성 부식이 많다.

해설및용어설명 |
- 매설되어 있는 배관에 있어서 주철관이 일반적인 강관보다 내식성이 좋다.
- 구상흑연 주철관의 인장강도는 강관과 거의 같지만 내식성은 강관보다 좋다.
- 전식이란 금속이 전기 화학적 작용으로 대지에 유출되는 누설 전류의 전기 분해 작용에 의해 부식되는 현상이다.

37

전기방식법 중 가스배관보다 저전위의 금속(마그네슘 등)을 전기적으로 접촉시킴으로써 목적하는 방식 대상 금속자체를 음극화하여 방식하는 방법은?

① 외부전원법　　② 희생양극법
③ 배류법　　　　④ 선택법

해설및용어설명 | 전기방식법

- 외부전원법 : 양극은 매설배관 등이 설치되어 있는 토양이나 수중에 설치한 외부 전원용 전극에 접속하고, 음극은 매설배관 등에 접속시켜 전기적 부식을 방지하는 방법
- 희생양극법 : 양극금속과 매설배관 등을 전선으로 연결하여 양극금속과 매설배관 등 사이의 전지작용에 의하여 전기적 부식을 방지하는 방법
- 배류법 : 매설배관 등의 전위가 주위의 타금속 구조물의 전위보다 높은 장소에서 매설배관 등과 주위의 타금속 구조물을 전기적으로 접속시켜 매설배관 등에 유입된 누출전류를 복귀시킴으로서 전기적 부식을 방지하는 방법

38

정류(Rectification)에 대한 설명으로 틀린 것은?

① 비점이 비슷한 혼합물의 분리에 효과적이다.
② 상층의 온도는 하층의 온도보다 높다.
③ 환류비를 크게 하면 제품의 순도는 좋아진다.
④ 포종탑에서는 액량이 거의 일정하므로 접촉효과가 우수하다.

해설및용어설명 | 정류는 혼합물 각 성분의 서로 다른 변동성을 사용하여 각 구성 요소를 분리한 것이다. 정류과정에서 상층에 있는 가스가 냉각되어 액체로 변하면서 열이 방출하기 때문에 상층의 온도가 하층의 온도보다 낮다.

39

액화석유가스 지상 저장탱크 주위에는 저장능력이 얼마 이상일 때 방류둑을 설치하여야 하는가?

① 6톤　　　　② 20톤
③ 100톤　　　④ 1,000톤

해설및용어설명 | 액화석유가스 저장탱크에 방류둑을 설치하여야 할 대상 저장 능력 1,000톤 이상

40

LP가스를 이용한 도시가스 공급방식이 아닌 것은?

① 직접 혼입방식　　② 공기 혼입방식
③ 변성 혼입방식　　④ 생가스 혼입방식

해설및용어설명 | LP가스를 이용한 도시가스 공급 방식
직접혼입방식, 변성혼입방식, 공기혼입방식

2023년 제2회 가스산업기사 CBT 복원문제

21

조정압력이 3.3[kPa] 이하인 액화석유가스 조정기의 안전장치 작동정지 압력은?

① 7[kPa]
② 5.04 ~ 8.4[kPa]
③ 5.6 ~ 8.4[kPa]
④ 8.4 ~ 10[kPa]

해설및용어설명 | 조정압력이 3.3[kPa] 이하인 조정기의 안전장치 압력
- 작동표준 압력 : 7.0[kPa]
- 작동개시 압력 : 5.60 ~ 8.4[kPa]
- 작동정지 압력 : 5.04 ~ 8.4[kPa]

22

도시가스시설에서 전기방식효과를 유지하기 위하여 빗물이나 이물질의 접촉으로 인한 절연의 효과가 상쇄되지 아니하도록 절연이음매 등을 사용하여 절연한다. 절연조치를 하는 장소에 해당되지 않는 것은?

① 교량횡단 배관의 양단
② 배관과 철근콘크리트 구조물 사이
③ 배관과 배관지지물 사이
④ 타 시설물과 30[cm] 이상 이격되어 있는 배관

해설및용어설명 | 도시가스시설에서 절연조치를 하는 장소
- 교량횡단 배관의 양단(다만, 외부전원법에 따른 전기방식을 한 경우에는 제외할 수 있다)
- 배관과 철근콘크리트 구조물 사이
- 배관과 강재 보호관 사이
- 지하에 매설된 배관의 부분과 지상에 설치된 부분과의 경계. 이 경우 가스 사용자에게 공급하기 위해 지중에서 지상으로 연결되는 배관에만 한다.
- 다른 시설물과 접근 교차지점. 다만, 다른 시설물과 30[cm] 이상 이격 설치된 경우에는 제외할 수 있다.
- 배관과 배관 지지물 사이
- 그 밖에 절연이 필요한 장소

23

황화수소(H_2S)에 대한 설명으로 틀린 것은?

① 각종 산화물을 환원시킨다.
② 알칼리와 반응하여 염을 생성한다.
③ 습기를 함유한 공기 중에는 대부분 금속과 작용한다.
④ 발화온도가 약 450[℃] 정도로서 높은 편이다.

해설및용어설명 | 황화수소(H_2S)의 특징
- 무색의 기체로서 계란 썩는 냄새가 나는 대표적인 악취물질로서 유독성 가스로 취급한다.
- 독성가스(TLV-TWA 10[ppm])이며, 가연성 가스(4.3 ~ 45[%])이다.
- 산소 중에서 푸른 불꽃을 내며 타서 이산화황을 생성하며, 산소가 부족할 경우 황을 생성한다.
- 건조한 상태에서는 부식성이 없으나 수분을 함유하면 금속을 심하게 부식시킨다.
- 산화물을 잘 환원시키고 특히 진한 질산 등의 산화제와는 격렬하게 반응하므로 위험하다.
- 알칼리와 반응하여 두 가지 염이 생긴다.
- 발화점 260[℃]

24

알루미늄(Al)의 방식법이 아닌 것은?

① 수산법
② 황산법
③ 크롬산법
④ 메타인산법

해설및용어설명 | 알루미늄(Al)의 방식법
알루미늄 표면에 적당한 전해액 중에서 양극 산화처리하여 방식성이 우수하고 치밀한 산화피막이 만들어지도록 하는 방법이다.
- 수산법 : 알루미늄 제품을 2[%] 수용액에서 직류, 교류 또는 직류에 교류를 동시에 송전하여 표면에 단단하고 치밀한 산화피막을 만든다. 전류 효율이 좋으며 피막의 두께는 전류의 통전량에 비례한다.
- 황산법 : 15 ~ 20[%] 황산액이 사용되며 농도가 낮은 경우 단단하고 투명한 피막이 형성된다. 투명한 피막이 형성되고 수산법보다 약하지 않으므로 일반적으로 많이 이용되는 방법이다.
- 크롬산법 : 3[%]의 산화크롬(Cr_2O_3) 수용액을 사용하며 전해액의 온도는 40[℃] 정도로 유지시킨다. 크롬피막은 내마멸성은 적으나 내식성이 매우 크다.

21 ② 22 ④ 23 ④ 24 ④

25

배관의 기호와 그 용도 및 사용조건에 대한 설명으로 틀린 것은?

① SPSS는 350[℃] 이하의 온도에서, 압력 9.8[N/mm²] 이하에 사용된다.
② SPPH는 450[℃] 이하의 온도에서, 압력 9.8[N/mm²] 이하에 사용된다.
③ SPLT는 빙점 이하의 특히 낮은 온도의 배관에 사용한다.
④ SPPW는 정수두 100[m] 이하의 급수배관에 사용한다.

해설및용어설명 |
- SPPS는 350[℃] 이하의 온도에서, 압력 9.8N/mm² 이하에 사용(압력 배관용 탄소강관)
- SPPH는 350[℃] 이하의 온도에서, 압력 9.8[N/mm²] 이상에 사용(고압 배관용 탄소강관)
- SPLT(저온배관용 탄소강관), SPHT(고온배관용 탄소강관, 450[℃] 이하의 온도에서 사용)
- SPPW(수도용 아연도금강관)

26

가연성 고압가스 저장탱크 외부에는 은백색 도료를 바르고 주위에서 보기 쉽도록 가스 명칭을 표시한다. 가스 명칭 표시의 색상은?

① 검정색   ② 녹색
③ 적색   ④ 황색

해설및용어설명 | 가연성 고압가스 저장탱크 외부에는 은백색 도료를 바르고 주위에서 보기 쉽도록 적색의 문자로 가스의 명칭을 표기

27

지름이 150[mm], 행정 100[mm], 회전수 800[rpm], 체적효율 85[%]인 4기통 압축기의 피스톤 압출량은 몇 [m³/h]인가?

① 10.2   ② 28.8
③ 102   ④ 288

해설및용어설명 |

$$V = \frac{\pi}{4}D^2 L n N_v = \frac{\pi}{4} \times 0.15^2 \times 0.1 \times 4 \times 800 \times 0.85 \times 60 = 288.398[m^3/h]$$

28

액화천연가스(LNG)의 탱크로서 저온수축을 흡수하는 기구를 가진 금속박판을 사용한 탱크는?

① 프리스트레스트 탱크   ② 동결식 탱크
③ 금속제 이중구조 탱크   ④ 멤브레인 탱크

해설및용어설명 | 멤브레인 탱크
LNG, LPG 등의 초저온 액체를 저장하기 위한 탱크 중 RC 혹은 PC 구조의 탱크 측면과 밑판 안쪽에 액밀성(液密性)을 갖게 하기 위해 설치하는 라이닝재의 일종으로, 스테인리스제의 얇은 철판(t = 3.0 ~ 6.0[mm])을 말한다.

29

성능계수가 3.2인 냉동기가 10ton의 냉동을 하기 위하여 공급하여야 할 동력은 약 몇 [kW]인가?

① 10 ② 12
③ 14 ④ 16

해설 및 용어설명 |
- 냉동능력 1냉동톤(RT) = 3,320[kcal/h], 1[kW]는 860[kcal/h]이다.
- 성적계수를 계산식으로 동력[kW] 계산

$$COP = \frac{Q_2}{W}$$

$$3.2 = \frac{10 \times 3,320}{x \times 860}$$

$$x = 12.063[kW]$$

30

3톤 미만의 LP가스 소형저장탱크에 대한 설명으로 틀린 것은?

① 동일 장소에 설치하는 소형저장탱크의 수는 6기 이하로 한다.
② 화기와의 우회거리는 3[m] 이상을 유지한다.
③ 지상 설치식으로 한다.
④ 건축물이나 사람이 통행하는 구조물의 하부에 설치하지 아니한다.

해설 및 용어설명 | 저장능력에 따른 화기와의 거리

저장능력	화기와의 우회거리
1톤 미만	2[m]
1톤 이상 3톤 미만	5[m]

31

대기 중에 10[m] 배관을 연결할 때 중간에 상온스프링을 이용하여 연결하려 한다면 중간 연결부에서 얼마의 간격으로 하여야 하는가? (단, 대기 중의 온도는 최저 -20[℃], 최고 30[℃]이고, 배관의 열팽창 계수는 7.2×10^{-5}/[℃]이다)

① 18[mm] ② 24[mm]
③ 36[mm] ④ 48[mm]

해설 및 용어설명 | 상온 스프링(cold spring)은 전팽창량의 1/2을 절단하여 강제로 이음하는 방식이다.

연결부 간격 = $(10 \times 1,000) \times (7.2 \times 10^{-5}) \times (30 - (-20)) \times \frac{1}{2}$
= 18

32

공기냉동기의 표준 사이클은?

① 브레이튼 사이클 ② 역브레이튼 사이클
③ 카르노 사이클 ④ 역카르노 사이클

해설 및 용어설명 |
- 브레이튼 사이클 : 가스터빈의 이상 사이클
- 역브레이튼 사이클 : 공기냉동기 표준 사이클
- 카르노 사이클 : 가역이상 열 기관 사이클
- 역카르노 사이클 : 가역이상 냉동 사이클

33

오토클레이브(Auto clave)의 종류 중 교반효율이 떨어지기 때문에 용기 벽에 장애판을 설치하거나 용기 내에 다수의 볼을 넣어 내용물의 혼합을 촉진시켜 교반효과를 올리는 형식은?

① 교반형
② 정치형
③ 진탕형
④ 회전형

해설및용어설명 |
- 교반형 : 기·액 반응으로 기체를 계속 유통시킬 수 있다.
- 가스교반형 : 가늘고 긴 수직형 반응기로 유체가 순환됨으로서 교반이 행하여지는 방식
- 회전형 : 교반 효율이 떨어지기 때문에 용기 벽에 장애판을 설치하거나 용기 내에 다수의 볼을 넣어 내용물의 혼합을 촉진시켜 교반효과를 올리는 방식
- 진탕형 : 횡형 오토클레이브 전체가 수평, 전후 운동을 함으로서 내용물을 교반시키는 형식으로 가장 일반적이다.

34

재료의 성질 및 특성에 대한 설명으로 옳은 것은?

① 비례 한도 내에서 응력과 변형은 반비례한다.
② 안전율은 파괴강도와 허용응력에 각각 비례한다.
③ 인장시험에서 하중을 제거시킬 때 변형이 원상태로 되돌아가는 최대 응력값을 탄성한도라 한다.
④ 탄성한도 내에서 가로와 세로 변형률의 비는 재료에 관계없이 일정한 값이 된다.

해설및용어설명 |
- 비례한도(탄성한도) 안에서 응력과 변형은 정비례한다.
- 안전율 = 기준강도 / 허용응력(반비례)
- 인장시험에서 응력이 작을 때는 대부분 하중을 제거하면 변형은 사라지고 원위치로 되돌아간다. 그러나 하중이 점차 증가하여 어느 한도에 도달하면 하중을 제거하여도 원위치로 되돌아가지 못하고 변형이 남는데 이것을 영구변형이라 한다. 영구변형을 남기지 않는 최대 응력을 탄성한도라 한다.

35

가스시설의 전기방식에 대한 설명으로 틀린 것은?

① 전기방식이란 강재배관 외면에 전류를 유입시켜 양극반응을 저지함으로써 배관의 전기적 부식을 방지하는 것을 말한다.
② 방식전류가 흐르는 상태에서 토양 중에 있는 방식전위는 포화황산동 기준전극으로 $-0.85[V]$ 이하로 한다.
③ "희생양극법"이란 매설배관의 전위가 주위의 타 금속구조물의 전위보다 높은 장소에서 매설배관과 주위의 타 금속구조물을 전기적으로 접속시켜 매설 배관에 유입된 누출전류를 전기회로적으로 복귀시키는 방법을 말한다.
④ "외부전원법"이란 외부직류 전원장치의 양극은 매설배관이 설치되어 있는 토양에 접속하고, 음극은 매설배관에 접속시켜 부식을 방지하는 방법을 말한다.

해설및용어설명 |
- 희생양극법 : 지중 또는 수중에 설치된 양극금속과 매설배관을 전선으로 연결해 양극금속과 매설배관 사이의 전지작용으로 부식을 방지하는 것
- 배류법 : 매설배관의 전위가 주위의 타 금속 전위보다 높은 장소에서 매설배관과 주위의 타 금속 구조물을 전기적으로 접속시켜 매설배관에 유입된 누출전류를 전기회로적으로 복귀시키는 방법

36

펌프의 공동현상(cavitation) 방지방법으로 틀린 것은?

① 흡입양정을 짧게 한다.
② 양흡입 펌프를 사용한다.
③ 흡입 비교 회전도를 크게 한다.
④ 회전차를 물속에 완전히 잠기게 한다.

해설및용어설명 | 공동현상 방지방법
- 펌프의 설치 높이를 낮추어 흡입 양정을 짧게 한다.
- 회전차를 수중에 완전히 잠기게 한다.
- 펌프의 회전수를 낮추어 흡입비교회전도를 적게 한다.
- 양흡입 펌프를 사용한다.
- 두 대 이상의 펌프를 사용한다.

정답 33 ④ 34 ④ 35 ③ 36 ③

37

정류(Rectification)에 대한 설명으로 틀린 것은?

① 비점이 비슷한 혼합물의 분리에 효과적이다.
② 상층의 온도는 하층의 온도보다 높다.
③ 환류비를 크게 하면 제품의 순도는 좋아진다.
④ 포종탑에서는 액량이 거의 일정하므로 접촉효과가 우수하다.

해설및용어설명ㅣ 정류는 혼합물 각 성분의 서로 다른 변동성을 사용하여 각 구성 요소를 분리한 것이다. 정류과정에서 상층에 있는 가스가 냉각되어 액체로 변하면서 열이 방출하기 때문에 상층의 온도가 하층의 온도보다 낮다.

39

용적형(왕복식) 펌프에 해당하지 않는 것은?

① 플런저 펌프   ② 다이어프램 펌프
③ 피스톤 펌프   ④ 제트 펌프

해설및용어설명ㅣ
- 터보형 : 원심력식
- 용적형
  - 왕복동식 : 피스톤, 플런저, 다이어프램펌프
  - 회전식 : 기어, 나사, 루츠, 베인펌프
- 특수형 : 기포, 제트, 수격, 와류, 진공, 점성, 전자펌프

38

가스가 공급되는 시설 중 지하에 매설되는 강재배관에는 부식을 방지하기 위하여 전기적 부식방지조치를 한다. Mg-Anode를 이용하여 양극금속과 매설배관을 전선으로 연결하여 양극금속과 매설배관 사이의 전지작용에 의해 전기적 부식을 방지하는 방법은?

① 직접배류법   ② 외부전원법
③ 선택배류법   ④ 희생양극법

해설및용어설명ㅣ
- 외부전원법 : 양극은 매설배관 등이 설치되어 있는 토양이나 수중에 설치한 외부 전원용 전극에 접속하고, 음극은 매설배관 등에 접속 시켜 전기적 부식을 방지하는 방법
- 희생양극법 : 양극금속과 매설배관 등을 전선으로 연결하여 양극금속과 매설배관 등 사이의 전지작용에 의하여 전기적 부식을 방지하는 방법
- 배류법 : 매설배관 등의 전위가 주위의 타금속 구조물의 전위보다 높은 장소에서 매설배관 등과 주위의 타금속 구조물을 전기적으로 접속시켜 매설배관 등에 유입된 누출전류를 복귀시킴으로서 전기적 부식을 방지하는 방법

40

가스액화분리장치 구성기기 중 터보 팽창기의 특징에 대한 설명으로 틀린 것은?

① 팽창비는 약 2 정도이다.
② 처리가스량은 10,000[m³/h] 정도이다.
③ 회전수는 10,000 ~ 20,000[rpm] 정도이다.
④ 처리가스에 윤활유가 혼입되지 않는다.

해설및용어설명ㅣ 팽창비
가스 터빈의 입구 가스 압력을 출구 가스 압력으로 나눈 값(터보팽창기의 팽창비는 약 5 정도이다)

2023년 제4회 가스산업기사 CBT 복원문제

21

다단압축기에서 실린더 냉각의 목적으로 옳지 않은 것은?

① 흡입효율을 좋게 하기 위하여
② 밸브 및 밸브스프링에서 열을 제거하여 오손을 줄이기 위하여
③ 흡입 시 가스에 주어진 열을 가급적 높이기 위하여
④ 피스톤링에 탄소산화물이 발생하는 것을 막기 위하여

해설및용어설명 | 실린더의 과열로 오일 탄화, 체적효율 감소, 기계수명 단축되므로 이를 방지하기 위하여 냉각한다.

22

철을 담금질하면 경도는 커지지만 탄성이 약해지기 쉬우므로 이를 적당한 온도로 재가열했다가 공기 중에서 서냉시키는 열처리 방법은?

① 담금질(Quenching)
② 뜨임(Tempering)
③ 불림(Normalizing)
④ 풀림(Annealing)

해설및용어설명 |
- 담금질 : 재료의 경도와 강도를 높이는 작업
- 뜨임 : 담금질로 경화된 철을 다시 가열해서 적당한 온도까지 올렸다가 천천히 식혀주는 것
- 불림 : 내부응력을 제거하면서 기계적, 물리적 성질을 표준화하는 것
- 풀림 : 재료를 일정온도까지 일정시간 가열을 유지한 후 서서히 냉각시키면 재료가 연화됨

23

저압 가스 배관에서 관의 내경이 1/2로 되면 압력손실은 몇 배로 되는가? (단, 다른 모든 조건은 동일한 것으로 본다)

① 4
② 16
③ 32
④ 64

해설및용어설명 | 압력손실은 배관 내경 5승에 반비례한다.

$Q = K\sqrt{\dfrac{D^5 \cdot H}{S \cdot L}}$ 에서 $H = \dfrac{Q^2 SL}{K^2 D^5}$

$\therefore H = \dfrac{1}{\left(\dfrac{1}{2}\right)^5} = 32$배

24

가스용 PE배관을 온도 40[℃] 이상의 장소에 설치할 수 있는 가장 적절한 방법은?

① 단열성능을 가지는 보호판을 사용한 경우
② 단열성능을 가지는 침상재료를 사용한 경우
③ 로케이팅 와이어를 이용하여 단열조치를 한 경우
④ 파이프슬리브를 이용하여 단열조치를 한 경우

해설및용어설명 | 관은 온도가 40[℃] 이상이 되는 장소에 설치하지 아니하여야 한다. 다만, 파이프 슬리브 등을 이용하여 단열조치를 한 경우에는 그러하지 아니한다.

25

용기 내압시험 시 뷰렛의 용적은 300[mL]이고 전증가량은 200[mL], 항구증가량은 15[mL]일 때 이 용기의 항구증가율은?

① 5[%]
② 6[%]
③ 7.5[%]
④ 8.5[%]

해설및용어설명 |

항구증가율[%] = $\dfrac{\text{항구증가량}}{\text{전증가량}} \times 100 = \dfrac{15}{200} \times 100 = 7.5[\%]$

26

피스톤 펌프의 특징으로 옳지 않은 것은?

① 고압, 고점도의 소유량에 적당하다.
② 회전수에 따른 토출압력 변화가 많다.
③ 토출량이 일정하므로 정량토출이 가능하다.
④ 고압에 의하여 물성이 변화하는 수가 있다.

해설및용어설명 | 피스톤 펌프의 특징
- 소형으로 고압·고점도 유체에 적당하다.
- 회전수가 변해도 토출 압력의 변화는 적다.
- 토출량이 일정하여 정량 토출이 가능하고 수송량을 가감할 수 있다.
- 송출이 단속적이므로 맥동이 일어나기 쉽고 진동이 있다(맥동 현상에 대한 방지로 공기실을 설치한다).
- 고압으로 액의 성질이 변할 수 있고, 밸브의 그랜드 패킹 고장이 잦다.
- 플런저 펌프보다 용량이 크고 압력이 낮은 곳에 사용한다.
※ 왕복 펌프 종류 : 피스톤 펌프, 플런저 펌프, 다이어프램 펌프

27

축류 펌프의 특징에 대한 설명으로 틀린 것은?

① 비속도가 적다.
② 마감기동이 불가능하다.
③ 펌프의 크기가 작다.
④ 높은 효율을 얻을 수 있다.

해설및용어설명 | 어떤 펌프의 일정한 유량 및 수두, 즉 1[m³/min]의 유량을 1[m] 양수하는 데 필요한 회전수를 말하는 것으로 비속도라고도 한다. 축류펌프는 비속도가 크다.

28

다음 중 암모니아의 공업적 제조방식은?

① 수은법   ② 고압합성법
③ 수성가스법   ④ 엔드류소호법

해설및용어설명 | 암모니아의 공업적 제조법
- 고압합성법 : 클라우드법, 카자레법
- 중압합성법 : IG법, 뉴파우더법, 뉴데법, 동공시법, JCI법, 케미크법
- 저압합성법 : 구데법, 켈로그법

29

고압가스설비에 대한 설명으로 옳은 것은?

① 고압가스 저장탱크에는 환형 유리관 액면계를 설치한다.
② 고압가스 설비에 장치하는 압력계의 최고 눈금은 상용압력의 1.1배 이상 2배 이하이어야 한다.
③ 저장능력이 1,000톤 이상인 액화산소 저장탱크의 주위에는 유출을 방지하는 조치를 한다.
④ 소형저장탱크 및 충전용기는 항상 50[℃] 이하를 유지한다.

해설및용어설명 |
- 액화가스 저장탱크에는 기준에 따라 액면계를 설치한다.
- 고압가스 설비에 장치하는 압력계의 최고 눈금은 상용압력의 1.5배 이상 2배 이하이어야 한다.
- 소형저장탱크 및 충전용기는 항상 40[℃] 이하를 유지한다.
※ 저장 능력별 방류둑 설치 대상
  - 고압가스 특정 제조
    - 가연성 가스 : 500톤 이상
    - 독성 가스 : 5톤 이상
    - 액화 산소 : 1,000톤 이상
  - 고압가스 일반 제조
    - 가연성, 액화 산소 : 1,000톤 이상
    - 독성 가스 : 5톤 이상
  - 냉동제조 시설(독성가스 냉매 사용) : 수액기 내용적 10,000[L] 이상

30

고압가스시설에서 사용하는 다음 용어에 대한 설명으로 틀린 것은?

① 압축가스라 함은 일정한 압력에 의하여 압축되어 있는 가스를 말한다.
② 충전용기라 함은 고압가스의 충전질량 또는 충전압력의 2분의 1 이상이 충전되어 있는 상태의 용기를 말한다.
③ 잔가스용기라 함은 고압가스의 충전질량 또는 충전압력의 10분의 1 미만이 충전되어 있는 상태의 용기를 말한다.
④ 처리능력이라 함은 처리설비 또는 감압설비로 압축·액화 그 밖의 방법으로 1일에 처리할 수 있는 가스의 양을 말한다.

해설및용어설명 | 잔가스용기라 함은 고압가스의 충전질량 또는 충전압력의 2분의 1 미만이 충전되어 있는 상태의 용기를 말한다.

31

가스가 공급되는 시설 중 지하에 매설되는 강재배관에는 부식을 방지하기 위하여 전기적 부식방지조치를 한다. Mg-Anode를 이용하여 양극금속과 매설배관을 전선으로 연결하여 양극금속과 매설배관 사이의 전지작용에 의해 전기적 부식을 방지하는 방법은?

① 직접배류법
② 외부전원법
③ 선택배류법
④ 희생양극법

해설및용어설명 |
- 외부전원법 : 양극은 매설배관 등이 설치되어 있는 토양이나 수중에 설치한 외부 전원용 전극에 접속하고, 음극은 매설배관 등에 접속시켜 전기적 부식을 방지하는 방법
- 희생양극법 : 양극금속과 매설배관 등을 전선으로 연결하여 양극금속과 매설배관 등 사이의 전지작용에 의하여 전기적 부식을 방지하는 방법
- 배류법 : 매설배관 등의 전위가 주위의 타금속 구조물의 전위보다 높은 장소에서 매설배관 등과 주위의 타금속 구조물을 전기적으로 접속시켜 매설배관 등에 유입된 누출전류를 복귀시킴으로서 전기적 부식을 방지하는 방법

32

지름이 150[mm], 행정 100[mm], 회전수 800[rpm], 체적효율 85[%]인 4기통 압축기의 피스톤 압출량은 몇 [m³/h]인가?

① 10.2
② 28.8
③ 102
④ 288

해설및용어설명 |

$$V = \frac{\pi}{4} D^2 L n N_v = \frac{\pi}{4} \times 0.15^2 \times 0.1 \times 4 \times 800 \times 0.85 \times 60$$
$$= 288.398 [m^3/h]$$

33

전양정이 54[m], 유량이 1.2[m³/min]인 펌프로 물을 이송하는 경우, 이 펌프의 축동력은 약 몇 [PS]인가? (단, 펌프의 효율은 80[%], 물의 밀도는 1[g/cm³]이다)

① 13
② 18
③ 23
④ 28

해설및용어설명 |

$[PS] = \dfrac{\gamma Q H}{75\eta}$ 이다.

$$= \frac{1,000 \times 1.2 \times 54}{75 \times 0.8 \times 60} = 18$$

※ 유량시간단위에 따라 60 또는 3,600을 계산하여 준다.

34

가연성 가스 및 독성가스 용기의 도색 구분이 옳지 않은 것은?

① LPG - 회색
② 액화암모니아 - 백색
③ 수소 - 주황색
④ 액화염소 - 청색

해설및용어설명 | 가연성 가스 및 독성가스 용기 도색

가스명	도색
액화석유가스	밝은 회색
수소	주황색
아세틸렌	황색
액화암모니아	백색
액화염소	갈색
그 밖의 가스	회색

35

암모니아 압축기 실린더에 일반적으로 워터자켓을 사용하는 이유가 아닌 것은?

① 윤활유의 탄화를 방지한다.
② 압축 소요일량을 크게 한다.
③ 압축 효율의 향상을 도모한다.
④ 밸브 스프링의 수명을 연장시킨다.

해설및용어설명 | 워터자켓

암모니아는 비열비가 1.31로 다른 냉매보다 크므로 압축 후 토출가스 온도가 높으므로 윤활유를 열화탄화시켜 냉동장치에 악영향을 초래하게 된다. 따라서 워터자켓을 설치하여 실린더를 냉각시킨다.

36

저온(T_2)으로부터 고온(T_1)으로 열을 보내는 냉동기의 성능계수 산정식은?

① $\dfrac{T_2}{T_1}$
② $\dfrac{T_2}{T_1 - T_2}$
③ $\dfrac{T_1}{T_1 - T_2}$
④ $\dfrac{T_1 - T_2}{T_1}$

해설및용어설명 |

성적계수(COP) $= \dfrac{Q_2}{A_w} = \dfrac{Q_2}{Q_1 - Q_2} = \dfrac{T_1}{T_1 - T_2}$

여기서, Q_1 : 응축 부하, Q_2 : 증발 부하, A_w : 압축일의 열당량,
T_1 : 고압(응축기)측 절대온도, T_2 : 저압(증발기)측 절대온도

37

금속 재료에서 어느 온도 이상에서 일정 하중이 작용할 때 시간의 경과와 더불어 그 변형이 증가하는 현상을 무엇이라고 하는가?

① 크리프
② 시효경과
③ 응력부식
④ 저온취성

해설및용어설명 | 크리프(creep)

금속의 경우, 외부에서 받는 힘이 일정하게 유지되면 응력과 변형률 역시 일정한 값으로 유지된다. 하지만 크리프 거동의 경우에는 응력값은 일정하지만 시간에 따라 그 변형이 지속적으로 증가하는 거동을 크리프 현상이라고 한다.

정답 34 ④ 35 ② 36 ② 37 ①

38

도시가스 정압기의 일반적인 설치 위치는?

① 입구밸브와 필터 사이
② 필터와 출구밸브 사이
③ 차단용 바이패스 밸브 앞
④ 유량조절용 바이패스 밸브 앞

해설및용어설명 | 정압기의 일반적인 설치 위치
입구밸브 - 필터 - 긴급차단장치 - 정압기 - 출구밸브

39

직동식 정압기와 비교한 파일럿식 정압기의 특성에 대한 설명으로 틀린 것은?

① 대용량이다.
② 오프셋이 커진다.
③ 요구 유량제어 범위가 넓은 경우에 적합하다.
④ 높은 압력제어 정도가 요구되는 경우에 적합하다.

해설및용어설명 |
- 오프셋 : 정특성에 있어 일반적으로 기준유량 Qs때에 2차압력을 Ps로 설정하면 유량을 변화시킨 경우 2차압력과 Ps와 차이(Pilot으로 2차압력의 작은 변화를 증폭시켜 Main Gov를 작동시키기 때문에 Off-set은 작게 된다)
- 파일럿식 정압기 : 직동식 정압기 적용이 어떤 요구조건(비례한도, 용량을 만족시키지 못할 경우 작은 정압기(압력증폭기)를 설치하여 압력을 증폭시켜 줌으로서 해결할 수 있는데 이때 이 작은 정압기를 Pilot이라 한다. 대량 수요처 및 지구정압기 등에 자주 사용되며 비슷한 크기의 작동식 정압기보다 대용량을 커버하고 양호한 비례한도를 제공한다.

40

배관의 기호와 그 용도 및 사용조건에 대한 설명으로 틀린 것은?

① SPSS는 350[℃] 이하의 온도에서, 압력 $9.8[N/mm^2]$ 이하에 사용된다.
② SPPH는 450[℃] 이하의 온도에서, 압력 $9.8[N/mm^2]$ 이하에 사용된다.
③ SPLT는 빙점 이하의 특히 낮은 온도의 배관에 사용한다.
④ SPPW는 정수두 100[m] 이하의 급수배관에 사용한다.

해설및용어설명 |
- SPPS는 350[℃] 이하의 온도에서, 압력 $9.8[N/mm^2]$ 이하에 사용(압력배관용 탄소강관)
- SPPH는 350[℃] 이하의 온도에서, 압력 $9.8[N/mm^2]$ 이상에 사용(고압배관용 탄소강관)
- SPLT(저온배관용 탄소강관), SPHT(고온배관용 탄소강관, 450[℃] 이하의 온도에서 사용)
- SPPW(수도용 아연도금강관)

2024년 제1회 가스산업기사 CBT 복원문제

21

사용압력이 60[kg/cm²], 관의 허용응력이 20[kg/mm²]일 때의 스케줄 번호는 얼마인가?

① 15　　　　　② 20
③ 30　　　　　④ 60

해설 및 용어설명 | 스케줄 번호 : 관의 두께를 표시하는 번호

스케줄 번호 = $10 \times \dfrac{\text{사용압력}}{\text{허용응력}} = 10 \times \dfrac{60}{20} = 30$

22

외부의 전원을 이용하여 그 양극을 땅에 접속시키고 땅 속에 있는 금속체에 음극을 접속함으로써 매설된 금속체로 전류를 흘려 보내 전기부식을 일으키는 전류를 상쇄하는 방법이다. 전식 방지방법으로 매우 유효한 수단이며 압출에 의한 전식을 방지할 수 있는 이 방법은?

① 희생양극법　　　② 외부전원법
③ 선택배류법　　　④ 강제배류법

해설 및 용어설명 | 강제배류법
선택배류법과 외부전원 방식을 합성한 것으로, 외부직류전원에 의하여 대지에서 땅속의 금속구조물에 전류를 흐르게 하여 그 구조물을 부극상태로 유지함으로써 전식을 방지하는 방법

23

고압가스용 기화장치의 기화통의 용접하는 부분에 사용할 수 없는 재료의 기준은?

① 탄소함유량이 0.05[%] 이상인 강재 또는 저합금 강재
② 탄소함유량이 0.10[%] 이상인 강재 또는 저합금 강재
③ 탄소함유량이 0.15[%] 이상인 강재 또는 저합금 강재
④ 탄소함유량이 0.35[%] 이상인 강재 또는 저합금 강재

해설 및 용어설명 |

번호	기화통 또는 기화통의 부분	사용금지재료
1	• 기화통의 용접하는 부분	• 탄소함유량이 0.35[%] 이상인 강재 또는 저합금 강재
2	• 설계압력(해당 기화통을 사용할 수 있는 최고압력으로 설계된 압력을 말한다. 이하 같다)이 1.6[MPa]을 초과하는 압력 • 독성가스용 기화통 • 두께가 16mm를 초과하는 기화통의 동판, 그 밖에 이와 유사한 판과 설계압력이 1[MPa]을 초과하는 기화통의 동체 중 길이방향 용접을 하는 부분 및 용접에 따라 경판으로 하는 부분	• KS D 3503(일반구조용 압연강재) • KS D 3515(용접구조용 압연강재)에 해당하는 재료 중 SM400A · SM490A 또는 SM490YA • KS D 3583(배관용 아크용접 탄소강관)
3	• 설계압력이 3[MPa]을 초과하는 기화통	• KS D 3515(용접구조용 압연강재)
4	• 독성가스용 기화통 • 설계압력이 0.2[MPa] 이상인 액화가스용 기화통 • 설계압력이 1[MPa]을 초과하는 기화통 • 설계온도(해당 기화통을 사용할 수 있는 최고 또는 최저온도로 설계된 온도를 말한다. 이하 같다)가 0[℃] 미만인 기화통 및 설계온도가 100[℃](압축공기에 관계되는 것은 200[℃], 설계압력이 0.2[MPa] 미만인 것은 350[℃])를 초과하는 기화통	• KS D 3507(배관용 탄소 강관)
5	• 독성가스용 기화통 • 설계압력이 0.2[MPa] 이상인 가연성가스용 기화통 • 설계압력이 1.1[MPa]을 초과하는 가연성가스 및 독성가스 이외의 가스용 기화통과 설계온도가 0[℃] 미만 또는 250[℃]를 초과하는 기화통	• KS D 4302(구상 흑연 주철품) • KS D ISO 5922(가단 주철품)
6	• 포스겐 및 시안화수소용 기화통 • 설계온도가 -5[℃] 미만 또는 350[℃]를 초과하는 기화통 및 설계압력이 1.8[MPa]을 초과하는 특정설비	• 부록 D에서 정한 덕타일 철 주조품 • 부록 D에서 정한 맬리어블 철 주조품

정답　21 ③　22 ④　23 ④

24

아세틸렌 용기의 다공질물 용적이 30[L], 침윤잔용적이 6[L]일 때 다공도는 몇 [%]이며 관련법상 합격인지 판단하면?

① 20[%]로서 합격이다.
② 20[%]로서 불합격이다.
③ 80[%]로서 합격이다.
④ 80[%]로서 불합격이다.

해설및용어설명 | 아세틸렌 다공도
75[%] 이상 92[%] 미만

다공도 = $\dfrac{V-E}{V} \times 100 = \dfrac{30-6}{30} \times 100 = 80[\%]$

※ 다공도가 80[%]이므로 합격

25

금속재료에 대한 충격시험의 주된 목적은?

① 피로도 측정　　② 인성 측정
③ 인장강도 측정　　④ 압축강도 측정

해설및용어설명 | 인성
재료에 충격이 가해졌을 때 파괴되지 않는 성질

26

시안화수소를 용기에 충전하는 경우 품질검사 시 합격 최저 순도는?

① 98[%]　　② 98.5[%]
③ 99[%]　　④ 99.5[%]

해설및용어설명 | 시안화수소 수분이 2[%] 이상 되면 중합반응을 하기 때문에 품질검사 합격 최저 순도는 98[%]이다.

27

배관을 통한 도시가스의 공급에 있어서 압력을 변경하여야 할 지점마다 설치되는 설비는?

① 압송기　　② 정압기
③ 가스전　　④ 홀더

해설및용어설명 | 정압기
- 도시가스 압력을 사용처에 맞게 낮추는 감압기능
- 2차측의 압력을 허용압력으로 유지하는 정압기능
- 가스의 흐름이 없을 때는 밸브를 폐쇄하여 압력상승을 방지하는 폐쇄기능

28

내용적 10[m³]의 액화산소 저장설비(지상설치)와 제1종 보호시설과 유지해야 할 안전거리는 몇 [m]인가? (단, 액화산소의 비중은 1.14이다)

① 7　　② 9
③ 14　　④ 21

해설및용어설명 | 보호시설과의 안전거리

구분	저장능력 (kg)	제1종 보호시설	제2종 보호시설
산소의 처리설비 및 저장설비	1만 이하	12[m]	8[m]
	1만 초과 2만 이하	14[m]	9[m]
	2만 초과 3만 이하	16[m]	11[m]
	3만 초과 4만 이하	18[m]	13[m]
	4만 초과	20[m]	14[m]

액화산소 저장능력
$W = 0.9 dV = 0.9 \times 1.14 \times (10 \times 10^3) = 10,260[kg]$

- W : 저장탱크의 저장능력(단위 : [kg])
- d : 상용온도에 있어서의 액화석유가스 비중(단위 : [kg/L])
- V : 저장탱크의 내용적(단위 : [L])

※ 1만 초과 2만 이하 구간의 1종 보호시설과의 거리는 14[m]이다.

29

액화프로판 400[kg]을 내용적 50[L]의 용기에 충전 시 필요한 용기의 개수는?

① 13개 ② 15개
③ 17개 ④ 19개

해설및용어설명 |

$V = C \times G$

- V : 가스의 용적[L]
- C : 가스의 종류에 의한 충전정수(프로판 C = 2.35)
- G : 충전하는 가스의 질량[kg]
- $V = 2.35 \times 400 = 940$

용기 1개의 내용적으로 나누어 주면

$\dfrac{940}{50}$ = 18.8개

30

노즐에서 분출되는 가스 분출속도에 의해 연소에 필요한 공기의 일부를 흡입하여 혼합기 내에서 잘 혼합하여 염공으로 보내 연소하고 이때 부족한 연소공기는 불꽃주위로부터 새로운 공기를 혼입하여 가스를 연소시키며 연소실 온도가 가장 높은 방식의 버너는?

① 분젠식 버너 ② 전1차식버너
③ 적화식 버너 ④ 세미분젠식 버너

해설및용어설명 |
- 전1차 공기식 : 1차 공기 100[%], 2차 공기 0[%]
- 적화식 : 1차 공기 0[%], 2차 공기 100[%]
- 세미분젠식 : 1차 공기 30 ~ 40[%], 2차 공기 60 ~ 70[%]
- 분젠식 : 1차 공기 40 ~ 70[%], 2차 공기 30 ~ 60[%]
  - 산소와 혼합이 풍부하게 잘될수록 연소속도가 빠르고, 불꽃의 온도가 높다. 분젠식이 가장 공기가 풍부하게 혼합되는 상태이므로 온도가 가장 높고 적화식이 가장 낮다.

31

조정기의 주된 설치 목적은?

① 가스의 유속조절 ② 가스의 발열량조절
③ 가스의 유량조절 ④ 가스의 압력조절

해설및용어설명 | 조정기

높은 가스압력을 안전한 사용압력을 조정하는 역할

32

염소가스 압축기에 주로 사용되는 윤활제는?

① 진한 황산 ② 양질의 광유
③ 식물성유 ④ 묽은 글리세린

해설및용어설명 |
- 산소압축기 : 물 또는 10[%] 이하의 묽은 글리세린수
- 공기, 수소, 아세틸렌 압축기 : 양질의 광유
- 염소압축기 : 진한 황산
- LP가스 압축기 : 식물성유
- 이산화황 압축기 : 화이트유, 정제된 용제 터빈유
- 염화메탄 압축기 : 화이트유

33

다음 [보기] 중 비등점이 낮은 것부터 바르게 나열된 것은?

[보기]
㉠ O_2 ㉡ H_2 ㉢ N_2 ㉣ CO

① ㉡ - ㉢ - ㉣ - ㉠
② ㉡ - ㉢ - ㉠ - ㉣
③ ㉡ - ㉣ - ㉢ - ㉠
④ ㉡ - ㉣ - ㉠ - ㉢

해설및용어설명 |
㉠ O_2 : -183[℃] ㉡ H_2 : -252[℃]
㉢ N_2 : -196[℃] ㉣ CO : -192[℃]

34

안지름 10[cm]의 파이프를 플랜지에 접속하였다. 이 파이프 내에 40[kgf/cm²]의 압력으로 볼트 1개에 걸리는 힘을 400[kgf] 이하로 하고자 할 때 볼트 수는 최소 몇 개 필요한가?

① 5개 ② 8개
③ 12개 ④ 15개

해설및용어설명 |

볼트수 = 압력 × 면적(전체에 걸리는 힘) / 볼트 1개에 걸리는 힘

$$= \frac{40 \times \frac{3.14 \times 10^2}{4}}{400} = 7.853(8개)$$

35

오르자트법에서 CO_2를 검출하는 용액은?

① 암모니아성 $CuCl_2$ 용액
② 알칼리성 피롤카롤 용액
③ KOH 용액
④ H_2SO_4산성 $FeSO_4$ 용액

해설및용어설명 | 오르자트 검출액

- CO_2 - KOH 30[%] 수용액
- O_2 - 알칼리성 피롤카롤 용액
- CO - 염화제1구리용액

36

공기액화분리장치의 폭발원인으로 가장 거리가 먼 것은?

① 공기 취입구로부터의 사염화탄소의 침입
② 압축기용 윤활유의 분해에 따른 탄화수소의 생성
③ 공기 중에 있는 질소 화합물(산화질소 및 과산화질소 등)의 흡입
④ 액체 공기 중의 오존의 흡입

해설및용어설명 | 공기액화 분리 장치의 폭발 원인

① 공기 취입구로부터 아세틸렌의 혼입
② 압축기용 윤활유 분해에 따른 탄화수소의 생성
③ 공기 중 질소 화합물(NO, NO_2)의 혼입
④ 액체 공기 중에 오존(O_3)의 혼입

37

-5[℃]에서 열을 흡수하여 35[℃]에 방열하는 역카르노 사이클에 의해 작동하는 냉동기의 성능계수는?

① 0.125 ② 0.15
③ 6.7 ④ 9

해설및용어설명 |

$$COP_R = \frac{Q_2}{W} = \frac{Q_2}{Q_1 - Q_2} = \frac{T_2}{T_1 - T_2}$$

$$= \frac{273 - 5}{(273 + 35) - (273 - 5)} = 6.7$$

38

베인펌프 특성으로 틀린 것은?

① 맥동이 크다.
② 공간을 많이 차지한다.
③ 정도를 맞추기 어렵다.
④ 고장이 적고 유지보수가 용이하다.

해설및용어설명 |

- 베인펌프의 장점
  - 토출 압력의 맥동이 적다.
  - 베인의 마모에 의한 압력 저하가 발생되지 않는다.
  - 비교적 고장이 적고 수리 및 관리가 용이하다.
  - 펌프 출력에 비해 형상 치수가 작다.
  - 수명이 길고 장시간 안정된 성능을 발휘할 수 있다.
- 베인펌프의 단점
  - 제작 시 높은 정도가 요구된다.
  - 작동유의 점도가 제한이 있다.
  - 기름의 오염에 주의하고 흡입 진공도가 허용한도 이하이어야 한다.

정답 34 ② 35 ③ 36 ① 37 ③ 38 ①

39

액화석유가스 지상 저장탱크 주위에는 저장능력이 얼마 이상일 때 방류둑을 설치하여야 하는가?

① 6톤
② 20톤
③ 100톤
④ 1,000톤

해설및용어설명 | 액화 석유 가스 저장 탱크에 방류둑을 설치하여야 할 대상 : 저장 능력 1,000톤 이상

40

도시가스사업법의 본관에 대한 정의로 틀린 것은?

① 일반도시가스사업의 경우에는 도시가스제조사업소의 부지 경계 또는 가스도매사업자의 가스시설 경계에서 정압기(整壓器)까지 이르는 배관
② 나프타부생가스·바이오가스제조사업의 경우에는 해당 제조사업소의 부지 경계에서 가스도매사업자 또는 일반도시가스사업자의 가스시설 경계 또는 사업소 경계까지 이르는 배관
③ 가스도매사업의 경우에는 도시가스제조사업소의 부지 경계에서 정압기지(整壓基地)의 경계까지 이르는 배관(밸브기지 안의 배관은 포함한다)
④ 합성천연가스제조사업의 경우에는 해당 제조사업소의 부지 경계에서 가스도매사업자의 가스시설 경계 또는 사업소 경계까지 이르는 배관

해설및용어설명 | "본관"이란 다음 각 목의 것을 말한다.
가. 가스도매사업의 경우에는 도시가스제조사업소(액화천연가스의 인수기지를 포함한다. 이하 같다)의 부지 경계에서 정압기지(整壓基地)의 경계까지 이르는 배관. 다만, 밸브기지 안의 배관은 제외한다.
나. 일반도시가스사업의 경우에는 도시가스제조사업소의 부지 경계 또는 가스도매사업자의 가스시설 경계에서 정압기(整壓器)까지 이르는 배관
다. 나프타부생가스·바이오가스제조사업의 경우에는 해당 제조사업소의 부지 경계에서 가스도매사업자 또는 일반도시가스사업자의 가스시설 경계 또는 사업소 경계까지 이르는 배관
라. 합성천연가스제조사업의 경우에는 해당 제조사업소의 부지 경계에서 가스도매사업자의 가스시설 경계 또는 사업소 경계까지 이르는 배관

2024년 제2회 가스산업기사 CBT 복원문제

21

LPG 소비설비에서 용기의 개수를 결정할 때 고려사항으로 가장 거리가 먼 것은?

① 감압방식
② 1가구당 1일 평균가스 소비량
③ 소비자 가구수
④ 사용가스의 종류

해설및용어설명 | 감압방식은 조정기 수량 결정 시 고려할 사항이다.

22

그림은 가정용 LP가스 소비시설이다. R_1에 사용되는 조정기의 종류는?

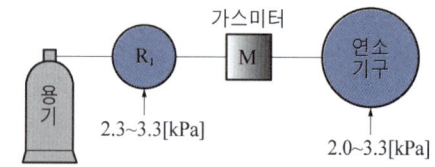

① 1단 감압식 저압조정기
② 1단 감압식 준저압조정기
③ 2단 감압식 1차용 조정기
④ 2단 감압식 2차용 조정기

해설및용어설명 |
- 1단감압식 저압조정기 : 용기의 압력(0.07[MPa] ~ 1.56[MPa])을 연소기의 압력(2[kPa] ~ 3.3[kPa])으로 1단감압하여 공급하는 것으로서 용기와 가스미터기 사이에 설치되는 것이 보통이다.
- 1단감압식 준저압조정기 : 일반소비자 생활용 이외(음식점, 호텔 등)의 용도로 공급하는 경우에 한하여 사용되는 조정기로서 조정압력은 5[kPa] 이상 30[kPa]까지로서 여러가지 종류가 있다.
- 2단 감압방식 : 용기 내의 가스압력을 소비압력보다 약간 높은 상태로 감압하고 다음 단계에서 소비압력까지 낮추는 방식이다.

23

기화기에 의해 기화된 LPG에 공기를 혼합하는 목적으로 가장 거리가 먼 것은?

① 발열량 조절　② 재액화 방지
③ 압력 조절　④ 연소효율 증대

해설및용어설명 | 압력 조절은 조정기의 역할이다.

24

지하 정압실 통풍구조를 설치할 수 없는 경우 적합한 기계환기 설비기준으로 맞지 않는 것은?

① 통풍능력이 바닥면적 $1[m^2]$마다 $0.5[m^3/분]$ 이상으로 한다.
② 배기구는 바닥면(공기보다 가벼운 경우는 천장면) 가까이 설치한다.
③ 배기가스 방출구는 지면에서 $5[m]$ 이상 높게 설치한다.
④ 공기보다 비중이 가벼운 경우에는 배기가스 방출구는 $5[m]$ 이상 높게 설치한다.

해설및용어설명 | 공기보다 비중이 가벼운 경우에는 배기가스 방출구는 지면에서 $3[m]$ 이상의 높이에 설치하되, 화기가 없는 안전한 장소에 설치한다.

25

LP가스를 이용한 도시가스 공급방식이 아닌 것은?

① 직접 혼입방식　② 공기 혼합방식
③ 변성 혼입방식　④ 생가스 혼합방식

해설및용어설명 | LP 가스를 이용한 도시가스 공급 방식
직접혼입방식, 변성혼입방식, 공기혼입방식

26

자연기화와 비교한 강제기화기 사용 시 특징에 대한 설명으로 틀린 것은?

① 기화량을 가감할 수 있다.
② 공급가스의 조성이 일정하다.
③ 설비장소가 커지고 설비비는 많이 든다.
④ LPG 종류에 관계없이 한랭 시에도 충분히 기화된다.

해설및용어설명 | 강제기화 이점
- 한랭 시 공급 가능
- 가스조성 일정
- 설치면적이 적어도 됨
- 기화량을 가감할 수 있다.

27

고압가스 제조장치의 재료에 대한 설명으로 틀린 것은?

① 상온, 건조 상태의 염소가스에서는 탄소강을 사용할 수 있다.
② 암모니아, 아세틸렌의 배관재료에는 구리재를 사용한다.
③ 탄소강에 나타나는 조직의 특성은 탄소(C)의 양에 따라 달라진다.
④ 암모니아 합성탑 내통의 재료에는 18-8스테인리스강을 사용한다.

해설및용어설명 |
- 암모니아는 동이나 동합금을 부식시키므로 강관을 사용한다.
- 아세틸렌은 구리와 화합하여 아세틸라이드를 생성하여 열이나 충격에 쉽게 폭발한다. 아세틸렌과 접촉하는 부분은 동 또는 동함유량이 62[%] 이상의 동합금은 사용 금지

28

배관 설비에 있어서 유속을 5[m/s], 유량을 20[m³/s] 이라고 할 때 관경의 직경은?

① 175[cm] ② 200[cm]
③ 225[cm] ④ 250[cm]

해설및용어설명 | 유량 = 단면적 × 유속

$$Q = \frac{\pi \times d^2}{4} \times V$$

$$d = \sqrt{\frac{Q \times 4}{\pi \times V}} = \sqrt{\frac{20 \times 4}{3.14 \times 5}} = 2.25[m] = 225[cm]$$

29

직경 100[mm], 행정 150[mm], 회전수 600[rpm], 체적효율이 0.8인 2기통 왕복압축기의 송출량은 약 몇 [m³/min]인가?

① 0.57 ② 0.84
③ 1.13 ④ 1.54

해설및용어설명 | 왕복동식 압축기의 송출량

$$V = \frac{\pi}{4} D^2 \times L \times R \times N$$

$$= \frac{3.14}{4} \times 0.1^2 \times 0.15 \times 600 \times 0.8 \times 2 = 1.13$$

- V : 피스톤 송출량[m³/min]
- L : 피스톤의 행정[m]
- R : 압축기의 매분당 회전수[rpm]
- D : 실린더의 안지름[m]
- N : 기통수

30

고압장치 배관에 발생된 열응력을 제거하기 위한 이음이 아닌 것은?

① 루프형 ② 슬라이드형
③ 벨로우즈형 ④ 플랜지형

해설및용어설명 | 신축이음(Joint)의 종류

- 루프형(Loop Type)
- 슬리브형(Sleeve Type) 또는 슬라이드형(Slide Type)
- 벨로스형(Bellows Type) 또는 팩리스형(Packless Type)
- 스위블형(Swivel Type) 또는 지블이음, 지웰이음, 회전이음
- 상온 스프링(Cold Spring)

31

LPG 이송설비 중 압축기를 이용한 방식의 장점이 아닌 것은?

① 펌프에 비해 충전시간이 짧다.
② 재액화현상이 일어나지 않는다.
③ 사방밸브를 이용하면 가스의 이송방향을 변경할 수 있다.
④ 압축기를 사용하기 때문에 베이퍼록 현상이 생기지 않는다.

해설및용어설명 | 압축기에 의한 이송방법 특징

- 펌프에 비해 충전시간이 짧다.
- 베이퍼록 현상이 발생하지 않는다.
- 탱크 내 잔가스를 회수할 수 있다.
- 부탄의 경우 저온에서 재액화의 우려가 있다.
- 압축기 오일이 탱크에 들어가 드레인의 원인이 된다.

32

소비자 1호당 1일 평균가스 소비량 1.6[kg/day], 소비호수 10호 자동절체조정기를 사용하는 설비를 설계하려면 용기는 몇 개가 필요한가? (단, 액화석유가스 50[kg] 용기 표준가스 발생능력은 1.6[kg/hr]이고, 평균가스 소비율은 60[%], 용기는 2계열 집합으로 사용한다)

① 3개
② 6개
③ 9개
④ 12개

해설및용어설명 |

$$용기개수 = \frac{1.6[kg/day] \times 10 \times 0.6}{1.6[kg/h]} = 6$$

용기는 2계열 집합으로 사용하기 때문에 6 × 2 = 12개가 필요하다.

33

정압기의 유량특성에서 메인밸브의 열림(스트로그 리프트)과 유량의 관계를 말하는 유량특성에 해당되지 않는 것은?

① 직선형
② 2차형
③ 3차형
④ 평방근형

해설및용어설명 | 정압기의 유량특성으로 메인밸브개도와 유량의 관계를 말하며, 3가지 특성의 것이 많이 사용

직선형(Linear형), 이차형(Equal Percentage형), 평방근형(Quick Opening형)

34

저온 및 초저온 용기의 취급 시 주의사항으로 틀린 것은?

① 용기는 항상 누운 상태를 유지한다.
② 용기를 운반할 때는 별도 제작된 운반용구를 이용한다.
③ 용기를 물기나 기름이 있는 곳에 두지 않는다.
④ 용기 주변에서 인화성 물질이나 화기를 취급하지 않는다.

해설및용어설명 | 저온 및 초저온 용기의 취급 시 주의사항

- 절대로 용기를 옆으로 눕히지 말고 항상 용기를 수직의 상태로 선적, 작동, 보관하여야 한다.
- 트럭에 용기를 올리고 내릴 때에는 손수레, Lift Gate, 크레인 또는 평형의 Loading Dock를 사용하고, 절대로 손으로 용기를 들어 올리려고 시도하지 않는다.
- 부품은 필히 제조자가 제시하는 정품으로 사용한다.
- 산소를 사용하는 경우 산소용기의 가스누출 탐지용 용제의 찌꺼기는 발화되기 쉬우므로 누출탐지용 용제가 뿌려진 모든 표면에 기름성분을 완전히 제거할 것
- 승압 조정기의 압력설정은 승압조정나사를 시계방향으로의 1회전했을 경우 약 270[kPa]의 압력이 상승되므로, 허용압력 이상의 압력으로 무리하게 설정하지 않도록 주의
- 잔 가스가 있는 용기는 평상시에는 배출밸브를 연다.
- 산소용기는 사용을 위해 세척된 수리 부품만을 사용하여야 하며, 수리용구에 오일, 그리스 등이 묻어 있는지 습관적으로 확인한다.
- 수리 후 항상 연결부위의 누출검사를 한다.
- 안전밸브 및 파열판은 기존제품과 동일한 제품만을 사용하고, 비 규격품을 장착하는 경우에는 폭발의 위험이 있으므로 주의한다.
- 누출검사를 하기 위하여 불활성가스로 용기에 압력을 가한 후 반드시 승인된 누출검사용제만을 사용하여야 한다.

35

용기내장형 LP가스 난방기용 압력조정기에 사용되는 다이어프램의 물성시험에 대한 설명으로 틀린 것은?

① 인장강도는 12[MPa] 이상인 것으로 한다.
② 인장응력은 3.0[MPa] 이상인 것으로 한다.
③ 신장영구 늘음율은 20[%] 이하인 것으로 한다.
④ 압축영구 줄음율은 30[%] 이하인 것으로 한다.

해설및용어설명 | 다이어프램의 물성시험

- 인장강도는 12[MPa] 이상이고, 신장률은 300[%] 이상인 것으로 한다.
- 인장응력은 2[MPa] 이상이고, 경도는 50° 이상 90° 이하인 것으로 한다.
- 신장영구 늘음율은 20[%] 이하인 것으로 한다.
- 압축영구 줄음율은 30[%] 이하인 것으로 한다.

36

시안화수소를 용기에 충전하는 경우 품질검사 시 합격 최저 순도는?

① 98[%] ② 98.5[%]
③ 99[%] ④ 99.5[%]

해설및용어설명 | 시안화수소 : 순도 98[%] 이상

37

펌프에서 일반적으로 발생하는 현상이 아닌 것은?

① 서징(Surging)현상
② 시일링(Sealing)현상
③ 캐비테이션(공동)현상
④ 수격(Water Hammering)작용

해설및용어설명 |
- 서징현상 : 펌프를 운전할 때 송출압력과 송출유량이 주기적으로 변동하여 펌프입구 및 출구에 설치된 진공계, 압력계의 지침이 흔들리는 현상
- 캐비테이션 : 펌프를 운전할 때 펌프 내에서 액체의 압력이 그 액체의 포화증기압 보다 적으면 액체 속에 함유되어 있던 공기가 기포로 발생한다. 이것을 캐비티, 즉 공동이 발생한다고 하며 이러한 현상을 캐비테이션이라고 부른다.
- 수격작용 : 관내의 유속이 급속히 변화하면 물에 의한 심한 압력의 변화가 생기는 현상으로 배관과 펌프에 손상을 주는 현상

38

고압 산소 용기로 가장 적합한 것은?

① 주강용기 ② 이중용접용기
③ 이음매 없는 용기 ④ 접합용기

해설및용어설명 | 이음매 없는 용기
산소, 수소, 질소 등 고압용으로 주로 사용

39

고압가스 일반제조시설 중 고압가스설비의 내압시험압력은 상용압력의 몇 배 이상으로 하는가?

① 1 ② 1.1
③ 1.5 ④ 1.8

해설및용어설명 | 고압가스설비는 상용압력의 1.5배(그 구조상 물로 실시하는 내압시험이 곤란하여 공기·질소 등의 기체로 내압시험을 실시하는 경우 및 압력용기 및 그 압력용기에 직접 연결되어 있는 배관의 경우에는 1.25배) 이상의 압력(이하 "내압시험압력"이라 한다)으로 내압시험을 실시하여 이상이 없어야 한다. 다만, 다음에 해당하는 고압가스설비는 내압시험을 실시하지 않을 수 있다.

1. 법 제17조에 따른 검사에 합격한 용기 등
2. 「수소경제 육성 및 수소 안전관리에 관한 법률」 제44조에 따른 검사에 합격한 수소용품
3. 「산업안전보건법」 제84조에 따른 안전인증을 받은 압력용기
4. 그 밖에 고압가스설비 중 수소를 소비하는 설비로서 그 구조상 가압이 곤란한 부분

40

표면은 견고하게 하여 내마멸성을 높이고, 내부는 강인하게 하여 내충격성을 향상시킨 이중조직을 가지게 하는 열처리는?

① 불림 ② 담금질
③ 표면경화 ④ 풀림

해설및용어설명 |
① 불림 : 내부응력을 제거하면서 기계적, 물리적 성질을 표준화하는 것
② 담금질 : 재료의 경도와 강도를 높이는 작업
③ 표면경화 : 중심부는 강인한 성질이 그대로 남아있고 단지 외부 표면의 강도를 증가시키는 이중조직이 된다.
④ 풀림 : 재료를 일정온도까지 일정시간 가열을 유지한 후 서서히 냉각시키면 재료가 연화된다.

2024년 제3회 가스산업기사 [CBT 복원문제]

21

가스 연료전지의 전기점화 성능 관련하여 맞는 것은?

① 정격주파수에서 정격전압의 90[%] 전압으로 3회 중 3회 모두 점화 되는 것
② 정격주파수에서 정격전압의 95[%] 전압으로 3회 중 3회 모두 점화 되는 것
③ 정격주파수에서 정격전압의 90[%] 전압으로 5회 중 3회 모두 점화 되는 것
④ 정격주파수에서 정격전압의 95[%] 전압으로 5회 중 3회 모두 점화 되는 것

해설및용어설명 | 정격주파수에서 정격전압의 90[%] 전압으로 3회 중 3회 모두 점화 되는 것으로 한다. 다만, 3회 중 1회라도 점화되지 아니한 경우는 추가로 2회 점화를 실시하여 2회 모두 점화 되는 것으로 한다(5회 중 4회 점화).

22

알루미늄(Al)의 방식법이 아닌 것은?

① 수산법   ② 황산법
③ 크롬산법   ④ 메타인산법

해설및용어설명 | 알루미늄(Al)의 방식법
알루미늄 표면에 적당한 전해액 중에서 양극 산화처리하여 방식성이 우수하고 치밀한 산화피막이 만들어지도록 하는 방법이다.
① 수산법 : 알루미늄 제품을 2[%] 수용액에서 직류, 교류 또는 직류에 교류를 동시에 송전하여 표면에 단단하고 치밀한 산화피막을 만든다. 전류 효율이 좋으며 피막의 두께는 전류의 통전량에 비례한다.
② 황산법 : 15~20[%] 황산액이 사용되며 농도가 낮은 경우 단단하고 투명한 피막이 형성되고, 투명한 피막이 얻어지고 수산법보다 약하지 않으므로 일반적으로 많이 이용되는 방법이다.
③ 크롬산법 : 3[%]의 산화크롬(Cr_2O_3) 수용액을 사용하며 전해액의 온도는 40[℃] 정도로 유지시킨다. 크롬피막은 내마멸성은 적으나 내식성이 매우 크다.

23

고압 산소 용기로 가장 적합한 것은?

① 주강용기   ② 이중용접용기
③ 이음매 없는 용기   ④ 접합용기

해설및용어설명 | 이음매 없는 용기
산소, 수소, 질소 등 고압용으로 주로 사용

24

원통형 용기에서 원주방향 응력은 축방향 응력의 얼마인가?

① 0.5   ② 1배
③ 2배   ④ 4배

해설및용어설명 |

- 원주방향응력 : $\dfrac{PD}{2t}$

- 축방향응력 : $\dfrac{PD}{4t}$

25

터보압축기에 대한 설명이 아닌 것은?

① 유급유식이다.
② 고속회전으로 용량이 크다.
③ 용량조정이 어렵고 범위가 좁다.
④ 연속적인 토출로 맥동현상이 적다.

해설및용어설명 | 터보형 압축기의 특징
- 무급유식이다.
- 진동이 적고 맥동 현상이 없다.
- 고속회전으로 같은 마력의 다른 압축기보다 소형 경량이다.
- 압축비가 작고, 효율이 낮다.
- 운전 중 서징현상이 발생할 수 있다.
- 용량 조정이 어렵고 범위가 좁다.

정답 21 ① 22 ④ 23 ③ 24 ③ 25 ①

26

"수소 저장재질"에 대한 설명으로 틀린 것은?

① TiFe는 활성화 과정이 복잡하다.
② TiFe는 상대적으로 가격이 저렴하다.
③ $LaNi_5$는 저장 방출 특성이 좋다.
④ $LaNi_5$는 저장 용량이 크다.

해설및용어설명 | 수소저장합금의 종류
- AB5형 : $LaNi_5$, $CaCu_5$ 등 - 수소저장량은 많지 않지만 수소의 저장, 방출 특성이 매우 우수하다.
- AB2형 : $MgZn_2$, $ZrNi_2$ 등 - AB5형 합금에 비해 경량이며 수소저장량이 비교적 많다.
- AB형 : TiFe, TiCo 등 - 중량당 수소저장 용량도 크고 합금 가격도 비교적 낮은 편이나 활성화가 어렵다는 단점이 있다.
- A2B형 : Mg_2Ni, Mg_2Cu 등 - 중량당 수소저장 용량이 매우 높고 합금 가격도 저렴하다.
- 고용체형 BCC합금 : Ti-V, V-Nb 등 - 상온에서의 수소 흡·방출 속도도 AB5형이나 AB2형에 비해 느린 것으로 알려져 있다.

27

자연기화와 비교한 강제기화기 사용 시 특징에 대한 설명으로 틀린 것은?

① 기화량을 가감할 수 있다.
② 공급가스의 조성이 일정하다.
③ 설비장소가 커지고 설비비는 많이 든다.
④ LPG 종류에 관계없이 한랭 시에도 충분히 기화된다.

해설및용어설명 | 강제기화 이점
- 한랭 시 공급 가능
- 가스조성 일정
- 설치면적이 적어도 됨
- 기화량을 가감할 수 있다.

28

축류 펌프의 특징에 대한 설명으로 틀린 것은?

① 비속도가 적다.
② 마감기동이 불가능하다.
③ 펌프의 크기가 작다.
④ 높은 효율을 얻을 수 있다.

해설및용어설명 | 어떤 펌프의 일정한 유량 및 수두, 즉 $1[m^3/min]$의 유량을 1m 양수하는데 필요한 회전수를 말하는 것으로 비속도라고도 함. 축류펌프는 비속도가 크다.

29

정압기의 정특성에 대한 설명으로 옳지 않은 것은?

① 정상상태에서의 유량과 2차 압력의 관계를 뜻한다.
② Lock-up 이란 폐쇄압력과 기준유량일 때의 2차 압력과의 차를 뜻한다.
③ 오프셋 값은 클수록 바람직하다.
④ 유량이 증가할수록 2차 압력은 점점 낮아진다.

해설및용어설명 | 오프셋은 유량이 변화했을 때 2차 압력과 기준압력과의 차이를 말한다. 그 값은 작을수록 바람직하다.

30

매설 가스배관 내진설계 기준에 적용되지 않는 것은?

① 정압설비·계량설비·가열설비·배관의 지지구조물 및 기초
② 일반도시가스사업자의 매몰형 철근콘크리트 구조의 정압기실
③ 정압기지 및 밸브기지 내 건축물
④ 지상에 설치되는 사업소 밖의 고압가스배관

해설및용어설명 | 내진설계 기준 적용 제외 대상
일반 도시가스 사업자의 철근콘크리트 구조의 정압기실. 다만, 캐비닛 및 매몰형은 제외한다.

31

전기방식을 실시하고 있는 도시가스 매몰배관에 대하여 전위 측정을 위한 기준 전극으로 사용되고 있으며, 방식전위 기준으로 상한값 -0.85[V] 이하를 사용하는 것은?

① 수소 기준전극
② 포화 황산동 기준전극
③ 염화은 기준전극
④ 칼로멜 기준전극

해설및용어설명 | 전기방식의 기준
- 전기방식전류가 흐르는 상태에서 토양 중에 있는 배관 등의 방식전위 상한 값은 포화황산동 기준전극으로 -0.85[V] 이하(황산염환원 박테리아가 번식하는 토양에서는 -0.95[V] 이하)이어야 하고, 방식전위 하한 값은 전기철도 등의 간섭영향을 받는 곳을 제외하고는 포화 황산동 기준전극으로 -2.5[V] 이상이 되도록 노력한다.
- 전기방식전류가 흐르는 상태에서 자연전위와의 전위변화가 최소한 -300[mV]이하이어야 한다(다른 금속과 접촉하는 배관은 제외한다).

32

배관용접부의 비파괴검사인 자분탐상시험을 한 경우 결함자분 모양의 길이가 몇 [mm]를 초과한 경우에 불합격으로 하는가?

① 3
② 4
③ 5
④ 6

해설및용어설명 | 자분탐상시험결과 판정기준
- 균열이 확인된 경우 불합격으로 한다.
- 선상 및 원형상의 결함 크기가 4[mm] 초과할 경우에 불합격으로 한다.
- 결함지시모양이 존재하는 임의개소에 있어서 2,500[mm^2]의 사각형(한 변 최대길이 150[mm]) 내에 1[mm] 초과하는 결함지시모양의 합계 8[mm] 초과 시 불합격으로 한다.

33

정압기를 사용압력 별로 분류한 것이 아닌 것은?

① 단독사용자용 정압기
② 중압 정압기
③ 지역 정압기
④ 지구 정압기

해설및용어설명 | 정압기의 구분
정압기는 설치위치 및 사용목적에 따라 고압정압기, 지구정압기, 지역정압기, 단독사용자용정압기(House) 및 조정기로 분류된다.

정압기명	압력	
	입구	출구
고압정압기	4.0 ~ 7.0[MPa]	1.5 ~ 2.0[MPa]
지구정압기	1.5 ~ 2.0[MPa]	0.6 ~ 0.85[MPa]
지역정압기	0.6 ~ 0.85[MPa]	20[kPa]
단독사용자용 정압기	0.6 ~ 0.85[MPa]	20 ~ 40[kPa]
조정기	10 ~ 300[kPa]	2 ~ 40[kPa]

34

용기종류별 부속품의 기호가 틀린 것은?

① 초저온용기 및 저온용기의 부속품 – LT
② 액화석유가스를 충전하는 용기의 부속품 – LPG
③ 아세틸렌을 충전하는 용기의 부속품 – AG
④ 압축가스를 충전하는 용기의 부속품 – LG

해설및용어설명 | 용기 부속품 기호
- AG : 아세틸렌가스 용기 부속품
- PG : 압축가스 충전용기 부속품
- LG : 액화석유가스 외의 액화가스 용기 부속품
- LPG : 액화석유가스 용기 부속품
- LT : 초저온, 저온용기 부속품

35

강을 열처리하는 주된 목적은?

① 표면에 광택을 내기 위하여
② 사용시간을 연장하기 위하여
③ 기계적 성질을 향상시키기 위하여
④ 표면에 녹이 생기지 않게 하기 위하여

해설및용어설명 | 강의 열처리 목적
기계적 성질을 향상시키기 위하여 열처리를 한다.

36

고압가스 용기의 안전밸브 중 밸브 부근의 온도가 일정 온도를 넘으면 퓨즈 메탈이 녹아 가스를 전부 방출시키는 방식은?

① 가용전식   ② 스프링식
③ 파열판식   ④ 수동식

해설및용어설명 | 고압가스 용기 안전밸브 종류
- 가용전식 : 일반적으로 200[℃] 이하의 낮은 융점을 갖는 합금을 가용합금이라고 하는데 이 금속은 비교적 낮은 온도에서 유동하는 성질을 이용하여 용기가 화재 등으로 인하여 이상적으로 온도가 상승할 때, 용기 내의 가스를 방출시켜 용기가 이상승압되는 것을 방지하기 위해 설치하는 용기용 안전장치
- 스프링식 : 설비 내의 압력이 스프링의 설정압력을 초과하는 경우에 밸브가 열리고 내부의 가스를 방출하는 구조 즉, 밸브본체에 걸리는 내압에 의하여 순간적으로 작동하는 기능을 가진 자동압력방출장치로 밸브가 직접 스프링에 의하여 부하가 걸리는 장치
- 파열판식 : 압력용기, 배관계 및 회전기계 등의 밀폐된 장치가 이상압력 상승 또는 부압에 의하여 파손되는 것을 방지하기 위하여 설치하는 극히 얇은 금속판을 사용한 압력방출장치로서 기계적 장치가 전혀 없고 파열판과 홀더로 구성된 가장 간단한 구조로서 스프링식 안전밸브와 함께 설치하거나 단독으로 설치하여 사용한다.

37

3단 압축기로 압축비가 다같이 3일 때 각 단의 이른 토출압력은 각각 몇 [MPa·g]인가? (단, 흡입압력은 0.1[MPa]이다)

① 0.2, 0.8, 2.6   ② 0.2, 1.2, 6.4
③ 0.3, 0.9, 2.7   ④ 0.3, 1.2, 6.4

해설및용어설명 | 압축비 = $\dfrac{토출압력}{흡입압력}$ 이고, 토출압력 = 압축비 × 흡입압력
이 되고, 토출압력은 문제에서 요구하는 게이지압력으로 계산하여 준다.
- 1단 토출압력 = 압축비 × 1단 흡입압력
  = 3 × 0.1 = 0.3[MPa·a] - 0.1 = 0.2[MPa·g]
- 2단 토출압력 = 압축비 × 2단 흡입압력(1단 토출압력)
  = 3 × 0.3 = 0.9[MPa·a] - 0.1 = 0.8[MPa·g]
- 3단 토출압력 = 압축비 × 3단 흡입압력(2단 토출압력)
  = 3 × 0.9 = 2.7[MPa·a] - 0.1 = 2.6[MPa·g]

38

LPG 배관의 압력손실 요인으로 가장 거리가 먼 것은?

① 마찰 저항에 의한 압력손실
② 배관의 이음류에 의한 압력손실
③ 배관의 수직 하향에 의한 압력손실
④ 배관의 수직 상향에 의한 압력손실

해설및용어설명 | 저압배관에서 압력손실의 원인
배관 직관부에 의한 손실, 수직상향에 의한 압력 손실, 엘보나 밸브에 의한 손실, 가스미터나 코크에 의한 손실
※ LPG는 공기보다 무겁기 때문에 배관에 수직 하향으로 공급하면 압력이 상승될 수 있다.

39

도시가스 공급방식에 의한 분류방법 중 저압공급 방식이란 어떤 압력을 뜻하는가?

① 0.1[MPa] 미만
② 0.5[MPa] 미만
③ 1[MPa] 미만
④ 0.1[MPa] 이상 1[MPa] 미만

해설및용어설명 | 압력에 따른 도시가스 공급방식의 분류
- 저압 : 0.1[MPa] 미만
- 중압 : 0.1[MPa] 이상 1[MPa] 미만
- 고압 : 1[MPa] 이상

40

탄소강에서 탄소 함유량의 증가와 더불어 증가하는 성질은?

① 비열
② 열팽창율
③ 탄성계수
④ 열전도율

해설및용어설명 |
- 탄소함유량의 증가에 따라 증가하는 성질 : 비열, 전기저항, 항자력
- 탄소함유량의 증가에 따라 감소하는 성질 : 비중, 용융점, 열팽창율, 탄성계수, 도전율

2025년 제1회 가스산업기사 CBT 복원문제

21

1단 감압식 저압조정기 출구로부터 연소기입구까지의 허용압력 손실로 옳은 것은?

① 수주 10[mm]를 초과해서는 아니 된다.
② 수주 15[mm]를 초과해서는 아니 된다.
③ 수주 30[mm]를 초과해서는 아니 된다.
④ 수주 50[mm]를 초과해서는 아니 된다.

해설및용어설명 | 1단 감압식 저압 조정기에서 입구의 연소기구 입구까지의 허용압력손실수두 30[mm]를 초과해서는 아니 된다.

22

가스액화 분리장치의 구성이 아닌 것은?

① 한랭 발생장치
② 불순물 제거장치
③ 정류(분축, 흡수)장치
④ 내부연소식 반응장치

해설및용어설명 |
저온도에서 정류, 분축, 흡수 등의 조작에 의해 기체를 분리하는 장치를 가스액화 분리장치라고 한다. 다음 각 부분으로 구성되어 있다.
- 한랭(寒冷)발생장치
- 정류(精溜)가스여과기(분축, 흡수) 장치
- 불순물 제거장치

23

정압기를 사용압력 별로 분류한 것이 아닌 것은?

① 단독사용자용 정압기 ② 중압 정압기
③ 지역 정압기 ④ 지구 정압기

해설및용어설명 | 정압기는 설치위치 및 사용목적에 따라 고압정압기, 지구정압기, 지역정압기, 단독사용자용정압기(House) 및 조정기로 분류된다.

정압기명	압력	
	입구	출구
고압 정압기	4.0 ~ 7.0[MPa]	1.5 ~ 2.0[MPa]
지구 정압기	1.5 ~ 2.0[MPa]	0.6 ~ 0.85[MPa]
지역 정압기	0.6 ~ 0.85[MPa]	20[kPa]
단독사용자용 정압기	0.6 ~ 0.85[MPa]	20 ~ 40[kPa]
조정기	10 ~ 300[kPa]	2 ~ 40[kPa]

24

가스용 폴리에틸렌 관의 장점이 아닌 것은?

① 부식에 강하다.
② 일광, 열에 강하다.
③ 내한성이 우수하다.
④ 균일한 단위제품을 얻기 쉽다.

해설및용어설명 | 가스용 폴리에틸렌관 설치제한
- 노출배관으로 사용하지 아니할 것
- 온도가 40[℃] 이상이 되는 장소에 설치하지 아니할 것
- 폴리에틸렌융착원 양성교육을 이수한 자가 시공하도록 할 것

25

저온 및 초저온 용기의 취급 시 주의사항으로 틀린 것은?

① 용기는 항상 누운 상태를 유지한다.
② 용기를 운반할 때는 별도 제작된 운반용구를 이용한다.
③ 용기를 물기나 기름이 있는 곳에 두지 않는다.
④ 용기 주변에서 인화성 물질이나 화기를 취급하지 않는다.

해설및용어설명 | 저온 및 초저온 용기의 취급 시 주의사항
1. 절대로 용기를 옆으로 눕히지 말고 항상 용기를 수직의 상태로 선적, 작동, 보관하여야 한다.
2. 트럭에 용기를 올리고 내릴 때에는 손수레, Lift Gate, 크레인 또는 평형의 Loading Dock를 사용하고, 절대로 손으로 용기를 들어 올리려고 시도하지 않는다.
3. 부품은 필히 제조자가 제시하는 정품으로 사용한다.
4. 산소를 사용하는 경우 산소용기의 가스누출 탐지용 용제의 찌꺼기는 발화되기 쉬우므로 누출탐지용 용제가 뿌려진 모든 표면에 기름성분을 완전히 제거할 것
5. 승압 조정기의 압력설정은 승압조정나사를 시계방향으로의 1회전했을 경우 약 270[kPa]의 압력이 상승되므로, 허용압력 이상의 압력으로 무리하게 설정하지 않도록 주의
6. 잔 가스가 있는 용기는 평상시에는 배출밸브를 연다.
7. 산소용기는 사용을 위해 세척된 수리 부품만을 사용하여야 하며, 수리용구에 오일, 그리스 등이 묻어 있는지 습관적으로 확인한다.
8. 수리 후 항상 연결부위의 누출검사를 한다.
9. 안전밸브 및 파열판은 기존제품과 동일한 제품만을 사용하고, 비 규격품을 장착하는 경우에는 폭발의 위험이 있으므로 주의한다.
10. 누출검사를 하기 위하여 불활성가스로 용기에 압력을 가한 후 반드시 승인된 누출검사용제만을 사용하여야 한다.

26

전양정이 54[m], 유량이 1.2[m³/min]인 펌프로 물을 이송하는 경우, 이 펌프의 축동력은 약 몇 [PS]인가? (단, 펌프의 효율은 80[%], 물의 밀도는 1[g/cm³]이다)

① 13 ② 18
③ 23 ④ 28

해설및용어설명 |

$[PS] = \dfrac{\gamma QH}{75\eta}$ 이다.

$\therefore \dfrac{1,000 \times 1.2 \times 54}{75 \times 0.8 \times 60} = 18$

※ 유량시간단위에 따라 60 또는 3,600을 계산하여 준다.

27

염화비닐호스에 대한 규격 및 검사방법에 대한 설명으로 맞는 것은?

① 호스의 안지름은 1종, 2종, 3종으로 구분하며 2종의 안지름은 9.5[mm]이고 그 허용오차는 ±0.8[mm]이다.
② -20[℃] 이하에서 24시간 이상 방치한 후 지체 없이 10회 이상 굽힘시험을 한 후에 기밀시험에 누출이 없어야 한다.
③ 3[MPa] 이상의 압력으로 실시하는 내압시험에서 이상이 없고 4[MPa] 이상의 압력에서 파열되지 아니하여야 한다.
④ 호스의 구조는 안층·보강층·바깥층으로 되어 있고 안층의 재료는 염화비닐을 사용하며, 인장강도는 65.6[N]/5[mm] 폭 이상이다.

해설및용어설명 |

- 호스의 안지름 치수

구분	안지름[mm]	허용차[mm]
1종	6.3	
2종	9.5	±0.7
3종	12.7	

- 1[m]의 호스를 -20[℃]의 공기 중에 24시간 이상 방치한 후 굽힘 최대 반경으로 좌우 각 5회 이상 굽힘 시험을 한 후에 기밀 성능시험에 누출이 없는 것으로 한다.
- 1[m]의 호스를 3.0[MPa]의 압력으로 5분간 실시하는 내압 시험에서 누출이 없으며, 파열 및 국부적인 팽창 등이 없는 것으로 한다.
- 호스 안층의 인장강도는 73.6[N/5mm] 폭 이상인 것으로 한다.

28

고압가스 용기의 안전밸브 중 밸브 부근의 온도가 일정 온도를 넘으면 퓨즈 메탈이 녹아 가스를 전부 방출시키는 방식은?

① 가용전식   ② 스프링식
③ 파열판식   ④ 수동식

해설및용어설명 | 고압가스 용기 안전밸브 종류

- 스프링식 : 설비 내의 압력이 스프링의 설정압력을 초과하는 경우에 밸브가 열리고 내부의 가스를 방출하는 구조 즉, 밸브본체에 걸리는 내압에 의하여 순간적으로 작동하는 기능을 가진 자동압력방출장치로 밸브가 직접 스프링에 의하여 부하가 걸리는 장치

- 파열판식 : 압력용기, 배관계 및 회전기계 등의 밀폐된 장치가 이상압력 상승 또는 부압에 의하여 파손되는 것을 방지하기 위하여 설치하는 극히 얇은 금속판을 사용한 압력방출장치로서 기계적 장치가 전혀 없고 파열판과 홀더로 구성된 가장 간단한 구조로서 스프링식 안전밸브와 함께 설치하거나 단독으로 설치하여 사용한다.
- 가용전식 : 일반적으로 200[℃] 이하의 낮은 융점을 갖는 합금을 가용합금이라고 하는데 이 금속은 비교적 낮은 온도에서 유동하는 성질을 이용하여 용기가 화재 등으로 인하여 이상적으로 온도가 상승할 때, 용기내의 가스를 방출시켜 용기가 이상승압되는 것을 방지하기 위해 설치하는 용기용 안전장치

29

액화염소가스 68[kg]를 용기에 충전하려면 용기의 내용적은 약 몇 [L]가 되어야 하는가? (단, 연소가스의 정수 C는 0.80이다)

① 54.4   ② 68
③ 71.4   ④ 75

해설및용어설명 |

액화가스 용기 충전량 = $\dfrac{\text{내용적}}{\text{정수}}$

$68 = \dfrac{\text{내용적}}{0.8}$

내용적 = 54.4[L]

30

고온, 고압 장치의 가스배관 플렌지 부분에서 수소가스가 누출되기 시작하였다. 누출원인으로 가장 거리가 먼 것은?

① 재료 부품이 적당하지 않았다.
② 수소 취성에 의한 균열이 발생하였다.
③ 플렌지 부분의 가스켓이 불량하였다.
④ 온도의 상승으로 이상 압력이 되었다.

해설및용어설명 | 온도의 상승으로 이상압력이 발생하여 누출될 수 있지만 위 조건 중 가장 거리가 멀다고 할 수 있다.

31

아세틸렌가스를 2.5[MPa]의 압력으로 압축할 때 주로 사용되는 희석제는?

① 질소 ② 산소
③ 이산화탄소 ④ 암모니아

해설및용어설명 | 아세틸렌 희석제
메탄, 일산화탄소, 수소, 에틸렌, 질소

32

용기내장형 LP가스 난방기용 압력조정기에 사용되는 다이어프램의 물성시험에 대한 설명으로 틀린 것은?

① 인장강도는 12[MPa] 이상인 것으로 한다.
② 인장응력은 3.0[MPa] 이상인 것으로 한다.
③ 신장영구 늘음율은 20[%] 이하인 것으로 한다.
④ 압축영구 줄음율은 30[%] 이하인 것으로 한다.

해설및용어설명 | 다이어프램의 물성시험
- 인장강도는 12[MPa] 이상이고, 신장율은 300[%] 이상인 것으로 한다.
- 인장응력은 2[MPa] 이상이고, 경도는 50° 이상 90° 이하인 것으로 한다.
- 신장영구 늘음율은 20[%] 이하인 것으로 한다.
- 압축영구 줄음율은 30[%] 이하인 것으로 한다.

33

고온·고압에서 수소를 사용하는 장치는 일반적으로 어떤 재료를 사용하는가?

① 탄소강 ② 크롬강
③ 조강 ④ 실리콘강

해설및용어설명 | 수소는 고온 고압 하에서 강재중의 탄소와 반응하여 메탄가스를 생성하며 탈탄작용을 일으킨다.
- 탈탄방지 재료 : 5~6[%] 크롬강, 18-8 STS강
- 탈탄방지 원소 : 티탄, 바나듐, 텅스텐, 크롬, 몰리브덴

34

발열량이 10,500[kcal/m³]인 가스를 출력 12,000[kcal/h]인 연소기에서 연소효율 80[%]로 연소시켰다. 이 연소기의 용량은?

① 0.70[m³/h] ② 0.91[m³/h]
③ 1.14[m³/h] ④ 1.43[m³/h]

해설및용어설명 |

$$\frac{12,000}{x \times 10,500} \times 100 = 80[\%]$$

$x = 1.43$

35

레이놀즈(Reynolds)식 정압기의 특징인 것은?

① 로딩형이다.
② 콤팩트하다.
③ 정특성, 동특성이 양호하다.
④ 정특성은 극히 좋으나 안정성이 부족하다.

해설및용어설명 | 레이놀즈식 정압기의 특징
- Unloading 형식
- 다른 형식에 비해 크기가 크다.
- 정특성은 양호하나 안정성이 떨어진다.
- 본체는 복좌밸브로 되어 있어 상부에 다이어프램을 갖는다.

36

케이싱 내에 모인 임펠러가 회전하면서 기체가 원심력 작용에 의해 임펠러의 중심부에서 흡입되어 외부로 토출하는 구조의 압축기는?

① 회전식 압축기 ② 축류식 압축기
③ 왕복식 압축기 ④ 원심식 압축기

해설및용어설명 | 원심식 압축기
케이싱 내에 모인 임펠러가 회전하면서 기체가 원심력 작용에 의해 임펠러의 중심부에 흡입되어 외부로 토출하는 구조이다.

37

재료의 성질 및 특성에 대한 설명으로 옳은 것은?

① 비례 한도 내에서 응력과 변형은 반비례한다.
② 안전율은 파괴강도와 허용응력에 각각 비례한다.
③ 인장시험에서 하중을 제거시킬 때 변형이 원상태로 되돌아가는 최대 응력값을 탄성한도라 한다.
④ 탄성한도 내에서 가로와 세로 변형률의 비는 재료에 관계없이 일정한 값이 된다.

해설및용어설명 |

- 비례한도(탄성한도)안에서 응력과 변형은 정비례한다.
- 안전율 = $\dfrac{\text{기준강도}}{\text{허용응력}}$ (반비례)
- 인장시험에서 응력이 작을 때는 대부분 하중을 제거하면 변형은 사라지고 원위치로 되돌아간다. 그러나 하중이 점차 증가하여 어느 한도에 도달하면 하중을 제거하여도 원위치로 되돌아가지 못하고 변형이 남는데 이것을 영구변형이라 한다. 영구변형을 남기지 않는 최대 응력을 탄성한도라 한다.

38

탱크로리로부터 저장탱크로 LPG 이송 시 잔가스 회수가 가능한 이송방법은?

① 압축기 이용법
② 액송펌프 이용법
③ 차압에 의한 방법
④ 압축가스 용기 이용법

해설및용어설명 | LP가스 압축기에 의한 이송방식

- 탱크 내 잔가스 회수가 용이하다.
- 베이퍼록 현상이 없다.
- 펌프에 비해 이송시간이 짧다.
- 저온에서 부탄가스가 재액화 현상이 발생한다.

39

LPG 이송설비 중 압축기를 이용한 방식의 장점이 아닌 것은?

① 펌프에 비해 충전시간이 짧다.
② 재액화현상이 일어나지 않는다.
③ 사방밸브를 이용하면 가스의 이송방향을 변경할 수 있다.
④ 압축기를 사용하기 때문에 베이퍼록 현상이 생기지 않는다.

해설및용어설명 | 압축기에 의한 이송방법 특징

- 펌프에 비해 충전시간이 짧다.
- 베이퍼록 현상이 발생하지 않는다.
- 탱크 내 잔가스를 회수할 수 있다.
- 부탄의 경우 저온에서 재액화의 우려가 있다.
- 압축기 오일이 탱크에 들어가 드레인의 원인이 된다.

40

배관의 온도변화에 의한 신축을 흡수하는 조치로 틀린 것은?

① 루프이음
② 나사이음
③ 상온스프링
④ 벨로우즈형 신축이음매

해설및용어설명 |

- 신축이음 : 루프이음, 벨로즈이음, 스위블이음, 슬리브이음, 상온스프링
- 배관이음법 : 나사이음, 용접이음, 플랜지이음

2025년 제2회 가스산업기사 CBT 복원문제

21

LP가스의 연소방식 중 분젠식 연소방식에 대한 설명으로 옳은 것은?

① 불꽃의 색깔은 적색이다.
② 연소 시 1차 공기, 2차 공기가 필요하다.
③ 불꽃의 길이가 길다.
④ 불꽃의 온도가 900[℃] 정도이다.

해설및용어설명 | 분젠식은 1차 공기로 어느 정도 연소시켜 2차공기로 완전 연소시키는 방식이다. 불꽃의 길이는 짧고 색깔은 청색이다. 불꽃의 온도는 1,300[℃] 정도이다.

22

금속재료에 대한 충격시험의 주된 목적은?

① 피로도 측정　② 인성 측정
③ 인장강도 측정　④ 압축강도 측정

해설및용어설명 | 인성
재료에 충격이 가해졌을 때 파괴되지 않는 성질

23

레이놀즈(Reynolds)식 정압기의 특징인 것은?

① 로딩형이다.
② 콤팩트하다.
③ 정특성, 동특성이 양호하다.
④ 정특성은 극히 좋으나 안정성이 부족하다.

해설및용어설명 | 레이놀즈식 정압기의 특징
- Unloading 형식
- 다른 형식에 비해 크기가 크다.
- 정특성은 양호하나 안정성이 떨어진다.
- 본체는 복좌밸브로 되어 있어 상부에 다이어프램을 갖는다.

24

매설관의 전기방식법 중 유전양극법에 대한 설명으로 옳은 것은?

① 타 매설물에의 간섭이 거의 없다.
② 강한 전식에 대해서도 효과가 좋다.
③ 양극만 소모되므로 보충할 필요가 없다.
④ 방식전류의 세기(강도) 조절이 자유롭다.

해설및용어설명 | 유전양극법(희생양극법)의 특징
- 외부에서 전원공급이 필요 없다.
- 설계와 설치가 간단하다.
- 인접한 타 시설물에 영향이 없다.
- 양극이 소모되므로 일정기간 마다 보충하여야 한다.
- 전류분포가 균일하다.
- 양극의 출력전류가 제한되기 때문에 대용량에 부적합하다.
- 설치 후 전류조절이 불가능하다.

25

강제 급배기식 가스온수보일러에서 보일러의 최대 가스소비량과 각 버너의 가스소비량은 표시차의 얼마 이내인 것으로 하여야 하는가?

① ±5[%]　② ±8[%]
③ ±10[%]　④ ±15[%]

해설및용어설명 | 최대온수가스소비량은 표시가스소비량의 ±10[%] 이내인 것으로 한다.

26

1단 감압식 준저압 조정기의 입구압력과 조정압력으로 맞는 것은?

① 입구압력 : 0.07 ~ 1.56[MPa], 조정압력 : 2.3 ~ 3.3[kPa]
② 입구압력 : 0.07 ~ 1.56[MPa], 조정압력 : 5 ~ 30[kPa] 이내에서 제조자가 설정한 기준압력의 ±20[%]
③ 입구압력 : 0.1 ~ 1.56[MPa], 조정압력 : 2.3 ~ 3.3[kPa]
④ 입구압력 : 0.1 ~ 1.56[MPa], 조정압력 : 5 ~ 30[kPa] 이내에서 제조자가 설정한 기준압력의 ±20[%]

해설및용어설명 |

종류	입구압력[MPa]	조정압력[kPa]
1단감압식 저압조정기	0.07 ~ 1.56	2.30 ~ 3.30
1단감압식 준저압조정기	0.1 ~ 1.56	5.0 ~ 30.0 이내에서 제조자가 설정한 기준압력의 ±20[%]
2단감압식 일체형 저압조정기	0.07 ~ 1.56	2.30 ~ 3.30
2단감압식 일체형 준저압조정기	0.1 ~ 1.56	5.0 ~ 30.0 이내에서 제조자가 설정한 기준압력의 ±20[%]
2단감압식 1차용 조정기 (용량 100[kg/h] 이하)	0.1 ~ 1.56	57.0 ~ 83.0
2단감압식 1차용 조정기 (용량 100[kg/h] 초과)	0.3 ~ 1.56	57.0 ~ 83.0
2단감압식 2차용 저압조정기	0.01 ~ 0.1 또는 0.025 ~ 0.1	2.30 ~ 3.30
2단감압식 2차용 준저압조정기	조정압력 이상 ~ 0.1	5.0 ~ 30.0 내에서 제조자가 설정한 기준압력의 ±20[%]
자동절체식 일체형 저압조정기	0.1 ~ 1.56	2.55 ~ 3.30
자동절체식 일체형 준저압조정기	0.1 ~ 1.56	5.0 ~ 30.0 내에서 제조자가 설정한 기준압력의 ±20[%]
그 밖의 압력조정기	조정압력 이상 ~ 1.56	5[kPa]를 초과하는 압력범위에서 상기 압력조정기의 종류에 따른 조정압력에 해당하지 않는 것에 한하며, 제조자가 설정한 기준압력의 ±20[%]일 것

27

고압가스 배관에서 발생할 수 있는 진동의 원인으로 가장 거리가 먼 것은?

① 파이프의 내부에 흐르는 유체의 온도변화에 의한 것
② 펌프 및 압축기의 진동에 의한 것
③ 안전밸브 분출에 의한 영향
④ 바람이나 지진에 의한 영향

해설및용어설명 | 파이프의 내부에 흐르는 유체의 압력변화에 의해 진동이 발생

28

탄소강 그대로는 강의 조직이 약하므로 가공이 필요하다. 다음 설명 중 틀린 것은?

① 열간가공은 고온도로 가공하는 것이다.
② 냉간가공은 상온에서 가공하는 것이다.
③ 냉간가공하면 인장강도, 신장, 교축, 충격치가 증가한다.
④ 금속을 가공하는 도중 결정 내 변형이 생겨 경도가 증가하는 것을 가공경화라 한다.

해설및용어설명 |

• 열간가공 : 제품에 형상을 변형시키거나 재결정 온도까지 혹은 약간 높게까지 온도를 가하여 형상을 쉽게 변형시키는 것
• 냉간가공 : 제품에 형상을 변형시키는 데 재결정 온도보다 낮은 온도를 가하여 변형시키는 것, 냉간가공은 재료의 경도와 강도의 증가와 연성의 감소를 수반한다.
• 가공경화 : 재료에 소성변형을 주면 변형정도가 늘어남에 따라 내부응력이 증가하여 변형을 받지 않은 재료보다 단단해지는 성질

29

사용압력이 60[kg/cm²], 관의 허용응력이 20[kg/mm²]일 때의 스케줄 번호는 얼마인가?

① 15
② 20
③ 30
④ 60

해설및용어설명 | 스케줄 번호
관의 두께를 표시하는 번호

스케줄 번호 $= 10 \times \dfrac{\text{사용압력}}{\text{허용응력}} = 10 \times \dfrac{60}{20} = 30$

30

액화석유가스사용시설에서 배관의 이음매와 절연 조치를 한 전선과는 최소 얼마 이상의 거리를 두어야 하는가?

① 10[cm]
② 15[cm]
③ 30[cm]
④ 40[cm]

해설및용어설명 | 배관의 이음매(용접이음매 제외)와의 이격거리

전기계량기 및 전기개폐기와의 거리	60[cm] 이상
굴뚝(단열조치를 한 경우는 제외)·전기점멸기·전기접속기 및 절연조치를 하지 아니한 전선	15[cm] 이상
절연조치를 한 선선	10[cm] 이상

31

용기종류별 부속품의 기호가 틀린 것은?

① 초저온용기 및 저온용기의 부속품 – LT
② 액화석유가스를 충전하는 용기의 부속품 – LPG
③ 아세틸렌을 충전하는 용기의 부속품 – AG
④ 압축가스를 충전하는 용기의 부속품 – LG

해설및용어설명 | 용기 부속품 기호
- AG : 아세틸렌가스 용기 부속품
- PG : 압축가스 충전용기 부속품
- LG : 액화석유가스 외의 액화가스 용기 부속품
- LPG : 액화석유가스 용기 부속품
- LT : 초저온, 저온용기 부속품

32

원심펌프의 유량 1[m³/min], 전양정 50[m], 효율이 80[%]일 때, 회전수율 10[%] 증가시키려면 동력은 몇 배가 필요한가?

① 1.22
② 1.33
③ 1.51
④ 1.73

해설및용어설명 |
동력은 회전수 변화의 3승에 비례한다.

$\left(\dfrac{N_2}{N_1}\right)^3 = \left(\dfrac{1.1}{1}\right)^3 = 1.33$

33

냉간가공과 열간가공을 구분하는 기준이 되는 온도는?

① 끓는 온도
② 상용 온도
③ 재결정 온도
④ 섭씨 0도

해설및용어설명 | 재료의 재결정 온도 이상에서 행하는 가공을 말한다. 이에 비해 재결정 온도 이하에서 행하는 가공을 상온 가공 또는 냉간가공이라 한다. 열간가공에 의하면 가공과 동시에 재결정을 일으켜 무르게 되므로 가공이 진행되어도 가공성을 잃지 않는다.

34

저압배관의 관경 결정 공식이 다음 보기와 같을 때 ( )에 알맞은 것은? (단, H : 압력손실, Q : 유량, L : 배관길이, D : 배관관경, S : 가스비중, K : 상수)

$$H = (\ \text{㉠}\ ) \times S \times (\ \text{㉡}\ ) / K^2 \times (\ \text{㉢}\ )$$

① ㉠ Q^2 ㉡ L ㉢ D^5
② ㉠ L ㉡ D^5 ㉢ Q^2
③ ㉠ D^5 ㉡ L ㉢ Q^2
④ ㉠ L ㉡ Q^5 ㉢ D^2

해설및용어설명 | 저압배관 유량 계산식

$Q = K\sqrt{\dfrac{D^5 \cdot H}{S \cdot L}}$ 에서

$H = \dfrac{Q^2 SL}{K^2 D^5} = \dfrac{(Q^2) \times S \times (L)}{K^2 \times (D^5)}$ 이다.

35

산소 또는 불활성가스 초저온 저장탱크의 경우에 한정하여 사용이 가능한 액면계는?

① 평형반사식 액면계
② 슬립튜브식 액면계
③ 환형유리제 액면계
④ 플로트식 액면계

해설및용어설명 | 산소 또는 불활성 가스의 초저온 저장탱크의 경우에 한정하여 환형유리제 액면계도 가능하다.

36

도시가스 배관공사 시 주의사항으로 틀린 것은?

① 현장마다 그 날의 작업공정을 정하여 기록한다.
② 작업현장에는 소화기를 준비하여 화재에 주의한다.
③ 현장 감독자 및 작업원은 지정된 안전모 및 뼈 완장을 착용한다.
④ 가스의 공급을 일시 차단할 경우에는 사용자에게 사전 통보하지 않아도 된다.

해설및용어설명 | 가스의 공급을 일시 차단할 경우에는 사용자에게 사전 통보하여야 한다.

37

고압가스용 안전밸브에서 밸브몸체를 밸브시트에 들어 올리는 장치를 부착하는 경우에는 안전밸브 설정 압력의 얼마 이상일 때 수동으로 조작되고 압력해지 시 자동으로 폐지되는가?

① 60[%] ② 75[%]
③ 80[%] ④ 85[%]

해설및용어설명 | 고압가스용 안전밸브
밸브 몸체를 밸브 시트에서 들어 올리는 장치를 부착하는 경우에는 안전밸브 설정압력의 75[%] 이상의 압력일 때 수동으로 조작되고 압력 해제 시 자동으로 폐지

38

고압장치의 재료로 구리관의 성질과 특징으로 틀린 것은?

① 알칼리에는 내식성이 강하지만 산성에는 약하다.
② 내면이 매끈하여 유체저항이 적다.
③ 굴곡성이 좋아 가공이 용이하다.
④ 전도 및 전기절연성이 우수하다.

해설및용어설명 | 구리관은 전도 및 전기절연성이 약하다.

39

용접장치에서 토치에 대한 설명으로 틀린 것은?

① 불변압식 토치는 니들밸브가 없는 것으로 독일식이라 한다.
② 팁의 크기는 용접할 수 있는 판 두께에 따라 선정한다.
③ 가변압식 토치를 프랑스식이라 한다.
④ 아세틸렌 토치의 사용압력은 0.1[MPa] 이상에서 사용한다.

해설및용어설명 |
- 팁의 종류
  - 독일식 : A형, 불변압식, 니들밸브가 없는 것으로 인화가능성이 적다. 팁번호가 용접가능한 모재의 두께를 표시
  - 프랑스식 : B형, 가변압식, 니들밸브가 있어 유량조절이 쉽다.
- 사용압력에 따라
  - 저압식 : 0.07[kg/cm²] 이하
  - 중압식 : 0.07 ~ 1.3[kg/cm²]
  - 고압식 : 1.3[kg/cm²] 이상

40

도시가스 제조에서 사이크링식 접촉분해(수증기개질)법에 사용하는 원료에 대한 설명으로 옳은 것은?

① 메탄만 사용할 수 있다.
② 프로판만 사용할 수 있다.
③ 석탄 또는 코크스만 사용할 수 있다.
④ 천연가스에서 원유에 이르는 넓은 범위의 원료를 사용할 수 있다.

해설및용어설명 | 접촉분해(수증기 개질)법 원료
천연가스에서 원유에 이르기까지 넓은 범위의 원료를 사용할 수 있다.

2018년 제1회 가스산업기사

41

염소가스 취급에 대한 설명 중 옳지 않은 것은?

① 제독제로 소석회 등이 사용된다.
② 염소 압축기의 윤활유는 진한 황산이 사용된다.
③ 산소와 염소 폭명기를 일으키므로 동일 차량에 적재를 금한다.
④ 독성이 강하여 흡입하면 호흡기가 상한다.

해설및용어설명 | 염소 폭명기
수소와 염소의 혼합가스는 빛(직사광선)과 접촉하면 심하게 반응한다.

42

가연성 가스의 폭발등급 및 이에 대응하는 내압방폭구조 폭발등급의 분류기준이 되는 것은?

① 폭발범위
② 발화온도
③ 최대 안전틈새 범위
④ 최소 점화전류비 범위

해설및용어설명 | MESG(최대 안전틈새 범위)
폭발성 분위기가 형성된 표준용기(8[L], 틈새깊이 25[mm])의 틈새를 통해 폭발화염이 내부에서 외부로 전파되지 않는 최대틈새로 가스의 종류에 따라 다르며 폭발성 가스분류와 내압방폭구조의 분류와 관계가 있다.

43

액화석유가스의 안전관리 및 사업법에서 규정한 용어의 정의 중 틀린 것은?

① "방호벽"이란 높이 1.5미터, 두께 10센티미터의 철근콘크리트 벽을 말한다.
② "충전용기"란 액화석유가스 충전 질량의 2분의 1 이상이 충전되어 있는 상태의 용기를 말한다.
③ "소형 저장탱크"란 액화석유가스를 저장하기 위하여 지상 또는 지하에 고정 설치된 탱크로서 그 저장능력이 3톤 미만인 탱크를 말한다.
④ "가스설비"란 저장설비 외의 설비로서 액화석유가스가 통하는 설비(배관은 제외한다)와 그 부속설비를 말한다.

해설및용어설명 | 방호벽
높이 2[m] 이상, 두께 12[cm] 이상의 철근콘크리트 또는 이와 동등 이상의 강도를 가지는 구조의 벽을 말한다.

44

동절기의 습도 50[%] 이하인 경우에는 수소용기 밸브의 개폐를 서서히 하여야 한다. 주된 이유는?

① 밸브파열
② 분해폭발
③ 정전기방지
④ 용기압력유지 LPG

해설및용어설명 | 습도가 낮을 때 용기밸브의 급격한 조작으로 정전기가 발생할 가능성이 높고 정전기가 점화원이 되어 수소가스에 착화될 수 있으므로 용기밸브의 개폐는 서서히 해야 한다.

정답 41 ③ 42 ③ 43 ① 44 ③

45

LPG 압력조정기를 제조하고자 하는 자가 반드시 갖추어야 할 검사설비가 아닌 것은?

① 유량측정설비
② 내압시설설비
③ 기밀시험설비
④ 과류차단성능시험설비

해설및용어설명 | 검사설비의 종류는 안전관리규정에 따른 자체검사를 수행할 수 있는 것으로 다음과 같다.

- 버니어캘리퍼스·마이크로미터·나사게이지 등 치수 측정설비
- 액화석유가스액 또는 도시가스 침적설비
- 염수 분무 시험설비
- 내압시험설비
- 기밀시험설비
- 안전장치 작동시험설비
- 출구 압력 측정시험설비
- 내구시험설비
- 저온시험설비
- 유량 측정설비
- 그 밖에 필요한 검사설비 및 기구

46

동일 차량에 적재하여 운반할 수 없는 가스는?

① C_2H_4와 HCN
② C_2H_4와 NH_3
③ CH_4와 C_2H_2
④ Cl_2와 C_2H_2

해설및용어설명 | 혼합적재 금지 기준

- 혼합적재 금지 : 염소(Cl_2)와 아세틸렌(C_2H_2), 암모니아(NH_3) 또는 수소(H_2)는 동일차량에 적재하여 운반하지 아니할 것
- 가연성 가스와 산소를 동일차량에 적재하여 운반하는 때에는 그 충전용기의 밸브가 서로 마주보지 아니하도록 적재할 것
- 충전용기와 위험물안전관리법이 정하는 위험물과는 동일차량에 적재하여 운반하지 아니할 것

47

액화석유가스 자동차 충전소에 설치할 수 있는 건축물 또는 시설은?

① 액화석유가스충전사업자가 운영하고 있는 용기를 재검사하기 위한 시설
② 충전소의 종사자가 이용하기 위한 연면적 $200[m^2]$ 이하의 식당
③ 충전소를 출입하는 사람을 위한 연면적 $200[m^2]$ 이하의 매점
④ 공구 등을 보관하기 위한 연면적 $200[m^2]$ 이하의 창고

해설및용어설명 | LPG 자동차 충전소에 설치 가능한 시설

- 충전을 하기 위한 작업장
- 충전소의 업무를 하기 위한 사무실과 회의실
- 충전소 관계자가 근무하는 대기실
- 액화석유가스 충전사업자가 운영하고 있는 용기를 재검사하기 위한 시설
- 충전소 종사자의 숙소
- 충전소의 종사자가 이용하기 위한 연면적 $100[m^2]$ 이하의 식당
- 비상발전기실 또는 공구 등을 보관하기 위한 연면적 $100[m^2]$ 이하의 창고
- 자동차 세차를 위한 시설
- 충전소에 출입하는 사람을 대상으로 한 자동판매기와 현금자동지급기
- 자동차 등의 점검 및 간이정비(용접, 판금 등 화기를 사용하는 작업 및 도장작업을 제외한다)를 위한 작업장
- 「건축법 시행령」 별표1 제3호 가목에 따른 슈퍼마켓과 일용품 등의 소매점, 자동차 전시장, 충전소에 출입하는 사람이 쉴 수 있는 고객휴게실, 「식품위생법 시행령」 제21조 제8호 가목에 따른 휴게음식점, 자동차 영업소, 행위를 매개·대리 또는 중개 등을 하는 일반사무실
- 자동차용 배터리 충전을 위한 작업장
- 「계량에 관한 법률」 제7조 제1항 제3호에 따른 계량증명업을 위한 작업장
- 태양광 발전설비
- 충전사업용도의 건축물이나 시설

48

가스보일러 설치 후 설치·시공확인서를 작성하여 사용자에게 교부하여야 한다. 이때 가스보일러 설치·시공 확인사항이 아닌 것은?

① 사용교육의 실시 여부
② 최근의 안전점검 결과
③ 배기가스 적정 배기 여부
④ 연통의 접속부 이탈여부 및 막힘 여부

해설및용어설명 | 가스보일러 설치·시공 확인사항
- 급기구, 상부환기구의 적합 여부
- 공동배기구, 배기통의 막힘 여부
- 가스누출 여부
- 보일러의 정상 작동 여부
- 배기가스 적정 배기 여부
- 사용 교육의 실시 여부
- 연돌기밀 확인 여부
- 일산화탄소 경보기 적정 설치 여부
- 기타 특이사항

49

냉동기에 반드시 표기하지 않아도 되는 기호는?

① RT ② DP
③ TP ④ DT

해설및용어설명 | 냉동기의 제조자 또는 수입자는 금속박판에 다음 사항을 각인하여 이를 냉동기의 보기 쉬운 곳에 떨어지지 아니하도록 부착할 것. 다만, 독성가스 또는 가연성가스가 아닌 냉매가스를 사용하는 것으로서 냉동능력이 20톤 미만인 경우에는 다음 사항이 인쇄된 표지를 부착할 수 있다.

- 냉동기제조자의 명칭 또는 약호
- 냉매가스의 종류
- 냉동능력(단위 : RT) 다만, 압력 용기의 경우에는 내용적(단위 : L)을 표시하여야 한다.
- 원동기 소요전력 및 전류(단위 : [kW], [A]) 다만, 압축기의 경우에 한한다.
- 제조번호
- 검사에 합격한 연월일

- 내압시험압력(기호 : TP, 단위 : [MPa])
- 최고 사용압력(기호 : DP, 단위 : [MPa])

50

액화염소가스를 운반할 때 운반책임자가 반드시 동승하여야 할 경우로 옳은 것은?

① 100[kg] 이상 운반할 때
② 1,000[kg] 이상 운반할 때
③ 1,500[kg] 이상 운반할 때
④ 2,000[kg] 이상 운반할 때

해설및용어설명 | 액화염소는 독성 가스이며, 허용농도(LC50)는 293[ppm]이다.
독성 가스 운반책임자 동승 기준

가스의 종류	독성가스 허용농도	
	100만분의 200초과, 100만분의 5,000 이하	100만분의 200 이하
압축가스	100[m³] 이상	10[m³] 이상
액화가스	1,000[kg] 이상	100[kg] 이상

51

충전설비 중 액화석유가스의 안전을 확보하기 위하여 필요한 시설 또는 설비에 대하여는 작동상황을 주기적으로 점검, 확인하여야 한다. 충전설비의 경우 점검주기는?

① 1일 1회 이상 ② 2일 1회 이상
③ 주 1회 이상 ④ 월 1회 이상

해설및용어설명 | 충전시설 중 액화석유가스의 안전을 확보하기 위하여 필요한 시설 또는 설비에 대하여 작동상황을 주기적(충전설비의 경우에는 1일 1회 이상)으로 점검하고, 이상이 있을 경우에는 그 시설 또는 설비가 정상적으로 작동될 수 있도록 필요한 조치를 한다.

52

시안화수소는 충전 후 며칠이 경과되기 전에 다른 용기에 옮겨 충전하여야 하는가?

① 30일 ② 45일
③ 60일 ④ 90일

해설및용어설명 | 시안화수소를 충전한 용기는 충전한 후 60일이 경과되기 전에 다른 용기에 옮겨 충전한다. 단, 98[%] 이상으로써 착색되지 아니한 것은 다른 용기에 옮겨 충전하지 않을 수 있다.

53

액체염소가 누출된 경우 필요한 조치가 아닌 것은?

① 물 살포 ② 소석회 살포
③ 가성소다 살포 ④ 탄산소다수용액 살포

해설및용어설명 | 염소의 제독제
가성소다수용액, 탄산소다수용액, 소석회

54

고압가스용기의 취급 및 보관에 대한 설명으로 틀린 것은?

① 충전용기와 잔가스용기는 넘어지지 않도록 조치한 후 용기 보관장소에 놓는다.
② 용기는 항상 40[℃] 이하의 온도를 유지한다.
③ 가연성 가스 용기 보관장소에는 방폭형손전등 외의 등화를 휴대하고 들어가지 아니한다.
④ 용기 보관장소 주위 2[m] 이내에는 화기 등을 두지 아니한다.

해설및용어설명 | 충전용기와 잔가스용기는 각각 구분하여 용기 보관실에 놓는다.

55

액화석유가스의 일반적인 특징으로 틀린 것은?

① 증발잠열이 적다.
② 기화하면 체적이 커진다.
③ LP가스는 공기보다 무겁다.
④ 액상의 LP가스는 물보다 가볍다.

해설및용어설명 | 액화석유가스(LP가스)의 일반적인 특징
- LP가스는 공기보다 무겁다.
- 액상의 가스는 물보다 가볍다.
- 액화, 기화가 쉽다.
- 기화하면 체적이 커진다.
- 기화열(증발잠열)이 크다.
- 무색무취, 무미하다.
- 용해성이 있다.

56

용기 내장형 가스 난방기용으로 사용하는 부탄 충전용기에 대한 설명으로 옳지 않은 것은?

① 용기 몸통부의 재료는 고압가스용기용 강판 및 강대이다.
② 프로텍터의 재료는 일반구조용 압연강재이다.
③ 스커트의 재료는 고압가스용기용 강판 및 강대이나.
④ 넥크링의 재료는 탄소함유량이 0.48[%] 이하인 것으로 한다.

해설및용어설명 | 용기 내장형 난방기용 용기 재료 기준
- 몸통부 재료 : KS D 3553(고압가스용기용 강판 및 강대)의 재료 또는 이와 동등 이상의 기계적 성질 및 가공성을 가지는 것
- 프로텍터 재료 : KS D 3503(일반구조용 압연강재) SS400의 규격에 적합한 것 또는 이와 동등 이상의 화학적 성분 및 기계적 성질을 가지는 것
- 스커트 재료 : KS D 3533(고압가스용 강판 및 강대) SG295 이상의 강도 및 성질을 가지는 것이거나 KS D 3503(일반구조용 압연강재) SS400 또는 이와 동등 이상의 기계적 성질 및 가공성을 가지는 것
- 넥링 재료 : KS D 3752(기계구조용 탄소강재)의 규격에 적합한 것 또는 이와 동등 이상의 기계적 성질 또는 가공성을 가지는 것으로 탄소함유량이 0.28[%] 이하인 것

57

내용적 50[L]인 가스용기에 내압시험압력 3.0[MPa]의 수압을 걸었더니 용기의 내용적이 50.5[L]로 증가하였고 다시 압력을 제거하여 대기압으로 하였더니 용적이 50.002[L]가 되었다. 이 용기의 영구증가율을 구하고 합격인가, 불합격인가 판정한 것으로 옳은 것은?

① 0.2[%], 합격　　　② 0.2[%], 불합격
③ 0.4[%], 합격　　　④ 0.4[%], 불합격

해설및용어설명 | 영구증가율이 10[%] 이하일 경우 합격

$$영구증가율 = \frac{영구증가량}{전증가량} \times 100 = \frac{50.002 - 50}{50.5 - 50} \times 100 = 0.4[\%]$$

58

호칭지름 25A 이하이고 상용압력 2.94[MPa] 이하의 나사식 배관용 볼밸브는 10[회/min] 이하의 속도로 몇 회 개폐동작 후 기밀시험에서 이상이 없어야 하는가?

① 3,000회　　　② 6,000회
③ 30,000회　　　④ 60,000회

해설및용어설명 | 내구성
호칭지름 25A 이하이고 상용압력이 2.94[MPa] 이하의 나사식 밸브는 10[회/min] 이하의 속도로 6,000회 개폐 조작 후 기밀시험에서 누출이 없는 것으로 한다.

59

암모니아 저장탱크에는 가스 용량이 저장탱크 내용적의 몇 [%]를 초과하는 것을 방지하기 위하여 과충전 방지조치를 하여야 하는가?

① 65[%]　　　② 80[%]
③ 90[%]　　　④ 95[%]

해설및용어설명 | 독성 가스 저장탱크에는 가스 충전량이 그 저장탱크 내용적의 90[%]를 초과하는 것을 방지하는 장치를 설치해야 한다.

60

다음 물질 중 아세틸렌을 용기에 충전할 때 침윤제로 사용되는 것은?

① 벤젠　　　② 아세톤
③ 케톤　　　④ 알데히드

해설및용어설명 | 침윤제의 종류
아세톤, 디메틸포름아미드

2018년 제2회 가스산업기사

41

에어졸의 충전 기준에 적합한 용기의 내용적은 몇 [L] 이하여야 하는가?

① 1 ② 2
③ 3 ④ 5

해설및용어설명 | 접합 또는 납붙임용기
동판 및 경판을 각각 성형하여 심용접이나 그 밖의 방법으로 접합하거나 납붙임하여 만든 내용적 1[L] 이하인 용기를 말한다. 에어졸 제조용, 라이터 충전용, 연료용 가스용, 절단용 또는 용접용으로 제조한다.

42

최고 사용압력이 고압이고 내용적이 5[m³]인 일반도시가스 배관의 자기압력기록계를 이용한 기밀시험 시 기밀유지시간은?

① 24분 이상 ② 240분 이상
③ 48분 이상 ④ 480분 이상

해설및용어설명 | 압력계 및 자기압력기록계 기밀유지시간

구분	용적	기밀유지시간
저압, 중압	1[m³] 미만	24분
	1[m³] 이상 10[m³] 미만	240분
	10[m³] 이상 300[m³] 미만	24×V분 (단, 1,440분을 초과한 경우는 1,440분으로 할 수 있다)
고압	1[m³] 미만	48분
	1[m³] 이상 10[m³] 미만	480분
	10[m³] 이상 300[m³] 미만	48×V분 (단, 2,880분을 초과한 경우는 2,880분으로 할 수 있다)

43

산화에틸렌의 제독제로 적당한 것은?

① 물 ② 가성소다수용액
③ 탄산소다수용액 ④ 소석회

해설및용어설명 | 독성 가스 제독제

가스 종류	제독제 종류
염소	가성소다수용액, 탄산소다수용액, 소석회
포스겐	가성소다수용액, 소석회
황화수소	가성소다수용액, 탄산소다수용액
시안화수소	가성소다수용액
아황산가스	가성소다수용액, 탄산소다수용액, 물
암모니아, 산화에틸렌, 염화메탄	물

44

고압가스 안전관리법에 적용받는 고압가스 중 가연성 가스가 아닌 것은?

① 황화수소
② 염화메탄
③ 공기 중에서 연소하는 가스로써 폭발한계의 하한이 10[%] 이하인 가스
④ 공기 중에서 연소하는 가스로써 폭발한계의 상한·하한의 차가 20[%] 미만인 가스

해설및용어설명 | 가연성 가스의 정의
산소와 결합하여 빛과 열을 내며 연소하는 가스를 말하며 수소, 메탄, 에탄, 프로판 등 32종과 공기 중에 연소하는 가스로써 폭발 한계 하한이 10[%] 이하인 것과 폭발 한계의 상·하한의 차가 20[%] 이상인 것을 대상으로 한다. 하한이 낮을수록, 상한과 하한의 폭이 클수록 위험한 가스라 할 수 있다.

45

고압가스를 운반하는 차량의 안전 경계표지 중 삼각기의 바탕과 글자색은?

① 백색바탕 – 적색글씨 ② 적색바탕 – 황색글씨
③ 황색바탕 – 적색글씨 ④ 백색바탕 – 청색글씨

해설및용어설명 | 경계표지 크기의 가로 치수는 차체 폭의 30[%] 이상, 세로 치수는 가로 치수의 20[%] 이상으로 된 직사각형으로 하고 문자는 KS M 5334(발광도료)나 KS T 3507(산업 및 교통 안전용 재귀 반사시트)를 사용하고, 삼각기는 적색바탕에 글자색은 황색, 경계표지는 적색글씨로 표시한다. 다만, 차량구조상 정사각형이나 이에 가까운 형상으로 표시할 경우에는 그 면적을 600[cm²] 이상으로 한다.

46

수소의 특성에 대한 설명으로 옳은 것은?

① 가스 중 비중이 큰 편이다.
② 냄새는 있으나 색깔은 없다.
③ 기체 중에서 확산 속도가 가장 빠르다.
④ 산소, 염소와 폭발반응을 하지 않는다.

해설및용어설명 | 수소의 성질
- 모든 기체 중 비중이 가장 적고 확산속도가 가장 빠르다.
- 무색무취, 무미의 가연성이다.
- 열전도율이 대단히 크고, 열에 대해 안정하다.
- 고온에서 강제, 금속재료를 쉽게 투과한다.
- 폭굉속도가 1,400 ~ 3,500[m/s]에 달한다.
- 폭발범위가 넓대(공기 중 : 4 ~ 75[%], 산소 중 : 4 ~ 94[%])
- 산소, 염소, 불소와 반응하여 격렬한 폭발을 일으켜 폭명기를 형성한다.

47

가연성 및 독성 가스의 용기도색 후 그 표기 방법으로 틀린 것은?

① 가연성 가스는 빨간색 테두리에 검정색 불꽃모양이다.
② 독성 가스는 빨간색 테두리에 검정색 해골모양이다.
③ 내용적 2[L] 미만의 용기는 그 제조자가 정한 바에 의한다.
④ 액화석유가스용기 중 프로판가스를 충전하는 용기는 프로판가스임을 표시하여야 한다.

해설및용어설명 | 가연성 가스 및 독성 가스 용기 표시 방법

- 가연성 가스(액화석유가스는 제외한다) 및 독성 가스는 각각 다음과 같이 표시한다.
- 내용적 2[L] 미만의 용기는 제조자가 정하는 바에 의한다.
- 액화석유가스 용기 중 부탄가스를 충전하는 용기는 부탄가스임을 표시하여야 한다.
- 선박용 액화석유가스용기의 표시방법
  - 용기의 상단부에 폭 2[cm]의 백색띠를 두 줄로 표시한다.
  - 백색띠의 하단과 가스 명칭 사이에 백색글자로 가로, 세로 5[cm]의 크기로 "선박용"이라고 표시한다.
- 자동차의 연료장치용 용기의 외면에는 그 용도를 "자동차용"으로 표시할 것
- 그 밖의 가스에는 가스명칭 하단에 가로, 세로 5[cm]의 크기의 백색글자로 용도("절단용")를 표시할 것

48

차량에 고정된 탱크에 의하여 가연성 가스를 운반할 때 비치하여야 할 소화기의 종류와 최소 수량은? (단, 소화기의 능력단위는 고려하지 않는다)

① 분말소화기 1개
② 분말소화기 2개
③ 포말소화기 1개
④ 포말소화기 2개

해설및용어설명 | 가연성 가스 및 산소를 운반하는 경우 휴대하는 소화설비

가스의 구분	소화기의 종류		비치개수
	소화약제의 종류	소화기의 능력단위	
가연성 가스	분말소화제	BC용, B-10 이상 또는 ABC용, B-12 이상	차량 좌우 각각 1개 이상
산소	분말소화제	BC용, B-8 이상 또는 ABC용, B-10 이상	차량 좌우 각각 1개 이상

49

유해물질의 사고 예방 대책으로 가장 거리가 먼 것은?

① 작업의 일원화
② 안전보호구 착용
③ 작업시설의 정돈과 청소
④ 유해물질과 발화원 제거

해설및용어 | 유해물질의 사고 예방 대책
- 안전보호구를 착용한다.
- 작업시설의 정돈과 청소를 실시한다.
- 유해물질과 발화원을 제거한다.

50

고압가스 특정제조시설의 저장탱크 설치방법 중 위해방지를 위하여 고압가스 저장탱크를 지하에 매설할 경우 저장탱크 주위에 무엇으로 채워야 하는가?

① 흙
② 콘크리트
③ 모래
④ 자갈

해설및용어설명 | 고압가스 저장탱크를 지하에 매설할 경우 저장탱크의 주위에는 마른 모래를 채운다.

51

고압가스의 처리시설 및 저장시설기준으로 독성 가스와 1종 보호시설의 이격거리를 바르게 연결한 것은?

① 1만 이하 – 13[m] 이상
② 1만 초과 2만 이하 – 17[m] 이상
③ 2만 초과 3만 이하 – 20[m] 이상
④ 3만 초과 4만 이하 – 27[m] 이상

해설및용어설명 | 독성 및 가연성 가스의 보호시설별 안전거리

저장능력[kg]	제1종[m]	제2종[m]
1만 이하	17	12
1만 초과 2만 이하	21	14
2만 초과 3만 이하	24	16
3만 초과 4만 이하	27	18
4만 초과 5만 이하	30	20
5만 초과 99만 이하	30	20
99만 초과	30	20

※ 가연성가스 저온저장탱크의 경우

5만 초과 99만 이하	$\frac{3}{25}\sqrt{X+10,000}\,[m]$	$\frac{2}{25}\sqrt{X+10,000}\,[m]$
99만 초과	120[m]	80[m]

52

초저온 용기의 정의로 옳은 것은?

① 섭씨 -30[℃] 이하의 액화가스를 충전하기 위한 용기
② 섭씨 -50[℃] 이하의 액화가스를 충전하기 위한 용기
③ 섭씨 -70[℃] 이하의 액화가스를 충전하기 위한 용기
④ 섭씨 -90[℃] 이하의 액화가스를 충전하기 위한 용기

해설 및 용어설명 | 초저온 용기의 정의
-50[℃] 이하의 액화 가스를 충전하기 위한 용기이다. 단열재로 피복하거나 냉동설비로 냉각시키는 등의 방법으로 용기 내의 가스온도가 상용온도를 초과하지 아니하도록 한 것을 말한다.

53

용기의 파열사고의 원인으로서 가장 거리가 먼 것은?

① 염소용기는 용기의 부식에 의하여 파열사고가 발생할 수 있다.
② 수소용기는 산소와 혼합충전으로 격심한 가스폭발에 의하여 파열사고가 발생할 수 있다.
③ 고압 아세틸렌가스는 분해폭발에 의하여 파열사고가 발생할 수 있다.
④ 용기 내 수증기 발생에 의해 파열사고가 발생할 수 있다.

해설 및 용어설명 | 표준상태에서 물은 100[℃]에서 비등을 하기 때문에 용기 보관장소의 온도는 40[℃] 이하로 유지하도록 되어 있다. 때문에 수증기가 발생할 가능성은 거의 없다.

54

고압가스용 이음매 없는 용기의 재검사는 그 용기를 계속 사용할 수 있는지 확인하기 위하여 실시한다. 재검사 항목이 아닌 것은?

① 외관검사   ② 침입검사
③ 음향검사   ④ 내압검사

해설 및 용어설명 | 고압가스용 용기의 재검사 항목
• 이음매 없는 용기 : 외관검사, 음향검사, 내압검사
• 용접용기 : 외관검사, 내압검사, 누출검사, 다공물질 충전 검사, 단열성능 검사

55

의료용 산소가스용기를 표시하는 색깔은?

① 갈색   ② 백색
③ 청색   ④ 자색

해설 및 용어설명 | 가스 종류별 용기도색

가스 종류	용기도색	
	공업용	의료용
산소(O_2)	녹색	백색
수소(H_2)	주황색	-
액화탄산가스(CO_2)	청색	회색
액화석유가스	밝은 회색	-
아세틸렌(C_2H_2)	황색	-
암모니아(NH_3)	백색	-
액화염소(Cl_2)	갈색	-
질소(N_2)	회색	흑색
아산화질소(N_2O)	회색	청색
헬륨(He)	회색	갈색
에틸렌(C_2H_4)	회색	자색
사이크로프로판	회색	주황색
기타 가스	회색	-

정답 52 ② 53 ④ 54 ② 55 ②

56

차량에 고정된 탱크로 고압가스를 운반할 때의 기준으로 틀린 것은?

① 차량의 앞뒤 보기 쉬운 곳에 붉은 글씨로 "위험고압가스"라는 경계표지를 한다.
② 액화가스를 충전하는 탱크는 그 내부에 방파판을 설치한다.
③ 산소탱크의 내용적은 1만8천[L]를 초과하지 아니하여야 한다.
④ 염소탱크의 내용적은 1만5천[L]를 초과하지 아니하여야 한다.

해설및용어설명 | 차량 및 탱크 내용적 제한 기준
- 가연성 가스(액화석유가스 제외)나 산소 탱크의 내용적 : 18,000[L]
- 독성 가스(액화암모니아 제외)의 내용적 : 12,000[L]

57

액화석유가스에 주입하는 부취제(냄새나는 물질)의 측정방법으로 볼 수 없는 것은?

① 무취실법
② 주사기법
③ 시험가스 주입법
④ 오더(Odor)미터법

해설및용어설명 | 부취제 측정방법
오더미터법, 주사기법, 무취실법, 냄새주머니법

58

시안화수소(HCN)에 첨가되는 안정제로 사용되는 중합방지제가 아닌 것은?

① NaOH
② SO_2
③ H_2SO_4
④ $CaCl_2$

해설및용어설명 | 중합폭발방지용 안정제의 종류
황산(H_2SO_4), 아황산가스(SO_2), 동, 동망, 염화칼슘($CaCl_2$), 인산(H_3PO_4), 오산화인(PO_5) 등

59

내용적이 50리터인 이음매 없는 용기 재검사 시 용기에 깊이가 0.5[mm]를 초과하는 점부식이 있을 경우 용기의 합격여부는?

① 등급분류 결과 3급으로써 합격이다.
② 등급분류 결과 3급으로써 불합격이다.
③ 등급분류 결과 4급으로써 불합격이다.
④ 용접부 비파괴시험을 실시하여 합격여부를 결정한다.

해설및용어설명 | 내용적 5[L] 이상 125[L] 미만 용기 외관검사
(KGS code AC218)
- 등급분류 : 외관검사 결과를 4등급으로 분류하고 등급분류 결과 4급에 해당하는 용기는 재검사에 불합격한 것으로 한다.
- 부식의 4급
  - 원래의 금속표면을 알 수 없을 정도로 부식되어 부식 깊이 측정이 곤란한 것
  - 부식점의 깊이가 0.5[mm]를 초과하는 점부식이 있을 것
  - 길이가 100[mm] 이하이고 부식 깊이가 0.3[m]를 초과하는 선부식이 있는 것
  - 길이가 100[mm]를 초과하는 부식 깊이가 0.25[mm]를 초과하는 선부식이 있는 것
  - 부식 깊이가 0.25[mm]를 초과하는 일반 부식이 있는 것

60

다음 중 가장 무거운 기체는?

① 산소
② 수소
③ 암모니아
④ 메탄

해설및용어설명 | 각 기체의 분자량 및 비중

명칭	분자량	비중
산소(O_2)	32	1.103
수소(H_2)	2	0.069
암모니아(NH_3)	17	0.586
메탄(CH_4)	16	0.551

※ 가스비중 = $\dfrac{분자량}{29}$

2018년 제4회 가스산업기사

41

소형 저장탱크의 가스방출구의 위치를 지면에서 5[m] 이상 또는 소형 저장탱크 정상부로부터 2[m] 이상 중 높은 위치에 설치하지 않아도 되는 경우는?

① 가스방출구의 위치를 건축물 개구부로부터 수평거리 0.5[m] 이상 유지하는 경우
② 가스방출구의 위치를 연소기의 개구부 및 환기용 공기흡입구로부터 각각 1[m] 이상 유지하는 경우
③ 가스방출구의 위치를 건축물 개구부로부터 수평거리 1[m] 이상 유지하는 경우
④ 가스방출구의 위치를 건축물 연소기의 개구부 및 환기용 공기흡입구로부터 각각 1.2[m] 이상 유지하는 경우

해설및용어설명 | 소형 저장탱크의 안전밸브에는 가스방출관을 설치한다. 이 경우 가스방출구의 위치를 건축물 개구부로부터 수평거리 1[m] 이상, 연소기의 개구부 및 환기용 공기흡입구로부터 각각 1.5[m] 이상 떨어지게 한 경우에는 지면에서 5[m] 이상 또는 소형 저장탱크 정상부로부터 2[m] 이상 중 높은 위치에 설치하지 아니할 수 있다.

42

다음은 고압가스를 제조하는 경우 품질 검사에 대한 내용이다. ( ) 안에 들어갈 사항을 알맞게 나열한 것은?

> 산소, 아세틸렌 및 수소를 제조하는 자는 일정한 순도 이상의 품질유지를 위하여 (㉠) 이상 적절한 방법으로 품질검사를 하여 그 순도가 산소의 경우에는 (㉡)[%], 아세틸렌의 경우에는 (㉢)[%], 수소의 경우에는 (㉣)[%] 이상이어야 하고, 그 검사결과를 기록할 것

① ㉠ 1일 1회 ㉡ 99.5 ㉢ 98 ㉣ 98.5
② ㉠ 1일 1회 ㉡ 99 ㉢ 98.5 ㉣ 98
③ ㉠ 1주 1회 ㉡ 99.5 ㉢ 98 ㉣ 98.5
④ ㉠ 1주 1회 ㉡ 99 ㉢ 98.5 ㉣ 98

해설및용어설명 | 품질검사 기준
- 산소 : 동, 암모니아 시약을 사용한 오르자트법에 의한 시험에서 순도가 99.5[%] 이상이고 용기 안의 가스충전압력이 35[℃]에서 11.8[MPa] 이상으로 한다.
- 아세틸렌 : 발연황산 시약을 사용한 오르자트법 또는 브롬 시약을 사용한 뷰렛법에 의한 시험에서 순도가 98[%] 이상이고 질산은 시약을 사용한 정성시험에서 합격한 것으로 한다.
- 수소 : 피로카롤 또는 하이드로설파이드 시약을 사용한 오르자트법에 의한 시험에서 순도 98.5[%] 이상이고 용기 안의 가스충전압력이 35[℃]에서 11.8[MPa] 이상으로 한다.
※ 품질검사는 1일 1회 이상 제조장에서 안전관리책임자가 실시한다.

43

아세틸렌의 품질 검사에 사용하는 시약으로 맞는 것은?

① 발연황산 시약
② 구리, 암모니아 시약
③ 피로카롤 시약
④ 하이드로 썰파이드 시약

해설및용어설명 | 품질검사 시약 및 검사법

구분	시약	검사법
산소	구리·암모니아	오르자트법
수소	피로카롤, 하이드로 썰파이드	오르자트법
아세틸렌	발연황산	오르자트법
	브롬 시약	뷰렛법
	질산은 시약	정성시험

44

저장탱크에 의한 액화석유가스 사용시설에서 배관이음부와 절연조치를 한 전선과의 이격거리는?

① 10[m] 이상
② 20[m] 이상
③ 30[cm] 이상
④ 60[m] 이상

해설및용어설명 | 배관의 이음매(용접이음매 제외)와의 이격거리

전기계량기 및 전기개폐기와의 거리	60[cm] 이상
굴뚝(단열조치를 한 경우는 제외)·전기점멸기·전기접속기 및 절연조치를 하지 아니한 전선	15[cm] 이상
절연조치를 한 전선	10[cm] 이상

45

고압가스 사용상 주의할 점으로 옳지 않은 것은?

① 저장탱크의 내부 압력이 외부압력보다 낮아짐에 따라 그 저장탱크가 파괴되는 것을 방지하기 위하여 긴급차단장치를 설치한다.
② 가연성 가스를 압축하는 압축기와 오토크레이브 사이의 배관에 역화방지장치를 설치해두어야 한다.
③ 밸브, 배관, 압력 게이지 등의 부착부로부터 누출(Leakage) 여부를 비눗물, 검지기 및 검지액 등으로 점검한 후 작업을 시작해야 한다.
④ 각각의 독성에 적합한 방독마스크, 가급적이면 송기식 마스크, 공기 호흡기 및 보안경 등을 준비해 두어야 한다.

해설및용어설명 | 부압파괴방지설비
가연성 가스 저온 저장탱크는 저장탱크의 내부압력이 외부압력보다 낮아짐에 따라 저장탱크가 파괴되는 것을 방지한다.

46

이동식 부탄연소기 및 접합용기(부탄캔) 폭발사고의 예방 대책이 아닌 것은?

① 이동식 부탄연소기보다 큰 과대 불판을 사용하지 않는다.
② 접합용기(부탄캔) 내 가스를 다 사용한 후에는 용기에 구멍을 내어 내부의 가스를 완전히 제거한 후 버린다.
③ 이동식 부탄연소기를 사용하여 음식물을 조리한 경우에는 조리 완료 후 이동식 부탄연소기의 용기 체결 홀더 밖으로 접합용기(부탄캔)를 분리한다.
④ 접합용기(부탄캔)는 스틸이므로 가스를 다 사용한 후에는 그대로 재활용 쓰레기통에 버린다.

해설및용어설명 |
- 과대조리기(알루미늄 호일을 감은 석쇠, 스레이트판, 넓은 불판 등) 사용금지
- 2개 이상 이동식부탄연소기(휴대용 가스레인지) 사용 시 근접 사용금지
- 사용한 빈 용기나 예비 용기는 열영향이 없는 곳에 격리하여 보관
- 사용한 빈 용기는 구멍을 뚫어 폐기처분(쓰레기 소각 중 폭발)

47

독성 가스의 처리설비로서 1일 처리능력이 15,000[m³]인 저장시설과 21[m] 이상 이격하지 않아도 되는 보호시설은?

① 학교
② 도서관
③ 수용능력이 15인 이상인 아동복지시설
④ 수용능력이 300인 이상인 교회

해설및용어설명 | 독성 및 가연성 가스의 보호시설별 안전거리

저장능력[kg]	제1종	제2종
1만 이하	17	12
1만 초과 2만 이하	21	14
2만 초과 3만 이하	24	16
3만 초과 4만 이하	27	18
4만 초과 5만 이하	30	20
5만 초과 99만 이하	30	20
99만 초과	30	20

※ 가연성가스 저온저장탱크의 경우

5만 초과 99만 이하	$\frac{3}{25}\sqrt{X+10,000}\,[m]$	$\frac{2}{25}\sqrt{X+10,000}\,[m]$
99만 초과	120[m]	80[m]

- 제1종 보호시설
  - 학교·유치원·어린이집·놀이방·어린이놀이터·경로당·청소년수련시설·학원·병원(의원을 포함한다)·도서관·시장·공중목욕탕·호텔 및 여관, 극장, 교회 및 공회당
  - 사람을 수용하는 건축물(가설건축물을 제외한다)로서 사실상 독립된 부분의 연면적이 1,000[m²] 이상인 것
  - 예식장, 장례식장 및 전시장, 그 밖에 이와 유사한 시설로서 300명 이상 수용할 수 있는 건축물
  - 아동복지시설 또는 장애인복지시설로서 20명 이상 수용할 수 있는 건축물
  - 문화재보호법에 의하여 지정문화재로 지정된 건축물
- 제2종 보호시설
  - 주택
  - 사람을 수용하는 건축물(가설건축물을 제외한다)로서 사실상 독립된 부분의 연면적이 100[m²] 이상 1,000[m²] 미만인 것

48

고압호스 제조시설 설비가 아닌 것은?

① 공작기계
② 절단설비
③ 동력용조립설비
④ 용접설비

해설및용어설명 | 고압고무호스를 제조하려는 자는 이 제조 기준에 따라 고압고무호스를 제조하기 위하여 다음 기준에 적합한 제조설비를 갖춘다. 다만, 허가관청이 부품의 품질향상을 위하여 필요하다고 인정하는 경우에는 그 부품을 제조하는 전문생산업체의 설비를 이용하거나 그가 제조한 부품을 사용할 수 있다.

- 나사가공·구멍가공 및 외경절삭이 가능한 공작기계
- 금속 및 고압고무호스의 절단이 가능한 절단설비
- 연결기구와 고압고무호스를 조립할 수 있는 동력용 조립설비·작업공구 및 작업대

49

차량에 고정된 탱크로 고압가스를 운반하는 차량의 운반기준으로 적합하지 않은 것은?

① 액화가스를 충전하는 탱크에는 그 내부에 방파판을 설치한다.
② 액화가스 중 가연성 가스, 독성 가스 또는 산소가 충전된 탱크에는 손상되지 아니하는 재료로 된 액면계를 사용한다.
③ 후부취출식 외의 저장탱크는 저장탱크 후면과 차량 뒷범퍼와의 수평거리가 20[cm] 이상 유지하여야 한다.
④ 2개 이상의 탱크를 동일한 차량에 고정하여 운반하는 경우에는 탱크마다 탱크의 주밸브를 설치한다.

해설및용어설명 | 차량 및 탱크 기준

- 내용적 제한
  - 가연성 가스(LPG제외)나 산소탱크의 내용적 : 18,000[L]
  - 독성 가스(액화암모니아 제외)의 내용적 : 12,000[L]
- 온도계 설치 : 충전탱크(용기)는 항상 온도를 40[℃] 이하로 유지해야 한다.
- 액면요동방지 : 액면요동방지를 위해 방파판을 설치해야 한다.
- 검지봉 설치 : 탱크 정상부의 높이가 차량 정상부보다 높다면 높이를 측정하는 기구를 설치한다.
- 액면계 설치
- 폭발방지장치 설치

- 돌출 부속품의 보호
  - 후부취출식 탱크의 주밸브 및 긴급차단장치에 속하는 밸브와 차량의 뒷범퍼와의 수평거리를 40[cm] 이상 이격
  - 후부취출식 탱크외의 탱크는 후면과 차량의 뒷범퍼와의 수평거리를 30[cm] 이상 되도록 고정
  - 조작상자와 차량의 뒷범퍼와의 수평거리를 20[cm] 이상 이격

50

공기의 조성 중 질소, 산소, 아르곤, 탄산가스 이외의 비활성기체에서 함유량이 가장 많은 것은?

① 헬륨
② 크립톤
③ 제논
④ 네온

해설및용어설명 | 비활성기체(희가스)의 공기 중 조성 순위

순위	명칭	조성(체적 [%])
1	아르곤(Ar)	0.93
2	네온(Ne)	0.0018
3	헬륨(He)	0.0005
4	크립톤(Kr)	0.00011
5	크세논(Xe)	9×10^{-5}
6	라돈(Rn)	-

51

가스레인지를 점화시키기 위하여 점화동작을 하였으나 점화가 이루어지지 않았다. 다음 중 조치방법으로 가장 거리가 먼 내용은?

① 가스용기 밸브 및 중간 밸브가 완전히 열렸는지 확인한다.
② 버너캡 및 버너바디를 바르게 조립한다.
③ 창문을 열어 환기시킨 다음 다시 점화동작을 한다.
④ 점화플러그 주위를 깨끗이 닦아준다.

해설및용어설명 | 가스레인지 점화가 안 될 때 확인할 부분

- 중간밸브가 열려 있는지 확인
- 버너캡과 버너헤드가 비뚤어졌거나 젖었는지 확인
- 건전지 교체
- 열감지봉, 점화플러그, 버너캡 청소
- 점화플러그 고장

52

고압가스 충전용기의 운반 기준 중 운반책임자가 동승하지 않아도 되는 경우는?

① 가연성 압축가스 400[m³]을 차량에 적재하여 운반하는 경우
② 독성 압축가스 90[m³]을 차량에 적재하여 운반하는 경우
③ 조연성 액화가스 6,500[kg]을 차량에 적재하여 운반하는 경우
④ 독성 액화가스 1,200[kg]을 차량에 적재하여 운반하는 경우

해설및용어설명 | 운반책임자 동승기준

- 비독성 고압가스

가스종류		기준
압축가스	가연성	300[m³] 이상
	조연성	600[m³] 이상
액화가스	가연성	3,000[kg] 이상 (납붙임 용기 및 접합 용기의 경우 : 2,000[kg] 이상)
	조연성	6,000[kg] 이상

- 독성 고압가스

가스종류	허용 농도	기준
압축가스	100만분의 200 이하	10[m³] 이상
	100만분의 200 초과 100만분의 5,000 이하	100[m³] 이상
액화가스	100만분의 200 이하	100[kg] 이상
	100만분의 200 초과 100만분의 5,000 이하	1,000[kg] 이상

53

특정고압가스 사용시설기준 및 기술상 기준으로 옳은 것은?

① 산소의 저장설비 주위 20[m] 이내에는 화기취급을 하지 말 것
② 사용시설은 당해설비의 작동상황을 연 1회 이상 점검할 것
③ 액화가스의 저장능력이 300[kg] 이상인 고압가스설비에는 안전밸브를 설치할 것
④ 액화가스저장량이 10[kg] 이상인 용기보관실의 벽은 방호벽으로 할 것

해설및용어설명 | 특정고압가스 사용의 시설, 기술, 검사 기준

- 가연성 가스의 가스설비 및 저장설비 외면과 화기와의 우회거리는 8[m] (산소 저장설비는 5[m]) 이상으로 하며, 작업에 필요한 양 이상의 연소하기 쉬운 물질을 두지 아니한다.
- 사용시설의 사용개시 전 및 사용종료 후에는 사용시설의 이상 유무를 점검하는 외에 1일 1회 이상 사용시설의 작동상황에 대해서 점검·확인을 한다.
- 고압가스의 저장량이 300[kg](압축가스의 경우에는 1[m³]를 5[kg]으로 본다) 이상인 용기 보관실의 벽은 방호벽으로 설치한다.

54

특정고압가스 사용시설의 기준에 대한 설명 중 옳은 것은?

① 산소 저장설비 주위 8[m] 이내에는 화기를 취급하지 않는다.
② 고압가스 설비는 상용압력 2.5배 이상의 내압시험에 합격한 것을 사용한다.
③ 독성 가스 감압 설비와 당해 가스반응 설비 간의 배관에는 역류방지장치를 설치한다.
④ 액화가스 저장량이 100[kg] 이상인 용기보관실에는 방호벽을 설치한다.

해설및용어설명 |

- 가연성 가스의 가스설비 및 저장설비 외면과 화기와의 우회거리는 8[m] (산소 저장설비는 5[m]) 이상으로 하며, 작업에 필요한 양 이상의 연소하기 쉬운 물질을 두지 아니한다.
- 고압가스설비는 그 고압가스를 안전하게 취급할 수 있도록 하기 위하여 상용압력의 1.5배 이상의 압력으로 실시하는 내압시험에 합격한 것이고, 상용압력 이상의 압력으로 기밀시험을 실시하여 이상이 없어야 한다.
- 고압가스의 저장량이 300[kg](압축가스의 경우에는 1[m³]를 5[kg]으로 본다) 이상인 용기 보관실의 벽은 방호벽으로 설치한다.

55

다음 액화가스 저장탱크 중 방류둑을 설치하여야 하는 것은?

① 저장능력이 5톤인 염소 저장탱크
② 저장능력이 8백 톤인 산소 저장탱크
③ 저장능력이 5백 톤인 수소 저장탱크
④ 저장능력이 9백 톤인 프로판 저장탱크

해설및용어설명 | 방류둑을 설치해야 하는 저장탱크
- 가연성 가스 및 산소 저장능력 1,000[t] 이상이 되는 저장탱크
- 독성 가스 저장능력이 5[t] 이상 되는 저장탱크
- 독성 가스를 사용하는 수액기의 내용적이 10,000[L] 이상일 때

56

고압가스 저장설비에 설치하는 긴급차단장치에 대한 설명으로 틀린 것은?

① 저장설비의 내부에 설치하여도 된다.
② 조작 버튼(Button)은 저장설비에서 가장 가까운 곳에 설치한다.
③ 동력원(動力源)은 액압, 기압, 전기 또는 스프링으로 한다.
④ 간단하고 확실하며 신속히 차단되는 구조로 한다.

해설및용어설명 |
- 특정 제조 사업소의 제조 설비에 관한 긴급차단장치는 자동 또는 원격 조작에 의하여 작동하는 것으로 차단, 조작하는 위치는 수송되는 가스의 대량 유출에 따라 충분히 안전한 장소일 것
- 일반제조의 경우 저장 탱크에 설치하는 긴급차단장치는 5[m] 이상 떨어진 곳(방류둑에서 설치한 경우에는 그 외측)에서 차단 조작이 가능할 것

57

1일 처리능력이 60,000[m³]인 가연성 가스 저온 저장탱크와 제2종 보호시설과의 안전거리의 기준은?

① 20.0[m]   ② 21.2[m]
③ 22.0[m]   ④ 30.0[m]

해설및용어설명 |
가연성 가스 저온 저장탱크는(저장능력 50,000 초과 990,000[m³] 이하)

- 제1종 보호시설 = $\dfrac{3}{25}\sqrt{X+10,000}$

- 제2종 보호시설 = $\dfrac{2}{25}\sqrt{X+10,000}$

안전거리 = $\dfrac{2}{25}\sqrt{X+10,000} = \dfrac{2}{25} \times \sqrt{60,000+10,000} = 21.166[m]$

58

독성 가스누출을 대비하기 위하여 충전설비에 제해설비를 한다. 제해설비를 하지 않아도 되는 독성 가스는?

① 아황산가스   ② 암모니아
③ 염소   ④ 사염화탄소

해설및용어설명 | 독성 가스 중 아황산가스·암모니아·염소·염화메탄·산화에틸렌·시안화수소·포스겐 또는 황화수소의 제조설비에는 그 설비로부터 독성 가스가 누출될 경우 그 독성 가스로 인한 중독을 방지하기 위하여 제독설비를 설치하고 제독제 및 제독작업에 필요한 보호구를 구비한다.

59

공기액화 분리장치의 폭발 원인이 아닌 것은?

① 이산화탄소와 수분제거
② 액체공기 중 오존의 혼입
③ 공기취입구에서 아세틸렌 혼입
④ 윤활유 분해에 따른 탄화수소 생성

해설및용어설명 |
- 공기액화 분리장치 폭발원인
  - 공기취입구로부터 아세틸렌의 혼입
  - 압축기용 윤활유의 분해에 따른 탄화수소류 생성
  - 공기 중에 있는 산화질소, 과산화질소 등 질소화합물의 생성
  - 액체공기 중의 오존의 혼입
- 공기액화 분리장치 폭발 방지대책
  - 장치 내 여과기 설치
  - 공기흡입구를 아세틸렌이 흡입되지 않는 장소에 설치
  - 압축기의 윤활유는 양질의 광유 사용, 물과 기름의 분리
  - 장치는 1년에 1회 이상 사염화탄소 등의 세정액으로 세척

60

액화석유가스 판매사업소 용기 보관실의 안전사항으로 틀린 것은?

① 용기는 3단 이상 쌓지 말 것
② 용기 보관실 주위의 2[m] 이내에는 인화성 및 가연성 물질을 두지 말 것
③ 용기 보관실 내에서 사용하는 손전등은 방폭형일 것
④ 용기 보관실에는 계량기 등 작업에 필요한 물건 이외에 두지 말 것

해설및용어설명 | 용기 보관실은 그 용기 보관실의 안전유지를 위해 다음 기준에 따른다.
- 가연성가스 및 독성가스의 충전용기보관실의 주위 2[m] 이내에서는 화기를 사용하거나 인화성물질 또는 발화성물질을 두지 아니할 것
- 용기 보관실에 사용하는 휴대용손전등은 방폭형일 것
- 용기 보관실에는 계량기 등 작업에 필요한 물건 외에는 두지 아니할 것
- 용기는 2단으로 쌓지 아니할 것. 다만 내용적 30[L] 미만의 용기는 2단으로 쌓을 수 있다.

2019년 제1회 가스산업기사

41

산소, 수소 및 아세틸렌의 품질 검사에서 순도는 각각 얼마 이상이어야 하는가?

① 산소 : 99.5[%], 수소 : 98.0[%], 아세틸렌 : 98.5[%]
② 산소 : 99.5[%], 수소 : 98.5[%], 아세틸렌 : 98.0[%]
③ 산소 : 98.0[%], 수소 : 99.5[%], 아세틸렌 : 98.5[%]
④ 산소 : 98.5[%], 수소 : 99.5[%], 아세틸렌 : 98.0[%]

해설및용어설명 | 품질검사 기준
- 산소 : 동, 암모니아 시약을 사용한 오르자트법에 의한 시험에서 순도가 99.5[%] 이상이고 용기 안의 가스충전압력이 35[℃]에서 11.8[MPa] 이상으로 한다.
- 아세틸렌 : 발연황산 시약을 사용한 오르자트법 또는 브롬 시약을 사용한 뷰렛법에 의한 시험에서 순도가 98[%] 이상이고 질산은 시약을 사용한 정성시험에서 합격한 것으로 한다.
- 수소 : 피로카롤 또는 하이드로설파이드 시약을 사용한 오르자트법에 의한 시험에서 순도 98.5[%] 이상이고 용기 안의 가스충전압력이 35[℃]에서 11.8[MPa] 이상으로 한다.
※ 품질검사는 1일 1회 이상 제조장에서 안전관리책임자가 실시한다.

42

일반도시가스사업 제조소의 가스홀더 및 가스 발생기는 그 외면으로부터 사업장의 경계까지 최고 사용압력이 중압인 경우 몇 [m] 이상의 안전거리를 유지하여야 하는가?

① 5[m]
② 10[m]
③ 20[m]
④ 30[m]

해설및용어설명 | 가스 발생기 및 가스홀더는 그 외면으로부터 사업장의 경계(사업장의 경계가 바다·하천·호수 및 연못 등으로 인접되어 있는 경우에는 이들의 반대편 끝을 경계로 본다. 이하 같다)까지는 최고 사용압력이 고압인 것은 20[m] 이상, 최고 사용압력이 중압인 것은 10[m] 이상, 최고 사용압력이 저압인 것은 5[m] 이상의 거리를 각각 유지한다.

43

도시가스사업법상 배관 구분 시 사용되지 않는 것은?

① 본관 ② 사용자 공급관
③ 가정관 ④ 공급관

해설및용어설명 | 도시가스 사업법상의 배관
- 배관 : 도시가스를 공급하기 위하여 배치된 관으로써 본관, 공급관, 내관 또는 그 밖의 관을 말한다.

44

포스핀(PH_3)의 저장과 취급 시 주의사항에 대한 설명으로 가장 거리가 먼 것은?

① 환기가 양호한 곳에서 취급하고 용기는 40[℃] 이하를 유지한다.
② 수분과의 접촉을 금지하고 정전기발생 방지시설을 갖춘다.
③ 가연성이 매우 강하여 모든 발화원으로부터 격리한다.
④ 방독면을 비치하여 누출 시 착용한다.

해설및용어설명 | 포스핀은 독성 가스이므로 누출되었을 때에는 독성 가스 종류에 따라 구비하여야 하는 보호구를 착용하여야 한다.
독성 가스 종류에 따라 구비하는 보호구 종류
- 공기 호흡기 또는 송기식 마스크(전면형)
- 방독마스크(농도에 따라 전면 고농도형, 중농도형, 저농도형 등)
- 안전장갑 및 안전화
- 보호복
※ 주요노출경로가 호흡기이므로 호흡기로 인한 독성가스 흡입을 방지하기 위해 방독마스크를 사용한다. 방독면은 호흡기 이외 눈 등을 보호하기 위해 사용한다.

45

저장탱크에 부착된 배관에 유체가 흐르고 있을 때 유체의 온도 또는 주위의 온도가 비정상적으로 높아진 경우 또는 호스커플링 등의 접속이 빠져 유체가 누출될 때 신속하게 작동하는 밸브는?

① 온도조절밸브 ② 긴급차단밸브
③ 감압밸브 ④ 전자밸브

해설및용어설명 | 긴급차단밸브(장치)란 고압가스설비의 이상사태가 발생하는 때에 해당 설비를 신속히 차단하도록 하는 장치(밸브와 부속물을 포함한 조립품)를 말한다.

46

액화석유가스 집단공급사업 허가 대상인 것은?

① 70개소 미만의 수요자에게 공급하는 경우
② 전체수용가구수가 100세대 미만인 공동주택의 단지 내인 경우
③ 시장 또는 군수가 집단공급사업에 의한 공급이 곤란하다고 인정하는 공공주택단지에 공급하는 경우
④ 고용주가 종업원의 후생을 위하여 사원주택·기숙사 등에게 직접 공급하는 경우

해설및용어설명 | 액화석유가스 일반집단공급사업
액화석유가스 배관망공급사업 외의 액화석유가스 집단공급사업으로서 다음의 어느 하나에 해당하는 수요자에게 액화석유가스를 공급하는 사업
- 70개소 이상의 수요자(공동주택단지의 경우에는 전체 가구수가 70가구 이상인 경우를 말한다)
- 70개소 미만의 수요자로서 산업통상자원부령으로 정하는 수요자

47

시안화수소를 저장하는 때에는 1일 1회 이상 다음 중 무엇으로 가스의 누출 검사를 실시하는가?

① 질산구리벤젠지 ② 묽은 질산은용액
③ 묽은 황산용액 ④ 염화파라듐지

해설및용어설명 | 시안화수소를 충전한 용기는 충전 후 24시간 정치하고, 그 후 1일 1회 이상 질산구리 벤젠 등의 시험지로 가스의 누출검사를 한다.

48

액화프로판을 내용적이 4,700[L]인 차량에 고정된 탱크를 이용하여 운행 시 기준으로 적합한 것은? (단, 폭발방지장치가 설치되지 않았다)

① 최대 저장량이 2,000[kg]이므로 운반책임자 동승이 필요 없다.
② 최대 저장량이 2,000[kg]이므로 운반책임자 동승이 필요하다.
③ 최대 저장량이 5,000[kg]이므로 200[km] 이상 운행 시 운반책임자 동승이 필요하다.
④ 최대 저장량이 5,000[kg]이므로 운행거리에 관계없이 운반책임자 동승이 필요 없다.

해설및용어설명 |
- 저장량 계산 : 프로판 충전정수 $C = 2.35$

$$\therefore G = \frac{V}{C} = \frac{4,700}{2.35} = 2,000[kg]$$

- 운반책임자 동승기준

구분	가스의 종류	기준
압축가스	가연성 가스	300[m³] 이상
	조연성 가스	600[m³] 이상
액화가스	가연성 가스	3,000[kg] 이상
	조연성 가스	6,000[kg] 이상

49

냉매 설비에는 안전을 확보하기 위하여 액면계를 설치하여야 한다. 가연성 또는 독성 가스를 냉매로 사용하는 수액기에 사용할 수 없는 액면계는?

① 환형유리관 액면계 ② 정전용량식 액면계
③ 편위식 액면계 ④ 회전튜브식 액면계

해설및용어설명 | 수액기에 설치하는 유리 게이지에는 그 파손을 방지하기 위한 조치를 하고, 그 수액기(가연성 가스 또는 독성가스를 냉매로 하는 것에 한정한다)와 유리 게이지를 접속하는 배관에 자동식 또는 수동식 스톱밸브를 설치하며 액면계는 환형 유리관 액면계 이외의 것을 사용하도록 규정되어 있다.

50

다음 보기에서 고압가스 제조설비의 사용개시 전 점검사항을 모두 나열한 것은?

> ㉠ 가스설비에 있는 내용물의 상황
> ㉡ 전기, 물 등 유틸리티 시설의 준비상황
> ㉢ 비상전력 등의 준비사항
> ㉣ 회전 기계의 윤활유 보급상황

① ㉠, ㉢ ② ㉡, ㉢
③ ㉠, ㉡, ㉢ ④ ㉠, ㉡, ㉢, ㉣

해설및용어설명 | 제조설비등의 사용개시 전 점검사항
- 가스설비에 있는 내용물의 상황
- 계기류 및 인터록, 긴급용 시퀀스, 경보 및 자동제어장치의 기능
- 긴급차단 및 긴급방출장치, 통신설비, 제어설비, 정전기방지 및 제거설비, 그 밖에 안전설비의 기능
- 각 배관계통에 부착된 밸브 등의 개폐상황 및 맹판의 탈착, 부착 상황
- 회전 기계의 윤활유 보급상황 및 회전 구동상황
- 가스설비의 전반적인 누출 유무
- 가연성 가스 및 독성 가스가 체류하기 쉬운 곳의 해당 가스 농도
- 전기, 물, 증기, 공기 등 유틸리티시설의 준비상황
- 안전용 불활성 가스 등의 준비상황
- 비상전력 등의 준비상황
- 그 밖에 필요한 사항의 이상 유무

51

고압가스용기(공업용)의 외면에 도색하는 가스 종류별 색상이 바르게 짝지어진 것은?

① 수소 – 갈색
② 액화염소 – 황색
③ 아세틸렌 – 밝은 회색
④ 액화암모니아 – 백색

해설및용어설명 | 가스 종류별 용기도색

가스 종류	용기도색	
	공업용	의료용
산소(O_2)	녹색	백색
수소(H_2)	주황색	–
액화탄산가스(CO_2)	청색	회색
액화석유가스	밝은 회색	–
아세틸렌(C_2H_2)	황색	–
암모니아(NH_3)	백색	–
액화염소(Cl_2)	갈색	–
질소(N_2)	회색	흑색
아산화질소(N_2O)	회색	청색
헬륨(He)	회색	갈색
에틸렌(C_2H_4)	회색	자색
사이크로프로판	회색	주황색
기타 가스	회색	–

52

LP가스용기를 제조하여 분체도료(폴리에스테르계) 도장을 하려 한다. 최소 도장 두께와 도장 횟수는?

① $25[\mu m]$, 1회 이상
② $25[\mu m]$, 2회 이상
③ $60[\mu m]$, 1회 이상
④ $60[\mu m]$, 2회 이상

해설및용어설명 | 분체도료 도장방법

도료종류	최소 도장두께	도장 횟수	건조방법
폴리에스테르계	$60[\mu m]$ 이상	1회 이상	해당 도료제조업소에서 지정한 조건

53

고압가스 특정제조시설에서 고압가스 설비의 수리 등을 할 때의 가스치환에 대한 설명으로 옳은 것은?

① 가연성 가스의 경우 가스의 농도가 폭발하한계의 1/2에 도달할 때까지 치환한다.
② 가스 치환 시 농도의 확인은 관능법에 따른다.
③ 불활성 가스의 경우 산소의 농도가 16[%] 이하에 도달할 때까지 공기로 치환한다.
④ 독성 가스의 경우 독성 가스의 농도가 TLV – TWA 기준 농도 이하로 될 때까지 치환을 계속한다.

해설및용어설명 |

- 잔가스 치환이 완료되면 가연성 가스검지기를 이용하여 고압가스설비 내부의 가스 농도를 측정하고 당해 가스의 폭발하한계의 1/4농도 이하가 되었는지 확인한다.
- 잔가스 치환이 완료되면 독성 가스검지기를 이용하여 고압가스설비 내부의 가스농도를 측정하고 당해 가스의 독성 가스 허용농도 이하가 되었는지 확인한다.
- 잔가스 치환이 완료되면 산소농도계를 이용하여 고압가스설비 내부의 산소농도를 측정하고 산소의 농도가 22[%] 이하가 되었는지 확인한다.

54

가연성 액화가스 저장탱크에서 가스누출에 의해 화재가 발생했다. 다음 중 그 대책으로 가장 거리가 먼 것은?

① 즉각 송입 펌프를 정지시킨다.
② 소정의 방법으로 경보를 울린다.
③ 즉각 저조 내부의 액을 모두 플로우 – 다운(Flow – Down) 시킨다.
④ 살수 장치를 작동시켜 저장탱크를 냉각한다.

해설및용어설명 | 플로우-다운

- 가스 자체압력에 의해 자연 배출되는 현상
- 가스누출에 의한 화재가 발생한 경우이므로 저조(저장탱크) 내부의 액을 플로우-다운시키는 것보다는 누출되는 부분을 차단시켜야 한다.

55

고압가스용기의 파열사고 주원인은 용기의 내압력(耐壓力) 부족에 기인한다. 내압력 부족의 원인으로 가장 거리가 먼 것은?

① 용기 내벽의 부식
② 강재의 피로
③ 적정 충전
④ 용접 불량

해설및용어설명 | 용기의 내압력 부족 원인
- 용기 재료의 불균일
- 용기 내벽의 부식
- 강재의 피로
- 용접 부분의 불량
- 용기 자체의 결함
- 낙하, 충돌 등으로 용기에 가해지는 충격
- 용기에 절단 및 구멍 등을 가공
- 검사받지 않은 용기 사용

56

저장능력 18,000[m³]인 산소 저장시설은 전시장, 그 밖에 이와 유사한 시설로서 수용능력이 300인 이상인 건축물에 대하여 몇 [m]의 안전거리를 두어야 하는가?

① 12[m]
② 14[m]
③ 16[m]
④ 18[m]

해설및용어설명 | 산소 저장설비와 보호 시설별 안전 거리

저장 능력	제1종	제2종
1만 이하	12	8
1만 초과 ~ 2만 이하	14	9
2만 초과 ~ 3만 이하	16	11
3만 초과 ~ 4만 이하	18	13
4만 초과	20	14

- 제1종 보호시설
  - 학교 · 유치원 · 어린이집 · 놀이방 · 어린이놀이터 · 경로당 · 청소년수련시설 · 학원 · 병원(의원을 포함한다) · 도서관 · 시장 · 공중목욕탕 · 호텔 및 여관, 극장, 교회 및 공회당

- 사람을 수용하는 건축물(가설건축물을 제외한다)로서 사실상 독립된 부분의 연면적이 1,000[m²] 이상인 것
- 예식장, 장례식장 및 전시장, 그 밖에 이와 유사한 시설로서 300명 이상 수용할 수 있는 건축물
- 아동복지시설 또는 장애인복지시설로서 20명 이상 수용할 수 있는 건축물
- 문화재보호법에 의하여 지정문화재로 지정된 건축물

• 제2종 보호시설
- 주택
- 사람을 수용하는 건축물(가설건축물을 제외한다)로서 사실상 독립된 부분의 연면적이 100[m²] 이상 1,000[m²] 미만인 것

57

고압가스 특정설비 제조자의 수리범위에 해당되지 않는 것은?

① 단열재 교체
② 특정설비의 부품 교체
③ 특정설비의 부속품 교체 및 가공
④ 아세틸렌용기 내의 다공물질 교체

해설및용어설명 | 용기제조자 수리범위

수리자격자	수리범위
가. 법 제5조에 따라 용기의 제조등록을 한 자	• 용기몸체의 용접 • 아세틸렌용기 내의 다공물질 교체 • 용기의 스커트 · 프로텍터 및 넥크링의 교체 및 가공 • 용기 부속품의 부품 교체 • 저온 또는 초저온 용기의 단열재 교체 • 초저온 용기 부속품의 탈 · 부착
나. 법 제5조에 따라 특정설비의 제조등록을 한 자	• 특정설비몸체의 용접 • 특정설비의 부속품(그 부품을 포함)의 교체 및 가공 • 단열재 교체

58

가스사용시설에 상자콕 설치 시 예방 가능한 사고유형으로 가장 옳은 것은?

① 연소기 과열 화재사고
② 연소기 폐가스 중독 질식사고
③ 연소가 호스 이탈 가스누출사고
④ 연소기 소화안전장치 고장 가스폭발사고

55 ③ 56 ② 57 ④ 58 ③

해설및용어설명 | 상자콕은 상자에 넣어 바닥, 벽 등에 설치하는 것으로 3.3[kPa] 이하의 압력과 1.2[m³/h] 이하의 표시유량에 사용하는 콕이다. 상자콕은 가스유로를 핸들, 누름, 당김 등의 조작으로 개폐하고, 과류차단안전기구가 부착된 것으로써 배관과 카플러를 연결하는 구조로 예방 가능한 사고유형은 연소기 호스가 이탈되었을 때 가스 누출사고가 해당된다.

59

고압가스 저장시설에서 가스누출사고가 발생하여 공기와 혼합하여 가연성, 독성 가스로 되었다면 누출된 가스는?

① 질소 ② 수소
③ 암모니아 ④ 아황산가스

해설및용어설명 | 각 가스의 성질

명칭	성질
질소(N_2)	불연성, 비독성
수소(H_2)	가연성, 비독성
암모니아(NH_3)	가연성, 독성
아황산가스(SO_2)	불연성, 독성

60

액화석유가스의 안전관리 및 사업법에 의한 액화석유가스의 주성분에 해당되지 않는 것은?

① 액화된 프로판 ② 액화된 부탄
③ 기화된 프로판 ④ 기화된 메탄

해설및용어설명 | 액화석유가스
프로판이나 부탄을 주성분으로 한 가스를 액화(液化)한 것(기화(氣化)된 것을 포함한다)을 말한다.

2019년 제2회 가스산업기사

41

고압가스용기의 보관에 대한 설명으로 틀린 것은?

① 독성 가스, 가연성 가스 및 산소용기는 구분한다.
② 충전용기보관은 직사광선 및 온도와 관계없다.
③ 잔가스용기와 충전용기는 구분한다.
④ 가연성 가스 용기 보관장소에는 방폭형 휴대용손전등 외의 등화를 휴대하지 않는다.

해설및용어설명 | 고압가스용기의 보관소관리기준
• 용기 보관장소에는 계량기 등 작업에 필요한 물건 외에는 두지 아니할 것
• 용기 보관장소의 주위 2[m]이 내에는 화기 또는 인화성 물질이나 발화성 물질을 두지 않을 것
• 충전용기는 항상 40[℃] 이하를 유지하고, 직사광선을 받지 않도록 조치할 것
• 충전용기(내용적이 5[L] 이하인 것은 제외)에는 넘어짐 등에 의한 충격이나 밸브의 손상을 방지하는 조치를 하고 난폭한 취급을 하지 아니할 것
• 용기 보관장소에는 방폭형 휴대용손전등 외의 등화를 지니고 들어가지 아니할 것
• 용기 보관장소에는 충전용기와 잔가스용기를 각각 구분하여 놓을 것
• 가연성 가스, 독성 가스 및 산소의 용기는 각각 구분하여 용기 보관장소에 놓을 것

42

냉동기를 제조하고자 하는 자가 갖추어야 할 제조설비가 아닌 것은?

① 프레스 설비 ② 조립 설비
③ 용접 설비 ④ 도막측정기

해설및용어설명 | 냉동기의 제조등록기준
냉동기 제조에 필요한 프레스설비, 제관설비, 건조설비, 용접설비 또는 조립설비 등을 갖출 것

43

고압가스 분출 시 정전기가 가장 발생하기 쉬운 경우는?

① 가스의 온도가 높을 경우
② 가스의 분자량이 적을 경우
③ 가스 속에 액체 미립자가 섞여 있을 경우
④ 가스가 충분히 건조되어 있을 경우

해설및용어설명 | 정전기발생에 대한 경로를 보면 다음과 같다.
- 마찰대전 : 두 물체의 마찰에 의한 전하 분리에 의하여 발생
- 박리대전 : 서로 밀착되어 있던 물체가 떨어지면서(박리) 발생
- 유동대전 : 액체나 증기가 파이프 등의 내부를 통하여 유동할 때 관벽과 액체 사이에 발생
- 분출대전 : 액체, 증기 등이 좁은 단면적을 갖는 분출구를 통하여 나올 때 물질과 분출구 사이의 마찰에 의하여 발생
- 진동대전 : 액체가 교반되는 과정에서 진동에 의하여 발생
- 충돌대전 : 분체류와 같은 입자가 상호 간에 또는 다른 고체와 충돌할 경우 발생
- 비말대전 : 공간에 분출된 액체가 매우 작고 많은 물방울이 되는 과정에서 정전기가 발생

44

일반도시가스사업제조소의 도로 밑 도시가스배관 직상단에는 배관의 위치, 흐름방향을 표시한 라인마크(Line Mark)를 설치(표시)하여야 한다. 직선 배관인 경우 라인마크의 최소 설치 간격은?

① 25[m]   ② 50[m]
③ 100[m] ④ 150[m]

해설및용어설명 | 라인마크
매설된 배관의 위치와 방향 및 흐름을 지면에서 확인이 가능하도록 하기 위하여 설치하는 것을 말한다. 도로법에 의한 도로 및 공동주택 등의 부지 내 도로에 도시가스 배관을 매설하는 경우에 적용한다. 설치간격은 배관길이 50[m] 이내 간격으로 하고 단독주택 분기점은 제외하며 밸브 박스 또는 배관 직상부에 설치된 전위측정용 터미널은 라인마크로 볼 수 있다.

45

액화석유가스 저장탱크에는 자동차에 고정된 탱크에서 가스를 이입할 수 있도록 로딩암을 건축물 내부에 설치할 경우 환기구를 설치하여야 한다. 환기구 면적의 합계는 바닥면적의 얼마 이상을 기준으로 하는가?

① 1[%]   ② 3[%]
③ 6[%]   ④ 10[%]

해설및용어설명 | 로딩암 설치
건축물 외부에 로딩암을 설치하고 방폭형 접속금구를 주변에 설치한다. 다만, 로딩암을 건축물 내부에 설치하는 경우에는 건축물의 바닥면에 접하여 환기구를 2방향 이상 설치하고, 환기구 면적의 합계는 바닥면적의 6[%] 이상으로 한다.

46

가연성 가스를 충전하는 차량에 고정된 탱크에 설치하는 것으로, 내압시험압력의 10분의 8 이하의 압력에서 작동하는 것은?

① 역류방지밸브   ② 안전밸브
③ 스톱밸브   ④ 긴급차단장치

해설및용어설명 | 안전밸브는 그 안전밸브가 부착되는 용기의 종류에 따른 내압시험압력의 10분의 8 이하의 압력(용전을 사용한 안전밸브의 경우에는 그 용전이 부착되는 용기의 종류에 따른 내압시험압력의 10분의 8이 되는 온도 이하의 온도)에서 작동되는 것으로 한다.

47

차량에 고정된 탱크의 운반기준에서 가연성 가스 및 산소 탱크의 내용적은 얼마를 초과할 수 없는가?

① 18,000[L]   ② 12,000[L]
③ 10,000[L]   ④ 8,000[L]

해설및용어설명 | 차량 및 탱크 내용적 제한 기준
- 가연성 가스(액화석유가스 제외)나 산소 탱크의 내용적 : 18,000[L]
- 독성 가스(액화암모니아 제외)의 내용적 : 12,000[L]

48

공기액화 분리장치의 액화산소 5[L] 중에 메탄 360[mg], 에틸렌 196[mg]이 섞여 있다면 탄화수소 중 탄소의 질량[mg]은 얼마인가?

① 438   ② 458
③ 469   ④ 500

해설및용어설명 | 메탄 CH_4 1몰의 분잘량 16[g] 중 탄소 질량은 12[g]이다.

$\frac{12}{16} \times 360 = 270$

에틸렌 C_2H_4 1몰의 분자량 28[g] 중 탄소 질량은 24[g]이다.

$\frac{24}{28} \times 196 = 168$

그러므로 탄화수소 중 탄소의 질량은 270 + 168 = 438

49

산소용기를 이동하기 전에 취해야 할 사항으로 가장 거리가 먼 것은?

① 안전밸브를 떼어 낸다.   ② 밸브를 잠근다.
③ 조정기를 떼어 낸다.   ④ 캡을 확실히 부착한다.

해설및용어설명 | 안전밸브는 이상압력 상승 시 안전을 위해 설치한 안전장치이므로 임의로 제거하지 않는다.

50

고압가스용기 파열사고의 주요 원인으로 가장 거리가 먼 것은?

① 용기의 내압력(耐壓力) 부족
② 용기밸브의 용기에서의 이탈
③ 용기내압(內壓)의 이상상승
④ 용기 내에서의 폭발성혼합가스의 발화

해설및용어설명 | 파열은 용기, 가스용품 또는 가스시설이 내부압력을 견디지 못하여 파열된 사고를 말한다.

51

내용적이 25,000[L]인 액화산소 저장탱크의 저장능력은 얼마인가? (단, 비중은 1.040이다)

① 26,000[kg]   ② 23,400[kg]
③ 22,780[kg]   ④ 21,930[kg]

해설및용어설명 | 액화가스 저장능력 산정
$W = 0.9 dV$
다만, 소형 저장탱크의 경우에는 $W = 0.85 dV$
즉, $0.9 \times 1.04 \times 25,000 = 23,400$[kg]

52

다음 중 독성 가스와 그 제독제가 옳지 않게 짝지어진 것은?

① 아황산가스 : 물
② 포스겐 : 소석회
③ 황화수소 : 물
④ 염소 : 가성소다수용액

해설및용어설명 |

가스 종류	제독제 종류
염소	가성소다수용액, 탄산소다수용액, 소석회
포스겐	가성소다수용액, 소석회
황화수소	가성소다수용액, 탄산소다수용액
시안화수소	가성소다수용액
아황산가스	가성소다수용액, 탄산소다수용액, 물
암모니아, 산화에틸렌, 염화메탄	물

53

용기에 의한 액화석유가스 사용시설에서 과압안전장치 설치 대상은 자동절체기가 설치된 가스설비의 경우 저장능력의 몇 [kg] 이상인가?

① 100[kg]
② 200[kg]
③ 400[kg]
④ 500[kg]

해설및용어설명 | 저장능력이 250[kg] 이상(자동절체기를 사용하여 용기를 집합한 경우에는 저장능력 500[kg] 이상인 경우에는 용기 또는 소형 저장탱크에서 압력조정기 입구까지의 배관에 이상압력 상승 시 압력을 방출할 수 있는 안전장치를 설치할 것

54

용접부의 용착상태의 양부를 검사할 때 가장 적당한 시험은?

① 인장시험
② 경도시험
③ 충격시험
④ 피로시험

해설및용어설명 | 인장시험은 재료의 기계적 특성을 알아내기 위한 가장 기본적인 시험일 것이다. 인장시험은 일반적으로 간단하며, 상대적으로 저렴하고 거의 대부분 표준화가 되어 있다.

55

수소의 성질에 관한 설명으로 틀린 것은?

① 모든 가스 중에 가장 가볍다.
② 열전달률이 아주 작다.
③ 폭발범위가 아주 넓다.
④ 고온·고압에서 강제 중의 탄소와 반응한다.

해설및용어설명 | 수소는 가장 가벼운 원소로 모든 기체 중에서 열전도도가 가장 높고, 확산 계수가 가장 크다.

56

일정 기준 이상의 고압가스를 적재 운반 시에는 운반책임자가 동승한다. 다음 중 운반책임자의 동승기준으로 틀린 것은?

① 가연성 압축가스 : 300[m³] 이상
② 조연성 압축가스 : 600[m³] 이상
③ 가연성 액화가스 : 4,000[kg] 이상
④ 조연성 액화가스 : 6,000[kg] 이상

해설및용어설명 | 운반책임자 동승기준

가스의 종류		기준
압축가스	가연성 가스	300[m³] 이상
	조연성 가스	600[m³] 이상
액화가스	가연성 가스	3,000[kg] 이상
	조연성 가스	6,000[kg] 이상

57

다음 중 특정고압가스에 해당하는 것만으로 나열된 것은?

① 수소, 아세틸렌, 염화가스, 천연가스, 포스겐
② 수소, 산소, 액화석유가스, 포스핀, 압축디보레인
③ 수소, 염화수소, 천연가스, 포스겐, 포스핀
④ 수소, 산소, 아세틸렌, 천연가스, 포스핀

해설및용어설명 | 특정고압가스
수소, 산소, 액화암모니아, 아세틸렌, 액화염소, 천연가스, 압축모노실란, 압축디보레인, 액화알진, 그 밖에 대통령령으로 정하는 고압가스

※ 대통령령으로 정하는 고압가스
　포스핀, 셀렌화수소, 게르만, 디실란, 오불화비소, 오불화인, 삼불화인, 삼불화질소, 삼불화붕소, 사불화유황, 사불화규소

58

아세틸렌가스를 2.5[MPa]의 압력으로 압축할 때 첨가하는 희석제가 아닌 것은?

① 질소　　　② 메탄
③ 일산화탄소　④ 산소

해설및용어설명 | 아세틸렌 희석제
메탄, 일산화탄소, 수소, 에틸렌, 질소

59

LP가스 사용시설의 배관 내용적이 10[L]인 저압배관에 압력계로 기밀시험을 할 때 기밀시험압력 유지시간은 얼마인가?

① 5분 이상　　② 10분 이상
③ 24분 이상　　④ 48분 이상

해설및용어설명 | 가스사용시설의 기밀시험 유지시간
- 10[L] 이하 : 5분
- 10[L] 초과 50[L] 이하 : 10분
- 50[L] 초과 : 24분

60

액화염소 2,000[kg]을 차량에 적재하여 운반할 때 휴대하여야 할 소석회는 몇 [kg] 이상을 기준으로 하는가?

① 10　　　② 20
③ 30　　　④ 40

해설및용어설명 | 액화염소 운반 시 소석회 휴대량
- 1,000[kg] 미만 : 20[kg]
- 1,000[kg] 이상 : 40[kg]

2019년 제4회 가스산업기사

41

다음의 액화가스를 이음매 없는 용기에 충전할 경우 그 용기에 대하여 음향검사를 실시하고 음향이 불량한 용기는 내부조명검사를 하지 않아도 되는 것은?

① 액화프로판 ② 액화암모니아
③ 액화탄산가스 ④ 액화염소

해설및용어설명 | 고압가스제조의 기술기준
압축가스(아세틸렌은 제외) 및 액화가스(액화암모니아, 액화탄산가스 및 액화염소만을 말함)를 이음매 없는 용기에 용기에 충전할 때에는 용기에 대하여 음향검사를 실시하고 음향이 불량한 용기는 내부조명검사를 해야 한다. 만약, 내부에 부식, 이물질 등이 있을 때에는 그 용기를 사용하지 않아야 한다.

42

고압가스 냉동제조시설에서 해당 냉동설비의 냉동능력에 대응하는 환기구의 면적을 확보하지 못하는 때에는 그 부족한 환기구 면적에 대하여 냉동능력 1[ton]당 얼마 이상의 강제환기장치를 설치해야 하는가?

① $0.05[m^3/분]$ ② $1[m^3/분]$
③ $2[m^3/분]$ ④ $3[m^3/분]$

해설및용어설명 | 해당 냉동설비의 냉동능력에 대응하는 환기구의 면적을 갖추지 못하는 때에는 그 부족한 환기구 면적에 대하여 냉동능력 1[ton]당 $2[m^3/분]$ 이상의 환기능력을 갖는 강제환기장치를 설치한다.

43

산소와 혼합가스를 형성할 경우 화염온도가 가장 높은 가연성가스는?

① 메탄 ② 수소
③ 아세틸렌 ④ 프로판

해설및용어설명 | 화염온도
- 메탄 : 2,700[℃]
- 수소 : 2,900[℃]
- 아세틸렌 : 3,500[℃]
- 프로판 : 2,820[℃]

44

신규검사 후 경과연수가 20년 이상된 액화석유가스용 100[L] 용접용기의 재검사 주기는?

① 1년마다 ② 2년마다
③ 3년마다 ④ 5년마다

해설및용어설명 |

용기의 종류		신규검사 후 경과연수		
		15년 미만	15년 이상 20년 미만	20년 이상
		재검사 주기		
용접 용기 (액화석유가스용 용접용기는 제외)	500[L] 이상	5년마다	2년마다	1년마다
	500[L] 미만	3년마다	2년마다	1년마다
액화석유가스용 용접용기	500[L] 이상	5년마다	2년마다	1년마다
	500[L] 미만	5년마다		2년마다
이음매 없는 용기 또는 복합재료 용기	500[L] 이상	5년마다		
	500[L] 미만	신규검사 후 경과 연수가 10년 이하인 것은 5년마다, 10년을 초과한 것은 3년마다		
액화석유가스용 복합재료 용기		5년마다(설계조건에 반영되고, 산업통상자원부장관으로부터 안전한 것으로 인정을 받은 경우에는 10년마다)		

41 ① 42 ③ 43 ③ 44 ②

용기의 종류		신규검사 후 경과연수	
		15년 미만	15년 이상 20년 미만	20년 이상
		재검사 주기	
용기 부속품	용기에 부착되지 아니한 것	용기에 부착되기 전 (검사 후 2년이 지난 것만 해당한다)	
	용기에 부착된 것	검사 후 2년이 지나 용기 부속품을 부착한 해당 용기의 재검사를 받을 때마다	

45

용기에 의한 액화석유가스 사용시설에서 호칭지름이 20[mm]인 가스배관을 노출하여 설치할 경우 배관이 움직이지 않도록 고정장치를 몇 [m]마다 설치하여야 하는가?

① 1[m] ② 2[m]
③ 3[m] ④ 4[m]

해설및용어설명 | 「도시가스사업법 시행규칙」 별표 7 제1호 가목 1) 바)에 따라 배관은 움직이지 않도록 고정 부착하는 조치를 하되, 그 호칭지름이 13[mm] 미만의 것에는 1[m]마다, 13[mm] 이상 33[mm] 미만의 것에는 2[m]마다, 33[mm] 이상의 것에는 3[m]마다 고정장치를 설치하도록 하고 있으며 배관과 고정장치 사이에는 절연조치를 하도록 하고 있다.

46

기업활동 전반을 시스템으로 보고 시스템운영 규정을 작성·시행하여 사업장에서의 사고 예방을 위하여 모든 형태의 활동 및 노력을 효과적으로 수행하기 위한 체계적이고 종합적인 안전관리체계를 의미하는 것은?

① MMS ② SMS
③ CRM ④ SSS

해설및용어설명 | SMS(Safety Management System)
기업의 안전관리 및 생산활동 중 전반에 존재하는 위해요인을 찾아내 이를 분석, 평가하고 필요에 따라 사전 예방조치를 강구함으로써 사고를 예방하는 제도적 시스템을 말한다.

47

도시가스용 압력조정기란 도시가스 정압기 이외에 설치되는 압력조정기로써 입구 쪽 호칭지름과 최대 표시유량을 각각 바르게 나타낸 것은?

① 50A 이하, 300[Nm^3/h] 이하
② 80A 이하, 300[Nm^3/h] 이하
③ 80A 이하, 500[Nm^3/h] 이하
④ 100A 이하, 500[Nm^3/h] 이하

해설및용어설명 | "도시가스용 압력조정기"는 도시가스 정압기 이외에 설치되는 압력조정기로서 입구쪽이 호칭지름이 50A 이하이고, 최대표시유량이 300[Nm^3/h] 이하인 것으로 하고, "정압기용 압력조정기"란 도시가스 정압기에 설치되는 압력조정기로 정의되어 있다.

48

일반도시가스시설에서 배관 매설 시 사용하는 보호포의 기준으로 틀린 것은?

① 일반형 보호포와 내압력형 보호포로 구분한다.
② 잘 끊어지지 않는 재질로 직조된 것으로 두께는 0.2[mm] 이상으로 한다.
③ 최고 사용압력이 중압 이상인 배관의 경우에는 포호판의 상부로부터 30[cm] 이상 떨어진 곳에 보호포를 설치한다.
④ 보호포는 호칭지름에 10[cm]를 더한 폭으로 설치한다.

해설및용어설명 | 보호포 설치기준
- 보호포는 일반형 보호포와 탐지형 보호포로 구분한다.
- 재질 및 규격 : 폴리에틸렌수지, 폴리프로필렌수지 등 잘 끊어지지 않는 재질로 직조한 것으로 두께는 0.2[mm] 이상으로 한다.
- 보호포는 호칭지름 10[cm]를 더한 폭으로 설치한다.
- 최고 사용압력이 중압 이상인 배관의 경우에는 보호판의 상부로부터 30[cm] 이상 떨어진 곳에 보호포를 설치한다.

49

용기의 각인 기호에 대해 잘못 나타낸 것은?

① V : 내용적
② W : 용기의 질량
③ TP : 기밀시험압력
④ FP : 최고충전압력

해설및용어설명 | TP : 내압시험압력

50

공업용 용기의 도색 및 문자표시의 색상으로 틀린 것은?

① 수소 – 주황색으로 용기도색, 백색으로 문자표기
② 아세틸렌 – 황색으로 용기도색, 흑색으로 문자표기
③ 액화암모니아 – 백색으로 용기도색, 흑색으로 문자표기
④ 액화염소 – 회색으로 용기도색, 백색으로 문자표기

해설및용어설명 |

가스종류	용기도색	가스명칭색상
암모니아	백색	흑색
탄산가스	청색	백색
염소	갈색	
기타	회색	
LPG	밝은 회색	적색
수소	주황색	백색
아세틸렌	황색	흑색
산소	녹색	백색

51

차량에 고정된 탱크의 내용적에 대한 설명으로 틀린 것은?

① 액화천연가스 탱크의 내용적은 1만 8천[L]를 초과할 수 없다.
② 산소 탱크의 내용적은 1만 8천[L]를 초과할 수 없다.
③ 염소 탱크의 내용적은 1만 2천[L]를 초과할 수 없다.
④ 암모니아 탱크의 내용적은 1만 2천[L]를 초과할 수 없다.

해설및용어설명 | 차량에 고정된 탱크의 내용적 제한
- 가연성(LPG 제외), 산소 : 18,000[L] 초과 금지
- 독성 가스(암모니아 제외) : 12,000[L] 초과 금지

52

액화석유가스의 안전관리 및 사업법상 허가대상이 아닌 콕은?

① 퓨즈콕
② 상자콕
③ 주물연소기용 노즐콕
④ 호스콕

해설및용어설명 | 허가대상 가스용품(액화석유가스법 시행규칙 별표 3)
- 콕 : 퓨즈콕, 상자콕, 주물연소기용 노즐콕 및 업무용 대형연소기용 노즐콕을 말한다.

53

가스안전성 평가 기법 중 정성적 안전성 평가기법은?

① 체크리스트 기법 ② 결함수 분석 기법
③ 원인결과 분석 기법 ④ 작업자실수 분석 기법

해설및용어설명 |
- 체크리스트(Checklist) 기법 : 공정 및 설비의 오류, 결함상태, 위험 상황 등을 목록화한 형태로 작성하여 경험적으로 비교함으로써 위험성을 정성적으로 파악하는 안전성 평가 기법을 말한다.
- 결함수 분석(Fault Tree Analysis : FTA)기법 : 사고를 일으키는 장치의 이상이나 운전자 실수의 조합을 연역적으로 분석하는 정량적 안전성 평가기법을 말한다.
- 원인결과 분석(Cause-Consequence Analysis : CCA)기법 : 잠재된 사고의 결과와 이러한 사고의 근본적인 원인을 찾아내고 사고 결과와 원인의 상호관계를 예측·평가하는 정량적 안전성 평가 기법을 말한다.
- 작업자 실수 분석(Human Error Analysis : HEA)기법 : 설비의 운전원, 정비 보수원, 기술자 등의 작업에 영향을 미칠만한 요소를 평가하여 그 실수의 원인을 파악하고 추적하여 정량적으로 실수의 상대적 순위를 결정하는 안정성평가기법을 말한다.

54

다음 중 가연성 가스가 아닌 것은?

① 아세트알데히드 ② 일산화탄소
③ 산화에틸렌 ④ 염소

해설및용어설명 | 가연성 가스
아세트알데히드, 이산화탄소, 산화에틸렌
- 독성 가스 : 염소

55

용기에 의한 액화석유가스 사용시설에서 저장능력이 100[kg]을 초과하는 경우에 설치하는 용기보관실의 설치기준에 대한 설명으로 틀린 것은?

① 용기는 용기보관실 안에 설치한다.
② 단층구조로 설치한다.
③ 용기보관실의 지붕은 무거운 방염재료로 설치한다.
④ 보기 쉬운 곳에 경계표지를 설치한다.

해설및용어설명 | 저장능력이 100[kg]을 초과하는 경우
다음 기준에 따라 옥외에 용기보관실을 설치하고, 용기는 용기보관실 안에 설치한다.
- 용기보관실의 벽·문 및 지붕은 불연재료(지붕의 경우에는 가벼운 불연재료)로 설치하고, 단층구조로 한다.
- 건물과 건물 사이 등 용기보관실 설치가 곤란한 경우에는 외부인의 출입을 방지하기 위한 출입문을 설치하고 보기 쉬운 곳에 경계표지를 설치한다.
- 용기보관실을 건물벽의 일부를 이용하여 설치코자 할 경우에는 용기보관실에서 가스가 누출되어 건물로 유입되지 않는 구조로 한다.

56

안전관리규정에 실시기록은 몇 년간 보존하여야 하는가?

① 1년 ② 2년
③ 3년 ④ 5년

해설및용어설명 | 안전관리규정의 실시기록
안전관리규정의 실시기록(전산보조기억장치에 입력된 경우에는 그 입력된 자료를 말한다)은 5년간 이를 보존하여야 한다.

57

다음 중 특정고압가스가 아닌 것은?

① 수소
② 질소
③ 산소
④ 아세틸렌

해설및용어설명 | 특정고압가스(고압가스 안전관리법 제20조)
수소·산소·액화암모니아·아세틸렌·액화염소·천연가스·압축모노실란·압축디보레인·액화알진, 그 밖에 대통령령으로 정하는 고압가스

※ 대통령령으로 정하는 고압가스
포스핀, 셀렌화수소, 게르만, 디실란, 오불화비소, 오불화인, 삼불화인, 삼불화질소, 삼불화붕소, 사불화유황, 사불화규소

58

사람이 사망하거나 부상, 중독 가스사고가 발생하였을 때 사고의 통보내용에 포함되는 사항이 아닌 것은?

① 통보자의 인적사항
② 사고발생 일시 및 장소
③ 피해자 보상방안
④ 사고내용 및 피해현황

해설및용어설명 | 사고의 통보내용에 포함되어야 하는 사항
- 통보자의 소속, 직위, 성명 및 연락처
- 사고발생 일시
- 사고발생 장소
- 사고내용(가스 종류, 양 및 확산거리 등을 포함한다)
- 시설현황(시설의 종류, 위치 등을 포함한다)
- 피해현황(인명 및 재산)

59

고압가스 일반제조시설의 설치기준에 대한 설명으로 틀린 것은?

① 아세틸렌의 충전용 교체밸브는 충전하는 장소에서 격리하여 설치한다.
② 공기액화 분리기로 처리하는 원료공기의 흡입구는 공기가 맑은 곳에 설치한다.
③ 공기액화 분리기의 액화공기탱크와 액화산소증발기 사이에는 석유류, 유지류, 그 밖의 탄화수소를 여과, 분리하기 위한 여과기를 설치한다.
④ 에어졸제조시설에는 정압충전을 위한 레벨장치를 설치하고 공업용 제조시설에는 불꽃길이 시험장치를 설치한다.

해설및용어설명 | 에에졸제조시설에는 정량을 충전할 수 있는 자동충전기를 설치하고, 인체에 사용하거나 가정에서 사용하는 에어졸의 제조시설에는 불꽃길이 시험장치를 설치한다.

60

저장탱크에 의한 액화석유가 저장소에서 지상에 설치하는 저장탱크, 그 받침대, 저장탱크에 부속된 펌프 등이 설치된 가스설비실에는 그 외면으로부터 몇 [m] 이상 떨어진 위치에서 조작할 수 있는 냉각장치를 설치하여야 하는가?

① 2[m]
② 5[m]
③ 8[m]
④ 10[m]

해설및용어설명 | 저장탱크, 그 받침대, 저장탱크에 부속된 펌프·압축기 등이 설치된 가스설비실에는 다음 기준에 따라 외면으로부터 5m 이상 떨어진 위치에서 조작할 수 있는 다음 중 어느 하나의 냉각장치를 설치한다. 다만, 「소방시설 설치 및 관리에 관한 법률」에 따라 가스설비실에 소화기를 비치할 경우 그 가스설비실에는 냉각살수장치 등을 설치한 것으로 본다.

2020년 제1·2회 가스산업기사

41

암모니아 저장탱크에는 가스의 용량이 저장탱크 내용적의 몇 [%]를 초과하는 것을 방지하기 위한 과충전 방지조치를 강구하여야 하는가?

① 85[%] ② 90[%]
③ 95[%] ④ 98[%]

해설및용어설명 | 독성 가스 저장탱크에는 가스 충전량이 그 저장탱크 내용적의 90[%]를 초과하는 것을 방지하는 장치를 설치해야 한다.

42

고압가스 일반제조의 시설기준에 대한 설명으로 옳은 것은?

① 산소 초저온 저장탱크에는 환형유리관 액면계를 설치할 수 없다.
② 고압가스설비에 장치하는 압력계는 상용압력의 1.1배 이상 2배 이하의 최고 눈금이 있어야 한다.
③ 공기보다 가벼운 가연성 가스의 가스설비실에는 1방향 이상의 개구부 또는 자연환기 설비를 설치하여야 한다.
④ 저장능력이 1,000톤 이상인 가연성 액화가스의 지상 저장탱크의 주위에는 방류둑을 설치하여야 한다.

해설및용어설명 |
- 산소 또는 불활성 가스의 초저온 저장탱크의 경우에 한정하여 환형유리제 액면계도 가능하다.
- 압력계 최고 눈금범위 : 사용압력의 1.5배 이상 2배 이하
- 공기보다 가벼운 가연성 가스의 가스설비실에는 2방향 이상의 개구부 또는 강제환기 설비를 설치하여야 한다.
- 방류둑을 설치해야 하는 저장탱크
  - 가연성 가스 및 산소 저장능력 1,000톤 이상이 되는 저장탱크
  - 독성 가스 저장능력이 5톤 이상 되는 저장탱크

43

가스를 충전하는 경우에 밸브 및 배관이 얼었을 때의 응급조치하는 방법으로 부적절한 것은?

① 열습포를 사용한다. ② 미지근한 물로 녹인다.
③ 석유 버너 불로 녹인다. ④ 40[℃] 이하의 물로 녹인다.

해설및용어설명 | 액화석유가스 사용시설 안전유지기준
밸브 또는 배관을 가열할 때에는 열습포나 40[℃] 이하의 물을 사용할 것

44

폭발 및 인화성 위험물 취급 시 주의하여야 할 사항으로 틀린 것은?

① 습기가 없고 양지바른 곳에 둔다.
② 취급자 외에는 취급하지 않는다.
③ 부근에서 화기를 사용하지 않는다.
④ 용기는 난폭하게 취급하거나 충격을 주어서는 아니 된다.

해설및용어설명 | 폭발성 물질은 직사광선이 차단되고 건조·환기가 양호한 곳에 저장한다.

45

일반적인 독성 가스의 제독제로 사용되지 않는 것은?

① 소석회 ② 탄산소다수용액
③ 물 ④ 암모니아수용액

해설및용어설명 | 독성 가스 제독제

가스 종류	제독제 종류
염소	가성소다수용액, 탄산소다수용액, 소석회
포스겐	가성소다수용액, 소석회
황화수소	가성소다수용액, 탄산소다수용액
시안화수소	가성소다수용액
아황산가스	가성소다수용액, 탄산소다수용액, 물
암모니아, 산화에틸렌, 염화메탄	물

정답 41 ② 42 ④ 43 ③ 44 ① 45 ④

46

고압가스 안전성평가기준에서 정한 위험성 평가기법 중 정성적 평가기법에 해당되는 것은?

① Check List 기법　② HEA 기법
③ FTA 기법　④ CCA 기법

해설및용어설명 | 체크리스트(Check List) 기법
공정 및 설비의 오류, 결함상태, 위험 상황 등을 목록화한 형태로 작성하여 경험적으로 비교함으로써 위험성을 정성적으로 파악하는 안전성평가기법을 말한다.

47

아세틸렌용 용접용기 제조 시 내압시험압력이란 최고충전압력 수치의 몇 배의 압력을 말하는가?

① 1.2　② 1.8
③ 2　④ 3

해설및용어설명 | 아세틸렌용 용접용기 시험압력
- 최고충전압력(FP) : 15[℃]에서 용기에 충전할 수 있는 가스의 압력 중 최고 압력
- 기밀시험압력(AP) : 최고충전압력의 1.8배
- 내압시험압력(TP) : 최고충전압력의 3배

48

지름이 각각 8[m]인 LPG 지상 저장탱크 사이에 물분무장치를 하지 않은 경우 탱크 사이에 유지해야 되는 간격은?

① 1[m]　② 2[m]
③ 4[m]　④ 8[m]

해설및용어설명 | 두 저장탱크의 지름의 합을 4로 나눈 값과 1[m] 중 큰 거리로 한다.

$$\frac{8+8}{4} = 4[m]$$

49

고압가스 특정제조시설에서 안전구역 안의 고압가스설비는 그 외면으로부터 다른 안전구역 안에 있는 고압가스설비의 외면까지 몇 [m] 이상의 거리를 유지하여야 하는가?

① 10[m]　② 20[m]
③ 30[m]　④ 50[m]

해설및용어설명 | 설비 간 거리
- 안전구역 내의 고압가스설비와 다른 안전구역 내의 고압가스설비의 외면 : 30[m] 이상
- 제조설비의 외면과 그 제조소의 경계 : 20[m] 이상
- 가연성 가스 저장탱크는 그 외면으로부터 처리능력이 20만[m³] 이상인 압축기까지 : 30[m] 이상
- 가연성 탱크와 가연성 탱크(산소탱크) 간의 설치 길이 : 1[m]나 두 직경의 합의 1/4 중 큰 거리 유지

50

액화석유가스 자동차에 고정된 용기충전의 시설에 설치되는 안전밸브 중 압축기의 최종단에 설치된 안전밸브의 작동조정의 최소 주기는?

① 6월에 1회 이상　② 1년에 1회 이상
③ 2년에 1회 이상　④ 3년에 1회 이상

해설및용어설명 | 안전밸브 중 압축기의 최종단에 설치한 것은 1년에 1회 이상, 그 밖의 안전밸브는 2년에 1회 이상 설정되는 압력 이하의 압력에 작동하도록 조정한다.

51

액화가스 저장탱크의 저장능력을 산출하는 식은? (단, Q : 저장능력[m³], W : 저장능력[kg], V : 내용적[L], P : 35[℃]에서 최고충전압력[MPa], d : 사용온도 내에서 액화가스 비중[kg/L], C : 가스의 종류에 따른 정수이다)

① $W = V/C$
② $W = 0.9dV$
③ $Q = (10P+1)V$
④ $Q = (P+2)V$

해설및용어설명 | 액화가스 저장능력 산정
$W = 0.9dV$
다만, 소형 저장탱크의 경우에는 $W = 0.85dV$

52

고압가스 일반제조시설에서 저장탱크 및 처리설비를 실내에 설치하는 경우의 기준으로 틀린 것은?

① 저장탱크실과 처리설비실을 각각 구분하여 설치하고 강제 환기시설을 갖춘다.
② 저장탱크실의 천장, 벽 및 바닥의 두께는 20[cm] 이상으로 한다.
③ 저장탱크를 2개 이상 설치하는 경우에는 저장탱크실을 각각 구분하여 설치한다.
④ 저장탱크에 설치한 안전밸브는 지상 5[m] 이상의 높이에 방출구가 있는 가스방출관을 설치한다.

해설및용어설명 | 저장탱크실의 천장, 벽 및 바닥의 두께가 각각 30[cm] 이상인 철근콘크리트로 만든 실로서 방수처리가 된 것으로 한다.

53

고압가스 운반차량의 운행 중 조치사항으로 틀린 것은?

① 400[km] 이상 거리를 운행할 경우 중간에 휴식을 취한다.
② 독성 가스를 운반 중 도난당하거나 분실한 때에는 즉시 그 내용을 경찰서에 신고한다.
③ 독성 가스를 운반하는 때는 그 고압가스의 명칭, 성질 및 이동 중의 재해방지를 위하여 필요한 주의사항을 기재한 서류를 운전자 또는 운반책임자에게 교부한다.
④ 고압가스를 적재하여 운반하는 차량은 차량의 고장, 교통사정, 운전자 또는 운반책임자가 휴식할 경우 운반책임자와 운전자가 동시에 이탈하지 아니 한다.

해설및용어설명 | 200[km] 이상의 거리를 운행하는 경우에는 중간에 충분한 휴식을 취한 후 운행할 것

54

초저온용기의 재료로 적합한 것은?

① 오스테나이트계 스테인리스강 또는 알루미늄 합금
② 고탄소강 또는 Cr강
③ 마텐자이트계 스테인리스강 또는 고탄소강
④ 알루미늄 합금 또는 Ni-Cr강

해설및용어설명 | 초저온 용기 재료로는 저온취성을 일으키지 않는 오스테나이트계 스테인리스강 또는 알루미늄 합금을 사용할 것

55

질소 충전용에서 질소가스의 누출여부를 확인하는 방법으로 가장 쉽고 안전한 방법은?

① 기름 사용　　　　② 소리 감지
③ 비눗물 사용　　　④ 전기스파크 이용

해설및용어설명 | 가스안전사고 방지요령
가스가 누설될 위험이 있는 부위에 붓이나 스폰지에 비눗물을 묻혀서 충분히 발라주는 방법으로 수시로 점검한다.

56

고압가스용 이음매 없는 용기 제조 시 탄소함유량은 몇 [%] 이하를 사용하여야 하는가?

① 0.04　　　　② 0.05
③ 0.33　　　　④ 0.55

해설및용어설명 | 용기의 CPS비율

구분	C(탄소)	P(인)	S(황)
이음매 있는 용기	0.33[%]	0.04[%]	0.05[%]
이음매 없는 용기	0.55[%]	0.04[%]	0.05[%]

57

포스겐 가스($COCl_2$)를 취급할 때의 주의사항으로 옳지 않은 것은?

① 취급 시 방독마스크를 착용할 것
② 공기보다 가벼우므로 환기시설은 보관장소의 윗쪽에 설치할 것
③ 사용 후 폐가스를 방출할 때에는 중화시킨 후 옥외로 방출시킬 것
④ 취급장소는 환기가 잘 되는 곳일 것

해설및용어설명 | 포스겐가스 분자량은 98.92[g/mol]으로 공기(29[g/mol])보다 무거우므로 환기시설은 보관장소의 아래쪽에 설치할 것

58

2단 감압식 1차용 액화석유가스 조정기를 제조할 때 최대 폐쇄 압력은 얼마 이하로 해야 하는가? (단, 입구압력이 0.1[MPa] ~ 1.56[MPa]이다)

① 3.5[kPa]　　　　② 83[kPa]
③ 95[kPa]　　　　④ 조정압력의 2.5배 이하

해설및용어설명 | 폐쇄압력
- 1단 감압식 저압, 2단 감압식 일체형 저압, 2단 감압식 2차용 저압, 자동절체식 일체형 저압 조정기 : 3.5[kPa] 이하
- 2단 감압식 1차용 조정기 : 95[kPa] 이하
- 1단 감압식 준저압, 2단 감압식 일체형 준저압, 자동절체식 일체형 준저압 조정기 : 조정압력의 1.25배

59

폭발예방 대책을 수립하기 위하여 우선적으로 검토하여야 할 사항으로 가장 거리가 먼 것은?

① 요인분석　　　　② 위험성 평가
③ 피해예측　　　　④ 피해보상

해설및용어설명 | 위험성 평가 수행 절차
- 공장 등에서 화재나 폭발 등 재해가 발생하면 피해규모가 크기 때문에 재해발생을 대비해 미리 위험성을 찾아내고 그것을 정량화하는 위험성 평가를 통해 재해를 줄일 필요가 있다.
- 위험성 평가는 잠재적 위험요인을 찾고 그것의 발생빈도와 발생 시 피해 규모를 평가한 후 어떻게 압축요약해서 표현할 것인지의 분석단계이다.
- 사회적 허용기준 평가를 통해 위험성 감소를 위한 구체적 대책을 세우는 평가단계로 구분할 수 있다.

60

특정설비에 대한 표시 중 기화장치에 각인 또는 표시해야 할 사항이 아닌 것은?

① 내압시험압력
② 가열방식 및 형식
③ 설비별 기호 및 번호
④ 사용하는 가스의 명칭

해설및용어설명 | 기화장치
- 제조자의 명칭 또는 약호
- 사용하는 가스의 명칭
- 제조번호 및 제조연월일
- 내압시험에 합격한 연월
- 내압시험압력(기호 : TP, 단위 : [MPa])
- 가열방식 및 형식
- 최고 사용압력(기호 : DP, 단위 : [MPa])
- 기화능력(단위 : [kg/hr] 또는 [m^3/hr])

2020년 제3회 가스산업기사

41

고압가스 저장탱크를 지하에 묻는 경우 지면으로부터 저장탱크의 정상부까지의 깊이는 최소 얼마 이상으로 하여야 하는가?

① 20[cm]
② 40[cm]
③ 60[cm]
④ 1[m]

해설및용어설명 |
- 저장탱크 정상부와 지면과의 거리는 60[cm] 이상으로 할 것
- 저장탱크의 주위에 마른 모래를 채울 것
- 저장탱크를 2개 이상 인접하여 설치하는 경우 상호 간에 1[m] 이상의 거리를 유지할 것
- 저장탱크를 묻는 곳의 주위에는 지상에 경계를 표시할 것

42

동일 차량에 적재하여 운반이 가능한 것은?

① 염소와 수소
② 염소와 아세틸렌
③ 염소와 암모니아
④ 염소와 LPG

해설및용어설명 |
- 혼합적재 금지 : 염소와 아세틸렌, 암모니아 또는 수소는 동일차량에 적재하여 운반하지 아니할 것
- 가연성 가스와 산소를 동일차량에 적재하여 운반하는 때에는 그 충전용기의 밸브가 서로 마주보지 아니하도록 적재할 것
- 충전용기와 위험물 안전관리법이 정하는 위험물과는 동일차량에 적재하여 운반하지 아니할 것

43

고압가스 제조 시 압축하면 안 되는 경우는?

① 가연성 가스(아세틸렌, 에틸렌 및 수소를 제외) 중 산소용량이 전용량의 2[%]일 때
② 산소 중의 가연성 가스(아세틸렌, 에틸렌 및 수소를 제외)의 용량이 전용량의 2[%]일 때
③ 아세틸렌, 에틸렌 또는 수소 중의 산소용량이 전용량의 3[%]일 때
④ 산소 중 아세틸렌, 에틸렌 및 수소의 용량 합계가 전용량의 1[%]일 때

해설및용어설명 | 고압가스를 제조하는 경우 다음의 가스는 압축하지 아니한다.
- 가연성 가스(아세틸렌, 에틸렌 및 수소를 제외한다. 이하 같다) 중 산소용량이 전체 용량의 4[%] 이상인 것
- 산소 중의 가연성 가스의 용량이 전체 용량의 4[%] 이상인 것
- 아세틸렌, 에틸렌 또는 수소 중의 산소용량이 전체 용량의 2[%] 이상인 것
- 산소 중의 아세틸렌, 에틸렌 및 수소의 용량 합계가 전체 용량의 2[%] 이상인 것

44

액화석유가스의 특성에 대한 설명으로 옳지 않은 것은?

① 액체는 물보다 가볍고, 기체는 공기보다 무겁다.
② 액체의 온도에 의한 부피변화가 작다.
③ LNG보다 발열량이 크다.
④ 연소 시 다량의 공기가 필요하다.

해설및용어설명 | 액화석유가스(LP가스)의 특징
- LP가스는 공기보다 무겁다.
- 액상의 LP가스는 물보다 가볍다.
- 액화·기화가 쉽고, 기화하면 체적이 커진다.
- LNG보다 발열량이 크고, 연소 시 다량의 공기가 필요하다.
- 기화열(증발 잠열)이 크다.
- 무색무취, 무미하다.
- 용해성이 있다.
- 액체의 온도 상승에 의한 부피 변화가 크다.

45

자기압력기록계로 최고 사용압력이 중압인 도시가스배관에 기밀시험을 하고자 한다. 배관의 용적이 15[m³]일 때 기밀유지시간은 몇 분 이상이어야 하는가?

① 24분   ② 36분
③ 240분 ④ 360분

해설및용어설명 | 압력계 및 자기압력기록계 기밀유지시간

구분	용적	기밀유지시간
저압, 중압	1[m³] 미만	24분
	1[m³] 이상 10[m³] 미만	240분
	10[m³] 이상 300[m³] 미만	24×V분 (단, 1,440분을 초과한 경우는 1,440분으로 할 수 있다)
고압	1[m³] 미만	48분
	1[m³] 이상 10[m³] 미만	480분
	10[m³] 이상 300[m³] 미만	48×V분 (단, 2,880분을 초과한 경우는 2,880분으로 할 수 있다)

46

차량에 고정된 탱크 운행 시 반드시 휴대하지 않아도 되는 서류는?

① 고압가스 이동계획서   ② 탱크 내압시험 성적서
③ 차량등록증   ④ 탱크용량 환산표

해설및용어설명 | 차량에 고정된 탱크를 운행할 경우에는 다음 서류를 포함한 안전운행 서류철을 휴대한다.
- 고압가스 이동계획서
- 고압가스 관련 자격증(양성교육 및 정기교육 이수증)
- 운전면허증
- 탱크 테이블(용량 환산표)
- 차량운행일지
- 차량등록증
- 그 밖에 필요한 서류

47

이동식부탄연소기와 관련된 사고가 액화석유가스 사고의 약 10[%] 수준으로 발생하고 있다. 이를 예방하기 위한 방법으로 가장 부적당한 것은?

① 연소기에 접합용기를 정확히 장착한 후 사용한다.
② 과대한 조리기구를 사용하지 않는다.
③ 잔가스 사용을 위해 용기를 가열하지 않는다.
④ 사용한 접합용기는 파손되지 않도록 조치한 후 버린다.

해설및용어설명 | 사용한 접합용기는 구멍을 뚫어 잔가스를 제거한 후 버린다.

48

액화석유가스 사용시설의 시설기준에 대한 안전사항으로 다음 ( ) 안에 들어갈 수치가 모두 바르게 나열된 것은?

> • 가스계량기와 전기계량기와의 거리는 (㉠) 이상, 전기점멸기와의 거리는 (㉡) 이상 절연조치를 하지 아니한 전선과의 거리는 (㉢) 이상의 거리를 유지할 것
> • 주택에 설치된 저장설비는 그 설비 안의 것을 제외한 화기 취급장소와 (㉣) 이상의 거리를 유지하거나 누출된 가스가 유동되는 것을 방지하기 위한 시설을 설치할 것

① ㉠ 60[cm], ㉡ 30[cm], ㉢ 15[cm], ㉣ 8[m]
② ㉠ 30[cm], ㉡ 20[cm], ㉢ 15[cm], ㉣ 8[m]
③ ㉠ 60[cm], ㉡ 30[cm], ㉢ 15[cm], ㉣ 2[m]
④ ㉠ 30[cm], ㉡ 20[cm], ㉢ 15[cm], ㉣ 2[m]

49

독성 가스용기 운반 등의 기준으로 옳은 것은?

① 밸브가 돌출한 운반용기는 이동식 프로텍터 또는 보호구를 설치한다.
② 충전용기를 차에 실을 때에는 넘어짐 등으로 인한 충격을 고려할 필요가 없다.
③ 기준 이상의 고압가스를 차량에 적재하여 운반할 경우 운반책임자가 동승하여야 한다.
④ 시·도지사가 지정한 장소에서 이륜차에 적재할 수 있는 충전용기는 충전량이 50[kg] 이하이고 적재수는 2개 이하이다.

해설및용어설명 |
• 밸브가 돌출한 충전용기는 고정식 프로텍터 또는 캡을 부착시켜 밸브의 손상을 방지하는 조치를 하고 운반한다.
• 충전용기를 운반하는 때에는 넘어짐 등으로 인한 충격을 방지하기 위하여 충전용기를 단단하게 묶는다.
• 기준 이상의 고압가스를 차량에 적재하여 운반하는 때에는 운전자 외에 공사에서 실시하는 운반에 관한 소정의 교육을 이수한 자, 안전관리책임자 또는 안전관리원 자격을 가진 자(이하 "운반책임자"라 한다)를 동승시켜 운반에 대한 감독 또는 지원을 하도록 한다.
• 시·도지사가 지정한 장소에서 이륜차에 적재할 수 있는 충전용기는 충전량 20[kg] 이하이고, 적재수가 2개를 초과하지 아니한 경우이다.

50

독성 가스이면서 조연성 가스인 것은?

① 암모니아
② 시안화수소
③ 황화수소
④ 염소

해설및용어설명 |
• 암모니아 : 가연성, 독성
• 시안화수소 : 가연성, 독성
• 황화수소 : 가연성, 독성
• 염소 : 조연성, 독성

51

다음 각 용기의 기밀시험압력으로 옳은 것은?

① 초저온가스용 용기는 최고 충전압력의 1.1배의 압력
② 초저온가스용 용기는 최고 충전압력의 1.5배의 압력
③ 아세틸렌용 용접용기는 최고 충전압력의 1.1배의 압력
④ 아세틸렌용 용접용기는 최고 충전압력의 1.6배의 압력

해설및용어설명 | 기밀시험압력이란 초저온 용기 및 저온 용기의 경우에는 최고충전압력의 1.1배의 압력, 아세틸렌용기는 최고충전압력의 1.8배의 압력, 그 밖의 용기는 최고충전압력을 말한다.

52

LPG용 가스렌지를 사용하는 도중 불꽃이 치솟는 사고가 발생하였을 때 가장 직접적인 사고 원인은?

① 압력조정기 불량
② T관으로 가스누출
③ 연소기의 연소불량
④ 가스누출 자동차단기 미작동

해설및용어설명 | 압력조정기의 불량으로 가스렌지로 공급되는 가스의 압력이 조절되지 못하고 그대로 공급될 경우 불꽃이 치솟게 된다.

53

고압가스용 이음매 없는 용기에서 내용적이 50[L]인 용기에 4[MPa]의 수압을 걸었더니 내용적이 50.8[L]가 되었고 압력을 제거하여 대기압으로 하였더니 내용적이 50.02[L]가 되었다면 이 용기의 영구증가율은 몇 [%]이며, 이 용기는 사용이 가능한지를 판단하면?

① 1.6[%], 가능
② 1.6[%], 불능
③ 2.5[%], 가능
④ 2.5[%], 불능

해설및용어설명 | 영구증가율이 10[%] 이하일 경우 합격

영구증가율 = $\dfrac{\text{영구증가량}}{\text{전증가량}} \times 100 = \dfrac{50.02 - 50}{50.8 - 50} \times 100 = 2.5[\%]$

54

산소와 함께 사용하는 액화석유가스 사용시설에서 압력조정기와 토치 사이에 설치하는 안전장치는?

① 역화방지기
② 안전밸브
③ 파열판
④ 조정기

해설및용어설명 | 액화석유가스를 용접 또는 용단작업용으로 사용하는 경우에는 압력조정기와 토치 사이에 역화방지장치를 부착하여야 한다.

55

아세틸렌을 2.5[MPa]의 압력으로 압축할 때 첨가하는 희석제가 아닌 것은?

① 질소
② 에틸렌
③ 메탄
④ 황화수소

해설및용어설명 | 아세틸렌을 압축하여 온도에 관계없이 2.5[MPa]의 압력으로 할 때는 질소·메탄·일산화탄소·에틸렌 등의 희석제를 첨가한다.

56

LPG 충전기의 충전호스의 길이는 몇 [m] 이내로 하여야 하는가?

① 2[m]
② 3[m]
③ 5[m]
④ 8[m]

해설및용어설명 | 충전호스 설치 기준
- 충전기의 충전호스의 길이는 5[m] 이내로 하고, 그 끝에 축적되는 정전기를 유효하게 제거할 수 있는 정전기 제거장치를 설치한다.
- 충전호스에 과도한 인장력이 가해졌을 때 충전기와 가스주입기가 분리될 수 있는 안전장치를 설치한다.
- 충전호스에 부착하는 가스주입기는 원터치형으로 한다.

57

염소 누출에 대비하여 보유하여야 하는 제독제가 아닌 것은?

① 가성소다수용액
② 탄산소다수용액
③ 암모니아수용액
④ 소석회

해설 및 용어설명 | 염소의 제독제
가성소다수용액, 탄산가스수용액, 소석회

58

가스설비가 오조작되거나 정상적인 제조를 할 수 없는 경우 자동적으로 원재료를 차단하는 장치는?

① 인터록 기구
② 원료제어밸브
③ 가스누출기구
④ 내부반응 감시기구

해설 및 용어설명 | 인터록 기구
가연성 가스의 제조설비에서 오조작되거나 정상적인 제조를 할 수 없는 경우에 자동적으로 원재료의 공급을 차단시키는 등 제조설비 내의 제조를 제어할 수 있는 장치

59

도시가스사업법으로 정한 가스사용시설에 해당되지 않는 것은?

① 내관
② 본관
③ 연소기
④ 공동주택 외벽에 설치된 가스계량기

해설 및 용어설명 | 가스사용시설
- 내관·연소기 및 그 부속설비. 다만, 선박에 설치된 것은 제외한다.
- 공동주택등의 외벽에 설치된 가스계량기
- 도시가스를 연료로 사용하는 자동차
- 자동차용 압축천연가스 완속충전설비

60

도시가스 사용시설에서 입상관은 환기가 양호한 장소에 설치하며 입상관의 밸브는 바닥으로부터 몇 [m] 이내에 설치하는가?

① 1[m] 이상 ~ 1.3[m] 이내
② 1.3[m] 이상 ~ 1.5[m] 이내
③ 1.5[m] 이상 ~ 1.8[m] 이내
④ 1.6[m] 이상 ~ 2[m] 이내

해설 및 용어설명 | 입상관이 환기가 있을 가능성이 있는 주위를 통과할 경우에는 불연재료로 차단조치를 하고, 입상관의 밸브는 분리가능한 것으로써 바닥으로부터 1.6[m] 이상 2[m] 이내에 설치할 것. 다만, 보호상자 안에 설치하는 경우에는 그러하지 아니하다.

2020년 제4회 가스산업기사 CBT 복원문제

41

액화석유가스의 안전관리 및 사업법상 허가대상이 아닌 콕은?

① 퓨즈콕 ② 상자콕
③ 주물연소기용 노즐콕 ④ 호스콕

해설및용어설명 | 허가대상 가스용품(액화석유가스법 시행규칙 별표 3)
- 콕 : 퓨즈콕, 상자콕, 주물연소기용 노즐콕 및 업무용 대형연소기용 노즐콕을 말한다.

42

국내에서 발생한 대형 도시가스 사고 중 대구 도시가스 폭발 사고의 주원인은 무엇인가?

① 내부부식 ② 배관의 응력부족
③ 부적절한 매설 ④ 공사 중 도시가스 배관 손상

해설및용어설명 | 공사 중 도시가스 배관을 손상시켜 가스폭발사고가 발생하였다.

43

가스사용시설에 상자콕 설치 시 예방 가능한 사고유형으로 가장 옳은 것은?

① 연소기 과열 화재사고
② 연소기 폐가스 중독 질식사고
③ 연소가 호스 이탈 가스 누출사고
④ 연소기 소화안전장치 고장 가스 폭발사고

해설및용어설명 | 상자콕은 상자에 넣어 바닥, 벽 등에 설치하는 것으로 3.3[kPa] 이하의 압력과 1.2[m³/h] 이하의 표시유량에 사용하는 콕이다. 상자콕은 가스유로를 핸들, 누름, 당김 등의 조작으로 개폐하고, 과류차단안전기구가 부착된 것으로서 배관과 카플러를 연결하는 구조로 예방 가능한 사고유형은 연소기 호스가 이탈되었을 때 가스 누출사고가 해당된다.

44

이동식 부탄연소기용 용접용기의 검사방법에 해당하지 않는 것은?

① 고압가압검사 ② 반복사용검사
③ 진동검사 ④ 충수검사

해설및용어설명 | 검사방법
- 제조시설에 대한 검사
- 제품에 대한 검사
- 설계단계검사 : 이충전밸브스트로크반복검사, 밸브스트로크반복검사, 노즐부탈부착반복검사, 고압가압검사, 밸브유량검사, 연소기호환검사, 내가스성검사, 환경검사, 부식검사, 반복충전검사, 골판지내가스성검사
- 생산단계검사
- 제품확인검사 : 구조검사, 외관검사, 기밀검사, 고압가압검사, 치수검사, 재료검사, 내가스성검사, 반복사용검사, 진동검사
- 생산공정검사 : 재료검사, 내가스성검사, 반복사용검사, 진동검사
- 종합공정검사

45

차량에 고정된 탱크에 의하여 가연성 가스를 운반할 때 비치하여야 할 소화기의 종류와 최소 수량은? (단, 소화기의 능력단위는 고려하지 않는다)

① 분말소화기 1개 ② 분말소화기 2개
③ 포말소화기 1개 ④ 포말소화기 2개

해설및용어설명 | 가연성가스 및 산소를 운반하는 경우 휴대하는 소화설비

구분	소화기의 종류		비치개수
	소화약제	능력단위	
가연성가스	분말소화제	BC용 B-10 이상 또는 ABC용 B-12 이상	차량 좌우에 각각 1개 이상
산소	분말소화제	BC용 B-8 이상 또는 ABC용 B-10 이상	차량 좌우에 각각 1개 이상

46

에어졸의 충전 기준에 적합한 용기의 내용적은 몇 [L] 이하여야 하는가?

① 1
② 2
③ 3
④ 5

해설및용어설명 | 접합 또는 납붙임용기

동판 및 경판을 각각 성형하여 심봉접이나 그 밖의 방법으로 접합하거나 납붙임하여 만든 내용적 1[L] 이하인 용기를 말한다. 에어졸 제조용, 라이터 충전용, 연료용 가스용, 절단용 또는 용접용으로 제조한다.

47

도시가스 사업자는 가스공급시설을 효율적으로 안전 관리하기 위하여 도시가스 배관망을 전산화하여야 한다. 전산화 내용에 포함되지 않는 사항은?

① 배관의 설치도면
② 정압기의 시방서
③ 배관의 시공자, 시공연월일
④ 배관의 가스흐름 방향

해설및용어설명 | 도시가스사업자는 가스공급시설을 효율적으로 관리하기 위하여 배관, 정압기 등의 설치도면, 시방서, 시공자, 시공연월일 등을 전산화할 것

48

암모니아 저장탱크에는 가스 용량이 저장탱크 내용적의 몇 [%]를 초과하는 것을 방지하기 위하여 과충전 방지조치를 하여야 하는가?

① 65[%]
② 80[%]
③ 90[%]
④ 95[%]

해설및용어설명 | 독성 가스 저장탱크에는 가스 충전량이 그 저장 탱크 내용적의 90[%]를 초과하는 것을 방지하는 장치를 설치해야 한다.

49

액화석유가스의 일반적인 특징으로 틀린 것은?

① 증발잠열이 적다.
② 기화하면 체적이 커진다.
③ LP가스는 공기보다 무겁다.
④ 액상의 LP가스는 물보다 가볍다.

해설및용어설명 | 액화석유가스(LP가스)의 일반적인 특징

- LP가스는 공기보다 무겁다.
- 액상의 가스는 물보다 가볍다.
- 액화, 기화가 쉽다.
- 기화하면 체적이 커진다.
- 기화열(증발잠열)이 크다.
- 무색무취, 무미하다.
- 용해성이 있다.

50

용기에 의한 액화석유가스 사용시설의 기준으로 틀린 것은?

① 가스저장실 주위에 보기 쉽게 경계표시를 한다.
② 저장능력이 250[kg] 이상인 사용시설에는 압력이 상승한 때를 대비하여 과압안전장치를 설치한다.
③ 용기는 용기집합설비의 저장능력이 300[kg] 이하인 경우 용기, 용기밸브 및 압력조정기가 직사광선, 빗물 등에 노출되지 않도록 한다.
④ 내용적 20[L] 이상의 충전용기를 옥외에서 이동하여 사용하는 때에는 용기운반손수레에 단단히 묶어 사용한다.

해설및용어설명 | 용기는 사용시설의 안전확보와 그 용기의 보호를 위하여 용기집합설비의 저장능력이 100[kg] 이하인 경우 용기, 용기밸브 및 압력조정기가 직사광선, 눈 또는 빗물 등에 노출되지 않도록 한다.

51

독성가스이면서 조연성가스인 것은?

① 암모니아　　② 시안화수소
③ 황화수소　　④ 염소

해설및용어설명 |
- 암모니아 : 가연성, 독성
- 시안화수소 : 가연성, 독성
- 황화수소 : 가연성, 독성
- 염소 : 조연성, 독성

52

가연성 및 독성가스의 용기 도색 후 그 표기 방법으로 틀린 것은?

① 가연성가스는 빨간색 테두리에 검정색 불꽃모양이다.
② 독성가스는 빨간색 테두리에 검정색 해골모양이다.
③ 내용적 2[L] 미만의 용기는 그 제조자가 정한 바에 의한다.
④ 액화석유가스 용기 중 프로판가스를 충전하는 용기는 프로판가스임을 표시하여야 한다.

해설및용어설명 | 가연성가스 및 독성가스 용기 표시 방법
- 가연성가스(액화석유가스는 제외한다) 및 독성가스는 각각 다음과 같이 표시한다.

〈가연성 가스〉　　〈독성 가스〉

- 내용적 2[L] 미만의 용기는 제조자가 정하는 바에 의한다.
- 액화석유가스용기 중 부탄가스를 충전하는 용기는 부탄가스임을 표시하여야 한다.
- 선박용 액화석유가스용기의 표시방법
  - 용기의 상단부에 폭 2[cm]의 백색띠를 두 줄로 표시한다.
  - 백색띠의 하단과 가스 명칭 사이에 백색글자로 가로, 세로 5[cm]의 크기로 "선박용"이라고 표시한다.
- 자동차의 연료장치용 용기의 외면에는 그 용도를 "자동차용"으로 표시할 것
- 그 밖의 가스에는 가스명칭 하단에 가로, 세로 5[cm]의 크기의 백색글자로 용도("절단용")를 표시할 것

53

공기 중에 누출되었을 때 바닥에 고이는 가스로만 나열된 것은?

① 프로판, 에틸렌, 아세틸렌
② 에틸렌, 천연가스, 염소
③ 염소, 암모니아, 포스겐
④ 부탄, 염소, 포스겐

해설및용어설명 | 공기의 무게, 즉 분자량 29보다 큰 가스는 누출되었을 때 바닥에 고인다.
- 프로판(44), 에틸렌(28), 아세틸렌(26), 천연가스(16), 염소(71), 암모니아(17), 포스겐(99), 부탄(58)

54

지상에 설치된 액화석유가스 저장탱크와 가스 충전장소와의 사이에 설치하여야 하는 것은?

① 역화방지기 ② 방호벽
③ 드레인 세퍼레이터 ④ 정제장치

해설및용어설명 | 가스충전장소에서 폭발이 발생하였을 때 저장탱크에 영향이 미치지 않도록 방호벽을 설치한다.

55

초저온 용기의 재료로 적합한 것은?

① 오스테나이트계 스테인리스 강 또는 알루미늄 합금
② 고탄소강 또는 Cr강
③ 마텐자이트계 스테인리스강 또는 고탄소강
④ 알루미늄합금 또는 Ni-Cr강

해설및용어설명 | 초저온용기 재료로는 저온취성을 일으키지 않는 오스테나이트계 스테인리스강 또는 알루미늄 합금을 사용할 것

56

고압가스용 이음매 없는 용기 제조 시 탄소함유량은 몇 [%] 이하를 사용하여야 하는가?

① 0.04 ② 0.05
③ 0.33 ④ 0.55

해설및용어설명 | 용기의 CPS비율

구분	C(탄소)	P(인)	S(황)
이음매 있는 용기	0.33[%]	0.04[%]	0.05[%]
이음매 없는 용기	0.55[%]	0.04[%]	0.05[%]

57

고압가스를 압축하는 경우 가스를 압축하여서는 아니 되는 기준으로 옳은 것은?

① 가연성가스 중 산소의 용량이 전체 용량의 10[%] 이상의 것
② 산소 중의 가연성가스 용량이 전체 용량의 10[%] 이상의 것
③ 아세틸렌, 에틸렌 또는 수소 중의 산소용량이 전체 용량의 2[%] 이상의 것
④ 산소 중의 아세틸렌, 에틸렌 또는 수소의 용량합계가 전체 용량의 4[%] 이상의 것

해설및용어설명 | 압축금지 가스 기준

- 가연성가스(아세틸렌·에틸렌 및 수소는 제외한다. 이하 같다) 중 산소용량이 전체 용량의 4[%] 이상인 것
- 에틸렌, 수소, 아세틸렌 중 산소 용량이 전체 용량의 2[%] 이상인 것
- 산소 중 가연성가스 용량이 전체 용량의 4[%] 이상인 것
- 산소 중 에틸렌, 수소, 아세틸렌의 용량합계가 전체 용량의 2[%] 이상인 것

58

가스안전사고를 방지하기 위하여 내압시험압력이 25[MPa]인 일반가스용기에 가스를 충전할 때는 최고충전압력을 얼마로 하여야 하는가?

① 42[MPa] ② 25[MPa]
③ 15[MPa] ④ 12[MPa]

해설및용어설명 |

내압시험압력 = 최고충전압력 $\times \frac{5}{3}$

$25 = x \times \frac{5}{3}$

$x = 15$

59

일반도시가스사업제조소의 도로 밑 도시가스배관 직상단에는 배관의 위치, 흐름방향을 표시한 라인마크(Line Mark)를 설치(표시)하여야 한다. 직선 배관인 경우 라인마크의 최소 설치 간격은?

① 25[m] ② 50[m]
③ 100[m] ④ 150[m]

해설 및 용어설명 | 라인마크
매설된 배관의 위치와 방향 및 흐름을 지면에서 확인이 가능토록 하기 위하여 설치하는 것을 말한다. 도로법에 의한 도로 및 공동주택 등의 부지 내 도로에 도시가스 배관을 매설하는 경우에 적용한다. 설치간격은 배관길이 50[m] 이내 간격으로 하고 단독주택 분기점은 제외하며 밸브박스 또는 배관 직상부에 설치된 전위측정용 터미널은 라인마크로 볼 수 있다

60

독성가스 충전용기를 운반하는 차량의 경계표지 크기의 가로 치수는 차체 폭의 몇 [%] 이상으로 하는가?

① 5[%] ② 10[%]
③ 20[%] ④ 30[%]

해설 및 용어설명 | 가로 치수는 차체 폭의 30[%] 이상으로 하고 세로치수는 가로치수의 20[%] 이상으로 한다.

2021년 제1회 가스산업기사 [CBT 복원문제]

41

독성가스가 누출할 우려가 있는 부분에는 위험표지를 설치하여야 한다. 이에 대한 설명으로 옳은 것은?

① 문자의 크기는 가로 10[cm], 세로 10[cm] 이상으로 한다.
② 문자는 30[m] 이상 떨어진 위치에서도 알 수 있도록 한다.
③ 위험표지의 바탕색은 백색, 글씨는 흑색으로 한다.
④ 문자는 가로 방향으로만 한다.

해설 및 용어설명 | 독성가스의 식별조치 및 위험표시
독성가스가 누출할 우려가 있는 부분에 게시하여야 할 위험표지는 다음 예의 문자 또는 이와 동등 이상의 효과를 표시하는 문자 등을 기재한 위험표지로 한다.

• 표지의 예 : 독 성 가 스 누 설 주 의 부 분

[비고]
• 문자의 크기는 가로·세로 5[cm] 이상으로 하고, 10[m] 이상 떨어진 위치에서도 알 수 있어야 한다.
• 위험표지의 바탕색은 백색, 글씨는 흑색(주의는 적색)으로 한다.
• 문자는 가로 또는 세로로 쓸 수 있다.
• 식별표지에는 다른 법령에 따른 지시사항 등을 병기할 수 있다.

42

용기 보관장소에 고압가스용기를 보관 시 준수해야 하는 사항 중 틀린 것은?

① 용기는 항상 40[℃] 이하를 유지해야 한다.
② 용기 보관장소 주위 3[m] 이내에는 화기 또는 인화성 물질을 두지 아니 한다.
③ 가연성 가스 용기보관 장소에는 방폭형 휴대용전 등외의 등화를 휴대하지 아니한다.
④ 용기보관 장소에는 충전용기와 잔가스 용기를 각각 구분하여 놓는다.

해설및용어설명 | 용기 보관장소 주위 2[m] 이내에는 화기 또는 인화성 물질이나 발화성 물질을 두지 아니한다.

43

정전기 제거 또는 발생방지 조치에 대한 설명으로 틀린 것은?

① 상대습도를 높인다.   ② 공기를 이온화시킨다.
③ 대상물을 접지시킨다.   ④ 전기저항을 증가시킨다.

해설및용어설명 | 전기저항을 감소시켜 전기가 잘 흐르도록 하여 정전기를 제거

44

최고 사용압력이 고압이고 내용적이 5[m³]인 도시가스 배관의 자기 압력기록계를 이용한 기밀시험 시 기밀유지시간은?

① 24분 이상   ② 240분 이상
③ 300분 이상   ④ 480분 이상

해설및용어설명 | 압력계 및 자기압력기록계 기밀유지시간

구분	용적	기밀유지시간
저압, 중압	1[m³] 미만	24분
	1[m³] 이상 10[m³] 미만	240분
	10[m³] 이상 300[m³] 미만	24×V분 (단, 1,440분을 초과한 경우는 1,440분으로 할 수 있다)
고압	1[m³] 미만	48분
	1[m³] 이상 10[m³] 미만	480분
	10[m³] 이상 300[m³] 미만	48×V분 (단, 2,880분을 초과한 경우는 2,880분으로 할 수 있다)

45

소비 중에는 물론 이동, 저장 중에도 아세틸렌 용기를 세워두는 이유는?

① 정전기를 방지하기 위해서
② 아세틸렌의 누출을 막기 위해서
③ 아세틸렌이 공기보다 가볍기 때문에
④ 아세틸렌이 쉽게 나오게 하기 위해서

해설및용어설명 | 아세톤이 새어나가는 것을 피하기 위하여 항상 밸브 끝을 위로 가게 하여 저장하거나 사용하여야 한다.

46

고온, 고압 시 가스 용기의 탈탄작용을 일으키는 가스는?

① C_3H_8 ② SO_3
③ H_2 ④ CO

해설및용어설명 | 수소는 고온, 고압하에서 강재 중의 탄소와 반응하여 메탄 가스를 생성하며 탈탄작용(수소취성)을 일으킨다.

- $Fe_3C + 2H_2 \rightarrow 3Fe + CH_4 \uparrow$
- 탈탄방지 재료 : 5~6[%] 크롬강, 18-8 STS강(오스테나이트계 스테인리스강)
- 탈탄방지 원소 : Ti(티탄), V(바나듐), W(텅스텐), Cr(크롬), Mo(몰리브덴)

47

독성 가스 충전용기를 운반하는 차량의 경계표지 크기의 가로 치수는 차체 폭의 몇 [%] 이상으로 하는가?

① 5[%]   ② 10[%]
③ 20[%]   ④ 30[%]

해설및용어설명 | 가로 치수는 차체 폭의 30[%] 이상으로 하고 세로 치수는 가로 치수의 20[%] 이상으로 한다.

정답 43 ④ 44 ④ 45 ② 46 ③ 47 ④

48

전기방식전류가 흐르는 상태에서 토양 중에 매설되어 있는 도시가스 배관의 방식전위는 포화황산동 기준전극으로 몇 [V] 이하이어야 하는가?

① -0.75
② -0.85
③ -1.2
④ -1.5

해설및용어설명 | 부식방지를 위한 방식전위
- 포화황산동 : -0.85[V] 이하
- 황산염환원 박테리아 번식 토양 : -0.95[V] 이하

49

가스의 종류와 용기도색의 구분이 잘못된 것은?

① 액화염소 : 황색
② 액화암모니아 : 백색
③ 에틸렌(의료용) : 자색
④ 싸이크로프로판(의료용) : 주황색

해설및용어설명 | 가연성 가스 및 독성 가스 용기도색

가스명	용기도색
액화석유가스	밝은 회색
수소	주황색
아세틸렌	황색
액화암모니아	백색
액화염소	갈색
그 밖의 가스	회색

50

독성 가스이면서 조연성 가스인 것은?

① 암모니아
② 시안화수소
③ 황화수소
④ 염소

해설및용어설명 | 암모니아, 시안화수소, 황화수소는 독성 가스이면서 가연성가스이다.

51

허가를 받아야 하는 사업에 해당되지 않는 자는?

① 압력조정기 제조사업을 하고자 하는 자
② LPG자동차 용기 충전사업을 하고자 하는 자
③ 가스난방기용 용기 제조사업을 하고자 하는 자
④ 도시가스용 보일러 제조사업을 하고자 하는 자

해설및용어설명 | 허가를 받아야 하는 사업
- 압력조정기 제조사업을 하고자 하는 자
- LPG자동차 용기 충전사업을 하고자 하는 자
- 도시가스용 보일러 제조사업을 하고자 하는 자
- 가스도매사업을 하려는 자
- 액화석유가스 판매사업을 하려는 자

52

시안화수소는 충전 후 며칠이 경과되기 전에 다른 용기에 옮겨 충전하여야 하는가?

① 30일
② 45일
③ 60일
④ 90일

해설및용어설명 | 시안화수소를 충전한 용기는 충전한 후 60일이 경과되기 전에 다른 용기에 옮겨 충전한다. 단, 98[%] 이상으로서 착색되지 아니한 것은 다른 용기에 옮겨 충전하지 않을 수 있다.

53

일반도시가스사업제조소의 가스공급시설에 설치하는 벤트스택의 기준에 대한 설명으로 틀린 것은?

① 벤트스택 높이는 방출된 가스의 착지농도가 폭발상한계값 미만이 되도록 설치한다.
② 액화가스가 함께 방출될 우려가 있는 경우에는 기액분리기를 설치한다.
③ 벤트스택 방출구는 작업원이 통행하는 장소로부터 10[m] 이상 떨어진 곳에 설치한다.
④ 벤트스택에 연결된 배관에는 응축액의 고임을 제거할 수 있는 조치를 한다.

해설및용어설명 | 벤트스택의 높이는 방출된 가스의 착지농도(着地濃度)가 폭발하한값 미만이 되도록 충분한 높이로 한다.

54

다음 중 가연성 가스가 아닌 것은?

① 아세트알데히드 ② 일산화탄소
③ 산화에틸렌   ④ 염소

해설및용어설명 |
• 아세트알데히드, 이산화탄소, 산화에틸렌 : 가연성 가스
• 염소 : 독성 가스, 조연성 가스

55

고압가스 배관을 보호하기 위하여 배관과의 수평거리 얼마 이내에서는 파일박기 작업을 하지 아니하여야 하는가?

① 0.1[m]   ② 0.3[m]
③ 0.5[m]   ④ 1[m]

해설및용어설명 | 고압가스 배관을 보호하기 위하여 고압가스 배관과의 수평거리 0.3[m] 이내에서는 파일박기 작업을 금한다.

56

고압가스 충전 등에 대한 기준으로 틀린 것은?

① 산소충전작업 시 밀폐형의 수전해조에는 액면계와 자동급수장치를 설치한다.
② 습식아세틸렌 발생기의 표면은 70[℃] 이하의 온도로 유지한다.
③ 산화에틸렌의 저장탱크에는 45[℃]에서 그 내부가스의 압력이 0.4[MPa] 이상이 되도록 탄산가스를 충전한다.
④ 시안화수소를 충전한 용기는 충전한 후 90일이 경과되기 전에 다른 용기에 옮겨 충전한다.

해설및용어설명 | 용기에 충전한 시안화수소는 순도 98[%] 이상으로서 착색되지 아니한 것을 제외하고는 60일이 경과되기 전에 다른 용기에 충전할 것

57

질소 충전용기에서 질소가스의 누출여부를 확인하는 방법으로 가장 쉽고 안전한 방법은?

① 기름 사용   ② 소리 감지
③ 비눗물 사용 ④ 전기스파크 이용

해설및용어설명 | 가스누출 여부는 보통 비눗물로 확인한다.

58

가스설비가 오조작되거나 정상적인 제조를 할 수 없는 경우 자동적으로 원재료를 차단하는 장치는?

① 인터록 기구   ② 원료제어밸브
③ 가스누출 기구   ④ 내부반응 감시기구

해설및용어설명 | 인터록 기구
가연성 가스의 제조설비에서 오조작되거나 정상적인 제조를 할 수 없는 경우에 자동적으로 원재료의 공급을 차단시키는 등 제조 설비 내의 제조를 제어할 수 있는 장치

59

폭발예방 대책을 수립하기 위하여 우선적으로 검토하여야 할 사항으로 가장 거리가 먼 것은?

① 요인분석 ② 위험성 평가
③ 피해예측 ④ 피해보상

해설및용어설명 | 재해의 대책
재해 발생의 가능성이 있고, 이에 대한 대책을 세우고자 할 때 사고의 요인분석, 위험성 평가, 피해 예측 등을 실시하여 대책의 근거를 명확히 한다. 그 근거가 명확해야 비로소 재해예방, 긴급대책, 방호 등의 계획을 세울 수 있다.

60

고압가스 안전관리법에서 주택은 제 몇 종 보호시설로 분류되는가?

① 제0종 ② 제1종
③ 제2종 ④ 제3종

해설및용어설명 | 제2종 보호시설
- 주택
- 사람을 수용하는 건축물(가설건축물은 제외한다)로서 사실상 독립된 부분의 연면적이 100[m²] 이상 1,000[m²] 미만의 것

2021년 제2회 가스산업기사 CBT 복원문제

41

흡수식 냉동설비에서 1일 냉동능력 1톤의 산정기준은?

① 발생기를 가열하는 1시간의 입열량 3,320[kcal]
② 발생기를 가열하는 1시간의 입열량 4,420[kcal]
③ 발생기를 가열하는 1시간의 입열량 5,540[kcal]
④ 발생기를 가열하는 1시간의 입열량 6,640[kcal]

해설및용어설명 | 냉동능력 산정기준
- 원심식 압축기 사용하는 냉동설비는 그 압축기의 원동기 정격출력 1.2[kW]를 1일의 냉동능력 1톤으로 본다.
- 흡수식 냉동설비는 발생기를 가열하는 1시간의 입열량 6,640[kcal]를 1일의 냉동능력 1톤으로 본다.

42

에어졸의 충전 기준에 적합한 용기의 내용적은 몇 [L] 이하이어야 하는가?

① 1 ② 2
③ 3 ④ 5

해설및용어설명 | 접합 또는 납붙임용기
동판 및 경판을 각각 성형하여 심용접이나 그 밖의 방법으로 접합하거나 납붙임하여 만든 내용적 1[L] 이하인 용기를 말한다. 에어졸 제조용, 라이터 충전용, 연료용 가스용, 절단용 또는 용접용으로 제조한다.

43

시안화수소를 용기에 충전한 후 정치해 두어야 할 기준은?

① 6시간
② 12시간
③ 20시간
④ 24시간

해설및용어설명 | 시안화수소를 충전한 용기는 충전 후 24시간 정치하고, 그 후 가스의 누설검사를 하여야 하며 용기에 충전 연월일을 명기한 표지를 붙일 것

44

고압가스 안전관리법에서 정한 특정설비가 아닌 것은?

① 기화장치
② 안전밸브
③ 용기
④ 압력용기

해설및용어설명 | 고압가스 관련 설비(특정 설비) 종류
안전밸브, 긴급차단장치, 역화방지장치, 기화장치, 압력용기, 자동차용 가스 자동주입기, 독성가스배관용 밸브, 냉동용특정설비, 고압가스용 실린더캐비닛, 자동차용 압축천연가스 완속충전설비, 액화석유가스용 용기 잔류가스회수장치, 차량에 고정된 탱크

45

고압가스용기의 재검사를 받아야 할 경우가 아닌 것은?

① 손상의 발생
② 합격표시의 훼손
③ 충전한 고압가스의 소진
④ 산업통상자원부령이 정하는 기간의 경과

해설및용어설명 | 용기 재검사
- 용기의 손상 또는 열영향을 입은 경우
- 충전할 고압가스의 종류변경
- 합격표시가 훼손된 용기
- 산업통상자원부령이 정하는 기간의 경과

46

도시가스 압력조정기의 제품성능에 대한 설명 중 틀린 것은?

① 입구 쪽은 압력조정기에 표시된 최대입구압력의 1.5배 이상의 압력으로 내압시험을 하였을 때 이상이 없어야 한다.
② 출구 쪽은 압력조정기에 표시된 최대출구압력 및 최대 폐쇄압력의 1.5배 이상의 압력으로 내압시험을 하였을 때, 이상이 없어야 한다.
③ 입구 쪽은 압력조정기에 표시된 최대입구압력 이상의 압력으로 기밀시험하였을 때 누출이 없어야 한다.
④ 출구 쪽은 압력조정기에 표시된 최대출구압력 및 최대 폐쇄압력의 1.5배 이상의 압력으로 기밀시험하였을 때 누출이 없어야 한다.

해설및용어설명 | 제품성능

- **내압 성능**
  내압시험은 다음의 압력으로 실시하였을 경우 이상이 없는 것으로 한다.
  - 입구 쪽은 압력조정기에 표시된 최대입구압력의 1.5배 이상의 압력
  - 출구 쪽은 압력조정기에 표시된 최대출구압력 및 최대폐쇄압력의 1.5배 이상의 압력

- **기밀 성능**
  기밀시험은 다음의 압력으로 실시하였을 경우 누출이 없는 것으로 한다.
  - 입구 쪽은 압력조정기에 표시된 최대입구압력 이상
  - 출구 쪽은 압력조정기에 표시된 최대출구압력 및 최대 폐쇄 압력 중 높은 압력의 1.1배 이상의 압력

- **내구 성능**
  60,000회 반복 작동 후 누출이 없고, 폐쇄압력이 내구성 시험 전 최대 폐쇄압력의 +10[%] 이내로 한다(최대표시유량이 10[Nm^3/h] 이하인 것만을 말한다).

- **내한 성능**
  압력조정기를 -25[℃]에서 1시간 방치한 후 폐쇄압력이 내한성시험 전 최대 폐쇄압력의 +10[%] 이내이고, 안전장치 작동시험에 이상이 없는 것으로 한다(최대표시유량이 10[Nm^3/h] 이하인 것만을 말한다).

47

LPG 판매 사업소의 시설기준으로 옳지 않은 것은?

① 가스누출경보기는 용기보관실에 설치하되 일체형으로 한다.
② 용기보관실의 전기설비 스위치는 용기보관실 외부에 설치한다.
③ 용기보관실의 실내온도는 40[℃] 이하로 유지한다.
④ 용기보관실 및 사무실은 동일 부지 내에 구분하여 설치한다.

해설및용어설명 | 가스누출경보기 분류
- 단독형 경보기 : 검지부와 수신부가 1개의 상자에 넣어 일체로 되어 있는 형태의 경보기로서 가정용으로 사용한다.
- 분리형 경보기 : 검지부와 수신부가 분리되어 있는 형태의 경보기로서 용도에 따라 영업용과 공업용으로 구분된다.

48

고압가스 저장설비의 내부수리를 위하여 미리 취하여야할 조치의 순서로 올바른 것은?

㉠ 작업계획을 수립한다.
㉡ 산소농도를 측정한다.
㉢ 공기로 치환한다.
㉣ 불연성 가스로 치환한다.

① ㉠-㉡-㉢-㉣
② ㉠-㉢-㉡-㉣
③ ㉠-㉣-㉡-㉢
④ ㉠-㉣-㉢-㉡

해설및용어설명 | 밀폐공간작업 질식재해예방 안전작업 절차
㉠ 작업계획을 세운다.
㉣ 내부의 가스를 불활성가스로 치환한다.
㉢ 시설내부를 공기로 재치환한다.
㉡ 공기 중의 산소농도를 측정하여 18[%] 이상일 때 출입한다.

49

운반책임자를 동승시켜 운반해야 되는 경우에 해당되지 않는 것은?

① 압축산소 : 100[m³] 이상
② 독성압축가스 : 100[m³] 이상
③ 액화산소 : 6,000[kg] 이상
④ 독성액화가스 : 1,000[kg] 이상

해설및용어설명 | 운반책임자 동승기준

가스의 종류		기준
압축가스	가연성 가스	300[m³] 이상
	조연성 가스	600[m³] 이상
액화가스	가연성 가스	3,000[kg] 이상 (납붙임용기 및 접합용기의 경우는 2,000[kg] 이상)
	조연성 가스	6,000[kg] 이상

가스의 종류	독성가스 허용농도	
	100만분의 200 초과, 100만분의 5,000 이하	100만분의 200 이하
압축가스	100[m³] 이상	10[m³] 이상
액화가스	1,000[kg] 이상	100[kg] 이상

50

국내에서 발생한 대형 도시가스 사고 중 대구 도시가스 폭발 사고의 주원인은?

① 내부 부식
② 배관의 응력부족
③ 부적절한 매설
④ 공사 중 도시가스 배관 손상

해설및용어설명 | 대구지하철 가스폭발사고의 가장 큰 원인은 도시가스 배관을 사전에 확인하지 않고 무단 굴착하는 과정에서 중장비가 가스관을 파손했기 때문이다.

51

냉동기를 제조하고자 하는 자가 갖추어야 할 제조 설비가 아닌 것은?

① 프레스 설비 ② 조립 설비
③ 용접 설비 ④ 도막 측정기

해설및용어설명 | 냉동기의 제조등록기준
냉동기 제조에 필요한 프레스설비, 제관설비, 건조설비, 용접설비 또는 조립설비 등을 갖출 것

52

압력 방폭구조의 표시방법은?

① p ② d
③ ia ④ s

해설및용어설명 | 방폭 전기기기의 구조별 표시 방법

명칭	기호	명칭	기호
내압방폭구조	d	안전증 방폭구조	e
유입방폭구조	o	본질안전방폭구조	ia, ib
압력방폭구조	p	특수방폭구조	s

53

고압가스 사업소에 설치하는 경계표지에 대한 설명으로 틀린 것은?

① 경계표지는 외부에서 보기 쉬운 곳에 게시한다.
② 사업소 내 시설 중 일부만이 같은 법의 적용을 받더라도 사업소 전체에 경계표지를 한다.
③ 충전용기 및 잔가스 용기 보관장소는 각각 구획 또는 경계선에 따라 안전확보에 필요한 용기상태를 식별할 수 있도록 한다.
④ 경계표지는 법의 적용을 받는 시설이란 것을 외부사람이 명확히 식별할 수 있어야 한다.

해설및용어설명 | 사업소 안 시설 중 일부만이 동 법의 적용을 받을 때에는 해당 시설이 설치되어 있는 구획, 건축물 또는 건축물 내에 구획된 출입구 등 외부로부터 보기 쉬운 장소에 게시한다.

54

LPG 저장설비 주위에는 경계책을 설치하여 외부인의 출입을 방지할 수 있도록 해야 한다. 경계책의 높이는 몇 [m] 이상이어야 하는가?

① 0.5[m] ② 1.5[m]
③ 2.0[m] ④ 3.0[m]

해설및용어설명 | 저장설비, 처리설비 및 감압설비를 설치한 장소 주위에는 높이 1.5[m] 이상의 철책 또는 철망 등의 경계책을 설치하여 일반인의 출입이 통제되도록 필요한 조치를 하여야 한다.

55

이동식 부탄연소기의 올바른 사용방법은?

① 바람의 영향을 줄이기 위해서 텐트 안에서 사용한다.
② 효율을 높이기 위해서 두 대를 나란히 연결하여 사용한다.
③ 사용하는 그릇은 연소기의 삼발이보다 폭이 좁은 것을 사용한다.
④ 연소기 운반 중에는 용기를 내부에 보관한다.

해설및용어설명 |
- 텐트 안에서 사용 시 산소 결핍에 의한 질식 위험
- 두 대를 나란히 연결할 경우 부탄용기의 과열로 폭발 위험
- 연소기 운반 중에는 용기를 분리하여 보관

정답 51 ④ 52 ① 53 ② 54 ② 55 ③

56

처리능력 및 저장능력이 20톤인 암모니아(NH_3)의 처리 설비 및 저장설비와 제2종 보호시설과의 안전거리의 기준은? (단, 제2종 보호시설은 사업소 및 전용공업지역 안에 있는 보호시설이 아니다)

① 12[m]
② 14[m]
③ 16[m]
④ 18[m]

해설및용어설명 |

구분	저장능력 및 처리능력	제1종 보호시설	제2종 보호시설
독성 가스 또는 가연성 가스의 저장설비	1만 이하	17[m]	12[m]
	1만 초과 2만 이하	21[m]	14[m]
	2만 초과 3만 이하	24[m]	16[m]
	3만 초과 4만 이하	27[m]	18[m]
	4만 초과 5만 이하	30[m]	20[m]
독성 가스 또는 가연성 가스의 저장 설비	5만 초과 99만 이하	30[m](가연성 가스 저온 저장탱크는 $\frac{3}{25}\sqrt{X+10,000}$ [m])	20[m](가연성 가스 저온 저장탱크는 $\frac{2}{25}\sqrt{X+10,000}$ [m])
	99만 초과	30[m](가연성 가스 저온 저장탱크는 120[m])	20[m](가연성 가스 저온 저장탱크는 80[m])

비고 • 위 표 중 각 처리능력 및 저장능력란의 단위 및 X는 1일간의 처리능력 또는 저장능력으로서 압축가스의 경우에는 [m^3], 액화가스의 경우에는 [kg]으로 한다.
• 한 사업소에 2개 이상의 처리설비 또는 저장설비가 있는 경우에는 그 처리능력별 또는 저장능력별로 각각 안전거리를 유지하여야 한다.

57

액화가스의 저장탱크 설계 시 저장능력에 따른 내용적 계산식으로 적합한 것은? (단, V : 용적[m^3], W : 저장능력(톤), d : 상용온도에서 액화가스의 비중)

① $V = W/0.9d$
② $V = W/0.85d$
③ $V = W/0.8d$
④ $V = W/0.6d$

해설및용어설명 | 액화가스 저장능력 산정
$W = 0.9dV$
다만, 소형 저장탱크의 경우에는 $W = 0.85dV$

58

아세틸렌가스 충전 시 희석제로 적합한 것은?

① N_2
② C_3H_8
③ SO_2
④ H_2

해설및용어설명 | 안전관리규정에 정한 것
질소(N_2), 메탄(CH_4), 일산화탄소(CO), 에틸렌(C_2H_4)

59

특정설비의 부품을 교체할 수 없는 수리자격자는?

① 용기제조자
② 특정설비제조자
③ 고압가스제조자
④ 검사기관

해설및용어설명 | 특정설비 부품을 교체할 수 있는 수리자격자
특정설비제조자, 고압가스제조자, 용기 등의 검사기관

60

HCN은 충전한 후 며칠이 경과하기 전에 다른 용기에 옮겨 충전하여야 하는가?

① 30일
② 60일
③ 90일
④ 120일

해설및용어설명 | 시안화수소를 충전한 용기는 충전한 후 60일이 경과되기 전에 다른 용기에 옮겨 충전한다. 단, 98[%] 이상으로서 착색되지 아니한 것은 다른 용기에 옮겨 충전하지 않을 수 있다.

2021년 제4회 가스산업기사 CBT 복원문제

41

이음매 없는 용기 제조 시 탄소함유량은 몇 [%] 이하를 사용하여야 하는가?

① 0.04 ② 0.05
③ 0.33 ④ 0.55

해설및용어설명 | 이음매 있는 용기 제조 시 탄소함유량은 0.33[%] 이하, 이음매 없는 용기 제조 시 탄소함유량은 0.55[%] 이하이다.

42

공업용 액화염소를 저장하는 용기의 도색은?

① 주황색 ② 회색
③ 갈색   ④ 백색

해설및용어설명 | 가스 종류별 용기도색

가스 종류	용기도색 공업용	용기도색 의료용
산소(O_2)	녹색	백색
수소(H_2)	주황색	-
액화탄산가스(CO_2)	청색	회색
액화석유가스	밝은 회색	-
아세틸렌(C_2H_2)	황색	-
암모니아(NH_3)	백색	-
액화염소(Cl_2)	갈색	-
질소(N_2)	회색	흑색
아산화질소(N_2O)	회색	청색
헬륨(He)	회색	갈색
에틸렌(C_2H_4)	회색	자색
사이크로프로판	회색	주황색
기타 가스	회색	-

43

아세틸렌의 품질검사에 사용하는 시약으로 맞는 것은?

① 발연황산 시약   ② 구리, 암모니아 시약
③ 피로카롤 시약   ④ 하이드로 썰파이드 시약

해설및용어설명 | 품질검사 시약 및 검사법

구분	시약	검사법
산소	구리·암모니아	오르자트법
수소	피로카롤, 하이드로 썰파이드	오르자트법
아세틸렌	발연황산	오르자트법
	브롬 시약	뷰렛법
	질산은 시약	정성시험

44

신규검사 후 경과연수가 20년 이상된 액화석유가스용 100[L] 용접용기의 재검사 주기는?

① 1년 마다 ② 2년 마다
③ 3년 마다 ④ 5년 마다

해설및용어설명 |

용기의 종류		신규검사 후 경과연수		
		15년 미만	15년 이상 20년 미만	20년 이상
		재검사 주기		
액화석유가스용 용접용기	500[L] 이상	5년마다	2년마다	1년마다
	500[L] 미만	5년마다		2년마다

정답 41 ④ 42 ③ 43 ① 44 ②

45

다음 액화가스 저장탱크 중 방류둑을 설치하여야 하는 것은?

① 저장능력이 5톤인 염소 저장탱크
② 저장능력이 8백 톤인 산소 저장탱크
③ 저장능력이 5백 톤인 수소 저장탱크
④ 저장능력이 9백 톤인 프로판 저장탱크

해설및용어설명 | 방류둑을 설치해야 하는 저장탱크
- 가연성 가스 및 산소 저장탱크 1,000톤 이상이 되는 저장탱크
- 독성 가스 저장능력이 5톤 이상 되는 저장탱크
- 독성 가스를 사용하는 수액기의 내용적이 10,000[L] 이상일 때

46

아세틸렌용 용접용기 제조 시 다공물질의 다공도는 다공물질을 용기에 충전한 상태로 몇 [℃]에서 아세톤 또는 물의 흡수량으로 측정하는가?

① 0[℃]
② 15[℃]
③ 20[℃]
④ 25[℃]

해설및용어설명 | 다공물질의 다공도는 다공물질을 용기에 충전한 상태로 온도 20[℃]에 있어서의 아세톤, 디메틸포름아미드 또는 물의 흡수량을 측정한다.

47

독성의 액화가스 저장탱크 주위에 설치하는 방류둑의 저장능력은 몇 톤 이상의 것에 한하는가?

① 3톤
② 5톤
③ 10톤
④ 50톤

해설및용어설명 | 저장 능력별 방류둑 설치 대상
- 고압가스 특정제조
  - 가연성 가스 : 500톤 이상
  - 독성 가스 : 5톤 이상
  - 액화 산소 : 1,000톤 이상
- 고압가스 일반제조
  - 가연성, 액화 산소 : 1,000톤 이상
  - 독성 가스 : 5톤 이상
- 냉동제조시설(독성 가스 냉매 사용)
  - 수액기 내용적 10,000[L] 이상

48

물분무장치 등은 저장탱크의 외면에서 몇 [m] 이상 떨어진 위치에서 조작이 가능하여야 하는가?

① 5[m]
② 10[m]
③ 15[m]
④ 20[m]

해설및용어설명 | 물분무장치 등은 해당 저장탱크의 외면에서 15[m] 이상 떨어진 안전한 위치에서 조작할 수 있어야 하고, 방류둑을 설치한 저장탱크에는 그 방류둑 밖에서 조작할 수 있도록 한다. 다만, 저장탱크의 주위에 예상되는 화재에 대비하여 유효하고 안전한 차단장치를 설치한 경우에는 물분무장치 조작기준을 적용하지 아니할 수 있다.

49

냉매 설비에는 안전을 확보하기 위하여 액면계를 설치하여야 한다. 가연성 또는 독성 가스를 냉매로 사용하는 수액기에 사용할 수 없는 액면계는?

① 환형유리관 액면계
② 정전용량식 액면계
③ 편위식 액면계
④ 회전튜브식 액면계

해설및용어설명 | 수액기에 설치하는 유리 게이지에는 그 파손을 방지하기 위한 조치를 하고, 그 수액기(가연성 가스 또는 독성가스를 냉매로 하는 것에 한정한다)와 유리 게이지를 접속하는 배관에 자동식 또는 수동식 스톱 밸브를 설치하며 액면계는 환형 유리관 액면계 이외의 것을 사용하도록 규정되어 있다.

50

액화석유가스 자동차에 고정된 용기충전의 시설에 설치되는 안전밸브 중 압축기의 최종단에 설치된 안전밸브의 작동조정의 최소 주기는?

① 6월에 1회 이상
② 1년에 1회 이상
③ 2년에 1회 이상
④ 3년에 1회 이상

해설및용어설명 | 안전밸브 중 압축기의 최종단에 설치한 것은 1년에 1회 이상, 그 밖의 안전밸브는 2년에 1회 이상 설정되는 압력 이하의 압력에 작동하도록 조정한다.

51

다음 각 용기의 기밀시험압력으로 옳은 것은?

① 초저온가스용 용기는 최고 충전압력의 1.1배의 압력
② 초저온가스용 용기는 최고 충전압력의 1.5배의 압력
③ 아세틸렌용 용기는 최고 충전압력의 1.1배의 압력
④ 아세틸렌용 용기는 최고 충전압력의 1.6배의 압력

해설및용어설명 | 기밀시험압력이란 초저온 용기 및 저온 용기의 경우에는 최고 충전압력의 1.1배의 압력, 아세틸렌용기는 최고 충전압력의 1.8배의 압력, 그 밖의 용기는 최고 충전압력을 말한다.

52

액화석유가스의 안전관리 및 사업법상 허가대상이 아닌 콕은?

① 퓨즈콕
② 상자콕
③ 주물연소기용노즐콕
④ 호스콕

해설및용어설명 | 허가대상 가스용품(액화석유가스법 시행규칙 별표 3)
• 콕 : 퓨즈콕, 상자콕, 주물연소기용 노즐콕 및 업무용 대형연소기용 노즐콕을 말한다.

53

가스안전성 평가 기법 중 정성적 안전성 평가기법은?

① 체크리스트 기법
② 결함수 분석기법
③ 원인결과 분석기법
④ 작업자실수 분석기법

해설및용어설명 |
• 정성적 평가 : 체크리스트 기법, 상대위험순위 결정기법, 사고예상질문 분석기법, 위험과운전 분석기법
• 정량적 평가 : 결함수 분석기법, 사건수 분석기법, 원인결과 분석기법

54

특정고압가스 사용시설의 기준에 대한 설명 중 옳은 것은?

① 산소 저장설비 주위 8[m] 이내에는 화기를 취급하지 않는다.
② 고압가스 설비는 상용압력 2.5배 이상의 내압시험에 합격한 것을 사용한다.
③ 독성가스 감압 설비와 당해 가스반응 설비 간의 배관에는 역류방지장치를 설치한다.
④ 액화가스 저장량이 100[kg] 이상인 용기보관실에는 방호벽을 설치한다.

해설및용어설명 |
• 가연성 가스의 가스설비 및 저장설비 외면과 화기와의 우회거리는 8[m](산소 저장설비는 5[m]) 이상으로 하며, 작업에 필요한 양 이상의 연소하기 쉬운 물질을 두지 아니한다.
• 고압가스설비는 그 고압가스를 안전하게 취급할 수 있도록 하기 위하여 상용압력의 1.5배 이상의 압력으로 실시하는 내압시험에 합격한 것이고, 상용압력 이상의 압력으로 기밀시험을 실시하여 이상이 없어야 한다.
• 고압가스의 저장량이 300[kg](압축가스의 경우에는 $1[m^3]$를 5[kg]으로 본다) 이상인 용기보관실의 벽은 방호벽으로 설치한다.

55

용기에 의한 액화석유가스 사용시설에서 호칭지름이 20[mm]인 가스배관을 노출하여 설치할 경우 배관이 움직이지 않도록 고정장치를 몇 [m]마다 설치하여야 하는가?

① 1[m]   ② 2[m]
③ 3[m]   ④ 4[m]

해설및용어설명 | 「도시가스사업법 시행규칙」 별표7에 따라 배관은 움직이지 않도록 고정 부착하는 조치를 하되, 그 호칭지름이 13[mm] 미만의 것에는 1[m]마다, 13[mm] 이상 33[mm] 미만의 것에는 2[m]마다, 33[mm] 이상의 것에는 3[m]마다 고정장치를 설치하도록 하고 있으며 배관과 고정장치 사이에는 절연조치를 하도록 하고 있다.

56

독성가스 저장탱크를 지상에 설치하는 경우 몇 톤 이상일 때 방류둑을 설치하여야 하는가?

① 5   ② 10
③ 50   ④ 100

해설및용어설명 | 방류둑을 설치해야 하는 저장탱크
- 가연성 가스 및 산소 저장탱크 1,000톤 이상이 되는 저장탱크
- 독성 가스 저장능력이 5톤 이상 되는 저장탱크
- 독성 가스를 사용하는 수액기의 내용적이 10,000[L] 이상일 때

57

포스겐가스($COCl_2$)를 취급할 때의 주의사항으로 옳지 않은 것은?

① 취급 시 방독마스크를 착용할 것
② 공기보다 가벼우므로 환기시설은 보관장소의 위쪽에 설치할 것
③ 사용 후 폐가스를 방출할 때에는 중화시킨 후 옥외로 방출시킬 것
④ 취급장소는 환기가 잘되는 곳일 것

해설및용어설명 | 포스겐가스 분자량은 98.92[g/mol]으로 공기(29[g/mol])보다 무거우므로 환기시설은 보관장소의 아래쪽에 설치할 것

58

고압가스 특정제조시설 중 배관의 누출확산 방지를 위한 시설 및 기술기준을 옳지 않은 것은?

① 시가지, 하천, 터널 및 수로 중에 배관을 설치하는 경우에는 누출된 가스의 확산방지조치를 한다.
② 사질토 등의 특수성 지반(해저 제외) 중에 배관을 설치하는 경우에는 누출가스의 확산방지조치를 한다.
③ 고압가스의 온도와 압력에 따라 배관의 유지관리에 필요한 거리를 확보한다.
④ 독성가스의 용기보관실은 누출되는 가스의 확산을 적절하게 방지할 수 있는 구조로 한다.

해설및용어설명 | 누출확산 방지 조치
시가지·하천·터널·도로·수로 및 사질토 등의 특수성 지반(해저를 제외한다) 중에 배관을 설치하는 경우에는 고압가스의 종류에 따라 안전한 방법으로 누출된 가스의 확산방지 조치를 한다. 이 경우 고압가스의 종류 및 압력과 배관의 주위상황에 따라 배관을 2중관으로 하고, 가스누출검지 경보장치를 설치한다.

59

독성 가스용기 운반 등의 기준으로 옳지 않은 것은?

① 충전용기를 운반하는 가스운반 전용차량의 적재함에는 리프트를 설치한다.
② 용기의 충격을 완화하기 위하여 완충판 등을 비치한다.
③ 충전용기를 용기보관장소로 운반할 때에는 가능한 손수레를 사용하거나 용기의 밑부분을 이용하여 운반한다.
④ 충전용기를 차량에 적재할 때에는 운행 중의 동요로 인하여 용기가 충돌하지 않도록 눕혀서 적재한다.

해설및용어설명 | 독성 가스용기 운반기준
- 운반차량 : 가스운반차량의 적재함에는 리프트를 설치한다.
- 적재기준
  - 충전용기를 차량에 적재하여 운반할 때는 고압가스 운반차량에 세워 적재한다.
  - 차량의 최대 적재량을 초과하여 적재하지 않는다.
  - 낱붙임용기 또는 접합용기에 고압가스를 충전하여 차량에 적재할 땐 포장상자의 외면에 가스의 종류, 용도 및 취급 시 주의사항을 개재한 것만 적재, 이탈을 방지하기 위하여 보호망을 적재함에 씌운다.
  - 차량 운행 중의 흔들림으로 용기가 충돌하지 않도록 고무링을 씌우거나 적재함에 세워 적재한다.
  - 밸브가 돌출한 충전용기는 고정식 프로덱터나 캡을 부착시켜 밸브의 손상을 방지한다.

60

액화염소 142[g]을 기화시키면 표준상태에서 몇 [L]의 기체 염소가 되는가? (단, 염소의 원자량은 35.5이다)

① 22.4　　　　② 44.8
③ 67.2　　　　④ 89.6

해설및용어설명 | 염소 1몰(분자량 71[g])의 부피는 표준상태에서 22.4[L]이므로 142[g]일 경우 부피는 44.8[L]가 된다.

2022년 제1회 가스산업기사 CBT 복원문제

41

저장량 15톤의 액화산소 저장탱크를 지하에 설치할 경우 인근에 위치한 연면적 300[m²]인 교회와 몇 [m] 이상의 거리를 유지하여야 하는가?

① 6[m]　　　　② 7[m]
③ 12[m]　　　④ 14[m]

해설및용어설명 | 산소 저장설비와 보호 시설별 안전거리

저장 능력	제1종	제2종
1만 이하	12	8
1만 초과 ~ 2만 이하	14	9
2만 초과 ~ 3만 이하	16	11
3만 초과 ~ 4만 이하	18	13
4만 초과	20	14

- 교회는 1종 보호시설이다.
- 저장설비를 지하에 설치하는 경우에는 보호시설과의 거리에 2분의 1을 곱한 거리를 유지

$$14 \times \frac{1}{2} = 7[m]$$

42

액화석유가스의 안전관리 및 사업법상 허가대상이 아닌 콕은?

① 퓨즈콕　　　　② 상자콕
③ 주물연소기용노즐콕　④ 호스콕

해설및용어설명 | 허가대상 가스용품(액화석유가스법 시행규칙 별표 3)
- 콕 : 퓨즈콕, 상자콕, 주물연소기용 노즐콕 및 업무용 대형연소기용 노즐콕을 말한다.

43

20[kg]의 LPG가 누출하여 폭발할 경우 TNT폭발 위력으로 환산하면 TNT 약 몇 [kg]에 해당하는가? (단, LPG의 폭발효율은 3[%]이고 발열량은 12,000[kcal/kg], TNT의 연소열은 1,100[kcal/kg]이다)

① 0.6 ② 6.5
③ 16.2 ④ 26.6

해설및용어설명 |

$$TNT당량 = \frac{총 발생열량}{TNT방출에너지}$$

$$= \frac{20 \times 12,000 \times 0.03}{1,100}$$

$$= 6.5[kg]$$

44

수소의 성질에 관한 설명으로 틀린 것은?

① 모든 가스 중에 가장 가볍다.
② 열전달률이 아주 작다.
③ 폭발범위가 아주 넓다.
④ 고온, 고압에서 강제 중의 탄소와 반응한다.

해설및용어설명 | 수소는 가장 가벼운 원소로 모든 기체 중에서 열전도도가 가장 높고, 확산계수가 가장 크다.

45

고압가스 사용상 주의할 점으로 옳지 않은 것은?

① 저장탱크의 내부압력이 외부압력보다 낮아짐에 따라 그 저장탱크가 파괴되는 것을 방지하기 위하여 긴급 차단장치를 설치한다.
② 가연성 가스를 압축하는 압축기와 오토크레이브 사이의 배관에 역화방지장치를 설치해두어야 한다.
③ 밸브, 배관, 압력게이지 등의 부착부로부터 누출(Leakage) 여부를 비눗물, 검지기 및 검지액 등으로 점검한 후 작업을 시작해야 한다.
④ 각각의 독성에 적합한 방독마스크, 가급적이면 송기식 마스크, 공기 호흡기 및 보안경 등을 준비해 두어야 한다.

해설및용어설명 | 부압파괴방지설비
가연성가스 저온저장탱크는 저장탱크의 내부압력이 외부압력보다 낮아짐에 따라 저장탱크가 파괴되는 것을 방지한다.

46

아세틸렌가스를 2.5[MPa]의 압력으로 압축할 때 첨가하는 희석제가 아닌 것은?

① 질소 ② 메탄
③ 일산화탄소 ④ 산소

해설및용어설명 | 아세틸렌 희석제
메탄, 일산화탄소, 수소, 에틸렌, 질소

47

일반도시가스공급시설의 기화장치에 대한 기준으로 틀린 것은?

① 기화장치에는 액화가스가 넘쳐 흐르는 것을 방지하는 장치를 설치한다.
② 기화장치는 직화식 가열구조가 아닌 것으로 한다.
③ 기화장치로서 온수로 가열하는 구조의 것은 급수부에 동결방지를 위하여 부동액을 첨가한다.
④ 기화장치의 조작용 전원이 정지할 때에도 가스공급을 계속 유지할 수 있도록 자가발전기를 설치한다.

해설및용어설명 | 기화장치로서 온수로 가열하는 구조의 것은 온수부에 동결방지를 위하여 부동액을 첨가한다.

48

액화가스 저장탱크의 저장능력을 산출하는 식은? (단, Q : 저장능력[m³], W : 저장능력[kg], V : 내용적[L], P : 35[℃]에서 최고충전압력[MPa], d : 사용온도 내에서 액화가스 비중[kg/L], C : 가스의 종류에 따른 정수이다)

① $W = C/V$
② $W = 0.9dV$
③ $Q = (10P+1)V$
④ $Q = (P+2)V$

해설및용어설명 |
- 액화가스 저장탱크 $W = 0.9dV$
- 압축가스, 저장탱크 및 용기 $Q = (P+1)V$
- 액화가스 용기(충전용기, 탱크로리) $W = \dfrac{V}{C}$

49

아세틸렌가스 충전 시 희석제로 적합한 것은?

① N_2
② C_3H_8
③ SO_2
④ H_2

해설및용어설명 | 희석제 종류
- 안전관리 규정에 정한 것 : 질소(N_2), 메탄(CH_4), 일산화탄소(CO), 에틸렌(C_2H_4)
- 희석제로 가능한 것 : 수소(H_2), 프로판(C_3H_8), 이산화탄소(CO_2)

50

최고사용압력이 고압이고 내용적이 5[m³]인 도시가스 배관의 자기압력기록계를 이용한 기밀시험 시 기밀 유지시간은?

① 24분 이상
② 240분 이상
③ 300분 이상
④ 480분 이상

해설및용어설명 | 압력계 및 자기압력기록계 기밀유지시간

구분	용적	기밀유지시간
저압, 중압	1[m³] 미만	24분
	1[m³] 이상 10[m³] 미만	240분
	10[m³] 이상 300[m³] 미만	24×V분 (단, 1,440분을 초과한 경우는 1,440분으로 할 수 있다)
고압	1[m³] 미만	48분
	1[m³] 이상 10[m³] 미만	480분
	10[m³] 이상 300[m³] 미만	48×V분 (단, 2,880분을 초과한 경우는 2,880분으로 할 수 있다)

51

검사에 합격한 고압가스용기의 각인 사항에 해당하지 않는 것은?

① 용기제조업자의 명칭 또는 약호
② 충전하는 가스의 명칭
③ 용기의 번호
④ 기밀시험압력

해설및용어설명 | 용기의 각인
보기 쉬운 곳에 각인 또는 금속박판에 각인한 것을 그 용기에 부착

- 용기 제조업자의 명칭 또는 약호
- 충전가스 명칭
- 용기번호
- 내용적(기호 : V, 단위 : [L])(액화석유가스용기는 제외)
- 초저온 용기 외의 용기는 밸브 및 부속품(분리 할 수 있는 것에 한한다)을 포함하지 않는 용기의 질량(기호 : W, 단위 : [kg])
- 아세틸렌가스 충전용기는 위 항목 용기의 질량에 용기의 다공물질·용제 및 밸브의 질량을 합한 질량(기호 : TW, 단위 : [kg])
- 내압시험합격 연월
- 내압시험압력
- 최고충전압력
- 내용적이 500[L]를 초과하는 용기에는 동판의 두께
- 충전량[kg](납붙임 또는 접합용기에 한정한다)

52

다음 [보기] 중 용기 제조자의 수리범위에 해당하는 것을 모두 옳게 나열된 것은?

[보기]
㉠ 용기 몸체의 용접
㉡ 용기 부속품의 부품 교체
㉢ 초저온 용기의 단열재 교체
㉣ 아세틸렌용기 내의 다공물질 교체

① ㉠, ㉡
② ㉢, ㉣
③ ㉠, ㉡, ㉢
④ ㉠, ㉡, ㉢, ㉣

해설및용어설명 | 용기 제조자 수리범위
- 용기 몸체의 용접
- 아세틸렌용기 내의 다공물질 교체
- 용기의 스커트·프로텍터 및 넥크링의 교체 및 가공
- 용기 부속품의 부품 교체
- 저온 또는 초저온 용기의 단열재 교체
- 초저온 용기 부속품의 탈·부착

53

액화염소 2,000[kg]을 차량에 적재하여 운반할 때 휴대하여야 할 소석회는 몇 [kg] 이상을 기준으로 하는가?

① 10
② 20
③ 30
④ 40

해설및용어설명 | 액화염소 운반 시 소석회 휴대량
- 1,000[kg] 미만 : 20[kg]
- 1,000[kg] 이상 : 40[kg]

54

$-162[℃]$의 LNG(액비중 : 0.46, CH_4 : 90[%], C_2H_6 : 10[%]) $1[m^3]$을 $20[℃]$까지 기화시켰을 때의 부피는 약 몇 $[m^3]$인가?

① 592.6
② 635.6
③ 645.6
④ 692.6

해설및용어설명 | 몰수 $= \dfrac{질량}{분자량} = \dfrac{0.46 \times 1,000[kg/m^3]}{16 \times 0.9 + 30 \times 0.1} = 26.44[kmol]$

표준상태(1기압, 0[℃])에서 1[kmol]의 부피는 $22.4[m^3]$이므로 체적으로 환산하면 $26.44 \times 22.4 = 592.26[m^3]$

기체상태에서 온도에 따른 체적변화를 감안하여 온도보정하면
$592.26 \times \dfrac{273 + 20}{273} = 635.65[m^3]$

55

액체염소가 누출된 경우 필요한 조치가 아닌 것은?

① 물살포 ② 소석회 살포
③ 가성소다 살포 ④ 탄산소다 수용액 살포

해설및용어설명 | 독성가스 제독제

가스 종류	제독제 종류
염소	가성소다 수용액, 탄산소다 수용액, 소석회
포스겐	가성소다 수용액, 소석회
황화수소	가성소다 수용액, 탄산소다 수용액
시안화수소	가성소다 수용액
아황산가스	가성소다 수용액, 탄산소다 수용액, 물
암모니아, 산화에틸렌, 염화메탄	물

※ 염소는 물과 반응 시 염산이 생성되므로 부식의 우려가 있어 부적합하다.

56

LPG사용시설에서 충전질량이 500[kg]인 소형저장탱크를 2개 설치하고자 할 때 탱크 간 거리는 얼마 이상을 유지하여야 하는가?

① 0.3[m] ② 0.5[m]
③ 1[m] ④ 2[m]

해설및용어설명 | 소형저장탱크의 설치거리(액법 시행규칙 별표 20)

소형저장탱크의 충전질량[kg]	탱크 간 거리
1,000 미만	0.3 이상
1,000 이상 2,000 미만	0.5 이상
2,000 이상	0.5 이상

57

이동식 부탄연소기 및 접합용기(부탄캔) 폭발사고의 예방 대책이 아닌 것은?

① 이동식 부탄연소기보다 큰 과대 불판을 사용하지 않는다.
② 접합용기(부탄캔) 내 가스를 다 사용한 후에는 용기에 구멍을 내어 내부의 가스를 완전히 제거한 후 버린다.
③ 이동식 부탄연소기를 사용하여 음식물을 조리한 경우에는 조리 완료 후 이동식 부탄연소기의 용기 체결 홀더 밖으로 접합용기(부탄캔)를 분리한다.
④ 접합용기(부탄캔)는 스틸이므로 가스를 다 사용한 후에는 그대로 재활용 쓰레기통에 버린다.

해설및용어설명 |

- 과대조리기(알루미늄 호일을 감은 석쇠, 스레이트판, 넓은 불판 등) 사용 금지
- 2개 이상 이동식부탄연소기(휴대용 가스레인지) 사용 시 근접 사용 금지
- 사용한 빈 용기나 예비용기는 열영향이 없는 곳에 격리하여 보관
- 사용한 빈 용기는 구멍을 뚫어 폐기처분(쓰레기 소각 중 폭발)

58

가연성가스를 운반하는 경우 반드시 휴대하여야 하는 장비가 아닌 것은?

① 소화설비 ② 방독마스크
③ 가스누출검지기 ④ 누출방지 공구

해설및용어설명 | 방독 마스크는 독성 가스를 운반하는 경우에 휴대하여야 한다.

59

가스 배관은 움직이지 아니하도록 고정 부착하는 조치를 하여야 한다. 관경이 13[mm] 이상 33[mm] 미만의 것에는 얼마의 길이마다 고정 장치를 하여야 하는가?

① 1[m] 마다 ② 2[m] 마다
③ 3[m] 마다 ④ 4[m] 마다

해설및용어설명 | 배관의 고정
- 관경 13[mm] 미만 : 1[m]마다
- 관경 13[mm] 이상 33[mm] 미만 : 2[m]마다
- 관경 33[mm] 이상 : 3[m]마다

60

의료용 산소 가스용기를 표시하는 색깔은?

① 갈색 ② 백색
③ 청색 ④ 자색

해설및용어설명 | 가스 종류별 용기 도색

가스 종류	용기도색	
	공업용	의료용
산소(O_2)	녹색	백색
수소(H_2)	주황색	-
액화탄산가스(CO_2)	청색	회색
액화석유가스	밝은 회색	-
아세틸렌(C_2H_2)	황색	-
암모니아(NH_3)	백색	-
액화염소(Cl_2)	갈색	-
질소(N_2)	회색	흑색
아산화질소(N_2O)	회색	청색
헬륨(He)	회색	갈색
에틸렌(C_2H_4)	회색	자색
사이크로 프로판	회색	주황색
기타 가스	회색	-

2022년 제2회 가스산업기사 CBT 복원문제

41

동절기의 습도 50[%] 이하인 경우에는 수소용기 밸브의 개폐를 서서히 하여야 한다. 주된 이유는?

① 밸브파열 ② 분해폭발
③ 정전기방지 ④ 용기압력유지

해설및용어설명 | 습도가 낮을 때 용기밸브의 급격한 조작으로 정전기가 발생할 가능성이 높고 정전기가 점화원이 되어 수소가스에 착화될 수 있으므로 용기밸브의 개폐는 서서히 하여야 한다.

42

공기액화분리장치의 폭발 원인이 아닌 것은?

① 이산화탄소와 수분제거
② 액체공기 중 오존의 혼입
③ 공기취입구에서 아세틸렌 혼입
④ 윤활유 분해에 따른 탄화수소 생성

해설및용어설명 |
- 공기액화분리장치 폭발원인
  - 공기취입구로부터 아세틸렌의 혼입
  - 압축기용 윤활유의 분해에 따른 탄화수소류 생성
  - 공기 중에 있는 산화질소, 과산화질소 등 질소화합물의 생성
  - 액체공기 중의 오존의 혼입
- 공기액화분리장치 폭발 방지대책
  - 장치 내 여과기 설치
  - 공기흡입구를 아세틸렌이 흡입되지 않는 장소에 설치
  - 압축기의 윤활유는 양질의 광유 사용, 물과 기름의 분리
  - 장치는 1년에 1회 이상 사염화탄소 등의 세정액으로 세척

43

고압가스 특정제조시설에서 고압가스 배관을 시가지 외의 도로 노면 밑에 매설하고자 할 때 노면으로부터 배관 외면까지의 매설깊이는?

① 1.0[m] 이상
② 1.2[m] 이상
③ 1.5[m] 이상
④ 2.0[m] 이상

해설및용어설명 | 고압가스 특정 제조 시설의 매설 깊이
- 산이나 들에서는 1[m] 이상, 그 밖의 지역에서는 1.2[m] 이상으로 한다.
- 시가지의 도로 노면 밑에 매설하는 경우에는 노면으로부터 배관의 외면까지의 깊이를 1.5[m] 이상으로 한다.
- 시가지 외의 도로 노면 밑에 매설하는 경우에는 노면으로부터 배관의 외면까지의 깊이를 1.2[m] 이상
- 배관 철도부지 매설시 지표면으로부터 배관의 외면까지의 깊이는 1.2[m] 이상으로 한다.

44

가스보일러 설치 후 설치·시공확인서를 작성하여 사용자에게 교부하여야 한다. 이때 가스보일러 설치·시공 확인사항이 아닌 것은?

① 사용교육의 실시여부
② 최근의 안전점검 결과
③ 배기가스 적정 배기 여부
④ 연통의 접속부 이탈여부 및 막힘 여부

해설및용어설명 | 가스보일러 설치·시공 확인사항
- 급기구, 상부환기구의 적합 여부
- 공동배기구, 배기통의 막힘 여부
- 가스 누출 여부
- 보일러의 정상 작동 여부
- 배기가스 적정 배기 여부
- 사용 교육의 실시 여부
- 연돌기밀 확인 여부
- 일산화탄소 경보기 적정 설치 여부
- 기타 특이사항

45

시안화수소(HCN)에 첨가되는 안정제로 사용되는 중합방지제가 아닌 것은?

① NaOH
② SO_2
③ H_2SO_4
④ $CaCl_2$

해설및용어설명 | 중합폭발방지용 안정제의 종류
황산(H_2SO_4), 아황산가스(SO_2), 동, 동망, 염화칼슘($CaCl_2$), 인산(H_3PO_4), 오산화인(PO_5) 등

46

산소와 혼합가스를 형성할 경우 화염온도가 가장 높은 가연성 가스는?

① 메탄
② 수소
③ 아세틸렌
④ 프로판

해설및용어설명 | 화염온도
- 메탄 : 2,700[℃]
- 수소 : 2,900[℃]
- 아세틸렌 : 3,500[℃]
- 프로판 : 2,820[℃]

47

액화석유가스를 충전한 자동차에 고정된 탱크는 지상에 설치된 저장탱크의 외면으로부터 몇 [m] 이상 떨어져 정차하여야 하는가?

① 1
② 3
③ 5
④ 8

해설및용어설명 | 자동차에 고정된 탱크는 저장탱크의 외면으로부터 3[m] 이상 떨어져 정지할 것. 다만, 저장탱크와 자동차에 고정된 탱크와의 사이에 방호 울타리 등을 설치한 경우에는 그러하지 아니한다.

48

독성가스가 누출되었을 경우 이에 대한 제독조치로써 적당하지 않은 것은?

① 물 또는 흡수제에 의하여 흡수 또는 중화하는 조치
② 밴트스택을 통하여 공기 중에 방출시키는 조치
③ 흡착제에 의하여 흡착제거하는 조치
④ 집액구 등으로 고인 액화가스를 펌프 등의 이송 설비로 반송하는 조치

해설및용어설명 | 벤트스택을 통해 배출되는 독성가스는 흡수탑, 흡착탑 또는 플레어스택 등과 같은 배기처리시설을 통해서 처리되어야 한다.

49

이동식 부탄연소기의 올바른 사용 방법은?

① 바람의 영향을 줄이기 위해서 텐트 안에서 사용한다.
② 효율을 높이기 위해서 두 대를 나란히 연결하여 사용한다.
③ 사용하는 그릇은 연소기의 삼발이보다 폭이 좁은 것을 사용한다.
④ 연소기 운반 중에는 용기를 연소기 내부에 보관한다.

해설및용어설명 |
• 텐트 안에서 사용 시 산소 결핍에 의한 질식 위험
• 두 대를 나란히 연결할 경우 부탄용기의 과열로 폭발 위험
• 연소기 운반 중에는 용기를 분리하여 보관

50

용기보관 장소에 대한 설명 중 옳지 않은 것은?

① 산소 충전용기 보관실의 지붕은 콘크리트로 견고히 한다.
② 독성가스 용기보관실에는 가스누출검지 경보장치를 설치한다.
③ 공기보다 무거운 가연성가스의 용기보관실에는 가스 누출검지경보장치를 설치한다.
④ 용기보관 장소의 경계표지는 출입구 등 외부로부터 보기 쉬운 곳에 게시한다.

해설및용어설명 |
• 충전용기의 보관실은 불연재료를 사용하고 불연성의 재료나 난연성의 재료를 사용한 가벼운 지붕을 설치한다. 다만, 허가관청이 건축물의 구조로 보아 가벼운 지붕을 설치하기가 현저히 곤란하다고 인정하는 경우에는 허가관청이 정하는 구조나 시설을 갖추어야 한다.
• 독성가스 및 공기보다 무거운 가연성가스의 용기보관실에는 가스가 누출될 경우 이를 신속히 검지하여 효과적으로 대응할 수 있도록 하기 위하여 기준에 따라 가스누출검지경보장치를 설치한다.
• 경계표지는 해당 용기보관실의 출입구 등 외부로부터 보기 쉬운 곳에 게시한다. 이 경우 출입하는 방향이 여러 곳일 경우에는 그 장소마다 게시한다.

51

사람이 사망한 도시가스 사고 발생 시 사업자가 한국가스안전공사에 상보(서면으로 제출하는 상세한 통보)를 할 때 그 기한은 며칠 이내인가?

① 사고발생 후 5일   ② 사고발생 후 7일
③ 사고발생 후 14일   ④ 사고발생 후 20일

해설및용어설명 | 가스로 인한 사망사고는 사고 즉시 속보하고 사고 발생 후 20일 이내에 상보해야 한다. 부상이나 중독 사고는 속보와 사고 발생 후 10일 이내 상보해야한다. 가스누출에 의한 폭발 화재 사고, 사업자 등의 저장탱크에서 가스에서 누출된 사고도 즉시 통보해야한다.

52

고압가스 운반차량의 운행 중 조치사항으로 틀린 것은?

① 400[km] 이상 거리를 운행할 경우 중간에 휴식을 취한다.
② 독성가스를 운반 중 도난 당하거나 분실한 때에는 즉시 그 내용을 경찰서에 신고한다.
③ 독성가스를 운반하는 때는 그 고압가스의 명칭, 성질 및 이동 중의 재해방지를 위하여 필요한 주의사항을 기재한 서류를 운전자 또는 운반책임자에게 교부한다.
④ 고압가스를 적재하여 운반하는 차량은 차량의 고장, 교통사정, 운전자 또는 운반책임자의 휴식할 경우 운반책임자와 운전자가 동시에 이탈하지 아니 한다.

해설및용어설명 | 200[km] 이상의 거리를 운행하는 경우에는 중간에 충분한 휴식을 취한 후 운행할 것

53

도시가스 제조시설에서 벤트스택의 설치에 대한 설명으로 틀린 것은?

① 벤트스택 높이는 방출된 가스의 착지농도가 폭발상한계값 미만이 되도록 설치한다.
② 벤트스택에는 액화가스가 함께 방출되지 않도록 하는 조치를 한다.
③ 벤트스택 방출구는 작업원이 통행하는 장소로부터 5[m] 이상 떨어진 곳에 설치한다.
④ 벤트스택에 연결된 배관에는 응축액의 고임을 제거할 수 있는 조치를 한다.

해설및용어설명 |
- 벤트 스택의 높이는 방출된 가스의 착지농도가 폭발하한계값 미만이 되도록 충분한 높이로 한다.
- 벤트 스택 방출구의 위치는 작업원이 정상 작업을 하는 데 필요한 장소 및 작업원이 항시 통행하는 장소로부터 5[m] 이상 떨어진 곳에 설치하여야 한다.
- 벤트 스택에는 정전기 또는 낙뢰 등에 의하여 착화된 경우에는 소화할 수 있는 조치를 강구하여야 한다.
- 벤트 스택 또는 그 벤트 스택에 연결된 배관에는 응축액의 고임을 제거 또는 방지하기 위한 조치를 하여야 한다.
- 액화가스가 함께 방출되거나 급랭될 우려가 있는 벤트스택에는 액화가스가 함께 방출되지 않는 조치를 하여야 한다.

54

소비 중에는 물론 이동, 저장 중에도 아세틸렌 용기를 세워두는 이유는?

① 정전기를 방지하기 위해서
② 아세톤의 누출을 막기 위해서
③ 아세틸렌이 공기보다 가볍기 때문에
④ 아세틸렌이 쉽게 나오게 하기 위해서

해설및용어설명 | 아세톤이 새어나가는 것을 피하기 위하여 항상 밸브 끝을 위로 가게 하여 저장하거나 사용하여야 한다.

55

차량에 혼합 적재할 수 없는 가스끼리 짝지어져 있는 것은?

① 프로판, 부탄
② 염소, 아세틸렌
③ 프로필렌, 프로판
④ 시안화수소, 에탄

해설및용어설명 | 혼합적재 금지 기준
- 염소와 아세틸렌·암모니아 또는 수소는 동일차량에 적재하여 운반하지 아니할 것
- 가연성가스와 산소를 동일차량에 적재하여 운반하는 때에는 그 충전용기의 밸브가 서로 마주보지 아니하도록 적재할 것
- 충전용기와 위험물안전관리법이 정하는 위험물과는 동일차량에 적재하여 운반하지 아니할 것

56

밸브가 돌출한 용기를 용기보관소에 보관하는 경우 넘어짐 등으로 인한 충격 및 밸브의 손상을 방지하기 위한 조치를 하지 않아도 되는 용기의 내용적의 기준은?

① 1[L] 미만
② 3[L] 미만
③ 5[L] 미만
④ 10[L] 미만

해설 및 용어설명 | 충전용기(내용적이 5[L] 이하인 것은 제외)에는 넘어짐 등에 의한 충격이나 밸브의 손상을 방지하는 조치를 하고 난폭한 취급을 하지 아니할 것

57

산소, 아세틸렌 및 수소를 제조하는 자가 실시하여야 하는 품질검사의 주기는?

① 1일 1회 이상
② 1주 1회 이상
③ 월 1회 이상
④ 연 2회 이상

해설 및 용어설명 | 품질 검사 방법
산소·아세틸렌 및 수소를 제조하는 자는 일정한 순도 이상의 품질 유지를 위하여 1일 1회 이상 적절한 방법으로 품질검사를 하여 그 순도가 산소의 경우에는 99.5[%], 아세틸렌의 경우에는 98[%], 수소의 경우에는 98.5[%] 이상이어야 하고, 그 검사결과를 기록할 것

58

액화가스를 차량에 고정된 탱크에 의해 250[km]의 거리까지 운반하려고 한다. 운반책임자가 동승하여 감독 및 지원을 할 필요가 없는 경우는?

① 에틸렌 : 3,000[kg]
② 아산화질소 : 3,000[kg]
③ 암모니아 : 1,000[kg]
④ 산소 : 6,000[kg]

해설 및 용어설명 | 운반책임자 동승기준

가스의 종류		기준
압축가스	가연성 가스	300[m³] 이상
	조연성 가스	600[m³] 이상
액화가스	가연성 가스	3,000[kg] 이상 (납붙임용기 및 접합용기의 경우는 2,000[kg] 이상)
	조연성 가스	6,000[kg] 이상

※ 아산화질소(조연성가스) : 6,000[kg] 이상

가스의 종류	독성가스 허용농도	
	100만분의 200 초과, 100만분의 5,000 이하	100만분의 200 이하
압축가스	100[m³] 이상	10[m³] 이상
액화가스	1,000[kg] 이상	100[kg] 이상

59

고압가스 일반제조시설에서 저장탱크 및 처리설비를 실내에 설치하는 경우의 기준으로 틀린 것은?

① 저장탱크실과 처리설비실을 각각 구분하여 설치하고 강제 환기시설을 갖춘다.
② 저장탱크실의 천장, 벽 및 바닥의 두께는 20[cm] 이상으로 한다.
③ 저장탱크를 2개 이상 설치하는 경우에는 저장탱크실을 각각 구분하여 설치한다.
④ 저장탱크에 설치한 안전밸브는 지상 5[m] 이상의 높이에 방출구가 있는 가스방출관을 설치한다.

해설 및 용어설명 | 저장탱크실의 천장, 벽 및 바닥의 두께가 각각 30[cm] 이상인 철근콘크리트로 만든 실로서 방수처리가 된 것으로 한다.

60

공업용 액화염소를 저장하는 용기의 도색은?

① 주황색 ② 회색
③ 갈색   ④ 백색

해설및용어설명 | 가스 종류별 용기 도색

가스 종류	용기도색	
	공업용	의료용
산소(O_2)	녹색	백색
수소(H_2)	주황색	-
액화탄산가스(CO_2)	청색	회색
액화석유가스	밝은 회색	-
아세틸렌(C_2H_2)	황색	-
암모니아(NH_3)	백색	-
액화염소(Cl_2)	갈색	-
질소(N_2)	회색	흑색
아산화질소(N_2O)	회색	청색
헬륨(He)	회색	갈색
에틸렌(C_2H_4)	회색	자색
사이크로 프로판	회색	주황색
기타 가스	회색	-

2022년 제4회 가스산업기사 CBT 복원문제

41

액화석유가스 자동차용 충전시설의 충전호스의 설치 기준으로 옳은 것은?

① 충전호스의 길이는 5[m] 이내로 한다.
② 충전호스에 과도한 인장력을 가하여도 호스와 충전기는 안전 하여야 한다.
③ 충전호스에 부착하는 가스주입기는 더블터치형으로 한다.
④ 충전기와 가스주입기는 일체형으로 하여 분리되지 않도록 하여야 한다.

해설및용어설명 | 충전호스 설치 기준

• 충전기의 충전호스의 길이는 5[m] 이내로 하고, 그 끝에 축적되는 정전기를 유효하게 제거할 수 있는 정전기 제거 장치를 설치한다.
• 충전호스에 과도한 인장력이 가해졌을 때 충전기와 가스 주입기가 분리될 수 있는 안전장치를 설치한다.
• 충전호스에 부착하는 가스 주입기는 원터치형으로 한다.

42

액화석유가스 압력조정기 중 1단 감압식 저압조정기의 조정압력은?

① 2.3 ~ 3.3[MPa]   ② 5 ~ 30[MPa]
③ 2.3 ~ 3.3[kPa]   ④ 5 ~ 30[kPa]

해설및용어설명 |

종류	입구압력[MPa]	조정압력[kPa]
1단감압식 저압조정기	0.07 ~ 1.56	2.30 ~ 3.30
1단감압식 준저압조정기	0.1 ~ 1.56	5.0 ~ 30.0 이내에서 제조자가 설정한 기준압력의 ±20[%]
2단감압식 일체형 저압조정기	0.07 ~ 1.56	2.30 ~ 3.30
2단감압식 일체형 준저압조정기	0.1 ~ 1.56	5.0 ~ 30.0 이내에서 제조자가 설정한 기준압력의 ±20[%]
2단감압식 1차용 조정기 (용량 100[kg/h] 이하)	0.1 ~ 1.56	57.0 ~ 83.0
2단감압식 1차용 조정기 (용량 100[kg/h] 초과)	0.3 ~ 1.56	57.0 ~ 83.0
2단감압식 2차용 저압조정기	0.01 ~ 0.1 또는 0.025 ~ 0.1	2.30 ~ 3.30
2단감압식 2차용 준저압조정기	조정압력 이상 ~ 0.1	5.0 ~ 30.0 내에서 제조자가 설정한 기준압력의 ±20[%]
자동절체식 일체형 저압조정기	0.1 ~ 1.56	2.55 ~ 3.30
자동절체식 일체형 준저압조정기	0.1 ~ 1.56	5.0 ~ 30.0 내에서 제조자가 설정한 기준압력의 ±20[%]
그 밖의 압력조정기	조정압력 이상 ~ 1.56	5[kPa]를 초과하는 압력범위에서 상기 압력조정기의 종류에 따른 조정압력에 해당하지 않는 것에 한하며, 제조자가 설정한 기준압력의 ±20[%]일 것

43

LP가스용 염화비닐 호스에 대한 설명으로 틀린 것은?

① 호스의 안지름치수의 허용차는 ±0.7[mm]로 한다.
② 강선보강층은 직경 0.18[mm] 이상의 강선을 상하로 겹치도록 편조하여 제조한다.
③ 바깥층의 재료는 염화비닐을 사용한다.
④ 호스는 안층과 바깥층이 잘 접착되어 있는 것으로 한다.

해설및용어설명 | 염화비닐 호스의 규격

- 재료 : 안층의 재료는 염화비닐을 사용한다.
- 구조 및 치수
  - 호스의 안층, 보강층, 바깥층의 구조로 하고, 안지름과 두께가 균일한 것으로 굽힘성이 좋고 홈, 기포, 균열 등 결점이 없어야 한다.
  - 호스는 안층과 바깥층이 잘 접착되어 있는 것으로 한다. 다만 자바라 보강층의 경우에는 그러하지 아니한다.
  - 호스의 안지름 치수

구분	안지름[mm]	허용차[mm]
1종	6.3	±0.7
2종	9.5	
3종	12.7	

- 강선보강층은 직경 0.18[mm] 이상의 강선을 상하로 겹치도록 편조하여 제조한다.

44

아세틸렌용 용접용기 제조 시 내압시험압력이란 최고충전압력 수치의 몇 배의 압력을 말하는가?

① 1.2   ② 1.8
③ 2   ④ 3

해설및용어설명 | 아세틸렌용 용접용기 시험 압력

- 최고 충전 압력(FP) : 15[℃]에서 용기에 충전할 수 있는 가스의 압력 중 최고 압력
- 기밀시험 압력(AP) : 최고 충전 압력의 1.8배
- 내압시험 압력(TP) : 최고 충전 압력의 3배

45

용접부에서 발생하는 결함이 아닌 것은?

① 오버랩(Over-lap) ② 기공(Blow hole)
③ 언더컷(Under-cut) ④ 클래드(Clad)

해설및용어설명 |
- 구조상 결함 : 기공, 슬래그 혼입, 용입부족, 용합부족, 균열
- 치수상의 결함 : 변형 및 뒤틀림, 치수결함, 형상결함(언더컷, 오버랩)
- 성능상의 결함 : 기계적 성질불량, 화학적 성질불량

46

-162[℃]의 LNG(액비중 : 0.46, CH_4 : 90[%], C_2H_6 : 10[%]) 1[m^3]을 20[℃]까지 기화시켰을 때의 부피는 약 몇 [m^3]인가?

① 592.6 ② 635.6
③ 645.6 ④ 692.6

해설및용어설명 | 몰수 = $\frac{질량}{분자량}$ = $\frac{0.46 \times 1,000[kg/m^3]}{16 \times 0.9 + 30 \times 0.1}$ = 26.44[kmol]

표준상태(1기압, 0[℃])에서 1[kmol]의 부피는 22.4[m^3]이므로 체적으로 환산하면 26.44 × 22.4 = 592.26[m^3]

기체 상태에서 온도에 따른 체적변화를 감안하여 온도보정하면

592.26 × $\frac{273 + 20}{273}$ = 635.65[m^3]

47

특정고압가스 사용시설기준 및 기술상 기준으로 옳은 것은?

① 산소의 저장설비 주위 20[m] 이내에는 화기취급을 하지 말 것
② 사용시설은 당해설비의 작동상황을 연 1회 이상 점검할 것
③ 액화가스의 저장능력이 300[kg] 이상인 고압가스설비에는 안전밸브를 설치할 것
④ 액화가스저장량이 10[kg] 이상인 용기보관실의 벽은 방호벽으로 할 것

해설및용어설명 | 특정고압가스 시설·기술·검사 기준
- 가연성가스의 가스설비 및 저장설비 외면과 화기와의 우회거리는 8[m] (산소 저장설비는 5[m]) 이상으로 하며, 작업에 필요한 양 이상의 연소하기 쉬운 물질을 두지 아니한다.
- 사용시설의 사용개시 전 및 사용종료 후에는 사용시설의 이상 유무를 점검하는 외에 1일 1회 이상 사용시설의 작동상황에 대해서 점검, 확인을 한다.
- 고압가스의 저장량이 300[kg](압축가스의 경우에는 1[m^3]를 5[kg]으로 본다) 이상인 용기보관실의 벽은 방호벽으로 설치한다.

48

고압가스 제조허가의 종류가 아닌 것은?

① 독성가스제조 ② 고압가스 일반제조
③ 고압가스 충전 ④ 고압가스 특정제조

해설및용어설명 | 고압가스 제조허가의 종류
- 고압가스 특정제조
- 고압가스 일반제조
- 고압가스 충전
- 냉동제조

49

고압가스 일반제조의 시설기준 및 기술기준으로 틀린 것은?

① 가연성가스 제조시설의 고압가스설비 외면으로부터 다른 가연성가스 제조시설의 고압가스설비까지의 거리는 5[m] 이상으로 한다.
② 저장설비 주위 5[m] 이내에는 화기 또는 인화성 물질을 두지 않는다.
③ 5[m^3] 이상의 가스를 저장하는 것에는 가스방출장치를 설치한다.
④ 가연성가스 제조시설의 고압가스설비 외면으로부터 산소 제조시설의 고압가스설비까지의 거리는 10[m] 이상으로 한다.

해설및용어설명 | 가스설비 및 저장설비는 그 외면으로부터 화기(그 설비 안의 것은 제외)를 취급하는 장소까지 2[m](가연성가스 및 산소의 가스설비 또는 저장설비는 8[m]) 이상의 우회거리를 두어야 하며, 가스설비와 화기를 취급하는 장소와의 사이에 그 가스설비로부터 누출된 가스가 유동하는 것을 방지하기 위한 시설을 설치할 것

50

차량에 고정된 고압가스 탱크에 설치하는 방파판의 개수는 탱크 내용적 얼마 이하마다 1개씩 설치해야 하는가?

① 3[m^3] ② 5[m^3]
③ 10[m^3] ④ 20[m^3]

해설및용어설명 | 방파판의 설치 개수는 탱크 내용적 5[m^3] 이하마다 1개씩 설치할 것

51

다음 중 가연성가스가 아닌 것은?

① 아세트알데히드 ② 일산화탄소
③ 산화에틸렌 ④ 염소

해설및용어설명 |
• 아세트알데히드, 이산화탄소, 산화에틸렌 : 가연성가스
• 염소 : 독성가스

52

냉동용 특정설비 제조시설에서 냉동기 냉매설비에 대하여 실시하는 기밀시험 압력의 기준을 적합한 것은?

① 설계압력 이상의 압력
② 사용압력 이상의 압력
③ 설계압력의 1.5배 이상의 압력
④ 사용압력의 1.5배 이상의 압력

해설및용어설명 | 기밀시험압력은 설계압력 이상의 압력으로 한다. 다만, 기밀시험을 실시하기 곤란한 경우에는 누출검사로 기밀시험에 갈음할 수 있고 설계압력의 1.25배 이상 기체압력에 의해 내압시험을 실시한 경우에는 그 내압시험으로 기밀시험에 갈음할 수 있다.

53

정전기 제거 또는 발생방지 조치에 대한 설명으로 틀린 것은?

① 상대습도를 높인다.
② 공기를 이온화시킨다.
③ 대상물을 접지시킨다.
④ 전기저항을 증가시킨다.

해설및용어설명 | 전기 저항을 감소시켜 전기가 잘 흐르도록 하여 정전기를 제거

54

LPG 압력조정기를 제조하고자 하는 자가 반드시 갖추어야 할 검사설비가 아닌 것은?

① 유량측정설비
② 내압시설설비
③ 기밀시험설비
④ 과류차단성능시험설비

해설및용어설명 | 검사설비의 종류는 안전관리규정에 따른 자체검사를 수행할 수 있는 것으로 다음과 같다.
- 버니어캘리퍼스·마이크로미터·나사게이지 등 치수 측정설비
- 액화석유가스액 또는 도시가스 침적설비
- 염수 분무 시험설비
- 내압시험설비
- 기밀시험설비
- 안전장치 작동시험설비
- 출구 압력 측정시험설비
- 내구시험설비
- 저온시험설비
- 유량 측정설비
- 그 밖에 필요한 검사설비 및 기구

55

산소, 아세틸렌 및 수소를 제조하는 자가 실시하여야 하는 품질검사의 주기는?

① 1일 1회 이상
② 1주 1회 이상
③ 월 1회 이상
④ 연 2회 이상

해설및용어설명 | 품질 검사 방법

산소·아세틸렌 및 수소를 제조하는 자는 일정한 순도 이상의 품질 유지를 위하여 1일 1회 이상 적절한 방법으로 품질검사를 하여 그 순도가 산소의 경우에는 99.5[%], 아세틸렌의 경우에는 98[%], 수소의 경우에는 98.5[%] 이상이어야 하고, 그 검사결과를 기록할 것

56

아세틸렌에 대한 설명이 옳은 것으로만 나열된 것은?

> ㉠ 아세틸렌이 누출하면 낮은 곳으로 체류한다.
> ㉡ 아세틸렌은 폭발범위가 비교적 광범위하고, 아세틸렌 100[%]에서도 폭발하는 경우가 있다.
> ㉢ 발열화합물이므로 압축하면 분해폭발 할 수 있다.

① ㉠
② ㉡
③ ㉡, ㉢
④ ㉠, ㉡, ㉢

해설및용어설명 |
- 비중은 0.906으로 공기보다 가볍다
- 아세틸렌 폭발 범위 : 2.5 ~ 81[%](아세틸렌은 산소 없이도 자체점화에 의하여 폭발하는 분해폭발성을 갖는 가스이다)
- 흡열화합물이므로 압축하면 분해폭발할 우려가 있다.

57

고압가스의 처리시설 및 저장시설기준으로 독성가스와 1종 보호시설의 이격거리를 바르게 연결한 것은?

① 1만 이하 – 13[m] 이상
② 1만 초과 2만 이하 – 17[m] 이상
③ 2만 초과 3만 이하 – 20[m] 이상
④ 3만 초과 4만 이하 – 27[m] 이상

해설및용어설명 | 독성 및 가연성가스의 보호시설별 안전거리

저장능력[kg]	제1종	제2종
1만 이하	17	12
1만 초과 2만 이하	21	14
2만 초과 3만 이하	24	16
3만 초과 4만 이하	27	18
4만 초과 5만 이하	30	20
5만 초과 99만 이하	30	20
99만 초과	30	20

※ 가연성가스 저온저장탱크의 경우

5만 초과 99만 이하	$\frac{3}{25}\sqrt{X+10,000}$ [m]	$\frac{2}{25}\sqrt{X+10,000}$ [m]
99만 초과	120[m]	80[m]

58

용기의 파열사고의 원인으로서 가장 거리가 먼 것은?

① 염소용기는 용기의 부식에 의하여 파열사고가 발생할 수 있다.
② 수소용기는 산소와 혼합충전으로 격심한 가스폭발에 의하여 파열사고가 발생할 수 있다.
③ 고압 아세틸렌가스는 분해폭발에 의하여 파열사고가 발생할 수 있다.
④ 용기 내 수증기 발생에 의해 파열사고가 발생할 수 있다.

해설및용어설명 | 표준상태에서 물은 100[℃]에서 비등을 하기 때문에 용기보관장소의 온도는 40[℃] 이하로 유지하도록 되어 있다. 때문에 수증기가 발생할 가능성의 거의 없다고 볼 수 있다.

59

독성가스 용기 운반 등의 기준으로 옳지 않은 것은?

① 충전용기를 운반하는 가스운반 전용차량의 적재함에는 리프트를 설치한다.
② 용기의 충격을 완화하기 위하여 완충판 등을 비치한다.
③ 충전용기를 용기보관장소로 운반할 때에는 가능한 손수레를 사용하거나 용기의 밑부분을 이용하여 운반한다.
④ 충전용기를 차량에 적재할 때에는 운행 중의 동요로 인하여 용기가 충돌하지 않도록 눕혀서 적재한다.

해설및용어설명 | 독성가스용기 운반기준
- 운반차량 : 가스운반차량의 적재함에는 리프트를 설치한다.
- 적재기준
  - 충전용기를 차량에 적재하여 운반할 때는 고압가스 운반차량에 세워 적재한다.
  - 차량의 최대 적재량을 초과하여 적재하지 않는다.
  - 낱붙임용기 또는 접합용기에 고압가스를 충전하여 차량에 적재할 땐 포장상자의 외면에 가스의 종류, 용도 및 취급 시 주의사항을 개재한 것만 적재, 이탈을 방지하기 위하여 보호망을 적재함에 씌운다.
  - 차량 운행 중의 흔들림으로 용기가 충돌하지 않도록 고무링을 씌우거나 적재함에 세워 적재한다.
  - 밸브가 돌출한 충전용기는 고정식 프로덱터나 캡을 부착시켜 밸브의 손상을 방지한다.

60

산소와 함께 사용하는 액화석유가스 사용시설에서 압력조정기와 토치 사이에 설치하는 안전장치는?

① 역화방지기   ② 안전밸브
③ 파열판   ④ 조정기

해설및용어설명 | 액화석유가스를 용접 또는 용단작업용으로 사용하는 경우에는 압력조정기와 토치 사이에 역화방지장치를 부착하여야 한다.

2023년 제1회 가스산업기사 (CBT 복원문제)

41

고압가스 용기(공업용)의 외면에 도색하는 가스 종류별 색상이 바르게 짝지어진 것은?

① 수소 - 갈색
② 액화염소 - 황색
③ 아세틸렌 - 밝은 회색
④ 액화암모니아 - 백색

해설및용어설명 | 가스 종류별 용기 도색

가스 종류	용기도색	
	공업용	의료용
산소(O_2)	녹색	백색
수소(H_2)	주황색	-
액화탄산가스(CO_2)	청색	회색
액화석유가스	밝은 회색	-
아세틸렌(C_2H_2)	황색	-
암모니아(NH_3)	백색	-
액화염소(Cl_2)	갈색	-
질소(N_2)	회색	흑색
아산화질소(N_2O)	회색	청색
헬륨(He)	회색	갈색
에틸렌(C_2H_4)	회색	자색
사이크로 프로판	회색	주황색
기타 가스	회색	-

42

시안화수소를 저장하는 때에는 1일 1회 이상 다음 주 무엇으로 가스의 누출 검사를 실시하는가?

① 질산구리벤젠지
② 묽은 질산은 용액
③ 묽은 황산 용액
④ 염화파라듐지

해설및용어설명 |
시안화수소를 충전한 용기는 충전 후 24시간 정지하고, 그 후 1일 1회 이상 질산구리벤젠 등의 시험지로 가스의 누출검사를 한다.

43

압축기는 그 최종 단에, 그 밖의 고압가스 설비에는 압력이 상용 압력을 초과한 경우에 그 압력을 직접 받는 부분마다 각각 내압 시험 압력의 10분의 8 이하의 압력에서 작동되게 설치하여야 하는 것은?

① 역류방지밸브
② 안전밸브
③ 스톱밸브
④ 긴급차단장치

해설및용어설명 | 안전밸브
설비 내 압력이 상용의 압력을 초과하는 경우 즉시 상용의 압력 이하로 되돌릴 수 있는 장치

44

HCN은 충전한 후 며칠이 경과하기 전에 다른 용기에 옮겨 충전하여야 하는가?

① 30일
② 60일
③ 90일
④ 120일

해설및용어설명 |
시안화수소를 충전한 용기는 충전한 후 60일이 경과되기 전에 다른 용기에 옮겨 충전한다. 단 98[%] 이상으로서 착색되지 아니한 것은 다른 용기에 옮겨 충전하지 않을 수 있다.

45

독성가스 충전시설에서 다른 제조시설과 구분하여 외부로부터 독성가스 충전시설임을 쉽게 식별할 수 있도록 설치하는 조치는?

① 충전표지
② 경계표지
③ 위험표지
④ 안전표지

해설및용어설명 | 위험표지
독성가스 충전시설에는 다른 제조시설과 구분하여 그 외부로부터 독성가스 충전시설임을 쉽게 식별할 수 있는 조치를 할 것

정답 41 ④ 42 ① 43 ② 44 ② 45 ③

46

가연성 가스 및 독성가스의 충전용기 보관실의 주위 몇 [m] 이내에서는 화기를 사용하거나 인화성 물질 또는 발화성 물질을 두지 않아야 하는가?

① 1
② 2
③ 3
④ 5

해설 및 용어설명 | 화기와의 거리
가연성 가스 및 독성 가스의 충전 용기 보관실의 주위 2[m] 이내에서는 충전 용기 보관실에 악영향을 미치지 아니하도록 화기를 사용하거나 인화성 물질이나 발화성 물질을 두지 아니한다.

47

특정고압가스 사용시설의 기준에 대한 설명 중 옳은 것은?

① 산소 저장설비 주위 8[m] 이내에는 화기를 취급하지 않는다.
② 고압가스 설비는 상용압력 2.5배 이상의 내압시험에 합격한 것을 사용한다.
③ 독성가스 감압 설비와 당해 가스반응 설비 간의 배관에는 역류방지장치를 설치한다.
④ 액화가스 저장량이 100[kg] 이상인 용기보관실에는 방호벽을 설치한다.

해설 및 용어설명 |
- 가연성 가스의 가스설비 및 저장설비 외면과 화기와의 우회거리는 8[m] (산소 저장설비는 5[m]) 이상으로 하며, 작업에 필요한 양 이상의 연소하기 쉬운 물질을 두지 아니한다.
- 고압가스설비는 그 고압가스를 안전하게 취급할 수 있도록 하기 위하여 상용압력의 1.5배 이상의 압력으로 실시하는 내압시험에 합격한 것이고, 상용압력 이상의 압력으로 기밀시험을 실시하여 이상이 없어야 한다.
- 고압가스의 저장량이 300[kg](압축가스의 경우에는 1[m³]를 5[kg]으로 본다) 이상인 용기보관실의 벽은 방호벽으로 설치한다.

48

액화석유가스의 안전관리 및 사업법에서 규정한 용어의 정의 중 틀린 것은?

① "방호벽"이란 높이 1.5미터, 두께 10센티미터의 철근콘크리트 벽을 말한다.
② "충전용기"란 액화석유가스 충전질량의 2분의 1 이상이 충전되어 있는 상태의 용기를 말한다.
③ "소형저장탱크"란 액화석유가스를 저장하기 위하여 지상 또는 지하에 고정 설치된 탱크로서 그 저장능력이 3톤 미만인 탱크를 말한다.
④ "가스설비"란 저장설비 외의 설비로서 액화석유가스가 통하는 설비(배관은 제외한다)와 그 부속설비를 말한다.

해설 및 용어설명 | "방호벽"이라 함은 높이 2[m] 이상, 두께 12[cm] 이상의 철근콘크리트 또는 이와 동등 이상의 강도를 가지는 구조의 벽을 말한다.

49

운반책임자를 동승시켜 운반해야 되는 경우에 해당되지 않는 것은? (단, 독성가스 허용농도는 100만분의 200 초과, 5,000 이하이다)

① 압축산소 : 100[m³] 이상
② 독성압축가스 : 100[m³] 이상
③ 액화산소 : 6,000[kg] 이상
④ 독성액화가스 : 1,000[kg] 이상

해설 및 용어설명 | 운반책임자 동승기준

가스의 종류		기준
압축가스	가연성 가스	300[m³] 이상
	조연성 가스	600[m³] 이상
액화가스	가연성 가스	3,000[kg] 이상 (납붙임용기 및 접합용기의 경우는 2,000[kg] 이상)
	조연성 가스	6,000[kg] 이상

46 ② 47 ③ 48 ① 49 ①

가스의 종류	독성가스 허용농도	
	100만분의 200 초과, 100만분의 5,000 이하	100만분의 200 이하
압축가스	100[m³] 이상	10[m³] 이상
액화가스	1,000[kg] 이상	100[kg] 이상

50

가스공급자가 수요자에게 액화석유가스를 공급할 때에는 체적판매방법으로 공급하여야 한다. 다음 중 중량판매 방법으로 공급할 수 있는 경우는?

① 1개월 이내의 기간 동안만 액화석유가스를 사용하는 자
② 3개월 이내의 기간 동안만 액화석유가스를 사용하는 자
③ 6개월 이내의 기간 동안만 액화석유가스를 사용하는 자
④ 12개월 이내의 기간 동안만 액화석유가스를 사용하는 자

해설및용어설명 | 체적판매방법으로의 공급

가스공급자가 수요자에게 액화석유가스를 공급할 때에는 체적판매방법으로 공급하여야 한다. 다만, 단독주택에서 액화석유가스를 사용하는 자, 6개월 이내의 기간 동안만 액화석유가스를 사용하는 자, 그 밖에 체적판매방법으로 공급하는 것이 곤란하다고 인정하여 산업통상자원부장관이 고시하는 자에게 공급하는 경우에는 중량판매방법으로 공급할 수 있다.

51

액화가스 저장탱크의 저장능력을 산출하는 식은? (단, Q : 저장능력[m³], W : 저장능력[kg], V : 내용적[L], P : 35[℃]에서 최고충전압력[MPa], d : 사용온도 내에서 액화가스 비중[kg/L], C : 가스의 종류에 따른 정수이다)

① $W = V/C$
② $W = 0.9dV$
③ $Q = (10P+1)V$
④ $Q = (P+2)V$

해설및용어설명 | 액화가스 저장능력 산정

$W = 0.9dV$

다만, 소형저장탱크의 경우에는 $W = 0.85dV$

52

고압가스 특정제조시설에서 안전구역 안의 고압가스설비는 그 외면으로부터 다른 안전구역 안에 있는 고압가스설비의 외면까지 몇 [m] 이상의 거리를 유지하여야 하는가?

① 10[m]
② 20[m]
③ 30[m]
④ 50[m]

해설및용어설명 | 설비 간 거리

- 안전구역 내의 고압가스설비는 다른 안전구역 내의 고압가스 설비의 외면 : 30[m] 이상
- 제조설비의 외면과 그 제조소의 경계 : 20[m] 이상
- 가연성 가스 저장탱크는 그 외면으로부터 20만[m³] 이상인 압축기까지 : 30[m] 이상
- 가연성탱크와 가연성탱크(산소탱크) 간의 설치 길이 : 1[m]나 두 직경의 합의 1/4 중 큰 거리 유지

53

사람이 사망한 도시가스 사고 발생 시 사업자가 한국가스안전공사에 상보(서면으로 제출하는 상세한 통보)를 할 때 그 기한은 며칠 이내 인가?

① 사고발생 후 5일
② 사고발생 후 7일
③ 사고발생 후 14일
④ 사고발생 후 20일

해설및용어설명 | 가스로 인한 사망사고는 사고 즉시 속보하고 사고 발생 후 20일 이내에 상보해야 한다. 부상이나 중독 사고는 속보와 사고 발생 후 10일 이내 상보해야 한다. 가스누출에 의한 폭발 화재 사고, 사업자 등의 저장탱크에서 가스에서 누출된 사고도 즉시 통보해야한다.

54

소비 중에는 물론 이동, 저장 중에도 아세틸렌 용기를 세워두는 이유는?

① 정전기를 방지하기 위해서
② 아세톤의 누출을 막기 위해서
③ 아세틸렌이 공기보다 가볍기 때문에
④ 아세틸렌이 쉽게 나오게 하기 위해서

해설및용어설명 | 아세톤이 새어나가는 것을 피하기 위하여 항상 밸브 끝을 위로 가게 하여 저장하거나 사용하여야 한다.

55

아세틸렌의 품질 검사에 사용하는 시약으로 맞는 것은?

① 발연황산시약
② 구리, 암모니아 시약
③ 피로카롤 시약
④ 하이드로 썰파이드 시약

해설및용어설명 | 품질검사 시약 및 검사법

구분	시약	검사법
산소	구리·암모니아	오르자트법
수소	피로카롤, 하이드로설파이드	오르자트법
아세틸렌	발연황산	오르자트법
	브롬 시약	뷰렛법
	질산은 시약	정성시험

56

안전관리규정에 실시기록은 몇 년간 보존하여야 하는가?

① 1년
② 2년
③ 3년
④ 5년

해설및용어설명 | 안전관리규정의 실시기록

법 제11조 제5항의 규정에 의한 안전관리규정의 실시기록(전산보조기억장치에 입력된 경우에는 그 입력된 자료를 말한다)은 5년간 이를 보존하여야 한다.

57

내용적 20,000[L]의 저장탱크에 비중량이 0.8[kg/L]인 액화가스를 충전할 수 있는 양은?

① 13.6톤
② 14.4톤
③ 16.5톤
④ 17.7톤

해설및용어설명 |

- 액화가스 저장탱크 충전량

  $W = 0.9 dV = 0.9 \times 0.8 \times 20,000 = 14,400 [kg]$

  - d : 액화가스 비중[kg/L]
  - V : 내용적[L]

- 액화가스 저장량(용기, 차량에 고정된 탱크)

  $W = \dfrac{V}{C}$

58

충전설비 중 액화석유가스의 안전을 확보하기 위하여 필요한 시설 또는 설비에 대하여는 작동상황을 주기적으로 점검, 확인하여야 한다. 충전설비의 경우 점검주기는?

① 1일 1회 이상
② 2일 1회 이상
③ 주 1회 이상
④ 월 1회 이상

해설및용어설명 | 충전시설 중 액화석유가스의 안전을 확보하기 위하여 필요한 시설 또는 설비에 대하여 작동상황을 주기적(충전설비의 경우에는 1일 1회 이상)으로 점검하고, 이상이 있을 경우에는 그 시설 또는 설비가 정상적으로 작동될 수 있도록 필요한 조치를 한다.

59

액화석유가스 저장탱크의 설치기준으로 틀린 것은?

① 저장탱크에 설치한 안전밸브는 지면으로부터 2[m] 이상의 높이에 방출구가 있는 가스방출관을 설치한다.
② 지하저장탱크를 2개 이상 인접 설치하는 경우 상호 간에 1[m] 이상의 거리를 유지한다.
③ 저장탱크의 지면으로부터 지하저장탱크의 정상부까지의 깊이는 60[cm] 이상으로 한다.
④ 저장탱크의 일부를 지하에 설치한 경우 지하에 묻힌 부분이 부식되지 않도록 조치한다.

해설및용어설명 | 가스방출관의 방출구 위치는 주위에 화기 등이 없는 안전한 위치에 설치해야 하며, 저장탱크에 설치한 것은 지면에서 5[m] 이상 또는 그 저장탱크의 정상부로부터 2[m] 이상의 높이 중 더 높은 위치에 설치할 것

60

초저온 용기의 재료로 적합한 것은?

① 오스테나이트계 스테인리스 강 또는 알루미늄 합금
② 고탄소강 또는 Cr강
③ 마텐자이트계 스테인리스강 또는 고탄소강
④ 알루미늄합금 또는 Ni-Cr강

해설및용어설명 | 초저온용기 재료로는 저온취성을 일으키지 않는 오스테나이트계 스테인리스강 또는 알루미늄 합금을 사용할 것

2023년 제2회 가스산업기사 CBT 복원문제

41

염소가스 취급에 대한 설명 중 옳지 않은 것은?

① 제독제로 소석회 등이 사용된다.
② 염소압축기의 윤활유는 진한 황산이 사용된다.
③ 산소와 염소폭명기를 일으키므로 동일 차량에 적재를 금한다.
④ 독성이 강하여 흡입하면 호흡기가 상한다.

해설및용어설명 | 염소폭명기
수소와 염소의 혼합가스는 빛(직사광선)과 접촉하면 심하게 반응한다.

42

최고사용압력이 고압이고 내용적이 5[m³]인 일반도시가스 배관의 자기압력기록계를 이용한 기밀시험 시 기밀유지시간은?

① 24분 이상
② 240분 이상
③ 48분 이상
④ 480분 이상

해설및용어설명 | 압력계 및 자기압력기록계 기밀유지시간

구분	용적	기밀유지시간
저압, 중압	1[m³] 미만	24분
	1[m³] 이상 10[m³] 미만	240분
	10[m³] 이상 300[m³] 미만	24×V분 (단, 1,440분을 초과한 경우는 1,440분으로 할 수 있다)
고압	1[m³] 미만	48분
	1[m³] 이상 10[m³] 미만	480분
	10[m³] 이상 300[m³] 미만	48×V분 (단, 2,880분을 초과한 경우는 2,880분으로 할 수 있다)

정답 59 ① 60 ① / 41 ③ 42 ④

43

내용적 20,000[L]의 저장탱크에 비중량이 0.8[kg/L]인 액화가스를 충전할 수 있는 양은?

① 13.6톤　　② 14.4톤
③ 16.5톤　　④ 17.7톤

해설및용어설명 |
- 액화가스 저장탱크 충전량
  $W = 0.9 dV = 0.9 \times 0.8 \times 20,000 = 14,400[kg]$
  - d : 액화가스 비중[kg/L]
  - V : 내용적[L]
- 액화가스 저장량(용기, 차량에 고정된 탱크)
  $W = \dfrac{V}{C}$

44

독성가스 저장탱크를 지상에 설치하는 경우 몇 톤 이상일 때 방류둑을 설치하여야 하는가?

① 5　　② 10
③ 50　　④ 100

해설및용어설명 | 방류둑 설치해야 하는 저장탱크
- 가연성 가스 및 산소저장탱크 1,000톤 이상이 되는 저장탱크
- 독성가스 저장능력이 5톤 이상 되는 저장탱크
- 독성가스를 사용하는 수액기의 내용적이 10,000[L] 이상일 때

45

고압가스 용기의 재검사를 받아야 할 경우가 아닌 것은?

① 손상의 발생
② 합격표시의 훼손
③ 충전한 고압가스의 소진
④ 산업통상자원부령이 정하는 기간의 경과

해설및용어설명 | 용기 재검사
- 용기의 손상 또는 열영향을 입은 경우
- 충전할 고압가스의 종류 변경
- 합격표시가 훼손된 용기
- 산업통상자원부령이 정하는 기간의 경과

46

액화석유가스 집단공급사업 허가 대상인 것은?

① 70개소 미만의 수요자에게 공급하는 경우
② 전체 수용가구수가 100세대 미만인 공동주택 단지 내인 경우
③ 시장 또는 군수가 집단공급사업에 의한 공급이 곤란하다고 인정하는 공공주택단지에 공급하는 경우
④ 고용주가 종업원의 후생을 위하여 사원주택·기숙사 등에게 직접 공급하는 경우

해설및용어설명 | 액화석유가스 일반집단공급사업
액화석유가스 배관망공급사업 외의 액화석유가스 집단공급사업으로서 다음의 어느 하나에 해당하는 수요자에게 액화석유가스를 공급하는 사업
- 70개소 이상의 수요자(공동주택단지의 경우에는 전체 가구수가 70가구 이상인 경우를 말한다)
- 70개소 미만의 수요자로서 산업통상자원부령으로 정하는 수요자

47

가스 배관은 움직이지 아니하도록 고정 부착하는 조치를 하여야 한다. 관경이 13[mm] 이상 33[mm] 미만의 것에는 얼마의 길이마다 고정 장치를 하여야 하는가?

① 1[m] 마다　　② 2[m] 마다
③ 3[m] 마다　　④ 4[m] 마다

해설및용어설명 | 배관의 고정
- 관경 13[mm] 미만 : 1[m]마다
- 관경 13[mm] 이상 33[mm] 미만 : 2[m]마다
- 관경 33[mm] 이상 : 3[m]마다

48

물분무장치 등은 저장탱크의 외면에서 몇 [m] 이상 떨어진 위치에서 조작이 가능하여야 하는가?

① 5[m] ② 10[m]
③ 15[m] ④ 20[m]

해설및용어설명 | 물분무장치 등은 해당 저장탱크의 외면에서 15[m] 이상 떨어진 안전한 위치에서 조작할 수 있어야 하고, 방류둑을 설치한 저장탱크에는 그 방류둑 밖에서 조작할 수 있도록 한다. 다만, 저장탱크의 주위에 예상되는 화재에 대비하여 유효하고 안전한 차단장치를 설치한 경우에는 본문의 물분무장치 조작기준을 적용하지 아니할 수 있다.

49

운반책임자를 동승시켜 운반해야 되는 경우에 해당되지 않는 것은? (단, 독성가스 허용농도는 100만분의 200 초과, 5,000 이하이다)

① 압축산소 : 100[m³] 이상
② 독성압축가스 : 100[m³] 이상
③ 액화산소 : 6,000[kg] 이상
④ 독성액화가스 : 1,000[kg] 이상

해설및용어설명 | 운반책임자 동승기준

가스의 종류		기준
압축가스	가연성 가스	300[m³] 이상
	조연성 가스	600[m³] 이상
액화가스	가연성 가스	3,000[kg] 이상 (납붙임용기 및 접합용기의 경우는 2,000[kg] 이상)
	조연성 가스	6,000[kg] 이상

가스의 종류	독성가스 허용농도	
	100만분의 200 초과, 100만분의 5,000 이하	100만분의 200 이하
압축가스	100[m³] 이상	10[m³] 이상
액화가스	1,000[kg] 이상	100[kg] 이상

50

고압가스용 이음매 없는 용기 제조 시 탄소함유량은 몇 [%] 이하를 사용하여야 하는가?

① 0.04 ② 0.05
③ 0.33 ④ 0.55

해설및용어설명 | 용기의 CPS비율

구분	C(탄소)	P(인)	S(황)
이음매 있는 용기	0.33[%]	0.04[%]	0.05[%]
이음매 없는 용기	0.55[%]	0.04[%]	0.05[%]

51

LP가스 용기를 제조하여 분체도료(폴리에스테르계) 도장을 하려 한다. 최소 도장 두께와 도장 횟수는?

① 25[μm], 1회 이상 ② 25[μm], 2회 이상
③ 60[μm], 1회 이상 ④ 60[μm], 2회 이상

해설및용어설명 | 분체도료 도장방법

도료종류	최소 도장두께	도장 횟수	건조방법
폴리에스테르계	60[μm] 이상	1회 이상	해당 도료제조업소에서 지정한 조건

52

시안화수소는 충전 후 며칠이 경과되기 전에 다른 용기에 옮겨 충전하여야 하는가?

① 30일 ② 45일
③ 60일 ④ 90일

해설및용어설명 | 시안화수소를 충전한 용기는 충전한 후 60일이 경과되지 전에 다른 용기에 옮겨 충전한다. 단, 98[%] 이상으로서 착색되지 아니한 것은 다른 용기에 옮겨 충전하지 않을 수 있다.

53

밸브가 돌출한 용기를 용기보관소에 보관하는 경우 넘어짐 등으로 인한 충격 및 밸브의 손상을 방지하기 위한 조치를 하지 않아도 되는 용기의 내용적의 기준은?

① 1[L] 미만 ② 3[L] 미만
③ 5[L] 미만 ④ 10[L] 미만

해설및용어설명 | 충전용기(내용적이 5[L] 이하인 것은 제외)에는 넘어짐 등에 의한 충격이나 밸브의 손상을 방지하는 조치를 하고 난폭한 취급을 하지 아니할 것

54

냉동기의 냉매설비에 속하는 압력용기의 재료는 압력용기의 설계압력 및 설계온도 등에 따른 적절한 것이어야 한다. 다음 중 초음파탐상 검사를 실시하지 않아도 되는 재료는?

① 두께가 40[mm] 이상인 탄소강
② 두께가 38[mm] 이상인 저합금강
③ 두께가 6[mm] 이상인 9[%] 니켈강
④ 두께가 19[mm] 이상이고 최소인장강도가 568.4[N/mm^2] 이상인 강

해설및용어설명 | 냉동용 압력용기 재료의 초음파탐상검사 대상
- 두께가 50[mm] 이상인 탄소강
- 두께가 38[mm] 이상인 저합금강
- 두께가 19[mm] 이상이고 최소 인장 강도가 568.4[N/mm^2] 이상인 강
- 두께가 19[mm] 이상으로서 저온(0[℃] 미만)에서 사용하는 강(알루미늄으로서 탈산 처리한 것은 제외한다)
- 두께가 13[mm] 이상인 2.5[%] 니켈강 또는 3.5[%] 니켈강
- 두께가 6[mm] 이상인 9[%] 니켈강

55

의료용 산소 가스용기를 표시하는 색깔은?

① 갈색 ② 백색
③ 청색 ④ 자색

해설및용어설명 | 가스 종류별 용기 도색

가스 종류	용기도색	
	공업용	의료용
산소(O_2)	녹색	백색
수소(H_2)	주황색	-
액화탄산가스(CO_2)	청색	회색
액화석유가스	밝은 회색	-
아세틸렌(C_2H_2)	황색	-
암모니아(NH_3)	백색	-
액화염소(Cl_2)	갈색	-
질소(N_2)	회색	흑색
아산화질소(N_2O)	회색	청색
헬륨(He)	회색	갈색
에틸렌(C_2H_4)	회색	자색
사이크로프로판	회색	주황색
기타 가스	회색	-

56

LPG용기에 있는 잔가스의 처리법으로 가장 부적당한 것은?

① 폐기 시에는 용기를 분리한 후 처리한다.
② 잔가스 폐기는 통풍이 양호한 장소에서 소량씩 실시한다.
③ 되도록이면 사용 후 용기에 잔가스가 남지 않도록 한다.
④ 용기를 가열할 때는 온도 60[℃] 이상의 뜨거운 물을 사용한다.

해설및용어설명 |
용기를 가열할 필요가 있으면 열습포나 40[℃] 이하의 물을 사용한다.

57

차량에 고정된 탱크의 내용적에 대한 설명으로 틀린 것은?

① 액화천연가스 탱크의 내용적은 18,000[L]를 초과할 수 없다.
② 산소 탱크의 내용적은 18,000[L]를 초과할 수 없다.
③ 염소탱크의 내용적은 12,000[L]를 초과할 수 없다.
④ 암모니아 탱크의 내용적은 12,000[L]를 초과할 수 없다.

해설및용어설명 | 차량에 고정된 탱크의 내용적 제한
- 가연성(LPG 제외), 산소 : 18,000[L] 초과 금지
- 독성가스(암모니아 제외) : 12,000[L] 초과 금지

58

가스사용시설에 상자콕 설치 시 예방 가능한 사고유형으로 가장 옳은 것은?

① 연소기 과열 화재사고
② 연소기 폐가스 중독 질식사고
③ 연소기 호스 이탈 가스 누출사고
④ 연소기 소화안전장치 고장 가스 폭발사고

해설및용어설명 | 상자콕은 상자에 넣어 바닥, 벽 등에 설치하는 것으로 3.3[kPa] 이하의 압력과 1.2[m³/h] 이하의 표시유량에 사용하는 콕이다. 상자콕은 가스유로를 핸들, 누름, 당김 등의 조작으로 개폐하고, 과류차단안전기구가 부착된 것으로서 배관과 카플러를 연결하는 구조로 예방 가능한 사고유형은 연소기 호스가 이탈되었을 때 가스 누출사고가 해당된다.

59

액화석유가스 사업자 등과 시공자 및 액화석유 가스 특정사용자의 안전관리 등에 관계되는 업무를 하는 자는 시·도지사가 실시하는 교육을 받아야 한다. 교육대상자의 교육내용에 대한 설명으로 틀린 것은?

① 액화석유가스 배달원 신규종사하게 될 경우 특별교육을 1회 받아야 한다.
② 액화석유가스 특정사용시설의 안전관리책임자로 신규종사하게 될 경우 신규종사 후 6개월 이내 및 그 이후에는 3년이 되는 해마다 전문교육을 1회 받아야 한다.
③ 액화석유가스를 연료로 사용하는 자동차의 정비작업에 종사하는 자가 한국가스안전공사에서 실시하는 액화석유가스 자동차 정비 등에 관한 전문교육을 받은 경우에는 별도로 특별교육을 받을 필요가 없다.
④ 액화석유가스 충전시설의 충전원으로 신규종사하게 될 경우 6개월 이내 전문교육을 1회 받아야 한다.

해설및용어설명 | 안전교육 실시(액화석유가스법 시행규칙, 별표 19)
액화석유가스 충전 시설의 충전원으로 신규 종사 시 특별 교육을 1회 받아야 한다.

60

액화염소 2,000[kg]을 차량에 적재하여 운반할 때 휴대하여야 할 소석회는 몇 [kg] 이상을 기준으로 하는가?

① 10 ② 20
③ 30 ④ 40

해설및용어설명 | 액화염소 운반 시 소석회 휴대량
- 1,000[kg] 미만 : 20[kg]
- 1,000[kg] 이상 : 40[kg]

2023년 제4회 가스산업기사 CBT 복원문제

41

충전설비 중 액화석유가스의 안전을 확보하기 위하여 필요한 시설 또는 설비에 대하여는 작동상황을 주기적으로 점검, 확인하여야 한다. 충전설비의 경우 점검주기는?

① 1일 1회 이상
② 2일 1회 이상
③ 주 1회 이상
④ 월 1회 이상

해설및용어설명 | 충전시설 중 액화석유가스의 안전을 확보하기 위하여 필요한 시설 또는 설비에 대하여 작동상황을 주기적(충전설비의 경우에는 1일 1회 이상)으로 점검하고, 이상이 있을 경우에는 그 시설 또는 설비가 정상적으로 작동될 수 있도록 필요한 조치를 한다.

42

일반도시가스사업소에 설치된 정압기 필터 분해 점검에 대하여 옳게 설명한 것은?

① 가스공급 개시 후 매년 1회 이상 실시한다.
② 가스공급 개시 후 2년에 1회 이상 실시한다.
③ 설치 후 매년 1회 이상 실시한다.
④ 설치 후 2년에 1회 이상 실시한다.

해설및용어설명 | 도시가스사업법 시행규칙 [별표6]에 의하면 정압기는 설치 후 2년에 1회 이상 분해점검을 실시하고 1주일에 1회 이상 작동상황을 점검하며, 필터는 가스공급개시 후 1개월 이내 및 가스공급개시 후 매년 1회 이상 분해점검을 실시할 것

43

지상에 설치된 액화석유가스 저장탱크와 가스 충전장소와의 사이에 설치하여야 하는 것은?

① 역화방지기
② 방호벽
③ 드레인 세퍼레이터
④ 정제장치

해설및용어설명 | 가스충전장소에서 폭발이 발생하였을 때 저장탱크에 영향이 미치지 않도록 방호벽을 설치한다.

44

고압가스 용기 파열사고의 주요 원인으로 가장 거리가 먼 것은?

① 용기의 내압력(耐壓力) 부족
② 용기밸브의 용기에서의 이탈
③ 용기내압(內壓)의 이상상승
④ 용기 내에서의 폭발성혼합가스의 발화

해설및용어설명 | 파열은 용기, 가스용품 또는 가스시설이 내부압력을 견디지 못하여 파열된 사고를 말한다.

45

LP가스사용시설의 배관 내용적이 10[L]인 저압배관에 압력계로 기밀시험을 할 때 기밀시험 압력 유지시간은 얼마인가?

① 5분 이상
② 10분 이상
③ 24분 이상
④ 48분 이상

해설및용어설명 | 가스사용시설의 기밀시험 유지시간
- 10[L] 이하 : 5분
- 10[L] 초과 50[L] 이하 : 10분
- 50[L] 초과 : 24분

46

가스공급자가 수요자에게 액화석유가스를 공급할 때에는 체적 판매방법으로 공급하여야 한다. 다음 중 중량판매 방법으로 공급할 수 있는 경우는?

① 1개월 이내의 기간 동안만 액화석유가스를 사용하는 자
② 3개월 이내의 기간 동안만 액화석유가스를 사용하는 자
③ 6개월 이내의 기간 동안만 액화석유가스를 사용하는 자
④ 12개월 이내의 기간 동안만 액화석유가스를 사용하는 자

해설및용어설명 | 체적판매방법으로의 공급
가스공급자가 수요자에게 액화석유가스를 공급할 때에는 체적판매방법으로 공급하여야 한다. 다만, 단독주택에서 액화석유가스를 사용하는 자, 6개월 이내의 기간 동안만 액화석유가스를 사용하는 자, 그 밖에 체적판매방법으로 공급하는 것이 곤란하다고 인정하여 산업통상자원부장관이 고시하는 자에게 공급하는 경우에는 중량판매방법으로 공급할 수 있다.

47

고압가스 용기보관 장소에 대한 설명으로 틀린 것은?

① 용기보관 장소는 그 경계를 명시하고, 외부에서 보기 쉬운 장소에 경계표시를 한다.
② 가연성 가스 및 산소 충전용기 보관실은 불연재료를 사용하고 지붕은 가벼운 재료로 한다.
③ 가연성 가스의 용기보관실은 가스가 누출될 때 체류하지 아니하도록 통풍구를 갖춘다.
④ 통풍이 잘되지 아니하는 곳에는 자연환기시설을 설치한다.

해설및용어설명 | 가스의 용기보관실 중 그 가스가 누출된 때에 체류하지 않도록 통풍구를 갖추고, 통풍이 잘 되지 않는 곳에는 강제환기시설을 설치하여야 한다.

48

저장탱크에 부착된 배관에 유체가 흐르고 있을 때 유체의 온도 또는 주위의 온도가 비정상적으로 높아진 경우 또는 호스커플링 등의 접속이 빠져 유체가 누출될 때 신속하게 작동하는 밸브는?

① 온도조절밸브
② 긴급차단밸브
③ 감압밸브
④ 전자밸브

해설및용어설명 | 긴급차단밸브(장치)란 고압가스설비의 이상사태가 발생하는 때에 해당 설비를 신속히 차단하도록 하는 장치(밸브와 부속물을 포함한 조립품을 말한다)를 말한다.

49

처리능력 및 저장능력이 20톤인 암모니아(NH_3)의 처리 설비 및 저장설비와 제2종 보호시설과의 안전거리의 기준은?
(단, 제2종 보호시설은 사업소 및 전용공업지역 안에 있는 보호시설이 아니다)

① 12[m]
② 14[m]
③ 16[m]
④ 18[m]

해설및용어설명 |

구분	저장능력	제1종보호시설	제2종보호시설
독성가스 또는 가연성 가스의 저장설비	1만 이하	17[m]	12[m]
	1만 초과 2만 이하	21[m]	14[m]
	2만 초과 3만 이하	24[m]	16[m]
	3만 초과 4만 이하	27[m]	18[m]
	4만 초과 5만 이하	30[m]	20[m]
	5만 초과 99만 이하	30[m] (가연성 가스 저온 저장탱크는 $\frac{3}{25}\sqrt{X+10,000}$[m])	20[m] (가연성 가스 저온 저장 탱크는 $\frac{2}{25}\sqrt{X+10,000}$[m])
	99만 초과	30[m](가연성 가스 저온 저장탱크는 120[m])	20[m](가연성 가스 저온 저장탱크는 80[m])

50

에어졸 충전시설에는 온수시험탱크를 갖추어야 한다. 충전용기의 가스누출시험 온도는?

① 26[℃] 이상 30[℃] 미만
② 30[℃] 이상 50[℃] 미만
③ 46[℃] 이상 50[℃] 미만
④ 50[℃] 이상 66[℃] 미만

해설및용어설명 | 에어졸이 충전된 용기는 그 전수에 대하여 온수시험탱크에서 그 에어졸의 온도를 46[℃] 이상 50[℃] 미만으로 하는 때에 그 에어졸이 누출되지 아니하도록 할 것

51

가스누출자동차단기의 제품성능에 대한 설명으로 옳은 것은?

① 고압부는 5[MPa] 이상, 저압부는 0.5[MPa] 이상의 압력으로 실시하는 내압시험에 이상이 없는 것으로 한다.
② 고압부는 1.8[MPa] 이상, 저압부는 8.4[kPa] 이상 10[kPa] 이하의 압력으로 실시하는 기밀시험에서 누출이 없는 것으로 한다.
③ 전기적으로 개폐하는 자동차단기는 5,000회의 개폐조작을 반복한 후 성능에 이상이 없는 것으로 한다.
④ 전기적으로 개폐하는 자동차단기는 전기충전부와 비충전 금속부와의 절연저항은 1[kΩ] 이상으로 한다.

해설및용어설명 | 자동차단기는 그 자동차단기의 안전성과 편리성을 확보하기 위하여 다음 기준에 따른 성능을 가지는 것으로 한다.
- 내압성능 : 고압부는 3[MPa] 이상, 저압부는 0.3[MPa] 이상의 압력으로 실시
- 기밀성능 : 고압부는 1.8[MPa] 이상, 저압부는 8.4[kPa] 이상 10[kPa] 이하의 압력으로 실시
- 내구성능 : 전기적으로 개폐하는 자동차단기는 6,000회의 개폐조작 반복 후 기밀시험·과류차단 성능 및 누출점검 성능에 이상이 없는 것
- 절연저항성능 : 전기적으로 개폐하는 자동차단기는 전기충전부와 비 충전 금속부와의 절연저항은 1[MΩ] 이상으로 한다.

52

가연성 및 독성가스의 용기 도색 후 그 표기 방법으로 틀린 것은?

① 가연성 가스는 빨간색 테두리에 검정색 불꽃모양이다.
② 독성가스는 빨간색 테두리에 검정색 해골모양이다.
③ 내용적 2[L] 미만의 용기는 그 제조자가 정한 바에 의한다.
④ 액화석유가스 용기 중 프로판가스를 충전하는 용기는 프로판 가스임을 표시하여야 한다.

해설및용어설명 | 가연성 가스 및 독성가스 용기 표시 방법
- 가연성 가스(액화석유가스는 제외한다) 및 독성가스는 각각 다음과 같이 표시한다.

〈가연성 가스〉　　〈독성 가스〉

- 내용적 2[L] 미만의 용기는 제조자가 정하는 바에 의한다.
- 액화석유가스용기 중 부탄가스를 충전하는 용기는 부탄가스임을 표시하여야 한다.
- 선박용 액화석유가스용기의 표시방법
  - 용기의 상단부에 폭 2[cm]의 백색띠를 두 줄로 표시한다.
  - 백색띠의 하단과 가스 명칭 사이에 백색글자로 가로, 세로 5[cm]의 크기로 "선박용"이라고 표시한다.
- 자동차의 연료장치용 용기의 외면에는 그 용도를 "자동차용"으로 표시할 것
- 그 밖의 가스에는 가스명칭 하단에 가로, 세로 5[cm]의 크기의 백색글자로 용도("절단용")를 표시할 것

53

고압가스의 제조설비에서 사용개시 전에 점검하여야 할 항목이 아닌 것은?

① 불활성가스 등에 의한 치환 상황
② 자동제어장치의 기능
③ 가스설비의 전반적인 누출 유무
④ 배관계통의 밸브개폐 상황

해설및용어설명 | 제조설비의 배관공사 시 기밀도를 확인하기 위하여 불활성가스 등에 의한 치환 상황을 확인한다.

54

고압가스의 운반기준에서 동일 차량에 적재하여 운반할 수 없는 것은?

① 염소와 아세틸렌   ② 질소와 산소
③ 아세틸렌과 산소   ④ 프로판과 부탄

해설및용어설명 | 염소와 아세틸렌·암모니아 또는 수소는 한 차량에 적재하여 운반하지 않을 것

55

저장탱크에 의한 액화석유가스저장소에서 지상에 설치하는 저장탱크, 그 받침대, 저장탱크에 부속된 펌프 등이 설치된 가스설비실에는 그 외면으로부터 몇 [m] 이상 떨어진 위치에서 조작할 수 있는 냉각장치를 설치하여야 하는가?

① 2[m]   ② 5[m]
③ 8[m]   ④ 10[m]

해설및용어설명 | 저장탱크, 그 받침대, 저장탱크에 부속된 펌프·압축기 등이 설치된 가스설비실에는 다음 기준에 따라 외면으로부터 5m 이상 떨어진 위치에서 조작할 수 있는 다음 중 어느 하나의 냉각장치를 설치한다. 다만, 「소방시설 설치 및 관리에 관한 법률」에 따라 가스설비실에 소화기를 비치할 경우 그 가스설비실에는 냉각살수장치 등을 설치한 것으로 본다.

56

사람이 사망한 도시가스 사고 발생 시 사업자가 한국가스안전공사에 상보(서면으로 제출하는 상세한 통보)를 할 때 그 기한은 며칠 이내인가?

① 사고발생 후 5일   ② 사고발생 후 7일
③ 사고발생 후 14일   ④ 사고발생 후 20일

해설및용어설명 | 가스로 인한 사망사고는 사고 즉시 속보하고 사고 발생 후 20일 이내에 상보해야 한다. 부상이나 중독 사고는 속보와 사고 발생 후 10일 이내 상보해야한다. 가스누출에 의한 폭발 화재 사고, 사업자 등의 저장탱크에서 가스에서 누출된 사고도 즉시 통보해야한다.

57

이동식 부탄연소기의 올바른 사용방법은?

① 바람의 영향을 줄이기 위해서 텐트 안에서 사용한다.
② 효율을 높이기 위해서 두 대를 나란히 연결하여 사용한다.
③ 사용하는 그릇은 연소기의 삼발이보다 폭이 좁은 것을 사용한다.
④ 연소기 운반 중에는 용기를 내부에 보관한다.

해설및용어설명 |
- 텐트 안에서 사용 시 산소 결핍에 의한 질식 위험
- 두 대를 나란히 연결할 경우 부탄용기의 과열로 폭발 위험
- 연소기 운반 중에는 용기를 분리하여 보관

58

특정설비의 부품을 교체할 수 없는 수리자격자는?

① 용기제조자   ② 특정설비제조자
③ 고압가스제조자   ④ 검사기관

해설및용어설명 | 특정 설비 부품을 교체할 수 있는 수리 자격자 특정 설비 제조자, 고압가스 제조자, 용기 등의 검사 기관

59

산소가스 설비를 수리 또는 청소를 할 때는 안전관리상 탱크 내부의 산소를 농도가 몇 [%] 이하로 될 때까지 계속 치환 하여야 하는가?

① 22[%] ② 28[%]
③ 31[%] ④ 35[%]

해설및용어설명 | 산소의 농도 22[%] 이하

60

고압가스 안전관리법상 가스저장탱크 설치 시 내진설계를 하여야 하는 저장탱크는? (단, 비가연성 및 비독성인 경우는 제외한다)

① 저장능력이 5톤 이상 또는 500[m³] 이상인 저장 탱크
② 저장능력이 3톤 이상 또는 300[m³] 이상인 저장 탱크
③ 저장능력이 2톤 이상 또는 200[m³] 이상인 저장 탱크
④ 저장능력이 1톤 이상 또는 100[m³] 이상인 저장 탱크

해설및용어설명 | 내진설계 적용 대상시설
저장탱크 및 압력 용기

구분	비가연성, 비독성	가연성, 독성	탑류
압축가스	1,000[m³] 이상	500[m³] 이상	동체부 높이 5[m] 이상
액화가스	10,000[kg] 이상	5,000[kg] 이상	

2024년 제1회 가스산업기사 CBT 복원문제

41

가연성가스를 충전하는 차량에 고정된 탱크에 설치하는 것으로, 내압시험 압력의 10분의 8 이하의 압력에서 작동하는 것은?

① 역류방지밸브 ② 안전밸브
③ 스톱밸브 ④ 긴급차단장치

해설및용어설명 | 안전밸브는 그 안전밸브가 부착되는 용기의 종류에 따른 내압시험압력의 10분의 8 이하의 압력(용전을 사용한 안전밸브의 경우에는 그 용전이 부착되는 용기의 종류에 따른 내압시험압력의 10분의 80이 되는 온도 이하의 온도)에서 작동되는 것으로 한다.

42

고압가스 일반제조시설의 설치기준에 대한 설명으로 틀린 것은?

① 아세틸렌의 충전용 교체밸브는 충전하는 장소에서 격리하여 설치한다.
② 공기액화분리기로 처리하는 원료공기의 흡입구는 공기가 맑은 곳에 설치한다.
③ 공기액화분리기의 액화공기탱크와 액화산소증발기 사이에는 석유류, 유지류, 그 밖의 탄화수소를 여과, 분리하기 위한 여과기를 설치한다.
④ 에어졸제조시설에는 정압충전을 위한 레벨장치를 설치하고 공업용 제조시설에는 불꽃길이 시험장치를 설치한다.

해설및용어설명 | 에어졸제어시설에는 정량을 충전할 수 있는 자동충전기를 설치하고, 인체에 사용하거나 가정에 사용하는 에어졸의 제조시설에는 불꽃길이 시험장치를 설치한다.

43

사람이 사망하거나 부상, 중독 가스사고가 발생하였을 때 사고의 통보 내용에 포함되는 사항이 아닌 것은?

① 통보자의 인적사항
② 사고발생 일시 및 장소
③ 피해자 보상 방안
④ 사고내용 및 피해현황

해설및용어설명 | 사고의 통보 내용에 포함되어야 하는 사항
- 통보자의 소속, 직위, 성명 및 연락처
- 사고발생 일시
- 사고발생 장소
- 사고내용
- 시설현황
- 인명 및 재산의 피해현황

44

고압가스 일반제조의 시설기준에 대한 설명으로 옳은 것은?

① 초저온저장탱크에는 환형유리관 액면계를 설치할 수 없다.
② 고압가스설비에 장치하는 압력계는 상용압력의 1.1배 이상 2배 이하의 최고눈금이 있어야 한다.
③ 공기보다 가벼운 가연성가스의 가스설비실에는 1방향 이상의 개구부 또는 자연환기 설비를 설치하여야 한다.
④ 저장능력이 1,000톤 이상인 가연성가스(액화가스)의 지상 저장탱크의 주위에는 방류둑을 설치하여야 한다.

해설및용어설명 |
- 저장탱크(가연성가스 및 독성가스에 한정한다)와 유리제게이지를 접속하는 상하 배관에는 자동식 및 수동식의 스톱밸브를 설치한다. 다만, 자동식 및 수동식 기능을 함께 갖춘 경우에는 각각 설치한 것으로 볼 수 있다.
- 고압가스설비에 장치하는 압력계는 상용압력의 1.5배 이상 2배 이하의 최고눈금이 있어야 한다.
- 공기보다 가벼운 가연성가스의 가스설비실에는 2방향 이상의 개구부 또는 자연환기 설비를 설치하여야 한다.

45

발전시설에 적용하는 설계지진 재현주기 4,800년이 적용되는 시설은?

① 일반시설
② 중요시설
③ 핵심중요시설
④ 핵심시설

해설및용어설명 | 발전시설의 관리등급별 최소 내진성능수준

설계지진 재현주기	설계지진 (유효수평 지반가속도)	내진성능수준			
		기능수행	즉시복구	장기복구/ 인명보호	붕괴방지
100년	0.063(g) 이상	일반시설			
200년	0.08(g) 이상	핵심· 중요시설	일반시설		
500년	0.11(g) 이상		핵심· 중요시설	일반시설	
1,000년	0.154(g) 이상			핵심· 중요시설	일반시설
2,400년	0.22(g) 이상				중요시설
4,800년	0.3(g) 이상				핵심시설

관리등급 기준은 ▲핵심시설 용량 3GW 이상 ▲중요시설 용량 20MW 이상 ▲일반시설 용량 20MW 미만이다.
자료 = 한국전기설비규정(KEC)

46

합격용기 각인사항의 기호 중 용기의 내압시험압력을 표시하는 기호는?

① TP
② TW
③ TV
④ FP

해설및용어설명 | 용기의 각인 기호
- V : 내용적
- W : 밸브 및 부속품을 포함하지 아니한 용기의 질량
- TW : 아세틸렌 충전용기의 질량에 용기의 다공물질, 용제, 밸브의 질량을 합한 질량
- TP : 내압시험압력
- FP : 최고충전압력

47

독성가스 저장탱크를 지상에 설치하는 경우 몇 톤 이상일 때 방류둑을 설치하여야 하는가?

① 5
② 10
③ 50
④ 100

해설및용어설명 | 저장 능력별 방류둑 설치 대상
- 고압가스 특정 제조
  - 가연성 가스 : 500톤 이상
  - 독성 가스 : 5톤 이상
  - 액화 산소 : 1,000톤 이상
- 고압가스 일반 제조
  - 가연성, 액화 산소 : 1,000톤 이상
  - 독성 가스 : 5톤 이상
- 냉동제조 시설(독성가스 냉매 사용) : 수액기 내용적 10,000[L] 이상

48

가연성 가스 저장탱크 간의 거리는 얼마 이상으로 해야 하는가? (단, 저장능력 3톤 이상인 탱크)

① 두 저장탱크 최소지름을 더한 길이의 2분의 1
② 두 저장탱크 최소지름을 더한 길이의 4분의 1
③ 두 저장탱크 최대지름을 더한 길이의 2분의 1
④ 두 저장탱크 최대지름을 더한 길이의 4분의 1

해설및용어설명 | 가연성가스저장탱크(저장능력이 300[m³] 또는 3톤 이상인 탱크만을 말한다)와 다른 가연성가스 저장탱크 또는 산소저장탱크 사이에는 두 저장탱크 최대지름을 더한 길이의 4분의 1 이상의 거리를 유지하는 등 하나의 저장탱크에서 발생한 위해요소가 다른 저장탱크로 전이되지 않도록 하고, 저장탱크를 지하 또는 실내에 설치하는 경우에는 그 저장탱크 설치실 안에서의 가스폭발을 방지하기 위하여 필요한 조치를 마련할 것

49

용기에 표시하는 각인에 대한 설명 중 틀린 것은?

① 검사에 합격한 용기부속품에 대하여는 3[mm] × 5[mm] 크기의 "K"자 각인을 한다.
② 용기(단, 접합용기 또는 납붙임 용기 제외)에는 어깨부분 또는 프로텍터 부분 등 보기 쉬운 곳에 "K" 각인을 한다.
③ 납붙임 또는 접합용기에는 그 제조공정 중에 "R"자의 각인을 할 것
④ 재검사에 불합격되어 수리를 한 저장탱크의 경우에는 "K"자 각인과 함께 "R"자의 각인을 한다.

해설및용어설명 | 납붙임 또는 접합용기에는 그 제조공정 중에 "K"자의 각인을 할 것(고압가스안전관리법 시행규칙 별표25 합격용기등에 대한 각인 또는 표시방법 참조)

50

가연성가스와 공기혼합물의 점화원이 될 수 없는 것은?

① 정전기
② 단열압축
③ 융해열
④ 마찰

해설및용어설명 | 융해열
압력 일정의 상태로 고체가 상변화를 일으켜 액체로 변할 때에 필요한 열량

51

액화석유가스 수송 배관의 온도는 항상 몇 [℃] 이하를 유지하여야 하는가?

① 30
② 35
③ 40
④ 50

해설및용어설명 | 배관에는 그 온도를 항상 40[℃] 이하로 유지할 수 있는 조치를 할 것

52

1일 처리능력이 60,000[m³]인 가연성가스 저온저장탱크와 제2종 보호시설과의 안전거리의 기준은?

① 20.0[m]　　② 21.2[m]
③ 22.0[m]　　④ 30.0[m]

해설및용어설명 | 가연성가스 저온저장탱크(저장능력 5만 초과 99만[m³] 이하)

- 제1종 보호시설 = $\dfrac{3}{25}\sqrt{X+10,000}$
- 제2종 보호시설 = $\dfrac{2}{25}\sqrt{X+10,000}$

안전거리 = $\dfrac{2}{25}\sqrt{X+10,000}$
　　　　 = $\dfrac{2}{25} \times \sqrt{60,000+10,000}$
　　　　 = 21.166[m]

53

액화 프로판을 내용적이 4,700[L]인 차량에 고정된 탱크를 이용하여 운행 시의 기준으로 적합한 것은? (단, 폭발방지장치가 설치되지 않았다)

① 최대 저장량이 2,000[kg]이므로 운반책임자 동승이 필요 없다.
② 최대 저장량이 2,000[kg]이므로 운반책임자 동승이 필요 하다.
③ 최대 저장량이 5,000[kg]이므로 200[km] 이상 운행 시 운반 책임자 동승이 필요하다.
④ 최대 저장량이 5,000[kg]이므로 운행거리에 관계없이 운반 책임자 동승이 필요 없다.

해설및용어설명 |
① **저장량 계산** : 프로판 충전정수 C = 2.35
∴ $G = \dfrac{V}{C} = \dfrac{4,700}{2.35} = 2,000[kg]$

② 운반책임자 동승기준

구분	가스의 종류	기준
압축가스	독성 가스	100[m³] 이상
	가연성 가스	300[m³] 이상
	조연성 가스	600[m³] 이상
액화가스	독성가스	1,000[kg] 이상
	가연성 가스	3,000[kg] 이상
	조연성 가스	6,000[kg] 이상

54

도시가스배관을 지하에 매설하는 경우에 주의사항으로 틀린 것은?

① 배관의 외면과 타 시설물과는 0.3[m] 이상의 간격을 유지한다.
② 배관에 작용하는 하중을 수직방향 및 횡방향에서 지지하고 하중을 기초 아래로 분산시키기 위하여 침상재료를 포설한다.
③ 침상재료를 다지기 위해서 운반차량에서 직접 포설한다.
④ 기초재료를 포설한 후 및 침상재료를 포설한다.

해설및용어설명 | 다짐작업은 콤팩터, 래머 등 현장상황에 맞는 다짐기계를 사용한다.

55

고압가스 운반차량의 운행 중 조치사항으로 틀린 것은?

① 400[km] 이상 거리를 운행할 경우 중간에 휴식을 취한다.
② 독성가스를 운반 중 도난당하거나 분실한 때에는 즉시 그 내용을 경찰서에 신고한다.
③ 독성가스를 운반하는 때는 그 고압가스의 명칭, 성질 및 이동 중의 재해방지를 위하여 필요한 주의사항을 기재한 서류를 운전자 또는 운반책임자에게 교부한다.
④ 고압가스를 적재하여 운반하는 차량은 차량의 고장, 교통 사정, 운전자 또는 운반책임자의 휴식할 경우 운반책임자와 운전자가 동시에 이탈하지 아니 한다.

해설및용어설명 | 200[km] 이상의 거리를 운행하는 경우에는 중간에 충분한 휴식을 취한 후 운행할 것

56

수소의 품질 검사에 사용하는 시약으로 옳은 것은?

① 동·암모니아 시약 ② 피로카롤 시약
③ 발연황산 시약 ④ 브롬 시약

해설및용어설명 |

구분	시약
산소	동암모니아시약
아세틸렌	발연황산, 브롬시약
수소	피로카롤 또는 하이드로설파이드 시약

57

고압가스 특정제조 시설에서 배관이 도로 밑 매설기준에 대한 설명으로 틀린 것은?

① 배관의 외면으로부터 도로의 경계까지 2[m] 이상의 수평 거리를 유지한다.
② 배관은 그 외면으로부터 도로 밑의 다른 시설물과 0.3[m] 이상의 거리를 유지한다.
③ 시가지 도로노면 밑에 매설할 때는 노면으로부터 배관의 외면까지의 깊이를 1.5[m] 이상으로 한다.
④ 포장되어 있는 차도에 매설하는 경우에는 그 포장부분의 노반 밑에 매설하고 배관의 외면과 노반의 최하부와의 거리는 0.5[m] 이상으로 한다.

해설및용어설명 | 고압가스 특정 제조의 시설 기준 중 배관의 도로 밑 매설 기준

- 배관의 외면으로부터 도로의 경계까지 1[m] 이상의 수평 거리를 유지한다.
- 배관은 그 외면으로부터 도로 밑의 다른 시설물과 0.3[m] 이상의 거리를 유지한다. (법령에서 삭제)
- 시가지의 도로 노면 밑에 매설하는 배관의 노면과의 거리는 1.5[m] 이상으로 한다.
- 포장되어 있는 차도에 매설하는 경우에는 그 포장 부분의 노반 밑에 매설하고 배관의 외면과 노반의 최하부와의 거리는 0.5[m] 이상으로 한다.

58

고압가스 특정제조의 기술기준으로 옳지 않은 것은?

① 가연성가스 또는 산소의 가스설비 부근에는 작업에 필요한 양 이상의 연소하기 쉬운 물질을 두지 아니할 것
② 산소 중의 가연성가스의 용량이 전용량의 3[%] 이상의 것은 압축을 금지할 것
③ 석유류 또는 글리세린은 산소압축기의 내부윤활제로 사용하지 말 것
④ 산소 제조 시 공기액화분리기 내에 설치된 액화산소통 내의 액화산소는 1일 1회 이상 분석할 것

해설및용어설명 |

고압가스를 제조하는 경우 다음의 가스는 압축하지 아니한다.

- 가연성가스(아세틸렌, 에틸렌 및 수소를 제외한다)중 산소용량이 전용량 4[%] 이상의 것
- 산소 중의 가연성 가스의 용량이 전용량의 4[%] 이상의 것
- 아세틸렌, 에틸렌 또는 수소 중의 산소용량이 전용량의 2[%] 이상의 것
- 산소 중의 아세틸렌, 에틸렌 및 수소의 용량 합계가 전용량의 2[%] 이상의 것

59

고압가스안전관리법에서 정하고 있는 특정고압 가스가 아닌 것은?

① 천연가스 ② 액화염소
③ 게르만 ④ 염화수소

해설및용어설명 | 특정 고압가스의 종류

- 법에서 정한 것(법 20조) : 수소, 산소, 액화암모니아, 아세틸렌, 액화 염소, 천연가스, 압축 모노실란, 압축 디보레인, 액화 알진, 그밖에 대통령령이 정하는 고압가스
- 대통령령이 정한 것(시행령 16조) : 포스핀, 셀렌화수소, 게르만, 디실란, 오불화비소, 오불화인, 삼불화인, 삼불화질소, 삼불화붕소, 사불화유황, 사불화규소
- 특수 고압가스 : 압축 모노실란, 압축 디보레인, 액화 알진, 포스핀, 셀렌화수소, 게르만, 디실란 그 밖에 반도체의 세정 등 산업통상자원부 장관이 인정하는 특수한 용도에 사용하는 고압가스

60

가연성가스나 산소용기 운반차량에 비치해야 하는 소화기는 어떤 소화기인가?

① 분말소화기
② 할로겐소화기
③ 포소화기
④ 강화액소화기

해설 및 용어설명 | 가연성가스 및 산소를 운반하는 경우 휴대하는 소화설비

구분	소화기의 종류		비치개수
	소화약제	능력단위	
가연성가스	분말소화제	BC용, B-10 이상 또는 ABC용, B-12 이상	차량 좌우에 각각 1개 이상
산소	분말소화제	BC용, B-8 이상 또는 ABC용, B-10 이상	차량 좌우에 각각 1개 이상

2024년 제2회 가스산업기사 CBT 복원문제

41

액화석유가스 저장탱크에 가스를 충전할 때 액체 부피가 내용적의 90[%]를 넘지 않도록 규제하는 가장 큰 이유는?

① 액체팽창으로 인한 탱크의 파열을 방지하기 위하여
② 온도상승으로 인한 탱크의 취약방지를 위하여
③ 등적팽창으로 인한 온도상승 방지를 위하여
④ 탱크내부의 부압(Negative Pressure)발생방지를 위하여

해설 및 용어설명 | 액화석유가스는 온도 상승으로 인하여 액팽창을 일으킬 위험이 있어 안전공간을 10[%] 이상 확보하여야 한다.

42

고압가스 용기의 보관에 대한 설명으로 틀린 것은?

① 독성가스, 가연성 가스 및 산소용기는 구분한다.
② 충전용기 보관은 직사광선 및 온도와 관계없다.
③ 잔가스 용기와 충전용기는 구분한다.
④ 가연성 가스 용기보관장소에는 방폭형 휴대용 손전등 외의 등화를 휴대하지 않는다.

해설 및 용어설명 | 고압가스 용기의 보관소관리기준
- 용기보관장소에는 계량기 등 작업에 필요한 물건 외에는 두지 아니할 것
- 용기보관장소의 주위 2[m] 이내에는 화기 또는 인화성물질이나 발화성물질을 두지 않을 것
- 충전용기는 항상 40[℃] 이하를 유지하고, 직사광선을 받지 않도록 조치할 것
- 충전용기에는 넘어짐 등에 의한 충격이나 밸브의 손상을 방지하는 조치를 하고 난폭한 취급을 하지 아니할 것
- 용기보관장소에는 방폭형 휴대용 손전등 외의 등화를 지니고 들어가지 아니할 것
- 용기보관장소에는 충전용기와 잔가스용기를 각각 구분하여 놓을 것
- 가연성가스, 독성가스 및 산소의 용기는 각각 구분하여 용기보관장소에 놓을 것

43

다음 액화가스 저장탱크 중 방류둑을 설치하여야 하는 것은?

① 저장능력이 5톤인 염소 저장탱크
② 저장능력이 8백 톤인 산소 저장탱크
③ 저장능력이 5백 톤인 수소 저장탱크
④ 저장능력이 9백 톤인 프로판 저장탱크

해설및용어설명 | 방류둑 설치해야 하는 저장탱크
- 가연성가스 및 산소 저장능력 1,000[t] 이상이 되는 저장탱크
- 독성가스 저장능력이 5[t] 이상 되는 저장탱크
- 독성가스를 사용하는 수액기의 내용적이 10,000[L] 이상일 때

44

LPG용기에 있는 잔가스의 처리법으로 가장 부적당한 것은?

① 폐기 시에는 용기를 분리한 후 처리한다.
② 잔가스 폐기는 통풍이 양호한 장소에서 소량씩 실시한다.
③ 되도록이면 사용 후 용기에 잔가스가 남지 않도록 한다.
④ 용기를 가열할 때는 온도 60[℃] 이상의 뜨거운 물을 사용한다.

해설및용어설명 | 용기를 가열할 필요가 있으면 열습포나 40[℃] 이하의 물을 사용한다.

45

고압가스안전관리법시행규칙에서 정의하는 '처리능력'이라 함은?

① 1시간에 처리할 수 있는 가스의 양이다.
② 8시간에 처리할 수 있는 가스의 양이다.
③ 1일에 처리할 수 있는 가스의 양이다.
④ 발화도, 최소발화에너지

해설및용어설명 | "처리능력"이란 처리설비 또는 감압설비에 의하여 압축·액화나 그 밖의 방법으로 1일에 처리할 수 있는 가스의 양(온도 섭씨 0도, 게이지압력 0파스칼의 상태를 기준으로 한다. 이하 같다)을 말한다.

46

압축기는 그 최종단에, 그 밖의 고압가스 설비에는 압력이 상용압력을 초과한 경우에 그 압력을 직접 받는 부분마다 각각 내압시험 압력의 10분의 8 이하의 압력에서 작동되게 설치하여야 하는 것은?

① 역류방지밸브   ② 안전밸브
③ 스톱밸브   ④ 긴급차단장치

해설및용어설명 | 안전밸브
설비 내 압력이 상용의 압력을 초과하는 경우 즉시 상용의 압력 이하로 되돌릴 수 있는 장치

47

고압가스 특정제조시설에서 안전구역의 면적의 기준은?

① 1만[m²] 이하   ② 2만[m²] 이하
③ 3만[m²] 이하   ④ 5만[m²] 이하

해설및용어설명 | 안전구역의 설정
고압가스제조시설에서 재해가 발생할 경우 그 재해의 확대를 방지하기 위하여 가연성가스설비 또는 독성가스의 설비는 다음 기준에 따라 통로·공지등으로 구분된 안전구역 안에 설치한다. 다만, 공정상 밀접한 관련을 가진 고압가스설비로서 2개 이상의 안전구역을 구분할 경우 그 고압가스 설비의 운영에 지장을 줄 우려가 있는 경우에는 안전구역 안에 설치하지 아니할 수 있다.
1. 안전구역 면적은 다음 방법에 따라 구한 것으로서 2만[m²] 이하로 한다.
2. 하나의 안전구역 면적은 하나 또는 둘 이상의 안전분구 면적의 합계로 한다.

48

물분무장치 등은 저장탱크의 외면에서 몇 [m] 이상 떨어진 위치에서 조작이 가능하여야 하는가?

① 5[m]   ② 10[m]
③ 15[m]   ④ 20[m]

해설및용어설명 | 물분무장치등은 해당저장탱크의 외면에서 15[m] 이상 떨어진 안전한 위치에서 조작할 수 있어야 하고, 방류둑을 설치한 저장탱크에는 그 방류둑 밖에서 조작할 수 있도록 한다. 다만, 저장탱크의주위에 예상되는 화재에 대비하여 유효하고 안전한 차단장치를 설치한 경우에는 본문의 물분무장치 조작기준을 적용하지 아니할 수 있다.

49

수소의 특성에 대한 설명으로 옳은 것은?

① 가스 중 비중이 큰 편이다.
② 냄새는 있으나 색깔은 없다.
③ 기체 중에서 확산 속도가 가장 빠르다.
④ 산소, 염소와 폭발반응을 하지 않는다.

해설및용어설명 | 수소의 성질
- 모든 기체중 비중이 가장 적고 확산속도가 가장 빠르다.
- 무색, 무취, 무미의 가연성이다.
- 열전도율이 대단히 크고, 열에 대해 안정하다.
- 고온에서 강제, 금속재료를 쉽게 투과한다.
- 폭굉속도가 1,400 ~ 3,500[m/s]에 달한다.
- 폭발범위가 넓다(공기 중 : 4 ~ 75[%], 산소 중 : 4 ~ 94[%]).
- 산소, 염소, 불소와 반응하여 격렬한 폭발을 일으켜 폭명기 형성

50

액화석유가스 설비의 가스안전사고 방지를 위한 기밀시험 시 사용이 부적합한 가스는?

① 공기   ② 탄산가스
③ 질소   ④ 산소

해설및용어설명 | 공기, 질소 등의 불활성가스를 사용하여 기밀시험 압력 이상의 압력을 가한다.

51

고압가스의 운반기준에서 동일 차량에 적재하여 운반할 수 없는 것은?

① 염소와 아세틸렌   ② 질소와 산소
③ 아세틸렌과 산소   ④ 프로판과 부탄

해설및용어설명 |
- 혼합적재 금지 : 염소와 아세틸렌, 암모니아 또는 수소는 동일차량에 적재하여 운반하지 아니할 것
- 가연성가스와 산소를 동일차량에 적재하여 운반하는 때에는 그 충전용기의 밸브가 서로 마주보지 아니하도록 적재할 것
- 충전용기와 위험물 안전관리법이 정하는 위험물과는 동일차량에 적재하여 운반하지 아니할 것

52

독성가스 저장탱크를 지상에 설치하는 경우 몇 톤 이상일 때 방류둑을 설치하여야 하는가?

① 5   ② 10
③ 50   ④ 100

해설및용어설명 | 저장 능력별 방류둑 설치 대상
- 고압가스 특정 제조
  - 가연성 가스 : 500톤 이상
  - 독성 가스 : 5톤 이상
  - 액화 산소 : 1,000톤 이상
- 고압가스 일반 제조
  - 가연성, 액화 산소 : 1,000톤 이상
  - 독성 가스 : 5톤 이상
- 냉동제조 시설(독성가스 냉매 사용) : 수액기 내용적 10,000[L] 이상

53

고압가스안전관리법에서 주택은 제 몇 종 보호시설로 분류되는가?

① 제0종
② 제1종
③ 제2종
④ 제3종

해설및용어설명 |
1. 제1종보호시설
   가. 학교·유치원·어린이집·놀이방·어린이놀이터·학원·병원(의원을 포함한다)·도서관·청소년수련시설·경로당·시장·공중목욕탕·호텔·여관·극장·교회 및 공회당(公會堂)
   나. 사람을 수용하는 건축물(가설건축물을 제외한다)로서 사실상 독립된 부분의 연면적이 1천[m²] 이상인 것
   다. 예식장·장례식장 및 전시장, 그 밖에 이와 유사한 시설로서 수용능력이 300인 이상인 건축물
   라. 아동·노인·모자·장애인 기타 사회복지사업을 위한 시설로서 수용능력이 20인 이상인 건축물
   마. 문화재보호법에 의하여 지정문화재로 지정된 건축물
2. 제2종보호시설
   가. 주택
   나. 사람을 수용하는 건축물(가설건축물을 제외한다)로서 사실상 독립된 부분의 연면적이 100[m²] 이상 1천[m²] 미만인 것

54

에어졸 충전시설에는 온수시험탱크를 갖추어야 한다. 충전용기의 가스누출시험 온도는?

① 26[℃] 이상 30[℃] 미만
② 30[℃] 이상 50[℃] 미만
③ 46[℃] 이상 50[℃] 미만
④ 50[℃] 이상 66[℃] 미만

해설및용어설명 | 에어졸이 충전된 용기는 그 전수에 대하여 온수시험탱크에서 그 에어졸의 온도를 46[℃] 이상 50[℃] 미만으로 하는 때에 그 에어졸이 누출되지 아니하도록 할 것

55

에어졸의 충전 기준에 적합한 용기의 내용적은 몇 [L] 이하여야 하는가?

① 1
② 2
③ 3
④ 5

해설및용어설명 | 접합 또는 납붙임용기
동판 및 경판을 각각 성형하여 심용접이나 그 밖의 방법으로 접합하거나 납붙임하여 만든 내용적 1[L] 이하인 용기를 말한다. 에어졸 제조용, 라이터 충전용, 연료용 가스용, 절단용 또는 용접용으로 제조한다.

56

액화석유가스 자동차에 고정된 용기충전의 시설에 설치되는 안전밸브 중 압축기의 최종단에 설치된 안전밸브의 작동조정의 최소 주기는?

① 6월에 1회 이상
② 1년에 1회 이상
③ 2년에 1회 이상
④ 3년에 1회 이상

해설및용어설명 | 안전밸브 중 압축기의 최종단에 설치한 것은 1년에 1회 이상, 그 밖의 안전밸브는 2년에 1회 이상 설정되는 압력이하의 압력에 작동하도록 조정한다.

57

가스사용시설에 퓨즈콕 설치 시 예방 가능한 사고 유형은?

① 가스렌지 연결호스 고의절단사고
② 소화안전장치고장 가스누출사고
③ 보일러 팽창탱크과열 파열사고
④ 연소기 전도 화재사고

해설및용어설명 | 퓨즈콕
연소기에서 가스가 정상적으로 연소할 때는 작동되지 않으나 가스사용 중 호스가 빠지거나 절단되어 규정량 이상의 가스가 흐르면 가스를 차단하는 안전장치

58

산소와 함께 사용하는 액화석유가스 사용시설에서 압력조정기와 토치사이에 설치하는 안전장치는?

① 역화방지기 ② 안전밸브
③ 파열판   ④ 조정기

해설및용어설명 | 액화석유가스를 용접 또는 용단작업용으로 사용하는 경우에는 압력조정기와 토치사이에 역화방지장치를 부착하여야 한다.

59

다음 보기에서 고압가스 제조설비의 사용개시 전 점검사항을 모두 나열한 것은?

㉠ 가스설비에 있는 내용물의 상황
㉡ 전기, 물 등 유틸리티 시설의 준비상황
㉢ 비상전력 등의 준비사항
㉣ 회전 기계의 윤활유 보급상황

① ㉠, ㉢
② ㉡, ㉢
③ ㉠, ㉡, ㉢
④ ㉠, ㉡, ㉢, ㉣

해설및용어설명 | 제조설비등의 사용개시전 점검사항
- 가스설비에 있는 내용물의 상황
- 계기류 및 인터록, 긴급용 시퀀스, 경보 및 자동제어장치의 기능
- 긴급차단 및 긴급방출장치, 통신설비, 제어설비, 정전기방지 및 제거설비, 그 밖에 안전설비의 기능
- 각 배관계통에 부착된 밸브 등의 개폐상황 및 맹판의 탈착, 부착 상황
- 회전 기계의 윤활유 보급상황 및 회전 구동상황
- 제조설비등 당해 설비의 전반적인 누출 유무
- 가연성 가스 및 독성 가스가 체류하기 쉬운 곳의 해당 가스 농도
- 전기, 물, 증기, 공기 등 유틸리티시설의 준비상황
- 안전용 불활성 가스 등의 준비상황
- 비상전력 등의 준비상황
- 그 밖에 필요한 사항의 이상 유무

60

고압가스용 이음매 없는 용기 제조 시 탄소함유량은 몇 [%] 이하를 사용하여야 하는가?

① 0.04 ② 0.05
③ 0.33 ④ 0.55

해설및용어설명 | 용기의 CPS비율

구분	C (탄소)	P (인)	S (황)
이음매 있는 용기	0.33[%]	0.04[%]	0.05[%]
이음매 없는 용기	0.55[%]	0.04[%]	0.05[%]

2024년 제3회 가스산업기사 CBT 복원문제

41

차량에 고정된 탱크로 고압가스를 운반할 때의 기준으로 틀린 것은?

① 차량의 앞뒤 보기 쉬운 곳에 각각 붉은 글씨로 "위험고압가스"라는 경계표시를 하여야 한다.
② 수소 및 산소탱크의 내용적은 1만 8천[L]를 초과 하지 아니하여야 한다.
③ 염소탱크의 내용적은 1만 5천[L]를 초과하지 아니하여야 한다.
④ 액화가스를 충전하는 탱크는 그 내부에 방파판 등을 설치한다.

해설및용어설명 | 가연성가스(액화석유가스를 제외한다) 및 산소 탱크의 내용적은 1만 8천[L], 독성가스(액화암모니아는 제외한다)의 탱크 내용적은 1만 2천[L]를 초과하지 않는다. 다만, 철도차량이나 견인되어 운반되는 차량에 고정하여 운반하는 탱크의 경우에는 그렇지 않다.

42

LPG 자동차 충전소에서 차량의 충돌 및 전도로부터 충전기를 보호하기 위한 방호 조치로 틀린 것은?

① 보호대를 강관으로 할 경우 호칭지름 80[A]로 한다.
② 보호대의 높이는 80[cm] 이상으로 한다.
③ 철근콘크리트제 보호대는 콘크리트기초에 25[cm] 이상의 깊이로 묻고 바닥과 일체가 되도록 콘크리트를 타설한다.
④ 말뚝형태일 경우 말뚝은 2개 이상으로 설치하고, 간격은 1.5[m] 이하로 한다.

해설및용어설명 | 보호대를 강관으로 할 경우 호칭지름 100[A]로 한다.

43

다음은 고압가스를 제조하는 경우 품질검사에 대한 내용이다. ( ) 안에 들어갈 사항을 알맞게 나열한 것은?

> 산소, 아세틸렌 및 수소를 제조하는 자는 일정한 순도 이상의 품질유지를 위하여 (㉠) 이상 적절한 방법으로 품질검사를 하여 그 순도가 산소의 경우에는 (㉡)[%], 아세틸렌의 경우에는 (㉢)[%], 수소의 경우에는 (㉣)[%] 이상이어야 하고 그 검사결과를 기록할 것

① ㉠ 1일 1회 ㉡ 99.5 ㉢ 98 ㉣ 98.5
② ㉠ 1일 1회 ㉡ 99 ㉢ 98.5 ㉣ 98
③ ㉠ 1주 1회 ㉡ 99.5 ㉢ 98 ㉣ 98.5
④ ㉠ 1주 1회 ㉡ 99 ㉢ 98.5 ㉣ 98

해설및용어설명 | 품질검사 기준

• 산소
동, 암모니아시약을 사용한 오르자트법에 의한 시험에서 순도가 99.5[%] 이상이고 용기안의 가스충전압력이 35[℃]에서 11.8[MPa] 이상으로 한다.

• 아세틸렌
발연황산시약을 사용한 오르자트법 또는 브롬시약을 사용한 뷰렛법에 의한 시험에서 순도가 98[%] 이상이고 질산은시약을 사용한 정성시험에서 합격한 것으로 한다.

• 수소
피로카롤 또는 하이드로설파이드시약을 사용한 오르자트법에 의한 시험에서 순도 98.5[%] 이상이고 용기 안의 가스충전압력이 35[℃]에서 11.8[MPa] 이상으로 한다.

※ 품질검사는 1일 1회 이상 제조장에서 안전관리책임자가 실시한다.

44

액화석유가스 자동차 충전소에 설치할 수 있는 건축물 또는 시설은?

① 액화석유가스충전사업자가 운영하고 있는 용기를 재검사하기 위한 시설
② 충전소의 종사자가 이용하기 위한 연면적 200[m²] 이하의 식당
③ 충전소를 출입하는 사람을 위한 연면적 200[m²] 이하의 매점
④ 공구 등을 보관하기 위한 연면적 200[m²] 이하의 창고

해설및용어설명 | LPG자동차 충전소에 설치 가능한 시설
가) 충전을 하기 위한 작업장
나) 충전소의 업무를 하기 위한 사무실과 회의실
다) 충전소 관계자가 근무하는 대기실
라) 액화석유가스 충전사업자가 운영하고 있는 용기를 재검사하기 위한 시설
마) 충전소 종사자의 숙소
바) 충전소의 종사자가 이용하기 위한 연면적 100[m²] 이하의 식당
사) 비상발전기실 또는 공구 등을 보관하기 위한 연면적 100[m²] 이하의 창고
아) 자동차 세차를 위한 시설
자) 충전소에 출입하는 사람을 대상으로 한 자동판매기와 현금자동지급기
차) 자동차 등의 점검 및 간이정비(용접, 판금 등 화기를 사용하는 작업 및 도장작업을 제외한다)를 위한 작업장
카) 「건축법 시행령」 별표1 제3호 가목에 따른 슈퍼마켓과 일용품 등의 소매점, 자동차 전시장, 충전소에 출입하는 사람이 쉴 수 있는 고객휴게실, 「식품위생법 시행령」 제21조 제8호 가목에 따른 휴게음식점, 자동차 영업소, 행위를 매개·대리 또는 중개 등을 하는 일반사무실
타) 자동차용 배터리 충전을 위한 작업장
파) 「계량에 관한 법률」 제7조제1항제3호에 따른 계량증명업을 위한 작업장
하) 제1호 가목 10) 바)에 따른 태양광 발전설비

45

액화석유가스 판매사업소 용기보관실의 안전사항으로 틀린 것은?

① 용기는 3단 이상 쌓지 말 것
② 용기보관실 주위의 2[m] 이내에는 인화성 및 가연성 물질을 두지 말 것
③ 용기보관실 내에서 사용하는 손전등은 방폭형일 것
④ 용기보관 실에는 계량기 등 작업에 필요한 물건 이외에 두지 말 것

해설및용어설명 |
용기보관실은 그 용기보관실의 안전유지를 위해 다음 기준에 따른다.
1. 용기보관실 주위의 2[m](우회거리) 이내에는 화기취급을 하거나 인화성 물질과 가연성물질을 두지 아니할 것
2. 용기보관실에 사용하는 휴대용손전등은 방폭형일 것
3. 용기보관실에는 계량기 등 작업에 필요한 물건 외에는 두지 아니할 것
4. 용기는 2단으로 쌓지 아니할 것, 다만 내용적 30[L] 미만의 용기는 2단으로 쌓을 수 있다.

46

고압가스 충전 등에 대한 기준으로 틀린 것은?

① 산소충전작업 시 밀폐형의 수전해조에는 액면계와 자동 급수장치를 설치한다.
② 습식아세틸렌 발생기의 표면은 70[℃] 이하의 온도로 유지한다.
③ 산화에틸렌의 저장탱크에는 45[℃]에서 그 내부가스의 압력이 0.4[MPa] 이상이 되도록 탄산가스를 충전한다.
④ 시안화수소를 충전한 용기는 충전한 후 90일이 경과되기 전에 다른 용기에 옮겨 충전한다.

해설및용어설명 | 용기에 충전한 시안화수소는 순도 98[%] 이상으로서 착색되지 아니한 것을 제외하고는 60일이 경과되기 전에 다른 용기에 충전할 것

47

액화석유가스 제조설비에 대한 기밀시험 시 사용되지 않는 가스는?

① 질소　　　　② 산소
③ 이산화탄소　　④ 아르곤

해설및용어설명 | 기밀시험은 공기 또는 위험성이 없는 불활성기체로 실시한다.

48

다음 중 독성가스와 그 제독제가 옳지 않게 짝지어진 것은?

① 아황산가스 : 물　　② 포스겐 : 소석회
③ 황화수소 : 물　　　④ 염소 : 가성소다 수용액

해설및용어설명 |

가스 종류	제독제 종류
염소	가성소다 수용액, 탄산소다 수용액, 소석회
포스겐	가성소다 수용액, 소석회
황화수소	가성소다 수용액, 탄산소다 수용액
시안화수소	가성소다 수용액
아황산가스	가성소다 수용액, 탄산소다 수용액, 물
암모니아, 산화에틸렌, 염화메탄	물

49

고압가스용 이음매 없는 용기 제조 시 탄소함유량은 몇 [%] 이하를 사용하여야 하는가?

① 0.04　　② 0.05
③ 0.33　　④ 0.55

해설및용어설명 | 용기의 CPS비율

구분	C(탄소)	P(인)	S(황)
이음매 있는 용기	0.33[%]	0.04[%]	0.05[%]
이음매 없는 용기	0.55[%]	0.04[%]	0.05[%]

50

가연성가스 저장탱크 및 처리설비를 실내에 설치하는 기준에 대한 설명 중 틀린 것은?

① 저장탱크와 처리설비는 구분 없이 동일한 실내에 설치한다.
② 저장탱크 및 처리설비가 설치된 실내는 천정·벽 및 바닥의 두께가 30[cm] 이상인 철근콘크리트로 한다.
③ 저장탱크의 정상부와 저장탱크실 천정과의 거리는 60[cm] 이상으로 한다.
④ 저장탱크에 설치한 안전밸브는 지상 5[m] 이상의 높이에 방출구가 있는 가스방출관을 설치한다.

해설및용어설명 | 저장탱크과 처리설비는 각각 구분하여 설치하고 강제 통풍시설을 갖춘다.

51

고압가스 분출 시 정전기가 가장 발생하기 쉬운 경우는?

① 가스의 온도가 높을 경우
② 가스의 분자량이 적을 경우
③ 가스 속에 액체 미립자가 섞여 있을 경우
④ 가스가 충분히 건조되어 있을 경우

해설및용어설명 | 정전기발생에 대한 경로를 보면 다음과 같다.

- 마찰대전 : 두 물체의 마찰에 의한 전하 분리에 의하여 발생
- 박리대전 : 서로 밀착되어 있던 물체가 떨어지면서(박리) 발생
- 유동대전 : 액체나 증기가 파이프 등의 내부를 통하여 유동할 때 관벽과 액체사이에 발생
- 분출대전 : 액체, 증기 등이 좁은 단면적을 갖는 분출구를 통하여 나올 때 물질과 분출구 사이의 마찰에 의하여 발생
- 진동대전 : 액체가 교반되는 과정에서 진동에 의하여 발생
- 충돌대전 : 분체류와 같은 입자가 상호간에 또는 다른 고체와 충돌할 경우 발생
- 비말대전 : 공간에 분출된 액체가 매우 작고 많은 물방울이 되는 과정에서 정전기가 발생

52

액화 프로판을 내용적이 4,700[L]인 차량에 고정된 탱크를 이용하여 운행 시 기준으로 적합한 것은? (단, 폭발방지장치가 설치되지 않았다)

① 최대 저장량이 2,000[kg]이므로 운반책임자 동승이 필요 없다.
② 최대 저장량이 2,000[kg]이므로 운반책임자 동승이 필요하다.
③ 최대 저장량이 5,000[kg]이므로 200[km] 이상 운행 시 운반책임자 동승이 필요하다.
④ 최대 저장량이 5,000[kg]이므로 운행거리에 관계없이 운반책임자 동승이 필요 없다.

해설및용어설명 |
① 저장량 계산 : 프로판 충전정수 C = 2.35

∴ $G = \dfrac{V}{C} = \dfrac{4,700}{2.35} = 2,000[kg]$

② 운반책임자 동승기준

구분	가스의 종류	기준
압축가스	독성 가스	100[m³] 이상
	가연성 가스	300[m³] 이상
	조연성 가스	600[m³] 이상
액화가스	독성가스	1,000[kg] 이상
	가연성 가스	3,000[kg] 이상
	조연성 가스	6,000[kg] 이상

53

알진(Arsine)에 대한 설명으로 틀린 것은?

① 공기보다 비중이 높다.
② 무색이다.
③ 마늘냄새가 난다.
④ 분자식은 AsH_2이다.

해설및용어설명 | 알진(AsH_3)
무색의 독성가스, 마늘냄새가 난다. 극인화성 압축가스, 물리적 충격에 민감하다. 분자량은 77.95

54

고압가스판매업자가 용기의 안전검사를 실시한 결과가 부적합인 경우 관리기준은?

① 수선하거나 보수한다.
② 폐기한다.
③ 수선하거나 보수하며, 수선 보수할 수 없는 용기는 폐기
④ 고압가스제조자에게 반송한다.

해설및용어설명 | 고압가스 안전관리법 시행규칙 [별표 18] 용기의 안전점검 및 유지·관리기준
고압가스판매자는 확인 결과 부적합한 용기의 경우에는 고압가스제조자에게 반송하여야 하고, 고압가스제조자는 부적합한 용기를 수선하거나 보수하며, 수선·보수할 수 없는 용기는 폐기할 것

55

고압가스 용기의 보관에 대한 설명으로 틀린 것은?

① 독성가스, 가연성 가스 및 산소용기는 구분한다.
② 충전용기 보관은 직사광선 및 온도와 관계없다.
③ 잔가스 용기와 충전용기는 구분한다.
④ 가연성 가스 용기보관장소에는 방폭형 휴대용 손전등 외의 등화를 휴대하지 않는다.

해설및용어설명 | 고압가스 용기의 보관소관리기준
1. 용기보관장소에는 계량기 등 작업에 필요한 물건 외에는 두지 아니할 것
2. 용기보관장소의 주위 2[m] 이내에는 화기 또는 인화성물질이나 발화성 물질을 두지 않을 것
3. 충전용기는 항상 40[℃] 이하를 유지하고, 직사광선을 받지 않도록 조치할 것
4. 충전용기에는 넘어짐 등에 의한 충격이나 밸브의 손상을 방지하는 조치를 하고 난폭한 취급을 하지 아니할 것
5. 용기보관장소에는 방폭형 휴대용 손전등 외의 등화를 지니고 들어가지 아니할 것
6. 용기보관장소에는 충전용기와 잔가스용기를 각각 구분하여 놓을 것
7. 가연성가스, 독성가스 및 산소의 용기는 각각 구분하여 용기보관장소에 놓을 것

56

저장능력이 20톤인 암모니아 저장탱크 2기를 지하에 인접하여 매설할 경우 상호 간에 최소 몇 [m] 이상의 이격거리를 유지하여야 하는가?

① 0.6[m] ② 0.8[m]
③ 1[m]   ④ 1.2[m]

해설및용어설명 | 지하에 인접하여 매설할 경우 상호 간에 최소 1[m] 이상의 이격거리 유지

57

액화석유가스 저장탱크의 설치기준으로 틀린 것은?

① 저장탱크에 설치한 안전밸브는 지면으로 부터 2[m] 이상의 높이에 방출구가 있는 가스방출관을 설치한다.
② 지하저장탱크를 2개 이상 인접 설치하는 경우 상호 간에 1[m] 이상의 거리를 유지한다.
③ 저장탱크의 지면으로부터 지하저장탱크의 정상부까지의 깊이는 60[cm] 이상으로 한다.
④ 저장탱크의 일부를 지하에 설치한 경우 지하에 묻힌 부분이 부식되지 않도록 조치한다.

해설및용어설명 | 가스방출관의 방출구 위치는 주위의 화기 등이 없는 안전한 위치에 설치해야 하며, 저장탱크에 설치한 것은 지면에서 5[m] 이상 또는 그 저장탱크의 정상부로부터 2[m] 이상의 높이 중 더 높은 위치에 설치할 것

58

수소의 성질에 관한 설명으로 틀린 것은?

① 모든 가스 중에 가장 가볍다.
② 열전달률이 아주 작다.
③ 폭발범위가 아주 넓다.
④ 고온, 고압에서 강제 중의 탄소와 반응한다.

해설및용어설명 | 수소는 가장 가벼운 원소로 모든 기체 중에서 열전도도가 가장 높고, 확산계수가 가장 크다.

59

고압가스 용기의 파열사고의 큰 원인 중 하나는 용기의 내압(內壓)의 이상 상승이다. 이상상승의 원인으로 가장 거리가 먼 것은?

① 가열   ② 일광의 직사
③ 내용물의 중합반응   ④ 적정 충전

해설및용어설명 | 내압의 이상 상승 원인
- 가열
- 직사광선에 노출 (일광의 직사)
- 화재 등으로 인한 용기 온도의 상승
- 과잉 충전
- 내용물의 중합 반응이나 분해 반응 등에 기인하는 것

60

고압가스 냉동제조시설에서 해당 냉동설비의 냉동능력에 대응하는 환기구의 면적을 확보하지 못하는 때에는 그 부족한 환기구 면적에 대하여 냉동능력 1[ton] 당 얼마 이상의 강제환기장치를 설치해야 하는가?

① 0.05[m³/분] ② 1[m³/분]
③ 2[m³/분]   ④ 3[m³/분]

해설및용어설명 | 해당 냉동설비의 냉동능력에 대응하는 환기구의 면적을 갖추지 못하는 때에는 그 부족한 환기구 면적에 대하여 냉동능력 1[ton]당 2[m³/분] 이상의 환기능력을 갖는 강제환기장치를 설치한다.

정답 56 ③ 57 ① 58 ② 59 ④ 60 ③

2025년 제1회 가스산업기사 (CBT 복원문제)

41

고압가스 장치의 운전을 정리하고 수리할 때 유의할 사항으로 가장 거리가 먼 것은?

① 가스의 치환
② 안전밸브의 작동
③ 배관의 차단확인
④ 장치 내 가스분석

해설및용어설명 | 고압가스 장치의 운반을 정지하고 수리 시 유의 사항
- 배관의 차단 확인
- 장치 내 가스분석
- 가스누출 방지 조치
- 가스의 치환
- 작업계획 수립

42

폭발 및 인화성 위험물 취급 시 주의하여야 할 사항으로 틀린 것은?

① 습기가 없고 양지바른 곳에 둔다.
② 취급자 외에는 취급하지 않는다.
③ 부근에서 화기를 사용하지 않는다.
④ 용기는 난폭하게 취급하거나 충격을 주어서는 아니 된다.

해설및용어설명 | 폭발성 물질은 직사광선이 차단되고 건조·환기가 양호한 곳에 저장한다.

43

아세틸렌의 품질 검사에 사용하는 시약으로 맞는 것은?

① 발연황산 시약
② 구리, 암모니아 시약
③ 피로카롤 시약
④ 하이드로 썰파이드 시약

해설및용어설명 | 품질검사 시약 및 검사법

구분	시약	검사법
산소	구리·암모니아	오르자트법
수소	피로카롤, 하이드로 썰파이드	오르자트법
아세틸렌	발연황산	오르자트법
	브롬 시약	뷰렛법
	질산은 시약	정성시험

44

소형저장탱크의 가스방출구의 위치를 지면에서 5[m] 이상 또는 소형저장탱크 정상부로부터 2[m] 이상 중 높은 위치에 설치하지 않아도 되는 경우는?

① 가스방출구의 위치를 건축물 개구부로부터 수평거리 0.5[m] 이상 유지하는 경우
② 가스방출구의 위치를 연소기의 개구부 및 환기용 공기흡입구로부터 각각 1[m] 이상 유지하는 경우
③ 가스방출구의 위치를 건축물 개구부로부터 수평거리 1[m] 이상 유지하는 경우
④ 가스방출구의 위치를 건축물 연소기의 개구부 및 환기용 공기흡입구로부터 각각 1.2[m] 이상 유지하는 경우

해설및용어설명 | 소형 저장탱크의 안전밸브에는 가스방출관을 설치한다. 이 경우 가스방출구의 위치를 건축물 개구부로부터 수평거리 1[m] 이상, 연소기의 개구부 및 환기용 공기흡입구로부터 각각 1.5[m] 이상 떨어지게 한 경우에는 지면에서 5[m] 이상 또는 소형 저장탱크 정상부로부터 2[m] 이상 중 높은 위치에 설치하지 아니할 수 있다.

정답 41 ② 42 ① 43 ① 44 ③

45

저장탱크에 의한 액화석유가스저장소에서 지상에 설치하는 저장탱크, 그 받침대, 저장탱크에 부속된 펌프 등이 설치된 가스설비실에는 그 외면으로부터 몇 [m] 이상 떨어진 위치에서 조작할 수 있는 냉각장치를 설치하여야 하는가?

① 2[m]
② 5[m]
③ 8[m]
④ 10[m]

해설및용어설명 | 지상에 설치하는 저장탱크 및 그 지주는 내열성의 구조로 하고, 저장탱크 및 그 지주에는 외면으로부터 5[m] 이상 떨어진 위치에서 조작할 수 있는 냉각살수장치 그 밖에 유효한 냉각장치를 설치한다.

46

특정고압가스 사용시설기준 및 기술상 기준으로 옳은 것은?

① 산소의 저장설비 주위 20[m] 이내에는 화기취급을 하지 말 것
② 사용시설은 당해설비의 작동상황을 년 1회 이상 점검할 것
③ 액화가스의 저장능력이 300[kg] 이상인 고압가스설비에는 안전밸브를 설치할 것
④ 액화가스저장량이 10[kg] 이상인 용기보관실의 벽은 방호벽으로 할 것

해설및용어설명 | 특정고압가스 사용 시설 기준
- 가연성 가스의 가스설비 및 저장설비 외면과 화기와의 우회거리는 8[m](산소 저장설비는 5[m]) 이상으로 하며, 작업에 필요한 양 이상의 연소하기 쉬운 물질을 두지 아니한다.
- 사용시설의 사용개시 전 및 사용종료 후에는 사용시설의 이상 유무를 점검하는 외에 1일 1회 이상 사용시설의 작동상황에 대해서 점검·확인을 한다.
- 고압가스의 저장량이 300[kg](압축가스의 경우에는 1[m³]를 5[kg]으로 본다) 이상인 용기 보관실의 벽은 방호벽으로 설치한다.

47

액화 프로판을 내용적이 4,700[L]인 차량에 고정된 탱크를 이용하여 운행 시 기준으로 적합한 것은? (단, 폭발방지장치가 설치되지 않았다)

① 최대 저장량이 2,000[kg]이므로 운반책임자 동승이 필요 없다.
② 최대 저장량이 2,000[kg]이므로 운반책임자 동승이 필요하다.
③ 최대 저장량이 5,000[kg]이므로 200[km] 이상 운행 시 운반책임자 동승이 필요하다.
④ 최대 저장량이 5,000[kg]이므로 운행거리에 관계없이 운반책임자 동승이 필요 없다.

해설및용어설명 |
- 저장량 계산 : 프로판 충전정수 $C = 2.35$

$$\therefore G = \frac{V}{C} = \frac{4,700}{2.35} = 2,000[kg]$$

- 운반책임자 동승기준

구분	가스의 종류	기준
압축가스	독성 가스	100[m³] 이상
	가연성 가스	300[m³] 이상
	조연성 가스	600[m³] 이상
액화가스	독성가스	1,000[kg] 이상
	가연성 가스	3,000[kg] 이상
	조연성 가스	6,000[kg] 이상

정답 45 ② 46 ③ 47 ①

48

다음 각 고압가스를 용기에 충전할 때의 기준으로 틀린 것은?

① 아세틸렌은 수산화나트륨 또는 디메틸포름아미드를 침윤시킨 수 충전한다.
② 아세틸렌을 용기에 충전한 후에는 15[℃]에서 1.5[MPa] 이하로 될 때까지 정치하여 둔다.
③ 시안화수소는 아황산가스 등의 안정제를 첨가하여 충전한다.
④ 시안화수소는 충전 후 24시간 정치한다.

해설및용어설명 | 아세틸렌을 용기에 충전하는 때에는 고압가스 용기 속에 다공물질(목탄, 활성탄, 규조토)을 충진한 후 용제(아세톤 또는 DMF : 디메틸포름아미드)를 넣고 그 안에 가스(아세틸렌)를 고압으로 용해시켜 저장한다.

49

공기액화분리에 의한 산소와 질소 제조시설에 아세틸렌가스가 소량 혼입되었다. 이때 발생 가능한 현상으로 가장 유의하여야 할 사항은?

① 산소에 아세틸렌이 혼합되어 순도가 감소한다.
② 아세틸렌이 동결되어 파이프를 막고 밸브를 고장 낸다.
③ 질소와 산소 분리 시 비점차이의 변화로 분리를 방해한다.
④ 응고되어 이동하다가 구리 등과 접촉하면 산소 중에서 폭발할 가능성이 있다.

해설및용어설명 | 아세틸렌은 구리와 반응하여 폭발성 물질인 아세틸라이드를 생성하여 폭발의 위험이 있다.

50

이동식 부탄연소기용 용접용기의 검사방법에 해당하지 않는 것은?

① 고압가압검사 ② 반복사용검사
③ 진동검사 ④ 충수검사

해설및용어설명 | 검사방법
- 제조시설에 대한 검사
- 제품에 대한 검사
- 설계단계검사 : 이충전밸브스크로크반복검사, 밸브스트로크반복검사, 노즐부탈부착반복검사, 고압가압검사, 밸브유량검사, 연소기호환검사, 내가스성검사, 환경검사, 부식검사, 반복충전검사, 골판지내가스성검사
- 생산단계검사
- 제품확인검사 : 구조검사, 외관검사, 기밀검사, 고압가압검사, 치수검사, 재료검사, 내가스성검사, 반복사용검사, 진동검사
- 생산공정검사 : 재료검사, 내가스성검사, 반복사용검사, 진동검사
- 종합공정검사

51

고압가스용 이음매 없는 용기의 재검사는 그 용기를 계속 사용할 수 있는지 확인하기 위하여 실시한다. 재검사 항목이 아닌 것은?

① 외관검사 ② 침입검사
③ 음향검사 ④ 내압검사

해설및용어설명 | 고압가스용 용기의 재검사 항목
- 이음매 없는 용기 : 외관검사, 음향검사, 내압검사
- 용접용기 : 외관검사, 내압검사, 누출검사, 다공질물 충전검사, 단열성능검사

52

액화석유가스 판매사업소 및 영업소 용기저장소의 시설기준 중 틀린 것은?

① 용기보관소와 사무실은 동일 부지 내에 설치하지 않을 것
② 판매업소의 용기 보관실 벽은 방호벽으로 할 것
③ 가스누출경보기는 용기보관실에 설치하되 분리형으로 설치할 것
④ 용기보관실은 불연성 재료를 사용한 가벼운 지붕으로 할 것

해설및용어설명 | 용기보관실과 사무실은 동일한 부지에 구분하여 설치한다.

정답 48 ① 49 ④ 50 ④ 51 ② 52 ①

53

도시가스 사용시설의 압력조정기 점검 시 확인하여야 할 사항이 아닌 것은?

① 압력조정기의 A/S 기간
② 압력조정기의 정상 작동 유무
③ 필터 또는 스트레이너의 청소 및 손상유무
④ 건축물 내부에 설치된 압력조정기의 경우는 가스 방출 구의 실외 안전장소 설치여부

해설및용어설명 | 관련기준
도시가스 공급시설에 설치된 조정기는 매6개월에 1회 이상(필터 및 스트레이너 청소는 매2년에 1회 이상), 사용시설에 설치된 압력조정기는 매1년에 1회 이상(필터 및 스트레이너의 청소는 매3년에 1회 이상) 다음 각 호의 사항에 대하여 안전점검을 실시한다.
1. 압력조정기의 정상 작동유무
2. 필터 및 스트레이너의 청소 및 손상유무
3. 압력조정기의 몸체 및 연결부의 가스누출유무
4. 도시가스 공급시설에 설치된 압력조정기의 경우에는 출구 압력을 측정하고 출구압력이 명판에 표시된 출구압력범위 이내로 공급되는지 확인
5. 격납상자 내부에 설치된 압력조정기는 격납상자의 견고한 고정여부
6. 건축물내부에 설치된 압력조정기의 경우는 가스방출구의 실외 안전장소로 설치 여부

따라서 정압기의 분해점검과 관련, 공급시설의 정압기는 2년에 1회(단독 사용자에게 가스를 공급하기 위한 정압기 및 필터의 경우에는 설치 후 3년에 1회)이상 분해점검을 실시하여야 한다.

54

LPG 저장설비 주위에는 경계책을 설치하여 외부인의 출입을 방지할 수 있도록 해야 한다. 경계책의 높이는 몇 [m] 이상 이어야 하는가?

① 0.5[m]   ② 1.5[m]
③ 2.0[m]   ④ 3.0[m]

해설및용어설명 | 저장설비, 처리설비 및 감압설비를 설치한 장소 주위에는 높이 1.5[m] 이상의 철책 또는 철망 등의 경계책을 설치하여 일반인의 출입이 통제되도록 필요한 조치를 하여야 한다.

55

특정고압가스 사용시설의 기준에 대한 설명 중 옳은 것은?

① 산소 저장설비 주위 8[m] 이내에는 화기를 취급하지 않는다.
② 고압가스 설비는 상용압력 2.5배 이상의 내압시험에 합격한 것을 사용한다.
③ 독성가스 감압 설비와 당해 가스반응 설비 간의 배관에는 역류방지장치를 설치한다.
④ 액화가스 저장량이 100[kg] 이상인 용기보관실에는 방호벽을 설치한다.

해설및용어설명 |
- 가연성가스의 가스설비 및 저장설비 외면과 화기와의 우회거리는 8[m] (산소 저장설비는 5[m]) 이상으로 하며, 작업에 필요한 양 이상의 연소하기 쉬운 물질을 두지 아니한다.
- 고압가스설비는 그 고압가스를 안전하게 취급할 수 있도록 하기 위하여 상용압력의 1.5배 이상의 압력으로 실시하는 내압시험에 합격한 것이고, 상용압력 이상의 압력으로 기밀시험을 실시하여 이상이 없어야 한다.
- 고압가스의 저장량이 300[kg](압축가스의 경우에는 1[m^3]를 5[kg]으로 본다) 이상인 용기보관실의 벽은 방호벽으로 설치한다.

56

액화석유가스 설비의 가스안전사고 방지를 위한 기밀시험 시 사용이 부적합한 가스는?

① 공기   ② 탄산가스
③ 질소   ④ 산소

해설및용어설명 | 공기, 질소 등의 불활성가스를 사용하여 기밀시험 압력 이상의 압력을 가한다.

57

포스겐가스($COCl_2$) 취급할 때의 주의사항으로 옳지 않은 것은?

① 취급 시 방독마스크를 착용할 것
② 공기보다 가벼우므로 환기시설은 보관장소의 위쪽에 설치할 것
③ 사용 후 폐가스를 방출할 때에는 중화시킨 후 옥외로 방출시킬 것
④ 취급장소는 환기가 잘 되는 곳일 것

해설및용어설명 | 포스겐가스 분자량은 98.92[g/mol]으로 공기(29[g/mol])보다 무거우므로 환기시설은 보관장소의 아래쪽에 설치할 것

58

다음 그림은 LPG 저장탱크의 최저부이다. 이는 어떤 기능을 하는가?

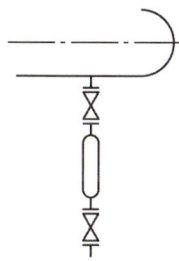

① 대량의 LPG가 유출되는 것을 방지한다.
② 일정압력 이상 시 압력을 낮춘다.
③ LPG내의 수분 및 불순물을 제거한다.
④ 화재 증에 의해 온도가 상승 시 긴급 차단한다.

해설및용어설명 | LPG 저장탱크의 최저부에는 수분 및 불순물을 제거하기 위해 드레인 밸브를 설치한다.

59

고압가스안전성평가기준에서 정한 위험성 평가 기법 중 정성적 평기기법에 해당되는 것은?

① Check List 기법   ② HEA 기법
③ FTA 기법   ④ CCA 기법

해설및용어설명 | 체크리스트(checklist) 기법
공정 및 설비의 오류, 결함상태, 위험 상황 등을 목록화한 형태로 작성하여 경험적으로 비교함으로써 위험성을 정성적으로 파악하는 안전성평가기법을 말한다.

60

산소 용기를 이동하기 전에 취해야 할 사항으로 가장 거리가 먼 것은?

① 안전밸브를 떼어 낸다.
② 밸브를 잠근다.
③ 조정기를 떼어 낸다.
④ 캡을 확실히 부착한다.

해설및용어설명 | 안전밸브는 이상압력 상승 시 안전을 위해 설치한 안전장치이므로 임의로 제거하지 않는다.

2025년 제2회 가스산업기사 CBT 복원문제

41

가스누출자동차단기의 제품성능에 대한 설명으로 옳은 것은?

① 고압부는 5[MPa] 이상, 저압부는 0.5[MPa] 이상의 압력으로 실시하는 내압시험에 이상이 없는 것으로 한다.
② 고압부는 1.8[MPa] 이상, 저압부는 8.4[kPa] 이상 10[kPa] 이하의 압력으로 실시하는 기밀시험에서 누출이 없는 것으로 한다.
③ 전기적으로 개폐하는 자동차단기는 5,000회의 개폐조작을 반복한 후 성능에 이상이 없는 것으로 한다.
④ 전기적으로 개폐하는 자동차단기는 전기충전부와 비충전 금속부와의 절연저항은 1[kΩ] 이상으로 한다.

해설및용어설명 | 자동차단기는 그 자동차단기의 안전성과 편리성을 확보하기 위하여 다음 기준에 따른 성능을 가지는 것으로 한다.
• 내압성능 : 고압부는 3[MPa] 이상, 저압부는 0.3[MPa] 이상의 압력으로 실시
• 기밀성능 : 고압부는 1.8[MPa] 이상, 저압부는 8.4[kPa] 이상 10[kPa] 이하의 압력으로 실시
• 내구성능 : 전기적으로 개폐하는 자동차단기는 6,000회의 개폐조작 반복 후 기밀시험·과류차단 성능 및 누출점검 성능에 이상이 없는 것
• 절연저항성능 : 전기적으로 개폐하는 자동차단기는 전기충전부와 비 충전 금속부와의 절연저항은 1[MΩ] 이상으로 한다.

42

일정 기준 이상의 고압가스를 적재 운반 시에는 운반책임자가 동승한다. 다음 중 운반책이자의 동승기준으로 틀린 것은?

① 가연성 압축가스 : 300[m³] 이상
② 조연성 압축가스 : 600[m³] 이상
③ 가연성 압축가스 : 4,000[kg] 이상
④ 조연성 압축가스 : 6,000[kg] 이상

해설및용어설명 | 운반책임자 동승기준

구분	액화가스	압축가스
가연성	3,000[kg] 이상	300[m³] 이상
독성	1,000[kg] 이상	100[m³] 이상
조연성	6,000[kg] 이상	600[m³] 이상

43

고압가스 특정제조 시설에서 배관이 도로 밑 매설기준에 대한 설명으로 틀린 것은?

① 배관의 외면으로부터 도로의 경계까지 2[m] 이상의 수평 거리를 유지한다.
② 배관은 그 외면으로부터 도로 밑의 다른 시설물과 0.3[m] 이상의 거리를 유지한다.
③ 시가지 도로노면 밑에 매설할 때는 노면으로부터 배관의 외면까지의 깊이를 1.5[m] 이상으로 한다.
④ 포장되어 있는 차도에 매설하는 경우에는 그 포장부분의 노반 밑에 매설하고 배관의 외면과 노반의 최하부와의 거리는 0.5[m] 이상으로 한다.

해설및용어설명 | 고압가스 특정 제조의 시설 기준 중 배관의 도로 밑 매설 기준
• 배관의 외면으로부터 도로의 경계까지 1[m] 이상의 수평 거리를 유지한다.
• 배관은 그 외면으로부터 도로 밑의 다른 시설물과 0.3[m] 이상의 거리를 유지한다. (법령에서 삭제)
• 시가지의 도로 노면 밑에 매설하는 배관의 노면과의 거리는 1.5[m] 이상으로 한다.
• 포장되어 있는 차도에 매설하는 경우에는 그 포장 부분의 노반 밑에 매설하고 배관의 외면과 노반의 최하부와의 거리는 0.5[m] 이상으로 한다.

44

가스 배관은 움직이지 아니하도록 고정 부착하는 조치를 하여야 한다. 관경이 13[mm] 이상 33[mm] 미만의 것에는 얼마의 길이 마다 고정 장치를 하여야 하는가?

① 1[m] 마다
② 2[m] 마다
③ 3[m] 마다
④ 4[m] 마다

해설및용어설명 | 배관의 고정
- 관경 13[mm] 미만은 1[m] 마다
- 관경 13[mm] 이상 33[mm] 미만은 2[m] 마다
- 관경 33[mm] 이상은 3[m] 마다 고정장치를 설치할 것

45

LPG 압력조정기를 제조하고자 하는 자가 반드시 갖추어야 할 검사설비가 아닌 것은?

① 유량측정설비
② 내압시설설비
③ 기밀시험설비
④ 과류차단성능시험설비

해설및용어설명 | LPG 압력조정기 제조 검사설비 종류
- 버니어캘리퍼스·마이크로미터·나사게이지 등 치수 측정설비
- 액화석유가스액 또는 도시가스 침적설비
- 염수 분무 시험설비
- 내압시험설비
- 기밀시험설비
- 안전장치 작동시험설비
- 출구 압력 측정시험설비
- 내구시험설비
- 저온시험설비
- 유량 측정설비
- 그 밖에 필요한 검사설비 및 기구

46

고압가스 운반 중 가스누출 부분에 수리가 불가능한 사고가 발생하였을 경우의 조치로서 가장 거리가 먼 것은?

① 상황에 따라 안전한 장소로 운반한다.
② 부근의 화기를 없앤다.
③ 소화기를 이용하여 소화한다.
④ 비상연락망에 따라 관계 업소에 원조를 의뢰한다.

해설및용어설명 | 소화기는 화재 발생 시 사용한다.

47

고압가스 저장설비에 설치하는 긴급차단장치에 대한 설명으로 틀린 것은?

① 저장설비의 내부에 설치하여도 된다.
② 동력원(動力源)은 액압, 기압, 전기 또는 스프링으로 한다.
③ 조작 버튼(Button)은 저장설비에서 가장 가까운 곳에 설치한다.
④ 간단하고 확실하며 신속히 차단되는 구조여야 한다.

해설및용어설명 | 일반제조의 경우 저장탱크로부터 5[m] 이상 떨어진 안전한 곳에서 조작할 수 있을 것

48

액화가스를 충전한 차량에 고정된 탱크는 그 내부에 액면요동을 방지하기 위하여 무엇을 설치하는가?

① 슬립튜브
② 방파판
③ 긴급차단밸브
④ 역류방지밸브

해설및용어설명 | 방파판은 주행 중의 이동탱크저장소에 있어서의 위험물의 출렁임을 방지하여, 주행 중 차량의 안전성을 확보하기 위하여 설치하는 것으로 기준은 다음과 같다. 다만 칸막이로 구획된 부분의 용량이 2,000리터 미만인 부분에는 방파판을 설치하지 아니할 수 있다.

49

가스공급자가 수요자에게 액화석유가스를 공급할 때에는 체적판매방법으로 공급하여야 한다. 다음 중 중량판매 방법으로 공급할 수 있는 경우는?

① 1개월 이내의 기간 동안만 액화석유가스를 사용하는 자
② 3개월 이내의 기간 동안만 액화석유가스를 사용하는 자
③ 6개월 이내의 기간 동안만 액화석유가스를 사용하는 자
④ 12개월 이내의 기간 동안만 액화석유가스를 사용하는 자

해설및용어설명 | 체적판매방법으로의 공급
가스공급자가 수요자에게 액화석유가스를 공급할 때에는 체적판매방법으로 공급하여야 한다. 다만, 단독주택에서 액화석유가스를 사용하는 자, 6개월 이내의 기간 동안만 액화석유가스를 사용하는 자, 그 밖에 체적판매방법으로 공급하는 것이 곤란하다고 인정하여 산업통상자원부장관이 고시하는 자에게 공급하는 경우에는 중량판매방법으로 공급할 수 있다.

50

아세틸렌가스에 대한 설명으로 옳은 것은?

① 습식아세틸렌 발생기의 표면은 62[℃] 이하의 온도를 유지한다.
② 충전 중의 압력은 일정하게 1.5[MPa] 이하로 한다.
③ 아세틸렌이 아세톤에 용해되어 있을 대에는 비교적 안정해진다.
④ 아세틸렌을 압축하는 때에는 희석제로 PH_3, H_2S, O_2를 사용한다.

해설및용어설명 | 아세틸렌
- 습식가스 발생기의 표면온도는 70[℃] 이하로 유지 한다.
- 충전중의 압력은 온도에 관계없이 2.5[MPa] 이하로 한다.
- 아세틸렌을 압축하여 온도에 관계없이 2.5[MPa]의 압력으로 할 때는 질소·메탄·일산화탄소·에틸렌 등의 희석제를 첨가한다.

51

용기에 의한 액화석유가스 사용시설에서 저장능력이 100[kg]을 초과하는 경우에 설치하는 용기보관실의 설치기준에 대한 설명으로 틀린 것은?

① 용기는 용기보관실 안에 설치한다.
② 단층구조로 설치한다.
③ 용기보관실의 지붕은 무거운 방염재료로 설치한다.
④ 보기 쉬운 곳에 경계표지를 설치한다.

해설및용어설명 | 저장능력이 100[kg]을 초과하는 경우
다음 기준에 따라 옥외에 용기보관실을 설치하고, 용기는 용기보관실 안에 설치한다.
- 용기보관실의 벽·문 및 지붕은 불연재료(지붕의 경우에는 가벼운 불연재료)로 설치하고, 단층구조로 한다.
- 건물과 건물 사이 등 용기보관실 설치가 곤란한 경우에는 외부인의 출입을 방지하기 위한 출입문을 설치하고 보기 쉬운 곳에 경계표지를 설치한다.
- 용기보관실을 건물벽의 일부를 이용하여 설치코자 할 경우에는 용기보관실에서 가스가 누출되어 건물로 유입되지 않는 구조로 한다.

52

차량에 고정된 탱크에 의하여 가연성 가스를 운반할 때 비치하여야 할 소화기의 종류와 최소 수량은? (단, 소화기의 능력단위는 고려하지 않는다)

① 분말소화기 1개
② 분말소화기 2개
③ 포말소화기 1개
④ 포말소화기 2개

해설및용어설명 | 가연성가스 및 산소를 운반하는 경우 휴대하는 소화설비

구분	소화기의 종류		비치개수
	소화약제	능력단위	
가연성가스	분말소화제	BC용, B-10 이상 또는 ABC용, B-12 이상	차량 좌우에 각각 1개 이상
산소	분말소화제	BC용, B-8 이상 또는 ABC용, B-10 이상	차량 좌우에 각각 1개 이상

53

독성가스 용기 운반 등의 기준으로 옳은 것은?

① 밸브가 돌출한 운반용기는 이동식 프로텍터 또는 보호구를 설치한다.
② 충전용기를 차에 실을 때에는 넘어짐 등으로 인한 충격을 고려할 필요가 없다.
③ 기준 이상의 고압가스를 차량에 적재하여 운반할 경우 운반책임자가 동승하여야 한다.
④ 시·도지사가 지정한 장소에서 이륜차에 적재할 수 있는 충전용기는 충전량이 50[kg] 이하이고 적재 수는 2개 이하이다.

해설및용어설명 | 독성가스용기 운반기준

- 운반차량 : 가스운반차량의 적재함에는 리프트를 설치한다.
- 적재기준
  - 충전용기를 차량에 적재하여 운반할 때는 고압가스 운반차량에 세워 적재한다.
  - 차량의 최대 적재량을 초과하여 적재하지 않는다.
  - 낱붙임용기 또는 접합용기에 고압가스를 충전하여 차량에 적재할 땐 고정상자의 외면에 가스의 종류, 용도 및 취급시 주의사항을 개재한 것만 적재, 이탈을 방지하기 위하여 보호망을 적재함에 씌운다.
  - 차량 운행 중의 흔들림으로 용기가 충돌하지 않도록 고무링을 씌우거나 적재함에 세워 적재한다.
  - 밸브가 돌출한 충전용기는 고정식 프로텍터나 캡을 부착시켜 밸브의 손상을 방지한다.
  - 충전용기는 이륜차에 적재하여 운반하지 않을 것, 다만 다음의 경우 모두에 액화석유가스 충전용기를 적재하여 운반할 수 있다.
    ▶ 차량 통행이 곤란한 지역에서 시, 도지사가 지정한 경우
    ▶ 넘어질 경우 용기에 손상이 가지 않도록 제작된 용기운반 적용 적재함이 장착된 경우
    ▶ 적재하는 충전용기의 충전량이 20kg 이하이고, 적재하는 충전용기 수가 2개 이하인 경우

54

다음 중 독성가스의 제독조치로서 가장 부적당한 것은?

① 흡수제에 의한 흡수
② 중화제에 의한 중화
③ 국소배기장치에 의한 포집
④ 제독제 살포에 의한 제독

해설및용어설명 | 제독조치

- 물이나 흡수제로 흡수 또는 중화하는 조치
- 흡착제로 흡착 제거하는 조치
- 저장탱크 주위에 설치된 유도구로 집액구, 피트 등으로 고인 액화가스를 펌프 등의 이송설비로 안전하게 제조설비로 반송하는 조치
- 연소설비(플레어스택, 보일러 등)에서 안전하게 연소시키는 조치

55

액화석유가스 저장설비 및 가스설비실의 통풍구조 기준에 대한 설명으로 옳은 것은?

① 사방을 방호벽으로 설치하는 경우 한 방향으로 2개소의 환기구를 설치한다.
② 환기구의 1개소 면적은 2,400[cm²] 이하로 한다.
③ 강제통풍 시설의 방출구는 지면에서 2[m] 이상의 높이에서 설치한다.
④ 강제통풍 시설의 통풍능력은 1[m²] 마다 0.1[m³/분] 이상으로 한다.

해설및용어설명 |

- 바닥면에 접하고 또한 외기에 면하여 설치된 환기구의 통풍가능면적의 합계가 바닥면적 1[m²]당 300[cm²]의 비율로 계산된 면적 이상(1개소 환기구의 면적은 2,400[cm²] 이하로 한다)으로 한다.
- 사방을 방호벽 등으로 설치할 경우에는 환기구를 2방향 이상으로 분산 설치한다.
- 통풍능력이 바닥면적 1[m²]마다 0.5[m³/min] 이상으로 한다.
- 강제환기설비 배기가스 방출구를 지면에서 5[m] 이상의 높이에 설치한다.

56

냉동용 특정설비 제조시설에서 냉동기 냉매설비에 대하여 실시하는 기밀시험 압력의 기준을 적합한 것은?

① 설계압력 이상의 압력
② 사용압력 이상의 압력
③ 설계압력의 1.5배 이상의 압력
④ 사용압력의 1.5배 이상의 압력

해설및용어설명 | 기밀시험압력은 설계압력 이상의 압력으로 한다. 다만, 기밀시험을 실시하기 곤란한 경우에는 누출검사로 기밀시험에 갈음할 수 있고 설계압력의 1.25배 이상 기체압력에 의해 내압시험을 실시한 경우에는 그 내압시험으로 기밀시험에 갈음할 수 있다.

57

도시가스 사업자는 가스공급시설을 효율적으로 안전 관리하기 위하여 도시가스 배관망을 전산화하여야 한다. 전산화 내용에 포함되지 않는 사항은?

① 배관의 가스흐름 방향
② 정압기의 시방서
③ 배관의 시공자, 시공연월일
④ 배관의 설치도면

해설및용어설명 | 도시가스사업자는 가스공급시설을 효율적으로 관리하기 위하여 배관, 정압기 등의 설치도면, 시방서, 시공자, 시공연월일 등을 전산화 할 것

58

액화암모니아 70[kg]을 충전하여 사용하고자 한다. 충전정수가 1.86일 때 안전관리상 용기의 내용적은?

① 27[L] ② 37.6[L]
③ 75[L] ④ 131[L]

해설및용어설명 |

$G = \dfrac{V}{C}$ 에서

$\therefore V = CG = 1.86 \times 70 = 130.2[L]$

59

다음 가스용품 중 합격표시를 각인으로 하여야 하는 것은?

① 배관용 밸브
② 전기절연 이음관
③ 금속 플렉시블 호스
④ 강제혼합식 가스버너

해설및용어설명 | 국가표준 기본법령에 따른 국가통합인증마크(이하 "KC 마크"라 한다)를 다음 각호과 같이 각인(刻印) 또는 검사증명서를 부착하는 방법으로 표시하여야 한다. 다만 가스용품이 일괄공정으로 제조되는 경우에는 제조공정 중에 그 합격표시를 하게 할 수 있다.
1. 배관용 밸브의 합격표시는 각인으로 한다.
2. 압력조정기·가스누출자동차단장치·콕·전기절연이음관·전기융착폴리에틸렌이음관·이형질이음관·신속커플러, 강제혼합식가스버너·연소기·연료전지, 고압호스·염화비닐호스·금속유연호스는 국가표준법령에 따라 별도로 고시하는 검사증명서를 각각 부착한다.

60

염소가스 취급에 대한 설명 중 옳지 않은 것은?

① 재해제로 소석회 등이 사용된다.
② 염소압축기의 윤활유는 진한 황산이 사용된다.
③ 산소와 염소폭명기를 일으키므로 동일 차량에 적재를 금한다.
④ 독성이 강하여 흡입하면 호흡기가 상한다.

해설및용어설명 | 염소폭명기
수소와 염소의 혼합가스는 빛(직사광선)과 접촉하면 심하게 반응한다.

제4과목 가스 계측기기

2018년 제1회 가스산업기사

61

전기저항 온도계에서 측정 저항체의 공칭 저항치는 몇 [℃]의 온도일 때 저항소자의 저항을 의미하는가?

① −273[℃]　　② 0[℃]
③ 5[℃]　　④ 21[℃]

해설및용어설명 | 측온저항체
금속의 전기저항은 온도변화에 따라 증감하며 이 사이에는 일정한 관계가 있다. 그래서 전기저항을 측정하면 온도를 알 수 있다. 이 원리를 이용한 측온소자를 측온저항체라 한다. 금속재료로서 백금, 구리, 니켈 등이 사용된다. 백금이 정밀도, 안정성 등에서 가장 뛰어나며, 널리 사용되고 있다. 0[℃]에서 저항소자의 저항치를 공칭 저항치라고 하며 100[Ω]와 50[Ω]의 경우 각각 Pt100, Pt50이라고 부른다.

62

적외선 흡수식 가스분석계로 분석하기에 가장 어려운 가스는?

① CO_2　　② CO
③ CH_4　　④ N_2

해설및용어설명 | H_2, O_2, N_2, Cl_2 등의 2원자 분자는 적외선을 흡수하지 않으므로 분석이 불가능하다.

63

기준 입력과 주피드백량의 차로 제어동작을 일으키는 신호는?

① 기준입력 신호　　② 조작신호
③ 동작신호　　④ 주피드백 신호

해설및용어설명 | 동작신호[動作信號](Actuating)
자동제어에서 기준입력과 주피드백량과의 차로 제어계의 제어동작을 하게 하는 원인이 되는 신호

64

가스미터의 구비조건으로 옳지 않은 것은?

① 감도가 예민할 것
② 기계오차 조정이 쉬울 것
③ 대형이며 계량용량이 클 것
④ 사용가스량을 정확하게 지시할 수 있을 것

해설및용어설명 | 가스미터의 구비조건
- 구조가 간단하고, 수리가 용이할 것
- 감도가 예민하고 압력손실이 적을 것
- 소형이며 계량용량이 클 것
- 기차의 조정이 용이할 것
- 내구성이 클 것

65

물체에서 방사된 빛의 강도와 비교된 필라멘트의 밝기가 일치되는 점을 비교 측정하여 약 3,000[℃] 정도의 고온도까지 측정이 가능한 온도계는?

① 광고 온도계 ② 수은 온도계
③ 베크만 온도계 ④ 백금저항 온도계

해설및용어설명 |
- 광고 온도계 : 고온체에서 발사되는 빛 중에서 특정 파장의 방사를 육안으로 표준상태의 그것과 비교하여 온도를 구하는 장치이다.
- 수은 온도계 : 수은의 열팽창을 이용한 액체 온도계
- 베크만 온도계 : 수은 온도계의 일종이지만 온도 그 자체보다도 어떤 온도를 기준으로 삼고 그 기준 온도에서의 미세 변화를 정밀히 측정하기 위해 사용한다.
- 백금저항 온도계 : 전기저항에 따른 백금의 온도 변화를 이용한 고온계

66

가스누출검지경보장치의 기능에 대한 설명으로 틀린 것은?

① 경보농도는 가연성 가스인 경우 폭발하한계의 1/4 이하, 독성 가스인 경우 TLV-TWA 기준농도 이하로 할 것
② 경보를 발신한 후 5분 이내에 자동적으로 경보정지가 되어야 할 것
③ 지시계의 눈금은 독성 가스인 경우 0 ~ TLV-TWA 기준농도 3배 값을 명확하게 지시하는 것일 것
④ 가스검지에서 발신까지의 소요시간은 경보농도 1.6배 농도에서 보통 30초 이내일 것

해설및용어설명 | 경보를 발신한 후에는 가스농도가 변화하여도 계속 경보를 울려야 하며, 그 확인 또는 대책을 조치할 때에는 경보가 정지되어야 한다.

67

초음파 유량계에 대한 설명으로 옳지 않은 것은?

① 정확도가 아주 높은 편이다.
② 개방수로에는 적용되지 않는다.
③ 측정체가 유체와 접촉하지 않는다.
④ 고온·고압, 부식성 유체에도 사용이 가능하다.

해설및용어설명 | 초음파 유량계
- 지향성, 투과, 반사, 굴절 등과 같은 음파의 특성을 이용하여 유체의 유속을 측정하고 이에 따른 유량값을 구하는 유량계를 말한다.
- 일반적으로 전파시간차법을 이용하여 비교적 깨끗한 물이나 상수 등의 유량 측정분야에 주로 사용된다.
- 초음파를 교란시키는 입자나 기포가 유체 속에 섞여 있지 않으며, 초음파가 투과하는 균일한 유체의 경우에는 온도, 압력, 밀도, 점도, 전도율 등에 관계없이 유량의 측정이 가능하다는 장점을 가지고 있다.
- 유체와 비접촉식으로 유량을 측정하므로 유체의 물리, 화학적인 성질에 영향을 받지 않는다.

68

가스 크로마토그래피(Gas Chromatography)에서 전개제로 주로 사용되는 가스는?

① He ② CO
③ Rn ④ Kr

해설및용어설명 | 캐리어가스(전개제)의 종류
수소(H_2), 헬륨(He), 아르곤(Ar), 질소(N_2)

69

다음 중 전자 유량계의 원리는?

① 옴(Ohm)의 법칙
② 베르누이(Bernoulli)의 법칙
③ 아르키메데스(Archimedes)의 원리
④ 패러데이(Faraday)의 전자 유도법칙

해설및용어설명 | 전자 유량계는 패러데이의 전자 유도의 법칙을 이용한 것으로 자계 속을 횡단하여 흐르는 도전성의 유체에 유기된 전압을 검출하여 유량을 측정하는 장비이다.

70

상대습도가 '0'이라 함은 어떤 뜻인가?

① 공기 중에 수증기가 존재하지 않는다.
② 공기 중에 수증기가 760[mmHg]만큼 존재한다.
③ 공기 중에 포화상태의 습증기가 존재한다.
④ 공기 중에 수증기압이 포화증기압보다 높음을 의미한다.

해설및용어설명 | 상대습도
수증기의 분압과 같은 온도에서 포화증기의 수증기 분압의 비를 백분율로 나타낸 것을 상대습도라 한다. 쉽게 말해 공기가 최대한 많은 수증기를 갖고 있는 양과 현재 갖고 있는 수분의 양의 비율을 나타낸 것이다. 상대습도가 '0'이라 함은 공기 중에 수증기가 존재하지 않는다는 것이다.

71

계측계통의 특성을 정특성과 동특성으로 구분할 경우 동특성을 나타내는 표현과 가장 관계가 있는 것은?

① 직선성(Linearity)
② 감도(Sensitivity)
③ 히스테리시스(Hysteresis) 오차
④ 과도응답(Transient Response)

해설및용어설명 |
- 정특성 : 시간적으로 변화하지 않는 측정량에 대한 계측기의 응답 특성 (감도, 직선성, 히스테리시스, 선택성)
- 동특성 : 시간적으로 변화하는 입력신호에 대한 계 또는 요소의 응답의 특성(정상응답, 과도응답, 주파수응답, 인디셜응답)

72

가스미터 설치 시 입상배관을 금지하는 가장 큰 이유는?

① 균열에 따른 누출방지를 위하여
② 고장 및 오차 발생 방지를 위하여
③ 겨울철 수분 응축에 따른 밸브, 밸브시트 동결방지를 위하여
④ 계량막 밸브와 밸브시트 사이의 누출방지를 위하여

해설및용어설명 | 겨울철 수분응축에 따른 밸브, 밸브시터 동결방지를 위해 입상배관에 가스미터 설치를 금지한다.

73

가스 크로마토그래피 캐리어가스의 유량이 70[mL/min]에서 어떤 성분시료를 주입하였더니 주입점에서 피크까지의 길이가 18[cm]이었다. 지속용량이 450[mL]라면 기록지의 속도는 약 몇 [cm/min]인가?

① 0.28
② 1.28
③ 2.8
④ 3.8

해설및용어설명 | 지속용량 = $\dfrac{\text{유량} \times \text{피크길이}}{\text{기록지속도}}$ 에서 $450 = \dfrac{70 \times 18}{x}$

$x = 2.8$[cm/min]

74

방사성 동위원소의 자연붕괴 과정에서 발생하는 베타입자를 이용하여 시료의 양을 측정하는 검출기는?

① ECD
② FID
③ TCD
④ TID

해설및용어설명 | 검출기 종류

- 열전도도 검출기(TCD) : 금속 필라멘트 또는 전기저항체를 검출소자로 하여 금속판 안에 들어 있는 본체와 여기에 안정된 직류전기를 공급하는 전원회로, 저류조절기, 신호검출전기회로, 신호감쇄부 등으로 구성한다.
- 불꽃이온화 검출기(FID) : 수소 연소노즐, 이온수집기와 함께 대극 및 배기구로 구성되는 본체와 이 전극 사이에 직류전압을 주어 흐르는 이온전류를 측정하기 위한 전류전압변환회로, 감도조절부, 신호감쇄부 등으로 구성한다.
- 전자포획형 검출기(ECD) : 방사선 동위원소로부터 방출된 베타선이 운반가스를 전리하여 미소전류를 흘려보낼 때 시료 중의 할로겐이나 산소와 같이 전자포획력이 강한 화합물에 의하여 전자가 포획되어 전류가 감소하는 것을 이용하는 방법이다.
- 불꽃광도형 검출기(FPD) : 수소염에 의하여 시료성분을 연소시키고 이때 발생하는 불꽃의 광도를 분광학적으로 측정하는 방법이다.
- 불꽃열이온화 검출기(FTD) : 불꽃이온화 검출기에 알칼리 또는 알칼리토류 금속염의 튜브를 부착한 것으로 유기질소 화합물 및 유기염소 화합물을 선택적으로 검출할 수 있다.

75

막식 가스미터에서 계량막의 파손, 밸브의 탈락, 밸브와 밸브 시트 간격에서의 누설이 발생하여 가스는 미터를 통과하나 지침이 작동하지 않는 고장형태는?

① 부동
② 누출
③ 불통
④ 기차불량

해설및용어설명 | 고장의 종류

- 부동(不動) : 가스가 미터는 통과하나 지침이 작동하지 않는 상태
- 불통(不通) : 가스가 미터를 통과하지 못하는 상태
- 기차불량 : 기차가 변화하여 계량법에 규정된 사용 공차를 넘는 고장
- 누설 : 가스계량기의 누출은 계량기 내부에서 새는 것과 외부로 새는 것이 있다.
- 감도불량 : 미터에 일정량의 가스 유량이 통과하였을 때 미터의 지침의 지시도에 변화가 나타나지 않은 고장
- 이물질로 인한 불량 : 미터 출구측의 압력이 현저하게 낮아져 가스의 연소 상태를 불안전하게 하는 고장

76

계량기의 감도가 좋으면 어떠한 변화가 오는가?

① 측정시간이 짧아진다.
② 측정범위가 좁아진다.
③ 측정범위가 넓어지고, 정도가 좋다.
④ 폭넓게 사용할 수가 있고, 편리하다.

해설및용어설명 | 감도

계측기가 측정량의 변화에 민감한 정도를 나타내는 값 감도
= (지시량의 변화)/(측정량의 변화)
감도가 좋으면 측정시간이 길어지고 측정범위가 좁아진다.

정답 73 ③ 74 ① 75 ① 76 ②

77

온도 25[℃], 노점 19[℃]인 공기의 상대습도를 구하면? (단, 25[℃] 및 19[℃]에서의 포화수증기압은 각각 23.76[mmHg] 및 16.47[mmHg]이다)

① 56[%] ② 69[%]
③ 78[%] ④ 84[%]

해설및용어설명 | $\phi = \dfrac{P_w}{P_s} \times 100 = \dfrac{16.47}{23.76} \times 100 = 69[\%]$

78

50[mL]의 시료가스를 CO_2, O_2, CO순으로 흡수시켰을 때 남은 부피가 각각 32.5[mL], 24.2[mL], 17.8[mL]이었다면 이들 가스의 조성 중 N_2의 조성은 몇 [%]인가? (단, 시료가스는 CO_2, O_2, CO, N_2로 혼합되어 있다)

① 24.2[%] ② 27.2[%]
③ 34.2[%] ④ 35.6[%]

해설및용어설명 | 전체시료량 50[mL]에서 CO_2, O_2, CO 순으로 흡수됨으로써 체적감량을 통해 남은 부피는 17.8[mL]이다.

조성[%] = $\dfrac{\text{전체 시료량} - \text{체적감량}}{\text{시료량}} \times 100 = \dfrac{17.8}{50} \times 100 = 35.6[\%]$

79

오리피스 유량계의 유량계산식은 다음과 같다. 유량을 계산하기 위하여 설치한 유량계에서 유체를 흐르게 하면서 측정해야 할 값은? (단, C : 오리피스 계수, A_2 : 오리피스 단면적, H : 마노미터 액주계 눈금, r_1 : 유체의 비중량이다)

① C ② A_2
③ H ④ r_1

해설및용어설명 | 유량을 측정하는 경우 유체가 흐르고 있는 관로 중에 조리 기구인 오리피스, 벤투리관, 플로우 노즐 등을 설치하여 전후 발생되는 압력의 차를 측정하여 유량을 검출하는 방식으로 마토미터 액주계의 눈금(H)를 측정해야 한다.

80

목표치가 미리 정해진 시간적 순서에 따라 변할 경우의 수치제어 방법의 하나로써 가스 크로마토그래피의 오븐 온도제어 등에 사용되는 제어방법은?

① 정격치제어 ② 비율제어
③ 추종제어 ④ 프로그램제어

해설및용어설명 |
- 정치제어 : 목표값이 시간적으로 변화하지 않고 일정한 제어
  - 예 프로세스제어, 자동조정제어
- 추치제어 : 목표값이 시간적으로 변화하는 경우의 제어
  - 추종제어 : 목표값이 시간에 따라 임의로 변화하는 값을 부여한 제어
    - 예 대공포, 추적레이더 등
  - 프로그램제어 : 목표값이 미리 정한 시간적 변화에 따라 동작
    - 예 무인열차, 엘리베이터, 자판기 등
  - 비율제어 : 시간에 따라 비례하여 변화
    - 예 배터리 등

2018년 제2회 가스산업기사

61

아르키메데스 부력의 원리를 이용한 액면계는?

① 기포식 액면계 ② 차압식 액면계
③ 정전용량식 액면계 ④ 편위식 액면계

해설및용어설명 |

종류		측정원리
직접식	유리관식 액면계	탱크의 액면과 같은 높이의 액체가 유리관에도 나타나므로 유리관 액면의 높이를 측정한다.
	검척식 액면계	검척봉으로 직접 액면의 높이를 측정한다.
	플로트식 액면계	액면에 뜬 부자의 위치를 이용하여 액면을 측정한다.
	편위식 액면계	부자의 길이에 대한 부력으로부터 액면을 측정한다(아르키메데스 원리를 이용).
간접식	압력식 액면계	액면의 높이에 따른 압력을 측정하여 액의 높이를 측정한다.
	기포식 액면계 (퍼지식 액면계)	탱크 속에 파이프를 삽입하고 이 파이프를 통해 공기를 보내어 파이프 끝 부분의 공기압을 압력계로 측정하여 액의 높이를 구한다.
	방사선식 액면계	방사선 세기의 변화를 측정한다.
	초음파식 액면계	탱크 밑에서 초음파를 발사하여 되돌아오는 시간을 측정하여 액면의 높이를 구한다.
	정전용량식 액면계	정전 용량 검출 플로브(Probe)를 액 중에 넣어 측정한다.

62

건습구 습도계에 대한 설명으로 틀린 것은?

① 통풍형 건습구 습도계는 연료 탱크 속에 부착하여 사용한다.
② 2개의 수은 유리온도계를 사용한 것이다.
③ 자연 통풍에 의한 간이 건습구 습도계도 있다.
④ 정확한 습도를 구하려면 3~5[m/s] 정도의 통풍이 필요하다.

해설및용어설명 | 건습계(乾濕計)라고도 하며 감온부를 노출시켜 수증기가 포화상태에 도달하지 못한 일반적인 상태의 온도를 측정하는 건구 온도계와 수증기압이 포화상태일 때의 온도를 나타내는 습구 온도를 측정 후 두 온도의 차이를 습도표를 통하여 대조하여 습도를 알아내는 기기이다. 자연적인 통풍 방법을 이용하는 건습구 습도계를 휘돌이 습도계(Whirling Psychrometer)라 하고, 강제적인 통풍 방법을 사용하는 건습구 습도계를 아스만 통풍 건습계(Assmann's Aspiration Psychrometer)라 한다.

63

가스 크로마토그래피와 관련이 없는 것은?

① 칼럼 ② 고정상
③ 운반기체 ④ 슬릿

해설및용어설명 | 가스 크로마토그래피의 장치 구성 요소
캐리어가스(운반기체), 압력조정기, 유량조절밸브, 압력계, 분리관(칼럼), 검출기, 기록계, 고정상 등

64

도시가스 제조소에 설치된 가스누출 검지 경보장치는 미리 설정된 가스농도에서 자동적으로 경보를 울리는 것으로 하여야 한다. 이때 미리 설정된 가스 농도란?

① 폭발하한계 값
② 폭발상한계 값
③ 폭발하한계의 1/4 이하 값
④ 폭발하한계의 1/2 이하 값

해설및용어설명 | 가스누출 검지 경보장치 기능
- 가스의 누출을 검지하여 그 농도를 지시함과 동시에 경보를 울리는 것이어야 한다.
- 미리 설정된 가스농도(폭발하한계의 1/4 이하)에서 자동적으로 경보를 울리는 것으로 한다.
- 경보를 울린 후에는 주위의 가스농도가 변화되어도 계속 경보를 울리며, 그 확인 또는 대책을 강구함에 따라 경보정지가 되어야 한다.
- 담배연기 등 잡가스에 경보를 울리지 아니하는 것이어야 한다.

65

연속동작 중 비례동작(P동작)의 특징에 대한 설명으로 좋은 것은?

① 잔류편차가 생긴다.
② 싸이클링을 제거할 수 없다.
③ 외란이 큰 제어계에 적당하다.
④ 부하변화가 적은 프로세스에는 부적당하다.

해설및용어설명 | 비례동작(P동작)
편차량이 검출되면 그것에 비례하여 조작량을 가감하도록 하는 것으로 비례동작의 제어량은 설정값과 또 다른 값에 상응하도록 한다. 비례동작을 작게 하면 할수록 동작은 강하게 된다. 잔류편차가 남는 동작이다.

66

압력의 종류와 관계를 표시한 것으로 옳은 것은?

① 전압 = 동압 − 정압
② 전압 = 게이지압 + 동압
③ 절대압 = 대기압 + 진공압
④ 절대압 = 대기압 + 게이지압

해설및용어설명 | 압력의 관계식
• 절대압력 = 대기압 + 게이지 압력
  = 대기압 − 진공압력
• 전압 = 정압 + 동압

67

가스분석에서 흡수분석법에 해당하는 것은?

① 적정법
② 중량법
③ 흡광광도법
④ 헴펠법

해설및용어설명 | 흡수분석법
각종 기체 흡수제와 시료기체를 혼합하여, 흡수제에 흡수된 양을 측정함으로써 정량하는 방법으로 헴펠법, 게겔법, 오르자트법이 있다.

68

가스설비에 사용되는 계측기기의 구비조건으로 틀린 것은?

① 견고하고 신뢰성이 높을 것
② 주위 온도, 습도에 민감하게 반응할 것
③ 원거리 지시 및 기록이 가능하고 연속 측정이 용이할 것
④ 설치방법이 간단하고 조작이 용이하며 보수가 쉬울 것

해설및용어설명 | 계측기기의 구비조건
• 구조가 간단, 정도가 높을 것
• 연속 측정 가능
• 설비비 유지비가 적게 들 것
• 설치장소 및 주위 조건에 대한 내구성이 클 것
• 원거리 지시 및 기록이 가능할 것
• 신뢰성이 높을 것
• 보수가 용이할 것

69

차압식 유량계 중 벤투리식(Venturi Type)에서 교축기구 전후의 관계에 대한 설명으로 옳지 않은 것은?

① 유량은 유량계수에 비례한다.
② 유량은 차압의 평방근에 비례한다.
③ 유량은 관지름의 제곱에 비례한다.
④ 유량은 조리개 비의 제곱에 비례한다.

해설및용어설명 | 벤투리 유량계 유량 계산식

$$Q = \frac{\pi d_2^2}{4} \times \frac{C}{\sqrt{1-m^2}} \times \sqrt{2g \times \frac{P_1 - P_2}{\gamma}}$$

∴ 유량은 유량계수(C)에 비례하고, 차압의 평방근에 비례하고, 관지름의 제곱에 비례한다.

70

HCN 가스의 검지반응에 사용하는 시험지와 반응색이 좋게 짝지어진 것은?

① KI 전분지 – 청색
② 질산구리벤젠지 – 청색
③ 염화파라듐지 – 적색
④ 염화제일구리 착염지 – 적색

해설및용어설명 | 가스검지 시험지법

검지가스	시험지	반응(변색)
암모니아(NH_3)	적색리트머스지	청색
염소(Cl_2)	KI 전분지	청갈색
포스겐($COCl_2$)	하리슨 시험지	유자색
시안화수소(HCN)	초산(질산) 구리벤젠지	청색
일산화탄소(CO)	염화파라듐지	흑색
황화수소(H_2S)	연당지	회흑색
아세틸렌(C_2H_2)	염화제1구리 착염지	적갈색(적색)

71

2가지 다른 도체의 양끝을 접합하고 두 접점을 다른 온도로 유지할 경우 회로에 생기는 기전력에 의해 열전류가 흐르는 현상을 무엇이라고 하는가?

① 제백 효과
② 존슨 효과
③ 스테판 – 볼츠만 법칙
④ 스케링 삼승근 법칙

해설및용어설명 |

- 제백 효과(Seebeck Effect) : 2종의 금속 또는 반도체를 폐로가 되게 접속하고, 접속한 2점 사이에 온도차를 주면 기전력이 발생하여 전류를 흘리는 현상
- 펠티에 효과 : 금속, 반도체를 접속한 두 점 사이에 폐로를 구성, 전류를 흘리면 한쪽은 열이 발생하고 다른 쪽은 열을 흡수하는 현상

72

고속회전이 가능하므로 소형으로 대유량의 계량이 가능하나 유지관리로써 스트레이너가 필요한 가스미터는?

① 막식 가스미터
② 베인미터
③ 루트미터
④ 습식 미터

해설및용어설명 | 루트(Roots)형 가스미터의 특징

- 대유량 가스 측정에 적합하다.
- 중압가스의 계량이 가능하다.
- 설치면적이 적고, 연속흐름으로 맥동현상이 없다.
- 여과기의 설치 및 설치 후의 유지관리가 필요하다.
- $0.5[m^3/h]$ 이하의 적은 유량에는 부동의 우려가 있다.
- 구조가 비교적 복잡하다.
- 용도 : 대량 수용가능
- 용량범위 : 100 ~ 5,000$[m^3/h]$

73

신호의 전송방법 중 유압전송 방법의 특징에 대한 설명으로 틀린 것은?

① 전송거리가 최고 300[m]이다.
② 조작력이 크고 전송지연이 적다.
③ 파이럿밸브식과 분사관식이 있다.
④ 내식성, 방폭이 필요한 설비에 적당하다.

해설및용어설명 | 유압식 신호전달 방식의 특징

- 조작속도 및 응답이 빠르다.
- 전달의 지연이 적고 조작력이 강하다.
- 조작부의 동특성이 적다.
- 인화성이 높아 화재의 위험성이 크다.
- 파일럿밸브식과 분사관식이 있다.
- 관로저항이 크고, 주위의 온도변화에 영향을 받는다.
- 사용 유압을 높임으로써 매우 큰 조작력을 얻을 수가 있다.
- 비압축성 유체이므로 신호전송거리가 300[m] 정도로 비교적 적다.

74

파이프나 조절밸브로 구성된 계는 어떤 공정에 속하는가?

① 유동공정
② 1차계 액위공정
③ 데드타임공정
④ 적분계 액위공정

해설및용어설명 |
- 유동공정 : 파이프나 조절밸브는 유체가 유동하고 있는 공정(Process)에 사용되는 것
- 액위공정 : 탱크의 입출 유량, 탱크 그 자체 그리고 액면 모두는 유체 액위에 관해서 제어되는 프로세스를 구성
- 데드타임공정 : 자동 제어계 등에서 입력 신호를 변화시키면서부터 출력 신호의 변화가 확인될 때까지 경과되는 낭비 시간

75

시험대상인 가스미터의 유량이 350[m³/h]이고 기준 가스미터의 지시량이 330[m³/h]일 때 기준 가스미터의 기차는 약 몇 [%]인가?

① 4.4[%]
② 5.7[%]
③ 6.1[%]
④ 7.5[%]

해설및용어설명 | $E = \dfrac{I-O}{I} \times 100 = \dfrac{350-330}{350} \times 100 = 5.714[\%]$

76

다음 중 유량의 단위가 아닌 것은?

① [m³/s]
② [ft³/h]
③ [m²/min]
④ [L/s]

해설및용어설명 |
- 유량 계측 단위 : 일정한 단위 시간에 흐르는 기체나 액체의 양
- 질량유량의 단위 : [kg/h], [kg/min], [kg/s], [g/h], [g/min], [g/s] 등
- 체적유량의 단위 : [m³/h], [m³/min], [m³/s], [L/h], [L/min], [L/s] 등

77

습식 가스미터의 계량 원리를 가장 바르게 나타낸 것은?

① 가스의 압력 차이를 측정
② 원통의 회전수를 측정
③ 가스의 농도를 측정
④ 가스의 냉각에 따른 효과를 이용

해설및용어설명 | 습식 가스미터

고정된 원통 안에 4개로 구성된 내부 드럼이 있고, 입구에서 반은 물에 잠겨 있는 내부 드럼으로 가스가 들어가 압력으로 내부 드럼을 밀어올려 1회전하는 동안 통과한 가스체적을 환산한다.

78

시정수(Time Constant)가 10초인 1차 지연형 계측기의 스텝응답에서 전체 변화의 95[%]까지 변화시키는 데 걸리는 시간은?

① 13초
② 20초
③ 26초
④ 30초

해설및용어설명 | 시정수(Time Constant)

시정수는 출력값이 0에서 최종값의 63.2[%]에 도달하는 데 걸리는 시간을 의미한다. 시정수의 3배가 되는 시간이 흘렀을 때는 출력값은 최종값의 95[%]에 도달한다.

79

화학공장 내에서 누출된 유독가스를 현장에서 신속히 검지할 수 있는 방식으로 가장 거리가 먼 것은?

① 열선형 ② 간섭계형
③ 분광광도법 ④ 검지관법

해설및용어설명 | 현장에서 누출 여부를 확인하는 방법
검지관식, 열선식, 간섭형, 시험지법 등이 있다.

80

압력계 교정 또는 검정용 표준기로 사용되는 압력계는?

① 기준 분동식 ② 표준 침종식
③ 기준 박막식 ④ 표준 부르동관식

해설및용어설명 | 분동식 압력계는 유압 및 공압 측정에서 1차 표준기로 사용되고 있는 압력계이다.

2018년 제4회 가스산업기사

61

표준전구의 필라멘트 휘도와 복사 에너지의 휘도를 비교하여 온도를 측정하는 온도계는?

① 광고 온도계 ② 복사 온도계
③ 색 온도계 ④ 서미스터(Thermister)

해설및용어설명 |

- 광고 온도계 : 측정물의 휘도를 표준램프의 휘도와 비교하여 온도를 측정하는 것으로 700[℃]를 넘는 고온체, 특히 직접 온도계를 삽입할 수 없는 고온체의 온도를 측정하는 데 사용
- 복사 온도계 : 물체의 온도가 올라가면 물체에서 방출되는 복사가 달라진다. 이 성질을 이용하여 만든 온도계
- 색 온도계 : 광선의 색온도를 측정하기 위한 기기로 광선의 색채 균형과 컬러필름 표준타입의 색온도를 맞추기 위해 적합한 색보정 필터를 선택하는데 활용
- 서미스터 : 금속선이나 반도체의 저항값은 온도에 따라 변화하고 가열하면 기전력이 발생한다. 그래서 반대로 저항값이나 기전력을 측정하여 온도를 구하는 것

62

일산화탄소 검지 시 흑색반응을 나타내는 시험지는?

① KI 전분지 ② 연당지
③ 하리슨 시약 ④ 염화파라듐지

해설및용어설명 | 가스검지 시험지법

검지가스	시험지	반응(변색)
암모니아(NH_3)	적색리트머스지	청색
염소(Cl_2)	KI 전분지	청갈색
포스겐($COCl_2$)	하리슨 시험지	유자색
시안화수소(HCN)	초산벤젠지	청색
일산화탄소(CO)	염화파라듐지	흑색
황화수소(H_2S)	연당지	회흑색
아세틸렌(C_2H_2)	염화제1구리 착염지	적갈색(적색)

63

가스분석법 중 흡수분석법에 해당하지 않는 것은?

① 헴펠법
② 산화구리법
③ 오르자트법
④ 게겔법

해설및용어설명 | 흡수분석법
각종 기체 흡수제와 시료기체를 혼합하여, 흡수제에 흡수된 양을 측정함으로써 정량하는 방법으로 헴펠법, 게겔법, 오르자트법이 있다.

64

정밀도(Precision Degree)에 대한 설명 중 옳은 것은?

① 산포가 큰 측정은 정밀도가 높다.
② 산포가 적은 측정은 정밀도가 높다.
③ 오차가 큰 측정은 정밀도가 높다.
④ 오차가 적은 측정은 정밀도가 높다.

해설및용어설명 | 정밀도
동일한 측정방법으로 동일 제품을 무한히 많이 측정하였을 때, 그 Data들의 산포(편차)를 말한다. 편차가 작으면 '정밀도가 높다.'라고 한다. 정밀도가 높다는 것은 측정결과가 똑같거나 아주 비슷하게 나타나는 것을 의미한다.

65

가연성 가스검출기의 종류가 아닌 것은?

① 안전등형
② 간섭계형
③ 광조사형
④ 열선형

해설및용어설명 | 가연성 가스검출기 종류(형식)
- 안전등형 : 탄광 내에서 메탄의 발생을 검출하는 데 이용
- 간섭계형 : 가스의 굴절률의 차이를 이용하여 농도를 측정
- 열선형 : 전기적으로 가열된 열선으로 가스를 검지

66

액면계의 구비조건으로 틀린 것은?

① 내식성 있을 것
② 고온 · 고압에 견딜 것
③ 구조가 복잡하더라도 조작은 용이할 것
④ 지시, 기록 또는 원격 측정이 가능할 것

해설및용어설명 | 액면계의 구비조건
- 연속 측정이 가능할 것
- 지시, 기록 또는 원격 측정이 가능할 것
- 자동제어장치에 적용이 가능할 것
- 구조가 간단하고 조작이 용이할 것
- 요구 정도를 만족하게 얻을 수 있을 것
- 액면의 상 · 하한계를 간단히 하거나 적용이 쉬운 방식일 것
- 고압, 고온에 견딜 것
- 내식성이 있을 것
- 값이 싸고 보수가 쉬울 것

67

어느 가정에 설치된 가스미터의 기차를 검사하기 위해 계량기의 지시량을 보니 100[m³]이었다. 다시 기준기로 측정하였더니 95[m³]이었다면 기차는 약 몇 [%]인가?

① 0.05
② 0.95
③ 5
④ 95

해설및용어설명 |
$$E = \frac{I-Q}{I} \times 100 = \frac{100-95}{100} \times 100 = 5[\%]$$

68

Roots 가스미터에 대한 설명으로 옳지 않은 것은?

① 설치 공간이 적다.
② 대유량 가스 측정에 적합하다.
③ 중압가스의 계량이 가능하다.
④ 스트레이너의 설치가 필요없다.

해설및용어설명 | 루트(Roots)형 가스미터의 특징
- 대유량 가스 측정에 적합하다.
- 중압가스의 계량이 가능하다.
- 설치면적이 적고, 연속흐름으로 맥동현상이 없다.
- 여과기의 설치 및 설치 후의 유지관리가 필요하다.
- 0.5[m³/h] 이하의 적은 유량에는 부동의 우려가 있다.
- 구조가 비교적 복잡하다.
- 용도 : 대량 수용가능
- 용량범위 : 100 ~ 5,000[m³/h]

69

국제단위계(SI단위) 중 압력단위에 해당되는 것은?

① [Pa] ② [bar]
③ [atm] ④ [kgf/cm²]

해설및용어설명 | SI단위 중 압력단위
파스칼[Pa], [kPa], [MPa]

70

가스분석계 중 화학반응을 이용한 측정 방법은?

① 연소열법 ② 열전도율법
③ 적외선흡수법 ④ 가시광선 분광광도법

해설및용어설명 | 분석계의 종류
- 화학적 가스분석장치
  - 오르자트가스분석장치
  - 자동화학식 CO_2계
  - 연소식 O_2계
- 물리적 가스분석장치
  - 열전도형 CO_2계(열전도율을 이용한 방법)
  - 밀도식 CO_2계(가스의 밀도차를 이용하는 방법)
  - 자기식 O_2계(가스의 자성을 이용하는 방법)
  - 적외선 및 자외선을 이용하는 방법
  - 이온전류를 이용하는 방법
  - 도전율식 가스분석계(흡수제의 도전율의 차를 이용하는 방법)
  - 세라믹 O_2계(고체의 전해질의 전지반응을 이용하는 방법)
  - 전지식 O_2계(액체의 전해질의 전지반응을 이용하는 방법)
  - 흡광광도계를 이용하는 방법
  - 가스크로마토그래피

71

오리피스 유량계의 측정원리로 옳은 것은?

① 패닝의 법칙 ② 베르누이의 원리
③ 아르키메데스의 원리 ④ 하이젠 – 포아제의 원리

해설및용어설명 | 관로(管路) 내에 오리피스(보통은 원형임)를 설치하면 오리피스 전후의 유속에 따른 차압이 발생하고, 유량의 크기에 따라 그 전후에 발생한 차압을 측정하여 유량을 알 수 있다. 차압식 유량계는 베르누이(Bernoulli)의 원리에 의한 압력차에서 유속, 즉 부피유량을 구하는 간접 유량 계측방법이다.

72

다음 그림과 같이 시차 액주계의 높이 H 가 60[mm]일 때 유속(V)은 약 몇 [m/s]인가? (단, 비중 γ와 γ'는 1과 13.6이고, 속도계수는 1, 중력가속도는 9.8[m/s²]이다)

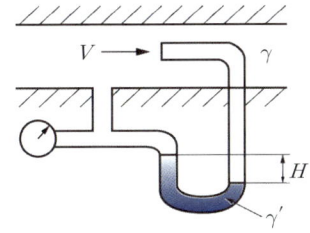

① 1.1 ② 2.4
③ 3.8 ④ 5.0

해설및용어설명 |

$$V[\text{m/s}] = C \times \sqrt{2gH\left(\frac{\gamma'}{\gamma} - \gamma\right)} = 1 \times \sqrt{2 \times 9.8 \times 0.06 \times \left(\frac{13.6}{1} - 1\right)}$$
$$= 3.85[\text{m/s}]$$

- C : 속도계수
- g : 중력가속도(9.8[m/s²])
- H : 높이[m]

73

일반적인 계측기의 구조에 해당하지 않는 것은?

① 검출부 ② 보상부
③ 전달부 ④ 수신부

해설및용어설명 | 계측기기의 구성
검출부, 수신부, 제어부, 전달부

74

건습구 습도계에서 습도를 정확히 하려면 얼마 정도의 통풍속도가 가장 적당한가?

① 3 ~ 5[m/sec]   ② 5 ~ 10[m/sec]
③ 10 ~ 15[m/sec] ④ 30 ~ 50[m/sec]

해설및용어설명 | 건습구 습도계에서 정확한 습도를 측정하기 위하여 3 ~ 5[m/s] 정도의 통풍을 유지해야 한다.

75

차압식 유량계의 교축기구로 사용되지 않는 것은?

① 오리피스   ② 피스톤
③ 플로 노즐 ④ 벤투리

해설및용어설명 | 차압식 유량계의 교축기구
오리피스, 플로 노즐, 벤투리관

76

Dial Gauge는 다음 중 어느 측정 방법에 속하는가?

① 비교측정 ② 절대측정
③ 간접측정 ④ 직접측정

해설및용어설명 | 다이얼 게이지
측정자의 직선 또는 원호 운동을 기계적으로 확대하여 그 움직임을 지침의 회전변위로 변환시켜 눈금으로 읽을 수 있는 길이 측정기이다. 측정물의 길이를 직접 측정하는 것이 아니라 길이를 비교하기 위한 것이다.

77

다음 중 막식 가스미터는?

① 그로바식 ② 루트식
③ 오리피스식 ④ 터빈식

해설및용어설명 | 가스미터의 분류
- 실측식
  - 건식
    - ▶ 막식형 : 독립내기식, 그로바식
    - ▶ 회전식 : 루트형, 오벌식, 로터리식
  - 습식
- 추량식 : 오리피스, 터빈, 벤투리, 피토관

78

다음 그림은 불꽃이온화 검출기(FID)의 구조를 나타낸 것이다. ①~④의 명칭으로 부적당한 것은?

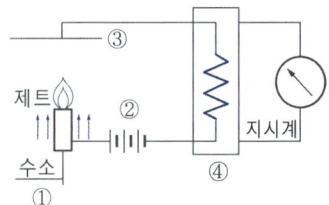

① 시료가스 ② 직류전압
③ 전극 ④ 가열부

해설및용어설명 | 각 부분의 명칭
① 시료가스
② 직류전압
③ 전극
④ 증폭부

- 불꽃이온화 검출기(FID) : 칼럼에서 나온 유기 용출물은 수소와 공기 혼합물에 의해 태워진다. 불꽃을 통해 전기를 운반할 수 있는 전자와 이온들을 생성하게 된다. 생성된 전류는 Voltage로 전환되고 연산증폭기에서 증폭되어 디지털 신호로 바뀌고 측정한다.

79

공정제어에서 비례미분(PD) 제어동작을 사용하는 주된 목적은?

① 안정도 ② 이득
③ 속응성 ④ 정상특성

해설및용어설명 | PD동작(비례 미분동작)
제어계의 응답 속응성을 개선하기 위한 제어동작

※ 속응성 : 자동 조정 체계가 설정값의 변동에 신속히 응답하는 성질로 동작속도, 응답속도를 특징짓는 과도 과정의 질지표, 속응도, 교차 주파수, 통과 대역 따위에 따라 평가한다.

80

다음 보기에서 설명하는 액주식 압력계의 종류는?

- 통풍계로도 사용한다.
- 정도가 0.01~0.05[mmH₂O]로서 아주 좋다.
- 미세압 측정이 가능하다.
- 측정범위는 약 10~50[mmH₂O] 정도이다.

① U자관 압력계 ② 단관식 압력계
③ 경사관식 압력계 ④ 링밸런스 압력계

해설및용어설명 | 경사관식 압력계
미소한 압력차를 측정할 수 있도록 U자관 압력계를 경사지게 사용하도록 만들어진 압력계

	측정방식	측정범위	정확도
액주식	U자관식	5~2,000[mmH₂O]	±0.1[mm]
	단관식	300~2,000[mmH₂O]	
	경사관식	10~300[mmH₂O]	±0.01[mm]

2019년 제1회 가스산업기사

61

가스 사용시설의 가스누출 시 검지법으로 틀린 것은?

① 아세틸렌 가스누출 검지에 염화제1구리 착염지를 사용한다.
② 황화수소 가스누출 검지에 초산납 시험지를 사용한다.
③ 일산화탄소 가스누출 검지에 염화파라듐지를 사용한다.
④ 염소 가스누출 검지에 묽은 황산을 사용한다.

해설및용어설명 | 염소 가스누출 검지에 요오드칼륨(KI) 전분지를 사용한다.

62

차압식 유량계로 유량을 측정하였더니 교축기구 전후의 차압이 20.25[Pa]일 때 유량이 25[m³/h]이었다. 차압이 10.50[Pa]일 때의 유량은 약 몇 [m³/h]인가?

① 13
② 18
③ 23
④ 28

해설및용어설명 |

$Q_2 = \sqrt{\dfrac{\Delta P_2}{\Delta P_1}} \times Q_1 = \sqrt{\dfrac{10.50}{20.25}} \times 25 = 18.002 [m^3/h]$

63

화학공장에서 누출된 유독가스를 신속하게 현장에서 검지 정량하는 방법은?

① 전위적정법
② 흡광광도법
③ 검지관법
④ 적정법

해설및용어설명 | 검지관법

검지관은 안지름 2~4[mm]의 유리관 중에 발색 시약을 흡착시킨 검지제를 충전하여 양 끝을 막은 것이다. 사용할 때에는 양 끝을 절단하여 가스 채취기로 시료가스를 넣은 후 착색층의 길이, 착색의 정도에서 성분의 농도를 측정하여 표준표와 비색 측정을 하는 것으로, 야외, 공장, 현장 등에서 공기 중의 미량 유해가스의 신속 정량에 적합하다.

64

제어동작에 따른 분류 중 연속되는 동작은?

① On-Off동작
② 다위치동작
③ 단속도동작
④ 비례동작

해설및용어설명 | 연속제어와 불연속제어

- 연속제어 : 비례동작, 적분동작, 미분동작, 비례적분동작, 비례미분동작, 비례적분미분동작
- 불연속제어 : 2위치동작(On-Off동작), 다위치동작, 불연속 속도동작 (단속도 제어동작)

65

피드백(Feed Back)제어에 대한 설명으로 틀린 것은?

① 다른 제어계보다 판단·기억의 논리기능이 뛰어나다.
② 입력과 출력을 비교하는 장치는 반드시 필요하다.
③ 다른 제어계보다 정확도가 증가된다.
④ 제어대상 특성이 다소 변하더라도 이것에 의한 영향을 제어할 수 있다.

해설및용어설명 | 피드백 제어(Feed Back Control : 폐회로)

제어량의 크기와 목표값을 비교하여 그 값이 일치하도록 되돌림 신호(피드백 신호)를 보내어 수정동작을 하는 제어방식이다.

피드백은 제어 시스템에서 출력 신호를 입력 신호와 비교하여 오차를 검출하고, 이를 보상하여 제어대상의 동작을 원하는 사태로 유지하거나 안정화시키는 기능을 한다. 피드백 제어는 입력 신호와 출력 신호 상이의 오차를 감지하여 이를 제어 입력에 반영함으로써 출력을 안정화시키고자 하는 것이다. 피드백 제어시스템은 대상 시스템의 출력 신호를 감지하여 입력신호와 비교하고, 그 오차를 줄이기 위한 제어입력을 생성한다. 이를 통해 외란이나 변화에 대한 시스템의 안정성과 정확성을 높일 수 있다.

정답 61 ④ 62 ② 63 ③ 64 ④ 65 ①

66

액위(Level) 측정 계측기기의 종류 중 액체용 탱크에 사용되는 사이트글라스(Sight Glass)의 단점에 해당하지 않는 것은?

① 측정범위가 넓은 곳에서 사용이 곤란하다.
② 동결방지를 위한 보호가 필요하다.
③ 파손되기 쉬우므로 보호대책이 필요하다.
④ 내부 설치 시 요동(Turbulence)방지를 위해 Stilling Chamber 설치가 필요하다.

해설및용어설명 | 사이트글라스는 주로 탱크 벽면에 부착하여 내부 유체의 수위나 흐름을 관측할 때 사용한다.

67

계량이 정확하고 사용 기차의 변동이 크지 않아 발열량 측정 및 실험실의 기준 가스미터로 사용되는 것은?

① 막식 가스미터
② 건식 가스미터
③ Roots 가스미터
④ 습식 가스미터

해설및용어설명 | 습식 가스미터
유량이 정확하다(기준기로 사용).

68

시안화수소(HCN)가스 누출 시 검지지와 변색상태로 옳은 것은?

① 염화파라듐지 – 흑색
② 염화제1구리 착염지 – 적색
③ 연당지 – 흑색
④ 초산벤젠지 – 청색

해설및용어설명 | 가스검지 시험지법

검지가스	시험지	반응(변색)
암모니아(NH_3)	적색리트머스지	청색
염소(Cl_2)	KI 전분지	청갈색
포스겐($COCl_2$)	하리슨 시험지	유자색
시안화수소(HCN)	초산벤젠지	청색
일산화탄소(CO)	염화파라듐지	흑색
황화수소(H_2S)	연당지	회흑색
아세틸렌(C_2H_2)	염화제1구리 착염지	적갈색

69

가스는 분자량에 따라 다른 비중값을 갖는다. 이 특성을 이용하는 가스분석기기는?

① 자기식 O_2 분석기기
② 밀도식 CO_2 분석기기
③ 적외선식 가스분석기기
④ 광화학 발광식 NOx 분석기기

해설및용어설명 | 밀도식 CO_2 분석기기
CO_2 밀도가 공기보다 크다는 것을 이용한 것

70

오르자트 분석법은 어떤 시약이 CO를 흡수하는 방법을 이용하는 것이다. 이때 사용하는 흡수액은?

① 수산화나트륨 25[%] 용액
② 암모니아성 염화제1구리 용액
③ 30[%] KOH 용액
④ 알칼리성 피로카롤 용액

해설및용어설명 | 오르자트식 가스분석 순서 및 흡수제

순서	분석가스	흡수제
1	CO_2	KOH 30[%] 수용액
2	O_2	알칼리성 피로카롤 용액
3	CO	암모니아성 염화제1구리 용액

71

제어기기의 대표적인 것을 들면 검출기, 증폭기, 조작기기, 변환기로 구분되는데 서보전동기(Servo Motor)는 어디에 속하는가?

① 검출기
② 증폭기
③ 변환기
④ 조작기기

해설및용어설명 | 서보 전동기

연속된 신호를 받아 지시된 대로 구동하는 장치로 제어기기의 조작기기에 해당된다.

72

다음 보기에서 설명하는 열전대 온도계는?

- 열전대 중 내열성이 가장 우수하다.
- 측정 온도 범위가 0 ~ 1,600[℃] 정도이다.
- 환원성 분위기에 약하고 금속 증기 등에 침식하기 쉽다.

① 백금 - 백금·로듐 열전대
② 크로멜 - 알루멜 열전대
③ 철 - 콘스탄탄 열전대
④ 동 - 콘스탄탄 열전대

해설및용어설명 | 열전대 온도계 온도측정범위

- 백금-백금·로듐(PR : R형) : 0 ~ 1,600[℃]
- 철-콘스탄탄(IC : J형) : -20 ~ 800[℃]
- 크로멜-알루멜(CA : K형) : -20 ~ 1,200[℃]
- 구리-콘스탄탄(CC : T형) : -200 ~ 300[℃]

백금-백금·로듐 특징
- 가격이 비싸고 접촉식 중 가장 고온 측정에 적합하다.
- 내열성이 강하고, 정밀도가 매우 높다.
- 환원성 분위기에 약하다.
- 열기전력이 작다.

73

도시가스로 사용하는 NG의 누출을 검지하기 위하여 검지기는 어느 위치에 설치하여야 하는가?

① 검지기 하단은 천장면의 아래쪽 0.3[m] 이내
② 검지기 하단은 천장면의 아래쪽 3[m] 이내
③ 검지기 상단은 바닥면에서 위쪽으로 0.3[m] 이내
④ 검지기 상단은 바닥면에서 위쪽으로 3[m] 이내

해설및용어설명 |

- 공기보다 무거운 가스 : 공기보다 무거운 가스를 사용하는 연소기가 설치되어 있는 곳의 검지기는 연소기로부터 4[m] 이내에 설치하고 바닥으로부터 0.3[m] 정도 떨어져 설치(C_3H_8, C_4H_{10} 등)
- 공기보다 가벼운 가스 : 공기보다 가벼운 가스를 사용하는 연소기가 설치되어 있는 곳의 검지기는 연소기로부터 8[m] 이내, 천장으로부터 0.3[m] 이내에 설치(CH_4 등)
※ 도시가스로 사용하는 NG의 주 성분은 메탄(CH_4)이므로 공기보다 가볍다.

74

다음 중 기본단위가 아닌 것은?

① 킬로그램[kg]
② 센티미터[cm]
③ 캘빈[K]
④ 암페어[A]

해설및용어설명 | 기본단위의 종류

기본량	길이	질량	시간	전류	물질량	온도	광도
기본단위	[m]	[kg]	[s]	[A]	[mol]	[K]	[cd]

75

열전도형 진공계 중 필라멘트의 열전대로 측정하는 열전대 진공계의 측정범위는?

① $10^{-5} \sim 10^{-3}$[torr] ② $10^{-3} \sim 0.1$[torr]
③ $10^{-3} \sim 1$[torr] ④ $10 \sim 100$[torr]

해설및용어설명 | 가스의 열전도를 이용한 진공계로 압력은 일정전류를 흘리는 히터에 열적으로 접촉해 있는 열전대의 기전력의 함수로서 측정된다. 통상 $10^{-3} \sim 1$의 범위의 압력측정에 이용된다.

76

온도 49[℃], 압력 1[atm]의 습한 공기 205[kg]의 10[kg]의 수증기를 함유하고 있을 때 이 공기의 절대습도는? (단, 49[℃]에서 물의 증기압은 88[mmHg]이다)

① 0.025[kg H₂O/kg dryair]
② 0.048[kg H₂O/kg dryair]
③ 0.051[kg H₂O/kg dryair]
④ 0.25[kg H₂O/kg dryair]

해설및용어설명 | 절대습도 = $\dfrac{\text{수증기만의 중량}}{\text{건공기만의 중량}} = \dfrac{10}{205-10} = 0.0513$

77

면적 유량계의 특징에 대한 설명으로 틀린 것은?

① 압력손실이 아주 크다.
② 정밀 측정용으로는 부적당하다.
③ 슬러지 유체의 측정이 가능하다.
④ 균등 유량 눈금으로 측정치를 얻을 수 있다.

해설및용어설명 | 면적식 유량계의 특징
- 측정범위가 넓고 비교적 적은 유량도 측정이 가능하다.
- Slurry와 같은 고점성 유체에 적합하다.
- 압력손실이 적고 측정눈금이 균등하다.
- 유량을 지시하는 플로트의 위치는 점도 또는 밀도에 대한 영향을 받기 때문에 측정대상이 다른 유체의 체적유량을 측정하면 큰 오차를 유발하게 된다.
- 반드시 수직으로 설치해야 하기 때문에 불필요한 배관이 생겨나서 부가적인 압력손실을 발생하게 할 수 있다.

78

다음 중 정도가 가장 높은 가스미터는?

① 습식 가스미터 ② 벤투리 미터
③ 오리피스 미터 ④ 루트 미터

해설및용어설명 | 습식 가스미터
유량이 정확하다(기준기로 사용).

79

최대 유량이 10[m³/h]인 막식 가스미터기를 설치하여 도시가스를 사용하는 시설이 있다. 가스레인지 2.5[m³/h]를 1일 8시간 사용하고, 가스보일러 6[m³/h]를 1일 6시간 사용했을 경우 월 가스사용량은 약 몇 [m³]인가? (단, 1개월은 31일이다)

① 1,570
② 1,680
③ 1,736
④ 1,950

해설및용어설명 | 월 가스 사용량
= 가스레인지 1개월 총 사용량 + 가스보일러 1개월 총 사용량
= (2.5×8×31) + (6×6×31)
= 1,736[m³/월]

80

다음 온도계 중 가장 고온을 측정할 수 있는 것은?

① 저항 온도계
② 서미스터 온도계
③ 바이메탈 온도계
④ 광고온계

해설및용어설명 | 각 온도계의 측정범위

온도계	측정범위
저항(백금) 온도계	-200 ~ 500[℃]
서미스터 온도계	-100 ~ 300[℃]
바이메탈 온도계	-50 ~ 500[℃]
광고온계	700 ~ 3,000[℃]

2019년 제2회 가스산업기사

61

바이메탈 온도계에 사용되는 변환 방식은?

① 기계적 변환
② 광학적 변환
③ 유도적 변환
④ 전기적 변환

해설및용어설명 | 바이메탈 온도계는 바이메탈을 사용한다. 온도를 기계적 변위로 변환시키는 스트립. 바이메탈 스트립의 작동은 금속의 열팽창 특성에 달려 있다. 열팽창은 금속의 양이 온도 변화에 따라 변하는 금속의 경향이다.

62

계량, 계측기의 교정이라 함은 무엇을 뜻하는가?

① 계량, 계측기의 지시값과 표준기의 지시값과의 차이를 구하여 주는 것
② 계량, 계측기의 지시값을 평균하여 참값과의 차이가 없도록 가산하여 주는 것
③ 계량, 계측기의 지시값과 참값과의 차를 구하여 주는 것
④ 계량, 계측기의 지시값을 참값과 일치하도록 수정하는 것

해설및용어설명 | 교정
계측기, 시험기기 또는 기록계가 나타내는 값과 표준기기의 참값을 비교하여 오차가 허용범위 내에 있음을 확인하고, 허용오차범위를 벗어나는 경우 허용범위 내에 들도록 조정하는 행위

63

주로 기체연료의 발열량을 측정하는 열량계는?

① Richter 열량계 ② Scheel 열량계
③ Junker 열량계 ④ Thomson 열량계

해설및용어설명 | 가스열량계
기체연료의 발열량을 재는 데 쓰는 기구. 주로 융커스식(Junker) 열량계를 쓴다.

64

염소(Cl_2)가스 누출 시 검지하는 가장 적당한 시험지는?

① 연당지 ② KI – 전분지
③ 초산벤젠지 ④ 염화제일구리 착염지

해설및용어설명 |

가스명	검색지	색깔(변색)
암모니아	적색 리트머스 시험지	청색
염소	KI전분지	청색
포스겐	하리슨씨 시약	오렌지색
아세틸렌	염화제1동 착염지	적색
일산화탄소	염화파라듐지	검정색
황화수소	연당지(초산납 시험지)	검정색
시안화수소	질산구리벤젠지(초산벤젠)	청색
아황산가스	암모니아 헝겊	흰 연기 발생
프로판	비눗물	기포발생

65

전기식 제어방식의 장점으로 틀린 것은?

① 배선작업이 용이하다.
② 신호전달 지연이 없다.
③ 신호의 복잡한 취급이 쉽다.
④ 조작속도가 빠른 비례 조작부를 만들기 쉽다.

해설및용어설명 | 전기식 신호전송
• 장점
 – 신호전달 지연이 없다.
 – 배선이 용이하다.
 – 신호의 복잡한 취급이 용이하다.
• 단점
 – 조작속도가 빠른 비례조작부를 만드는 것이 곤란하다.
 – 보존에 기술이 요한다.

66

오리피스로 유량을 측정하는 경우 압력차가 4배로 증가하면 유량은 몇 배로 변하는가?

① 2배 증가 ② 4배 증가
③ 8배 증가 ④ 16배 증가

해설및용어설명 | 유체가 관로 사이를 흐를 때 압력 변화는 유량의 제곱에 비례한다는 원리를 이용

67

내경 50[mm]의 배관에서 평균유속 1.5[m/s]의 속도로 흐를 때의 유량[m³/h]은 얼마인가?

① 10.6
② 11.2
③ 12.1
④ 16.2

해설및용어설명 | 유량 = 단면적×유속

$$Q = \frac{\pi \times d^2}{4} \times V = \frac{3.14 \times 0.05^2}{4} \times 1.5 \times 3,600 = 10.59$$

68

습증기의 열량을 측정하는 기구가 아닌 것은?

① 조리개 열량계
② 분리 열량계
③ 과열 열량계
④ 봄베 열량계

해설및용어설명 | 통상적인 봄베 열량계(Bomb Calorimeter)는 어떠한 연료와 순수한 유기물질의 연소열 측정에 사용되는 기구이다.

69

가스 크로마토그래피에 사용되는 운반기체의 조건으로 가장 거리가 먼 것은?

① 순도가 높아야 한다.
② 비활성이어야 한다.
③ 독성이 없어야 한다.
④ 기체 확산을 최대로 할 수 있어야 한다.

해설및용어설명 |
- 시료 분자나 고정상에 대해서 화학적 비활성
- 분리관 내에서 시료 분자의 확산을 최소로 줄일 수 있어야 함
- 사용되는 검출기의 종류에 적합
- 순수 기체, 건조 기체(순도 99.995[%] 이상)

70

막식 가스미터 고장의 종류 중 부동(不動)의 의미를 가장 바르게 설명한 것은?

① 가스가 크랭크축이 녹슬거나 밸브와 밸브시트가 타르(Tar) 접착 등으로 통과하지 않는다.
② 가스의 누출로 통과하나 정상적으로 미터가 작동하지 않아 부정확한 양만 측정된다.
③ 가스가 미터는 통과하나 계량막의 파손, 밸브의 탈락 등으로 계량기지침이 작동하지 않는 것이다.
④ 날개나 조절기에 고장이 생겨 회전장치에 고장이 생긴 것이다.

해설및용어설명 | 부동(不動)
가스가 미터는 통과하나 지침이 작동하지 않는 상태

71

오르자트 가스분석기에서 CO 가스의 흡수액은?

① 30[%] KOH용액
② 염화제1구리용액
③ 피로카롤용액
④ 수산화나트륨 25[%]용액

해설및용어설명 | 오르자트법
이산화탄소 → 산소 → 일산화탄소
- 이산화탄소 : 30[%] KOH용액
- 산소 : 알카리성 피로카롤용액
- 일산화탄소 : 암모니아성 염화제1구리용액

72

1[kΩ] 저항에 100[V]의 전압이 사용되었을 때 소모된 전력은 몇 [W]인가?

① 5
② 10
③ 20
④ 50

해설및용어설명 | 1[kΩ] = 1,000[Ω]

$P = VI = V \times \dfrac{V}{R} = 100 \times \dfrac{100}{1,000} = 10$

73

공업용 계측기의 일반적인 주요 구성으로 가장 거리가 먼 것은?

① 전달부
② 검출부
③ 구동부
④ 지시부

해설및용어설명 | 계측기는 검출부, 변환부, 전송부, 지시부의 4요소로 구성

74

다음 그림과 같은 자동제어 방식은?

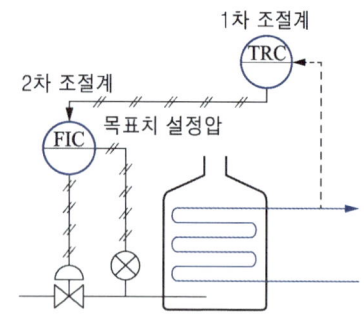

① 피드백제어
② 시퀀스제어
③ 캐스케이드제어
④ 프로그램제어

해설및용어설명 | 캐스케이드제어

공정에서 널리 사용되는 결합제어로 그 종류, 방법, 용도는 대단히 많다. 캐스케이드제어는 두 개의 피드백 제어루프로 구성되고 1차 조절계의 출력이 2차 조절기의 설정값이 된다. 캐스케이드 제어는 조작량과 1차변수 사이의 희망하는 관계가 유지될 수 있도록 조작량을 안정시키는 데 사용된다.

75

가스의 자기성(磁器性)을 이용하여 검출하는 분석기기는?

① 가스 크로마토그래피
② SO_2계
③ O_2계
④ CO_2계

해설및용어설명 | 물리적 가스분석장치

가스 상태로 그대로 분석하는 방법은 열전도율, 자성, 연소열, 점성, 적외선 또는 자외선의 흡수, 화학 발광량, 이온전류 등의 물리적 성질을 계측하여 측정대상 가스성분의 물리적 성질이 변화하는 것을 이용하고 있다.

- 열전도율형 CO_2계(열전율을 이용하는 방법)
- 밀도식 CO_2계(가스의 밀도차를 이용하는 방법)
- 자기식 O_2계(가스의 자성을 이용하는 방법)
- 적외선 및 자외선을 이용하는 방법
- 이온전류를 이용하는 방법
- 도전율식 가스분석계(흡수제의 도전율의 차를 이용하는 방법)
- 세라믹 O_2계(고체의 전해질의 전지 반응을 이용하는 방법)
- 전지식 O_2계(액체의 전해질의 전지 반응을 이용하는 방법)
- 흡광광도계를 이용하는 방법

76

가스미터의 종류 중 정도(정확도)가 우수하여 실험실용 등 기준기로 사용되는 것은?

① 막식 가스미터
② 습식 가스미터
③ Roots 가스미터
④ Orifice 가스미터

해설및용어설명 | 습식 가스미터
유량이 정확하다(기준기로 사용).

77

후크의 법칙에 의해 작용하는 힘과 변형이 비례한다는 원리를 적용한 압력계는?

① 액주식 압력계
② 점성 압력계
③ 부르동관식 압력계
④ 링밸런스 압력계

해설및용어설명 | 후크의 법칙
용수철과 같이 탄성이 있는 물체가 외력에 의해 늘어나거나 줄어드는 등 변형되었을 때 자신의 원래 모습으로 돌아오려고 저항하는 복원력의 크기와 변형의 정도의 관계를 나타내는 물리 법칙이다(탄성식 압력계, 부르동관식 압력계).

78

루츠 가스미터에서 일반적으로 일어나는 고장의 형태가 아닌 것은?

① 부동
② 불통
③ 감도
④ 기차불량

해설및용어설명 | 고장의 형태
- 부동(不動) : 가스가 미터는 통과하나 지침이 작동하지 않는 상태
- 불통(不通) : 가스가 미터를 통과하지 못하는 상태
- 기차불량 : 기차가 변화하여 계량법에 규정된 사용 공차를 넘는 고장
- 감도불량 : 미터에 일정량의 가스 유량이 통과하였을 때 미터의 지침의 지시도에 변화가 나타나지 않은 고장

※ 감도 : 계측기가 측정량의 변화에 민감한 정도를 나타내는 값 감도
= (지시량의 변화) / (측정량의 변화)

79

수분 흡수제로 사용하기에 가장 부적당한 것은?

① 염화칼륨
② 오산화인
③ 황산
④ 실리카겔

해설및용어설명 | 염화칼륨은 물에 잘 녹으며 전류를 잘 통한다.

80

다음 중 계통오차가 아닌 것은?

① 계기오차
② 환경오차
③ 과오오차
④ 이론오차

해설및용어설명 | 측정오차
- 계통오차(계기, 환경, 이론, 개인오차)
- 과실오차
- 우연오차

2019년 제4회 가스산업기사

61

가스누출 검지기 중 가스와 공기의 열전도도가 다른 것을 측정원리로 하는 검지기는?

① 반도체식 검지기
② 접촉연소식 검지기
③ 서머스테드식 검지기
④ 불꽃이온화식 검지기

해설 및 용어설명 |
- 반도체식 : 검지하고자 하는 가스에 따라 반도체 센서의 전기 전도도가 변화하게 되고 이것으로써 기체 중 가스의 누설여부를 알수 있다.
- 접촉연소식 : 가연성 가스가 산소와 반응하면 반응열이 생긴다. 접촉연소식 가스센서는 이 반응열을 전기신호로 변환하여 검지하는 방식이다.
- 불꽃이온화식 : 수소 불꽃에 의한 연소로 대상 물질을 하전시켜 농도를 측정하는 기기이다.

62

렌즈 또는 반사경을 이용하여 방사열을 수열판으로 모아 고온 물체의 온도를 측정할 때 주로 사용하는 온도계는?

① 열전 온도계
② 저항 온도계
③ 열팽창 온도계
④ 복사 온도계

해설 및 용어설명 |
- 열전온도계 : 두 종류의 금속을 조합하였을 때 접합 양단의 온도가 서로 다르면 이 두 금속 사이에 전류가 흐른다. 이 전류로 두 접점 간의 온도차를 알 수 있다. 이 열전기의 현상을 이용하여 고열로의 온도를 측정하는 장치를 열전대라 한다.
- 저항 온도계 : 금속 중에는 전기 저항이 온도에 따라 일정하게 증가하는 것이 있다. 이러한 금속의 저항값의 변화로 온도를 측정하는 온도계를 저항 온도계라고 한다.
- 열팽창 온도계 : 온도변화에 따른 액체의 열팽창에 의해 온도를 측정할 수 있다.

63

계량기 형식 승인 번호의 표시방법에서 계량기의 종류별 기호 중 가스미터의 표시기호는?

① G
② M
③ L
④ H

해설 및 용어설명 |
- G : 전력량계
- M : 오일미터
- L : LPG미터

64

화씨[°F]와 섭씨[℃]의 온도 눈금 수치가 일치하는 경우의 절대온도[K]는?

① 201
② 233
③ 313
④ 345

해설 및 용어설명 | -40[℃] = -40[°F]
절대온도[K] = [℃] + 273 = -40 + 273 = 233[K]

※ $[℃] = \frac{5}{9} \times ([°F] - 32)$

-40[℃] = -40[°F]

65

가스계량기의 1주기 체적의 단위는?

① [L/min]
② [L/hr]
③ [L/rev]
④ [cm³/g]

해설 및 용어설명 | [L/rev]
계량실 1주기당 체적

66

오리피스로 유량을 측정하는 경우 압력차가 2배로 변했다면 유량은 몇 배로 변하겠는가?

① 1배
② $\sqrt{2}$배
③ 2배
④ 4배

해설및용어설명 | $Q = \sqrt{P}$
유량은 압력차의 제곱근에 비례한다.

67

기체 크로마토그래피의 측정 원리로써 가장 옳은 설명은?

① 흡착제를 충전한 관 속에 혼합시료를 넣고 용제를 유동시키면 흡수력 차이에 따라 성분의 분리가 일어난다.
② 관 속을 지나가는 혼합기체 시료가 운반기체에 따라 분리가 일어난다.
③ 혼합기체의 성분이 운반기체에 녹는 용해도 차이에 따라 성분의 분리가 일어난다.
④ 혼합기체의 성분은 관 내에 자기장의 세기에 따라 분리가 일어난다.

해설및용어설명 | 가스 크로마토그래피
복합성분의 시료가 이동상에 의해 이동하면서 Column의 고정상과의 상호 물리·화학적인 작용에 의하여 각각의 단일성분으로 분리되는 현상을 이용하여 분석하는 장치이다.

68

압력계와 진공계 두 가지 기능을 갖춘 압력 게이지를 무엇이라고 하는가?

① 전자압력계
② 초음파압력계
③ 부르동관(Bourdon Tube) 압력계
④ 컴파운드게이지(Compound Gauge)

해설및용어설명 | 컴파운드게이지
진공과 양압을 동일 계기에서 측정할 수 있는 탄성 압력계를 말한다.

69

전기세탁기, 자동판매기, 승강기, 교통신호기 등에 기본적으로 응용되는 제어는?

① 피드백제어
② 시퀀스제어
③ 정치제어
④ 프로세스제어

해설및용어설명 | 시퀀스제어
미리 정해진 순서에 따라 순차적으로 진행하는 제어

70

다음 중 기기분석법이 아닌 것은?

① Chromatography
② Iodometry
③ Colorimetry
④ Polarography

해설및용어설명 |

기기분석법
물질과 각종 에너지와(빛, 열, 전기, 자기장, 방사능 등)의 상호 작용 결과를 측정, 해석함으로써 시료를 분석

기기분석법 분류
- 분리분석 : 기체, 액체 크로마토그래피(Chromatography)
- 전기화학분석 : 폴라로그래프분석(Polarography)
- 열분석법 : 비색법(Colorimetry)
- ※ 화학분석법 : 요오드적정법(Iodometry)

71

루트미터에 대한 설명으로 가장 옳은 것은?

① 설치면적이 작다.
② 실험실용으로 적합하다.
③ 사용 중에 수위 조정 등의 유지 관리가 필요하다.
④ 습식 가스미터에 비해 유량이 정확하다.

해설및용어설명 | 루트(Roots)형 가스미터의 특징
- 대유량 가스 측정에 적합하다.
- 중압가스의 계량이 가능하다.
- 설치면적이 적고, 연속흐름으로 맥동현상이 없다.
- 여과기의 설치 및 설치 후의 유지관리가 필요하다.
- $0.5[m^3/h]$ 이하의 적은 유량에는 부동의 우려가 있다.
- 구조가 비교적 복잡하다.
- 용도 : 대량 수용가능
- 용량범위 : $100 \sim 5,000[m^3/h]$

72

가스 누출 시 사용하는 시험지의 변색 현상이 옳게 연결된 것은?

① H_2S : 전분지 → 청색
② CO : 염화파라듐지 → 적색
③ HCN : 하리슨씨 시약 → 황색
④ C_2H_2 : 염화제일동 착염지 → 적색

해설및용어설명 |

검지가스	시험지	반응(변색)
암모니아(NH_3)	적색리트머스지	청색
염소(Cl_2)	KI 전분지	청갈색
포스겐 ($COCl_2$)	하리슨 시험지	유자색
시안화수소(HCN)	초산벤젠지	청색
일산화탄소(CO)	염화파라듐지	흑색
황화수소(H_2S)	연당지	회흑색
아세틸렌(C_2H_2)	염화제1구리 착염지	적갈색(적색)

73

목표치에 따른 자동제어의 종류 중 목표값이 미리 정해진 시간적 변화를 행할 경우 목표값에 따라서 변동하도록 한 제어는?

① 프로그램제어
② 캐스케이드제어
③ 추종제어
④ 프로세스제어

해설및용어설명 |
- 정치제어 : 목표값이 시간적으로 변화하지 않고 일정한 제어
  예) 프로세스제어, 자동조정제어
- 추치제어 : 목표값이 시간적으로 변화하는 경우의 제어
  - 추종제어 : 목표값이 시간에 따라 임의로 변화하는 값을 부여한 제어
    예) 대공포, 추적레이더 등
  - 프로그램제어 : 목표값이 미리 정한 시간적 변화에 따라 동작
    예) 무인열차, 엘리베이터, 자판기 등
  - 비율제어 : 시간에 따라 비례하여 변화
    예) 배터리 등
  - 캐스케이드제어 : 1차 제어장치가 제어명령을 하고, 2차 제어장치가 1차 명령을 바탕으로 제어량을 조절하는 측정제어

74

도로에 매설된 도시가스가 누출되는 것을 감지하여 분석한 후 가스누출 유무를 일러주는 가스검출기는?

① FID
② TCD
③ FTD
④ FPD

해설및용어설명 | 수소 불꽃이온화 검출기(FID)는 탄소 - 수소 결합을 가진 모든 유기화합물에 잘 감응한다.

75

다음 중 유체 에너지를 이용하는 유량계는?

① 터빈 유량계
② 전자기 유량계
③ 초음파 유량계
④ 열 유량계

해설및용어설명 |
- 터빈 유량계 : 원통상의 유로 속에 로터를 설치하고 이것에 유체가 흐르게 되면 통과하는 유체의 속도에 비례한 회전속도로 로터가 회전하게 된다. 이 로터의 회전속도를 측정하여 흐르는 유량을 구하는 방식
- 전자유량계 : 패러데이의 법칙을 기반으로 한 용적유량계로 구동부가 없어 전도성 액체 및 깨끗한 상태가 아닌 액체의 유량 측정이 가능하다.
- 초음파 유량계 : 관로의 외부에서 유체의 흐름에 초음파를 방사하고 유속에 따라 변화를 받는 투과파나 반사파를 관 외에서 받아들여 유량을 구하는 것
- 열 유량계 : 주로 기체의 유량을 측정하기 위해 많이 사용되며 측정 시 온도압력 등의 보정모니터 없이 바로 유량을 측정할 수 있어 널리 사용된다.

76

오르자트 가스분석계에서 알칼리성 피로카롤을 흡수액으로 하는 가스는?

① CO
② H_2S
③ CO_2
④ O_2

해설및용어설명 | 오르자트 분석기 흡수제
- 30[%] KOH용액 : CO_2
- 암모니아성 염화제일구리용액 : CO
- 알칼리성 피로카롤용액 : O_2

77

고압으로 밀폐된 탱크에 가장 적합한 액면계는?

① 기포식
② 차압식
③ 부자식
④ 편위식

해설및용어설명 | 차압식(햄프슨식)
액화산소와 같은 극저온 저장조의 상·하부를 U자관에 연결하여 차압에 의하여 액면을 측정하는 방식으로 고압 밀폐탱크의 측정에 적합

78

출력이 일정한 값에 도달한 이후의 제어계의 특성을 무엇이라고 하는가?

① 스텝응답
② 과도특성
③ 정상특성
④ 주파수응답

해설및용어설명 |
- 스텝응답 : 입력과 출력이 평형상태에 있을 때 입력을 다소 변화시켜 새로운 평형상태로 변화할 때 출력의 시간적 결과를 말한다.
- 과도응답 : 목표의 기준값이 평형상태가 무너지고 시간이 지나 새로운 평형상태가 유지될 때의 응답
- 정상응답 : 자동제어계가 완전히 정상상태를 유지하고 있을 때의 자동제어계의 응답
- 주파수응답 : 정상응답을 주파수함수로 표시한 응답

79

공업용 액면계가 갖추어야 할 조건으로 옳지 않은 것은?

① 자동제어장치에 적용 가능하고, 보수가 용이해야 한다.
② 지시, 기록 또는 원격측정이 가능해야 한다.
③ 연속 측정이 가능하고 고온·고압에 견디어야 한다.
④ 액위의 변화속도가 느리고, 액면의 상·하한계의 적용이 어려워야 한다.

해설및용어설명 | 액면계의 구비조건
- 연속 측정이 가능할 것
- 지시, 기록 또는 원격 측정이 가능할 것
- 자동 제어 장치에 적용이 가능할 것
- 구조가 간단하고 조작이 용이할 것
- 요구 정도를 만족하게 얻을 수 있을 것
- 액면의 상·하한계를 간단히 하거나 적용이 쉬운 방식일 것
- 고압, 고온에 견딜 것
- 내식성이 있을 것
- 값이 싸고 보수가 쉬울 것

80

감도에 대한 설명으로 옳지 않은 것은?

① 지시량 변화/측정량 변화로 나타낸다.
② 측정량의 변화에 민감한 정도를 나타낸다.
③ 감도가 좋으면 측정시간은 짧아지고 측정범위는 좁아진다.
④ 감도의 표시는 지시계의 감도와 눈금나비로 표시한다.

해설및용어설명 | 감도
측정량의 변화에 민감한 정도를 나타낸다. 좋아지면 측정시간이 길어지고 측정범위는 좁아진다.

$$감도 = \frac{지시량의\ 변화}{측정량의\ 변화}$$

2020년 제1·2회 가스산업기사

61

가스미터의 원격계측(검침) 시스템에서 원격계측 방법으로 가장 거리가 먼 것은?

① 제트식
② 기계식
③ 펄스식
④ 전자식

해설및용어설명 | 가스, 수도 온수 전기계량기에 적용하여 실시간 모니터링 및 제어를 중앙에서 할 수 있는 시스템으로 정확한 검침과 인건비를 절약할 수 있다. 국내에서 생산하는 기계식, 펄스식, 전자식 계량기에 모두 적용할 수 있다.

62

외란의 영향으로 인하여 제어량이 목표치 50[L/min]에서 53[L/min]으로 변하였다면 이때 제어편차는 얼마인가?

① +3[L/min]
② -3[L/min]
③ +6.0[%]
④ -6.0[%]

해설및용어설명 | 제어편차
제어계에서 어느 목표값의 변화나 외란이 주어졌을 때 제어량과 목표값과의 사이에 생긴 편차

63

He 가스 중 불순물로서 N₂ : 2[%], CO : 5[%], CH₄ : 1[%], H₂ : 5[%]가 들어있는 가스를 가스 크로마토그래피로 분석하고자 한다. 다음 중 가장 적당한 검출기는?

① 열전도 검출기(TCD)
② 불꽃이온화 검출기(FID)
③ 불꽃광도 검출기(FPD)
④ 환원성 가스 검출기(RGD)

해설및용어설명 | 열전도 검출기
무기 가스(아르곤, 질소, 수소, 이산화탄소 등) 및 작은 탄화수소 분자를 분석하는 데 사용되는 기법

64

초음파 유량계에 대한 설명으로 틀린 것은?

① 압력손실이 거의 없다.
② 압력은 유량에 비례한다.
③ 대구경 관로의 측정이 가능하다.
④ 액체 중 고형물이나 기포가 많이 포함되어 있어도 정도가 좋다.

해설및용어설명 | 초음파유량계는 지향성, 투과, 반사, 굴절 등과 같은 음파의 특성을 이용하여 유체의 유속을 측정하고 이에 따른 유량값을 구하는 유량계를 말한다. 비교적 깨끗한 물이나 상수 등의 유량 측정분야에 주로 사용된다. 초음파를 교란시키는 입자나 기포가 유체 속에 섞여 있으면 정밀한 측정이 어렵다.

65

접촉식 온도계의 종류와 특징을 연결한 것 중 틀린 것은?

① 유리 온도계 – 액체의 온도에 따른 팽창을 이용한 온도계
② 바이메탈 온도계 – 바이메탈이 온도에 따라 굽히는 정도가 다른 점을 이용한 온도계
③ 열전대 온도계 – 온도 차이에 의한 금속의 열상승 속도의 차이를 이용한 온도계
④ 저항 온도계 – 온도 변화에 따른 금속의 전기저항 변화를 이용한 온도계

해설및용어설명 | 열전대 온도계
온도 차이에 의한 금속의 열기전력의 차이를 이용한 온도계

66

습식 가스미터 특징에 대한 설명으로 옳지 않은 것은?

① 계량이 정확하다.
② 설치 공간이 작다.
③ 사용 중에 기차의 변동이 거의 없다.
④ 사용 중에 수위 조정 등의 관리가 필요하다.

해설및용어설명 | 습식 가스미터
계량이 정확하고, 사용 중의 기차변동이 작은 장점이 있으나 수위 조정이 필요하며 설치면적이 크고 가격이 비싸다.

67

다음 가스분석법 중 흡수분석법에 해당되지 않는 것은?

① 헴펠법
② 게겔법
③ 오르자트법
④ 우인클러법

해설및용어설명 | 흡수분석법
시료가스를 특수한 흡수액에 흡수시켜 채취관 - 도관 - 포집부의 과정을 걸쳐 흡수 전후의 체적차를 가지고 가스성분을 분석하는 방법으로 오르자트법, 게겔법, 헴펠법이 있다.

68

아르키메데스의 원리를 이용하는 압력계는?

① 부르동관 압력계 ② 링밸런스식 압력계
③ 침종식 압력계 ④ 벨로우즈식 압력계

해설및용어설명 | 침종식 압력계
아르키메데스의 원리를 이용한 것, 단종식과 복종식으로 구분

69

되먹임 제어에 대한 설명으로 옳은 것은?

① 열린 회로제어이다.
② 비교부가 필요없다.
③ 되먹임이란 출력신호를 입력신호로 다시 되돌려 보내는 것을 말한다.
④ 되먹임 제어시스템은 선형 제어시스템에 속한다.

해설및용어설명 | 되먹임 제어란 피드백 제어(Feedback Control)라고도 하는 것인데, 시스템의 출력과 기준 입력을 비교하고, 그 차이(오차)를 감소시키도록 작동시키는 동작을 말한다.

70

계측에 사용되는 열전대 중 다음 〈보기〉의 특징을 가지는 온도계는?

- 열기전력이 크고 저항 및 온도계수가 작다.
- 수분에 의한 부식에 강하므로 저온측정에 적합하다.
- 비교적 저온의 실험용으로 주로 사용한다.

① R형 ② T형
③ J형 ④ K형

해설및용어설명 |
- R형 : Thermocouple은 산화성, 불활성 기체에서 최고 1,600[℃] 정도까지 연속적으로 사용할 수 있다. 환원성 분위기이나 금속 산화성 분위기에서는 약하므로 비금속보호관을 사용하여야 한다.
- T형 : Thermocouple은 비교적 저온(-200 ~ 300[℃])에 사용되는 약산화성 분위기 또는 환원성 분위기에 적합하며 열기전력이 안정되고 정도가 높아 실험실에서 사용되고 있다.
- J형 : Thermocouple은 환원성 분위기에 강하며, 수소, 일산화탄소 등에도 강하다. 그러나 철이 산화하는 환경에서 사용하면 안 된다.
- K형 : Thermocouple은 현재 공업용으로 가장 널리 사용되는 열전대로써 최고 1,200[℃] 정도까지 내열도를 유지하며 기전력 특성의 직선성이 양호하고 내열, 내식성이 높은 것이 특징이다.

71

전기저항식 습도계의 특징에 대한 설명 중 틀린 것은?

① 저온도의 측정이 가능하고, 응답이 빠르다.
② 고습도에 장기간 방치하면 감습막이 유동한다.
③ 연속기록, 원격측정, 자동제어에 주로 이용된다.
④ 온도계수가 비교적 작다.

해설및용어설명 | 전기저항식 습도계
- 장점
  - 연속기록 및 제어가 가능하다.
  - 상대습도를 즉시 알 수 있다.
  - 구조적으로 단순하다.
  - 정밀하게 측정할 수 있다.
- 단점
  - 온도특성이 용량식에 비해 커서 온도보정이 필요하다.
  - 저습 측은 고저항으로 되어 검출이 어렵다.
  - 측정기체가 소자를 오염시키는 데에는 사용할 수 없다.

72

평균 유속이 3[m/s]인 파이프를 25[L/s]의 유량이 흐르도록 하려면 이 파이프의 지름을 약 몇 [mm]로 해야 하는가?

① 88[mm]
② 93[mm]
③ 98[mm]
④ 103[mm]

해설및용어설명 | 유량 = 면적 × 유속

$Q = \dfrac{\pi}{4} D^2 \times V$

$25 = \dfrac{3.14}{4} \times D^2 \times 3 \times 10^3$

$D = 0.103[m] = 103[mm]$

73

여과기(Strainer)의 설치가 필요한 가스미터는?

① 터빈 가스미터
② 루츠 가스미터
③ 막식 가스미터
④ 습식 가스미터

해설및용어설명 | 루츠 가스미터 특징

- 대유량 가스측정에 적합하다.
- 중압가스의 계량이 가능하다.
- 설치면적이 적고, 연속흐름으로 맥동현상이 없다.
- 여과기의 설치 및 설치 후의 유지관리가 필요하다.
- 적은 유량에는 부동의 우려가 있다.
- 구조가 비교적 복잡하다.

74

가스보일러에서 가스를 연소시킬 때 불완전연소로 발생하는 가스에 중독될 경우 생명을 잃을 수도 있다. 이때 이 가스를 검지하기 위하여 사용하는 시험지는?

① 연당지
② 염화파라듐지
③ 하리슨씨 시약
④ 질산구리벤젠지

해설및용어설명 | 가스검지 시험지법

검지가스	시험지	반응(변색)
암모니아(NH$_3$)	적색리트머스지	청색
염소(Cl$_2$)	KI 전분지	청갈색
포스겐(COCl$_2$)	하리슨 시험지	유자색
시안화수소(HCN)	초산벤젠지	청색
일산화탄소(CO)	염화파라듐지	흑색
황화수소(H$_2$S)	연당지	회흑색
아세틸렌(C$_2$H$_2$)	염화제1구리 착염지	적갈색(적색)

※ 불완전연소 시 일산화탄소가 발생한다.

75

Block 선도의 등가변환에 해당하는 것만으로 짝지어진 것은?

① 전달요소 결합, 가합점 치환, 직렬 결합, 피드백 치환
② 전달요소 치환, 인출점 치환, 병렬 결합, 피드백 결합
③ 인출점 치환, 가합점 결합, 직렬 결합, 병렬 결합
④ 전달요소 이동, 가합점 결합, 직렬 결합, 피드백 결합

해설및용어설명 | 등가변환

복잡한 제어 계통을 해석하기 위하여 기본 요소들의 상호결합 관계를 계통의 블록선도를 그려서 각 신호의 흐름과 변환 과정을 쉽게 알 수 있는데, 블록선도가 복잡한 경우는 블록 수를 줄여서 간단한 선도로 등가 변환을 하여 활용한다(전달요소 치환, 인출점 치환, 병렬 결합, 피드백 결합).

76

가스센서에 이용되는 물리적 현상으로 가장 옳은 것은?

① 압전효과
② 조셉슨효과
③ 흡착효과
④ 광전효과

해설및용어설명 | 가스센서는 반응가스가 산화물 반도체 감지막의 표면에 노출되면 흡착 및 탈리에 의한 산화물 표면에서의 전기전도성이 변하는 성질을 이용한 것으로 가스 감도를 측정하기 위해서는 감지물질의 온도를 고온으로 균일하게 유지시켜야 한다.

77

실측식 가스미터가 아닌 것은?

① 터빈식　　　② 건식
③ 습식　　　　④ 막식

해설및용어설명 |

실측식
- 건식 : 막식, 회전자식(루츠식, 로터리식, 오발식)
- 습식

간접식
- 델타, 터빈, 벤투리, 오리피스, 와류식

78

전극식 액면계의 특징에 대한 설명으로 틀린 것은?

① 프로브 형성 및 부착위치와 길이에 따라 정전용량이 변화한다.
② 고유저항이 큰 액체에는 사용이 불가능하다.
③ 액체의 고유저항 차이에 따라 동작점이 차이가 발생하기 쉽다.
④ 내식성이 강한 전극봉이 필요하다.

해설및용어설명 | 정전용량식 수위계

액체 중에 전극을 삽입하고 삽입된 전극과 탱크벽 또는 액 간의 정전용량이 액면의 높이에 비례하는 성질을 이용하여 수위를 측정

79

반도체 스트레인 게이지의 특징이 아닌 것은?

① 높은 저항　　　② 높은 안정성
③ 큰 게이지 상수　④ 낮은 피로수명

해설및용어설명 | 반도체 스트레인 게이지의 특징

- 큰 게이지 상수
- 높은 피로수명
- 고 안정성
- 소형이고 고저항

80

헴펠(Hempel)법에 의한 분석순서가 바른 것은?

① $CO_2 \to C_mH_n \to O_2 \to CO$
② $CO \to C_mH_n \to O_2 \to CO_2$
③ $CO_2 \to O_2 \to C_mH_n \to CO$
④ $CO \to O_2 \to C_mH_n \to CO_2$

해설및용어설명 |

- 오르자트법 : $CO_2 \to O_2 \to CO$
- 헴펠법 : $CO_2 \to C_mH_n \to O_2 \to CO$
- 게겔법 : $CO_2 \to C_2H_2 \to C_2H_4 \to O_2 \to CO$

2020년 제3회 가스산업기사

61

다음 중 기본단위가 아닌 것은?

① 길이 ② 광도
③ 물질량 ④ 압력

해설및용어설명 | 기본단위의 종류

기본량	길이	질량	시간	전류	물질량	온도	광도
기본단위	[m]	[kg]	[s]	[A]	[mol]	[K]	[cd]

62

기체 크로마토그래피를 이용하여 가스를 검출할 때 반드시 필요하지 않은 것은?

① Column ② Gas Sampler
③ Carrier Gas ④ UV Detector

해설및용어설명 | G.C.의 구조
- 전개 Gas(Carrier Gas)가 흐르는 Column 및 흐르는 양을 조절하는 유량조절부(Gas Sampler) 및 시료주입부(Injection Poet)
- 기체시료주입구(Gas Sampler) 및 액체시료주입구(Liquid Sampler), 시료주입부(Injection Poet)
- Column 온도를 조절하는 항온조(Column Oven)
- 검출기(Detector) : 열전도도 검출기(Thermal Conductivity Detector), 불꽃이온화 검출기(Flame Ionization Detector), 전자포획형 검출기(Electron Capture Detector), 불꽃광도형 검출기(Flame Photometric Detector), 불꽃열이온화 검출기(Flame Thermionic Detector)
- 기록부(Recorder) 등 5부분으로 구성되어 있다.
※ HPLC(고성능 액체크로마그래피) 검출기 : UV-vis Detector

63

적분동작이 좋은 결과를 얻기 위한 조건이 아닌 것은?

① 불감시간이 적을 때
② 전달지연이 적을 때
③ 측정지연이 적을 때
④ 제어대상의 속응도(速應度)가 적을 때

해설및용어설명 | 적분동작은 편차가 있을 경우 그 편차를 없애도록 연속적으로 조작량을 변화시키는 동작이다. 좋은 결과를 얻기 위해서는 편차가 적을수록 좋다.

64

보상도선의 색깔이 갈색이며 매우 낮은 온도를 측정하기에 적당한 열전대 온도계는?

① PR열전대 ② IC열전대
③ CC열전대 ④ CA열전대

해설및용어설명 | 열전대 온도계
- 백금 - 백금·로듐(PR : R형) : 0 ~ 1,600[℃]
- 철 - 콘스탄탄(IC : J형) : -20 ~ 800[℃]
- 크루멜 - 알루멜(CA : K형) : -20 ~ 1,200[℃]
- 동 - 콘스탄탄(CC : T형) : -180 ~ 350[℃]

정답 61 ④ 62 ④ 63 ④ 64 ③

65

측정기의 감도에 대한 일반적인 설명으로 옳은 것은?

① 감도가 좋으면 측정시간이 짧아진다.
② 감도가 좋으면 측정범위가 넓어진다.
③ 감도가 좋으면 아주 작은 양의 변화를 측정할 수 있다.
④ 측정량의 변화를 지시량의 변화로 나누어 준 값이다.

해설및용어설명 | 감도

계측기가 측정량의 변화에 민감한 정도를 나타내는 값으로 감도가 좋으면 측정 시간이 길어지고, 측정범위는 좁아진다.

$$\therefore \text{감도} = \frac{\text{지시량의 변화}}{\text{측정량의 변화}}$$

66

가스누출 확인 시험지와 검지가스가 옳게 연결된 것은?

① KI전분지 – CO
② 연당지 – 할로겐가스
③ 염화파라듐지 – HCN
④ 리트머스 시험지 – 알칼리성 가스

해설및용어설명 |

검지가스	시험지	반응(변색)
암모니아(NH_3)	적색리트머스지	청색
염소(Cl_2)	KI 전분지	청갈색
포스겐($COCl_2$)	하리슨 시험지	유자색
시안화수소(HCN)	초산벤젠지	청색
일산화탄소(CO)	염화파라듐지	흑색
황화수소(H_2S)	연당지	회흑색
아세틸렌(C_2H_2)	염화제1구리 착염지	적갈색(적색)

67

시료가스를 각각 특정한 흡수액에 흡수시켜 흡수 전후의 가스 체적을 측정하여 가스의 성분을 분석하는 방법이 아닌 것은?

① 적정(滴定)법
② 게겔(Gockel)법
③ 헴펠(Hempel)법
④ 오르자트(Orsat)법

해설및용어설명 | 흡수분석법

가스의 성분을 분석하는 방법으로 시료 가스를 특정한 흡수액에 흡수시켜 흡수 전후의 체적 차를 측정하여 분석

- 오르자트법 : 이산화탄소, 산소, 일산화탄소 등의 가스가 각각 흡수액에 잘 녹는 성질을 이용
- 헴펠법 : 측정 방법은 오르자트법과 같으며 추가적으로 탄화수소 분석 가능
- 게겔법 : 주로 저급 탄화수소의 분석용으로 사용

68

가연성 가스누출 검지기에는 반도체 재료가 널리 사용되고 있다. 이 반도체 재료로 가장 적당한 것은?

① 산화니켈(NiO)
② 산화주석(SnO_2)
③ 이산화망간(MnO_2)
④ 산화알루미늄(Al_2O_3)

해설및용어이설명 | 반도체식

산화주석(SnO_2), 산화철(Fe_2O_3) 등의 반도체를 350[℃] 전후의 온도에서 가연성 가스를 통과시키면 반도체의 표면에 가연성 가스가 흡착되어 전기 전도도가 증가하는 원리를 응용한 것으로, 농도가 낮은 가스에 대하여 비교적 민감하며, 가스농도가 상승하는데 따라 그의 출력상승은 유순하게 된다는 특성이 있다.

69

접촉식 온도계 중 알코올 온도계의 특징에 대한 설명으로 옳은 것은?

① 열전도율이 좋다.　　② 열팽창계수가 적다.
③ 저온측정에 적합하다.　④ 액주의 복원시간이 짧다.

해설및용어설명 | 알코올 온도계
순수 알코올을 넣고 밀봉한 온도계로 저온용으로 적합하다.

70

계량이 정확하고 사용 중 기차의 변동이 거의 없는 특징의 가스미터는?

① 벤투리미터　　② 오리피스미터
③ 습식 가스미터　④ 로터리피스톤식 미터

해설및용어설명 | 습식 가스미터
유량이 정확하다(기준기로 사용).

71

전기저항식 습도계의 특징에 대한 설명으로 틀린 것은?

① 자동제어에 이용된다.
② 연속기록 및 원격측정이 용이하다.
③ 습도에 의한 전기저항의 변화가 적다.
④ 저온도의 측정이 가능하고, 응답이 빠르다.

해설및용어설명 | 전기저항식 습도계
• 장점
　– 연속기록 및 제어가 가능하다.
　– 상대습도를 즉시 알 수 있다.
　– 구조적으로 단순하다.
　– 정밀하게 측정할 수 있다.

• 단점
　– 온도특성이 용량식에 비해 커서 온도보정이 어렵다.
　– 저습측은 고저항으로 되어 검출이 어렵다.
　– 측정기체가 소자를 오염시키는 데에는 사용할 수 없다.

72

FID 검출기를 사용하는 기체 크로마토그래피는 검출기의 온도가 100[℃] 이상에서 작동되어야 한다. 주된 이유로 옳은 것은?

① 가스 소비량을 적게 하기 위하여
② 가스의 폭발을 방지하기 위하여
③ 100[℃] 이하에서는 점화가 불가능하기 때문에
④ 연소 시 발생하는 수분의 응축을 방지하기 위하여

해설및용어설명 | 불꽃 검출기들은 항상 100[℃] 이상에서 작동되어야 하는데 이는 연소과정으로부터 나오는 물이 응축되는 것을 방지하기 위함이다.

73

가스 시험지법 중 염화제1구리 착염지로 검지하는 가스 및 반응색으로 옳은 것은?

① 아세틸렌 – 적색　　② 아세틸렌 – 흑색
③ 할로겐화물 – 적색　④ 할로겐화물 – 청색

해설및용어설명 |

검지가스	시험지	반응(변색)
암모니아(NH_3)	적색리트머스지	청색
염소(Cl_2)	KI 전분지	청갈색
포스겐($COCl_2$)	하리슨 시험지	유자색
시안화수소(HCN)	초산벤젠지	청색
일산화탄소(CO)	염화파라듐지	흑색
황화수소(H_2S)	연당지	회흑색
아세틸렌(C_2H_2)	염화제1구리 착염지	적갈색(적색)

74

탄성식 압력계에 속하지 않는 것은?

① 박막식 압력계
② U자관형 압력계
③ 부르동관식 압력계
④ 벨로우즈식 압력계

해설및용어설명 |
- 액주식 압력계 : U자관형, 단관형, 경사관경
- 탄성식 : 부르동관, 벨브레인형, 벨로즈형, 다이어프램

75

도시가스 사용압력이 2.0[kPa]인 배관에 설치된 막식 가스미터의 기밀시험압력은?

① 2.0[kPa] 이상
② 4.4[kPa] 이상
③ 6.4[kPa] 이상
④ 8.4[kPa] 이상

해설및용어설명 | 기밀시험 가스사용시설(연소기를 제외한다)은 최고사용 압력의 1.1배 또는 8.4[kPa] 중 높은 압력 이상으로 기밀시험(완성검사를 받은 후의 정기검사를 하는 때에는 사용압력 이상의 압력으로 실시하는 누출 검사)을 실시해 이상이 없도록 한다.

76

가스계량기의 검정 유효기간은 몇 년인가? (단, 최대 유량 10[m³/h] 이하이다)

① 1년
② 2년
③ 3년
④ 5년

해설및용어설명 | 계량기의 검정 유효기간

가스미터	유효기간
최대 유량 10[m³/h] 이하의 가스미터	5년
그 밖의 가스미터	8년

77

습한 공기 200[kg] 중에 수증기가 25[kg] 포함되어 있을 때의 절대습도는?

① 0.106
② 0.125
③ 0.143
④ 0.171

해설및용어설명 | 절대습도

$$\frac{수증기[kg]}{건공기[kg]} = \frac{25}{200-25} = 0.143$$

78

계측기의 원리에 대한 설명으로 가장 거리가 먼 것은?

① 기전력의 차이로 온도를 측정한다.
② 액주 높이로부터 압력을 측정한다.
③ 초음파 속도변화로 유량을 측정한다.
④ 정전용량을 이용하여 유속을 측정한다.

해설및용어설명 | 정전용량형 액면계
정전용량을 이용하여 액면을 측정한다.

79

전기저항식 온도계에 대한 설명으로 틀린 것은?

① 열전대 온도계에 비하여 높은 온도를 측정하는 데 적합하다.
② 저항선의 재료는 온도에 의한 전기저항의 변화(저항 온도계수)가 커야 한다.
③ 저항 금속재료는 주로 백금, 니켈, 구리가 사용된다.
④ 일반적으로 금속은 온도가 상승하면 전기저항값이 올라가는 원리를 이용한 것이다.

해설및용어설명 | 전기저항식 온도계의 특징

- 금속 중에는 전기저항이 온도에 따라 일정하게 증가하는 것이 있다. 금속의 저항값의 변화로 온도를 측정하는 온도계를 저항 온도계라고 한다.
- 저항 온도계는 주로 높은 온도나 미세한 온도 변화를 정밀하게 측정할 때 사용한다. 저항 온도계에는 백금(측정범위 -260 ~ 630[℃]), 니켈(측정범위 -50 ~ 300[℃]), 구리(측정범위 0 ~ 150[℃])와 같은 금속을 주로 사용한다.

열전대의 특징

- 응답이 빠르고 시간 지연에 의한 오차가 비교적 적다.
- 적합한 열전대를 선택하면 0 ~ 2,500[℃] 온도범위의 측정이 가능하다.

80

평균 유속이 5[m/s]인 배관 내에 물의 질량유속이 15[kg/s]이 되기 위해서는 관의 지름을 약 몇 [mm]로 해야 하는가?

① 42
② 52
③ 62
④ 72

해설및용어설명 |

체적유량 : 단위시간당 체적변화

$Q = A \times V$

질량유량 : 단위시간당 질량변화

$m = Q \times \rho = A \times V \times \rho$

- Q : 체적유량
- m : 질량유량
- A : 단면적
- V : 유속
- ρ : 밀도

$15 = \dfrac{3.14}{4} D^2 \times 5 \times 1{,}000$

$D = 0.062[m] = 62[mm]$

2020년 제4회 가스산업기사 CBT 복원문제

61

기체크로마토그래피에서 시료성분의 통과속도를 느리게 하여 성분을 분리시키는 부분은?

① 고정상   ② 이동상
③ 검출기   ④ 분리관

해설및용어설명 | 가스 크로마토그래피 - 기화된 용질(시료)이 이동상기체(캐리어가스)에 의하여 칼럼을 통과하는 중에 고정상과의 작용에 의해 지연이 발생, 성분을 분리하여 확인 및 정량을 구하는 시험법

62

어떤 잠수부가 바다에서 15[m] 아래 지점에서 작업을 하고 있다. 이 잠수부가 바닷물에 의해 받는 압력은 몇 [kPa]인가? (단, 해수의 비중은 1.025이다)

① 46   ② 102
③ 151   ④ 252

해설및용어설명 | 바닷물에 의해 받는 압력 = 해수 비중량 × 깊이
= 1.025 × 1,000[kgf/m³] × 15[m]
= 15,375[kgf/m²] × 10⁻⁴ × 98.0665
= 150.77[kPa]
※ 1[kg/cm²] = 98.0665[kPa]

63

다음 중 차압식 유량계에 해당하지 않는 것은?

① 벤투리미터 유량계   ② 로터미터 유량계
③ 오리피스 유량계   ④ 플로노즐

해설및용어설명 | 차압식 유량계 : 벤튜리미터, 오리피스, 플로노즐

64

MAX 1.0[m³/h], 0.5[L/rev]로 표기된 가스미터가 시간당 50회전 하였을 경우 가스 유량은?

① 0.5[m³/h]   ② 25[L/h]
③ 25[m³/h]   ④ 50[L/h]

해설및용어설명 | MAX 1.0[m³/h] : 시간당 최대 유량(1.0[m³]) 표시
0.5[L/rev] : 1회전당 0.5[L]가 흐른다.
따라서 시간당 50회전 시 유량을 계산하면
유량[L/h] = 0.5[L/rev] × 50[rev/h]

65

오리피스로 유량을 측정하는 경우 압력차가 2배로 변했다면 유량은 몇 배로 변하겠는가?

① 1배   ② $\sqrt{2}$배
③ 2배   ④ 4배

해설및용어설명 | $Q = \sqrt{P}$, 유량은 압력차의 제곱근에 비례한다.

66

시정수(time constant)가 10초인 1차 지연형 계측기의 스텝응답에서 전체 변화의 95[%]까지 변화시키는 데 걸리는 시간은?

① 13초   ② 20초
③ 26초   ④ 30초

해설및용어설명 | 시상수(Time Constant)
시상수는 출력값이 0에서 최종값의 63.2[%]에 도달하는 데 걸리는 시간을 의미한다. 시정수의 3배가 되는 시간이 흘렀을 때는 출력값은 최종값의 95[%]에 도달한다.

67

다음 그림과 같이 시차 액주계의 높이 H 가 60[mm]일 때 유속(V)은 약 몇 [m/s]인가? (단, 비중 γ와 γ'는 1과 13.60이고, 속도계수는 1, 중력가속도는 9.8[m/s²]이다)

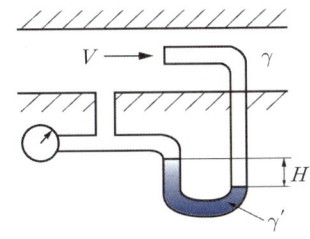

① 1.1
② 2.4
③ 3.8
④ 5.0

해설및용어설명 |

$$V[m/s] = C \times \sqrt{2gH\left(\frac{\gamma'}{\gamma} - \gamma\right)} = 1 \times \sqrt{2 \times 9.8 \times 0.06 \times \left(\frac{13.6}{1} - 1\right)}$$

$$= 3.85[m/s]$$

- C : 속도계수
- g : 중력가속도(9.8[m/s²])
- H : 높이[m]

68

일반적으로 기체 크로마토그래피 분석방법으로 분석하지 않는 가스는?

① 염소(Cl_2)
② 수소(H_2O)
③ 이산화탄소(CO_2)
④ 부탄($n-C_4H_{10}$)

해설및용어설명 | 흡착형 분리관 충전물과 적용 가스

충전물 명칭	적용 가스
활성탄	H_2, CO, CO_2, CH_4
활성 알루미나	CO, $C_1 \sim C_3$ 탄화수소
실리카 겔	CO_2, $C_1 \sim C_4$ 탄화수소
몰레큘러 시브 13X	CO, CO_2, N_2, O_2
porapack Q	N_2O, NO, H_2O

69

다이어프램 가스미터의 최대유량이 4[m³/h]일 경우 최소유량의 상한값은?

① 4[L/h]
② 8[L/h]
③ 16[L/h]
④ 25[L/h]

해설및용어설명 | 최대 유량의 공칭값 및 최소 유량의 상한값

가스미터 호칭(G)	Q_{max}[m³/h]	Q_{min}의 상한값[m³/h]
0.6	1	0.016
1	1.6	0.016
1.6	2.5	0.016
2.5	4	0.025
4	6	0.040
6	10	0.060
10	16	0.100
16	25	0.160
25	40	0.250
40	65	0.400
65	100	0.650
100	160	1.000
160	250	1.600
250	400	2.500
400	650	4.000
650	1,000	6.500

※ 0.025[m³/h] × 1,000 = 25[L/h]

70

방사고온계에 적용되는 이론은?

① 필터 효과
② 제백효과
③ 윈-프랑크 법칙
④ 스테판-볼츠만 법칙

해설및용어설명 | 방사온도계

측정대상물의 표면에서 발생하는 열방사(복사)를 이용한 비접촉식 온도계로써 스테판-볼츠만의 법칙을 이용한 온도계

71

습증기의 열량을 측정하는 기구가 아닌 것은?

① 조리개 열량계
② 분리 열량계
③ 과열 열량계
④ 봄베 열량계

해설및용어설명 | 통상적인 봄베 열량계(Bomb Calorimeter)는 어떠한 연료와 순수한 유기물질의 연소열 측정에 사용되는 기구이다.

72

계측기기의 측정과 오차에서 흩어짐의 정도를 나타내는 것은?

① 정밀도
② 정확도
③ 정도
④ 불확실성

해설및용어설명 |
- 정밀도(흩어짐상태) : 측정값의 분산도(분포)를 말하며, 분산도가 좁을수록 정밀하다.
- 정확도(치우침상태) : 참값과 측정 평균값과의 차이를 말하며, 그 차이가 작을수록 정확하다.
- 정도 : 측정 결과에 대한 신뢰도를 수량적으로 나타내는 척도

73

FID 검출기를 사용하는 기체크로마토그래피는 검출기의 온도가 100[℃] 이상에서 작동되어야 한다. 주된 이유로 옳은 것은?

① 가스소비량을 적게 하기 위하여
② 가스의 폭발을 방지하기 위하여
③ 100[℃] 이하에서는 점화가 불가능하기 때문에
④ 연소 시 발생하는 수분의 응축을 방지하기 위하여

해설및용어설명 | 불꽃 검출기들은 항상 100[℃] 이상에서 작동되어야 하는데 이는 연소과정으로부터 나오는 물이 응축되는 것을 방지하기 위함이다.

74

막식 가스미터 고장의 종류 중 부동(不動)의 의미를 가장 바르게 설명한 것은?

① 가스가 크랭크축이 녹슬거나 밸브와 밸브시트가 타르(tar) 접착 등으로 통과하지 않는다.
② 가스의 누출로 통과하나 정상적으로 미터가 작동 하지 않아 부정확한 양만 측정된다.
③ 가스가 미터는 통과하나 계량막의 파손, 밸브의 탈락 등으로 계량기 지침이 작동하지 않는 것이다.
④ 날개나 조절기에 고장이 생겨 회전장치에 고장이 생긴 것이다.

해설및용어설명 | 부동(不動)
가스가 미터는 통과하나 지침이 작동하지 않는 상태

75

다음 중 유체에너지를 이용하는 유량계는?

① 터빈유량계
② 전자기유량계
③ 초음파유량계
④ 열유량계

해설및용어설명 |
- 터빈유량계 : 원통상의 유로 속에 로터를 설치하고 이것에 유체가 흐르게 되면 통과하는 유체의 속도에 비례한 회전속도로 로터가 회전하게 된다. 이 로터의 회전속도를 측정하여 흐르는 유량을 구하는 방식
- 전자기유량계 : 자계 중에 측정관을 관축방향에 자계와 직교하도록 전극 간에 전압이 발생하는 패러데이법칙을 이용한다.
- 초음파유량계 : 관로의 외부에서 유체의 흐름에 초음파를 방사하고 유속에 따라 변화를 받는 투과파나 반사파를 관 외에서 받아들여 유량을 구하는 것
- 열유량계 : 주로 기체의 유량을 측정하기 위해 많이 사용되며 측정 시 온도압력 등의 보정모터 없이 바로 유량을 측정할 수 있어 널리 사용된다.

71 ④ 72 ① 73 ④ 74 ③ 75 ①

76

오리피스로 유량을 측정하는 경우 압력차가 4배로 증가하면 유량은 몇 배로 변하는가?

① 2배 증가 ② 4배 증가
③ 8배 증가 ④ 16배 증가

해설및용어설명 | 유체가 관로 사이를 흐를 때 압력 변화는 유량의 제곱에 비례한다는 원리를 이용

77

MKS 단위에서 다음 중 중력환산 인자의 차원은?

① $[kg \cdot m/sec^2 \cdot kgf]$
② $[kgf \cdot m/sec^2 \cdot kg]$
③ $[kgf \cdot m^2/sec \cdot kg]$
④ $[kg \cdot m^2/sec \cdot kgf]$

해설및용어설명 | 국제표준단위로 meter(길이), kilogram(질량), second(시간)를 기본단위로 하는 물리단위
$1[kgf] = 1[kg] \times 9.8[m/s^2]$
중력환산 인자의 차원은 $[kg \cdot m/s^2 \cdot kgf]$이다.

78

깊이 5.0[m]인 어떤 밀폐탱크 안에 물이 3.0[m] 채워져 있고 2[kgf/cm²]의 증기압이 작용하고 있을 때 탱크 밑에 작용하는 압력은 몇 [kgf/cm²]인가?

① 1.2 ② 2.3
③ 3.4 ④ 4.5

해설및용어설명 |
탱크 밑 압력 = 물의 압력 + 증기압 = 0.3 + 2 = 2.3
- 물의 압력 = $\gamma \times h$ = 1,000 × 3 × 10⁻⁴ = 0.3[kgf/cm²]
- 증기압 = 2[kgf/cm²]

79

수소의 품질검사에 사용되는 시약은?

① 네슬러시약 ② 동·암모니아
③ 요오드화칼륨 ④ 하이드로설파이드

해설및용어설명 | 품질 검사 기준

구분	시약	검사법	순도
산소	동·암모니아	오르자트법	99.5[%] 이상
수소	피로카롤, 하이드로설파이트	오르자트법	98.5[%] 이상
아세틸렌	발연 황산	오르자트법	98[%] 이상
	브롬	뷰렛법	
	질산은	정성 시험	

80

평균유속이 3[m/s]인 파이프를 25[L/s]의 유량이 흐르도록 하려면 이 파이프의 지름을 약 몇 [mm]로 해야 하는가?

① 88[mm] ② 93[mm]
③ 98[mm] ④ 103[mm]

해설및용어설명 | 유량 = 면적 × 유속

$Q = \dfrac{\pi}{4}D^4 \times V$

$25 = \dfrac{3.14}{4} \times D^2 \times 3 \times 10^3$

$D = 0.103[m] = 103[mm]$

2021년 제1회 가스산업기사 CBT 복원문제

61

가스 사용시설의 가스누출 시 검지법으로 틀린 것은?

① 아세틸렌 가스누출 검지에 염화제1구리착염지를 사용한다.
② 황화수소 가스누출 검지에 초산납시험지를 사용한다.
③ 일산화탄소 가스누출 검지에 염화파라듐지를 사용한다.
④ 염소 가스누출 검지에 묽은 황산을 사용한다.

해설 및 용어설명 |

가스명	시험지	변색
염소	KI전분지	청색
시안화수소	질산구리벤젠지	청색
암모니아	리트머스시험지	청색
아세틸렌	염화제1동착염지	적색
일산화탄소	염화파라듐지	흑색
황화수소	연당지	흑갈색
포스겐	하리슨시험지	심등색

62

건습구 습도계에 대한 설명으로 틀린 것은?

① 통풍형 건습구 습도계는 연료 탱크 속에 부착하여 사용한다.
② 2개의 수은 유리온도계를 사용한 것이다.
③ 자연 통풍에 의한 간이 건습구 습도계도 있다.
④ 정확한 습도를 구하려면 3~5[m/s] 정도의 통풍이 필요하다.

해설 및 용어설명 | 건습계(乾濕計)라고도 하며 감온부를 노출시켜 수증기가 포화상태에 도달하지 못한 일반적인 상태의 온도를 측정하는 건구 온도계와 수증기압이 포화상태일 때의 온도를 나타내는 습구 온도를 측정 후 두 온도의 차이를 습도표를 통하여 대조하여 습도를 알아내는 기기이다. 자연적인 통풍 방법을 이용하는 건습구 습도계를 휘돌이 습도계(Whirling Psychrometer)라 하고, 강제적인 통풍 방법을 사용하는 건습구 습도계를 아스만 통풍 건습계(Assmann's Aspiration Psychrometer)라 한다.

63

날개에 부딪히는 유체의 운동량으로 회전체를 회전시켜 운동량과 회전량의 변화로 가스흐름을 측정하는 것으로 측정 범위가 넓고 압력손실이 적은 가스유량계는?

① 막식 유량계
② 터빈 유량계
③ Roots 유량계
④ Vortex 유량계

해설 및 용어설명 |

- 막식 : 일정 용적의 계량실 안에 가스를 넣어서 충분 후 유출하여 그 횟수를 용적단위로 환산하여 측정
- Roots : 케이싱 내에서 표주박형의 2개의 회전자가 서로 접하면서 유체의 압력으로 회전하는 유량계로 회전수에서 유량을 측정
- Vortex : 유체 중에 인위적인 와류를 일으켜 와류의 발생수를 측정

64

도플러 효과를 이용한 것으로, 대유량을 측정하는 데 적합하며 압력손실이 없고, 비전도성 유체도 측정할 수 있는 유량계는?

① 임펠러 유량계
② 초음파 유량계
③ 코리올리 유량계
④ 터빈 유량계

해설 및 용어설명 | 도플러 방식
진동원과 관측점의 상대운동에 의해 음, 광 등의 주파수가 변화 한다고 하는 도플러 효과를 이용하여 초음파에 의해 유량을 측정한다.

65

압력계의 부품으로 사용되는 다이어프램의 재질로서 가장 부적당한 것은?

① 고무
② 청동
③ 스테인리스
④ 주철

해설 및 용어설명 | 주철의 경우 탄소가 2[%] 이상 함유되어 있어 단단하고 부러지기 쉬우므로 탄성식인 다이어프램 압력계에는 부적당하다.

정답 61 ④ 62 ① 63 ② 64 ② 65 ④

66

400[K]는 약 몇 [R]인가?

① 400
② 620
③ 720
④ 820

해설및용어설명 | 캘빈온도에 1.8을 곱해주면 랭킨온도가 나오므로
400×1.8 = 720

67

계량이 정확하고 사용 기차의 변동이 크지 않아 발열량 측정 및 실험실의 기준 가스미터로 사용되는 것은?

① 막식 가스미터
② 건식 가스미터
③ Roots 가스미터
④ 습식 가스미터

해설및용어설명 | 습식 가스미터
유량이 정확하다(기준기로 사용).

68

시안화수소(HCN)가스 누출 시 검지지와 변색상태로 옳은 것은?

① 염화파라듐지 – 흑색
② 염화제1구리착염지 – 적색
③ 연당지 – 흑색
④ 초산벤젠지 – 청색

해설및용어설명 | 가스검지 시험지법

검지가스	시험지	반응(변색)
암모니아(NH_3)	적색리트머스지	청색
염소(Cl_2)	KI 전분지	청갈색
포스겐($COCl_2$)	하리슨 시험지	유자색
시안화수소(HCN)	초산벤젠지	청색
일산화탄소(CO)	염화파라듐지	흑색
황화수소(H_2S)	연당지	회흑색
아세틸렌(C_2H_2)	염화제1구리 착염지	적갈색(적색)

69

오르자트 가스분석기에서 가스의 흡수 순서로 옳은 것은?

① $CO \to CO_2 \to O_2$
② $CO_2 \to CO \to O_2$
③ $O_2 \to CO_2 \to CO$
④ $CO_2 \to O_2 \to CO$

해설및용어설명 | 연소가스 속의 $CO_2 \to O_2 \to CO$를 흡수제로 흡수시켜 용적 조성을 구하는 장치로, 휴대용으로 소형화한 것

70

검지가스와 누출 확인 시험지가 옳은 것은?

① 하리슨씨 시약 : 포스겐
② KI전분지 : CO
③ 염화파라듐지 : HCN
④ 연당지 : 할로겐

해설및용어설명 |

가스명	검색지	색깔(변색)
암모니아	적색 리트머스 시험지	청색
염소	KI 전분지	청색
포스겐	하리슨씨 시약	오렌지색
아세틸렌	염화제1동 착염지	적색
일산화탄소	염화파라듐지	검정색
황화수소	연당지(초산납 시험지)	검정색
시안화수소	질산구리벤젠지(초산벤젠)	청색
아황산가스	암모니아 헝겊	흰 연기 발생
프로판	비눗물	기포발생

71

다음 가스분석법 중 물리적 가스분석법에 해당하지 않는 것은?

① 열전도율법　　② 오르자트법
③ 적외선흡수법　　④ 가스 크로마토그래피법

해설및용어설명 | 분석계의 종류
- 화학적 가스분석장치
  - 오르자트가스분석장치
  - 자동화학식 CO_2계
  - 연소식 O_2계
- 물리적 가스분석장치
  - 열전도형 CO_2계(열전도율을 이용한 방법)
  - 밀도식 CO_2계(가스의 밀도차를 이용하는 방법)
  - 자기식 O_2계(가스의 자성을 이용하는 방법)
  - 적외선 및 자외선을 이용하는 방법
  - 이온전류를 이용하는 방법
  - 도전율식 가스분석계(흡수제의 도전율의 차를 이용하는 방법)
  - 세라믹 O_2계(고체의 전해질의 전지반응을 이용하는 방법)
  - 전지식 O_2계(액체의 전해질의 전지반응을 이용하는 방법)
  - 흡광광도계를 이용하는 방법
  - 가스 크로마토그래피

72

가스미터에서 감도유량의 의미를 가장 바르게 설명한 것은?

① 가스미터 유량이 최대유량의 50[%]에 도달했을 때의 유량
② 가스미터가 작동하기 시작하는 최소유량
③ 가스미터가 정상상태를 유지하는 데 필요한 최소유량
④ 가스미터 유량이 오차 한도를 벗어났을 때의 유량

해설및용어설명 | 가스미터에서 감도유량
가스미터가 작동할 수 있는 최소 유량

73

가스 시험지법 중 염화제일구리착염지로 검지하는 가스 및 반응색으로 옳은 것은?

① 아세틸렌 - 적색　　② 아세틸렌 - 흑색
③ 할로겐화물 - 적색　　④ 할로겐화물 - 청색

해설및용어설명 |

가스명	시험지	변색
염소	KI전분지	청색
시안화수소	질산구리벤젠지	청색
암모니아	리트머스시험지	청색
아세틸렌	염화제1동착염지	적색
일산화탄소	염화파라듐지	흑색
황화수소	연당지	흑갈색
포스겐	하리슨시험지	심등색

74

방사성 동위원소의 자연붕괴 과정에서 발생하는 베타입자를 이용하여 시료의 양을 측정하는 검출기는?

① ECD　　② FID
③ TCD　　④ TID

해설및용어설명 | 검출기 종류
- 열전도도 검출기(TCD) : 금속 필라멘트 또는 전기저항체를 검출소자로 하여 금속판 안에 들어 있는 본체와 여기에 안정된 직류전기를 공급하는 전원회로, 저류조절기, 신호검출전기회로, 신호감쇄부 등으로 구성한다.
- 불꽃이온화 검출기(FID) : 수소 연소노즐, 이온수집기와 함께 대극 및 배기구로 구성되는 본체와 이 전극 사이에 직류전압을 주어 흐르는 이온전류를 측정하기 위한 전류전압변환회로, 감도조절부, 신호감쇄부 등으로 구성한다.
- 전자포획형 검출기(ECD) : 방사선 동위원소로부터 방출된 베타선이 운반가스를 전리하여 미소전류를 흘려보낼 때 시료 중의 할로겐이나 산소와 같이 전자포획력이 강한 화합물에 의하여 전자가 포획되어 전류가 감소하는 것을 이용하는 방법이다.
- 불꽃광도형 검출기(FPD) : 수소염에 의하여 시료성분을 연소시키고 이때 발생하는 불꽃의 광도를 분광학적으로 측정하는 방법이다.
- 불꽃열이온화 검출기(FTD) : 불꽃이온화 검출기에 알칼리 또는 알칼리토류 금속염의 튜브를 부착한 것으로 유기질소 화합물 및 유기염소 화합물을 선택적으로 검출할 수 있다.

75

나프탈렌의 분석에 가장 적당한 분석방법은?

① 중화적정법　　　② 흡수평량법
③ 요오드적정법　　④ 가스 크로마토그래피법

해설및용어설명 | 나프탈렌($C_{10}H_8$)
방향족 탄화수소로 상온에서 승화하며 특유의 냄새가 있어 방충제로 사용된다. 분석 시 가스 크로마토그래피법을 사용한다.

76

습증기의 열량을 측정하는 기구가 아닌 것은?

① 조리개 열량계　　② 분리 열량계
③ 과열 열량계　　　④ 봄베 열량계

해설및용어설명 | 통상적인 봄베 열량계(Bomb Calorimeter)는 어떠한 연료와 순수한 유기물질의 연소열 측정에 사용되는 기구이다.

77

습한 공기 200[kg] 중에 수증기가 25[kg] 포함되어 있을 때의 절대습도는?

① 0.106　　② 0.125
③ 0.143　　④ 0.171

해설및용어설명 | 절대습도 = $\dfrac{수증기[kg]}{건공기[kg]} = \dfrac{25}{200-25} = 0.143$

78

다음 그림은 불꽃이온화 검출기(FID)의 구조를 나타낸 것이다. ①~④의 명칭으로 부적당한 것은?

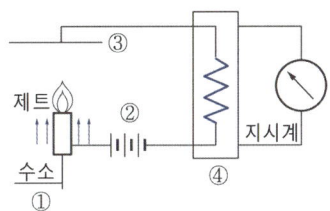

① 시료가스　　② 직류전압
③ 전극　　　　④ 가열부

해설및용어설명 | 각 부분의 명칭
① 시료가스
② 직류전압
③ 전극
④ 증폭부

• 불꽃이온화 검출기(FID) : 칼럼에서 나온 유기 용출물은 수소와 공기 혼합물에 의해 태워진다. 불꽃을 통해 전기를 운반할 수 있는 전자와 이온들을 생성하게 된다. 생성된 전류는 Voltage로 전환되고 연산증폭기에서 증폭되어 디지털 신호로 바뀌고 측정한다.

79

화학공장 내에서 누출된 유독가스를 현장에서 신속히 검지할 수 있는 방식으로 가장 거리가 먼 것은?

① 열선형　　　② 간섭계형
③ 분광광도법　④ 검지관법

해설및용어설명 | 현장에서 누출 여부를 확인하는 방법
검지관식, 열선식, 간섭형, 시험지법 등이 있다.

80

공업계기의 구비조건으로 가장 거리가 먼 것은?

① 구조가 복잡해도 정밀한 측정이 우선이다.
② 주변 환경에 대하여 내구성이 있어야 한다.
③ 경제적이며 수리가 용이하여야 한다.
④ 원격조정 및 연속 측정이 가능하여야 한다.

해설및용어설명 | 구조가 간단하고 정밀한 측정이 우선이다.

2021년 제2회 가스산업기사 CBT 복원문제

61

최대 유량이 10[m³/h]인 막식 가스미터기를 설치하고 도시가스를 사용하는 시설이 있다. 가스레인지 2.5[m³/h]를 1일 8시간 사용하고 가스보일러 6[m³/h]를 1일 6시간 사용했을 경우 월 가스 사용량은 약 몇 [m³]인가? (단, 1개월은 31일이다)

① 1,570 ② 1,680
③ 1,736 ④ 1,950

해설및용어설명 | 월가스사용량
= (1일 가스레인지 사용량 + 1일 가스보일러 사용량) × 일수
= (2.5×8 + 6×6) × 31 = 1,736[m³]

62

가연성 가스 검지 방식으로 가장 적합한 것은?

① 격막전극식   ② 정전위전해식
③ 접촉연소식   ④ 원자흡광광도법

해설및용어설명 | 접촉연소식
가연성 가스와 산소가 반응하면 반응열이 생기는데 이 반응열을 전기신호로 변환해서 검지하는 방식

63

가스폭발 등 급속한 압력변화를 측정하는 데 가장 적합한 압력계는?

① 다이어프램 압력계   ② 벨로우즈 압력계
③ 부르동관 압력계   ④ 피에조 전기압력계

해설 및 용어설명 |
- 탄성식 : 다이어프램, 벨로우즈, 부르동관 압력계
- 피에조 전기압력계(압전기식) : 수정이나 전기석 또는 로셸염 등의 결정체의 특정 방향에 압력을 가하면 기전력이 발생하고 발생한 전기량은 압력에 비례하는 것을 이용

64

전기저항식 온도계에 대한 설명으로 틀린 것은?

① 열전대 온도계에 비하여 높은 온도를 측정하는 데 적합하다.
② 저항선의 재료는 온도에 의한 전기저항의 변화(저항, 온도계수)가 커야 한다.
③ 저항 금속재료는 주로 백금, 니켈, 구리가 사용 된다.
④ 일반적으로 금속은 온도가 상승하면 전기저항값이 올라가는 원리를 이용한 것이다.

해설 및 용어설명 |
- 전기저항식 온도계의 특징
  금속 중에는 전기 저항이 온도에 따라 일정하게 증가하는 것이 있다. 금속의 저항값의 변화로 온도를 측정하는 온도계를 저항 온도계라고 한다. 저항 온도계는 주로 높은 온도나 미세한 온도 변화를 정밀하게 측정할 때 사용한다. 저항 온도계에는 백금(측정 범위 -260 ~ 630[℃]), 니켈(측정 범위 -50 ~ 300[℃]), 구리(측정 범위 0 ~ 150[℃])와 같은 금속을 주로 사용한다.
- 열전대의 특징
  - 응답이 빠르고 시간지연에 의한 오차가 비교적 적다.
  - 적합한 열전대를 선택하면 0 ~ 2,500[℃] 온도범위의 측정이 가능하다.

65

내경 50[mm]인 배관으로 비중이 0.98인 액체가 분당 1[m³]의 유량으로 흐르고 있을 때 레이놀즈수는 약 얼마인가? (단, 유체의 점도는 0.05[kg/m·s]이다)

① 11,210
② 8,320
③ 3,230
④ 2,210

해설 및 용어설명 |

레이놀즈수 $= \dfrac{\rho D V}{\mu} = \dfrac{4\rho Q}{\pi D \mu} = \dfrac{4 \times 0.98 \times 10^3 \times 1}{\pi \times 0.05 \times 0.05 \times 60}$

$= 8,318.49$

※ 문제에서 밀도가 주어지지 않고 비중이 주어져 비중으로 계산하였음

66

가스계량기 중 추량식이 아닌 것은?

① 오리피스식
② 벤투리식
③ 터빈식
④ 루트식

해설 및 용어설명 | 가스미터
- 실측식 : 건식(막식형), 회전식(루트식, 오벌식, 로터리피스톤식), 습식
- 추량식 : 델타식, 터빈식, 오리피스식, 벤투리식

67

도시가스로 사용하는 NG의 누출을 검지하기 위하여 검지기는 어느 위치에 설치하여야 하는가?

① 검지기 하단은 천장면의 아래쪽 0.3[m] 이내
② 검지기 하단은 천장면의 아래쪽 3[m] 이내
③ 검지기 상단은 바닥면에서 위쪽으로 0.3[m] 이내
④ 검지기 상단은 바닥면에서 위쪽으로 3[m] 이내

해설 및 용어설명 |
- 공기보다 무거운 가스 : 공기보다 무거운 가스를 사용하는 연소기가 설치되어 있는 곳의 검지기는 연소기로부터 4[m] 이내에 설치하고 바닥으로부터 0.3[m] 정도 떨어져 설치(C_3H_8, C_4H_{10} 등)
- 공기보다 가벼운 가스 : 공기보다 가벼운 가스를 사용하는 연소기가 설치되어 있는 곳의 검지기는 연소기로부터 8[m] 이내, 천장으로부터 0.3[m] 이내에 설치(CH_4 등)

※ 도시가스로 사용하는 NG의 주 성분은 메탄(CH_4)이므로 공기보다 가볍다.

68

제어기기의 대표적인 것을 들면 검출기, 증폭기, 조작기기, 변환기로 구분되는데 서보전동기(Servo Motor)는 어디에 속하는가?

① 검출기
② 증폭기
③ 변환기
④ 조작기기

해설 및 용어설명 | 서보 전동기
연속된 신호를 받아 지시된 대로 구동하는 장치로 제어기기의 조작기기에 해당된다.

69

분별연소법 중 산화구리법에 의하여 주로 정량할 수 있는 가스는?

① O_2
② N_2
③ CH_4
④ CO_2

해설 및 용어설명 | 산화구리법
- 산화구리를 가열하여 시료가스를 통하여 H_2 및 CO는 연소되고 CH_4가 남는다.
- 가열된 산화구리에서는 CH_4가 연소되므로 CH_4도 정량된다.
- 분별연소법으로 정량할 수 있는 것은 가연성 기체이다.

70

그림과 같은 조작량의 변화는 어떤 동작인가?

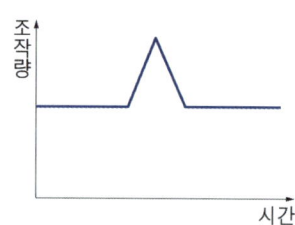

① I동작
② PD동작
③ D동작
④ PI동작

해설 및 용어설명 |

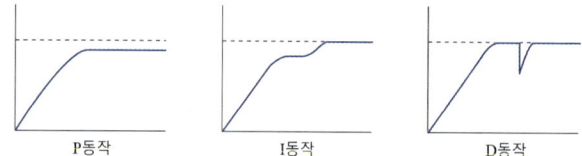

- P동작 : 편차량이 검출되면 그것에 비례하여 조작량을 가감(잔류편차가 남는 동작)
- I동작 : 편차가 남는 것을 적분하여 수정함으로서 잔류편차가 남지 않는 동작
- D동작 : 출력편차의 시간변화에 비례하며 검출될 때 편차가 변화하는 속도에 비례하여 조작량을 증가, 단독으로 사용되지 않는다.

71

가스 크로마토그래피의 불꽃이온화 검출기에 대한 설명으로 옳지 않은 것은?

① N_2 기체는 가장 높은 검출한계를 갖는다.
② 이온의 형성은 불꽃 속에 들어온 탄소 원자의 수에 비례한다.
③ 열전도도 검출기보다 감도가 높다.
④ H_2, NH_3 등 비탄화수소에 대하여는 감응이 없다.

해설 및 용어설명 | 가스 크로마토그래피의 불꽃이온화 검출기는 탄화수소에서 가장 높은 검출한계를 갖는다.

72

계통적 오차(Systematic Error)에 해당되지 않는 것은?

① 계기오차 ② 환경오차
③ 이론오차 ④ 우연오차

해설및용어설명 | 측정오차
- 계통오차(계기, 환경, 이론, 개인오차)
- 과실오차
- 우연오차

73

어떤 비례 제어기가 50[℃]에서 100[℃] 사이에 온도를 조절하는 데 사용되고 있다. 만일 이 제어기기가 측정한 온도가 84[℃]에서 90[℃]일 때 비례대(Propotional Band)는 약 얼마인가?

① 10[%] ② 11[%]
③ 12[%] ④ 13[%]

해설및용어설명 | 비례대 $= \dfrac{90-84}{100-50} \times 100 = 12[\%]$

74

수면에서 20[m] 깊이에 있는 지점에서의 게이지압이 3.16[kgf/cm²]이었다. 이 액체의 비중량은?

① 1,580[kgf/m³] ② 1,850[kgf/m³]
③ 15,800[kgf/m³] ④ 18,500[kgf/m³]

해설및용어설명 |
$P = \gamma \times h$ 이므로 $\gamma = \dfrac{P}{h} = \dfrac{3.16 \times 10^4}{20} = 1,580[kgf/m^3]$

75

복사 에너지의 온도와 파장과의 관계를 이용한 온도계는?

① 열선 온도계 ② 색 온도계
③ 광고온계(光高溫計) ④ 방사 온도계

해설및용어설명 | 색 온도계
색의 필터를 통해 고온체를 보고 조절하여 다른 고온체의 색과 합쳐 필터의 조절 위치에서의 측정온도를 아는 것이며 방사되는 2가지의 파장을 골라서 이 에너지의 비와 온도의 변화에 따른 온도를 측정하며 연속측정이 가능하다.

76

다음 유량계측기 중 압력손실 크기 순서를 바르게 나타낸 것은?

① 전자 유량계 > 벤투리 > 오리피스 > 플로 노즐
② 벤투리 > 오리피스 > 전자 유량계 > 플로 노즐
③ 오리피스 > 플로 노즐 > 벤투리 > 전자 유량계
④ 벤투리 > 플로 노즐 > 오리피스 > 전자 유량계

해설및용어설명 |
- 플로 노즐 : 오리피스에 비해 차압 손실이 적으나 벤투리관 보다는 크다.
- 전자 유량계 : 유량계 내부에 장애물이 없기 때문에 압력손실이 없다.

77

실측식 가스미터가 아닌 것은?

① 터빈식 가스미터 ② 건식 가스미터
③ 습식 가스미터 ④ 막식 가스미터

해설및용어설명 | 가스미터의 분류
- 실측식
  - 건식 : 막식, 회전자식(루츠식, 로터리식, 오발식)
  - 습식
- 간접식 : 델타, 터빈, 벤투리, 오리피스, 와류식

정답 72 ④ 73 ③ 74 ① 75 ② 76 ③ 77 ①

78

계통적 오차에 대한 설명으로 옳지 않은 것은?

① 계기오차, 개인오차, 이론오차 등으로 분류된다.
② 참값에 대하여 치우침이 생길 수 있다.
③ 측정 조건 변화에 따라 규칙적으로 생긴다.
④ 오차의 원인을 알 수 없어 제거할 수 없다.

해설및용어설명 | 계통적 오차(Systematic Error)
실험설계나 장비의 결함으로 주로 발생한다. 계통오차는 확실한 원인과 명확한 오류값을 갖기 때문에 같은 방법을 반복해도 동일한 원인과 오류를 도출한다. 또한 같은 방법으로 측정한 결과들은 같은 크기의 계통오차를 갖는다.

79

산소 농도를 측정할 때 기전력을 이용하여 분석하는 계측기기는?

① 세라믹 O_2계
② 연소식 O_2계
③ 자기식 O_2계
④ 밀도식 O_2계

해설및용어설명 | 세라믹식 O_2 분석기(지르코니아식 O_2 분석기)
양면에 전극 가공을 한 지르코니아 세라믹은 고온하에서 한 편의 전극부에서는 산소분자를 이온화하고, 다른 편의 전극부에서는 산소이온을 산소분자로 되돌리는 성질을 갖고 있다. 이 성질(이온전도)의 정도는 지르코니아 세라믹의 양측에 있는 가스의 산소분압의 차이가 클수록 커진다. 이때 양 전극 사이에서 전자의 수수가 이루어져, 이온전도의 정도(지르코니아 세라믹의 양끝의 산소분압 차)는 양 전극 간의 기전력의 크기로써 취출할 수 있다.

80

다이어프램 가스미터의 최대유량이 4[m³/h]일 경우 최소유량의 상한값은?

① 4[L/h]
② 8[L/h]
③ 16[L/h]
④ 25[L/h]

해설및용어설명 | 최대 유량의 공칭값 및 최소 유량의 상한값

가스미터 호칭(G)	Q_{max}[m³/h]	Q_{min}의 상한값[m³/h]
0.6	1	0.016
1	1.6	0.016
1.6	2.5	0.016
2.5	4	0.025
4	6	0.040
6	10	0.060
10	16	0.100
16	25	0.160
25	40	0.250
40	65	0.400
65	100	0.650
100	160	1.000
160	250	1.600
250	400	2.500
400	650	4.000
650	1,000	6.500

※ 0.025[m³/h] × 1,000 = 25[L/h]

2021년 제4회 가스산업기사 CBT 복원문제

61

막식가스미터에서 크랭크축이 녹슬거나, 날개 등의 납땜이 떨어지는 등 회전장치 부분에 고장이 생겨 가스가 미터기를 통과하지 않는 고장의 형태는?

① 부동
② 불통
③ 누설
④ 감도불량

해설및용어설명 | 고장의 종류
- 부동(不動) : 가스가 미터는 통과하나 지침이 작동하지 않는 상태
- 불통(不通) : 가스가 미터를 통과하지 못하는 상태
- 기차불량 : 기차가 변화하여 계량법에 규정된 사용공차를 넘는 고장
- 누설 : 가스계량기의 누출은 계량기 내부에서 새는 것과 외부로 새는 것이 있다.
- 감도불량 : 미터에 일정량의 가스유량이 통과하였을 때 미터의 지침의 지시도에 변화가 나타나지 않은 고장
- 이물질로 인한 불량 : 미터 출구측의 압력이 현저하게 낮아져 가스의 연소 상태를 불안전하게 하는 고장

62

차압식 유량계로 유량을 측정하였더니 교축기구 전후의 차압이 20.25Pa일 때 유량이 25[m³/h]이었다. 차압이 10.50Pa일 때의 유량은 약 몇 [m³/h]인가?

① 13
② 18
③ 23
④ 28

해설및용어설명 |

$$\therefore Q_2 = \sqrt{\frac{\Delta P_2}{\Delta P_1}} \times Q_1 = \sqrt{\frac{10.50}{20.25}} \times 25 = 18.002 [m^3/h]$$

63

현재 산업체와 연구실에서 사용하는 가스 크로마토그래피의 각 피크(Peak)면적 측정법으로 주로 이용되는 방식은?

① 량을 이용하는 방법
② 적계를 이용하는 방법
③ 분계(Integrator)에 의한 방법
④ 기체의 길이를 총량한 값에 의한 방법

해설및용어설명 | 적분계에 의한 방법
현재 산업체와 연구실에서 사용하는 가스 크로마토그래피의 각 피크면적 측정법

64

정밀도(Precision Degree)에 대한 설명 중 옳은 것은?

① 산포가 큰 측정은 정밀도가 높다.
② 산포가 적은 측정은 정밀도가 높다.
③ 오차가 큰 측정은 정밀도가 높다.
④ 오차가 적은 측정은 정밀도가 높다.

해설및용어설명 | 정밀도
동일한 측정방법으로 동일 제품을 무한히 많이 측정하였을 때, 그 Data들의 산포(편차)를 말한다. 편차가 작으면 정밀도가 높다라고 한다. 정밀도가 높다는 것은 측정결과가 똑같거나 아주 비슷하게 나타나는 것을 의미한다.

65

피드백(Feed Back)제어에 대한 설명으로 틀린 것은?

① 다른 제어계보다 판단·기억의 논리기능이 뛰어나다.
② 입력과 출력을 비교하는 장치는 반드시 필요하다.
③ 다른 제어계보다 정확도가 증가된다.
④ 제어대상 특성이 다소 변하더라도 이것에 의한 영향을 제어할 수 있다.

해설및용어설명 | 피드백 제어는 다른 제어계보다 판단·기억의 논리기능이 뛰어나지는 않다.

66

액면계의 구비조건으로 틀린 것은?

① 내식성이 있을 것
② 고온, 고압에 견딜 것
③ 구조가 복잡하더라도 조작은 용이할 것
④ 지시, 기록 또는 원격 측정이 가능할 것

해설및용어설명 | 액면계의 구비조건
- 연속 측정이 가능할 것
- 지시, 기록 또는 원격 측정이 가능할 것
- 자동 제어 장치에 적용이 가능할 것
- 구조가 간단하고 조작이 용이할 것
- 요구 정도를 만족하게 얻을 수 있을 것
- 액면의 상·하한계를 간단히 하거나 적용이 쉬운 방식일 것
- 고압, 고온에 견딜 것
- 내식성이 있을 것
- 값이 싸고 보수가 쉬울 것

67

상대습도가 '0'이라 함은 어떤 뜻인가?

① 공기 중에 수증기가 존재하지 않는다.
② 공기 중에 수증기가 760[mmHg]만큼 존재한다.
③ 공기 중에 포화상태의 습증기가 존재한다.
④ 공기 중에 수증기압이 포화증기압보다 높음을 의미한다.

해설및용어설명 | 상대습도

수증기의 분압과 같은 온도에서 포화증기의 수증기 분압의 비를 백분율로 나타낸 것을 상대습도라 한다. 쉽게 말해 공기가 최대한 많은 수증기를 갖고 있는 양과 현재 갖고 있는 수분의 양의 비율을 나타낸 것이다. 상대습도가 '0'이라 함은 공기 중에 수증기가 존재하지 않는다는 것이다.

68

외란의 영향으로 인하여 제어량이 목표치 50[L/min]에서 53[L/min]으로 변하였다면 이때 제어편차는 얼마인가?

① +3[L/min]   ② −3[L/min]
③ +6[%]   ④ −6[%]

해설및용어설명 |
제어편차 = 목표치 − 지시치
= 50 − 53 = −3

69

가스계량기의 구비조건이 아닌 것은?

① 감도가 낮아야 한다.   ② 수리가 용이하여야 한다.
③ 계량이 정확하여야 한다.   ④ 내구성이 우수해야 한다.

해설및용어설명 | 가스미터의 구비조건
- 구조가 간단하고, 수리가 용이할 것
- 감도가 예민하고 압력손실이 적을 것
- 소형이며 계량용량이 클 것
- 기차의 조정이 용이할 것
- 내구성이 클 것

70

방사고온계에 적용되는 이론은?

① 필터 효과   ② 제백효과
③ 윈 − 프랑크 법칙   ④ 스테판 − 볼츠만 법칙

해설및용어설명 | 방사온도계

측정 대상물의 표면에서 발생하는 열방사(복사)를 이용한 비접촉식 온도계로써 스테판-볼츠만의 법칙을 이용한 온도계

71

가스계량기의 검정 유효기간은 몇 년인가? (단, 최대 유량 10[m³/h] 이하이다)

① 1년
② 2년
③ 3년
④ 5년

해설및용어설명 | 계량기의 검정 유효기간

가스미터	유효기간
최대 유량 10[m³/h] 이하의 가스미터	5년
그 밖의 가스미터	8년

72

FID 검출기를 사용하는 기체 크로마토그래피는 검출기의 온도가 100[℃] 이상에서 작동되어야 한다. 주된 이유로 옳은 것은?

① 가스소비량을 적게 하기 위하여
② 가스의 폭발을 방지하기 위하여
③ 100[℃] 이하에서는 점화가 불가능하기 때문에
④ 연소 시 발생하는 수분의 응축을 방지하기 위하여

해설및용어설명 | 불꽃 검출기들은 항상 100[℃] 이상에서 작동되어야 하는데 이는 연소과정으로부터 나오는 물이 응축되는 것을 방지하기 위함이다.

73

여과기(Strainer)의 설치가 필요한 가스미터는?

① 터빈 가스미터
② 루츠 가스미터
③ 막식 가스미터
④ 습식 가스미터

해설및용어설명 | 루트형 가스계량기 특징

- 대유량 가스측정에 적합하다.
- 중압가스의 계량이 가능하다.
- 설치면적이 적고, 연속흐름으로 맥동현상이 없다.
- 여과기의 설치 및 설치 후의 유지관리가 필요하다.
- 적은 유량에는 부동의 우려가 있다.
- 구조가 비교적 복잡하다.

74

수소의 품질검사에 사용되는 시약은?

① 네슬러시약
② 동·암모니아
③ 요오드화칼륨
④ 하이드로설파이드

해설및용어설명 | 품질 검사 기준

구분	시약	검사법	순도
산소	동·암모니아	오르자트법	99.5[%] 이상
수소	피로카롤, 하이드로설파이트	오르자트법	98.5[%] 이상
아세틸렌	발연 황산	오르자트법	98[%] 이상
	브롬	뷰렛법	
	질산은	정성 시험	

75

미리 알고 있는 측정량과 측정치를 평형시켜 알고 있는 양의 크기로부터 측정량을 알아내는 방법으로 대표적인 예로서 천칭을 이용하여 질량을 측정하는 방식을 무엇이라 하는가?

① 영위법
② 평형법
③ 방위법
④ 편위법

해설및용어설명 | 측정의 방식

- 영위법 : 어느 측정량과 같은 크기로 조정(편형)된 기준량으로부터 측정
- 편위법 : 측정량 크기에 비례하여 지시계를 편위시켜 그 편위 정도로 측정
- 치환법 : 기준량과 피측정물의 지시량과의 차를 구하여 미리 알고 있는 기준량의 단위의 값으로 치환하여 측정하는 방법
- 보상법 : 미리 알고 있는 기준량과의 차이로 측정량을 알아내는 방법

76

유속이 6[m/s]인 물속에 피토(Pitot)관을 세울 때 수주의 높이는 약 몇 [m]인가?

① 0.54
② 0.92
③ 1.63
④ 1.83

해설 및 용어설명 |

유속 $= \sqrt{2gh} \rightarrow h = \dfrac{유속^2}{2g} = \dfrac{6^2}{2 \times 9.8} = 1.836$

77

계측기의 원리에 대한 설명으로 가장 거리가 먼 것은?

① 기전력의 차이로 온도를 측정한다.
② 액주높이로부터 압력을 측정한다.
③ 초음파 속도 변화로 유량을 측정한다.
④ 정전용량을 이용하여 유속을 측정한다.

해설 및 용어설명 | 정전용량형 액면계
정전용량을 이용하여 액면을 측정한다.

78

전극식 액면계의 특징에 대한 설명으로 틀린 것은?

① 프로브 형성 및 부착 위치와 길이에 따라 정전용량이 변화한다.
② 고유저항이 큰 액체에는 사용이 불가능하다.
③ 액체의 고유저항 차이에 따라 동작점이 차이가 발생하기 쉽다.
④ 내식성이 강한 전극봉이 필요하다.

해설 및 용어설명 | 정전용량식 수위계
액체 중에 전극을 삽입하고 삽입된 전극과 탱크벽 또는 액 간의 정전용량이 액면의 높이에 비례하는 성질을 이용하여 수위를 측정

79

관이나 수로의 유량을 측정하는 차압식 유량계는 어떠한 원리를 응용한 것인가?

① 토리첼리(Torricelli's) 정리
② 패러데이(Faraday's) 법칙
③ 베르누이(Bernoulli's) 정리
④ 파스칼(Pascal's) 원리

해설 및 용어설명 | 유체가 흐르고 있는 관로의 중간에 오리피스(Orifice)를 설치하여 유체가 그 부분을 통과할 때는 유속이 빨라지고 베르누이 연속의 정리에 의하여 압력이 감소하는데 압력의 감소가 유량에 비례하는 원리에 따라 그 압력의 차(차압)를 측정하여 유량을 산출해 내는 방식이며, 지시부는 부유식 면적 유량계의 원리를 이용, 계측이 가능한 형태로 차압을 이용한 면적식 유량계라 할 수 있다.

80

루트미터(Root Meter)에 대한 설명 중 틀린 것은?

① 유량이 일정하거나 변화가 심한 곳, 깨끗하거나 건조하거나 관계없이 많은 가스 타입을 계량하기에 적합하다.
② 액체 및 아세틸렌, 바이오가스, 침전가스를 계량하는 데에는 다소 부적합하다.
③ 공업용에 사용되고 있는 이 가스미터는 칼만(KARMAN)식과 스월(SWIRL)식의 두 종류가 있다.
④ 측정의 정확도와 예상수명은 가스 흐름 내에 먼지의 과다 퇴적이나 다른 종류의 이물질에 따라 다르다.

해설 및 용어설명 | 와류 유량계로는 칼만소용돌이 열을 이용한 칼만와류식, 축류소용돌이 중심의 회전 운동을 이용한 스월(Swirl)식 및 유체의 진동현상(코안다 효과)을 이용한 Fluidic식으로 크게 나눌 수 있다.

2022년 제1회 가스산업기사 CBT 복원문제

61

파이프나 조절밸브로 구성된 계는 어떤 공정에 속하는가?

① 유동공정
② 1차계 액위공정
③ 데드타임공정
④ 적분계 액위공정

해설및용어설명 |
- 유동공정 : 파이프나 조절밸브는 유체가 유동하고 있는 공정(Process)에 사용되는 것
- 액위공정 : 탱크의 입출 유량, 탱크 그 자체 그리고 액면 모두는 유체 액위에 관해서 제어되는 프로세스를 구성
- 데드타임공정 : 자동 제어계 등에서 입력 신호를 변화시키면서부터 출력 신호의 변화가 확인될 때까지 경과되는 낭비 시간

62

헴펠식 가스분석에 대한 설명으로 틀린 것은?

① 산소는 염화구리 용액에 흡수시킨다.
② 이산화탄소는 30[%] KOH 용액에 흡수시킨다.
③ 중탄화수소는 무수황산 25[%]를 포함한 발연황산에 흡수시킨다.
④ 수소는 연소시켜 감량으로 정량한다.

해설및용어설명 | 도시가스 등으로 사용되는 연료 가스 중의 성분을 분석할 때 사용되는 방법으로서 시료 가스를 차례로 규정된 흡수제에 접촉시켜 탄산가스, 중탄화수소(C_mH_n), 산소, 일산화탄소의 순으로 각 성분을 흡수 분리한다.

분석가스	흡수제
CO_2	KOH 30[%] 수용액
C_mH_n	발연황산
O_2	알칼리성 피로카롤 용액
CO	암모니아성 염화 제1구리용액

63

계량에 관한 법률의 목적으로 가장 거리가 먼 것은?

① 계량의 기준을 정함
② 공정한 상거래 질서유지
③ 산업의 선진화 기여
④ 분쟁의 협의 조정

해설및용어설명 | 계량에 관한 법률은 계량의 기준을 정하여 계량을 적정하게 함으로서 공정한 상거래 질서를 유지하고, 산업의 선진화 및 국민경제 발전에 기여함을 목적으로 한다.

64

압력계와 진공계 두 가지 기능을 갖춘 압력 게이지를 무엇이라고 하는가?

① 전자압력계
② 초음파압력계
③ 부르동관(Bourdon Tube)압력계
④ 컴파운드게이지(Compound Gauge)

해설및용어설명 | 컴파운드게이지
진공과 양압을 동일 계기에서 측정할 수 있는 탄성 압력계를 말한다.

65

날개에 부딪히는 유체의 운동량으로 회전체를 회전시켜 운동량과 회전량의 변화로 가스흐름을 측정하는 것으로 측정 범위가 넓고 압력손실이 적은 가스유량계는?

① 막식 유량계
② 터빈 유량계
③ Roots 유량계
④ Vortex 유량계

해설및용어설명 |
- 막식 : 일정 용적의 계량실 안에 가스를 넣어서 충분 후 유출하여 그 횟수를 용적 단위로 환산하여 측정
- Roots : 케이싱 내에서 표주박형의 2개의 회전자가 서로 접하면서 유체의 압력으로 회전하는 유량계로 회전수에서 유량을 측정
- Vortex : 유체 중에 인위적인 와류를 일으켜 와류의 발생 수를 측정

정답 61 ① 62 ① 63 ④ 64 ④ 65 ②

66

다음 중 정도가 가장 높은 가스미터는?

① 습식 가스미터 ② 벤투리 미터
③ 오리피스 미터 ④ 루트 미터

해설및용어설명 | 습식가스미터
유량이 정확하다(기준기로 사용).

67

가스의 자기성(磁器性)을 이용하여 검출하는 분석기기는?

① 가스크로마토그래피 ② SO_2계
③ O_2계 ④ CO_2계

해설및용어설명 | 물리적 가스 분석장치
가스 상태 그대로 분석하는 방법은 열전도율, 자성, 연소열, 점성, 적외선 또는 자외선의 흡수, 화학 발광량, 이온전류 등의 물리적 성질을 계측하여 측정대상 가스 성분의 물리적 성질이 변화하는 것을 이용하고 있다.

- 열전도율형 CO_2계(열전율을 이용한 방법)
- 밀도식 CO_2계(가스의 밀도차를 이용하는 방법)
- 자기식 O_2계(가스의 자성을 이용하는 방법)
- 적외선 및 자외선을 이용한 방법
- 이온전류를 이용하는 방법
- 도전율식 가스 분석계(흡수제의 도전율의 차를 이용하는 방법)
- 세라믹 O_2계(고체의 전해질의 전지 반응을 이용하는 방법)
- 전지식 O_2계(액체의 전해질의 전지 반응을 이용하는 방법)
- 흡광광도계를 이용하는 방법

68

수평 30°의 각도를 갖는 경사마노미터의 액면의 차가 10[cm]라면 수직 U자 마노미터의 액면 차는?

① 2[cm] ② 5[cm]
③ 20[cm] ④ 50[cm]

해설및용어설명 |
$P = r \times h$, h는 $\sin\theta \cdot \ell$이므로 $P = r \times (\sin\theta \cdot \ell)$
액면차 $h = \sin 30 \times 10 = 5[cm]$

69

도시가스 제조소에 설치된 가스누출검지경보장치는 미리 설정된 가스농도에서 자동적으로 경보를 울리는 것으로 하여야 한다. 이때 미리 설정된 가스 농도란?

① 폭발하한계 값
② 폭발상한계 값
③ 폭발하한계의 1/4 이하 값
④ 폭발하한계의 1/2 이하 값

해설및용어설명 | 가스누출검지경보장치 기능
- 가스의 누출을 검지하여 그 농도를 지시함과 동시에 경보를 울리는 것이어야 한다.
- 미리 설정된 가스농도(폭발하한계의 1/4 이하)에서 자동적으로 경보를 울리는 것으로 한다.
- 경보를 울린 후에는 주위의 가스농도가 변화되어도 계속 경보를 울리며, 그 확인 또는 대책을 강구함에 따라 경보정지가 되어야 한다.
- 담배연기 등 잡가스에 경보를 울리지 아니하는 것이어야 한다.

70

시험대상인 가스미터의 유량이 350[m³/h]이고 기준 가스미터의 지시량이 330[m³/h]일 때 기준 가스미터의 기차는 약 몇 [%]인가?

① 4.4[%]
② 5.7[%]
③ 6.1[%]
④ 7.5[%]

해설및용어설명 | $E = \dfrac{I-O}{I} \times 100 = \dfrac{350-330}{350} \times 100$
$= 5.714[\%]$

71

건습구 습도계에서 습도를 정확히 하려면 얼마 정도의 통풍속도가 가장 적당한가?

① 3 ~ 5[m/sec]
② 5 ~ 10[m/sec]
③ 10 ~ 15[m/sec]
④ 30 ~ 50[m/sec]

해설및용어설명 | 건습구 습도계에서 정확한 습도를 측정하기 위하여 3 ~ 5[m/s] 정도의 통풍을 유지해야 한다.

72

감도에 대한 설명으로 옳지 않은 것은?

① 지시량변화/측정량 변화로 나타낸다.
② 측정량의 변화에 민감한 정도를 나타낸다.
③ 감도가 좋으면 측정시간은 짧아지고 측정범위는 좁아진다.
④ 감도의 표시는 지시계의 감도와 눈금나비로 표시한다.

해설및용어설명 | 감도
측정량의 변화에 민감한 정도를 나타낸다. 좋아지면 측정시간이 길어지고 측정범위는 좁아진다.

감도 = $\dfrac{\text{지시량의 변화}}{\text{측정량의 변화}}$

73

어느 수용가에 설치한 가스미터의 기차를 측정하기 위하여 지시량을 보니 100[m³]를 나타내었다. 사용공차를 ±4[%]로 한다면 이 가스미터에는 최소 얼마의 가스가 통과되었는가?

① 40[m³]
② 80[m³]
③ 96[m³]
④ 104[m³]

해설및용어설명 | 지시량 100[m³] 사용 공차가 ±4[%]이므로 최소 통과량은 지시량의 96[%], 최대 통과량은 지시량의 104[%]에 해당된다.

74

오리피스로 유량을 측정하는 경우 압력차가 4배로 증가하면 유량은 몇 배로 변하는가?

① 2배 증가
② 4배 증가
③ 8배 증가
④ 16배 증가

해설및용어설명 | 유체가 관로 사이를 흐를 때 압력 변화는 유량의 제곱에 비례한다는 원리를 이용

75

400[K]는 몇 [R]인가?

① 400
② 620
③ 720
④ 820

해설및용어설명 |
[K] × 1.8 = [R]
400 × 1.8 = 720

76

계량기 형식 승인 번호의 표시방법에서 계량기의 종류별 기호 중 가스미터의 표시 기호는?

① G
② N
③ K
④ H

해설 및 용어설명 |
- G : 전력량계
- N : 전량눈새김탱크
- K : 연료유미터

77

계측시간이 짧은 에너지의 흐름을 무엇이라 하는가?

① 외란
② 시정수
③ 펄스
④ 응답

해설 및 용어설명 | 펄스
신호의 진폭이 정상상태의 값에서 단시간에 다른 값으로 전이하여, 유한의 시간만 계속한 후 다시 본래의 값으로 되돌아가는 파형

78

어떤 분리관에서 얻은 벤젠의 가스 크로마토그램을 분석하였더니 시료 도입점으로부터 피크최고점까지의 길이가 85.4[mm], 봉우리의 폭이 9.6[mm]이었다. 이론단수는?

① 835
② 935
③ 1,046
④ 1,266

해설 및 용어설명 | 이론단수
크로마토그래피의 칼럼 성능을 나타내는 척도, 칼럼을 같은 높이의 단이 다수 연결된 것으로 가정하고 이동상과 고정상 간의 용질분배가 평형에 이르러 있는 이상적 접촉상태일 때, 목표로 하는 분리를 위해 필요한 가상적인 단수

$$N = 16 \times \left(\frac{Tr}{W}\right)^2 = 16 \times \left(\frac{85.4}{9.6}\right)^2 = 1,266$$

- Tr : 시료도입점으로부터 피크 최고점까지의 길이(유지시간)
- W : 피크의 좌우 변곡점에서 점선이 자르는 바탕선의 길이

79

평균유속이 5[m/s]인 원관에서 20[kg/s]의 물이 흐르도록 하려면 관의 지름은 약 몇 [mm]로 해야 하는가?

① 31
② 51
③ 71
④ 91

해설 및 용어설명 |
$Q[\text{m}^3/\text{s}] = A[\text{m}^2] \times V[\text{m/s}]$ 질량기준으로 유량을 계산하려면 부피 유량에 유체의 밀도를 곱해주면 된다.

$$Q[\text{kg/s}] = A[\text{m}^2] \times V[\text{m/s}] \times \rho[\text{kg/m}^3] = \frac{\pi D^2}{4} \times V \times \rho$$

$$D = \sqrt{\frac{4Q}{\pi V \rho}} = \sqrt{\frac{4 \times 20}{3.14 \times 5 \times 1,000}}$$

$D = 0.071[\text{m}] = 71[\text{mm}]$

80

가스 크로마토그래피에 사용되는 운반기체의 조건으로 가장 거리가 먼 것은?

① 순도가 높아야 한다.
② 비활성이어야 한다.
③ 독성이 없어야 한다.
④ 기체 확산을 최대로 할 수 있어야 한다.

해설 및 용어설명 |
- 시료 분자나 고정상에 대해서 화학적 비활성
- 분리관 내에서 시료 분자의 확산을 최소로 줄일 수 있어야 함
- 사용되는 검출기의 종류에 적합
- 순수 기체, 건조 기체(순도 99.995[%] 이상)

2022년 제2회 가스산업기사 CBT 복원문제

61

가스크로마토그래피(Gas Chromatography)를 이용하여 가스를 검출할 때 반드시 필요하지 않는 것은?

① Column
② Gas Sampler
③ Carrier Gas
④ UV Detector

해설및용어설명 |
- 분리관(Column) : 시료를 흡착법에 의해 분리
- 시료가스채취기(Gas Sampler) : 가스의 농도 및 조성을 측정하는 장치
- 운반기체(Carrier Gas) : 시료가스를 운반하는 기체
- 검출기(Detector) : 분리관을 통해 분리된 성분을 검출하는 장치(불꽃 이온화 검출기(FID), 열전도도 검출기(TCD), 전자 포착 검출기(ECD), 불꽃 광도 검출기(FPD) 등이 있다)

※ UV Detector : 자외선 검출기

62

압력계 교정 또는 검정용 표준기로 사용되는 압력계는?

① 표준 부르동관식
② 기준 박막식
③ 표준 드럼식
④ 기준 분동식

해설및용어설명 | 기준 분동식 압력계
유압 및 공압 측정에서 1차 표준기로 사용되는 압력계

63

전극식 액면계의 특징에 대한 설명으로 틀린 것은?

① 프로브 형성 및 부착 위치와 길이에 따라 정전용량이 변화한다.
② 고유저항이 큰 액체에는 사용이 불가능하다.
③ 액체의 고유저항 차이에 따라 동작점이 차이가 발생하기 쉽다.
④ 내식성이 강한 전극봉이 필요하다.

해설및용어설명 | 정전용량식 수위계
액체 중에 전극을 삽입하고 삽입된 전극과 탱크벽 또는 액 간의 정전용량이 액면의 높이에 비례하는 성질을 이용하여 수위를 측정

64

계량에 관한 법률의 목적으로 가장 거리가 먼 것은?

① 계량의 기준을 정함
② 공정한 상거래 질서유지
③ 산업의 선진화 기여
④ 분쟁의 협의 조정

해설및용어설명 | 계량에 관한 법률은 계량의 기준을 정하여 계량을 적정하게 함으로서 공정한 상거래 질서를 유지하고, 산업의 선진화 및 국민경제 발전에 기여함을 목적으로 한다.

65

가스보일러에서 가스를 연소시킬 때 불완전연소로 발생하는 가스에 중독될 경우 생명을 잃을 수도 있다. 이때 이 가스를 검지하기 위하여 사용하는 시험지는?

① 연당지
② 염화파라듐지
③ 하리슨씨 시약
④ 질산구리벤젠지

해설및용어설명 | 가스검지 시험지법

검지가스	시험지	반응(변색)
암모니아(NH_3)	적색리트머스지	청색
염소(Cl_2)	KI 전분지	청갈색
포스겐($COCl_2$)	하리슨 시험지	유자색
시안화수소(HCN)	초산벤젠지	청색
일산화탄소(CO)	염화파라듐지	흑색
황화수소(H_2S)	연당지	회흑색
아세틸렌(C_2H_2)	염화제1구리 착염지	적갈색(적색)

정답 61 ④ 62 ④ 63 ① 64 ④ 65 ②

66

오리피스 유량계는 어떤 형식의 유량계인가?

① 용적식 ② 오벌식
③ 면적식 ④ 차압식

해설및용어설명 | 차압식 유량계
오리피스, 플로노즐, 벤투리

67

가스센서에 이용되는 물리적 현상으로 가장 옳은 것은?

① 압전효과 ② 조셉슨 효과
③ 흡착효과 ④ 광전효과

해설및용어설명 | 가스센서는 반응가스가 산화물 반도체 감지막의 표면에 노출되면 흡착 및 탈리에 의한 산화물 표면에서의 전기전도성이 변하는 성질을 이용한 것으로 가스 감도를 측정하기 위해서는 감지물질의 온도를 고온으로 균일하게 유지시켜야 한다.

68

막식가스미터의 고장에 대한 설명으로 틀린 것은?

① 부동 : 가스미터기를 통과하지만 계량되지 않는 고장
② 떨림 : 가스가 통과할 때에 출구측의 압력변동이 심하게 되어 가스의 연소형태를 불안정하게 하는 고장형태
③ 기차불량 : 설치오류, 충격, 부품의 마모 등으로 계량정밀도가 저하되는 경우
④ 불통 : 회전자 베어링 마모에 의한 회전저항이 크거나 설치 시 이물질이 기어 내부에 들어갈 경우

해설및용어설명 | 불통
가스가 미터를 통과하지 못하는 고장

69

다음 가스계량기 중 간접측정 방법이 아닌 것은?

① 막식계량기 ② 터빈계량기
③ 오리피스 계량기 ④ 볼텍스 계량기

해설및용어설명 |
- 실측식
  - 건식 : 막식, 회전자식(루츠식, 로터리식, 오발식)
  - 습식
- 간접식 : 델타, 터빈, 벤츄리, 오리피스, 와류식

70

오르자트 가스분석계에서 알칼리성 피로카롤을 흡수액으로 하는 가스는?

① CO ② H_2S
③ CO_2 ④ O_2

해설및용어설명 | 오르자트 분석기 흡수제
- 30[%] KOH 용액 : CO_2
- 암모니아성 염화제1구리 용액 : CO
- 알칼리성 피로카롤 용액 : O_2

71

시험대상인 가스미터의 유량이 350[m³/h]이고 기준 가스미터의 지시량이 330[m³/h]일 때 기준 가스미터의 기차는 약 몇 [%]인가?

① 4.4[%] ② 5.7[%]
③ 6.1[%] ④ 7.5[%]

해설및용어설명 | $E = \dfrac{I-O}{I} \times 100 = \dfrac{350-330}{350} \times 100 = 5.714[\%]$

72

평균유속이 5[m/s]인 배관 내에 물의 질량유속이 15[kg/s]가 되기 위해서는 관의 지름을 약 몇 [mm]로 해야 하는가?

① 42
② 52
③ 62
④ 72

해설및용어설명 |
- 체적유량 : 단위시간당 체적변화
  $Q = A \times V$
- 질량유량 : 단위시간당 질량변화
  $m = Q \times \rho = A \times V \times \rho$

(Q : 체적유량, m : 질량유량, A : 단면적, V : 유속, ρ : 밀도)

$15 = \dfrac{3.14}{4} D^2 \times 5 \times 1{,}000$

$D = 0.062[m] = 62[mm]$

73

계통적오차(Systematic Error)에 해당되지 않는 것은?

① 계기오차
② 환경오차
③ 이론오차
④ 우연오차

해설및용어설명 | 측정오차
- 계통오차(계기, 환경, 이론, 개인오차)
- 과실오차
- 우연오차

74

제어동작에 따른 분류 중 연속되는 동작은?

① On-Off 동작
② 다위치 동작
③ 단속도 동작
④ 비례 동작

해설및용어설명 | 연속제어와 불연속제어
- 연속제어 : 비례 동작, 적분 동작, 미분 동작, 비례 적분 동작, 비례 미분 동작, 비례 적분 미분 동작
- 불연속제어 : 2위치 동작(on-off 동작), 다위치 동작, 불연속 속도 동작 (단속도 제어 동작)

75

MAX 1.0[m³/h], 0.5[L/rev]로 표기된 가스미터가 시간당 50회전 하였을 경우 가스 유량은?

① $0.5[m^3/h]$
② $50[L/h]$
③ $25[m^3/h]$
④ $25[L/h]$

해설및용어설명 | MAX 1.0[m³/h] : 시간당 최대 유량(1.0[m³]) 표시
0.5[L/rev] : 1회전당 0.5[L]가 흐른다.
따라서 시간당 50 회전 시 유량을 계산하면
유량[L/h] = 0.5[L/rev] × 50[rev/h]

76

가스분석법 중 흡수분석법에 해당하지 않는 것은?

① 헴펠법
② 산화구리법
③ 오르자트법
④ 게겔법

해설및용어설명 | 흡수분석법
각종 기체 흡수제와 시료기체를 혼합하여, 흡수제에 흡수된 양을 측정함으로써 정량하는 방법으로 헴펠법, 게겔법, 오르자트법이 있다.

77

산소 64[kg]과 질소 14[kg]의 혼합기체가 나타내는 전압이 10 기압이면 이때 산소의 분압은 얼마인가?

① 2기압　　② 4기압
③ 6기압　　④ 8기압

해설및용어설명 | 분압 = 전압 × 성분몰분율

성분몰분율 = $\dfrac{성분몰수}{혼합가스몰수}$

분압 = $10 \times \dfrac{\dfrac{64}{32}}{\dfrac{64}{32} + \dfrac{14}{28}} = 8[atm]$

78

가스의 발열량 측정에 주로 사용되는 계측기는?

① 봄베열량계　　② 단열열량계
③ 융커스식열량계　　④ 냉온수적산열량계

해설및용어설명 | 가스열량계
기체 연료의 발열량을 재는 데 쓰는 기구, 주로 융커스식 열량계를 쓴다.

79

관이나 수로의 유량을 측정하는 차압식 유량계는 어떠한 원리를 응용한 것인가?

① 토리첼리(Torricelli's) 정리
② 패러데이(Faraday's) 법칙
③ 파스칼(Pascal's) 원리
④ 베르누이(Bernoulli's) 정리

해설및용어설명 | 유체가 흐르고 있는 관로의 중간에 오리피스(Orifice)를 설치하여 유체가 그 부분을 통과할 때는 유속이 빨라지고 베르누이 연속의 정리에 의하여 압력이 감소하는데 압력의 감소가 유량에 비례하는 원리에 따라 그 압력의 채(차압)을 측정하여 유량을 산출해 내는 방식이며, 지시부는 부유식 면적 유량계의 원리를 이용, 계측이 가능한 형태로 차압을 이용한 면적식 유량계라 할 수 있다.

80

일반적으로 장치에 사용되고 있는 부르동관 압력계 등으로 측정되는 압력은?

① 절대압력　　② 게이지 압력
③ 진공압력　　④ 대기압

해설및용어설명 | 게이지 압력
압력계가 나타내는 압력

2022년 제4회 가스산업기사 CBT 복원문제

61
초음파 유량계에 대한 설명으로 옳지 않은 것은?

① 정확도가 아주 높은 편이다.
② 개방수로에는 적용되지 않는다.
③ 측정체가 유체와 접촉하지 않는다.
④ 고온, 고압, 부식성 유체에도 사용이 가능하다.

해설및용어설명 | 초음파 유량계는 지향성, 투과, 반사, 굴절 등과 같은 음파의 특성을 이용하여 유체의 유속을 측정하고 이에 따른 유량값을 구하는 유량계를 말한다. 이러한 초음파 유량계는 일반적으로 전파시간차법을 이용하여 비교적 깨끗한 물이나 상수 등의 유량 측정분야에 주로 사용된다. 또한 초음파를 교란시키는 입자나 기포가 유체 속에 섞여 있지 않으며, 초음파가 투과하는 균일한 유체의 경우에는 온도, 압력, 밀도, 점도, 전도도율 등에 관계없이 유량의 측정이 가능하다는 장점을 가지고 있다. 유체와 비접촉식으로 유량을 측정하므로 유체의 물리, 화학적인 성질에 영향을 받지 않는다.

62
점도가 높거나 점도 변화가 있는 유체에 가장 적합한 유량계는?

① 차압식 유량계
② 면적식 유량계
③ 유속식 유량계
④ 용적식 유량계

해설및용어설명 | 용적식 유량계는 타 유량계에 비하여 점도, 밀도 등 유체의 물리적 영향을 받는 일이 적고 측정 정밀도가 높은 용적유량을 측정할 수 있다.

63
다음 가스계량기 중 간접측정 방법이 아닌 것은?

① 막식계량기
② 터빈계량기
③ 오리피스 계량기
④ 볼텍스 계량기

해설및용어설명 |
• 실측식
 - 건식 : 막식, 회전자식(루츠식, 로터리식, 오발식)
 - 습식
• 간접식 : 델타, 터빈, 벤츄리, 오리피스, 와류식

64
계량이 정확하고 사용 기차의 변동이 크지 않아 발열량 측정 및 실험실의 기준 가스미터로 사용되는 것은?

① 막식 가스미터
② 건식 가스미터
③ Roots 가스미터
④ 습식 가스미터

해설및용어설명 | 습식가스미터
유량이 정확하다(기준기로 사용).

정답 61 ② 62 ④ 63 ① 64 ④

65

다음 가스분석법 중 물리적 가스분석법에 해당하지 않는 것은?

① 열전도율법
② 오르자트법
③ 적외선흡수법
④ 가스 크로마토그래피법

해설및용어설명 | 분석계의 종류

- 화학적 가스분석장치
  - 오르자트가스분석장치
  - 자동화학식 CO_2계
  - 연소식 O_2계
- 물리적 가스분석장치
  - 열전도형 CO_2계(열전도율을 이용한 방법)
  - 밀도식 CO_2계(가스의 밀도차를 이용하는 방법)
  - 자기식 O_2계(가스의 자성을 이용하는 방법)
  - 적외선 및 자외선을 이용하는 방법
  - 이온전류를 이용하는 방법
  - 도전율식 가스분석계(흡수제의 도전율의 차를 이용하는 방법)
  - 세라믹 O_2계(고체의 전해질의 전지반응을 이용하는 방법)
  - 전지식 O_2계(액체의 전해질의 전지반응을 이용하는 방법)
  - 흡광광도계를 이용하는 방법
  - 가스 크로마토그래피

66

온도가 60[°F]에서 100[°F]까지 비례제어된다. 측정온도가 71[°F]에서 75[°F]로 변할 때 출력압력이 3[PSI]에서 15[PSI]로 도달하도록 조정될 때 비례대역[%]은?

① 5[%]
② 10[%]
③ 20[%]
④ 33[%]

해설및용어설명 | 비례대역

비례제어의 조작량을 0~100[%]까지 변화시키는 데 필요한 입력 신호의 변화 범위를 입력 신호의 전체 눈금에 대한 비의 백분율로 표시한 것

$$\frac{75-71}{100-60} \times 100 = 10[\%]$$

67

다음 중 정도가 가장 높은 가스미터는?

① 습식 가스미터
② 벤투리 미터
③ 오리피스 미터
④ 루트 미터

해설및용어설명 | 습식 가스미터

유량이 정확하다(기준기로 사용).

68

비중이 0.8인 액체의 압력이 2[kg/cm²]일 때 액면높이(head)는 약 몇 [m]인가?

① 16
② 25
③ 32
④ 40

해설및용어설명 |

$$\text{액면높이}[m] = \frac{P(\text{압력}[kg/m^2])}{\gamma(\text{비중량}[kg/m^3])} = \frac{2 \times 10^4}{0.8 \times 10^3} = 25[m]$$

※ 액체비중량 = 비중 × 물의 비중량(1,000[kg/m³])
※ 1[m²] = 10⁴[cm²]

69

방사고온계에 적용되는 이론은?

① 필터 효과
② 제백효과
③ 윈-프랑크 법칙
④ 스테판-볼츠만 법칙

해설및용어설명 | 방사온도계

측정 대상물의 표면에서 발생하는 열방사(복사)를 이용한 비접촉식 온도계로서 스테판-볼츠만의 법칙을 이용한 온도계

70

증기압식 온도계에 사용되지 않는 것은?

① 아닐린 ② 프레온
③ 에틸에테르 ④ 알코올

해설및용어설명 | 압력식 온도계
- 액체 압력(팽창식) 온도계 : 수은, 알코올, 아닐린
- 기체 압력식 온도계 : 질소와 같은 불활성가스 사용
- 증기 압력식 온도계 : 프레온, 에틸에테르, 염화메틸, 염화에틸, 톨루엔, 아닐린

71

초음파 유량계에 대한 설명으로 틀린 것은?

① 압력손실이 거의 없다.
② 압력은 유량에 비례한다.
③ 대구경 관로의 측정이 가능하다.
④ 액체 중 고형물이나 기포가 많이 포함되어 있어도 정도가 좋다.

해설및용어설명 | 초음파 유량계는 지향성, 투과, 반사, 굴절 등과 같은 음파의 특성을 이용하여 유체의 유속을 측정하고 이에 따른 유량값을 구하는 유량계를 말한다. 비교적 깨끗한 물이나 상수 등의 유량 측정분야에 주로 사용된다. 초음파를 교란시키는 입자나 기포가 유체 속에 섞여 있으면 정밀한 측정이 어렵다.

72

기준 입력과 주 피드백량의 차로 제어동작을 일으키는 신호는?

① 기준입력 신호 ② 조작 신호
③ 동작 신호 ④ 주 피드백 신호

해설및용어설명 | 동작신호(動作信號, Actuating)
자동제어에서 기준입력과 주 feedback량과의 차로 제어계의 제어동작을 하게 하는 원인이 되는 신호

73

시험대상인 가스미터의 유량이 350[m³/h]이고 기준 가스미터의 지시량이 330[m³/h]일 때 기준 가스미터의 기차는 약 몇 [%]인가?

① 4.4[%] ② 5.7[%]
③ 6.1[%] ④ 7.5[%]

해설및용어설명 | $E = \dfrac{I-O}{I} \times 100$

$= \dfrac{350-330}{350} \times 100 = 5.714[\%]$

74

가스 크로마토그래피(Gas Chromatography)를 이용하여 가스를 검출할 때 반드시 필요하지 않은 것은?

① Column ② Gas Sampler
③ Carrier Gas ④ UV Detector

해설및용어설명 |
- 분리관(Column) : 시료를 흡착법에 의해 분리
- 시료가스채취기(Gas Sampler) : 가스의 농도 및 조성을 측정하는 장치
- 운반기체(Carrier Gas) : 시료가스를 운반하는 기체
- 검출기(Detector) : 분리관을 통해 분리된 성분을 검출하는 장치(불꽃 이온화 검출기(FID), 열전도도 검출기(TCD), 전자 포착 검출기(ECD), 불꽃 광도 검출기(FPD), 전기 전도도 검출기(Electricitic Conductivity Detector) 등이 있다)
※ UV Detector : 자외선 검출기

75

Roots 가스미터에 대한 설명으로 옳지 않은 것은?

① 설치 공간이 적다.
② 대유량 가스 측정에 적합하다.
③ 중압가스의 계량이 가능하다.
④ 스트레이너의 설치가 필요 없다.

해설및용어설명 | 루트(roots)형 가스미터의 특징
- 대유량 가스 측정에 적합하다.
- 중압가스의 계량이 가능하다.
- 설치면적이 적고, 연속흐름으로 맥동현상이 없다.
- 여과기의 설치 및 설치 후의 유지관리가 필요하다.
- $0.5[m^3/h]$ 이하의 적은 유량에는 부동의 우려가 있다.
- 구조가 비교적 복잡하다
- 용도 : 대량 수용가능
- 용량 범위 : $100 \sim 5,000[m^3/h]$

76

미리 알고 있는 측정량과 측정치를 평형시켜 알고 있는 양의 크기로부터 측정량을 알아내는 방법으로 대표적인 예로서 천칭을 이용하여 질량을 측정하는 방식을 무엇이라 하는가?

① 편위법　　　② 평형법
③ 방위법　　　④ 영위법

해설및용어설명 | 측정의 방식
- 영위법 : 측정하려고 하는 양과 같은 크기의 기준량과 측정물을 평형시켜 양의 크기로부터 측정량을 알아내는 방법
- 편위법 : 측정량 크기에 비례하여 지시계를 편위시켜 그 편위 정도로 측정
- 치환법 : 기준량과 피측정물의 지시량과의 차를 구하여 미리 알고 있는 기준량의 단위의 값으로 치환하여 측정하는 방법
- 보상법 : 미리 알고 있는 기준량과의 차로 측정량을 알아내는 방법

77

습도를 측정하는 가장 간편한 방법은?

① 노점을 측정　　② 비점을 측정
③ 밀도를 측정　　④ 점도를 측정

해설및용어설명 | 노점온도는 공기 중의 수증기량을 측정하기 위해 일정량의 공기에 온도를 낮추면 습기가 응결되어 이슬로 나타나는 데, 이때의 온도를 측정하여 표시하는 습도가 노점온도이다. 이 노점온도는 중요한 절대습도의 또 다른 단위로써 일반 산업용의 절대습도 측정과 그 측정 단위로 많이 사용한다.

78

기본단위가 아닌 것은?

① 전류[A]　　　② 온도[K]
③ 속도[V]　　　④ 질량[kg]

해설및용어설명 | 기본단위

물리량	단위	기호
길이	미터	[m]
질량	킬로그램	[kg]
시간	초	[s]
온도	캘빈	[K]
물질량	몰	[mol]
전류	암페어	[A]
광도	칸델라	[cd]

79

그림과 같은 조작량의 변화는 어떤 동작인가?

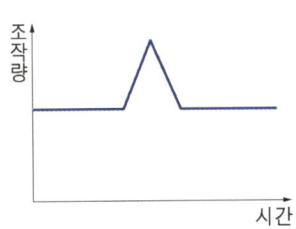

① I동작 ② PD동작
③ D동작 ④ PI동작

해설및용어설명 |

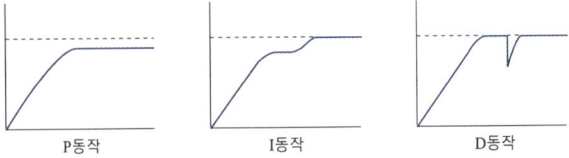

- P동작 : 편차량이 검출되면 그것에 비례하여 조작량을 가감(잔류편차가 남는 동작)
- I동작 : 편차가 남는 것을 적분하여 수정함으로서 잔류편차가 남지 않는 동작
- D동작 : 출력편차의 시간변화에 비례하며 검출될 때 편차가 변화하는 속도에 비례하여 조작량을 증가, 단독으로 사용되지 않는다.

80

50[mL]의 시료가스를 CO_2, O_2, CO순으로 흡수시켰을 때 남은 부피가 각각 32.5[mL], 24.2[mL], 17.8[mL]이었다면 이들 가스의 조성 중 N_2의 조성은 몇 [%]인가? (단, 시료 가스는 CO_2, O_2, CO, N_2로 혼합되어 있다)

① 24.2[%] ② 27.2[%]
③ 34.2[%] ④ 35.6[%]

해설및용어설명 | 전체시료량 50[mL]에서 CO_2, O_2, CO 순으로 흡수되므로 체적감량을 통해 남은 부피는 17.8[mL]이다.

$$조성[\%] = \frac{전체\ 시료량 - 체적감량}{시료량} \times 100$$

$$= \frac{17.8}{50} \times 100 = 35.6[\%]$$

2023년 제1회 가스산업기사 CBT 복원문제

61

압력에 대한 다음 값 중 서로 다른 것은?

① 101,325[N/m²] ② 1,013.25[hPa]
③ 76[cmHg] ④ 10,000[mmAq]

해설및용어설명 |

1[atm] = 760[mmHg] = 76[cmHg] = 0.76[mHg]
 = 29.9[inHg] = 760[torr] = 10,332[kgf/m²]
 = 1.0332[kgf/cm²] = 10.332[mH₂O]
 = 10,332[mmH₂O]
 = 101,325[N/m²] = 101,325[Pa] = 1,013.25[hPa]
 = 101.325[kPa] = 0.101325[MPa]
 = 1,013,250[dyne/cm²] = 1.01325bar
 = 1,013.25[mbar] = 14.7[lb/in²] = 14.7[psi]

62

다음 중 유량의 단위가 아닌 것은?

① [m³/s] ② [ft³/h]
③ [m²/min] ④ [L/s]

해설및용어설명 | 유량 계측 단위

일정한 단위 시간에 흐르는 기체나 액체의 양
- 질량유량의 단위 : [kg/h], [kg/min], [kg/s], [g/h], [g/min], [g/s] 등
- 체적유량의 단위 : [m³/h], [m³/min], [m³/s], [L/h], [L/min], [L/s] 등

63

루츠 가스미터에서 일반적으로 일어나는 고장의 형태가 아닌 것은?

① 부동 ② 불통
③ 감도 ④ 기차불량

해설및용어설명 | 고장의 형태
- 부동(不動) : 가스가 미터는 통과하나 지침이 작동하지 않는 상태
- 불통(不通) : 가스가 미터를 통과하지 못하는 상태
- 기차불량 : 기차가 변화하여 계량법에 규정된 사용공차를 넘는 고장
- 감도불량 : 미터에 일정량의 가스유량이 통과하였을 때 미터의 지침의 지시도에 변화가 나타나지 않은 고장
- ※ 감도 : 계측기가 측정량의 변화에 민감한 정도를 나타내는 값 감도 = (지시량의 변화) / (측정량의 변화)

64

접촉식 온도계 중 알코올 온도계의 특징에 대한 설명으로 옳은 것은?

① 열전도율이 좋다.
② 열팽창계수가 적다.
③ 저온측정에 적합하다.
④ 액주의 복원시간이 짧다.

해설및용어설명 | 알코올 온도계
순수 알코올을 넣고 밀봉한 온도계로 수은온도계보다 부피 팽창비율이 크기 때문에 눈금을 읽기 편하지만 끓는점이 낮아서 높은 온도를 측정하기가 어렵다.

65

FID 검출기를 사용하는 기체크로마토그래피는 검출기의 온도가 100[℃] 이상에서 작동되어야 한다. 주된 이유로 옳은 것은?

① 가스소비량을 적게 하기 위하여
② 가스의 폭발을 방지하기 위하여
③ 100[℃] 이하에서는 점화가 불가능하기 때문에
④ 연소 시 발생하는 수분의 응축을 방지하기 위하여

해설및용어설명 | 불꽃 검출기들은 항상 100[℃] 이상에서 작동되어야 하는데 이는 연소과정으로부터 나오는 물이 응축되는 것을 방지하기 위함이다.

66

계량이 정확하고 사용 중 기차의 변동이 거의 없는 특징의 가스미터는?

① 벤투리미터 ② 오리피스미터
③ 습식가스미터 ④ 로터리피스톤식미터

해설및용어설명 | 습식가스미터
계량이 정확하고, 사용 중의 기차변동이 작은 장점이 있으나 수위 조정이 필요하며 설치면적이 크고 가격이 비싸다.

67

다음 유량계측기 중 압력손실 크기 순서를 바르게 나타낸 것은?

① 전자유량계 > 벤투리 > 오리피스 > 플로노즐
② 벤투리 > 오리피스 > 전자유량계 > 플로노즐
③ 오리피스 > 플로노즐 > 벤투리 > 전자유량계
④ 벤투리 > 플로노즐 > 오리피스 > 전자유량계

해설및용어설명 |
- 플로 노즐 : 오리피스에 비해 차압 손실이 적으나 벤츄리관보다는 크다.
- 전자유량계 : 유량계 내부에 장애물이 없기 때문에 압력손실이 없다.

68

아르키메데스의 원리를 이용하는 압력계는?

① 부르동관 압력계　② 링밸런스식 압력계
③ 침종식 압력계　④ 벨로우즈식 압력계

해설및용어설명 | 침종식 압력계
액체 속에 일부분이 잠겨 있는 종이, 압력의 변화에 따라 오르내리는 것을 이용하여 압력의 크기를 표시하거나 기록하는 압력계

69

자동제어장치를 제어량의 성질에 따라 분류한 것은?

① 프로세스제어　② 프로그램제어
③ 비율제어　④ 비례제어

해설및용어설명 | 제어량의 성질에 따른 분류
프로세스제어, 다변수제어, 서보제어

70

압력계와 진공계 두 가지 기능을 갖춘 압력 게이지를 무엇이라고 하는가?

① 전자압력계
② 초음파압력계
③ 부르동관(Bourdon Tube)압력계
④ 컴파운드게이지(Compound Gauge)

해설및용어설명 | 컴파운드게이지
진공과 양압을 동일 계기에서 측정할 수 있는 탄성 압력계를 말한다.

71

기체크로마토그래피의 측정 원리로서 가장 옳은 설명은?

① 흡착제를 충전한 관 속에 혼합시료를 넣고, 용제를 유동시키면 흡수력 차이에 따라 성분의 분리가 일어난다.
② 관 속을 지나가는 혼합기체 시료가 운반기체에 따라 분리가 일어난다.
③ 혼합기체의 성분이 운반기체에 녹는 용해도 차이에 따라 성분의 분리가 일어난다.
④ 혼합기체의 성분은 관 내에 자기장의 세기에 따라 분리가 일어난다.

해설및용어설명 | 가스크로마토그래피
다공성 흡착제 입자를 일정한 길이만큼 충전시킨 관(Clumn)에 분리하려는 용질이 들어 있는 혼합물을 통과시켜 흡착제 입자에 대한 용질의 흡착특성 차이에 의하여 분리하는 방법

72

오르자트 가스분석계로 가스분석 시 가장 적당한 온도는?

① 0 ~ 15[℃]　② 10 ~ 15[℃]
③ 16 ~ 20[℃]　④ 20 ~ 28[℃]

해설및용어설명 | 분석온도는 16 ~ 20[℃]가 적당하다.

73

도플러 효과를 이용한 것으로, 대유량을 측정하는 데 적합하며 압력손실이 없고, 비전도성 유체도 측정할 수 있는 유량계는?

① 임펠러 유량계　② 초음파 유량계
③ 코리올리 유량계　④ 터빈 유량계

해설및용어설명 | 도플러 방식
진동원과 관측점의 상대운동에 의해 음, 광 등의 주파수가 변화한다고 하는 도플러 효과를 이용하여 초음파에 의해 유량을 측정한다.

74

습도를 측정하는 가장 간편한 방법은?

① 노점을 측정 ② 비점을 측정
③ 밀도를 측정 ④ 점도를 측정

해설및용어설명 | 노점 온도는 공기 중의 수증기량을 측정하기 위해, 일정량의 공기에 온도를 낮추면 습기가 응결되어 이슬로 나타나는 데, 이때의 온도를 측정하여 표시하는 습도가 노점 온도이다. 이 노점 온도는 중요한 절대 습도의 또 다른 단위로써 일반 산업용의 절대 습도 측정과 그 측정 단위로 많이 사용한다.

75

평균유속이 5[m/s]인 배관 내에 물의 질량유속이 15[kg/s]이 되기 위해서는 관의 지름을 약 몇 [mm]로 해야 하는가?

① 42 ② 52
③ 62 ④ 72

해설및용어설명 | $Q[m^3/s] = A[m^2] \times V[m/s]$ 질량기준으로 유량을 계산하려면 부피 유량에 유체의 밀도를 곱해주면 된다.

$Q[kg/s] = A[m^2] \times V[m/s] \times \rho[kg/m^3]$

$= \dfrac{\pi D^2}{4} \times V \times \rho$

$D = \sqrt{\dfrac{4Q}{\pi V \rho}} = \sqrt{\dfrac{4 \times 15}{3.14 \times 5 \times 1,000}}$

$D = 0.0618[m] = 62[mm]$

76

계량기 형식 승인 번호의 표시방법에서 계량기의 종류별 기호 중 가스미터의 표시 기호는?

① G ② M
③ L ④ H

해설및용어설명 |
- G : 전력량계
- M : 오일미터
- L : LPG미터

77

가스 사용시설의 가스누출 시 검지법으로 틀린 것은?

① 아세틸렌 가스누출 검지에 염화제1구리착염지를 사용한다.
② 황화수소 가스누출 검지에 초산납시험지를 사용한다.
③ 일산화탄소 가스누출 검지에 염화파라듐지를 사용한다.
④ 염소 가스누출 검지에 묽은 황산을 사용한다.

해설및용어설명 | 염소 가스누출 검지에 요오드칼륨(KI) 전분지를 사용한다.

78

"계기로 같은 시료를 여러 번 측정하여도 측정값이 일정하지 않다." 여기에서 이 일치하지 않는 것이 작은 정도를 무엇이라고 하는가?

① 정밀도(精密度) ② 정도(程度)
③ 정확도(正確度) ④ 감도(感度)

해설및용어설명 |
- 정밀 : 여러 번 측정하거나 계산하여 그 결과가 서로 어느만큼 가까운지를 나타내는 기준
- 정도 : 얼마의 분량 또는 어떠한 한도
- 정확도 : 측정값이 목표값과 가까운 정도
- 감도 : 지시량의 변화를 주는 측정 대상이 되는 양의 변화

79

차압식 유량계의 교축기구로 사용되지 않는 것은?

① 오리피스 ② 피스톤
③ 플로 노즐 ④ 벤투리

해설및용어설명 | 차압식 유량계의 교축기구
오리피스, 플로노즐, 벤투리관

80

LPG의 성분분석에 이용되는 분석법 중 저온분류법에 의해 적용될 수 있는 것은?

① 관능기의 검출
② cis, trans의 검출
③ 방향족 이성체의 분리정량
④ 지방족 탄화수소의 분리정량

해설및용어설명 | C_3H_8, C_4H_{10} 등의 비점차로 분리하는 지방족 탄화수소의 분리정량으로 한다.

2023년 제2회 가스산업기사 CBT 복원문제

61

가스누출검지기 중 가스와 공기의 열전도가 다른 것을 측정 원리로 하는 검지기는?

① 반도체식 검지기 ② 접촉연소식 검지기
③ 서머스테드식 검지기 ④ 불꽃이온화식 검지기

해설및용어설명 |
- 반도체식 : 검지하고자 하는 가스에 따라 반도체 센서의 전기 전도도가 변화하게 되고 이것으로써 기체 중 가스의 누설여부를 알 수 있다.
- 접촉연소식 : 가연성 가스가 산소와 반응하면 반응열이 생긴다. 접촉연소식 가스센서는 이 반응열을 전기신호로 변환하여 검지하는 방식이다.
- 불꽃이온화식 : 수소 불꽃에 의한 연소로 대상 물질을 하전시켜 농도를 측정하는 기기이다.

62

계량, 계측기의 교정이라 함은 무엇을 뜻하는가?

① 계량, 계측기의 지시값과 표준기의 지시값과의 차이를 구하여 주는 것
② 계량, 계측기의 지시값을 평균하여 참값과의 차이가 없도록 가산하여 주는 것
③ 계량, 계측기의 지시값과 참값과의 차를 구하여 주는 것
④ 계량, 계측기의 지시값을 참값과 일치하도록 수정하는 것

해설및용어설명 | 교정
계측기, 시험기기 또는 기록계가 나타내는 값과 표준기기의 참값을 비교하여 오차가 허용범위 내에 있음을 확인하고 허용오차범위를 벗어나는 경우 허용범위 내에 들도록 조정하는 행위

63

가스분석법 중 흡수분석법에 해당하지 않는 것은?

① 헴펠법　　② 산화구리법
③ 오르자트법　　④ 게겔법

해설및용어설명 | 흡수분석법
각종 기체 흡수제와 시료기체를 혼합하여, 흡수제에 흡수된 양을 측정함으로써 정량하는 방법으로 헴펠법, 게겔법, 오르자트법이 있다.

64

2원자 분자를 제외한 대부분의 가스가 고유한 흡수스펙트럼을 가지는 것을 응용한 것으로 대기오염 측정에 사용되는 가스분석기는?

① 적외선 가스분석기　　② 가스크로마토그래피
③ 자동화학식 가스분석기　　④ 용액흡수도전율식 가스분석기

해설및용어설명 | 적외선 가스분석기
피측정 가스에 적외선 영역의 광을 투과시켜서 흡수스펙트럼을 측정하고 이것을 해석함으로써 분석을 하는 것으로, H_2, O_2, N_2, Cl_2등의 2원자 분자는 적외선을 흡수하지 않으므로 분석이 불가능하다.

65

감도(感度)에 대한 설명으로 틀린 것은?

① 감도는 측정량의 변화에 대한 지시량의 변화의 비로 나타낸다.
② 감도가 좋으면 측정 시간이 길어진다.
③ 감도가 좋으면 측정 범위는 좁아진다.
④ 감도는 측정 결과에 대한 신뢰도의 척도이다.

해설및용어설명 | 감도
계측기가 측정량의 변화에 민감한 정도를 나타내는 값으로 감도가 좋으면 측정 시간이 길어지고, 측정 범위는 좁아진다.

$$\therefore 감도 = \frac{지시량의\ 변화}{측정량의\ 변화}$$

66

액면계의 구비조건으로 틀린 것은?

① 내식성 있을 것
② 고온, 고압에 견딜 것
③ 구조가 복잡하더라도 조작은 용이할 것
④ 지시, 기록 또는 원격 측정이 가능할 것

해설및용어설명 | 액면계의 구비조건
- 연속 측정이 가능할 것
- 지시, 기록 또는 원격 측정이 가능할 것
- 자동 제어 장치에 적용이 가능할 것
- 구조가 간단하고 조작이 용이할 것
- 요구 정도를 만족하게 얻을 수 있을 것
- 액면의 상하 한계를 간단히 할 수 있든가 또는 적용이 쉬운 방식일 것
- 고압, 고온에 견딜 것
- 내식성이 있을 것
- 값이 싸고 보수가 쉬울 것

67

시료 가스를 각각 특정한 흡수액에 흡수시켜 흡수 전후의 가스 체적을 측정하여 가스의 성분을 분석하는 방법이 아닌 것은?

① 적정(寂定)법　　② 게겔(Gockel)법
③ 헴펠(Hempel)법　　④ 오르자트(Orsat)법

해설및용어설명 | 흡수분석법
가스의 성분을 분석하는 방법으로 시료가스를 특정한 흡수액에 흡수시켜 흡수 전후의 체적차를 사용하여 분석

- 오르자트법 : 이산화탄소, 산소, 일산화탄소 등의 가스가 각각 흡수액에 잘 녹는 성질을 이용
- 헴펠법 : 측정방법은 오르자트법과 같으며 추가적으로 탄화수소 분석 가능
- 게겔법 : 주로 저급탄화수소의 분석용으로 사용

정답 63 ② 64 ① 65 ④ 66 ③ 67 ①

68

가연성 가스누출 검지기에는 반도체 재료가 널리 사용되고 있다. 이 반도체 재료로 가장 적당한 것은?

① 산화니켈(NiO)
② 산화주석(SnO_2)
③ 이산화망간(MnO_2)
④ 산화알루미늄(Al_2O_3)

해설및용어설명 | 반도체식

산화주석(SnO_2), 산화철(Fe_2O_3) 등의 반도체를 350[℃] 전후의 온도에서 가연성 가스를 통과시키면 반도체의 표면에 가연성 가스가 흡착되어 전기 전도도가 증가하는 원리를 응용한 것으로, 농도가 낮은 가스에 대하여 비교적 민감하며, 가스농도가 상승하는데 따라 그의 출력상승은 유순하게 된다는 특성이 있다.

69

어떤 분리관에서 얻은 벤젠의 가스크로마토그램을 분석하였더니 시료 도입점으로부터 피크 최고점까지의 길이가 85.4[mm], 봉우리의 폭이 9.6[mm]이었다. 이론단수는?

① 835
② 935
③ 1,046
④ 1,266

해설및용어설명 | 이론단수

크로마토그래피의 칼럼 성능을 나타내는 척도, 칼럼을 같은 높이의 단이 다수 연결된 것으로 가정하고 이동상과 고정상 간의 용질분배가 평형에 이르러있는 이상적 접촉상태일 때, 목표로 하는 분리를 위해 필요한 가상적인 단수

$$N = 16 \times \left(\frac{Tr}{W}\right)^2 = 16 \times \left(\frac{85.4}{9.6}\right)^2 = 1,266$$

- Tr : 시료도입점으로부터 피크 최고점까지의 길이(유지시간)
- W : 피크의 좌우 변곡점에서 점선이 자르는 바탕선의 길이

70

가스 크로마토그래피의 검출기가 갖추어야 할 구비 조건으로 틀린 것은?

① 감도가 낮을 것
② 재현성이 좋을 것
③ 시료에 대하여 선형적으로 감응할 것
④ 시료를 파괴하지 않을 것

해설및용어설명 | GC검출기의 조건

- 적당한 감도를 가져야 한다.
- 안정성과 재현성이 좋아야 한다.
- 시료의 질량이 넓은 영역에서 데이터의 선형성이 필요하다.
- 실온부터 적어도 400[℃] 영역에서 사용 가능하여야 한다.
- 흐름속도와 무관하게 빠른 속도로 감응하여야 한다.
- 신뢰도가 높아야 하고 사용이 편리하여야 한다.
- 모든 용질에 대한 감응이 비슷하거나 또는 하나 혹은 그 이상의 분석물 종류에 대하여 선택적 감응을 보여야 한다.
- 시료를 파괴해서는 안 된다.

71

제어기기의 대표적인 것을 들면 검출기, 증폭기, 조작기기, 변환기로 구분되는데 서보전동기(Servo Motor)는 어디에 속하는가?

① 검출기
② 증폭기
③ 변환기
④ 조작기기

해설및용어설명 | 서보전동기

연속된 신호를 받아 지시된 대로 구동하는 장치로 제어기기의 조작기기에 해당된다.

72

1[kΩ] 저항에 100[V]의 전압이 사용되었을 때 소모된 전력은 몇 [W]인가?

① 5
② 10
③ 20
④ 50

해설및용어설명 |

1[kΩ] = 1,000[Ω]

$P = VI = V \times \dfrac{V}{R} = 100 \times \dfrac{100}{1,000} = 10$

73

습공기의 절대습도와 그 온도와 동일한 포화공기의 절대습도와의 비를 의미하는 것은?

① 비교습도
② 포화습도
③ 상대습도
④ 절대습도

해설및용어설명 | 습도의 구분

- 절대 습도 : 건조공기 1[kg]에 포함하는 수증기의 질량을 의미
- 포화 습도 : 수증기가 포화상태일 때의 절대습도
- 비교 습도 : 절대습도와 포화습도의 비

74

나프탈렌의 분석에 가장 적당한 분석방법은?

① 중화적정법
② 흡수평량법
③ 요오드적정법
④ 가스크로마토그래피법

해설및용어설명 | 나프탈렌($C_{10}H_8$)

- 방향족 탄화수소로 상온에서 승화하며 특유의 냄새가 있어 방충제로 사용된다.
- 분석 시 가스 크로마토그래피법을 사용한다.

75

방사성 동위원소의 자연붕괴 과정에서 발생하는 베타입자를 이용하여 시료의 양을 측정하는 검출기는?

① ECD
② FID
③ TCD
④ TID

해설및용어설명 | 검출기 종류

- 열전도도 검출기(TCD) : 금속 필라멘트 또는 전기저항체를 검출소자로 하여 금속판 안에 들어 있는 본체와 여기에 안정된 직류전기를 공급하는 전원회로, 저류조절기, 심호검출전기회로, 심호감쇄부 등으로 구성
- 불꽃이온화 검출기(FID) : 수소 연소노즐, 이온수집기와 함께 대극 및 배기구로 구성되는 본체와 이 전극 사이에 직류전압을 주어 흐르는 이온전류를 측정하기 위한 전류전압변환회로, 감도조절부, 신호감쇄부 등으로 구성
- 전자포획형 검출기(ECD) : 방사선 동위원소로부터 방출된 베타선이 운반가스를 전리하여 미소전류를 흘려보낼 때 시료 중의 할로겐이나 산소와 같이 전자포획력이 강한 화합물에 의하여 전자가 포획되어 전류가 감소하는 것을 이용하는 방법
- 불꽃광도형 검출기(FPD) : 수소염에 의하여 시료성분을 연소시키고 이때 발생하는 불꽃의 광도를 분광학적으로 측정하는 방법
- 불꽃열이온화 검출기(FTD) : 불꽃이온화검출기(FID)에 알칼리 또는 알칼리토류 금속염의 튜브를 부착한 것으로 유기질소 화합물 및 유기염소 화합물을 선택적으로 검출할 수 있다.

76

가스센서에 이용되는 물리적 현상으로 가장 옳은 것은?

① 압전효과
② 조셉슨 효과
③ 흡착효과
④ 광전효과

해설및용어설명 | 가스센서는 반응가스가 산화물 반도체 감지막의 표면에 노출되면 흡착 및 탈리에 의한 산화물 표면에서의 전기전도성이 변하는 성질을 이용한 것으로 가스 감도를 측정하기 위해서는 감지물질의 온도를 고온으로 균일하게 유지시켜야 한다.

77

계량기 형식 승인 번호의 표시방법에서 계량기의 종류별 기호 중 가스미터의 표시 기호는?

① G
② N
③ K
④ H

해설및용어설명 |
- G : 전력량계
- M : 오일미터
- L : LPG미터

78

크로마토그래피의 피크가 그림과 같이 기록되었을 때 피크의 넓이(A)를 계산하는 식으로 가장 적합한 것은?

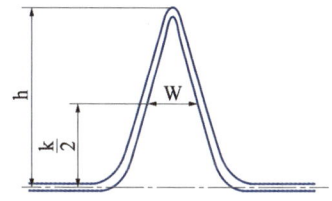

① 1/4Wh
② 1/2Wh
③ Wh
④ 2Wh

해설및용어설명 |
피크면적(A) = 피크너비(W) × 피크높이(h) = Wh

79

오르자트 가스분석계로 가스분석 시 가장 적당한 온도는?

① 0 ~ 15[℃]
② 10 ~ 15[℃]
③ 16 ~ 20[℃]
④ 20 ~ 28[℃]

해설및용어설명 |
분석온도는 16 ~ 20[℃]가 적당하다.

80

압력계 교정 또는 검정용 표준기로 사용되는 압력계는?

① 기준 분동식
② 표준 드럼식
③ 기준 박막식
④ 표준 부르동관식

해설및용어설명 | 분동식 압력계
유압 및 공압 측정에서 1차 표준기로 사용되는 압력계

2023년 제4회 가스산업기사 CBT 복원문제

61

다음 중 전자유량계의 원리는?

① 옴(Ohm)의 법칙
② 베르누이(Bernoulli)의 법칙
③ 아르키메데스(Archimedes)의 원리
④ 패러데이(Faraday)의 전자 유도법칙

해설및용어설명 | 전자유량계는 패러데이의 전자 유도의 법칙을 이용한 것으로 자계 속을 횡단하여 흐르는 도전성의 유체에 유기된 전압을 검출하여 유량을 측정하는 장비이다.

62

가스크로마토그래피의 불꽃이온화검출기에 대한 설명으로 옳지 않은 것은?

① N_2 기체는 가장 높은 검출한계를 갖는다.
② 이온의 형성은 불꽃 속에 들어온 탄소 원자의 수에 비례한다.
③ 열전도도 검출기보다 감도가 높다.
④ H_2, NH_3 등 비탄화수소에 대하여는 감응이 없다.

해설및용어설명 | 불꽃이온화검출기는 탄화수소류에 대해 높은 감도를 나타낸다.

63

가스크로마토그래피의 구성요소가 아닌 것은?

① 분리관(컬럼)
② 검출기
③ 유속조절기
④ 단색화 장치

해설및용어설명 | 가스크로마토그래피 구성요소
- 운반기체(Carrier Gas) 조절부
- 시료 주입구(Sample Injection Port)
- 분리부(Column)
- 검출부(Detector)

64

게이지압력(Gauge Pressure)의 의미를 가장 잘 나타낸 것은?

① 절대압력 0을 기준으로 하는 압력
② 표준대기압을 기준으로 하는 압력
③ 임의의 압력을 기준으로 하는 압력
④ 측정 위치에서의 대기압을 기준으로 하는 압력

해설및용어설명 | 게이지 압력
측정 위치에서의 대기압을 기준으로 압력계에 지시하는 압력이다.

65

가스분석법 중 흡수분석법에 해당하지 않는 것은?

① 헴펠법
② 산화구리법
③ 오르자트법
④ 게겔법

해설및용어설명 | 흡수분석법
각종 기체 흡수제와 시료기체를 혼합하여, 흡수제에 흡수된 양을 측정함으로써 정량하는 방법으로 헴펠법, 게겔법, 오르자트법이 있다.

정답 61 ④ 62 ① 63 ④ 64 ④ 65 ②

66

헴펠(Hempel)법에 의한 분석순서가 바른 것은?

① $CO_2 \to C_mH_n \to O_2 \to CO$
② $CO \to C_mH_n \to O_2 \to CO_2$
③ $CO_2 \to O_2 \to C_mH_n \to CO$
④ $CO \to O_2 \to C_mH_n \to CO_2$

해설 및 용어설명 |
- 오르자트법 $CO_2 \to O_2 \to CO$
- 헴펠법 $CO_2 \to C_mH_n \to O_2 \to CO$
- 게겔법 $CO_2 \to C_2H_2 \to C_2H_4 \to O_2 \to CO$

67

계측기기의 감도(Sensitivity)에 대한 설명으로 틀린 것은?

① 감도가 좋으면 측정시간이 길어진다.
② 감도가 좋으면 측정범위가 좁아진다.
③ 계측기가 측정량의 변화에 민감한 정도를 말한다.
④ 측정량의 변화를 지시량의 변화로 나누어 준 값이다.

해설 및 용어설명 |

감도 = $\dfrac{\text{지시량 변화}}{\text{측정량 변화}}$

68

계통적오차(Systematic Error)에 해당되지 않는 것은?

① 계기오차   ② 환경오차
③ 이론오차   ④ 우연오차

해설 및 용어설명 | 측정오차
- 계통오차(계기, 환경, 이론, 개인오차)
- 과실오차
- 우연오차

69

가스검지법 중 아세틸렌에 대한 염화제1구리착염지의 반응색은?

① 청색   ② 적색
③ 흑색   ④ 황색

해설 및 용어설명 |

가스명	시험지	변색
염소	KI전분지	청색
시안화수소	질산구리벤젠지	청색
암모니아	리트머스시험지	청색
아세틸렌	염화제1동착염지	적색
일산화탄소	염화파라듐지	흑색
황화수소	연당지	흑갈색
포스겐	하리슨시험지	심등색

70

습증기의 열량을 측정하는 기구가 아닌 것은?

① 조리개 열량계   ② 분리 열량계
③ 과열 열량계   ④ 봄베 열량계

해설 및 용어설명 | 봄베 열량계

물질의 연소열을 재는 열량계의 하나. 높은 압력에도 견디게 만들어진 봄베 속에 일정량의 물질과 고압의 산소를 넣고 용기의 구멍을 막은 다음, 이것을 열량계의 물속에 넣고 전기 불꽃 따위로 물질을 점화하여 태워서, 수온이 올라가면서 생기는 열량을 잰다.

71

다음 ( ) 안에 알맞은 것은?

> 가스미터(최대 유량 10[m³/h] 이하)의 재검정 유효기간은 ( )년이다. 재검정의 유효기간은 재검정을 완료한 날의 다음 달 1일부터 기산한다.

① 1년   ② 2년
③ 3년   ④ 5년

해설및용어설명 | 계량기의 검정 유효기간

가스미터	(재검정)유효기간
최대 유량 10[m³/h] 이하의 가스미터	5년
그 밖의 가스미터	8년

72

가스미터의 구비조건으로 옳지 않은 것은?

① 감도가 예민할 것
② 기계오차 조정이 쉬울 것
③ 대형이며 계량용량이 클 것
④ 사용가스량을 정확하게 지시할 수 있을 것

해설및용어설명 | 가스미터의 구비조건
- 구조가 간단하고, 수리가 용이할 것
- 감도가 예민하고 압력손실이 적을 것
- 소형이며 계량용량이 클 것
- 기차의 조정이 용이할 것
- 내구성이 클 것

73

50[mL]의 시료가스를 CO_2, O_2, CO 순으로 흡수시켰을 때 남은 부피가 각각 32.5[mL], 24.2[mL], 17.8[mL]이었다면 이들 가스의 조성 중 N_2의 조성은 몇 [%]인가? (단, 시료 가스는 CO_2, O_2, CO, N_2로 혼합되어 있다)

① 24.2[%]   ② 27.2[%]
③ 34.2[%]   ④ 35.6[%]

해설및용어설명 | 전체 시료량 50[mL]에서 CO_2, O_2, CO 순으로 흡수되므로서 체적감량을 통해 남은 부피는 17.8[mL]이다.

조성[%] = $\dfrac{전체 시료량 - 체적감량}{시료량} \times 100$

= $\dfrac{17.8}{50} \times 100 = 35.6[\%]$

74

습도를 측정하는 가장 간편한 방법은?

① 노점을 측정   ② 비점을 측정
③ 밀도를 측정   ④ 점도를 측정

해설및용어설명 | 노점 온도는 공기 중의 수증기량을 측정하기 위해, 일정량의 공기에 온도를 낮추면 습기가 응결되어 이슬로 나타나는 데, 이때의 온도를 측정하여 표시하는 습도가 노점 온도이다. 이 노점 온도는 중요한 절대 습도의 또 다른 단위로써 일반 산업용의 절대 습도 측정과 그 측정단위로 많이 사용한다.

75

염소가스를 분석하는 방법은?

① 폭발법
② 수산화나트륨에 의한 흡수법
③ 발열황산에 의한 흡수법
④ 열전도법

해설및용어설명 | 수산화나트륨에 의한 흡수법
$2NaOH + Cl_2 \rightarrow NaCl + NaClO + H_2O$

76

1[kΩ] 저항에 100[V]의 전압이 사용되었을 때 소모된 전력은 몇 [W]인가?

① 5   ② 10
③ 20   ④ 50

해설및용어설명 |
$1[k\Omega] = 1,000[\Omega]$

$P = VI = V \times \dfrac{V}{R} = 100 \times \dfrac{100}{1,000} = 10$

77

서브기구에 해당되는 제어로서 목표치가 임의의 변화를 하는 제어로 옳은 것은?

① 정치제어
② 캐스케이드제어
③ 추치제어
④ 프로세스제어

해설및용어설명 |
- 정치제어 : 목표치가 일정한 값을 갖는 제어
- 추치제어 : 목표치가 시간에 따라 변화하는 제어
- 캐스케이드제어 : 2개의 제어계가 조합. 1차 제어장치에서 제어량을 측정, 2차 제어계에서 제어량을 조절
- 프로세스제어 : 온도, 압력, 유량 등과 같은 프로세스의 상태량에 대한 제어

78

압력계와 진공계 두 가지 기능을 갖춘 압력 게이지를 무엇이라고 하는가?

① 전자압력계
② 초음파압력계
③ 부르동관(Bourdon Tube)압력계
④ 컴파운드게이지(Compound Gauge)

해설및용어설명 | 컴파운드게이지
진공과 양압을 동일 계기에서 측정할 수 있는 탄성 압력계를 말한다.

79

회로의 두 접점 사이의 온도차로 열기전력을 일으키고, 그 전위차를 측정하여 온도를 알아내는 온도계는?

① 열전대온도계
② 저항온도계
③ 광고온도계
④ 방사온도계

해설및용어설명 | 열전대 온도계
열전대의 열기전력을 이용한 온도계를 말한다. 2종의 금속선 양단을 접합하여 한쪽 접점을 정온으로 유지하여 다른 쪽 접점의 온도가 변화함에 따라 발생하는 열기전력의 값에서 온도를 구한다.

80

다음 중 탄성 압력계의 종류가 아닌 것은?

① 시스턴(Cistern)압력계
② 부르동(Bourdon)관 압력계
③ 벨로우즈(Bellows) 압력계
④ 다이어프램(Diaphragm) 압력계

해설및용어설명 | 탄성식 압력계의 종류로는 부르동관식, 다이어프램식, 벨로우즈식이 있다.

2024년 제1회 가스산업기사 CBT 복원문제

61

다음 중 막식 가스미터는?

① 그로바식 ② 루트식
③ 오리피스식 ④ 터빈식

해설및용어설명 | 가스미터의 분류
- 실측식
  - 건식
    막식(독립내기식, 그로바식),
    회전식 : 루트형, 오벌식, 로터리식
  - 습식
- 추량식 : 오리피스, 터빈, 벤츄리, 피토관

62

계통적 오차(systematic error)에 해당되지 않는 것은?

① 계기오차 ② 환경오차
③ 이론오차 ④ 우연오차

해설및용어설명 | 측정오차
- 계통오차(계기, 환경, 이론, 개인오차)
- 과실오차
- 우연오차

63

화학공장 내에서 누출된 유독가스를 현장에서 신속히 검지할 수 있는 방식으로 가장 거리가 먼 것은?

① 열선형 ② 간섭계형
③ 분광광도법 ④ 검지관법

해설및용어설명 | 현장에서 누출 여부를 확인하는 방법
검지관식, 열선식, 간섭형, 시험지법 등이 있다.

64

오르자트 가스분석기에서 CO 가스의 흡수액은?

① 30[%] KOH 용액 ② 염화제1구리 용액
③ 피로카롤 용액 ④ 수산화나트륨 25[%] 용액

해설및용어설명 | 오르자트법 : 이산화탄소 → 산소 → 일산화탄소
- 이산화탄소 : 30[%] KOH 용액
- 산소 : 알칼리성 피로카롤 용액
- 일산화탄소 : 암모니아성 염화제1구리 용액

65

수평 30°의 각도를 갖는 경사마노미터의 액면의 차가 10[cm]라면 수직 U자 마노메타의 액면 차는?

① 2[cm] ② 5[cm]
③ 20[cm] ④ 50[cm]

해설및용어설명 |
$P = r \times h$, h는 $\sin\theta \cdot L$이므로 $P = r \times (\sin\theta \cdot L)$
액면차 $h = \sin 30 \times 10 = 5[cm]$

66

접촉식 온도계의 종류와 특징을 연결한 것 중 틀린 것은?

① 유리 온도계 – 액체의 온도에 따른 팽창을 이용한 온도계
② 바이메탈 온도계 – 바이메탈이 온도에 따라 굽히는 정도가 다른 점을 이용한 온도계
③ 열전대 온도계 – 온도 차이에 의한 금속의 열상승 속도의 차이를 이용한 온도계
④ 저항 온도계 – 온도 변화에 따른 금속의 전기저항 변화를 이용한 온도계

해설및용어설명 | 열전대 온도계
온도 차이에 의한 금속의 열기전력의 차이를 이용한 온도계

정답: 61 ① 62 ④ 63 ③ 64 ② 65 ② 66 ③

67

계측기의 원리에 대한 설명으로 가장 거리가 먼 것은?

① 기전력의 차이로 온도를 측정한다.
② 액주높이로부터 압력을 측정한다.
③ 초음파속도 변화로 유량을 측정한다.
④ 정전용량을 이용하여 유속을 측정한다.

해설및용어설명 | 정전용량형 액면계
정전용량을 이용하여 액면을 측정한다.

68

Dial Gauge는 다음 중 어느 측정 방법에 속하는가?

① 비교측정 ② 절대측정
③ 간접측정 ④ 직접측정

해설및용어설명 | 다이얼 게이지
측정자의 직선 또는 원호 원동을 기계적으로 확대하여 그 움직임을 지침의 회전변위로 변환시켜 눈금으로 읽을 수 있는 길이 측정기이다. 측정물의 길이를 직접 측정하는 것이 아니라 길이를 비교하기 위한 것이다.

69

건습구 습도계에서 습도를 정확히 하려면 얼마 정도의 통풍속도가 가장 적당한가?

① 3~5[m/sec] ② 5~10[m/sec]
③ 10~15[m/sec] ④ 30~50[m/sec]

해설및용어설명 | 건습구 습도계에서 정확한 습도를 측정하기 위하여 3~5[m/s] 정도의 통풍을 유지해야 한다.

70

다음 중 용적형 유량계 형태가 아닌 것은?

① 오우벌형 유량계
② 피토관 유량계
③ 왕복피스톤형 유량계
④ 로터리형 유량계

해설및용어설명 | 차압식유량계
오리피스, 벤튜리 피토관 유량계

71

다음 보기에서 설명하는 액주식 압력계의 종류는?

- 통풍계로도 사용한다.
- 정도가 0.01~0.05[mmH$_2$O]로서 아주 좋다.
- 미세압 측정이 가능하다.
- 측정범위는 약 10~50[mmH$_2$O] 정도이다.

① U자관 압력계 ② 단관식 압력계
③ 경사관식 압력계 ④ 링밸런스 압력계

해설및용어설명 |

측정방식		측정범위	정확도
액주식	U자관식	5~2,000[mmH$_2$O]	± 0.1[mm]
	단관식	300~2,000[mmH$_2$O]	
	경사관식	10~300[mmH$_2$O]	± 0.01[mm]

- 경사관식 압력계
  미소한 압력차를 측정할 수 있도록 U자관 압력계를 경사지게 사용하도록 만들어진 압력계

72

전기식 제어방식의 장점에 대한 설명으로 틀린 것은?

① 배선작업이 용이하다.
② 신호전달 지연이 없다.
③ 신호의 복잡한 취급이 쉽다.
④ 조작속도가 빠른 비례 조작부를 만들기 쉽다.

해설및용어설명 | 전기식 제어방식 특징
- 배선작업이 용이하다.
- 신호전달 지연이 없다.
- 복잡한 신호에 용이하다.
- 조작속도가 빠른 비례 조작부를 만들기가 곤란하다.

73

가스분석에서 흡수분석법에 해당하는 것은?

① 적정법 ② 중량법
③ 흡광광도법 ④ 헴펠법

해설및용어설명 | 흡수분석법
각종기체 흡수제와 시료기체를 혼합하여, 흡수제에 흡수된 양을 측정함으로써 정량하는 방법으로 헴펠법, 게겔법, 오르자트법이 있다.

74

방사고온계에 적용되는 이론은?

① 스테판-볼츠만 법칙 ② 제백효과
③ 윈-프랑크 법칙 ④ 필터 효과

해설및용어설명 | 방사온도계
측정대상물의 표면에서 발생하는 열방사(복사)를 이용한 비접촉식 온도계로써 스테판-볼츠만의 법칙을 이용한 온도계

75

이동상으로 캐리어가스를 이용, 고정상으로 액체 또는 고체를 이용해서 혼합성분의 시료를 캐리어가스로 공급하여, 고정상을 통과할 때 시료 중의 각 성분을 분리하는 분석법은?

① 자동오르자트법
② 화학발광식 분석법
③ 가스 크로마토그래피법
④ 비분산형 적외선 분석법

해설및용어설명 | 가스 크로마토그래피법
기체시료 또는 기화한 액체나 고체시료를 운반가스(Carrier Gas)에 의하여 분리, 관내에 전개시켜 기체상태에서 분리되는 각 성분을 크로마토그래피적으로 분석하는 방법, 무기물 또는 유기물의 대기오염 물질에 대한 정성, 정량 분석에 이용

76

제어량의 종류에 따른 분류가 아닌 것은?

① 서보기구 ② 비례제어
③ 자동조정 ④ 프로세서 제어

해설및용어설명 | 제어량 종류에 따른 자동 제어의 분류
- 서보 기구 : 물체의 위치, 방위, 자세 등의 기계적 변위를 제어량으로 해서 목표값의 임의의 변화에 추종
  예 비행기, 선박의 방향 제어, 미사일 발사대의 자동위치 제어
- 프로세스 제어 : 제어량이 온도, 압력, 유량 및 액면 등과 같은 일반 공업량 일 때의 제어
  예 예 : 석유공업, 화학공업
- 자동 조정 : 전압, 전류, 주파수, 회전속도, 장력 등을 제어량으로 한다.
- 다변수 제어 : 두 개 이상의 입력 변수 또는 출력 변수를 갖는 시스템의 제어

77

다음 그림과 같이 시차 액주계의 높이 H가 60[mm]일 때 유속 [V]은 약 몇 [m/s]인가? (단, 비중 γ와 γ'는 1과 13.60이고, 속도계수는 1, 중력 가속도는 9.8[m/s²]이다)

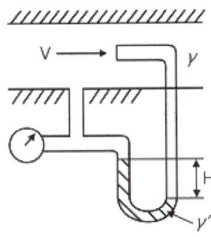

① 1.1
② 2.4
③ 3.8
④ 5.0

해설및용어설명 |

$$V[m/s] = C \times \sqrt{2gh\left(\frac{r'}{r} - r\right)}$$

$$= 1 \times \sqrt{2 \times 9.8 \times 0.06 \times \left(\frac{13.6}{1} - 1\right)}$$

$$= 3.85[m/s]$$

- C : 속도계수
- g : 중력가속도(9.8[m/s²])
- h : 높이[m]

78

국제단위계(SI단위)중 압력단위에 해당되는 것은?

① [Pa]
② [bar]
③ [atm]
④ [kgf/cm²]

해설및용어설명 | SI단위 중 압력단위

파스칼(Pa), [kPa], [MPa]

79

시안화수소(HCN)가스 누출 시 검지지와 변색상태로 옳은 것은?

① 염화파라듐지 - 흑색
② 염화제1구리착염지 - 적색
③ 연당지 - 흑색
④ 초산벤젠지 - 청색

해설및용어설명 | 가스검지 시험지법

검지가스	시험지	반응(변색)
암모니아(NH₃)	적색리트머스지	청색
염소(Cl₂)	KI 전분지	청갈색
포스겐(COCl₂)	해리슨 시험지	유자색
시안화수소(HCN)	초산벤젠지	청색
일산화탄소(CO)	염화팔라듐지	흑색
황화수소(H₂S)	연당지	회흑색
아세틸렌(C₂H₂)	염화제1구리 착염지	적갈색

80

최대 유량이 10[m³/h]인 막식 가스미터기를 설치하여 도시가스를 사용하는 시설이 있다. 가스레인지 2.5[m³/h]를 1일 8시간 사용하고, 가스보일러 6[m³/h]를 1일 6시간 사용했을 경우 월 가스사용량은 약 몇 [m³]인가? (단, 1개월은 31일이다)

① 1,430
② 1,570
③ 1,680
④ 1,736

해설및용어설명 | 월 가스 사용량

= 가스레인지 1개월 총 사용량 + 가스보일러 1개월 총 사용량
= (2.5 × 8 × 31) + (6 × 6 × 31) = 1,736[m³/월]

2024년 제2회 가스산업기사 CBT 복원문제

61

습증기의 열량을 측정하는 기구가 아닌 것은?

① 조리개 열량계 ② 분리 열량계
③ 과열 열량계   ④ 봄베 열량계

해설및용어설명 | 봄베 열량계
물질의 연소열을 재는 열량계의 하나. 높은 압력에도 견디게 만들어진 봄베 속에 일정량의 물질과 고압의 산소를 넣고 용기의 구멍을 막은 다음, 이것을 열량계의 물속에 넣고 전기 불꽃 따위로 물질을 점화하여 태워서, 수온이 올라가면서 생기는 열량을 잰다.

62

오리피스 플레이트 설계 시 일반적으로 반영되지 않아도 되는 것은?

① 표면 거칠기   ② 엣지 각도
③ 베벨 각   ④ 스월

해설및용어설명 | 오리피스 플레이트 설계 시 반영할 사항
표면 거칠기, 베벨각, 엣지각도

63

열전도형 진공계 중 필라멘트의 열전대로 측정하는 열전대 진공계의 측정 범위는?

① $10^{-5} \sim 10^{-3}$[torr]   ② $10^{-3} \sim 0.1$[torr]
③ $10^{-3} \sim 1$[torr]   ④ $10 \sim 100$[torr]

해설및용어설명 | 가스의 열전도를 이용한 진공계로 압력은 일정전류를 흘리는 히터에 열적으로 접촉해 있는 열전대의 기전력의 함수로서 측정된다. 통상 $10^{-3} \sim 10$[torr]의 범위의 압력측정에 이용된다.

64

가스미터의 구비조건으로 틀린 것은?

① 내구성이 클 것
② 소형으로 계량용량이 적을 것
③ 감도가 좋고 압력손실이 적을 것
④ 구조가 간단하고 수리가 용이할 것

해설및용어설명 | 가스미터의 구비 조건
· 구조가 간단하고 수리가 용이할 것
· 감도가 예민하고 압력 손실이 적을 것
· 소형이며 계량 용량이 클 것
· 기차의 조정이 용이할 것
· 내구성이 클 것

65

시료 가스 채취 장치를 구성하는데 있어 다음 설명 중 틀린 것은?

① 일반 성분의 분석 및 발열량비중을 측정할 때, 시료 가스 중의 수분이 응축될 염려가 있을 때는 도관 가운데에 적당한 응축액 트랩을 설치한다.
② 특수 성분을 분석할 때 시료 가스 중의 수분 또는 기름성분이 응축되어 분석 결과에 영향을 미치는 경우는 흡수장치를 보온 또는 적당한 방법으로 가온한다.
③ 시료 가스에 타르류, 먼지류를 포함하는 경우는 채취관 또는 도관 가운데에 적당한 여과기를 설치한다.
④ 고온의 장소로부터 시료 가스를 채취하는 경우는 도관 가운데에 적당한 냉각기를 설치한다.

해설및용어설명 | 흡수장치를 냉각하여 시료가스와 수분 및 기름성분을 분리시킨다.

66

국제단위계(SI단위계)의 기본단위의 개수는?

① 5　　　　② 6
③ 7　　　　④ 8

해설및용어설명 |

물리량	이름	기호
길이	미터	[m]
질량	킬로그램	[kg]
시간	초	[s]
전류	암페어	[A]
온도	캘빈	[K]
물질량	몰	[mol]
광도	칸델라	[cd]

67

자동제어장치를 제어량의 성질에 따라 분류한 것은?

① 프로세스제어　　② 프로그램제어
③ 비율제어　　　　④ 비례제어

해설및용어설명 | 제어량의 성질에 따른 분류
프로세스제어, 다변수제어, 서보제어

68

가연성가스 검지 방식으로 가장 적합한 것은?

① 격막전극식　　② 정전위전해식
③ 접촉연소식　　④ 원자흡광광도법

해설및용어설명 | 접촉연소식
가연성가스와 산소와 반응하면 반응열이 생기는데 이 반응열을 전기신호로 변환해서 검지하는 방식

69

상대습도가 '0'이라 함은 어떤 뜻인가?

① 공기 중에 수증기가 존재하지 않는다.
② 공기 중에 수증기가 760[mmHg]만큼 존재한다.
③ 공기 중에 포화상태의 습증기가 존재한다.
④ 공기 중에 수증기압이 포화증기압보다 높음을 의미한다.

해설및용어설명 | 상대습도
수증기의 분압과 같은 온도에서 포화증기의 수증기 분압의 비를 백분율로 나타낸 것을 상대습도라 한다. 쉽게 말해 습공기가 최대한 많은 수증기를 갖고 있는 양과 현재 갖고 있는 수분의 양의 비율을 나타낸 것이다.
상대습도가 '0'이라 함은 공기 중에 수증기가 존재하지 않는다는 것이다.

70

피토관을 사용하여 유량을 구할 때의 식으로 옳은 것은?
(단, Q : 유량, A : 관의 단면적, C : 유량계수, P_t : 전압, P_s : 정압, r : 유체의 비중량)

① $Q = AC(P_t - P_s)\sqrt{2g/r}$
② $Q = AC\sqrt{2g(P_t - P_s)/r}$
③ $Q = \sqrt{2gAC(P_t - P_s)/r}$
④ $Q = (P_t - P_s)\sqrt{2g/ACr}$

해설및용어설명 |
$Q = A \times C \times V$

- A : 관의 단면적
- C : 유량계수
- V : 유속 $\sqrt{\dfrac{2gH}{r}}$ (g : 중력가속도, H : 피토우관에 대한 동압)

※ 동압 = 전압 - 정압

71

계량이 정확하고 사용 중 기차의 변동이 거의 없는 특징의 가스미터는?

① 벤투리미터
② 오리피스미터
③ 습식가스미터
④ 로터리피스톤식미터

해설및용어설명 | 습식가스미터
유량이 정확하다(기준기로 사용).

72

액면계로부터 가스가 방출되었을 때 인화 또는 중독의 우려가 없는 장소에 주로 사용하는 액면계는?

① 플로트식 액면계
② 정전용량식 액면계
③ 슬립튜브식 액면계
④ 전기저항식 액면계

해설및용어설명 | 슬립튜브식
슬립튜브를 상하로 움직여 관 내에서 직접 유출하는 유체로 액면을 측정

73

휴대용으로 사용되며 상온에서 비교적 정도가 좋으나 물이 필요한 습도계는?

① 모발습도계
② 광전관식 노점계
③ 저항온도계식 건습구 온도계
④ 통풍형 건습구 습도계

해설및용어설명 | 건습구 습도계
온도계를 이용하여 물의 증발하는 정도를 재어 습도를 측정하는 장치이다. 구조와 사용방법이 간단하지만, 물이 잘 증발하지 않는 저온에서는 이용할 수 없다.

74

이동상으로 캐리어가스를 이용, 고정상으로 액체 또는 고체를 이용해서 혼합성분의 시료를 캐리어가스로 공급 하여, 고정상을 통과할 때 시료 중의 각 성분을 분리하는 분석법은?

① 자동오르자트법
② 화학발광식 분석법
③ 가스 크로마토그래피법
④ 비분산형 적외선 분석법

해설및용어설명 | 가스 크로마토그래피법
기체시료 또는 기화한 액체나 고체시료를 운반가스(Carrier Gas)에 의하여 분리, 관내에 전개시켜 기체상태에서 분리되는 각 성분을 크로마토그래피적으로 분석하는 방법, 무기물 또는 유기물의 대기오염 물질에 대한 정성, 정량 분석에 이용

75

압력계와 진공계 두 가지 기능을 갖춘 압력 게이지를 무엇이라고 하는가?

① 전자압력계
② 초음파압력계
③ 부르동관(Bourdon tube)압력계
④ 컴파운드게이지(Compound gauge)

해설및용어설명 | 컴파운드게이지
진공과 양압을 동일 계기에서 측정할 수 있는 탄성 압력계를 말한다.

76

압력계의 부품으로 사용되는 다이어프램의 재질로서 가장 부적당한 것은?

① 고무 ② 청동
③ 스테인리스 ④ 주철

해설및용어설명 | 주철의 경우 탄소가 2[%] 이상 함유되어 있어 단단하고 부러지기 쉬우므로 탄성식인 다이어프램 압력계에는 부적당하다.

77

반도체 스트레인 게이지의 특징이 아닌 것은?

① 높은 저항 ② 높은 안정성
③ 큰 게이지상수 ④ 낮은 피로수명

해설및용어설명 | 반도체 게이지의 특징
- 큰 게이지 상수
- 높은 피로수명
- 고 안정성
- 소형이고 고저항

78

가스크로마토그래피의 구성요소가 아닌 것은?

① 분리관(컬럼) ② 검출기
③ 유석조절기 ④ 단색화 장치

해설및용어설명 | 가스크로마토그래피 구성요소
- 운반기체(Carrier Gas) 조절부
- 시료 주입구(Sample Injection Port)
- 분리부(Column)
- 검출부(Detector)

79

다음 가스분석법 중 물리적 가스분석법에 해당하지 않는 것은?

① 열전도율법 ② 오르자트법
③ 적외선흡수법 ④ 가스크로마토그래피법

해설및용어설명 | 분석계의 종류
- 화학적 가스분석장치
  - 오르자트가스분석장치
  - 자동화학식 CO_2계
  - 연소식 O_2계
- 물리적 가스분석장치
  - 열전도형 CO_2계(열전도율을 이용한 방법)
  - 밀도식 CO_2계(가스의 밀도차를 이용하는 방법)
  - 자기식 O_2계(가스의 자성을 이용하는 방법)
  - 적외선 및 자외선을 이용하는 방법
  - 이온전류를 이용하는 방법
  - 도전율식 가스분석계(흡수제의 도전율의 차를 이용하는 방법)
  - 세라믹 O_2계(고체의 전해질의 전지반응을 이용하는 방법)
  - 전지식 O_2계(액체의 전해질의 전지반응을 이용하는 방법)
  - 흡광광도계를 이용하는 방법
  - 가스크로마토그래피

80

도로에 매설된 도시가스가 누출되는 것을 감지하여 분석한 후 가스누출 유무를 알려주는 가스검출기는?

① FID ② TCD
③ FTD ④ FPD

해설및용어설명 | 수소 불꽃 이온화 검출기(FID)는 탄소 수소 결합을 가진 모든 유기화합물에 잘 감응한다.

2024년 제3회 가스산업기사 CBT 복원문제

61

일반적으로 계측기는 크게 3부분으로 구성되어 있다. 이에 해당되지 않는 것은?

① 검출부　　② 전달부
③ 수신부　　④ 제어부

해설및용어설명 | 계측기의 구조
- 검출부 : 정보를 전달부나 수신부에 전달하기 위한 신호로 변환
- 전달부 : 검출부에서 입력신호를 수신부에 전달하는 신호로 변환 or 크기 변환
- 수신부 : 검출부나 전달부의 출력신호를 받아 지시, 기록, 정보

62

편차의 크기에 비례하여 조절요소의 속도가 연속적으로 변하는 동작은?

① 적분동작　　② 비례동작
③ 미분동작　　④ 뱅뱅동작

해설및용어설명 | 제어동작
- 비례동작 : 제어 편차에 비례하여 조작량의 크기를 결정하는 제어 동작
- 적분동작 : 비례한 속도로 조작량을 가감하도록 한 제어 동작
- 미분동작 : 조작량이 편차의 시간 미분값에 비례하는 제어 동작

63

면적유량계의 특징에 대한 설명으로 틀린 것은?

① 압력손실이 아주 크다.
② 정밀 측정용으로는 부적당하다.
③ 슬러지 유체의 측정이 가능하다.
④ 균등 유량 눈금으로 측정치를 얻을 수 있다.

해설및용어설명 | 면적식 유량계의 특징
- 측정범위가 넓고 비교적 적은 유량도 측정이 가능하다.
- Slurry와 같은 고점성 유체에 적합하다.
- 압력손실이 적고 측정눈금이 균등하다.
- 유량을 지시하는 플로트의 위치는 점도 또는 밀도에 대한 영향을 받기 때문에 측정대상이 다른 유체의 체적유량을 측정하면 큰 오차를 유발하게 된다.
- 반드시 수직으로 설치해야 하기 때문에 불필요한 배관이 생겨나서 부가적인 압력손실을 발생하게 할 수 있다.

64

아르키메데스의 원리를 이용하는 압력계는?

① 부르동관 압력계
② 링밸런스식 압력계
③ 침종식 압력계
④ 벨로우즈식 압력계

해설및용어설명 | 침종식 압력계
아르키메데스의 원리 이용한 것, 단종식과 복종식으로 구분

65

물의 화학반응을 통해 시료의 수분 함량을 측정하며 휘발성 물질 중의 수분을 정량하는 방법은?

① 램프법　　② 칼피셔법
③ 메틸렌블루법　　④ 다트와이라법

해설및용어설명 | 칼피셔법(Karl Fischer's method)
수분측정 방법 중에서 가장 정확한 측정 방법으로 물이 요오드 및 이산화황과 정량적으로 반응하는 것을 이용하여 수분을 측정하는 방법이다.

66

가스분석에서 흡수분석법에 해당하는 것은?

① 적정법　　② 중량법
③ 흡광광도법　④ 헴펠법

해설및용어설명 | 흡수분석법
각종기체 흡수제와 시료기체를 혼합하여, 흡수제에 흡수된 양을 측정함으로써 정량하는 방법으로 헴펠법, 게겔법, 오르자트법이 있다.

67

기본단위가 아닌 것은?

① 전류(A)　　② 온도(K)
③ 속도(V)　　④ 질량(kg)

해설및용어설명 | 기본단위의 종류

기본량	길이	질량	시간	전류	물질량	온도	광도
기본단위	m	kg	s	A	mol	K	cd

68

다음 유량계측기 중 압력손실 크기 순서를 바르게 나타낸 것은?

① 전자유량계 > 벤투리 > 오리피스 > 플로노즐
② 벤투리 > 오리피스 > 전자유량계 > 플로노즐
③ 오리피스 > 플로노즐 > 벤투리 > 전자유량계
④ 벤투리 > 플로노즐 > 오리피스 > 전자유량계

해설및용어설명 |
- 플로 노즐 : 오리피스에 비해 차압 손실이 적으나 벤츄리관 보다는 크다.
- 전자유량계 : 유량계 내부에 장애물이 없기 때문에 압력손실이 없다.

69

dial gauge는 다음 중 어느 측정 방법에 속하는가?

① 비교측정　　② 절대측정
③ 간접측정　　④ 직접측정

해설및용어설명 | 다이얼 게이지
측정자의 직선 또는 원호 원동을 기계적으로 확대하여 그 움직임을 지침의 회전변위로 변환시켜 눈금으로 읽을 수 있는 길이 측정기이다. 측정물의 길이를 직접 측정하는 것이 아니라 길이를 비교하기 위한 것이다.

70

탐사침을 액중에 넣어 검출되는 물질의 유전율을 이용하는 액면계는?

① 정전용량형 액면계　② 초음파식 액면계
③ 방사선식 액면계　　④ 전극식 액면계

해설및용어설명 | 정전 용량식 액면계
하나의 탐사침(Probe)을 탱크 내에 삽입해 놓으면 전극과 탱크(다른 전극) 사이의 정전량은 이 공간을 가득 채운 물질(액체, 분체에 무관)의 레벨에 따라 증감한다. 이 정전용량의 변화를 검출하여 탱크 내의 레벨을 계측한다.

71

다음 중 탄성 압력계의 종류가 아닌 것은?

① 시스턴(Cistern)압력계
② 부르동(Bourdon)관 압력계
③ 벨로우즈(Bellows) 압력계
④ 다이어프램(Diaphragm) 압력계

해설및용어설명 | 탄성식 압력계의 종류로는 부르동관식, 다이어프램식, 벨로우즈식이 있다.

72

루트미터에 대한 설명으로 가장 옳은 것은?

① 설치면적이 작다.
② 실험실용으로 적합하다.
③ 사용 중에 수위 조정 등의 유지 관리가 필요하다.
④ 습식가스미터에 비해 유량이 정확하다.

해설및용어설명 | 루트(Roots)형 가스미터의 특징
- 대유량 가스 측정에 적합하다.
- 중압가스의 계량이 가능하다.
- 설치면적이 적고, 연속흐름으로 맥동현상이 없다.
- 여과기의 설치 및 설치 후의 유지관리가 필요하다.
- 0.5[m³/h] 이하의 적은 유량에는 부동의 우려가 있다.
- 구조가 비교적 복잡하다
- 용도 : 대량 수용가능
- 용량 범위 : 100 ~ 5,000[m³/h]

73

건습구 습도계에서 습도를 정확히 하려면 얼마 정도의 통풍 속도가 가장 적당한가?

① 3 ~ 5[m/sec] ② 5 ~ 10[m/sec]
③ 10 ~ 15[m/sec] ④ 30 ~ 50[m/sec]

해설및용어설명 | 건습구 습도계에서 정확한 습도를 측정하기 위하여 3 ~ 5[m/s] 정도의 통풍을 유지해야 한다.

74

가스미터 중 실측식에 속하지 않는 것은?

① 건식   ② 회전식
③ 습식   ④ 오리피스식

해설및용어설명 |
- 실측식
  - 건식
    막식형(독립내기식, 그로바식),
    회전식 : 루트형, 오벌식, 로터리식
  - 습식
- 추량식 : 오리피스, 터빈, 벤츄리, 피토관

75

다음 중 기기분석법이 아닌 것은?

① Chromatography   ② Iodometry
③ Colorimetry   ④ Polarography

해설및용어설명 | 기기분석법
물질과 각종 에너지와(빛, 열, 전기, 자기장, 방사능 등)의 상호 작용 결과를 측정, 해석함으로서 시료를 분석

- 기기분석법 분류
  - 분리분석 : 기체, 액체 크래마토그래피(Chromatography)
  - 전기화학분석 : 폴라로그래프분석(Polarography)
  - 열분석법 : 비색법(Colorimetry)
- ※ 화학분석법 : 요오드적정법(Iodometry)

76

루트 가스미터에서 일반적으로 일어나는 고장의 형태가 아닌 것은?

① 부동   ② 불통
③ 감도   ④ 기차불량

해설및용어설명 | 고장의 형태
- 부동(不動) : 가스가 미터는 통과하나 지침이 작동하지 않는 상태
- 불통(不通) : 가스가 미터를 통과하지 못하는 상태
- 기차불량 : 기차가 변화하여 계량법에 규정된 사용공차를 넘는 고장
- 감도불량 : 미터에 일정량의 가스유량이 통과하였을 때 미터의 지침의 지시도에 변화가 나타나지 않은 고장
- ※ 감도 : 계측기가 측정량의 변화에 민감한 정도를 나타내는 값
   감도 = (지시량의 변화) / (측정량의 변화)

77

압력의 종류와 관계를 표시한 것으로 옳은 것은?

① 전압 = 동압 − 정압
② 전압 = 게이지압 + 동압
③ 절대압 = 대기압 + 진공압
④ 절대압 = 대기압 + 게이지압

해설및용어설명 | 압력의 관계식
- 절대압력 = 대기압 + 게이지압력
  = 대기압 − 진공압력
- 전압 = 정압 + 동압

78

액면계의 종류로만 나열된 것은?

① 플로트식, 퍼지식, 차압식, 정전용량식
② 플로트식, 터빈식, 액비중식, 광전관식
③ 퍼지식, 터빈식, Oval식, 차압식
④ 퍼지식, 터빈식, Roots식, 차압식

해설및용어설명 |
- 유량계 : 터빈식, Oval식, Roots식
- 온도계 : 광전관식

79

화학공장에서 누출된 유독가스를 신속하게 현장에서 검지 정량하는 방법은?

① 전위적정법　② 흡광광도법
③ 검지관법　　④ 적정법

해설및용어설명 | 검지관법
검지관은 안지름 2～4[mm]의 유리관 중에 발색시약을 흡착시킨 검지제를 충전하여 양 끝을 막은 것이다. 사용할 때에는 양 끝을 절단하여 가스 채취기로 시료가스를 넣은 후 착색층의 길이, 착색의 정도에서 성분의 농도를 측정하여 표준표와 비색 측정을 하는 것으로, 야외, 공장, 현장 등에서 공기 중의 미량 유해가스의 신속 정량에 적합하다.

80

계량, 계측기의 교정이라 함은 무엇을 뜻하는가?

① 계량, 계측기의 지시 값과 표준기의 지시 값과의 차이를 구하여 주는 것
② 계량, 계측기의 지시 값을 평균하여 참값과의 차이가 없도록 가산하여 주는 것
③ 계량, 계측기의 지시 값과 참값과의 차를 구하여 주는 것
④ 계량, 계측기의 지시 값을 참값과 일치하도록 수정하는 것

해설및용어설명 | 교정이라 함은 '계측기, 시험기기 또는 기록계가 나타내는 값과 표준기기의 참값을 비교하여 오차가 허용범위 내에 있음을 확인하고, 허용오차범위를 벗어나는 경우 허용범위 내에 들도록 조정하는 행위'를 말합니다.

2025년 제1회 가스산업기사  CBT 복원문제

61

그림과 같은 조작량의 변화는 어떤 동작인가?

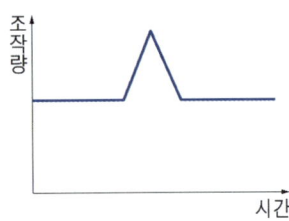

① I동작 ② PD동작
③ D동작 ④ PI동작

해설및용어설명 |

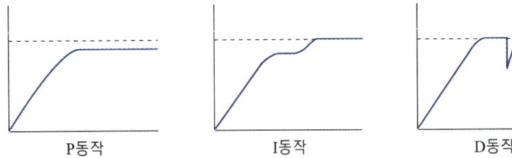

- P동작 : 편차량이 검출되면 그것에 비례하여 조작량을 가감(잔류편차가 남는 동작)
- I동작 : 편차가 남는 것을 적분하여 수정함으로서 잔류편차가 남지 않는 동작
- D동작 : 출력편차의 시간변화에 비례하며 검출될 때 편차가 변화하는 속도에 비례하여 조작량을 증가, 단독으로 사용되지 않는다.

62

기체 크로마토그래피(Gas Chromatography)의 일반적인 특성에 해당하지 않는 것은?

① 연속분석이 가능하다.
② 분리능력과 선택성이 우수하다.
③ 적외선 가스분석계에 비해 응답속도가 느리다.
④ 여러 가지 가스 성분이 섞여 있는 시료가스 분석에 적당하다.

해설및용어설명 | 가스 크로마토그래피의 특징
- 여러 종류의 가스 분석이 가능하다.
- 선택성이 좋고 고감도로 측정한다.
- 미량 유기물의 동정, 정량이 가능하다.
- 응답 속도가 늦으나 분리 능력이 좋다.
- 동일 가스의 연속 측정이 불가능하다.
- 캐리어 가스는 검출기에 따라 수소, 헬륨, 아르곤, 질소를 사용한다.

63

자동조정의 제어량에서 물리량의 종류가 다른 것은?

① 전압 ② 위치
③ 속도 ④ 압력

해설및용어설명 | 자동조정
전압, 속도, 주파수, 장력 등을 제어량으로 하여 이것을 일정하게 유지하는 것을 목적으로 하는 제어

64

전기식 제어방식의 장점에 대한 설명으로 틀린 것은?

① 배선작업이 용이하다.
② 신호전달 지연이 없다.
③ 신호의 복잡한 취급이 쉽다.
④ 조작속도가 빠른 비례 조작부를 만들기 쉽다.

해설및용어설명 | 전기식 제어방식 특징
- 배선작업이 용이하다.
- 신호전달 지연이 없다.
- 복잡한 신호에 용이하다.
- 조작속도가 빠른 비례 조작부를 만들기가 곤란하다.

정답 61 ② 62 ① 63 ① 64 ④

65

He 가스 중 불순물로서 N₂ : 2[%], CO : 5[%], CH₄ : 1[%], H₂ : 5[%]가 들어있는 가스를 가스크로마토그래피로 분석하고자 한다. 다음 중 가장 적당한 검출기는?

① 열전도검출기(TCD)
② 불꽃이온화검출기(FID)
③ 불꽃광도검출기(FPD)
④ 환원성가스검출기(RGD)

해설및용어설명 | 열전도검출기
무기 가스(아르곤, 질소, 수소, 이산화탄소 등) 및 작은 탄화수소 분자를 분석하는 데 사용되는 기법

66

기체크로마토그래피의 측정 원리로서 가장 옳은 설명은?

① 흡착제를 충전한 관속에 혼합시료를 넣고, 용제를 유동시키면 흡수력 차이에 따라 성분의 분리가 일어난다.
② 관속을 지나가는 혼합기체 시료가 운반기체에 따라 분리가 일어난다.
③ 혼합기체의 성분이 운반기체에 녹는 용해도 차이에 따라 성분의 분리가 일어난다.
④ 혼합기체의 성분은 관내에 자기장의 세기에 따라 분리가 일어난다.

해설및용어설명 | 가스크로마토그래피
복합성분의 시료가 이동상에 의해 이동하면서 column의 고정상과의 상호 물리 화학적인 작용에 의하여 각각의 단일성분으로 분리되는 현상을 이용하여 분석하는 장치이다.

67

검사절차를 자동화하려는 계측작업에서 반드시 필요한 장치가 아닌 것은?

① 자동가공장치
② 자동급송장치
③ 자동선별장치
④ 자동검사장치

해설및용어설명 | 자동가공장치는 가공작업을 자동화하려는 장치이다.

68

도시가스로 사용하는 NG의 누출을 검지하기 위하여 검지기는 어느 위치에 설치하여야 하는가?

① 검지기 하단은 천장면의 아래쪽 0.3[m] 이내
② 검지기 하단은 천장면의 아래쪽 3[m] 이내
③ 검지기 상단은 바닥면에서 위쪽으로 0.3[m] 이내
④ 검지기 상단은 바닥면에서 위쪽으로 3[m] 이내

해설및용어설명 |
- 공기보다 무거운 가스 : 공기보다 무거운 가스를 사용하는 연소기가 설치되어 있는 곳의 검지기는 연소기로부터 4[m] 이내에 설치하고 바닥으로부터 0.3[m] 정도 떨어져 설치(C_3H_8, C_4H_{10} 등)
- 공기보다 가벼운 가스 : 공기보다 가벼운 가스를 사용하는 연소기가 설치되어 있는 곳의 검지기는 연소기로부터 8[m] 이내, 천장으로부터 0.3[m] 이내에 설치(CH_4 등)

※ 도시가스로 사용하는 NG의 주 성분은 메탄(CH_4)이므로 공기보다 가볍다.

69

전기식 제어방식의 장점으로 틀린 것은?

① 배선작업이 용이하다.
② 신호전달 지연이 없다.
③ 신호의 복잡한 취급이 쉽다.
④ 조작속도가 빠른 비례 조작부를 만들기 쉽다.

해설및용어설명 | 전기식 신호전송
- 장점
  - 신호전달 지연이 없다.
  - 배선이 용이
  - 신호의 복잡한 취급이 용이
- 단점
  - 조작속도가 빠른 비례조작부를 만드는 것이 곤란하다.
  - 보존에 기술이 요한다.

70

가스크로마토그래피에 사용되는 운반기체의 조건으로 가장 거리가 먼 것은?

① 습도가 높아야 한다.
② 비활성이어야 한다.
③ 독성이 없어야 한다.
④ 기체 확산을 최대로 할 수 있어야 한다.

해설및용어설명 |

- 시료 분자나 고정상에 대해서 화학적 비활성
- 분리관 내에서 시료 분자의 확산을 최소로 줄일 수 있어야 한다.
- 사용되는 검출기의 종류에 적합
- 순수 기체, 건조 기체(순도 99.995[%] 이상)

71

가스는 분자량에 따라 다른 비중 값을 갖는다. 이 특성을 이용하는 가스분석기기는?

① 자기식 O_2 분석기기
② 밀도식 CO_2 분석기기
③ 적외선식 가스분석기기
④ 광화학 발광식 NOx 분석기기

해설및용어설명 | 밀도식 CO_2 분석기기

CO_2의 밀도(비중)가 공기보다 크다는 것을 이용하는 방식

72

비중이 0.8인 액체의 압력이 2[kg/cm^2]일 때 액면높이(head)는 약 몇 [m]인가?

① 16 ② 25
③ 32 ④ 40

해설및용어설명 |

$$액면높이[m] = \frac{P(압력)[kg/m^2]}{\gamma(비중량)[kg/m^3]} = \frac{2 \times 10^4}{0.8 \times 10^3} = 25[m]$$

※ 액체비중량 = 비중 × 물의 비중량(1,000[kg/m^3])
※ 1[m^2] = 10^4[cm^2]

73

다음 온도계 중 가장 고온을 측정할 수 있는 것은?

① 저항 온도계   ② 서미스터 온도계
③ 바이메탈 온도계 ④ 광고온계

해설및용어설명 | 각 온도계의 측정범위

온도계	측정범위
저항(백금) 온도계	-200 ~ 500[℃]
서미스터 온도계	-100 ~ 300[℃]
바이메탈 온도계	-50 ~ 500[℃]
광고온계	700 ~ 3,000[℃]

74

가스분석법 중 흡수분석법에 해당하지 않는 것은?

① 헴펠법   ② 산화구리법
③ 오르자트법 ④ 게겔법

해설및용어설명 | 흡수분석법

각종기체 흡수제와 시료기체를 혼합하여, 흡수제에 흡수된 양을 측정함으로써 정량하는 방법으로 헴펠법, 게겔법, 오르자트법이 있다.

75

계량이 정확하고 사용 중 기차의 변동이 거의 없는 특징의 가스미터는?

① 벤투리미터 ② 오리피스미터
③ 습식가스미터 ④ 로터리피스톤식미터

해설및용어설명 | 습식가스미터
주로 검교정/실험용으로 사용되며, 정확도가 높고 기차변동이 작으나 미터기 크기가 큰 단점이 있다.

76

가스미터에 공기가 통과 시 유량이 300[m³/h] 라면 프로판 가스를 통과하면 유량은 약 몇 [kg/h]로 환산되겠는가? (단, 프로판의 비중은 1.52, 밀도는 1.86[kg/m3])

① 235.9 ② 373.5
③ 452.6 ④ 579.2

해설및용어설명 |

저압 배관의 유량식 $Q = K\sqrt{\dfrac{D^5 \cdot H}{S \cdot L}}$ 에서 공기를 1, 프로판을 2로 하여 비례식을 쓰면 다음과 같다.

$\dfrac{Q_2}{Q_1} = \dfrac{K_2\sqrt{\dfrac{D_2^5 \cdot H_2}{S_2 \cdot L_2}}}{K_1\sqrt{\dfrac{D_1^5 \cdot H_1}{S_1 \cdot L_1}}}$ 에서 유량 계수(K), 안지름(D), 압력 손실(H),

배관 길이(L)는 문제에서 주어지지 않아 동일한 조건이라 보고 주어진 밀도만 대입한다.

$\therefore \dfrac{Q_2}{Q_1} = \dfrac{\dfrac{1}{\sqrt{S_2}}}{\dfrac{1}{\sqrt{S_1}}}$ 에서

$Q_2 = \dfrac{\dfrac{1}{\sqrt{S_2}}}{\dfrac{1}{\sqrt{S_1}}} \times Q_1 = \dfrac{\dfrac{1}{\sqrt{1.52}}}{\dfrac{1}{\sqrt{1}}} \times 300 \times 1.86$

= 452.597[kg/h]

※ 질량 유량[kg/h] = 체적 유량[m³/h] × 밀도[kg/m³]

77

제어량의 종류에 따른 분류가 아닌 것은?

① 서보기구 ② 비례제어
③ 자동조정 ④ 프로세서 제어

해설및용어설명 | 제어량 종류에 따른 자동 제어의 분류

- 서보 기구 : 물체의 위치, 방위, 자세 등의 기계적 변위를 제어량으로 해서 목표값의 임의의 변화에 추종
  ㅇㅖ) 비행기, 선박의 방향 제어, 미사일 발사대의 자동위치 제어
- 프로세스 제어 : 제어량이 온도, 압력, 유량 및 액면 등과 같은 일반 공업량일 때의 제어
  ㅇㅖ) 석유공업, 화학공업
- 자동 조정 : 전압, 전류, 주파수, 회전속도, 장력 등을 제어량으로 한다.
- 다변수 제어 : 두 개 이상의 입력 변수 또는 출력 변수를 갖는 시스템의 제어

78

FID 검출기를 사용하는 기체크로마토그래피는 검출기의 온도가 100[℃] 이상에서 작동되어야 한다. 주된 이유로 옳은 것은?

① 가스소비량을 적게 하기 위하여
② 가스의 폭발을 방지하기 위하여
③ 100[℃] 이하에서는 점화가 불가능하기 때문에
④ 연소 시 발생하는 수분의 응축을 방지하기 위하여

해설및용어설명 | 불꽃 검출기들은 항상 100[℃] 이상에서 작동되어야 하는데 이는 연소과정으로부터 나오는 물이 응축되는 것을 방지하기 위함이다.

79

일산화탄소 검지 시 흑색반응을 나타내는 시험지는?

① KI 전분지 ② 연당지
③ 하리슨시약 ④ 염화파라듐지

해설및용어설명 | 가스검지 시험지법

검지가스	시험지	반응(변색)
암모니아(NH_3)	적색리트머스지	청색
염소(Cl_2)	KI 전분지	청갈색
포스겐($COCl_2$)	하리슨 시험지	유자색
시안화수소(HCN)	초산(질산) 구리벤젠지	청색
일산화탄소(CO)	염화파라듐지	흑색
황화수소(H_2S)	연당지	회흑색
아세틸렌(C_2H_2)	염화제1구리 착염지	적갈색(적색)

80

1[kΩ] 저항에 100[V]의 전압이 사용되었을 때 소모된 전력은 몇 [W]인가?

① 5 ② 10
③ 20 ④ 50

해설및용어설명 | 1[kΩ] = 1,000[Ω]

$$P = VI = V \times \frac{V}{R} = 100 \times \frac{100}{1,000} = 10$$

2025년 제2회 가스산업기사 CBT 복원문제

61

도시가스 사용압력이 2.0[kPa]인 배관에 설치된 막식 가스미터기의 기밀시험 압력은?

① 2.0[kPa] 이상 ② 4.4[kPa] 이상
③ 6.4[kPa] 이상 ④ 8.4[kPa] 이상

해설및용어설명 | 기밀시험 가스사용시설(연소기를 제외한다)은 최고사용압력의 1.1배 또는 8.4[kPa] 중 높은 압력 이상으로 기밀시험(완성검사를 받은 후의 정기검사를 하는 때에는 사용압력 이상의 압력으로 실시하는 누출 검사)을 실시해 이상이 없도록 한다.

62

공업용 액면계가 갖추어야 할 조건으로 옳지 않은 것은?

① 자동제어장치에 적용 가능하고, 보수가 용이해야 한다.
② 지시, 기록 또는 원격측정이 가능해야 한다.
③ 연속측정이 가능하고 고온, 고압에 견디어야 한다.
④ 액위의 변화속도가 느리고, 액면의 상, 하한계의 적용이 어려워야 한다.

해설및용어설명 | 액면계의 구비조건

- 연속 측정이 가능할 것
- 지시, 기록 또는 원격 측정이 가능할 것
- 자동 제어 장치에 적용이 가능할 것
- 구조가 간단하고 조작이 용이할 것
- 요구 정도를 만족하게 얻을 수 있을 것
- 액면의 상하 한계를 간단히 할 수 있던가 또는 적용이 쉬운 방식일 것
- 고압, 고온에 견딜 것
- 내식성이 있을 것
- 값이 싸고 보수가 쉬울 것

63

도시가스 제조소에 설치된 가스누출검지경보장치는 미리 설정된 가스농도에서 자동적으로 경보를 울리는 것으로 하여야 한다. 이때 미리 설정된 가스 농도란?

① 폭발 하한계 값
② 폭발 상한계 값
③ 폭발하한계의 1/4 이하 값
④ 폭발하한계의 1/2 이하 값

해설및용어설명 | 가스누출검지경보장치 기능
- 가스의 누출을 검지하여 그 농도를 지시함과 동시에 경보를 울리는 것이어야 한다.
- 미리 설정된 가스농도(폭발하한계의 1/4 이하)에서 자동적으로 경보를 울리는 것으로 한다.
- 경보를 울린 후에는 주위의 가스농도가 변화되어도 계속 경보를 울리며, 그 확인 또는 대책을 강구함에 따라 경보정지가 되어야 한다.
- 담배연기 등 잡가스에 경보를 울리지 아니하는 것이어야 한다.

64

기계식 압력계가 아닌 것은?

① 환상식 압력계
② 경사관식 압력계
③ 피스톤식 압력계
④ 자기변혁식 압력계

해설및용어설명 | 전기식 압력계
피에조 전기압력계, 자기변형식 압력계

65

다음 가스계량기 중 간접측정 방법이 아닌 것은?

① 막식 계량기
② 터빈 계량기
③ 오리피스 계량기
④ 볼텍스 계량기

해설및용어설명 |
- 실측식
  - 건식 : 막식, 회전자식(루츠식, 로터리식, 오발식)
  - 습식
- 간접식 : 델타, 터빈, 벤츄리, 오리피스, 와류식

66

공업계기의 구비조건으로 가장 거리가 먼 것은?

① 원격조정 및 연속 측정이 가능하여야 한다.
② 주변 환경에 대하여 내구성이 있어야 한다.
③ 경제적이며 수리가 용이하여야 한다.
④ 구조가 복잡해도 정밀한 측정이 우선이다.

해설및용어설명 | 구조가 간단하고 정밀한 측정이 우선이다.

67

건습구 습도계에서 습도를 정확히 하려면 얼마 정도의 통풍속도가 가장 적당한가?

① 3 ~ 5[m/sec]
② 5 ~ 10[m/sec]
③ 10 ~ 15[m/sec]
④ 30 ~ 50[m/sec]

해설및용어설명 | 건습구 습도계에서 정확한 습도를 측정하기 위하여 3 ~ 5[m/s] 정도의 통풍을 유지해야 한다.

68

도로에 매설된 도시가스가 누출되는 것을 감지하여 분석한 후 가스누출 유무를 알려주는 가스검출기는?

① FID
② TCD
③ FTD
④ FPD

해설및용어설명 | 수소 불꽃 이온화 검출기(FID)는 탄소-수소 결합을 가진 모든 유기화합물에 잘 감응한다.

69

스팀을 사용하여 원료가스를 가열하기 위하여 [그림]과 같이 제어계를 구성하였다. 이 중 온도를 제어하는 방식은?

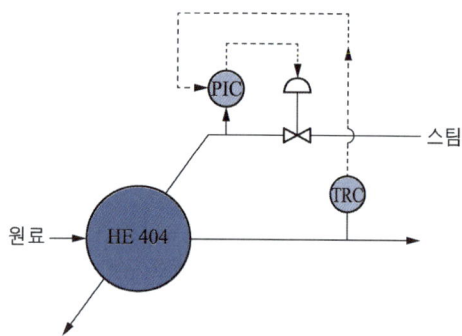

① Feedback
② Forward
③ Cascade
④ 비례식

해설및용어설명 | 캐스케이드 제어
피드백 제어계에 있어서 1차 제어 장치의 출력 신호에 의해서 2차 제어 장치의 목표값을 변화시켜 처리하는 제어

70

직접적으로 자동제어가 가장 어려운 액면계는?

① 유리관식
② 부력검출식
③ 부자식
④ 압력검출식

해설및용어설명 | 유리관식
경질의 유리관을 탱크에 부착하여 내부의 액면을 직접 확인할 수 있는 것으로 자동제어에 적용하기가 어렵다.

71

다음 보기에서 설명하는 액주식 압력계의 종류는?

- 통풍계로도 사용한다.
- 정도가 $0.01 \sim 0.05[mmH_2O]$로서 아주 좋다.
- 미세압 측정이 가능하다.
- 측정범위는 약 $10 \sim 50[mmH_2O]$ 정도이다.

① U자관 압력계
② 단관식 압력계
③ 경사관식 압력계
④ 링밸런스 압력계

해설및용어설명 |

측정방식		측정범위	정확도
액주식	U자관식	$5 \sim 2,000[mmH_2O]$	$\pm 0.1[mm]$
	단관식	$300 \sim 2,000[mmH_2O]$	
	경사관식	$10 \sim 300[mmH_2O]$	$\pm 0.01[mm]$

72

계측시간이 짧은 에너지의 흐름을 무엇이라 하는가?

① 외란
② 시정수
③ 펄스
④ 응답

해설및용어설명 | 펄스
신호의 진폭이 정상상태의 값에서 단시간에 다른 값으로 전이하여, 유한의 시간만 계속한 후 다시 본래의 값으로 되돌아가는 파형

73

가스폭발 등 급속한 압력변화를 측정하는 데 가장 적합한 압력계는?

① 다이어프램 압력계
② 벨로우즈 압력계
③ 부르동관 압력계
④ 피에조 전기압력계

해설및용어설명 |
- 탄성식 : 다이어프램, 벨로우즈, 브르동관 압력계
- 피에조 전기압력계(압전기식) : 수정이나 전기석 또는 로셀염 등의 결정체의 특정 방향에 압력을 가하면 기전력이 발생하고 발생한 전기량은 압력에 비례하는 것을 이용

74

기체크로마토그래피를 이용하여 가스를 검출할 때 반드시 필요하지 않는 것은?

① Column
② Gas Sampler
③ Carrier gas
④ UV detector

해설및용어설명 | G. C.의 구조
- 전개 gas(carrier gas)가 흐르는 column 및 흐르는 양을 조절하는 유량조절부(gas sampler) 및 시료주입부(injection poet)
- 기체시료주입구(gas sampler) 및 액체시료주입구(liquid sampler), 시료주입부(injection poet)
- column 온도를 조절하는 항온조(column oven)
- 검출기(detector) : 열전도도검출기(Thermal Conductivity Detector), 불꽃이온화 검출기(Flame Ionization Detector), 전자포획형 검출기(Electron Capture Detector), 불꽃광도형 검출기(Flame Photometric Detector), 불꽃열이온화 검출기(Flame Thermionic Detector)
- 기록부(recorder) 등 5부분으로 구성되어 있다.
※ HPLC(고성능액체크로마토그래피) 검출기 : UV-vis detector

75

국제단위계(SI단위) 중 압력단위에 해당되는 것은?

① [Pa]
② [bar]
③ [atm]
④ [kgf/cm²]

해설및용어설명 | SI단위 중 압력단위
[파스칼(Pa)], [kPa], [MPa]

76

다음 가스분석법 중 물리적 가스분석법에 해당하지 않는 것은?

① 열전도율법
② 오르자트법
③ 적외선흡수법
④ 가스크로마토그래피법

해설및용어설명 | 분석계의 종류
- 화학적 가스분석장치
  - 오르자트가스분석장치
  - 자동화학식 CO_2계
  - 연소식 O_2계
- 물리적 가스분석장치
  - 열전도형 CO_2계(열전도율을 이용한 방법)
  - 밀도식 CO_2계(가스의 밀도차를 이용하는 방법)
  - 자기식 O_2계(가스의 자성을 이용하는 방법)
  - 적외선 및 자외선을 이용하는 방법
  - 이온전류를 이용하는 방법
  - 도전율식 가스분석계(흡수제의 도전율의 차를 이용하는 방법)
  - 세라믹 O_2계(고체의 전해질의 전지반응을 이용하는 방법)
  - 전지식 O_2계(액체의 전해질의 전지반응을 이용하는 방법)
  - 흡광광도계를 이용하는 방법
  - 가스크로마토그래피

정답 73 ② 74 ④ 75 ① 76 ②

77

계통적오차(systematic error)에 해당되지 않는 것은?

① 계기오차
② 환경오차
③ 이론오차
④ 우연오차

해설및용어설명 | 측정오차
- 계통오차(계기, 환경, 이론, 개인오차)
- 과실오차
- 우연오차

78

시안화수소(HCN)가스 누출 시 검지지와 변색상태로 옳은 것은?

① 염화파라듐지 – 흑색
② 염화제1구리착염지 – 적색
③ 연당지 – 흑색
④ 초산(질산) 구리벤젠지 – 청색

해설및용어설명 | 가스검지 시험지법

검지가스	시험지	반응(변색)
암모니아(NH_3)	적색리트머스지	청색
염소(Cl_2)	KI 전분지	청갈색
포스겐($COCl_2$)	하리슨 시험지	유자색
시안화수소(HCN)	초산(질산) 구리벤젠지	청색
일산화탄소(CO)	염화파라듐지	흑색
황화수소(H_2S)	연당지	회흑색
아세틸렌(C_2H_2)	염화제1구리 착염지	적갈색(적색)

79

깊이 5.0[m]인 어떤 밀폐탱크 안에 물이 3.0[m] 채워져 있고 2[kgf/cm²]의 증기압이 작용하고 있을 때 탱크 밑에 작용하는 압력은 몇 [kgf/cm²]인가?

① 1.2
② 2.3
③ 3.4
④ 4.5

해설및용어설명 |

탱크 밑 압력 = 물의 압력 + 증기압 = 0.3 + 2 = 2.3
- 물의 압력 = $\gamma \times h$ = 1,000 × 3 × 10^{-4} = 0.3[kgf/cm²]
- 증기압 = 2[kgf/cm²]

80

다이어프램 가스미터의 최대유량이 4[m³/h]일 경우 최소유량의 상한값은?

① 4[L/h]
② 8[L/h]
③ 16[L/h]
④ 25[L/h]

해설및용어설명 | 최대 유량의 공칭값 및 최소 유량의 상한값

가스미터 호칭(G)	Q_{max}[m³/h]	Q_{min}의 상한값[m³/h]
0.6	1	0.016
1	1.6	0.016
1.6	2.5	0.016
2.5	4	0.025
4	6	0.040
6	10	0.060
10	16	0.100
16	25	0.160
25	40	0.250
40	65	0.400
65	100	0.650
100	160	1.000
160	250	1.600
250	400	2.500
400	650	4.000
650	1,000	6.500

※ 0.025[m³/h] × 1,000 = 25[L/h]

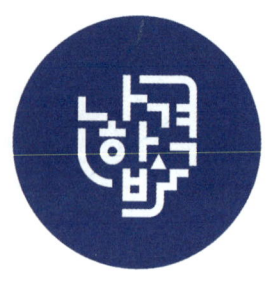

가스산업기사 필기
[핵심이론 + 8개년 기출] 무료특강

무료특강 신청방법

▲ 카페 바로가기

1 나합격 카페 가입
cafe.naver.com/napass4

2 사진 촬영
하단 공란에 닉네임 기입

3 카페 게시물 작성
등업 후 영상 시청 가능

카페 닉네임

- 가입한 카페 닉네임과 동일하게 기입
- 지워지지 않는 펜으로 크게 기입
- 화이트 및 수정테이프 사용 금지
- 중복기입 및 중고도서는 등업 불가능

처음이신가요?

자세한 등업방법은 QR 코드 참조

모바일 등업방법

PC 등업방법

나합격 가스산업기사 필기 [핵심이론 + 8개년 기출] + 무료특강

2026년 1월 2일 초판 인쇄 | 2026년 1월 5일 초판 발행

지은이 이윤기 | 발행인 오정자 | 발행처 삼원북스 | 팩스 02-6280-2650
등록 제2017-000048호 | 홈페이지 www.samwonbooks.com | ISBN 979-11-93858-83-7 13500 | 정가 29,000원
Copyright©samwonbooks.Co.,Ltd.

- 낙장 및 파손된 책은 구입한 서점에서 바꿔드립니다.
- 이 책에 실린 모든 내용, 디자인, 이미지, 편집 형태에 대한 저작권은 삼원북스와 저자에게 있습니다. 허락없이 복제 및 게재는 법에 저촉을 받습니다.